Handbuch Rennwagentechnik

Band 6

Reihe herausgegeben von

Michael Trzesniowski, Pankl Racing Systems AG, Drivetrain and Suspension Systems
Kapfenberg, Österreich

Die anspruchsvolle Technik heutiger Fahrzeuge findet nicht selten mit ihrer Vorerprobung auf den Rennstrecken den Anfang, bevor sie in die Serienproduktion gelangt. Gegenüber den Autos im öffentlichen Straßenverkehr weisen die Rennfahrzeuge jedoch enorme Unterschiede auf. Beginnend bei dem Layout, der Konstruktion den verwendeten Materialien bis hin zur Fertigung der Rennfahrzeuge werden oft innovative Lösungen gefunden und stellen so einen enormen Fundus an Ideen für den Fahrzeugbau dar. Praxisnah und mit detaillierten Abbildungen wird im Handbuch Rennwagentechnik ein umfassender Überblick in 6 Bänden gegeben:

1 Grundkurs Rennwagentechnik
2 Gesamtfahrzeug
3 Antrieb
4 Fahrwerk
5 Datenanalyse, Abstimmung und Entwicklung
6 Rennwagentechnik - Praxislehrgang Fahrdynamik

Neben den Grundlagen der Fahrwerktechnik bei Radaufhängung, Federung, Dämpfung, Antrieb und Lenkung widmet sich ein eigener Band dem Fahrwerk-Setup und der Optimierung. Auch der Motor (weiterer Band) kommt nicht zu kurz. So werden die wesentlichen Maßnahmen zur Leistungssteigerung gezeigt und auf die Besonderheiten einzelner Bauteile hingewiesen. (Band „Gesamtfahrzeug":) Konstruktive Details wie Schnellverschlüsse, Querlenker, Antriebswellen oder Flügelprofile werden mit allen Auslegungskriterien dargestellt. Die Reihe beinhaltet vertikale Luftleiteinrichtungen, Berechnung der Abtriebskräfte, Dämpferauslegung/Radlastschwankung, effektiver Mitteldruck, Aufladung, Downsizing, variable Turbinengeometrie sowie Registeraufladung. Die immer wichtiger werdenden Themen wie Hybridantriebe, Energierückgewinnung, Speicherung, Nutzbremsung (Rekuperation), Grundlagen von Gleich- und Drehstrom- sowie Reluktanzmotor, e-drive und Elektroantriebe zeigen den Bezug zur aktuellen e-mobility. Die Entwicklungstätigkeit samt ihrer Werkzeuge inklusive Datenakquisition sowie Prüfeinrichtungen wird zur Abrundung des Themenangebots beschrieben. Damit stellt die Reihe nicht nur den Wissensspeicher dar, der für alle Beschäftigten mit Aufgabengebiet Rennfahrzeuge benötigt wird. Gleichzeitig machen die Querverbindungen zum Pkw die Unterschiede in der Technik und in den erzielten Fahrleistungen deutlich. Das Formelmaterial ist so aufbereitet, dass die Bücher auch als Nachschlagwerke eingesetzt werden können.

Ralph Pütz • Ton Serné

Rennwagentechnik - Praxislehrgang Fahrdynamik

Eine praktische Anleitung für Amateure und Profis

3. Auflage

Springer Vieweg

Ralph Pütz
Institut für Fahrzeugforschung
BELICON GmbH
Bayerbach, Deutschland

Ton Serné
SernéCM
Rosmalen, The Netherlands

ISSN 3005-0162 ISSN 3005-0170 (electronic)
Handbuch Rennwagentechnik
ISBN 978-3-658-46999-3 ISBN 978-3-658-47000-5 (eBook)
https://doi.org/10.1007/978-3-658-47000-5

Die Deutsche Nationalbibliothek verzeichnet diese Publikation in der Deutschen Nationalbibliografie; detaillierte bibliografische Daten sind im Internet über https://portal.dnb.de abrufbar.

Planung/Lektorat: Stella Ponstingl
Springer Vieweg ist ein Imprint der eingetragenen Gesellschaft Springer Fachmedien Wiesbaden GmbH und ist ein Teil von Springer Nature.
Die Anschrift der Gesellschaft ist: Abraham-Lincoln-Str. 46, 65189 Wiesbaden, Germany

Meinem Vater gewidmet, der mir stets gezeigt hat, wie wichtig es ist, dass ein Mensch sich seine Träume erfüllt.

Ton Serné

Meiner Frau Bettina gewidmet, die in liebevoller Unterstützung seit Jahrzehnten meine Arbeit mit Rat und Verständnis fördert, meine Hobbies er- und mitträgt und mir bei alledem den Rücken freihält.

Ralph Pütz

Reihenvorwort 3. Auflage

Nun sind bereits über fünf Jahre vergangen, seit die Handbuchreihe in der 2. Auflage erschienen ist. Auf sechs Bände ist diese Reihe mittlerweile angewachsen, die das Wissen im Bereich Motorsport von zweispurigen Kraftfahrzeugen bündelt, und dennoch bestand Bedarf den Zugewinn an Erkenntnissen und relevante Reglementänderungen abzubilden. Reglementteile werden in der Reihe jedoch nur besprochen, wenn sie zum Verständnis einer Konstruktion beitragen oder oftmals andersherum das Unverständnis über das Ablehnen einer physikalisch nahe liegenden Lösung ausräumen. Manche technisch interessanten Konstruktionen sind in einigen Rennserien schlicht verboten. Neue Lösungen gab und gibt es durch unterschiedliche Umstände. Zum einen werden Teams gezwungen durch gesellschaftlich oder wirtschaftlich bedingte Reglementänderungen sich (erneut) einen Wettbewerbsvorteil dort zu verschaffen, wo es erlaubt und möglich ist. Zum anderen brüten Teams fortwährend darüber, wie sie die Vormachtstellung ihrer Gegner brechen könnten und gehen dabei mitunter völlig neue Wege auch bei bewährten Lösungen für bestehende Problemstellungen.

So werden neue hybride und elektrische Antriebssysteme entwickelt, aber auch immer noch neue Verbrennungsverfahren erdacht, die womöglich wegen ihrer Effizienz in Zukunft bei Serienfahrzeugen Verwendung finden. Neue Werkstoffe oder Herstellverfahren ermöglichen Konstruktionen, die bisher nicht realisierbar waren. So werden Verbundwerkstoffe und additive Fertigung („3D-Druck“) vermehrt eingesetzt. Und nicht zuletzt bietet das enorme Anwachsen von Rechnerleistung die Möglichkeit Deep Learning („Künstliche Intelligenz“) beispielsweise für verkürzte Optimierung von Leichtbauteilen oder das Finden des besten Setups heranzuziehen.

Es ist interessant zu beobachten, wie findig einzelne sind, wenn es darum geht, bei veränderten Rahmenbedingungen in kurzer Zeit tragfähige, neue Konzepte umzusetzen. Gerade im Motorsport gelingen hier technische Umbrüche wie sie in dem Zeitraum in der Industrie aus diversen Gründen nicht möglich wären. Sogar eine lähmende Pandemie, klimatische Veränderungen und politische Umbrüche konnten den Innovationsgeist nicht nur nicht stoppen, sondern haben ihn eher noch befeuert.

Eine neue Auflage bietet neben der technischen Aktualisierung auch die Gelegenheit Leserwünsche einfließen zu lassen und den einen oder anderen Fehler auszumerzen. All das hat die neuen Auflagen der einzelnen Bände getrieben.

Somit wünsche ich allen Leserinnen und Lesern, dass sie ebenso viel Freude und Aha-Erlebnisse beim Lesen haben wie wir Autoren beim Aufbereiten des gewonnenen Wissens. Denjenigen, die die Handbuchreihe in der Praxis nutzen, wünsche ich viel Erfolg auf und abseits der Rennstrecke.

Kapfenberg, Österreich
Frühjahr 2025

Michael Trzesniowski

Einleitung *Introduction*

Für den vorliegenden Bd. 6 in der etablierten Fachbuchreihe „Rennwagentechnik" haben sich die Verfasser dieses Bandes – beide als Hochschullehrer tätig und beide dem Motorsport lebenslang durch eigene Erfahrungen als Rennfahrer und Renningenieur in diversen Rennwagenklassen vom Tourenwagen bis hin zur Formel 3 verbunden – entschlossen, das theoretische Wissen der Fahrwerkstechnik in eine praktische Anleitung zur sukzessiven Entwicklung eines optimalen Fahrwerks-Setups zu übertragen. Der vorliegende Band ist somit expressis verbis ein Praxislehrgang zur Optimierung der Straßenlage von Rennwagen – nunmehr bereits in der dritten, erweiterten Ausgabe.

Die Ausschöpfung der Leistungsfähigkeit eines Rennwagens in Bezug auf seine Straßenlage bedeutet im Grunde, maximale Beschleunigungen in Längs- und Querrichtungen zu erreichen. Weil die Reifen den einzigen physischen Kontakt zwischen der Masse das Fahrzeugs und der Straße herstellen, werden die maximalen Beschleunigungen letztendlich durch die Reifen bestimmt. Die Reifen müssen folglich durch geeignete Fahrwerks- und Aerodynamik-Einstellungen in die Lage versetzt werden, ihr volles Potenzial zu entfalten.

Dieses Buch ist deshalb wie folgt aufgebaut: Zunächst wird beschrieben, welche grundlegenden Fahrwerksparamater wie am Auto vermessen werden. Der Grund dafür ist, dass die meisten Leser ihren eigenen Rennwagen nicht selbst konstruieren, sondern ein schon existierendes Auto verwenden, welches sie jedoch zunächst richtig verstehen lernen müssen, denn ohne den Status Quo zu kennen ist der Erfolg von Veränderungen nichts anderes als purer Zufall.

Im weiteren Verlauf dieses Buches wird dann, nach der Erläuterung der Grundlagen zum Unter- und Übersteuern, beschrieben, wie Reifen „funktionieren" und was es erfordert, dass die Reifen ihre optimale Performance erreichen. Alle darauf folgenden Kapitel dienen dazu aufzuzeigen, auf welche Weise die Fahrwerksgeometrie, Federung, Stoßdämpfer, Differenzial und Aerodynamik angewendet werden sollen, damit die Reifen ihr Potenzial auch ausschöpfen können.

Den Lesern – und hoffentlich auch vielen Leserinnen (!) – werden anhand zahlreicher Rechen- und Praxis-Beispiele Anregungen gegeben, die jeder dann in der Praxis an seinem eigenen Fahrzeug anwenden kann. Das soll dazu dienen, dass Abstimmungen des Fahrzeug-Set-up nicht mehr „aus dem Bauch heraus" gemacht werden, sondern reproduzierbar auf der Basis von fundiertem Wissen. Der Lohn sind dann volle Sekunden pro Rennrunde! Das ist auch die Zielsetzung, die die beiden Autoren stets im Blick gehabt haben und die durch einen „roten Faden" im Buch erreichbar werden soll.

Dieser „Lehrgang" als Bd. 6 setzt die vorherige Lektüre der übrigen fünf Bände des grundlegenden Werks „Rennwagentechnik" zwar nicht voraus, da die wichtigsten physikalisch-technischen Grundlagen aus Gründen der besseren Verständlichkeit im vorliegenden Band ebenfalls erläutert werden. Dennoch ist die ergänzende Lektüre der übrigen Bände in jedem Fall sehr empfehlenswert.

Bei der Erläuterung der theoretischen Zusammenhänge werden mathematische Grundkenntnisse z. B. der Differenzial- und Integralrechnung sowie Differenzialgleichungen vorausgesetzt, was im Zeitalter des „Abiturs für Jedermann" sicherlich vertretbar ist. Auch wenn Leser mit einer technischen Hochschulausbildung den meisten Nutzen aus diesem Band ziehen können, wurde dennoch versucht, auch technisch und motorsportlich interessierten Laien einen tieferen Zugang zur Thematik zu erschließen.

Das vorliegende Buch in seiner Konzeption als Lehrgang sollte in der Tat „von vorne bis hinten" gelesen werden, da die einzelnen Kapitel aufeinander aufbauen und sich ergänzen, bis sie in einer Zusammenfassung kulminieren.

Dank gilt allen, die die Veröffentlichung dieses Buches gefördert haben, sei es durch Bereitstellung von Materialien oder wertvolle Diskussion. An erster Stelle möchten die Autoren Herrn Werner Brückle von MoTeC für seine Unterstützung danken. Dank gilt auch den Herren Thomas Tahedl, Thomas Haberstock, Lukas Mühlbauer und Johann Lehner von der Hochschule Landshut sowie den Herren I.J.M. Besselink und M.T.A. van der Drift von der Universität Eindhoven und den Herren Michael Rasper und Frank Exner, die durch Bereitstellung von Unterlagen sowie kritische Anregungen zum Gelingen des Werks beigetragen haben.

Ebenso sei den Herren Kees van de Grint (ehemaliger Reifeningenieur von Michael Schumacher), Martin Flick, Daniel Pitsch, Jürgen Wohlfahrt, Danny Nowlan und Jörge Segers für ihre Beratung gedankt.

Da ein solch umfassendes Buch auch bei gewissenhaftem Lektorat durchaus Fehler enthalten kann, nehmen die Verfasser konstruktive Verbesserungsvorschläge und Anregungen jederzeit gerne entgegen.

Rosmalen, Niederlande
Dipl.-Ing. Ton Serné

Bayerbach-Greilsberg, Deutschland
Prof. Dr.-Ing. Ralph Pütz

Grußwort

27.05.2019

EC Todsen

2. Auflage: Handbuch Rennwagentechnik – Sechs Bände

Motorsport begeistert nach wie vor. Seit es Autos gibt, reizen Fahrerinnen und Fahrer ihre Rennwagen bis an die technisch-physikalische Grenze aus und liefern sich packende, spannungsgeladene Wettkämpfe. Doch der Wettbewerb findet nicht erst auf der Rennstrecke statt. In den Entwicklungsabteilungen und Konstruktionsbüros wird der Grundstein des Erfolges gelegt. Fundierte Kenntnisse der Fahrzeugtechnik und Entwicklungsmethodiken entscheiden neben einem gründlichen und zeitgerechten Projektmanagement, kreativer Lösungskompetenz und unbedingtem Teamplay über Sieg oder Niederlage.

Der Motorsport ist nach wie vor Leitbild und Wegweiser für technologischen Fortschritt – sei es im Leichtbau, Materialauswahl oder der Aerodynamik. Auch die Fahrwerks- und Reifentechnologie profitiert immens und neue Sicherheitskonzepten basieren oftmals auf den Erfahrungen von der Rennstrecke. Ganz besonders zeigt sich der Einfluss des Motorsports aber im Antriebsstrang: Neben der beeindruckenden Leistungs- und Effizienzsteigerung des klassischen verbrennungsmotorischen Antriebssystems sind auch die wesentlichen Zukunftstechnologien Hybrid- und rein elektrischer Antrieb im motorsportlichen Wettbewerb erfolgreich angekommen und setzen diesen erfolgreich und publikumswirksam in einem teilweise völlig neuen Rahmen fort. Es bleibt sehr spannend zu beobachten, welche attraktiven Neuerungen digitale Vernetzungslösungen und autonome Fahrsysteme im Motorsport erzeugen werden. Ich empfehle gerade Jungingenieuren, sich im Motorsport das Rüstzeug für die spätere Karriere zu erwerben. Was man im Motorsport lernt, bleibt hängen. Bereits die Formula Student bietet ein ideales Umfeld, um damit zu beginnen.

Es freut mich sehr, dass die Buchreihe*Handbuch Rennwagentechnik*viel Zuspruch erhalten hat und innerhalb von zwei Jahren die zweite Auflage ermöglicht wurde. Dies zeigt, dass die angesprochenen Kompetenzen in diesem Werk anschaulich dargestellt und verständlich vermittelt werden.

Diese Buchreihe hat sich in Fachkreisen verdienterweise zu einem wohlbekannten und geschätzten Nachschlagwerk entwickelt. Das Werk bringt Studentinnen und Studenten die Faszination Motorsport näher und rennsportbegeisterte Laien zu einem tieferen technischen Verständnis.

Ich wünsche Ihnen viel Erfolg auf und neben der Rennstrecke!

Prof. Dr.-Ing. Peter Gutzmer

Stellvertretender Vorsitzender des Vorstands und Vorstand Technologie, Schaeffler AG

Inhaltsverzeichnis

Abkürzungen, Formelzeichen und Einheiten *List of Symbols and Units*

Kap. 1

l	Radstand (mm)
b_f	Spurweite an der Vorderachse (mm)
b_r	Spurweite an der Hinterachse (mm)
L_t	Länge über alles (mm)
B_t	Breite über alles (mm)
l_f	Schwerpunktabstand von Vorderachse (mm)
l_r	Schwerpunktabstand von Hinterachse (mm)
$F_{Z,V,f}$	Normalkraft Vorderachse (mit Fahrer) (N)
$F_{Z,V,r}$	Normalkraft Hinterachse (mit Fahrer) (N)
$F_{Z,V,t}$	Gewichtskraft (mit Fahrer) (N)
$m_{V,f,r}$	Radlast vorne rechts (mit Fahrer) (kg)
$m_{V,f,l}$	Radlast vorne links (mit Fahrer) (kg)
$m_{V,f}$	Vorderachslast (mit Fahrer) (kg)
$m_{V,r,r}$	Radlast hinten rechts (mit Fahrer) (kg)
$m_{V,r,l}$	Radlast hinten links (mit Fahrer) (kg)
$m_{V,r}$	Hinterachslast (mit Fahrer) (kg)
$m_{V,t}$	Gesamtmasse (mit Fahrer) (kg)
$m_{V,0}$	Leergewicht (kg)
i_m	Prozentuales Achslastverhältnis vorne/hinten (%)
Ant_f	Prozentualer Achslastanteil vorne (%)
Ant_r	Prozentualer Achslastanteil hinten (%)
h_v	Vertikale Schwerpunkthöhe (mm)
d_f	Durchmesser des Vorderrades (mm)
$F_{Z,V,r,a}$	Hinterachslast (Normalkraft) inkl. Fahrer und Tankfüllung für halbe Renndistanz im angehobenen Zustand (N)
$F_{Z,V,r}$	Hinterachslast (Normalkraft) inkl. Fahrer und Tankfüllung für halbe Renndistanz (N) in der Ebene

$F_{Z,V,t}$	Gesamtgewichtskraft des Fahrzeugs inkl. Fahrer und Tankfüllung für halbe Renndistanz (N)
$m_{Z,V,r,r,a}$	Radlast hinten rechts (mit Fahrer), angehoben (kg)
$m_{Z,V,r,l,a}$	Radlast hinten links (mit Fahrer), angehoben (kg)
$m_{Z,V,r,a}$	Hinterachslast (mit Fahrer), angehoben (kg)
H_a	Höhe unter Vorderrad, angehoben (Hubhöhe) (mm)
J_z	Massenträgheitsmoment um die Hochachse des Fahrzeugs (kg m^2)
T_0	gemessene Periodendauer der Drehschwingung um die$z$-Achse (s)
a,b,c	Maßc gemäß Abb. 1.6 (m)
g	Erdbeschleunigung (m/s^2)
$\varepsilon_{f,r}$	Sturz vorne rechts (°)
$\varepsilon_{f,l}$	Sturz vorne links (°)
$\varepsilon_{r,r}$	Sturz hinten rechts (°)
$\varepsilon_{r,l}$	Sturz hinten links (°)
$\delta_{V,f}$	Spurwinkel vorne (°)
$\delta_{V,r}$	Spurwinkel hinten (°)
$\tau_{f,r}$	Nachlaufwinkel vorne rechts (°)
$\tau_{f,l}$	Nachlaufwinkel vorne links (°)
σ	Spreizungswinkel (°)
R_0	Lenkrollhalbmesser (mm)
F_W	Summe der abbremsenden Fahrwiderstände (N)
F_L	Luftwiderstand (N)
F_R	Rollwiderstand (N)
F_{St}	Steigungswiderstand (N)
f_R	Rollwiderstandsbeiwert des Fahrzeugs (−)
$m_{Z,V,t}$	Fahrzeugmasse inkl. Fahrer und halber Tankfüllung (je nach Renndistanz) (kg)
g	Erdbeschleunigung, 9,81 m/s^2
α_{St}	Mittlerer Steigungswinkel der Fahrbahn (°)
ρ_L	Luftdichte (kg/m^3), 1,225 kg/m^3 auf Meereshöhe bei 15 °C und 1013 mbar
c_W	c_W -Wert des Fahrzeugs (−)
A	Anströmfläche des Fahrzeugs (m^2)
v_F	Fahrzeuggeschwindigkeit (m/s)
v_0	Windgeschwindigkeit (m/s), Gegenwind: negativer Wert, Rückenwind: positiver Wert
k_m	Drehmassenfaktor (−) zur Berücksichtigung der abzubremsenden Rotationsmassen (Räder inkl. Reifen etc.)
a_x	Verzögerung des Fahrzeugs aufgrund des Luft-, Roll- und Steigungswiderstands (m/s^2)
h_w	Mittlere Reifenhöhe aus Vorder-/Hinterachse (mm)
h_{sp}	Höhe Heckspoiler (mm)
s	Breite Heckspoiler (mm)

h_c	Projektion Höhe Heckspoiler (mm)
h_H	Höhe Hutze (mm)
s_H	Max. Breite Hutze (mm)

Kap. 2

a_y	Querbeschleunigung (Zentripetalbeschleunigung) (m/s²)
$F_{Ti,l,f}$	Querkraft am Reifen, links, vorne (N)
$F_{Ti,r,f}$	Querkraft am Reifen, rechts, vorne (N)
$F_{Ti,f,lat}$	Gesamtquerkraft an den Vorderreifen (N)
$F_{Ti,r,lat}$	Gesamtquerkraft an den Hinterreifen (N)
$F_{Ti,tot,v}$	Zentripetalkraft (N)
α_r	Schräglaufwinkel rechts (°)
α_l	Schräglaufwinkel links (°)
β	Schwimmwinkel (°)
g	Erdbeschleunigung (9,81 m/s²)
l	Radstand (m)
R	Kurvenradius (m)
v_x	Geschwindigkeit des Fahrzeugs in Längsrichtung (m/s)
δ_{lenk}	der aktuelle (kinematische) Lenkwinkel (rad)
$\delta_{untersteuern}$	Winkel, der das Maß von Untersteuern angibt (rad)
$\delta_{neutral}$	Neutraler Lenkwinkel (rad)
η	Untersteuerkoeffizient (–)
$\dot{\psi}\ P_1$	Gierrate des Fahrzeugs um den Kurvenmittelpunkt *M* (rad/s)
$\dot{\psi}\ P_2$	Gierwinkelgeschwindigkeit (Gierrate) des Fahrzeugs um den Schwerpunkt *S* (rad/s)

Kap. 3

$F_{W,y}$	Lateralkraft am Reifen (N)
b_y, c_y, d_y, e_y	Konstanten (–)
α	Schräglaufwinkel des Reifens (rad)
$F_{Ti,lat}$	Lateralkraft am Reifen (N)
$C_{T,\alpha}$	Seitensteifigkeit des Reifens (N/rad)
$r_{\tau,t}$	gesamte Nachlaufstrecke des Rades (m)
$F_{w,z}$	Normalkraft auf das Rad (N)
A_T	Aufstandsfläche des Reifens = Reifenlatsch (m²)
$l_{T,A}$	Länge der Aufstandsfläche des Reifens (m)
$b_{T,A}$	Breite der Aufstandsfläche des Reifens (m)
p_T	Reifenluftdruck (N/m²); Umrechnung: 1 bar = 10^5 N/m²

C_{Ti}	Vertikale Federrate (Federsteifigkeit) des Reifens (N/m)
ε	Sturzwinkel (°)
v_w	Umfangsgeschwindigkeit des Reifens (m/s)
r_{dyn}	dynamischer Radhalbmesser (m)
r_{stat}	statischer Radhalbmesser (m)
$F_{w,z}$	Normalkraft auf das Rad (N)
c_S	Gesamtfedersteifigkeit des Stabilisators (N/mm)
c_{Ba}	Federsteifigkeit des Stabilisatorrückens (Torsionsteil) (N/mm)
c_{Bl}	Federsteifigkeit der Stabilisatorschenkel (Biegeteile) (N/mm)
F	Tordierende und biegende Kraft im Stabilisator (N)
δ	Gesamte Einfederung des Stabilisators aus Verdrehung des Torsionsteils und Biegung beider Schenkel (mm)
δ_{Ba}	Einfederung des Stabilisators aus Verdrehung des Torsionsteils (mm)
δ_{Bl}	Einfederung des Stabilisators aus Biegung eines Schenkels (mm)
Φ	Gesamter Verdrehwinkel des Stabilisators aus Torsion und Biegung (rad)
G	Schubmodul (N/mm^2) (abhängig vom Material Federstahl, 73.100–82.000 N/mm^2)
D	Außendurchmesser (mm)
d	Innendurchmesser (mm)
L	Länge des Stabilisator-Rückens (Torsionsteil) (mm)
R	Radius zwischen Torsions- und Biegeteil (mm)
A	Schenkellänge des Stabilisators (mm)
δ_{Ba}	Einfederung des Stabilisators aus Verdrehung des Torsionsteils (mm)
E	Elastizitätsmodul (N/mm^2)
$T\ CT_{Radius}$	Traktionsradius (übertragbare Kraft!) eines Reifens (N)
$F_{W,Z}$	Radlast (N)
$k_{Fr,0}$	anfänglicher Reibungskoeffizient (Startwert) (–)
$k_{Fr,L}$	Koeffizient für die Abnahme des Reibungskoeffizienten unter Radlast (erfolgt linear mit der Radlast) (1/N)
$F_{W,Y,f}$	maximal übertragbare Seitenkraft an der Vorderachse (N)
$F_{W,Y,r}$	maximal übertragbare Seitenkraft an der Hinterachse (N)
$m_{V,dr}$	Masse des betriebsfertigen Rennfahrzeugs inkl. Fahrer (kg)
$m_{V,dr,f}$	Vorderachslast des betriebsfertigen Rennfahrzeugs inkl. Fahrer (kg)
$m_{V,dr,r}$	Hinterachslast des betriebsfertigen Rennfahrzeugs inkl. Fahrer (kg)
$Ant_{V,dr,f}$	Anteilige Vorderachslast des betriebsfertigen Rennfahrzeugs inkl. Fahrer (%)
v_v	Fahrzeuggeschwindigkeit in der Kurve (m/s)
R	Kurvenradius (m)
a_y	Zentripetalbeschleunigung (m/s^2)
T_2	optimale Reifentemperatur im Rennen (K)
p_1	Reifenluftdruck im kalten Zustand in der Box (*inklusive* Atmosphärendruck) (bar)

T_1	Reifentemperatur (= Außentemperatur) im kalten Zustand in der Box (K)
p_2	optimaler Betriebsdruck im Rennen (Überdruck über Atmosphärendruck) (bar)
t_2	optimale Reifentemperatur im Rennen (°C)
p_1	Reifenluftdruck im kalten Zustand in der Box (Überdruck über Atmosphärendruck) (bar)
t_1	Reifentemperatur (= Außentemperatur) im kalten Zustand in der Box (°C)
$c_{\mathrm{pTi,f/r}}$	spezifische Wärmekapazität des Vorder- bzw. Hinterreifens (J/kg K)
$\rho_{\mathrm{Ti,f/r}}$	Dichte der Struktur des Vorder- bzw. Hinterreifens (kg/m^3)
k_{Ti}	Maßstabsfaktor (1/m^3)
$F_{\mathrm{W,Y,}\frac{f}{r}}$	Seitenkraft im Vorder- bzw. Hinterreifen (N)
$F_{\mathrm{W,X,}\frac{f}{r}}$	Längskraft im Vorder- bzw. Hinterreifen (N)
$\alpha_{\frac{f}{r}}$	Schräglaufwinkel am Vorder- bzw. Hinterreifen (rad)
$S_{\mathrm{W,X,}\frac{f}{r}}$	Schlupf am Vorder- bzw. Hinterreifen (–)
α_{TiL}	Wärmeübergangskoeffizient Reifen-Luft (W/K)
α_{TiTr}	Wärmeübergangskoeffizient Reifen-Fahrbahn (W/K)
T_{Ti}	mittlere Reifentemperatur in der Lauffläche (K)
T_{Tr}	Temperatur des Fahrbahnbelags (K)
T_{L}	Temperatur der Umgebungsluft (K)
$T_{\mathrm{Ti\%i}}$	Prozentualer Anteil der Temperatur des Reifens i in Bezug auf die Summe aller Reifentemperaturen (%); mit i = FR (front right), FL (front left), RR (rear right) oder RL (rear left)
T_{Tii}	Temperatur des Reifens i (K oder °C); mit i = FR (front right), FL (front left), RR (rear right) ode RL (rear left)
T_{TiFR}	Temperatur des rechten Vorderreifens (FR) (K oder °C)
T_{TiFL}	Temperatur des linken Vorderreifens (FL) (K oder °C)
T_{TiRR}	Temperatur des rechten Hinterreifens (RR) (K oder °C)
T_{TiRL}	Temperatur des linken Hinterreifens (RL) (K oder °C)
DT_{Ti}	Differenz der Reifentemperatur in Reifenmitte und der gemittelten Reifentemperaturen der inneren und äußeren Reifenflanke (K oder °C)
$T_{\mathrm{Ti,Mitte}}$	Reifentemperatur in Reifenmitte (K oder °C)
$T_{\mathrm{Ti,Flanke\ außen}}$	Reifentemperatur an der äußeren Flanke (K oder °C)
$T_{\mathrm{Ti,Flanke\ innen}}$	Reifentemperatur an der inneren Flanke (K oder °C)
$DT_{\mathrm{Ti,außen-Mitte}}$	Differenz der Reifentemperatur in der äußeren Reifenflanke und der Reifenmitte (K oder °C)
$DT_{\mathrm{Ti,innen-Mitte}}$	Differenz der Reifentemperatur in der inneren Reifenflanke und der Reifenmitte (K oder °C)
$T_{\mathrm{Ti,Mitte}}$	Reifentemperatur in Reifenmitte (K oder °C)

$T_{\text{Ti,Flanke außen}}$	Reifentemperatur an der äußeren Flanke (K oder °C)
$T_{\text{Ti,Flanke innen}}$	Reifentemperatur an der inneren Flanke (K oder °C)
p	Druck im Reifen (N/m^2)
V	Reifenvolumen (m^3)
m	Luftmasse im Reifen (kg)
T	Temperatur im Reifen (K)
R	Allgemeine Gaskonstante der Luft (287 J/(kg · K) = 287 N m/(kg · K))

Kap. 4

f_e	Eigenfrequenz (1/s) bzw. (Hz)
ω_e	Eigenkreisfrequenz (1/s)
c	Federrate des schwingenden Systems (N/m)
m	Masse des schwingenden Systems (kg)
V	Fahrzeugschwerpunkt
$W_{i,j}$	Radaufstandspunkte (Indizes: i = f; r (vorne, hinten)); j = r; l (rechts, links)
P_i	Rollzentrum (Index: i = f; r (vorne, hinten))
$m_{V,t}$	Fahrzeugmasse (inkl. Fahrer) (kg)
$m_{V,i,j}$	gefederte Fahrzeugmasse (Aufbaumasse) je Rad (Indizes: i = f; r (vorne, hinten)); j = r; l (rechts, links) (kg)
$m_{W,i,j}$	ungefederte Fahrzeugmasse je Rad (Indizes: i = f, r (vorne, hinten)); j = r, l (rechts, links) (kg)
$c_{i,j}$	Federrate der Fahrzeugfeder je Rad (Indizes: i = f, r (vorne, hinten)); j = r, l (rechts, links) (N/m)
$c_{T,i,j}$	Vertikale Federsteifigkeit des Reifens (Indizes: i = f, r (vorne, hinten)); j = r, l (rechts, links) (N/m)
$k_{i,j}$	Dämpferrate je Rad (Indizes: i = f, r (vorne, hinten)); j = r, l (rechts, links) (kg/s) bzw. (N s/m)
F_D	Dämpferkraft (N)
Pz	Geschwindigkeit der Schwingung in Richtung der Dämpferachse (bei aufrecht stehendem Dämpfer: z-Achse) (m/s) oder (mm/s)
n	Exponent für Dämpferkennung (–)
p_1	Druck vor Ventil bzw. der Drossel (upstream) (N/m^2)
p_2	Druck am Ausgang des Ventils bzw. der Drossel (downstream) (N/m^2)
Q	Volumenstrom (m^3/s)
A	geometrischer Strömungsquerschnitt am Ventil (m^2)
α_D	Durchflussbeiwert (–), gibt an, in wieweit die Strömung an der Blende kontrahiert wird und sich dadurch gegenüber dem geometrischen Strömungsquerschnitt eine Reduzierung ergibt
$\alpha_D \cdot A$	tatsächlicher Strömungsquerschnitt am Ventil (m^2)
r	Radius der Drossel (m)
l	Länge der Drossel (m)

ρ Dichte des Hydrauliköls (kg/m^3)
η dynamische Viskosität des Hydrauliköls (N · s/m^2) = (Pa · s)
p_{1G} Gasdruck im Expansionsvolumen vor Verdichtung (bar)
p_{2G} Gasdruck im Expansionsvolumen nach Verdichtung (bar)
V_{1G} Expansionsvolumen vor Verdichtung (m^3)
V_{2G} Expansionsvolumen nach Verdichtung (m^3)
T_{1G} Temperatur des Gases im Expansionsvolumen vor Verdichtung (K)
T_{2G} Temperatur des Gases im Expansionsvolumen nach Verdichtung (K)
κ Isentropenexponent = 1,4 (–)
$W_{f,r}$ Radaufstandspunkt des rechten Vorderrades
$m_{V,f,r}$ gefederte Fahrzeugmasse (Aufbaumasse) am rechten Vorderrad (kg)
$z_{B,f,r}$ Federweg der gefederten Fahrzeugmasse (Aufbaumasse) am rechten Vorderrad (m) bzw. (mm)
$m_{W,f,r}$ ungefederte Fahrzeugmasse am rechten Vorderrad (kg)
$z_{W,f,r}$ Weg der ungefederten Fahrzeugmasse (Rad- und Aufhängungsmasse) am rechten Vorderrad (m) bzw. (mm)
$c_{f,r}$ Federrate der Fahrzeugfeder am rechten Vorderrad (N/m)
$c_{T,f,r}$ Vertikale Federsteifigkeit des rechten Vorderreifens (N/m)
$k_{f,r}$ Dämpferrate des Dämpfers am rechten Vorderrad (kg/s) bzw. (N s/m)
m_V gefederte Fahrzeugmasse am Rad (1/4-Aufbaumasse!) (kg)
z_B Federweg der gefederten Fahrzeugmasse (1/4-Aufbaumasse!) (m) bzw. (mm)
m_W ungefederte Fahrzeugmasse am Rad (1/4-Aufbaumasse!) (kg)
z_W Weg der ungefederten Fahrzeugmasse (Rad- und Aufhängungsmasse, bezogen auf 1/4-Fahrzeug) (m) bzw. (mm)
c Federrate der Fahrzeugfeder, bezogen auf das Rad (N/m)
c_T Vertikale Reifen-Federsteifigkeit (N/m)
$k_{f,r}$ Dämpferrate, bezogen auf das Rad (kg/s) bzw. (N s/m)
ω_e Eigenkreisfrequenz, bezogen auf das Rad (1/s)
k Dämpferrate, bezogen auf das Rad (kg/s) bzw. (N s/m)
k_ζ Dämpfungsmaß, bezogen auf das Rad (–)
MR Motion Ratio, Übersetzungsverhältnis der Radaufhängung vom Rad zum Dämpfer (–); in den übrigen Bändeni_{Sp}
$\omega_{e,f}$ Eigenkreisfrequenz, bezogen auf die Feder (1/s)
k Dämpferrate, bezogen auf das Rad (kg/s) bzw. (N s/m)
k_d Dämpferrate, bezogen auf den Dämpfer (kg/s) bzw. (N s/m)
$k_{\zeta,d}$ Dämpfungsmaß, bezogen auf den Dämpfer (–)

Kap. 5

$F_{v,y,re}$ Zentripetalkraft (= Reaktionskraft) (N)
m_v Masse des gesamten Fahrzeugs (Vehicle) (kg)
a_y Querbeschleunigung (m/s^2)

v	Geschwindigkeit des Fahrzeugs in Längsrichtung (m/s)
R	Kurvenradius
h_v	Schwerpunkthöhe über der Straße (m)
h_{RZ}	Höhe Rollzentrum über der Straße (m)
l	Radstand (m)
$Ant_{Nick,geo}$	Der geometrische Anteil des totale Nickwiderstandes
$Ant_{Roll,geo}$	geometrischer Anteil des Widerstands gegen Rollen (−)
b_i	Spurweite einer Achse (m); i = f (front, vorne) oder r (rear, hinten)
d_{Ro}	Horizontale Distanz zwischen Fahrzeugmitte und Rollzentrum (m)
$F_{B,Reaktion}$	Reaktionskraft in *S* auf die Triebkraft (N)
F_B	gesamte Bremskraft (= Aktion) (N)
$F_{B,f}$, $F_{B,r}$	Bremskraft beider Räder an Vorder- bzw. Hinterachse (N)
$F_{B,reaktion}$	Reaktionskraft in *S* auf die gesamte Bremskraft (N)
$F_{Jacking}$	gesamte Hebekraft (Jacking Force) im Rollzentrum (N)
$F_{Traction}$	Triebkraft beider Hinterräder (N)
$F_{W,y}$	Summe der kurvenäußeren und -inneren Querkraft (N)
$F_{Z,J,i}$	Hebekraft (Jacking Force) am kurveninneren Rad (N)
$F_{Z,J,o}$	Hebekraft (Jacking Force) am kurvenäußeren Rad (N)
h_{Ni}	Höhe des Nickzentrums *NZ* über der Straßenebene (m)
h_{Ro}	Höhe des Rollzentrums (m)
l_1	Länge des unteren Querlenkers (Abstand der Lager A und A_0) (mm)
l_2	Radträger (Abstand der Lager A und B) (mm)
l_3	Länge des oberen Querlenkers (Abstand der Lager B und B_0) (mm)
l_4	Abstand der Lager A_0 und B_0 am Chassis (mm)
l_{Ni}	Nickarm; Distanz zwischen dem Nickzentrum *NZ* und dem Schwerpunkt *S* (m)
l_{Ro}	Rollhebelarm zwischen *RZ* und *S* (m)
M_{Ni}	Nach vorne drehendes Nickmoment (N m)
M_{Ro}	Rollmoment der Zentrifugalkraft um *RZ* (N m)
$\Delta F_{V,z}$	Gewichtstransfer einer Achse (N)
$\Delta F_{V,z,ela}$	Elastischer Gewichtstransfer einer Achse (N)
$\Delta F_{V,z,geo}$	Geometrischer Gewichtstransfer (N)
$\Delta F_{v,zt}$	gesamter Gewichtstransfer (N)
η	Winkel zwischen fahrzeugfestem und straßenfestem Koordinatensystem (rad)
σ	Winkel zwischen Upright und der Verbindung zwischen den Lagerpunkten A_0 und B_0 (rad)
σ	Spreizungswinkel (°)
φ	Winkel zwischen Chassis und unterem Querlenker (rad)
φ_s	Winkel zwischen dem unteren Querlenker und der Hilfsgeraden f (rad)
φ_t	Winkel zwischen der Hilfsgeraden f und dem Upright (rad)
ψ	Winkel zwischen Chassis und oberem Querlenker (rad)
ψ_s	Winkel zwischen Chassis und der Hilfsgeraden f (rad)

ψ_t	Winkel zwischen der Hilfsgeraden f und dem oberen Querlenker (rad)
κ	Winkel zwischen der Verbindung zwischen den Lagerpunkten A_0 und B_0 und dem unteren Lagerpunkt A mit dem Radaufstandspunkt K (rad)

Kap. 6

c_{Ti}	Federrate des Reifens (N/m)
l	Radstand (m)
h_v	Schwerpunkthöhe (m)
a_y	Querbeschleunigung (m/s²)
a_x	Bremsverzögerung (m/s²)
a	radseitiger Hebelarm (mm)
A	Schenkellänge (Kraftarms) (mm)
b	federseitiger Hebelarm (mm)
b	Breite der Blätter (mm)
$B_1 = n_1 \cdot b$	Kennzahl für die durchgehenden Blätter (n_1) (mm)
$B_2 = n \cdot b$	Kennzahl für die nicht-durchgehenden Blätter (mm)
c_F	Federrate (N/mm)
$c_{F,S}$	Federrate der Schraubenfeder (N/mm)
$c_{F,Rad}$	Federrate der Feder, auf das Rad bezogen (N/mm)
$c_{F,Rad,f}$	radbezogene Federsteifigkeit der Federn der Vorderachse (N/mm)
$c_{F,Rad,i}$	radbezogene Federsteifigkeit der Feder einer Achse (N/mm)
$c_{F,t}$	Federrate der Torsionsfeder (N/mm)
$C_{St,Rad}$	Federrate des Stabilisators, auf das Rad bezogen (N/mm)
d	Innendurchmesser Torsionsfeder (mm)
d	Drahtdicke Schraubenfeder (mm)
D	Durchmesser der Feder (Mitte-zu-Mitte des Drahtes) (mm)
E	Elastizitätsmodul (N/mm²)
F_F	Federkraft = Kraft am federseitigen Hebel b (N)
f_F	Federweg an der Feder (Schraubenfeder) (mm)
f_F	Federweg der Achse (Blattfeder) (mm)
$f_{F\ Rad,i,o}$	Federweg am kurvenäußeren Rad einer Achse (N);
$F_{F,Rad}$	Kraft der Feder am radseitigen Hebel a (N)
$f_{F,Rad}$	Federweg, bezogen auf das Rad (mm)
$f_{F,Rad,f}$	Federweg an den Rädern der Vorderachse (mm)
f_{Fo}	Einfederung am kurvenäußeren Rad (mm)
F_{NW}	Nickwiderstandskraft an der Vorderachse (N)
F_{RWf}	Widerstandskraft gegen Rollen an der Vorderachse (N)
$F_{RWi,o}$	Widerstandskraft gegen Rollen am kurvenäußeren Rad einer Achse (N);
F_{RWr}	Widerstandskraft gegen Rollen an der Hinterachse (N)

$F_{V,z,ela}$ Elastischer Gewichtstransfer (folgt aus (5.6)) (N)
F_Z Kraft der Feder aus Achslast (N)
$F_Z = F_f + F_r$ Gesamte Kraft an der Blattfeder (N)
$F_{Z,max}$ maximal zulässige Kraft
G Schubmodul (N/mm^2)
h Höhe der Blätter (mm)
k_D Dämpferrate des Stoßdämpfers (N/(m/s))
$k_{D,Rad}$ Dämpferrate des Stoßdämpfers, auf das Rad bezogen (N/(m/s))
$L_{Schraubenfeder}$ Länge der Schraubenfeder (mm)
L Länge des Torsionsstabes (mm)
l_f/l Massenverteilung auf die Hinterachse
l_{Ni} Nickarm (m)
l_r/l Massenverteilung auf die Vorderachse
$\mathrm{l}_{Ro,S}$ Rollarm im Schwerpunkt (mm)
M_{Ni} Nickmoment (N m)
MR Motion Ratio (−)
M_{Ro} Rollmoment (folgt aus (5.5)) (N m)
$m_{V,G}$ gefederte Fahrzeugmasse (kg)
n Anzahl der Windungen von Schraubenfedern
$n = n_1 + n_2$ Total Anzahl Blätter (n_2) (−)
n_1 Anzahl der durchgehenden Blätter (−)
n_2 Anzahl der übrigen Blätter (= $n - n_1$) (−)
R_m Zugfestigkeit
$\gamma = f(B_1/B_2)$ Faktor für die Verhältnis zwischen B_1 und B_2 (−); Siehe die Grafik in Abb. 6.7
σ maximal zulässige Zugspannung (N/mm^2)
Φ Rollwinkel (°)

Kap. 7

$\upsilon_{v,r,o}$ Fahrzeuggeschwindigkeit am kurvenäußeren Rad (hier Index: r = hinten/Heckantrieb) (m/s)
$\upsilon_{r,o}$ Geschwindigkeitskomponente in Fahrzeuglängsrichtung am kurvenäußeren Rad (hier Index: r = hinten/Heckantrieb) (m/s)
$\upsilon_{v,r,i}$ Fahrzeuggeschwindigkeit am kurveninneren Rad (Index: r = hinten) (m/s)
$\upsilon_{r,i}$ Geschwindigkeitskomponente in Fahrzeuglängsrichtung am kurveninneren Rad (hier Index: r = hinten/Heckantrieb) (m/s)
υ_r Geschwindigkeitskomponente in Fahrzeuglängsrichtung im Achsmittelpunkt (hier Index: r = hinten/Heckantrieb) (m/s)
$\Delta\upsilon$ Geschwindigkeitsdifferenz in Fahrzeuglängsrichtung zwischen dem jeweiligen Rad und dem Achsmittelpunkt (m/s)
$\dot{\psi}$ r Gierwinkelgeschwindigkeit um den Achsmittelpunkt (Index: r = hinten) (1/s)

b_r	Spurweite (hier Index: r = hinten/Heckantrieb) (m)
$F_{Ti,r,o}$	Resultierende Kraft am kurvenäußeren Reifen (hier Index: r = hinten) (N)
$F_{Ti,r,i}$	Resultierende Kraft am kurveninneren Reifen (hier Index: r = hinten) (N)
$\alpha_{r,o}$	Schräglaufwinkel am kurvenäußeren Reifen (hier Index: r = hinten) (rad)
$\alpha_{r,i}$	Schräglaufwinkel am kurveninneren Reifen (hier Index: r = hinten) (rad)
T_{PN}	Antriebsdrehmoment am Triebling (N m)
T_l	Drehmoment an der linken Antriebswelle bzw. am linken Rad (N m)
T_{rs}	Drehmoment an der rechten Antriebswelle bzw. am rechten Rad (N m)
$n_{r,o}$	Drehzahl am kurvenäußeren Rad (hier Index: r = hinten/Heckantrieb) (1/min) oder (1/s)
n_{fast}	Drehzahl am schnellsten drehenden Rades (1/min) oder (1/s)
$n_{r,i}$	Drehzahl am kurveninneren Rad (hier Index: r = hinten/Heckantrieb) (1/min) oder (1/s)
n_{fast}	Drehzahl am langsamsten drehenden Rades (1/min) oder (1/s)
n_{PN}	Drehzahl des Trieblings (1/min) oder (1/s)
n_{RG}	Drehzahl des Tellerades (1/min) oder (1/s)
Δn	Drehzahldifferenz zwischen kurvenäußerem und kurveninnerem Rad (1/min) oder (1/s)
i_{FD}	Antriebsachsübersetzung (–)
T_l	Drehmoment an der linken Achsantriebswelle bzw. am linken Rad (N m)
T_{rs}	Drehmoment an der rechten Achsantriebswelle bzw. am rechten Rad (N m)
T_{slow}	Drehmoment an der am langsamsten drehenden Achsantriebswelle bzw. am langsamsten drehenden Rad (N m)
T_{fast}	Drehmoment an der am schnellsten drehenden Achsantriebswelle bzw. am schnellsten drehenden Rad (N m)
S	Sperrwert (%)
T_{RG}	Drehmoment am Tellerrad (= Antriebsmoment an der Achse M_A) (N m)
M_A	Antriebsmoment an der Achse (N m)
M_A	Antriebsmoment an der angetriebenen Achse (= Drehmoment am Tellerrad) (N m)
M_M	Motordrehmoment (N m)
i_G	Getriebeübersetzung des jeweiligen Gangs (–)
i_D	Übersetzung des Achsantriebs (–)
η_{ges}	Gesamtwirkungsgrad der Kraftübertragung vom Motor zur Antriebsachse (–)
$F_{W,x,A}$	Zugkraft an der Antriebsachse (Summe aus den Zugkräften an beiden Antriebsrädern bzw. gesamter äußerer Fahrwiderstand) (N)
r_{dyn}	dynamischer Radhalbmesser (m); hier für beide Antriebsräder gleich angenommen
P_e	effektive Motorleistung (W)
n_M	Motordrehzahl (1/s) (= Motordrehzahl (1/min)/60)

$F_{W,x,a,l}$	Zugkraft am linken Antriebsrad (N)
$F_{W,x,a,r}$	Zugkraft am rechten Antriebsrad (N)
n_r	Drehzahl an der rechten Achsantriebswelle bzw. am rechten Rad (1/s)
n_l	Drehzahl an der linken Achsantriebswelle bzw. am linken Rad (1/s)
v_V	Fahrzeuggeschwindigkeit (m/s) (= Fahrzeuggeschwindigkeit (km/h)/3,6)
ΔF_{Diff}	umverteilter Zugkraftanteil je Rad (N)
$F_{W,x,A}$	Zugkraft an der Antriebsachse (Summe aus den Zugkräften an beiden Antriebsrädern bzw. gesamter äußerer Fahrwiderstand) (N)
v_{fast}	Geschwindigkeit in Längsrichtung am schnellsten drehenden Rad (m/s)
v_{slow}	Geschwindigkeit in Längsrichtung am langsamsten drehenden Rad (m/s)
$v_{r,o}$	Geschwindigkeitskomponente in Fahrzeuglängsrichtung am kurvenäußeren Rad (hier Index: r = hinten/Heckantrieb) (m/s)
$v_{r,i}$	Geschwindigkeitskomponente in Fahrzeuglängsrichtung am kurveninneren Rad (hier Index: r = hinten/Heckantrieb) (m/s)
v_r	Geschwindigkeitskomponente in Fahrzeuglängsrichtung im Achsmittelpunkt (hier Index: r = hinten/Heckantrieb) (m/s)
Δv	Geschwindigkeitsdifferenz in Fahrzeuglängsrichtung zwischen dem jeweiligen Rad und dem Achsmittelpunkt (m/s)
P_r	Gierwinkelgeschwindigkeit um den Achsmittelpunkt (Index: r = hinten) (1/s)
b_r	Spurweite (hier Index: r = hinten/Heckantrieb) (m)
$a_{y,r}$	Querbeschleunigung des Fahrzeugs im Achsmittelpunkt (hier Index: r = hinten/Heckantrieb) (m/s^2)
a_y	Querbeschleunigung des Fahrzeugs (m/s^2)
$v_{f,o}$	Geschwindigkeitskomponente in Fahrzeuglängsrichtung am kurvenäußeren Rad (hier Index: f = vorne/Frontantrieb) (m/s)
$v_{f,i}$	Geschwindigkeitskomponente in Fahrzeuglängsrichtung am kurveninneren Rad (hier Index: f = vorne/Frontantrieb) (m/s)
v_f	Geschwindigkeitskomponente in Fahrzeuglängsrichtung im Achsmittelpunkt (hier Index: f = vorne/Frontantrieb) (m/s)
P_f	Gierwinkelgeschwindigkeit um den Achsmittelpunkt (Index: f = vorne) (1/s)
b_f	Spurweite (hier Index: f = Vorderachse) (m)
$a_{y,f}$	Querbeschleunigung des Fahrzeugs im Achsmittelpunkt (hier Index: f = vorne/Frontantrieb) (m/s^2)
$F_{Ti,r,o}$	resultierende am kurvenäußeren Rad übertragene Kraft (hier Index: r = hinten/Heckantrieb) (m/s)
$F_{w,x,r,o}$	am kurvenäußeren Rad übertragene Längskraft (hier Index: r = hinten/Heckantrieb) (m/s)
$F_{w,y,r,o}$	am kurvenäußeren Rad übertragene Querkraft (hier Index: r = hinten/Heckantrieb) (m/s)

$F_{\text{Ti,r,i}}$ resultierende am kurveninneren Rad übertragene Kraft (hier Index: r = hinten/Heckantrieb) (m/s)
$F_{\text{w,x,r,i}}$ am kurveninneren Rad übertragene Längskraft (hier Index: r = hinten/Heckantrieb) (m/s)
$F_{\text{w,y,r,i}}$ am kurveninneren Rad übertragene Querkraft (hier Index: r = hinten/Heckantrieb) (m/s)
v_{r} Geschwindigkeitskomponente in Fahrzeuglängsrichtung im Achsmittelpunkt (hier Index: r = hinten/Heckantrieb) (m/s)
$\dot{\psi}_{\text{r}}$ Gierwinkelgeschwindigkeit um den Achsmittelpunkt (Index: r = hinten) (1/s)
b_{r} Spurweite (hier Index: r = hinten/Heckantrieb) (m)
$F_{\text{W,y,r,o}}$ übertragbare Seitenkraft am kurvenäußeren Rad der Hinterachse (N)
$F_{\text{Ti,r,o,max}}$ maximal übertragbare Reifenkraft am kurvenäußeren Rad der Hinterachse (N)
$F_{\text{Ti,r,I,max}}$ maximal übertragbare Reifenkraft am kurveninneren Rad der Hinterachse (N)
$m_{\text{V,dr,r}}$ Hinterachslast des betriebsfertigen Rennfahrzeugs inkl. Fahrer (kg)
$Ant_{\text{V,dr,f}}$ Anteilige Vorderachslast des betriebsfertigen Rennfahrzeugs inkl. Fahrer (%)
R Kurvenradius (m)
$T\,CT_{\text{Radius,r,o}}$ maximal übertragbare Reifenkraft am kurvenäußeren Rad der Hinterachse als Ersatzradius des Kamm'schen Kreises (N)
$T\,CT_{\text{Radius,r,i}}$ maximal übertragbare Reifenkraft am kurveninneren Rad der Hinterachse als Ersatzradius des Kamm'schen Kreises (N)
$T\,CT_{\text{Radius,max}}$ maximaler Traktionsradius (maximale übertragbare Kraft!) eines Reifens (N)
$F_{\text{W,Z,opt}}$ optimale Radlast zum Erreichen von $T\,CT_{\text{Radius,max}}$ (N)
$k_{\text{Fr,0}}$ anfänglicher Reibungskoeffizient (Startwert) (–)
$k_{\text{Fr,L}}$ Koeffizient für die Abnahme des Reibungskoeffizienten unter Radlast (erfolgt linear mit der Radlast) (1/N)

Kap. 8

$F_{\text{V,y}}$ Zentripetalkraft (N)
$\mu_{\text{W,y}}$ Haftreibungszahl in Querrichtung (–)
a_{y} Querbeschleunigung (Zentripetalbeschleunigung) (m/s^2)
v_{V} Kurvengeschwindigkeit des Fahrzeugs (m/s)
g Erdbeschleunigung = 9,81 (m/s^2)
$F_{\text{V,z,t}}$ Gewichtskraft des betriebsfertigen Gesamtfahrzeugs inkl. Fahrer (N)
$m_{\text{V,t,dr}}$ Masse des betriebsfertigen Gesamtfahrzeugs inkl. Fahrer (kg)
R Kurvenradius (m)

p_{stat}	Statischer Druck (N/m^2) bzw. (bar), 1 bar = 10^5 N/m^2
p_{dyn}	Dynamischer Druck (N/m^2) bzw. (bar)
p_{pot}	Druck der Lage (N/m^2) bzw. (bar)
p_{ges}	Gesamtdruck (N/m^2) bzw. (bar)
ρ_L	Luftdichte (kg/m^3)
z	Höhe zum Bezugsystem (m)
$v_{Ström}$	Strömungsgeschwindigkeit bzw. Anströmgeschwindigkeit (m/s)
$A_{Ström}$	Strömungsquerschnitt (m^2)
$\dot{m}$	Massenstrom (kg/s)
Re	Reynoldszahl (–)
D	Charakteristische Länge (m); bei Rohrströmungen z. B. der Rohrdurchmesser, bei Flügeln die Sehnenlänge$c$(siehe Abb. 8.8)
v_L	Kinematische Viskosität der Luft (m^2/s) bzw. (St = Stokes); 1 St = 10^{-4} m^2/s
$F_{L,x}$	Luftwiderstandskraft (N), Drag
$F_{L,z}$	Abtriebskraft (N); Downforce
c_W	Luftwiderstandsbeiwert (–)
c_A	Abtriebsbeiwert (–)
v_V	Fahrzeuggeschwindigkeit (m/s)
v_L	Windgeschwindigkeit (m/s)
A	Angeströmter Fahrzeugquerschnitt = Projektionsfläche (m^2); siehe Kap. 1, Abb. 1.16 und Tab. 1.11
p_L	Luftdruck (N/m^2); 1 bar = 10^5 N/m^2 = 10^5 Pa
V_L	Luftvolumen (m^3)
m_L	Luftmasse (kg)
T_L	Lufttemperatur (K); Umrechnung: T_L [K] = t_L [°C] +273,15
R_L	Allgemeine Gaskonstante der trockenen Luft (287 J/(kg · K))
p_W	Druck des Wasserdampfes (N/m^2); 1 bar = 10^5 N/m^2
R_W	Allgemeine Gaskonstante des Wasserdampfes (461,5 J/(kg · K))
p_{SW}	Sättigungsdruck des Wasserdampfes (N/m^2) in Abhängigkeit der Temperatur
r_L	Relative Luftfeuchte (%)
Ant_f	Achslastanteil vorne (–)
Ant_r	Achslastanteil hinten (–)
$Ant_{lat,f}$	Anteil der lateralen dynamischen Achslastverlagerung vorne (–)
$Ant_{lat,r}$	Anteil der lateralen dynamischen Achslastverlagerung hinten (–)
$Ant_{A,f}$	Anteil des Abtriebs vorne (–)
$Ant_{A,r}$	Anteil des Abtriebs hinten (–)
a_y	Querbeschleunigung (Zentripetalbeschleunigung) (m/s^2)
h_V	Höhe des Fahrzeugschwerpunktes (m)
b_f	Spurweite vorne (m)
b_r	Spurweite hinten (m)
$c_{A,Fl}$	Abtriebsbeiwert eines Flügels (–)
c	Sehnenlänge eines Flügels (m); siehe Abb. 8.8

s	Spannweite eines Flügels (m)
AOA	Anstellwinkel (Angle of attack)
BHP	Widerstandsleistung (Brake horse power)
O_f	Nickpol der Vorderradaufhängung (= NZ_f)
O_r	Nickpol der Hinterradaufhängung (= NZ_r)
O	Nickpol des Gesamtfahrzeugs (NZ)
W_f	Reifenaufstandspunkt Vorderachse
W_r	Reifenaufstandspunkt Hinterachse
$m_\mathrm{V,t,dr}$	Gesamtmasse des betriebsfertigen Rennwagens inkl. Fahrer (kg)
$m_\mathrm{V,t,dr,C}$	gefederte Masse des betriebsfertigen Rennwagens inkl. Fahrer (kg)
$m_\mathrm{W,f}$	Ungefederte Masse der Vorderachse (kg)
$m_\mathrm{W,r}$	Ungefederte Masse der Hinterachse (kg)
$F_\mathrm{L,z,Fl,f}$	Abtriebskraft am Frontflügel (N)
$F_\mathrm{L,z,Fl,r}$	Abtriebskraft am Heckflügel (N)
$F_\mathrm{L,z,UB}$	Abtriebskraft am Unterboden (N)
z	Weg des Aufbaus (m)
$z_\mathrm{W,f}$	Weg der ungefederten Massen der Vorderachse (m)
$z_\mathrm{W,r}$	Weg der ungefederten Massen der Hinterachse (m)
k_f	radbezogene Dämpferrate der Vorderachse (kg/s)
k_r	radbezogene Dämpferrate der Hinterachse (kg/s)
c_f	radbezogene Federrate der Federn der Vorderachse (N/m)
$c_\mathrm{T,f}$	Federrate der Vorderreifen (N/m)
c_r	radbezogene Federrate der Federn der Hinterachse (N/m)
$c_\mathrm{T,r}$	Federrate der Hinterreifen (N/m)
φ_O	Nickwinkel (rad)
$FH_\mathrm{dyn,f}$	(Dynamische) Fahrthöhe an der Vorderachse (m) bzw. (mm)
$FH_\mathrm{dyn,r}$	(Dynamische) Fahrthöhe an der Hinterachse (m) bzw. (mm)
$l_\mathrm{S,f}$	Horizontaler Abstand des Sensors vor der Vorderachse (m) bzw. (mm)
$l_\mathrm{S,r}$	Horizontaler Abstand des Sensors vor der Hinterachse (m) bzw. (mm)
l	Radstand (m) bzw. (mm)
$z_\mathrm{S,f}$	Einbauhöhe des Sensors an der Vorderachse (m) bzw. (mm)
$z_\mathrm{S,r}$	Einbauhöhe des Sensors an der Hinterachse (m) bzw. (mm)
b_f	Spurweite an der Vorderachse (m) bzw. (mm)
b_r	Spurweite an der Hinterachse (m) bzw. (mm)
$b_\mathrm{S,f}$	Lateraler Abstand der Sensoren an der Vorderachse (symmetrisch zur Fahrzeugmitte) (m) bzw. (mm)
$b_\mathrm{S,r}$	Lateraler Abstand der Sensoren an der Hinterachse (symmetrisch zur Fahrzeugmitte) (m) bzw. (mm)
$z_\mathrm{S,f}$	Einbauhöhe des Sensors an der Vorderachse (m) bzw. (mm)
$z_\mathrm{S,r}$	Einbauhöhe des Sensors an der Hinterachse (m) bzw. (mm)
$z_\mathrm{S,f,l}$	Einbauhöhe des Sensors links an der Vorderachse (m) bzw. (mm)

$z_{S,f,l,dyn}$	(Dynamische) Fahrthöhe des Sensors links an der Vorderachse bei Bewegung (m) bzw. (mm); hier dargestellt beim Ausfedern
$z_{f,l,dyn}$	(Dynamische) Fahrthöhe am linken Vorderrad bei Bewegung (m) bzw. (mm); hier dargestellt beim Ausfedern
$FH_{stat,f}$	Statische Fahrthöhe an der Vorderachse (m) bzw. (mm)
$FH_{stat,r}$	Statische Fahrthöhe an der Hinterachse (m) bzw. (mm)
MR_f	Übersetzungsverhältnis (Motion Ratio) der Radaufhängung vom Rad zum Dämpfer an der Vorderachse (–)
MR_r	Übersetzungsverhältnis (Motion Ratio) der Radaufhängung vom Rad zum Dämpfer an der Hinterachse (–)
$f_{B,f,r}$	Federweg der Feder für gefederte Fahrzeugmasse (Aufbaumasse) am rechten Vorderrad (m) bzw. (mm)
$f_{B,f,l}$	Federweg der Feder für gefederte Fahrzeugmasse (Aufbaumasse) am linken Vorderrad (m) bzw. (mm)
$f_{B,r,r}$	Federweg der Feder für gefederte Fahrzeugmasse (Aufbaumasse) am rechten Hinterrad (m) bzw. (mm)
$f_{B,r,l}$	Federweg der Feder für gefederte Fahrzeugmasse (Aufbaumasse) am linken Hinterrad (m) bzw. (mm)
$c_{Ti,f}$	Vertikale Federrate (Federsteifigkeit) eines Vorderreifens (N/m)
$c_{Ti,r}$	Vertikale Federrate (Federsteifigkeit) eines Hinterreifens (N/m)
$F_{z,V,f}$	Vorderachslast (N)
$F_{z,V,r}$	Hinterachslast (N)
c_f	Aufbaufederrate einer Aufbaufeder an der Vorderachse (N/m) bzw. (N/mm)
c_r	Aufbaufederrate einer Aufbaufeder an der Hinterachse (N/m) bzw. (N/mm)
a_x	Längsbeschleunigung (m/s^2); positiver Wert in Fahrtrichtung! (x-Achse)

Kap. 9

β	Banking-Winkel (°)
A	Angeströmter Fahrzeugquerschnitt = Projektionsfläche (m^2)
ANS	Ableitung der normierten Querkraft nach dem Schräglaufwinkel (1/°) oder (1/rad)
a_y	Querbeschleunigung (m/s^2)
b_f	Spurweite der Vorderachse (mm)
b_r	Spurweite der Hinterachse (mm)
c_A	Abtriebsbeiwert (–)
c_W	Luftwiderstandsbeiwert (–)
$D_{St,i}$	Stabilitätsbeiwert (i = f: vorne; r: hinten) (N/rad)
$D_{St,tot}$	gesamter Stabilitätsbeiwert (N/rad)
$F_{W,f,z,max,i}$	Maximale Normalkraft kurveninneren Rad der Vorderachse (N)
$F_{W,f,z,max,o}$	Maximale Normalkraft am kurvenäußeren Rad der Vorderachse (N)

$F_{W,r,z,max,i}$	Maximale Normalkraft kurveninneren Rad der Hinterachse (N)
$F_{W,r,z,max,o}$	Maximale Normalkraft kurvenäußeren Rad der Hinterachse (N)
GR	Gear Ratio; Gesamtes Übersetzungsverhältnis (Getriebe und Differenziell) (–)
h_V	Schwerpunkthöhe (mm)
$k_{Fr,0}$	anfänglicher Reibungskoeffizient (Startwert) (–)
$k_{Fr,L}$	Koeffizient für die Abnahme des Reibungskoeffizienten unter Radlast (1/N)
l	Radstand (mm)
l_f	Distanz zwischen Vorderachse und Schwerpunkt (mm)
l_r	Distanz zwischen Hinterachse und Schwerpunkt (mm)
$l_{Ro,bank}$	Wirksamer Rollarm des Fahrzeugs in einer Kurve mit Überhöhung (mm)
$l_{Ro,hor}$	Wirksamer Rollarm des Fahrzeugs in horizontaler Lage (mm)
m_f	Masse an der Vorderachse (kg)
m_r	Masse an der Hinterachse (kg)
r_{dyn}	dynamischer Radhalbmesser der angetriebenen Räder (mm)
SF	Stabilitätsfaktor (–)
SM	Statische Marge (mm)
T	Maximales Motordrehmoment (Torque) (N m)
$v_{Ström}$	Strömungsgeschwindigkeit bzw. Anströmgeschwindigkeit (m/s)
υ_x	Geschwindigkeit des Fahrzeugs in Längsrichtung (m/s)
υ_x	Fahrzeuggeschwindigkeit (m/s)
υ_y	Geschwindigkeit des Fahrzeugs in Querrichtung (m/s)
α_f	Durchschnittliche Schräglaufwinkel der Vorderräder (rad)
α_r	Durchschnittliche Schräglaufwinkel der Hinterräder (rad)
δC_i	Differenzieller Anteil der Änderung der normierten Querkraft (Force Factor) (–)
δ_{lenk}	Aktueller Lenkwinkel (rad)
$\delta_{neutral}$	Neutraler Lenkwinkel (rad)
$\delta\alpha_i$	Differenzieller Anteil der Änderung des Schräglaufwinkels (Force Factor) (°) oder (rad)
ρ_L	Luftdichte (kg/m^3)
$\dot{\psi}_2$	Gierwinkelgeschwindigkeit (Gierrate) des Fahrzeugs um den Schwerpunkt S (rad/sec)

Vermessung des Setups *Measurement of Setup*

1

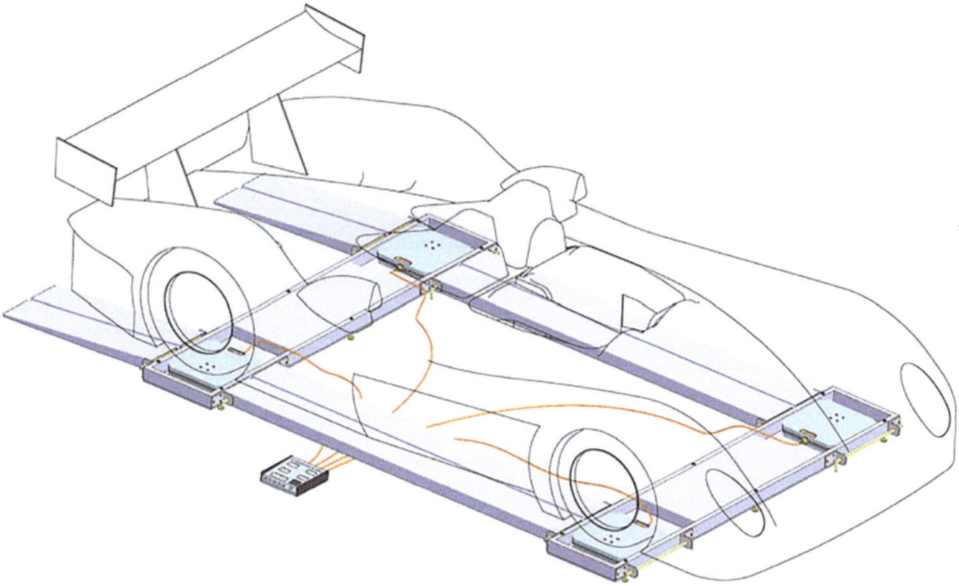

Inhaltsverzeichnis

R. Pütz, T. Serne, *Rennwagentechnik - Praxislehrgang Fahrdynamik*, Handbuch Rennwagentechnik 6, https://doi.org/10.1007/978-3-658-47000-5_1

Zusammenfassung

Oberstes Ziel im Rennsport ist die ständige Verbesserung der Rundenzeiten. Bevor jedoch überhaupt Optimierungsansätze hinsichtlich der Fahrdynamik eingesetzt werden können, ist zunächst die Kenntnis des aktuellen „Setups" zwingend erforderlich, d. h. die Kenntnis der:

- Gewichtsverteilung und Abmessungen
- aktuellen Einstellwerte des Fahrwerks
- aerodynamischen Einstellparameter.

Als Ausgangsbasis für Optimierungen sind Schwerpunktslage, statische Radlasten, Massenträgheitsmoment um die Hochachse sowie die Einstellwerte für Sturz, Spur, Nachlauf und Spreizung zu ermitteln. Ergänzt werden diese Werte durch die Bestimmung des Luftwiderstandsbeiwertes und des Rollwiderstandsbeiwertes anhand eines Ausrollversuchs. Oftmals nutzen Rennteams, insbesondere Amateure, ein schon bestehendes Auto anstelle eines selbst konstruierten Rennwagens. Deshalb ist es wichtig, das existierende Auto vermessen zu können, um anschließend darauf aufbauend die wichtigsten Berechnungen, die in diesem Buch vorgestellt werden, durchführen zu können.

In der Summe machen diese Parameter den wesentlichen, erfolgsentscheidenden Einfluss auf die Rundenzeiten aus – noch vor den Reifeneigenschaften (siehe Kap. 3) und der Motorcharakteristik. Erst durch Befundung dieser Ausgangsbasis lassen sich später – auf der Basis der Rückmeldungen des Fahrers oder/und der Datenaufzeichnung – belastbar Optimierungen durchführen.[1] Die initial zu ermittelnden Einstellwerte bieten somit wichtige Anhaltspunkte zur grundlegenden Abstimmung des Fahrzeugs. Die spätere Verifikation des endgültigen, optimierten Setups erfolgt indes nach wie vor individuell an der Rennstrecke durch zahlreiche Testfahrten.

[1] Siehe auch Handbuch Rennwagentechnik Bd. 5.

Nachfolgend ist die experimentelle Ermittlung aller relevanten fahrzeugspezifischen Parameter beschrieben, die eine Beurteilung der Längs- und Querdynamik ermöglichen.

In der Praxis hat sich bewährt, dass bei Veränderungen von Setup-Einstellungen diese durch eine zweite Person kontrolliert werden („Vier-Augen-Prinzip“).

1.1 Hauptabmessungen und Schwerpunktlage *Main Dimensions and Centre of Gravity*

Zunächst ist ein fahrzeugspezifisches Koordinatensystem zu definieren, auf das die zu erhebenden Messwerte bezogen werden können, siehe Beispiel in Abb. 1.1. Die zu ermittelnden Hauptabmessungen an einem Rennfahrzeug inklusive der Schwerpunktlage sind dann beispielhaft in Abb. 1.2 aufgezeigt. Es empfiehlt sich, die gemessenen Daten stets tabellarisch zu erfassen und auch mit den Werksangaben laut Handbuch des Herstellers und mit dem jeweiligen Reglement zu vergleichen, siehe Tab. 1.1. Auf die Ermittlung der horizontalen und vertikalen Schwerpunktlage wird in den Abschn. 1.2 und 1.3 näher eingegangen.

▶ **Tipp 1.1** Die Wahl des bei der Vermessung zugrunde gelegten, fahrzeugspezifischen Koordinatensystems sollte – um Fehler zu vermeiden – mit jenen Koordinatensystemen abgeglichen werden, die bei dem vom Team verwendeten Datenaufzeichnungssystem und ggf. eingesetzten Fahrdynamik-Simulationstool verwendet werden.

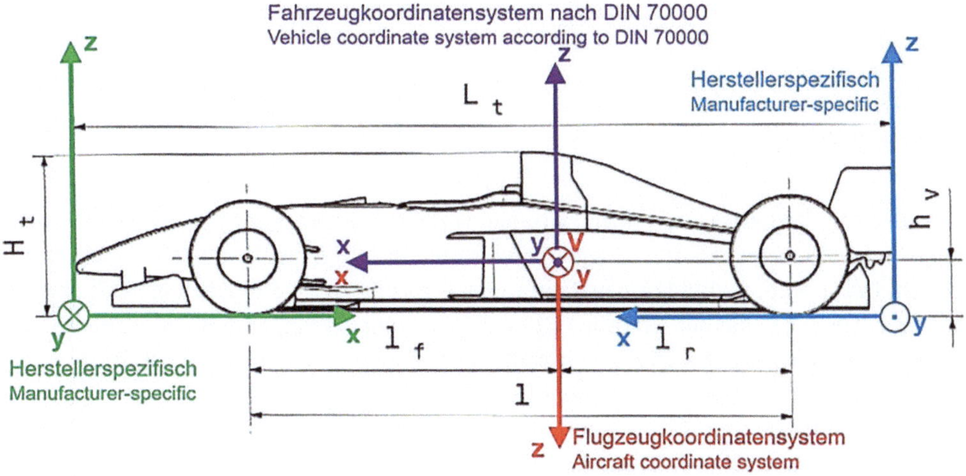

Abb. 1.1 Definition eines fahrzeugspezifischen Koordinatensystems

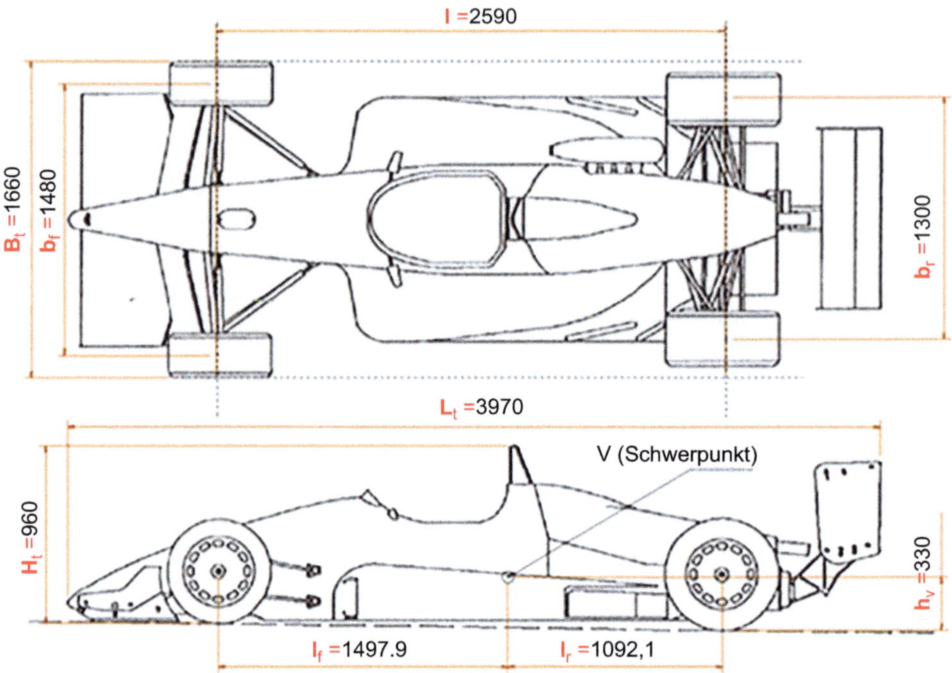

Abb. 1.2 Hauptabmessungen von Rennfahrzeugen, Beispiel Reynard 903

Tab. 1.1 Erfassung der Hauptabmessungen

			Gemessene Werte	Werksangaben
Radstand	l	mm		
Spurweite vorne	b_f	mm		
Spurweite hinten	b_r	mm		
Länge über alles	L_t	mm		
Breite über alles	B_t	mm		

Dabei ist vor allem der Unterschied zwischen vorderer und hinterer Spurweite von Bedeutung. Diese Differenz besitzt Auswirkungen auf das Eigenlenkverhalten eines Rennwagens (siehe Kap. 5). Bei Formel-Rennwagen kann eine ggf. geringere hintere Spurweite aus Gründen der Sicherheit Vorteile bieten, da aufgrund der eingeschränkten Übersicht in einem Monoposto-Rennwagen somit seitliche Kollisionen der Hinterachse beim Überholen oder beim Startvorgang vermieden werden.

Die dynamische Spurweitenänderung sollte durch geeignete Wahl der Fahrwerksgeometrie (siehe Kap. 5) bei Kurvenfahrt und beim gleichseitigen Ein- und Ausfedern so gering wie möglich gehalten werden. Eine Änderung der Spurweite führt stets zu einer Relativbewegung zwischen Reifen und Fahrbahn in Querrichtung (y-Achse), wodurch künstlich ein Schräglaufwinkel und somit eine Seitenkraft aufgebaut wird. Dadurch wird die vom Reifen maximal übertragbare Seitenkraft bei Kurvenfahrt reduziert (siehe Kap. 3), was wiederum zu niedrigeren Kurvengeschwindigkeiten und schlechteren Rundenzeiten führt. Außerdem können durch die Spurweitenänderung der Geradeauslauf, Reifenverschleiß und Temperaturanstieg negativ beeinflusst werden.

1.2 Statische Achslasten und horizontale Schwerpunktlage *Static Axle Loads and horizontal Centre of Gravity*

Zur Ermittlung der Schwerpunktabstände von der Vorder- bzw. Hinterachse müssen die statischen Achslasten bekannt sein. Dazu wird unter jedes Rad des Rennwagens eine Radlastwaage gestellt und der entsprechende Wert abgelesen.[2] Hierbei ist auf einen exakt waagerechten Boden und eine korrekte Kalibrierung der Messgeräte zu achten. Außerdem muss sich der Fahrer im Fahrzeug befinden und der Kraftstofftank für die Hälfte der Renndistanz gefüllt sein. Dadurch wird versucht, die Bedingungen während eines Rennens näherungsweise zu simulieren. Aus den einzelnen Radlasten kann durch Addition die entsprechende Achslast sowie das Gesamtgewicht ermittelt werden, siehe Tab. 1.2.

Durch diagonales Wiegen (Summe der Radlasten vorne links und hinten rechts sowie Summe der Radlasten vorne rechts und hinten links) ergeben sich wichtige Aussagen zur lateralen Schwerpunktlage und damit Balance des Fahrzeugs, siehe auch Abschn. 6.5 Bei Formelrennwagen sollten die durch diagonales Wiegen ermittelten Summen ($m_{V,f,l}$ + $m_{V,r,r}$) und ($m_{V,f,r}$ + $m_{V,r,l}$) identisch sein. Eine Ausnahme bilden Fahrzeuge für Ovalrennen. Auch wenn eine exakte Analyse freilich mit Fahrer und der für die Renndistanz halben erforderlichen Tankfüllung erfolgen sollte, werden sich die bei Wägung des Fahrzeugs ohne Fahrer ermittelten prozentualen Radlasten i. d. R. kaum ändern (Abb. 1.3).

Aus den Messwerten ist i. d. R. ersichtlich, dass eine ungleiche Aufteilung der Radlasten von rechts nach links zu verzeichnen ist. Diese ist durch die Einbaulage von Motor und Getriebe, Tank und Nebenaggregaten wie Kühler etc. bedingt und kann sich nachteilig auf das Kurvenverhalten des Fahrzeugs auswirken. Entsprechende Lösungsansätze werden in Kap. 5 und 8 näher beschrieben.

Tab. 1.2 Ermittlung der Rad- und Achslasten

Radlast vorne rechts (mit Fahrer)	$m_{V,f,r}$	kg
Radlast vorne links (mit Fahrer)	$m_{V,f,l}$	kg
Vorderachslast (mit Fahrer)	$m_{V,f}$	kg
Radlast hinten rechts (mit Fahrer)	$m_{V,r,r}$	kg
Radlast hinten links (mit Fahrer)	$m_{V,r,l}$	kg
Hinterachslast (mit Fahrer)	$m_{V,r}$	kg
Gesamtmasse (mit Fahrer)	$m_{V,t}$	kg
Leergewicht	$m_{V,0}$	kg

[2] Siehe auch Handbuch Rennwagentechnik Bd. 5, Kap. 6.

Abb. 1.3 Ermittlung der Rad- bzw. Achslasten am Beispiel eines Formelfahrzeugs. Dabei wurde nach Einbau einer größeren Batterie beim diagonalen Wägen festgestellt, dass sich eine signifikante, fahrdynamisch relevante Verschiebung des Fahrzeugschwerpunktes und der Radlasten eingestellt hat. Auf eine i. d. Regel erforderliche Nivellierung der Waagen konnte hier verzichtet werden, da der Werkstattboden bereits nivelliert ist

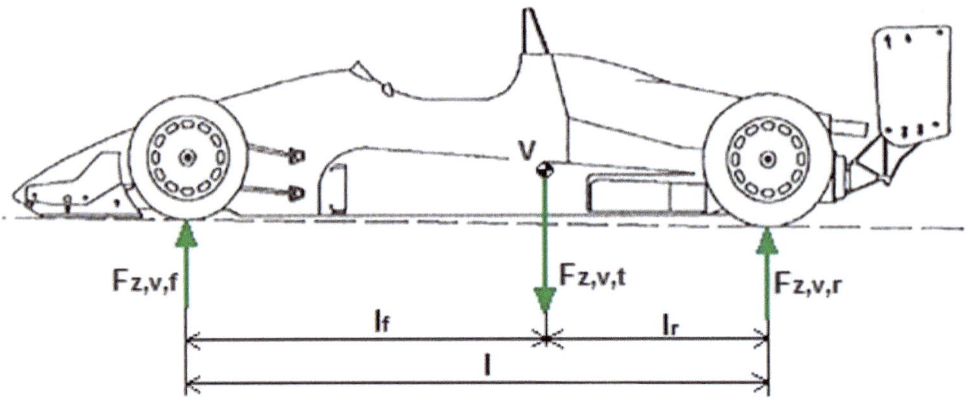

Abb. 1.4 Statische Achslasten (Normalkräfte) sowie horizontale Schwerpunktabstände

Aus der Multiplikation der Achslasten vorne $m_{\mathrm{V,f}}$ und hinten $m_{\mathrm{V,r}}$ der Gesamtmasse m_{V} mit der Erdbeschleunigung ($g = 9{,}81\ \mathrm{m/s^2}$) folgen die entsprechenden statischen Normalkräfte an Vorderachse $F_{\mathrm{Z,V,f}}$ und Hinterachse $F_{\mathrm{Z,V,r}}$ sowie die Gewichtskraft $F_{\mathrm{Z,V,t}}$. Das Aufstellen des Momentengleichgewichts um die Vorderachse liefert schließlich den Abstand des Schwerpunkts von der Vorderachse l_{f} und von der Hinterachse l_{r} (siehe Abb. 1.4 und Tab. 1.3):

$$\sum M = F_{\mathrm{Z,V,r}} \cdot l - F_{\mathrm{Z,V,t}} \cdot l_{\mathrm{f}} = 0 \tag{1.1}$$

Tab. 1.3 Ermittlung der statischen Achslasten und horizontalen Schwerpunktabstände

Achslastverhältnis vorne zu hinten	i_m	%
Prozentanteil Achslast vorne (mit Fahrer)	Ant_f	%
Prozentanteil Achslast hinten (mit Fahrer)	Ant_r	%
Schwerpunktabstand von Vorderachse	l_f	mm
Schwerpunktabstand von Hinterachse	l_r	mm
Normalkraft Vorderachse (mit Fahrer)	$F_{Z,V,f}$	N
Normalkraft Hinterachse (mit Fahrer)	$F_{Z,V,r}$	N
Gewichtskraft (mit Fahrer)	$F_{Z,V,t}$	N

Das Auflösen der Formel nach l_f liefert:

$$l_f = \frac{F_{Z,V,r} \cdot l}{F_{Z,V,t}} \tag{1.2}$$

$$l_r = l - l_f \tag{1.3}$$

mit:

$F_{Z,V,r}$ Hinterachslast (Normalkraft) inkl. Fahrer und Tankfüllung für halbe Renndistanz, N

$F_{Z,V,t}$ Gesamtgewichtskraft des Fahrzeugs inkl. Fahrer und Tankfüllung für halbe Renndistanz, N

l_f Abstand der Vorderachse vom Fahrzeugschwerpunkt, mm

l_r Abstand der Hinterachse vom Fahrzeugschwerpunkt, mm

l Radstand, mm

Aus den Achsnormalkräften können außerdem das Achslastverhältnis i_m sowie die prozentualen Achslastanteile vorne Ant_f und hinten Ant_r berechnet werden:

$$i_m = 100\% \cdot \frac{F_{Z,V,f}}{F_{Z,V,r}} \tag{1.4}$$

$$Ant_f = 100\% \cdot \frac{F_{Z,V,f}}{F_{Z,V,t}} \tag{1.5}$$

$$Ant_r = 100\% \cdot \frac{F_{Z,V,r}}{F_{Z,V,t}} \tag{1.6}$$

mit:

i_m Prozentuales Achslastverhältnis vorne/hinten, %

Ant_f Prozentualer Achslastanteil vorne, %

Ant_r Prozentualer Achslastanteil hinten, %

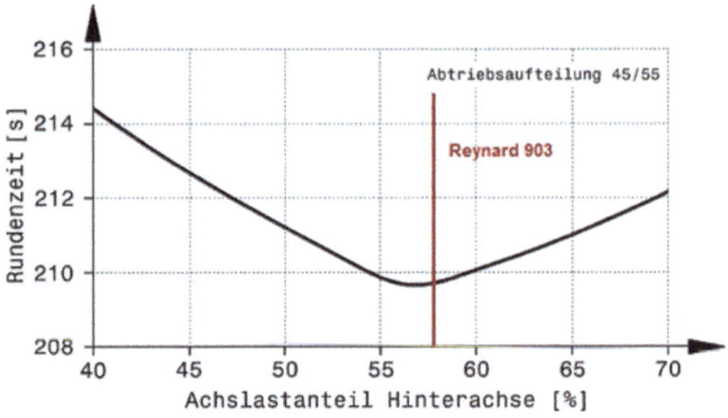

Abb. 1.5 Einfluss der Schwerpunktlage auf die Rundenzeit am Beispiel der kurzen Strecke von Le Mans (eingezeichnet ist die Schwerpunktlage eines älteren Formel-3-Fahrzeugs)

Die Analyse von üblichen Rennwagen mit Heckantrieb ergibt i. d. R. eine Achslastverteilung von rund 45 zu 55 % von Vorder- zu Hinterachse. Bei aktuellen Formel-1-Fahrzeugen beträgt die Achslastverteilung ca. 40 zu 60 % von Vorder- zu Hinterachse, was auf das höhere Drehmoment zurückzuführen ist. Demzufolge ist hier die Gewichtsverteilung in Richtung der Hinterachse verschoben, was zu einer grundsätzlichen Übersteuerungstendenz des Fahrzeugs, aber auch zu mehr Traktion beim Beschleunigen führt und durch die dabei auftretende dynamische Achslastverlagerung noch zusätzlich verstärkt wird. Der Übersteuertendenz kann durch adäquate Maßnahmen an der Vorderachse, z. B. durch moderate Nachspur („offene Einstellung"), begegnet werden. Damit bietet sich dem Fahrer ein neutrales Verhalten des Fahrzeugs. Zum Erreichen einer optimalen Balance und schnellen Rundenzeit müssen also stets Kompromisse gefunden und Abstimmungen unter systembezogener Berücksichtigung aller Parameter erfolgen. Dies setzt ein umfangreiches Verständnis der komplexen Zusammenhänge voraus, das in diesem Arbeitsbuch vermittelt werden soll.

Eine Simulation am Beispiel der Rennstrecke von Le Mans zeigt den Einfluss der horizontalen Schwerpunktlage auf die erreichbare Rundenzeit (siehe Abb. 1.5). Dieses Schaubild besitzt zwar keinesfalls für jedes Fahrzeug und jede Rennstrecke Gültigkeit, es bietet hier jedoch einen guten Orientierungspunkt zur Beurteilung der Auswirkung der statischen Achslastverteilung eines Rennwagens. Demzufolge können die schnellsten Rundenzeiten in Le Mans bei einem Hinterachsanteil Ant_r von 57 % erzielt werden.

Eine Veränderung der horizontalen Achslastverteilung wäre durch eine Verlagerung des Fahrersitzes, zusätzliche Ballastgewichte (bei Unterschreitung des Mindestgewichts laut Reglement) oder noch raffiniertere Lösungen realisierbar, wie z. B. ein vom Fahrerplatz aus verschiebbarer Feuerlöscher.

1.3 Vertikale Schwerpunktlage (Schwerpunkthöhe) *Vertical Centre of Gravity*

Grundsätzlich sollte die Schwerpunkthöhe eines Rennwagens so niedrig wie möglich gehalten werden, um die dynamischen Achslastverlagerungen sowohl bei Kurvenfahrt (Querdynamik) als auch beim Bremsen oder Beschleunigen (Längsdynamik) zu mini-

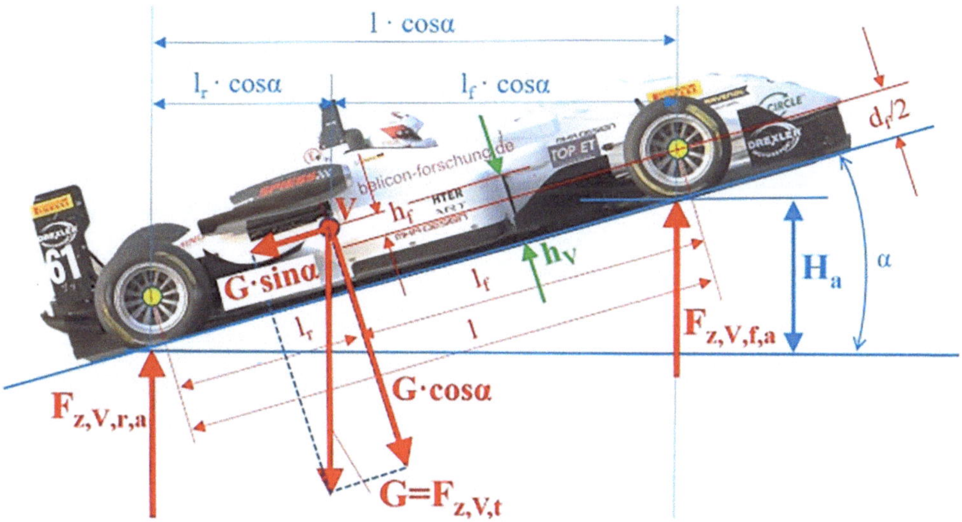

Abb. 1.6 Ermittlung der Schwerpunkthöhe

mieren. Nicht zu vernachlässigen ist auch die Auswirkung auf die Bremskraftverteilung. Wegen des degressiven Reifenkennlinienverlaufs (siehe Abschn. 3.1) führen hohe Radlastdifferenzen bei Kurvenfahrt zu Seitenkraftverlusten und somit zu weniger Grip. Durch einen niedrigen Schwerpunkt kann folglich das Wanken um die Längsachse (x-Achse) sowie das Nicken um die Querachse (y-Achse) reduziert werden. Dies kommt wiederum der aerodynamischen Effizienz zugute (siehe Kap. 8).

Die Schwerpunkthöhe eines Fahrzeugs kann durch Anheben einer Achse, nachfolgend der Vorderachse, und Messung der daraus resultierenden Achslaständerung bestimmt werden (siehe Abb. 1.6 und Tab. 1.4). Dazu wird jeweils eine Radlastwaage unter die Hinterräder gestellt und die Vorderachse so hoch wie möglich angehoben. Um für eine ausreichende Bodenfreiheit am Heck zu sorgen, muss eventuell der Diffusor demontiert werden. Es wird empfohlen, die Federung der Räder zu blockieren, da z. B. die nicht angehobenen Räder schwerer belastet werden und sich Ungenauigkeiten ergeben könnten.[3]

Die Schwerpunkthöhe kann wie im Folgenden erläutert berechnet werden, wobei zunächst in Bezug auf Abb. 1.6 ein Momentengleichgewicht aufgestellt wird:

$$-F_{z,V,ra} \cdot l \cdot \cos\alpha + G \cdot l_f \cdot \cos\alpha + G \cdot h_f \cdot \sin\alpha = 0 \tag{1.7a}$$

$$F_{z,V,r,a} \cdot l \cdot \cos\alpha = G \cdot (l_f \cdot \cos\alpha + h_f \cdot \sin\alpha) = 0 \tag{1.7b}$$

$$\frac{F_{z,V,r,a}}{G} = \frac{l_f}{l} + \frac{h_f}{l} \cdot tan\alpha \tag{1.7c}$$

[3] Siehe auch Handbuch Rennwagentechnik Bd. 5, Kap. 6.

Tab. 1.4 Ermittlung der Schwerpunkthöhe

Radlast hinten rechts (mit Fahrer), angehoben	$m_{Z,V,r,r,a}$	kg
Radlast hinten links (mit Fahrer), angehoben	$m_{Z,V,r,l,a}$	kg
Hinterachslast (mit Fahrer), angehoben	$m_{Z,V,r,a}$	kg
Höhe unter Vorderrad, angehoben	H_a	mm
Normalkraft Hinterachse (mit Fahrer)	$F_{Z,V,r}$	N
Normalkraft Hinterachse, angehoben (mit Fahrer)	$F_{Z,V,r,a}$	N
Gewichtskraft (mit Fahrer)	$F_{Z,V,t}$	N
Raddurchmesser vorne	d_f	mm
Normalkraft Vorderachse	$F_{Z,V,f}$	N

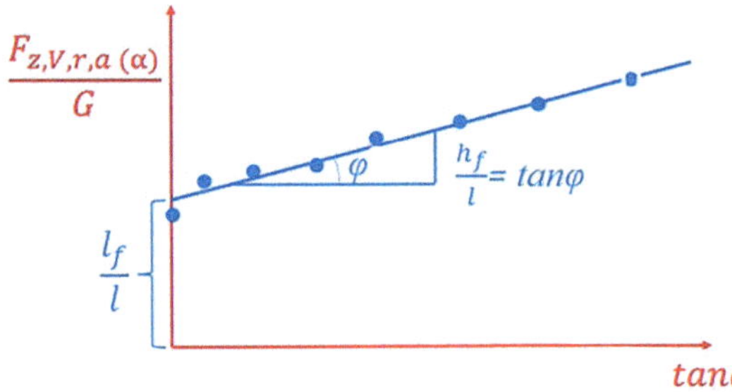

Abb. 1.7 Geradengleichung zur Ermittlung der Schwerpunkthöhe des Rennwagens

Formel 1.7c entspricht einer Geradengleichung in der Form $y = A + B \cdot x$ und ist in Abb. 1.7 veranschaulicht.

Mit $\alpha = \arcsin (H_a/l)$ und $h_f = l \cdot \tan \varphi$ folgt schließlich die Schwerpunkthöhe zu:

$$h_V = h_f + \frac{d_f}{2} \tag{1.7d}$$

Anstelle $d_f/2$ kann, wenn bekannt, der statische Radhalbmesser r_{stat} angesetzt werden. Eine alternative Gleichung mit in praxi großer Abhängigkeit von der jeweiligen Anhebehöhe und damit größerer Ungenauigkeit lautet:

$$h_v = \frac{d_f}{2} + \frac{F_{Z,V,r,a} - F_{Z,V,r}}{F_{Z,V,t}} \cdot \frac{l^2}{H_a} \cdot \sqrt{1 - \left(\frac{H_a}{l}\right)^2}$$

mit:

h_V	Vertikale Schwerpunkthöhe, mm
d_f	Durchmesser des Vorderrades, mm
$F_{Z,V,r,a}$	Hinterachslast (Normalkraft) inkl. Fahrer und Tankfüllung für halbe Renndistanz im angehobenen Zustand, N
$F_{Z,V,r}$	Hinterachslast (Normalkraft) inkl. Fahrer und Tankfüllung für halbe Renndistanz in der Ebene, N
$F_{Z,V,t}$	Gesamtgewichtskraft des Fahrzeugs inkl. Fahrer und Tankfüllung für halbe Renndistanz, N
l	Radstand, mm
H_a	Hubhöhe, mm

> **Tipp 1.2** Bei der Ermittlung der vertikalen Schwerpunklage können zahlreiche Messfehler auftreten. So ist beim Anheben, z. B. mit einem Grubenheber am Chassis, darauf zu achten, dass die Kontaktfläche zwischen Heber und Fahrzeug möglichst klein ist (Linienkontakt), um die Werte der Achslaständerung nicht durch Reibung an der Kontaktfläche zu verfälschen. Auch ist die exakte Ermittlung der vertikalen Hubhöhe unverzichtbar, wobei die Höhe der Radlastwaagen unter der Hinterachse mit berücksichtigt werden muss. Des Weiteren können an den Radlastwaagen unter der Hinterachse dadurch zu geringe Radlasten ermittelt werden, dass an den Radlastwaagen neben den eigentlichen Vertikalkomponenten auch resultierende Normalkomponenten auftreten, die Reibkräfte an den Waagen erzeugen und die gemessenen Vertikalkomponenten reduzieren. Für die Bestimmung der Schwerpunkthöhe ist also nur die Verwendung sehr hochwertiger Radlastwaagen zielführend.

1.4 Massenträgheitsmoment um die Hochachse *Moment of Inertia at vertical Axis*

Unter dem Massenträgheitsmoment versteht man den Widerstand eines Körpers gegen die Änderung seiner Lage um eine bestimmte Achse, hier der Hochachse des Fahrzeugs (z-Achse). Um eine schnelle Lageänderung durchführen zu können, sollten bei einem System alle schweren Massen in der Nähe des Schwerpunkts angeordnet werden. Im Falle eines Rennwagens führt ein geringeres Massenträgheitsmoment um die Hochachse folglich zu einem agileren Fahrverhalten, das heißt zu einer schnelleren Reaktion auf Lenkbewegungen.[4]

Das Massenträgheitsmoment um die Hochachse kann für Fahrzeuge im Bereich von 650–1500 kg bis zu einer Gesamtlänge L_t von 6 m mit einem Bestimmtheitsmaß von 97 % mit folgender Gleichung ermittelt werden, die aus zahlreichen Praxisversuchen abgeleitet wurde:

$$J_z = 0{,}1269 \cdot m_{Z,V,t} \cdot l \cdot L_t \tag{1.8}$$

mit:

J_z	Massenträgheitsmoment um die Hochachse des Fahrzeugs, kg m²
$m_{Z,V,t}$	Gesamtmasse des Fahrzeugs inkl. Fahrer und Tankfüllung für halbe Renndistanz, kg
l	Radstand, mm
L_t	Länge über alles, mm

Das Massenträgheitsmoment J_z um die Hochachse kann auch mit überschaubarem Aufwand näherungsweise experimentell ermittelt werden. Dazu ist ein einfaches Torsions-

[4] Siehe auch Handbuch Rennwagentechnik Bd. 5, Abschn. 5.3.3.

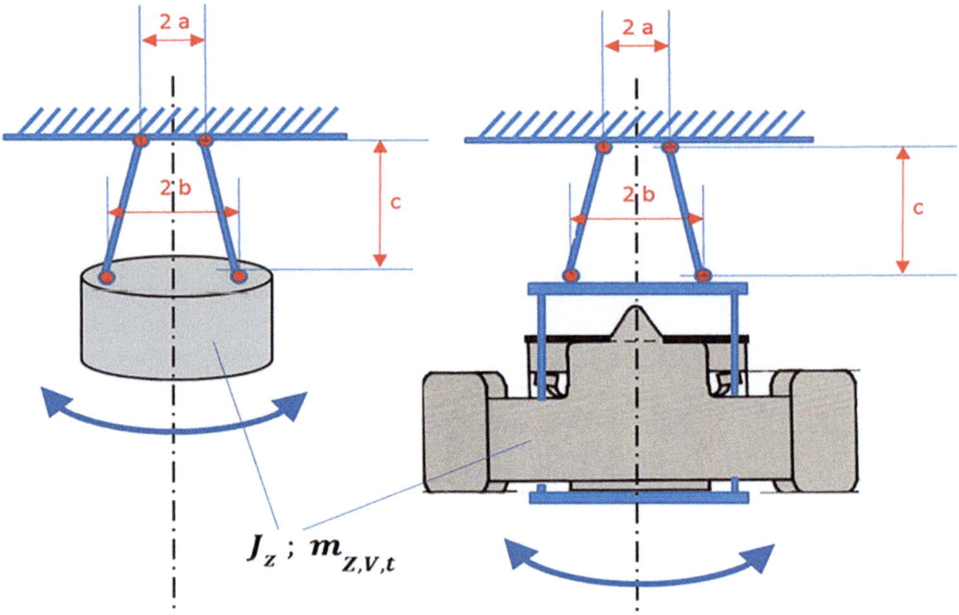

Abb. 1.8 Trägheitsmomentbestimmung mit Mehrfadenaufhängung

schwingungssystem aufzubauen, vgl. Abb. 1.8 links. Dabei wird die Federwirkung durch eine Fadenaufhängung erreicht (bei professionellen Prüfständen über eine Torsionsstabaufhängung mit definierter Torsionssteifigkeit). Die Dämpfung des Schwingers kann vernachlässigt werden.

Die Fahrzeugmasse $m_{Z,V,t}$ wird an der Fadenaufhängung um die Hochachse (z-Achse) des Fahrzeugs um bis zu 45° ausgelenkt und die Periodendauer T_0 mehrerer Schwingungen ermittelt. Die Lage der Hochachse ist durch die horizontale Lage des Fahrzeugschwerpunkts bekannt. Zur Verbesserung der Genauigkeit sind Iterationen durchzuführen. Ggf. kann über eine Fehlerrechnung der relative Fehler in Prozent ermittelt werden. Aufgrund nicht linearer Bewegungsgleichung sind kleine Schrägstellwinkel der Fäden bei der Auslenkung anzustreben. Vorteilhaft hierfür sind lange Fäden ($c \gg a$; $c \gg b$). Meist wird die Fadenaufhängung an einem Brückenkran oder der Decke der Werkstatt angebracht. Die Konstruktion der Aufhängungsvorrichtung sollte so ausgeführt sein, dass ihr Massenträgheitsmoment J_{AV} gegenüber jenem des Fahrzeugs vernachlässigbar ist. Eine beispielhafte Aufhängungsvorrichtung ist in Abb. 1.9 dargestellt.[5]

Mit den geometrischen Abmessungen der Fadenaufhängung (a, b, c) und der gemessenen Periodendauer T_0 der Schwingung ergibt sich das Massenträgheitsmoment des Rennwagens um die Hochachse bei vernachlässigbarem Massenträgheitsmoment der Aufhängungsvorrichtung zu:

[5] Siehe auch Handbuch Rennwagentechnik Bd. 5, Abschn. 6.2.3.

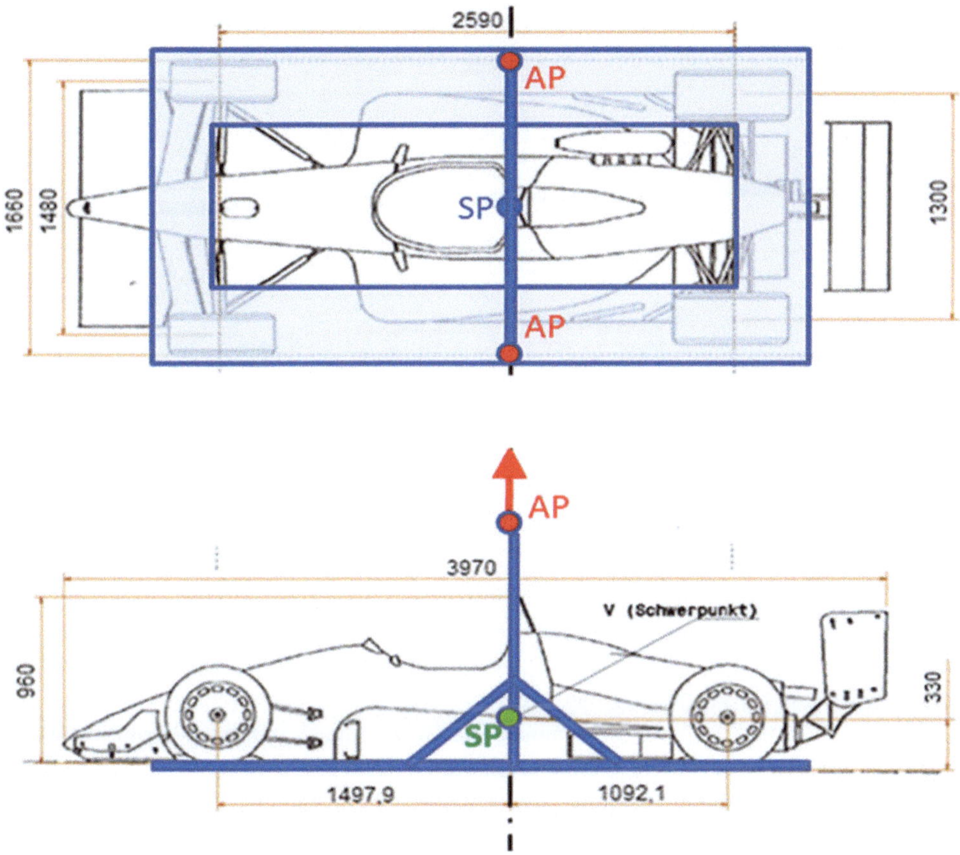

Abb. 1.9 Beispiel für eine einfache Aufhängungsvorrichtung mit Mehrfadenaufhängung

$$J_z = \frac{m_{Z,V,t} \cdot g}{4\pi^2} \cdot T_0^2 \cdot \frac{a \cdot b}{c} \tag{1.9}$$

mit:

J_z Massenträgheitsmoment des Rennwagens um die Hochachse, kg m^2

$m_{Z,V,t}$ Gesamtmasse des Fahrzeugs inkl. Fahrer und Tankfüllung für halbe Renndistanz (und inkl. der vernachlässigbaren Aufhängungsvorrichtung), kg

T_0 gemessene Periodendauer der Drehschwingung um die *z*-Achse, s

a,b,c Maße gemäß Abb. 1.8, m

g Erdbeschleunigung, m/s^2

Es wird empfohlen, nach Möglichkeit eine große die Länge *c* zu wählen, um die Genauigkeit des Versuchs zu verbessern. Außerdem wird bei großer Masse der Aufhängungsvorrichtung empfohlen, zunächst das Massenträgheitsmoment des Rennwagens inklusive der Aufhängungsvorrichtung zu ermitteln und anschließend nur das Massenträgheitsmoment

Um Hochachse: (Vertical axis) $$J_{z,neu} = J_{z,Basis} \cdot \frac{(b_{m,neu})^2+(l_{neu})^2}{(b_{m,Basis})^2+(l_{Basis})^2}$$

Um Querachse: (Transverse axis)) $$J_{y,neu} = J_{y,Basis} \cdot \frac{(l_{neu})^2}{(l_{Basis})^2}$$

Um Längsachse: (Longitudinal axis) $$J_{x,neu} = J_{x,Basis} \cdot \frac{(b_{m,neu})^2}{(b_{m,Basis})^2}$$

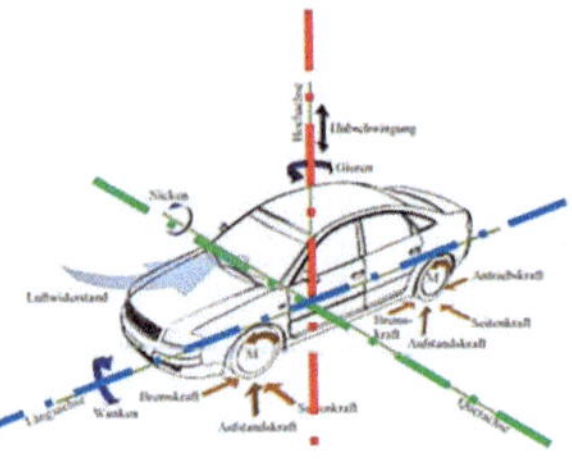

b_m: Mittelwert der Spurweiten vorne f und hinten r (Mean track front f and rear r)
l: Radstand (Wheelbase)

Abb. 1.10 Näherung für die „neuen" Massenträgheitsmomente bei Änderung von Spurbreiten und Radstand

der Aufhängungsvorrichtung und dieses vom zuvor ermittelten Wert zu substrahieren. Erfahrungsgemäß kann eine zu schwere Aufhängungsvorrichtung ein Massenträgheitsmoment von bis zu 30 % der des Gesamtfahrzeugs erreichen und das Ergebnis verfälschen.

Ein mathematisch versierter Renningenieur wird das Massenträgheitsmoment um die Hochachse auch für Simulationsrechnungen zur Bewertung der Drehbewegung des Fahrzeugs um die Hochachse (Gieren) heranziehen, z. B. anhand eines Einspur-Fahrzeugmodells, das grundlegende Aussagen zur Querdynamik ermöglicht (siehe Kap. 2, Abb. 2.5).

Sicherlich ist es auch sinnvoll, die Massenträgheitsmomente um die Längs- und Querachse zu kennen, um das Fahrverhalten weiter optimieren zu können. Bei Änderungen von Spurweiten oder Radstand werden jedoch keine weiteren, aufwendigen Messungen erforderlich, da die sich neu ergebenden Massenträgheitsmomente um alle Achsen mit den in Abb. 1.10 dargestellten Formeln ausreichend genau ermittelt werden können.

Beispiel 1.1

Ein Monoposto wiegt mit Fahrer lediglich 536 kg. Der Radstand beträgt 2,59 m, die Gesamtlänge 3,97 m. Obwohl es anhand der o. a. Formel, die normalerweise erst ab rund 650 kg Anwendung findet, im Ergebnis zu geringfügigen Abweichungen vom tatsächlichen Massenträgheitsmoment kommen kann, dient dieser Ansatz dennoch als sehr gute Näherungsmethode. Mit den entsprechenden Werten lässt sich das Massenträgheitsmoment berechnen zu:

$$J_z = 0{,}1269 \cdot 536\ \text{kg} \cdot 2{,}59\ \text{m} \cdot 3{,}97\ \text{m} = 699{,}4\ \text{kg m}^2$$

Mit demselben Monoposto wird nun ein Drehschwingversuch um die Hochachse (*z*-Achse) gemäß Abb. 1.8 durchgeführt. Die Einspannung der Fadenaufhängung an der

Decke beträgt $2 \cdot a = 1$ m, am Fahrzeug $2 \cdot b = 1{,}6$ m. Die vertikale Projektion der Fadenlänge (Einspannhöhe) beträgt $c = 3{,}0$ m. Die über fünf Versuche á 10 Schwingungen gemessenen Periodendauer beträgt 6,2 s. Mit diesen Werten berechnet sich das Massenträgheitsmoment zu:

$$J_z = \frac{536 \cdot 9{,}81}{4\pi^2} \cdot 6{,}2^2 \cdot \frac{0{,}5 \cdot 0{,}8}{3} = 682{,}6 \text{ kgm}^2$$

Der Unterschied beträgt im vorliegenden Fall weniger als 3 %! ◀

▶ **Tipp 1.3** Ein geringes Massenträgheitsmoment[6] ist das Ergebnis aus verschiedenen konstruktiven Maßnahmen. Neben einem Mittelmotorkonzept als Optimum tragen bei Formelrennwagen unter anderem auch die Anordnung des Kraftstofftanks unmittelbar hinter dem Fahrer sowie die Platzierung der Kühler und der Batterie/Elektronik in den Seitenkästen zu einer Massenkonzentration nahe dem Schwerpunkt bei.[7]

Bei Tourenwagen ergibt sich oftmals ein Unterschied in der Massenverteilung zwischen rechts und links. Dies kann jedoch, z. B. bei Verschiebung des Schwerpunkts nach rechts auf im Uhrzeigersinn durchfahrenen Rennstrecken, durchaus von Vorteil sein, da sich ein geringerer Unterschied in den Normalkräften an den kurveninneren und -äußeren Reifen einstellt (siehe Kap. 5). Die meisten Rennstrecken werden im Uhrzeigersinn befahren und weisen dadurch mehr Rechtskurven auf.

1.5 Fahrwerksvermessung *Suspension Measurement*

Die Fahrwerkseinstellungen:

- Sturz
- Spur
- Nachlauf und
- Spreizung

sind – neben der Schwerpunktlage und den daraus resultierenden Achslasten – entscheidende Größen in Bezug auf die Fahrdynamik eines Rennfahrzeugs. Deshalb wird empfohlen, diese Werte mittels moderner Lasermesstechnik zu bestimmen. Nachfolgend wird die Ermittlung dieser Parameter und deren Auswirkungen auf das Fahrverhalten untersucht. In Kap. 5 (Geometrie) werden die Auswirkungen dieser Einstellwerte näher analysiert.

[6] Siehe auch Handbuch Rennwagentechnik Bd. 5, Abschn. 5.3.3. und 6.2.4.3.

[7] Siehe auch Handbuch Rennwagentechnik Bd. 2, Kap. 2.

1.5.1 Sturz *Camber*

Eine im Rennsport weitverbreitete Möglichkeit zur Beeinflussung des Fahrverhaltens ist die Einstellung des fahrzeugspezifischen Sturzes ε (statischer Sturz). Darunter versteht man die Neigung des Rades in Querrichtung (y-Achse) zu einer Senkrechten durch den Radaufstandspunkt, siehe Abb. 1.11 und 1.12. Es wird unterschieden zwischen positivem und negativem Sturz. Ein oben nach außen geneigtes Rad weist einen positiven und ein oben nach innen geneigtes Rad einen negativen fahrzeugspezifischen Sturzwinkel auf. Die entscheidende Größe ist jedoch der sogenannte **bodenspezifische Sturz** (absoluter Sturz, siehe auch Kap. 5). Ist ein Rad oben zum Kurvenmittelpunkt hin geneigt, spricht man von negativem bodenspezifischen Sturz. Das Ziel muss es sein, am kurveninneren einen positiven und am kurvenäußeren Rad stets einen negativen bodenspezifischen Sturz bei Kurvenfahrt zu erreichen, da auf diese Weise bei gleichbleibendem Schräglaufwinkel höhere Seitenkräfte übertragen werden können, vgl. auch Abb. 3.1. Es empfiehlt sich, die gemessenen Werte mit den Werksangaben zu vergleichen, siehe Tab. 1.5.

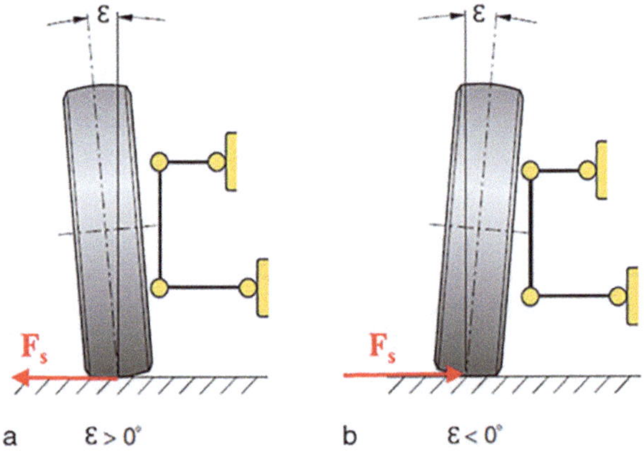

Abb. 1.11 Positiver Sturz (**a**) und negativer Sturz (**b**)

Abb. 1.12 Beispiel für die Ermittlung des Sturzes an der Vorderachse mit moderner Lasermesstechnik. Das Lenkrad ist in Geradeausfahrt zu stellen; am Neigungswinkelmesser, der auf die Achse des Messkopfes gesetzt wird, kann der Wert direkt abgelesen werden

Tab. 1.5 Ermittlung der Sturzwerte an Vorder- und Hinterachse

	Gemessene Werte	Werksvorgaben
Sturz vorne rechts $\varepsilon_{f,r}$		
Sturz vorne links $\varepsilon_{f,l}$		
Sturz hinten rechts $\varepsilon_{r,r}$		
Sturz hinten links $\varepsilon_{r,l}$		

I. d. R. zeigen die Messwerte bei Rennwagen sowohl an der Vorder- als auch an der Hinterachse negative fahrzeugspezifische Sturzwerte. Durch den negativen Sturz wird die Verformung der Reifenseitenwand bei Kurvenfahrt reduziert, was zu einer gleichmäßigeren Belastung des Reifenlatsches führt, siehe auch Abb. 3.17 und 3.18. Somit können höhere Seitenkräfte übertragen werden.

Auch wenn die Radhubbewegungen eines Rennwagens, insbesondere eines Monoposto, mit i. d. R. zwischen 25 mm und 50 mm extrem gering sind und damit die Auswirkungen des Radhubs auf die Radstellung – vordergründig betrachtet – sehr gering ausfallen, dürfen die Folgen dieser Radstellungsänderung für das Fahrverhalten keineswegs außer Acht gelassen werden. Durch Bewegungen des Wagenkastens bei Kurvenfahrt um die Längsachse (x-Achse; Wanken) kann es zu einer Änderung der Sturzwinkel der einzelnen Räder kommen, siehe Kap. 5. Dies hat auch Auswirkungen auf die Leistungsfähigkeit der Reifen, denn durch negativen Sturz nimmt die Federsteifigkeit des Reifens C_T ab, siehe Kap. 3. Grundsätzlich sollte der bodenspezifische Sturzwinkel eines Rades über dem Federweg möglichst konstant gehalten werden.

1.5.2 Spur *Track*

Es wird zwischen Vorspur und Nachspur unterschieden. Zeigt ein Rad von oben betrachtet in Fahrtrichtung zur Fahrzeugmitte spricht man von Vorspur, zeigt das Rad jedoch zur Außenseite, handelt es sich um Nachspur, siehe Abb. 1.13. Durch eine Vorspur-

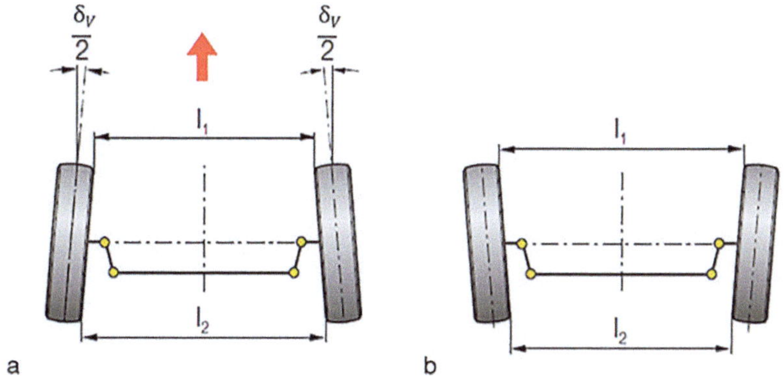

Abb. 1.13 (**a**) Vorspur ($l_1 < l_2$; $\delta_V > 0$) und (**b**) Nachspur ($l_1 > l_2$; $\delta_V < 0$)

stellung wird dem Reifen eine Seitenkraft aufgezwungen und somit ein stabiler Geradeauslauf sichergestellt. Ohne die Vorspur würde der Reifen keine Vorspannung aufbauen können, die in der Folge in eine Seitenkraft übersetzt wird (siehe Kap. 3). Beim Vermessen der Vorderachse ist zwingend auf eine exakte Geradeausstellung der Lenkung zu achten. Dazu ist eine dreistufige Vorgehensweise empfehlenswert, siehe Abb. 1.14 und Tab. 1.6:

- Zunächst beide Spurstangen auf dieselbe Länge einstellen.
- Zahnstange der Lenkung zentrieren und fixieren.
- Alle Änderungen in Richtung Vor- oder Nachspur durch entsprechendes Verdrehen beider Spurstangen um jeweils gleiche Beträge.

Grundsätzlich sollte eine Vorspuränderung beim Federn vermieden werden, weil das Fahrzeug dadurch nicht mehr der vom Fahrer vorgegebenen Linie folgt. Erfolgt beim Federn des Fahrzeugs eine Lenkbewegung der Räder, spricht man vom sogenannten „Bump Steering" (Federungslenken). Ändert sich z. B. die Stellung des kurvenäußeren Rades in Richtung Vorspur, so wird das Fahrverhalten vom Fahrer als übersteuernd empfunden. Eine Änderung des kurvenäußeren Rades in Richtung Nachspur führt dagegen zu einem untersteuernden Eigenlenkverhalten. Maßnahmen zur Verhinderung des „Bump Steering" sind in Kap. 5 beschrieben.

Abb. 1.14 Beispiel für die Ermittlung der Spur an der Vorderachse mit moderner Lasermesstechnik. Die Spurskala ist zunächst vor die Vorderachse zu legen und so einzustellen, dass die Laser beider Seiten auf „Null" zeigen; dann ist die Spurskala in definiertem Abstand (z. B. 3,40 m) nach hinten zu verlagern, wie in dieser Abb. dargestellt. Nach Verschieben der Spurskala auf „Null" für eine Seite kann der Spurwert auf der Skala der anderen Seite abgelesen werden

Tab. 1.6 Ermittlung des Spurwinkels an Vorder- und Hinterachse

	Gemessene Werte	Werksvorgaben
Spurwinkel vorne $\delta_{V,f}$		
Spurwinkel hinten $\delta_{V,r}$		

> **Tipp 1.4** Bei einem Rennwagen mit Vorderradantrieb, dessen Radaufhängung in Gummi gelagert ist, wird oft statisch eine Nachspur eingestellt, sodass sich beim Wirken der Antriebskräfte eine neutrale oder sogar Vorspur einstellen wird. Eine statische Nachspur sagt hier also nichts über die tatsächliche Spureinstellung im Rennen aus. Wird nun die Radaufhängung auf Uniballs umgestellt, wäre die ursprüngliche Einstellung einer statischen Nachspur nicht mehr sinnvoll.

1.5.3 Nachlauf *Caster*

Unter dem Nachlaufwinkel versteht man den Winkel zwischen der Lenkachse und einer Senkrechten durch die Radmitte in der Seitenansicht, siehe Abb. 1.15 und Tab. 1.7. Die Lenkachse ist bei Doppelquerlenkerachsen von Formelfahrzeugen oder Prototypen oft die gedachte Verbindung zwischen oberem Kugel-Führungsgelenk und unterem Traggelenk (vgl. Abb. 1.16).

Eine Aufgabe des Nachlaufs ist es, für eine stabile Geradeausfahrt zu sorgen, vergleichbar mit einem Einkaufswagen im Supermarkt. Ein positiver Nachlaufwinkel bedeutet, dass der Durchstoßpunkt der Lenkachse durch die Fahrbahn vor dem Radaufstandspunkt liegt. Dadurch wird ein Hebelarm erzeugt, der neben der Spreizung (siehe Abschn. 1.5.4) und dem Reifennachlauf für ein Lenkrückstellmoment verantwortlich ist. Übliche Werte für den Nachlaufwinkel von Rennfahrzeugen mit frei stehenden Rädern liegen zwischen +2,5° und +4,5°. Bei Tourenwagen werden Nachlaufwinkel bis +8° verwendet.

In den 1980er-Jahren, dem Zeitalter der sogenannten „Schürzenautos und Wing-Cars“, waren mitunter sogar negative Nachlaufwinkel üblich, das heißt der Durchstoßpunkt der

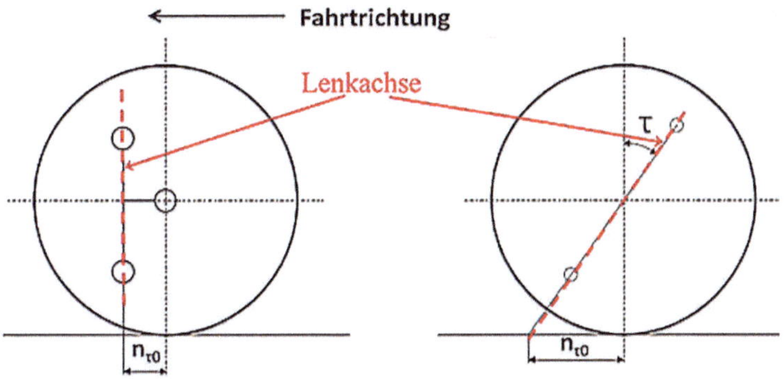

Abb. 1.15 Nachlaufwinkel τ und Nachlaufstrecke $n_{\tau 0}$

Tab. 1.7 Ermittlung der Nachlaufwinkel an der Vorderachse (Lenkachse)

	Gemessene Werte	Werksvorgaben
Nachlaufwinkel vorne rechts $\tau_{f,r}$		
Nachlaufwinkel vorne links $\tau_{f,l}$		

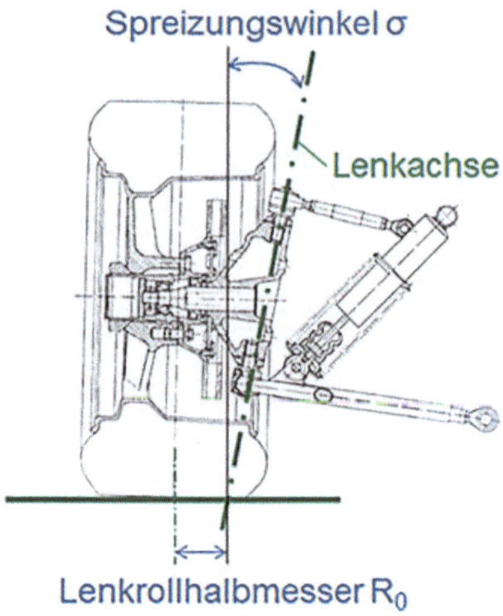

Abb. 1.16 Beispiel für die Lenkachse einer Doppelquerlenkeraufhängung mit dem Spreizungswinkel σ

Lenkachse lag hinter dem Radaufstandspunkt. Wegen der seinerzeit extrem hohen Abtriebskräfte, verursacht durch den „Groundeffekt", kam es in Verbindung mit den kleinen Lenkraddurchmessern zu sehr hohen Lenkkräften, die durch die genannten Maßnahmen reduziert werden mussten.

Der eigentliche Grund, weshalb bei heutigen Rennfahrzeugen ein **positiver Nachlauf** eingesetzt wird, ist die Beeinflussung des Sturzwinkels beim Einlenken. Durch die geneigte Lenkachse bewegt sich das Rad beim Einlenken auf einer Bahnkurve, wodurch das kurveninnere Rad eine positive und das kurvenäußere Rad eine negative bodenspezifische Sturzänderung erhalten (siehe auch Abb. 5.3). Als Resultat können wiederum höhere Seitenkräfte übertragen und damit höhere Kurvengeschwindigkeiten gefahren werden, siehe Kap. 5.

Demgegenüber kann bei frontgetriebenen Tourenwagen der Nachlauf $n_{\tau 0}$ auch ungefähr 0 sein.

1.5.4 Spreizung und Lenkrollhalbmesser *Kingpin Inclination and Scrub Radius*

Der Spreizungswinkel σ ist der Winkel zwischen der Lenkungsdrehachse und einer Senkrechten zum Boden, die parallel zur Fahrzeughochachse angeordnet ist (Abb. 1.16). Im Vergleich zum Nachlaufwinkel wird die Lenkachse dieses Mal in der Fahrzeugquerebene betrachtet. Durch die Spreizung entsteht der sogenannte Lenkrollhalbmesser (Abb. 1.17). Darunter versteht man den Abstand zwischen Radaufstandspunkt und dem Durchstoßpunkt der verlängerten Lenkdrehachse durch den Boden als Projektion auf einer quer zur Fahrtrichtung stehenden Ebene.

Wegen der Spreizung beschreibt das Rad beim Lenken ebenfalls eine Bahnkurve, wodurch der Fahrzeugaufbau vorne leicht angehoben wird. Das Eigengewicht des Wagens

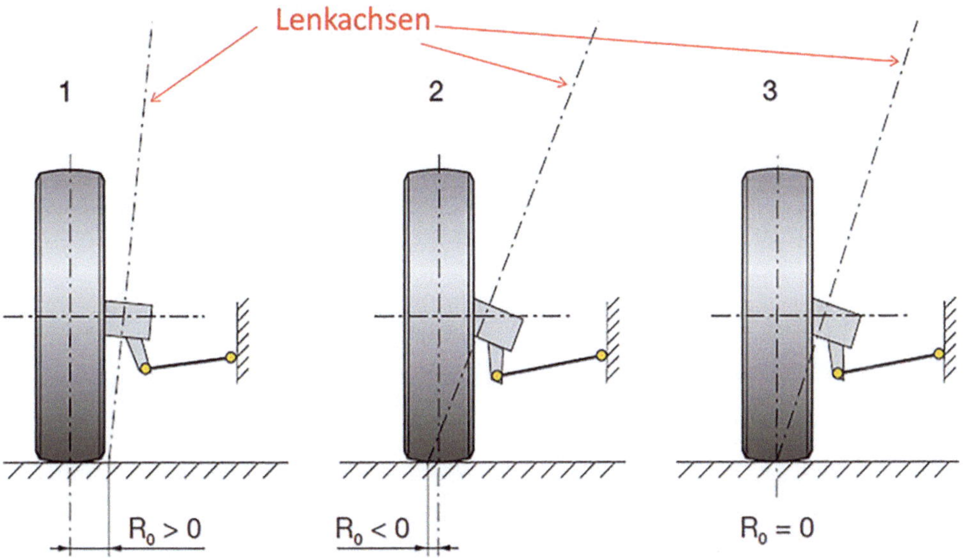

Abb. 1.17 Lenkrollhalbmesser R_0 in Abhängigkeit der Lenkachsen-Stellung

Tab. 1.8 Ermittlung von Spreizungswinkel und Lenkrollhalbmesser

Spreizungswinkel	σ	°
Lenkrollhalbmesser	R_0	mm

führt zu einem Lenkrückstellmoment. Eine nachteilige Eigenschaft der Spreizung ist die dadurch verursachte bodenspezifische Sturzänderung in Richtung positiv. Diese ist jedoch geringer als die Sturzänderung auf Grund des Nachlaufs. Durch angepasste Auslegung der Lenkergeometrie des Fahrwerks (Koppelgetriebe, siehe Kap. 5) kann dieser Effekt reduziert oder gar eliminiert werden.

Die Werte für den Spreizungswinkel bei heutigen Rennfahrzeugen liegen i. d. R. zwischen 5° und 8° (vgl. Tab. 1.8).

Aus der Stellung der Spreizachse ergeben sich Störkraft-Hebelarme, die beim Beschleunigen und Bremsen unterschiedlich zu bestimmen und in Abb. 1.18 erläutert sind.

1.5.5 Spurdifferenzwinkel (Lenkwinkeldifferenz)

Der statische Spurdifferenzwinkel (auch Ackermann-Winkel $\Delta\delta_A$) erfasst die Winkelstellung zwischen dem kurveninneren und kurvenäußeren Rad beim Lenkeinschlag. Dieser statische Wert ist nur bei extrem langsamer, quasistationärer Kurvenfahrt gültig (Ackermann-Bedingung). Aufgrund des kleineren Kurvenradius am kurveninneren Rad ist dort ein größerer kinematischer Lenkwinkel δ_i als am kurvenäußeren Rad $\delta_{A,o}$ zu verzeichnen, siehe Abb. 1.19. Die Messung des Spurdifferenzwinkels erfolgt jeweils bei

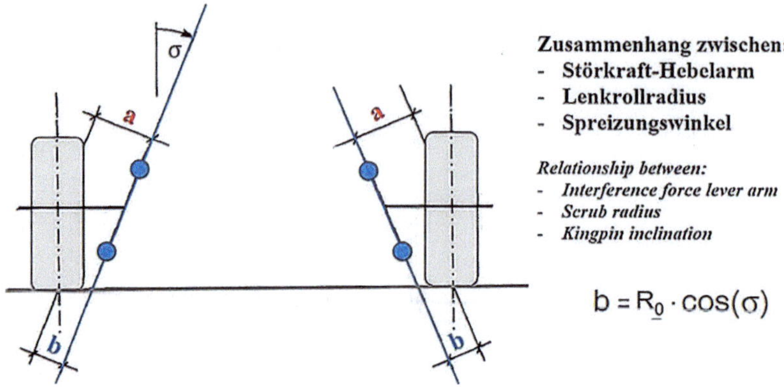

Abb. 1.18 Störkraft-Hebelarme der Lenkung

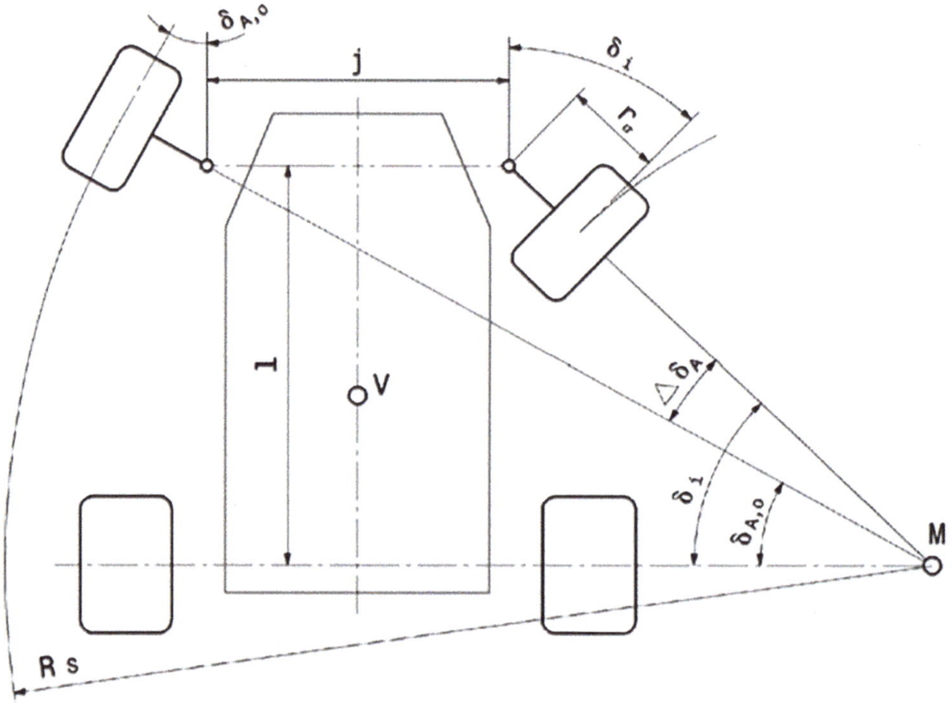

Abb. 1.19 Kinematische Zusammenhänge bei statischer Kurvenfahrt mit reinem Rollen um den Kurvenmittelpunkt M (Ackermann-Bedingung). Der Unterschied zwischen dem Lenkwinkel am kurvenäußeren Rad $\delta_{A,o}$ und dem Lenkwinkel am kurveninneren Rad δ_i ist der Spurdifferenzwinkel $\Delta\delta_A$ (Ackermann-Winkel) mit: l Radstand, V Schwerpunkt des Fahrzeugs

Lenkeinschlag nach links und nach rechts, um evtl. Abweichungen zu erfassen. Würde es keine Lenkwinkeldifferenz zwischen den beiden Vorderrädern geben, so würden bei Kurvenfahrt höherer Verschleiß auftreten sowie die optimalen Reifentemperaturen nicht erreicht werden. Die Lenkungsgeometrie ist i. d .R. so konzipiert, dass sich mit zunehmenden Lenkeinschlag auch der Spurdifferenzwinkel verändert, um dynamische Effekte wie Reifenschräglauf zu berücksichtigen. Die Bestimmung des statischen Spurdifferenzwinkels ist wichtig, um eine fehlerhafte Einstellung der Lenkung zu erkennen.

Angemerkt sei an dieser Stelle, dass bei höherer Geschwindigkeit aufgrund der dann bei Kurvenfahrt in den Reifen auftretenden Schräglaufwinkel sich die kinematischen Lenkwinkel von den tatsächlichen, dynamischen Lenkwinkeln unterscheiden, siehe Abb. 5.18.

Beispiel 1.2

Nach einer Kollision am rechten Vorderrad während eines Rennens wird an einem Formelrennwagen der Spurdifferenzwinkel vermessen. Dabei zeigt sich, dass die Lenkungskinematik verstellt oder gar beschädigt wurde, siehe Abb. 1.20. Eine Befundung aller Elemente der Lenkung ist aus Sicherheitsgründen unausweichlich. ◀

Bei Doppelquerlenkerachsen erfolgt eine Sturzeinstellung oft über eine Verdrehung der Kugelköpfe am Radträger, was zu einer Längenänderung der Querlenker führt.

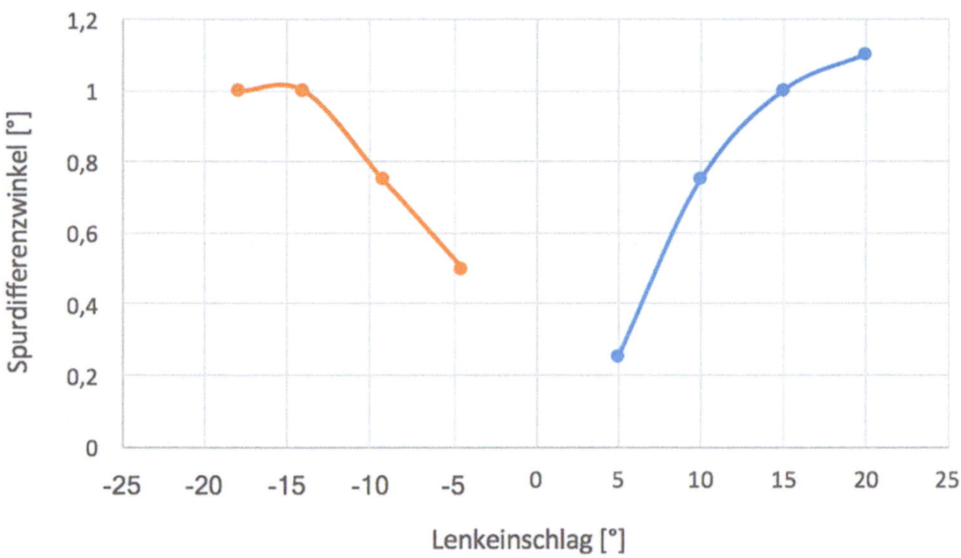

Abb. 1.20 Überprüfung der Spurdifferenzwinkel bei Lenkeinschlag nach links (orange Kurve) und rechts (blaue Kurve) nach einer Kollision. Es ist eine Abweichung feststellbar, sodass eine Befundung der Lenkkinematik erfolgen muss

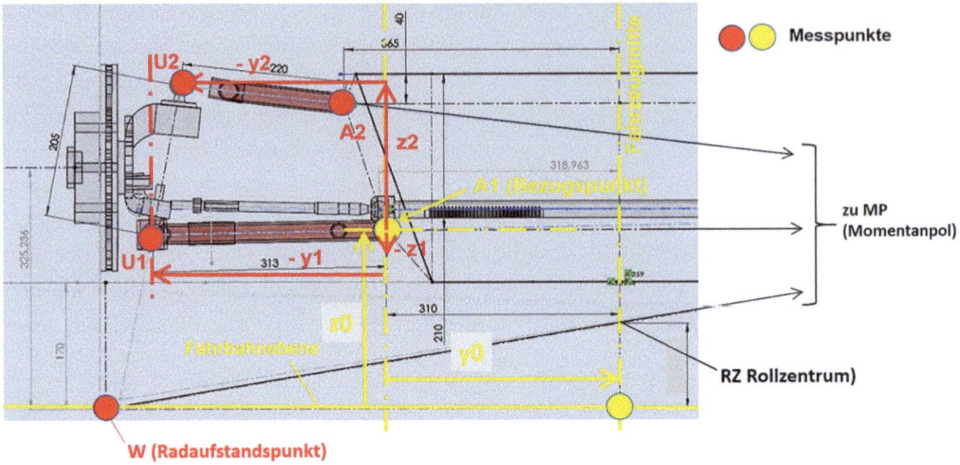

Abb. 1.21 Vermessung der Aufhängungspunkte am Beispiel einer Doppelquerlenker-Radaufhängung zur späteren Ermittlung des Rollzentrums

In diesem Zusammenhang sei bereits darauf hingewiesen – insbesondere mit Blick auf Kap. 5, dass es sehr empfehlenswert ist, auch die Geometrien der Fahrwerkslenker und deren Anbindungspunkte an der Karosserie messtechnisch zu erfassen. Dies erleichtert später die Bestimmung der Momentanpole und des Rollzentrums je Achse (siehe Abb. 1.21). Die Momentanpole charakterisieren die Bewegungszentren je Seite der Radaufhängung vorne und hinten in Abhängigkeit der Ein-/Ausfederung. Die Doppelquerlenker-Radaufhängung stellt formal ein Viergelenk-Koppelgetriebe dar, die McPherson-Aufhängung hingegen eine verkürzte Doppelquerlenker-Radaufhängung, bei der der obere Querlenker entfällt und ein Drehgelenk zu einem Schubgelenk wird. Die aus der jeweiligen Achskonstruktion resultierenden Rollzentren an Vorder- und Hinterachse bestimmen letztendlich die Lage der Rollachse, um die der Fahrzeugaufbau wankt (siehe Abb. 5.5, 5.6 und 6.16).

Beispiel 1.3

Es sollen die Aufhängungspunkte an einer Doppelquerlenker-Radaufhängung vermessen werden. Dazu muss zunächst je Aufhängungsseite ein Bezugspunkt ermittelt werden. Dafür bietet sich der Anlenkpunkt A1 des unteren Querlenkers am Chassis an (in Gelb eingezeichnet). Dieser Punkt hat die Abstände y0 von der Fahrzeugmitte und z0 von der Fahrbahn, siehe Abb. 1.21. Von diesem Bezugspunkt aus können dann die weiteren Anlenkpunkte A2 (oberer Querlenker am Chassis) und die Anlenkpunkte am Radträger (Upright) U1 und U2 vermessen werden. Der Anlenkpunkt U1 des unteren Querlenkers am Upright hat vom Bezugspunkt A1 die Koordinaten −y1, −z1; der Anlenkpunkt U2 des oberen Querlenkers am Upright hat vom Bezugspunkt A1 die Koordinaten −y2; +z2. Die Konstruktion des Momentanpols MP sowie des Rollzentrums RZ wird später in Kap. 5 erläutert. ◄

Alle in diesem Kapitel vorgestellten Parameter ermöglichen den Teams ein „Reverse-Engineering" und damit eine Bestandsaufnahme mit konstruktiver (zeichnerischer) Darstellung ihres Fahrzeugs und des Fahrwerks. Jedes Team sollte zum Ende der Rennsaison im Rahmen der inspektiven Analyse über den Winter bei der Demontage des Rennwagens diese Parameter erheben.

1.6 Aerodynamische Parameter *Aerodynamic Parameters*

Neben der Gewichtsverteilung, der Fahrwerksgeometrie und den Einstellwerten des Fahrwerks ist die Aerodynamik heute in fast allen Rennserien ein unverzichtbares Instrument zur Verbesserung der Rundenzeiten. Grundsätzlich wird durch aerodynamische Systeme, wie Front- und Heckflügel oder Unterboden und Diffusoren, versucht, den Abtrieb („Downforce") bei Rennfahrzeugen zu erhöhen und diese somit stärker auf die Fahrbahn zu pressen. Durch die hierdurch gesteigerten Radlasten können höhere Seiten- und Längs-Kräfte zwischen Reifen und Fahrbahn übertragen werden. Umgekehrt führt aber eine höhere Abtriebskraft zwangsläufig auch zu einem höheren Luftwiderstand („Drag"). Daher ist für jedes Streckenlayout ein optimaler Kompromiss einerseits zwischen erhöhtem Anpressdruck – und damit höheren Kurvengeschwindigkeiten und besserem Beschleunigungsverhalten – und andererseits vergrößertem Luftwiderstand – und damit geringeren Höchstgeschwindigkeiten auf den Geraden – zu finden.[8] Weitere aerodynamische Bauteile werden komplementär eingesetzt, um durch gezielte Umleitung bzw. Beruhigung des Luftstroms um das Fahrzeug herum eine Reduzierung des Luftwiderstands trotz höheren Abtriebs zu ermöglichen.

Nahezu alle Bauteile und Formen an einem Rennwagen stehen in aerodynamischer Interaktion. So wird beispielsweise der Luftstrom vom Frontflügel nach oben abgelenkt, was je nach Anstellwinkel auch einen Einfluss auf die Anströmung und somit den Abtrieb an der Karosserie und am Heckflügel haben kann. Bei Rennfahrzeugen mit frei stehenden Rädern erzeugen diese unerwünschten Auftrieb. Zielführend ist es folglich, die Umströmung des kompletten Fahrzeugs im **Systemzusammenhang** zu betrachten. Neben den empirischen Versuchen im Windkanal (wünschenswerterweise mit „rollender Laufbahn") nimmt im professionellen Motorsport heute die computergestützte Strömungsanalyse (CFD; Computational Fluid Dynamics) einen immer höheren Stellenwert ein. Das Themenfeld der aerodynamischen Optimierung wird in Kap. 8 eingehend behandelt.

Da ein Windkanal oder eine CFD-Analyse auch im erweiterten professionellen Umfeld nur wenigen Rennteams zur Verfügung steht, wird nachfolgend der **Ausrollversuch** als eine auch für Amateurteams praktikable Analysemethode dargestellt, um den Luftwiderstand und Rollwiderstand eines Fahrzeugs in Abhängigkeit des Setups zu ermitteln. Es sind lediglich eine mindestens 400 bis 500 m lange, möglichst ebene Gerade und ein

[8] Siehe auch Handbuch Rennwagentechnik Bd. 5, Abschn. 5.3.3.

GPS-Datenlogger (für die Aufzeichnung des Geschwindigkeitsverlaufs über dem Weg) erforderlich. Als ideales Testfeld für Ausrollversuche eignen sich die Start-/Landebahnen von Flughäfen. Alternativ können Ausrollversuche auch auf den Geraden der Rennstrecken durchgeführt werden, z. B. auf Testtagen oder im freien Training (wenn Konkurrenten dadurch nicht behindert werden).

Bei einem Ausrollversuch wird das Fahrzeug zunächst auf eine Geschwindigkeit von über 100 km/h beschleunigt, um anschließend im ausgekuppelten Zustand lediglich durch die Summe F_W der angreifenden Fahrwiderstände, d. h. den Luftwiderstand F_L, den Rollwiderstand F_R und den Steigungswiderstand F_{St}, verzögert zu werden. Die Verzögerung durch die Fahrwiderstände erfolgt also in erster Linie durch translatorische Verzögerung des Fahrzeugs, allerdings müssen auch die rotatorischen Massen (Drehmassen der Räder sowie drehende Motor- und Getriebebauteile) abgebremst werden. Die rotatorische Verzögerung wird i. d. R. durch einen äquivalenten translatorischen Verzögerungsanteil ausgedrückt und durch einen Massenfaktor φ_m berücksichtigt. Das Aufstellen des Kräftegleichgewichts am Fahrzeug liefert also folgende Beziehung:

$$F_L + F_R + F_{St} = F_W \tag{1.10}$$

mit:

F_w Summe der abbremsenden Fahrwiderstände, N
F_L Luftwiderstand, N
F_R Rollwiderstand, N
F_{St} Steigungswiderstand, N

bzw. nach weiterem Einsetzen:

$$f_R \cdot m_{Z,V,t} \cdot g \cdot \cos\alpha_{St} + m_{Z,V,t} \cdot g \cdot \sin\alpha_{St} + \frac{1}{2} \cdot \rho_L \cdot c_w \cdot A \cdot (v_F - v_0)^2 = k_m \cdot m_{Z,V,t} \cdot a_x \tag{1.11}$$

mit:

f_R Rollwiderstandsbeiwert des Fahrzeugs, –; gesucht!
$m_{Z,V,t}$ Fahrzeugmasse inkl. Fahrer und halber Tankfüllung (je nach Renndistanz), kg
g Erdbeschleunigung, 9,81 m/s^2
α_{St} Mittlerer Steigungswinkel der Fahrbahn, °
ρ_L Luftdichte, kg/m^3; 1,225 kg/m^3 auf Meereshöhe bei 15 °C und 1013 mbar
c_w c_W-Wert des Fahrzeugs, –; gesucht!
A Anströmfläche des Fahrzeugs, m^2
v_F Fahrzeuggeschwindigkeit, m/s
v_0 Windgeschwindigkeit, m/s; Gegenwind: negativer Wert, Rückenwind: positiver Wert
k_m Drehmassenfaktor zur Berücksichtigung der abzubremsenden Rotationsmassen (Räder inkl. Reifen etc.), –
a_x Verzögerung des Fahrzeugs aufgrund des Luft-, Roll- und Steigungswiderstands, m/s^2

Es wird empfohlen, Ausrollversuche ausschließlich bei relativer Windstille durchzuführen, weshalb unter Vernachlässigung von v_0 sich folgende Gleichung ergibt:

$$a_x = \frac{\rho_L \cdot c_w \cdot A}{2 \cdot k_m \cdot m_{Z,V}} \cdot v_F^2 + \frac{g \cdot \left(f_R \cdot \cos\alpha_{St} + \sin\alpha_{St}\right)}{k_m} \tag{1.12}$$

Diese Gleichung entspricht in ihrer Form mathematisch einer allgemeinen Geradengleichung vom Typ $y(x) = Bx + C$:

$$a_x\left(\upsilon^2\right) = B \cdot \upsilon_F^2 + C \tag{1.13}$$

mit der Steigung

$$B = \frac{\rho_L \cdot c_w \cdot A}{2 \cdot k_m \cdot m_{Z,V}} \tag{1.14}$$

und dem Achsenabschnitt

$$C = \frac{g \cdot \left(f_R \cdot \cos\alpha_{St} + \sin\alpha_{St}\right)}{k_m} \tag{1.15}$$

Aus der Steigung B der Geraden in Abb. 1.24 kann der c_w-Wert für das Setup bei der Vermessung bestimmt werden, aus dem Achsenabschnitt der Rollwiderstandsbeiwert f_R.[9]

Die Luftdichte ρ_L schwankt mit dem Luftdruck und der Temperatur am Ort der Messung, sodass für eine exakte Bestimmung eigentlich die allgemeine Gasgleichung der Thermodynamik anzusetzen wäre. In der Praxis reicht es indes völlig aus, einen Näherungswert gemäß Tab. 1.9 in Bezug auf Meereshöhe bei Luftdruck 1013 mbar anzusetzen.

Der Drehmassenfaktor k_m zur Berücksichtigung der Verzögerung durch die Drehmassen ist vom Massenträgheitsmoment und von der Drehzahldifferenz bei der Beschleunigung von Anfangs- zu Endgeschwindigkeit der drehenden Teile abhängig und nimmt

Tab. 1.9 Luftdichte in Abhängigkeit der Lufttemperatur auf Meereshöhe bei Normdruck 1013 mbar

Temperatur in °C	Luftdichte in kg/m³
+35	1,1455
+30	1,1644
+25	1,1839
+20	1,2041
+15	1,2250
+10	1,2466
+5	1,2690
0	1,2920
−5	1,3163

[9] In Bd. 5, Abschn. 3.7.1 wird eine weitere Auswertemethode vorgestellt.

Tab. 1.10 Drehmassenfaktor k_m in Abhängigkeit des eingelegten Gangs

Gang	1	2	3	4	5
Drehmassenfaktor k_m	1,250	1,150	1,100	1,075	1,060

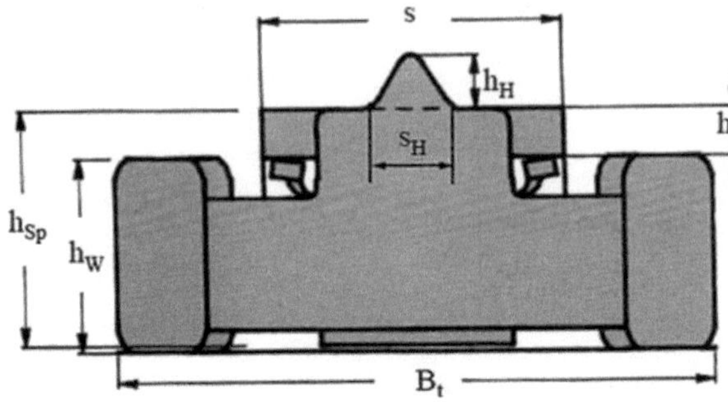

Abb. 1.22 Ermittlung der Anströmfläche (Querschnittsfläche) am Beispiel Monoposto

Tab. 1.11 Messwerte für die Ermittlung der Anströmfläche

Größe	Formelzeichen	Einheit
Breite über alles	B_t	mm
Mittlere Reifenhöhe aus Vorder-/Hinterachse	h_w	mm
Höhe Heckspoiler	h_{sp}	mm
Breite Heckspoiler	s	mm
Projektion Höhe Heckspoiler	h_c	mm
Höhe Hutze	h_H	mm
Max. Breite Hutze	s_H	mm

demzufolge mit steigendem Gang ab, siehe Tab. 1.10.[10] Für den Ausrollversuch kann der Drehmassenfaktor mit $k_m = 1$ angesetzt werden.

Die noch benötigte Querschnittsfläche des Fahrzeugs kann für Formelrennwagen näherungsweise nach Abb. 1.22 ermittelt werden (für andere Fahrzeugkategorien äquivalent), siehe auch Tab. 1.11.

Beispiel 1.4

Für einen Reynard 903 F3 ergibt sich bei einem bestimmten Setup folgende Anströmfläche:

$$A = (B_t \cdot h_W) + (s \cdot h_c) + (0{,}5 \cdot s_H \cdot h_H) \tag{1.16}$$

$$A = (1{,,}66\,\text{m} \cdot 0{,,}534\,\text{m}) + (0{,,}884\,\text{m} \cdot 0{,,}1675\,\text{m}) + (0{,,,}5 \cdot 0{,,,}241\,\text{m} \cdot 0{,,,}206\,\text{m}) = 1{,}06\,\text{m}^2$$

[10] Genaueres siehe Handbuch Rennwagentechnik Bd. 3, Kap. 4.

Da das Fahrzeug vorne breiter ist als hinten muss für die Höhe h_W ein Kompromiss zwischen dem verhältnismäßig größeren Hinterreifendurchmesser zum Vorderreifendurchmesser getroffen werden.

Anhand der Aufzeichnungen des Datenloggers beim Ausrollversuch können die Beschleunigungen für verschiedene Abschnitte berechnet und über der Geschwindigkeit zum Quadrat aufgetragen werden. Das Erstellen einer linearen Trendlinie mit Funktionsgleichung liefert die gesuchte Steigung B und den Achsenabschnitt C. Abb. 1.23 zeigt einen Ausrollversuch mit einem modernen Formel V.

Mit dem y-Abschnitt C aus Abb. 1.24 (in m/s^2) und der Steigung B (in 1/m) der Geradengleichung lassen sich der Luftwiderstandsbeiwert c_w und der Rollwiderstandsbeiwert f_R wie folgt bestimmen:

$$c_w = \frac{2 \cdot k_m \cdot m_{Z,V} \cdot B}{\rho_L \cdot A} \tag{1.17}$$

$$f_R = \frac{\frac{C \cdot k_m}{g} - \sin \alpha_{St}}{\cos \alpha_{St}} \tag{1.18}$$

Bei Ausrollversuchen in der Ebene ist $\alpha_{St} = 0$, somit folgt:

$$f_R = \frac{C \cdot k_m}{g} \tag{1.19}$$

In Abb. 1.24 wurde für einen modernen Formel V – für das Setup bei der Vermessung – auf einem Flughafen ein c_W-Wert von rund 0,92 ermittelt. Dies ist für ein Formelfahrzeug

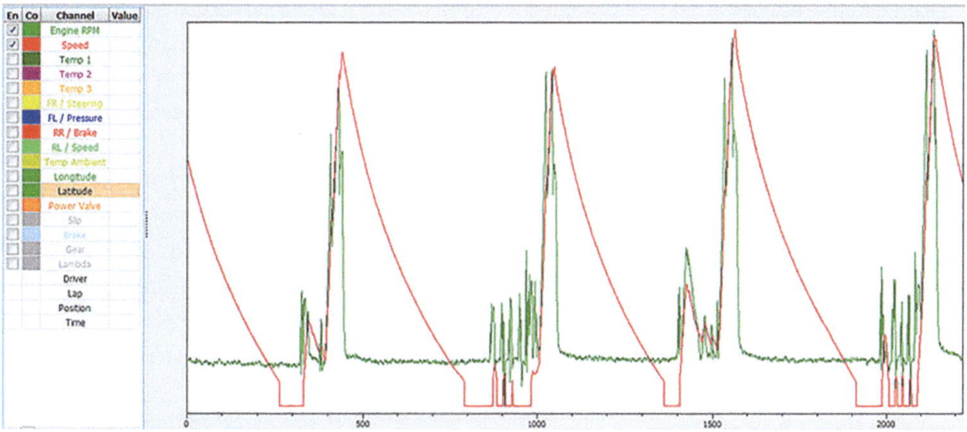

Abb. 1.23 Aufzeichnung der Geschwindigkeiten (*rot*) und Motordrehzahlen (*grün*) über dem Weg während einer Reihe von Ausrollversuchen. Die Geschwindigkeit nimmt zunächst – aufgrund des höheren Luftwiderstandes, der der Geschwindigkeit proportional ist – stärker ab

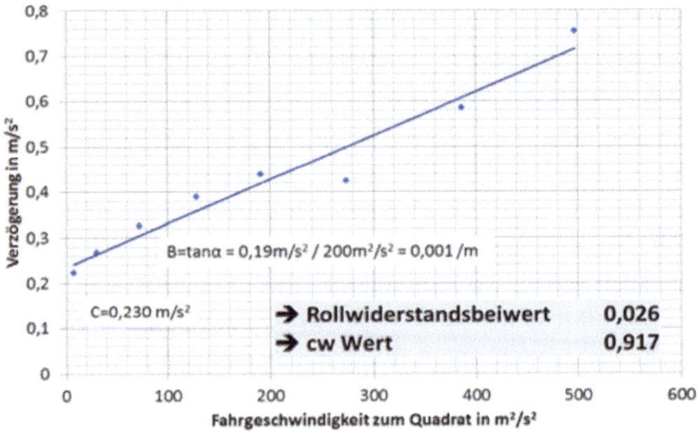

Abb. 1.24 Auswertung eines Ausrollversuchs für einen modernen Formel V mit Tatuus-Monocoque

Tab. 1.12 Anteile am Luftwiderstand eines Monoposto bei 200 km/h

Komponenten	Anteil [%]
Frontflügel	19,4
Heckflügel	36,3
Unterboden	10,1
Räder + Rest	34,2
Gesamt	100,0

angesichts der frei stehenden Räder ein durchaus respektabler Wert, der anhand reproduzierter Ausrollversuche bestätigt wurde (und keinesfalls mit Pkw vergleichbar ist).

Der Rollwiderstandsbeiwert ändert sich jedoch bei der Wiederholung der Ausrollversuche. Im Verlauf der wiederholten Ausrollversuche ist mit einem Anstieg des Rollwiderstands zu rechnen, da der Rennreifen dann näherungsweise seine optimale Betriebstemperatur erreicht und auf der Fahrbahn „klebt". Der Rollwiderstandsbeiwert ist in Abb. 1.24 mit 0,025 signifikant höher als bei Serienreifen und kann anhand der sehr weichen Gummimischung, dem niedrigen Reifeninnendruck sowie dem Verzahnungseffekt eines Rennslicks mit der relativ rauen Oberfläche der Rennstrecke im warmen Zustand erklärt werden.

Die durch den Ausrollversuch ermittelten Parameter für den c_W-Wert und Rollwiderstandsbeiwert f_R in Abhängigkeit des aktuell gewählten Setups können bei Änderungen des Setups zum Vergleich erneut erhoben werden. Die Parameter bieten folglich bereits initial wichtige, unverzichtbare Eingangsgrößen für nachfolgende Optimierungen, die sich aus den folgenden Kapiteln dieses Buches erschließen. Für beispielhafte Tabellen für diese sogenannten „Aero-Maps" wird auf Abschn. 8.6.3 verwiesen. Es verlangt Zeit und Disziplin, diese Parameter vollständig zu erheben.

Vor der in Kap. 8 folgenden, ausführlichen Diskussion der aerodynamischen Effekte und entsprechender Optimierungsansätze ist in Tab. 1.12 bereits als Anhaltspunkt der Beitrag der verschiedenen aerodynamischen Subsysteme eines Formel-3-Rennwagens zum Luftwiderstand bei einer Geschwindigkeit von 200 km/h dargestellt. ◀

1.7 Zusammenfassung *Summary*

Die Kenntnis der hier initial ermittelten Parameter zur Fahrwerkseinstellung und Aerodynamik, die einen wesentlichen Einfluss auf die Rundenzeiten ausmachen, sind eine unverzichtbare Voraussetzung, um später belastbare Optimierungen durchführen zu können. Ohne die Kenntnis der Ausgangslage sind Optimierungen nicht durchführbar.

Es empfiehlt sich, die Setup-Daten (Wäge- sowie Einstellwerte für Fahrwerk und Aerodynamik) für jede Rennstrecke übersichtlich zu dokumentieren, siehe Abb. 1.25.

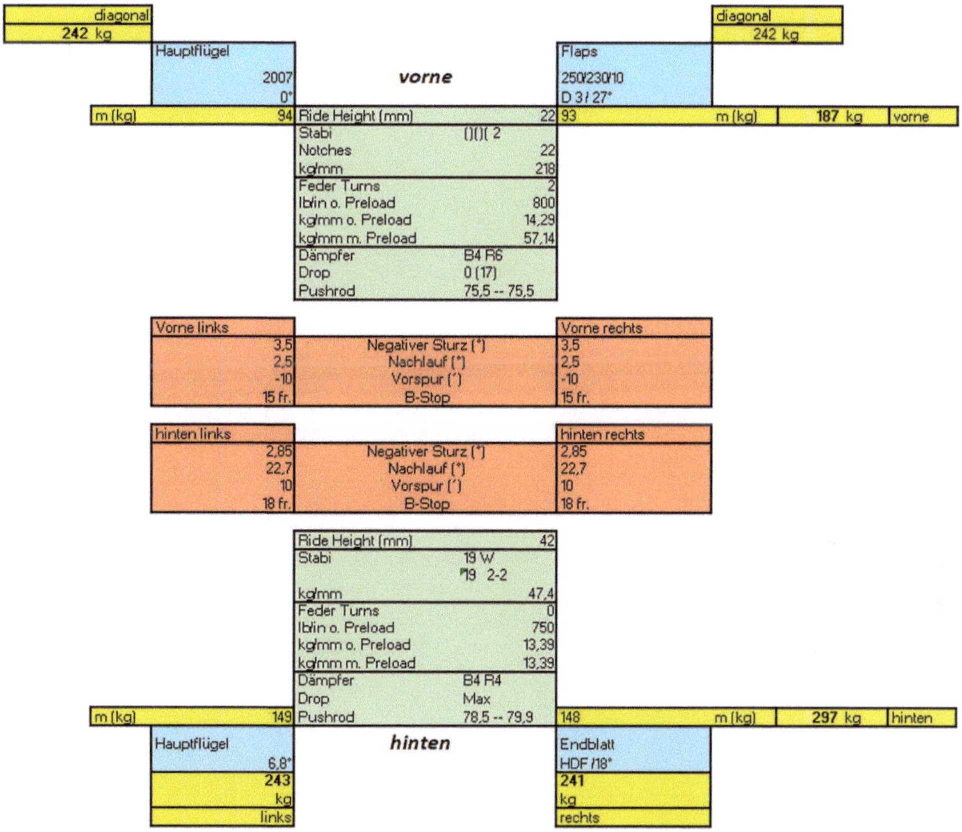

Abb. 1.25 Beispiel für die Dokumentation der Setupdaten für ein Formel-3-Fahrzeug mit MS Excel. Gelb hinterlegt sind die gemessenen Radlasten (hier ohne Fahrer), in Grün hinterlegt die Einstellwerte für Federung und Dämpfer sowie die statischen Fahrhöhen. Die Radeinstellwerte sind in Rot, die Flügeleinstellungen in Blau hinterlegt. Die gewählte Darstellung ist fahrzeugbezogen und ermöglicht eine schnelle Zuordnung zu vorne/hinten und rechts/links für die jeweiligen Subsysteme des Fahrzeugs

Literatur

1. Trzesniowski, M.: Rennwagentechnik, Bd. 2–5., . Springer Vieweg, Wiesbaden (2019)

Einleitung und Definitionen *Introduction and Definitions*

2

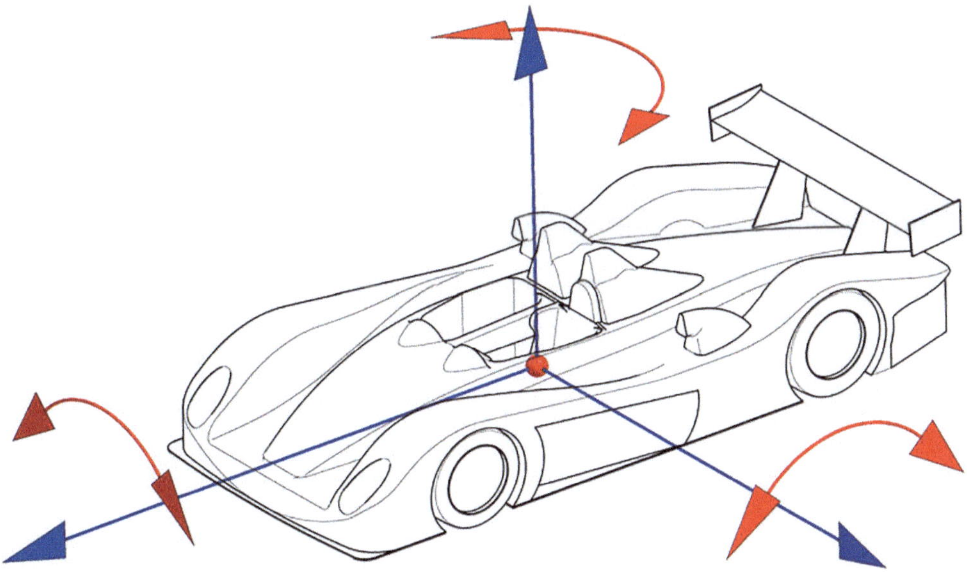

Inhaltsverzeichnis

R. Pütz, T. Serne, *Rennwagentechnik - Praxislehrgang Fahrdynamik*, Handbuch Rennwagentechnik 6, https://doi.org/10.1007/978-3-658-47000-5_2

Zusammenfassung

Beschreibung des Unterschieds zwischen Straßenlage und Fahrverhalten. Die Segmentierung einer Kurve in fünf Phasen (Einlenken, Einrollen, Mittelteil der Kurve, Zurückrollen und Auslenken) vergrößert das Verständnis der Dynamik eines Rennwagens beim Durchfahren einer Kurve. Der Unterschied zwischen Zentrifugalkraft, oder ‚die Unsichtbare Hand', und Zentripetalkraft wird erläutert. Zum Schluss wird die Ermittlung von Untersteuern und Übersteuern mit Hilfe von zwei unterschiedlichen Methoden mit Erläuterung der theoretischen Grundlagen aufgezeigt.

2.1 Die Straßenlage und ihre Bedeutung Significance of Handling and Roadholding

Um das dynamische Verhalten eines Fahrzeugs zu beschreiben, existieren im Englischen zwei unterschiedliche Begriffe:

- ‚Roadholding' betrifft die vertikale Dynamik und damit auch den Komfort des Fahrzeugs. So zählen Hubbewegungen entlang der Hochachse (z-Achse), wie Heben und Abtauchen, oder eine Drehbewegung um die Querachse (y-Achse), wie Nicken, zu den typischen Bewegungen des Roadholding.
- ‚Handling' bezieht sich auf die Querdynamik (horizontale Fahrzeugdynamik) und beschreibt damit die Fähigkeit, wie schnell und stabil ein Fahrzeug um die Kurve fahren kann. Hierunter fallen auch die Reaktionen des Fahrzeugs auf Aktionen des Fahrers sowie auf Störungen von außen.

Demgegenüber sind im Deutschen die Begriffe STRASSENLAGE und FAHRVERHALTEN weniger scharf getrennt und beziehen sich sowohl auf Vertikal- als auch auf Quer- und Längsdynamik und damit auf das Gesamtspektrum des dynamischen Fahrzeugverhaltens.

Es könnten hier zahlreiche Beispiele von professionellen Rennteams angeführt werden, die ein großes finanzielles Budget in die Verbesserung der Motorleistung investiert haben, jedoch damit nur auf die Rundenzeiten bezogen lediglich einige Sekundenbruchteile schneller geworden sind. Erst später folgte dann oftmals die Erkenntnis, dass bereits ein Teil dieses Budgets ausgereicht hätte, um ganze Sekunden zu gewinnen – wenn mehr Zeit in die Verbesserung der Straßenlage investiert worden wäre.

Auch der folgende Vergleich spricht für sich:

Ein DTM-Rennwagen mit etwa 480 PS wiegt laut Reglement rund 1100 kg. Er weist folglich ein Leistungsgewicht von 0,44 PS/kg auf. Ein Formel-3-Monoposto mit einem Mindestgewicht von 550 kg und einer Motorleistung von 230 PS hat dagegen mit 0,42 PS/kg ein geringeres Leistungsgewicht, ist jedoch in der Praxis auf einer durchschnittlichen üblichen Strecke um rund 3 s schneller. Dies ist die Folge einer signifikant besseren Straßenlage des Formel-3-Rennwagens.

2.2 Fahrzeugbewegungen und Freiheitsgrade *Vehicle Movements and Degrees of Freedom*

Ein Fahrzeug bewegt sich um drei Achsen: die Längsachse (x-Achse), die Querachse (y-Achse) und die Hochachse (z-Achse). Für jede dieser Achsen gibt es zwei Freiheitsgrade, und zwar eine translatorische Bewegung in Richtung einer Achse und eine Drehbewegung um die Achse. Im Raum sind folglich sechs Freiheitsgrade möglich, siehe Abb. 2.1:

- Entlang der x-Achse: vor- oder rückwärts gerichtete Bewegung, das sogenannte Zucken.
- Drehbewegung um die x-Achse: das Wanken oder Rollen (englisch: Roll).
- Entlang der y-Achse: quer gerichtete Bewegung, das Schieben (englisch: Drift).
- Drehbewegung um die y-Achse: das Nicken (englisch: Pitch).
- Entlang der z-Achse: Heben/Senken des Aufbaus (englisch: Heave).
- Drehbewegung um die z-Achse: das Gieren (englisch: Yaw).

Die o. g. Begriffe beschreiben im Grunde natürliche Bewegungen: Irgendwo greift eine Kraft an, die dann über einen bestimmten Hebelarm um den Schwerpunkt als Moment wirkt und damit, auf die jeweiligen Achsen bezogen, ein Rollen, Nicken oder Gieren hervorruft. In der Regel treten diese Kräfte in der Kontaktfläche zwischen Reifen und Fahrbahn auf. Eine Ausnahme bilden die aerodynamischen Kräfte, die überall am Fahrzeug angreifen können (siehe Kap. 8).

Die Ein- und Ausfederbewegungen an den Rädern sind also eine Folge von Rollen, Nicken, Gieren und Heben. Normalerweise sind stets zwei Räder beim Einfedern (Bump) und zwei Räder beim Ausfedern (Rebound). So federn beim Bremsen die Vorderräder ein und die Hinterräder aus (Bremsnicken um die Querachse), und beim reinen Rollen um die Längsachse federn die kurvenäußeren Räder ein und die kurveninneren Räder aus. Tritt indes eine translatorische Bewegungsänderung (Beschleunigung oder Verzögerung) während der Kurvenfahrt auf, so überlagern sich die Federbewegungen. Beim Beschleunigen aus der Kurve heraus federn die kurvenäußeren Räder ein und die kurveninneren Räder

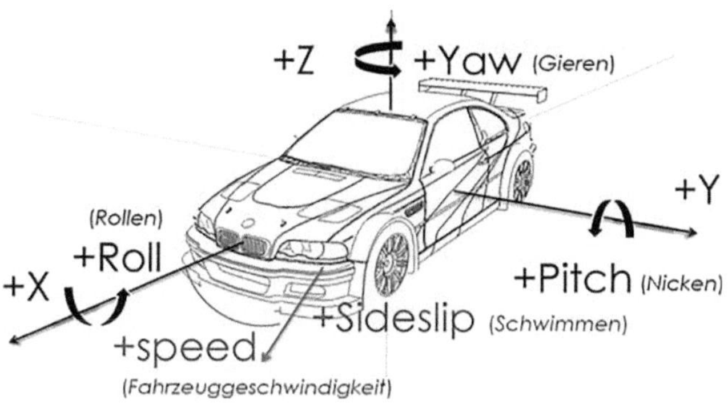

Abb. 2.1 Die sechs Freiheitsgrade eines Fahrzeugs. (Quelle: SAE [1])

aus, jedoch werden durch die gleichzeitige Beschleunigung die Räder der Vorderachse entlastet und jene an der Hinterachse belastet. Die Überlagerung der Kräfte bewirkt dann eine forcierte Belastung des kurvenäußeren Hinterrades und eine weitere Entlastung des kurveninneren Vorderrades. Letzteres kann im Extremfall den Bodenkontakt verlieren, sodass die Summe der übertragbaren Querkräfte abnimmt.

Neben den beschriebenen, natürlichen Bewegungen können auch von außen verursachte, nicht natürliche Bewegungen auftreten. Im Englischen wird das als „Warp" bezeichnet. Ein Beispiel hierfür ist, wenn das Fahrzeug in einer Rechtskurve mit dem rechten Vorderrad über die Randsteine (Curbs) fährt und rechts vorne angehoben wird. In der Folge beginnt das Fahrzeug, um eine schräge Achse mit wechselseitigem Einfedern des rechten Vorder- und linke Hinterrades zu schwingen (diagonales Tauchen), vergleichbar einem Tisch mit einem zu kurzen Bein. In einer Linkskurve würden umgekehrt das linke Vorderrad und rechte Hinterrad einfedern. Vor allem bei Einsatz von Datenaufzeichnungssystemen und Vermessung der Radbewegungen mit Hilfe von Bewegungssensoren sollte man diese Phänomene verstehen und beurteilen können.

Allgemein kann man sagen, dass die Federung (bei allen Bewegungen) und der Stabilisator (nur in Kurven) bestimmen, in welchem Maße ein Rad einfedert, während der Stoßdämpfer (eigentlich: Schwingungsdämpfer) bestimmt, wie schnell das Rad bewegt wird. Die Charakteristik eines hydraulischen Schwingungsdämpfers ist stets der aufgeprägten Geschwindigkeit am Dämpferkolben proportional („dynamische Feder", siehe Kap. 4).

2.3 Die fünf Phasen einer Kurve *The five Phases of a Curve*

Bei einer Kurvenfahrt sind fünf Phasen zu unterscheiden, siehe Abb. 2.2a, b.

Wenn man in der Lage ist diese Phasen zu unterscheiden, wird es auch einfacher die Ursachen von Unter-/Übersteuern zu deuten. Es ist wichtig für sowohl den Fahrer als auch den Mechaniker diese Phasen zu erkennen. Der Fahrer wird dann oft „bewusster" fahren, womit er dann auch ein schnellerer Fahrer wird!

2.3.1 Beschreibung der fünf Phasen *Description of the five Phases*

Phase 1: Einlenken
Der Fahrer bremst (nicht immer) und lenkt ein. Die Vorderräder bewegen sich unter einem zunehmenden Schräglaufwinkel und bauen deshalb die ersten Querkräfte auf. Die Masse des Fahrzeugs bewegt sich noch geradeaus, ebenso die Hinterräder.

Phase 2: Beginnendes Rollen
Die Vorderreifen haben nun dermaßen viel Querkraft aufgebaut (das dauert nach dem Einlenken ungefähr eine Radumdrehung), dass das Vorderteil des Fahrzeugs – und damit in der Folge das ganze Fahrzeug – beginnt, die Kurvenfahrt einzuleiten. Dadurch stellen sich

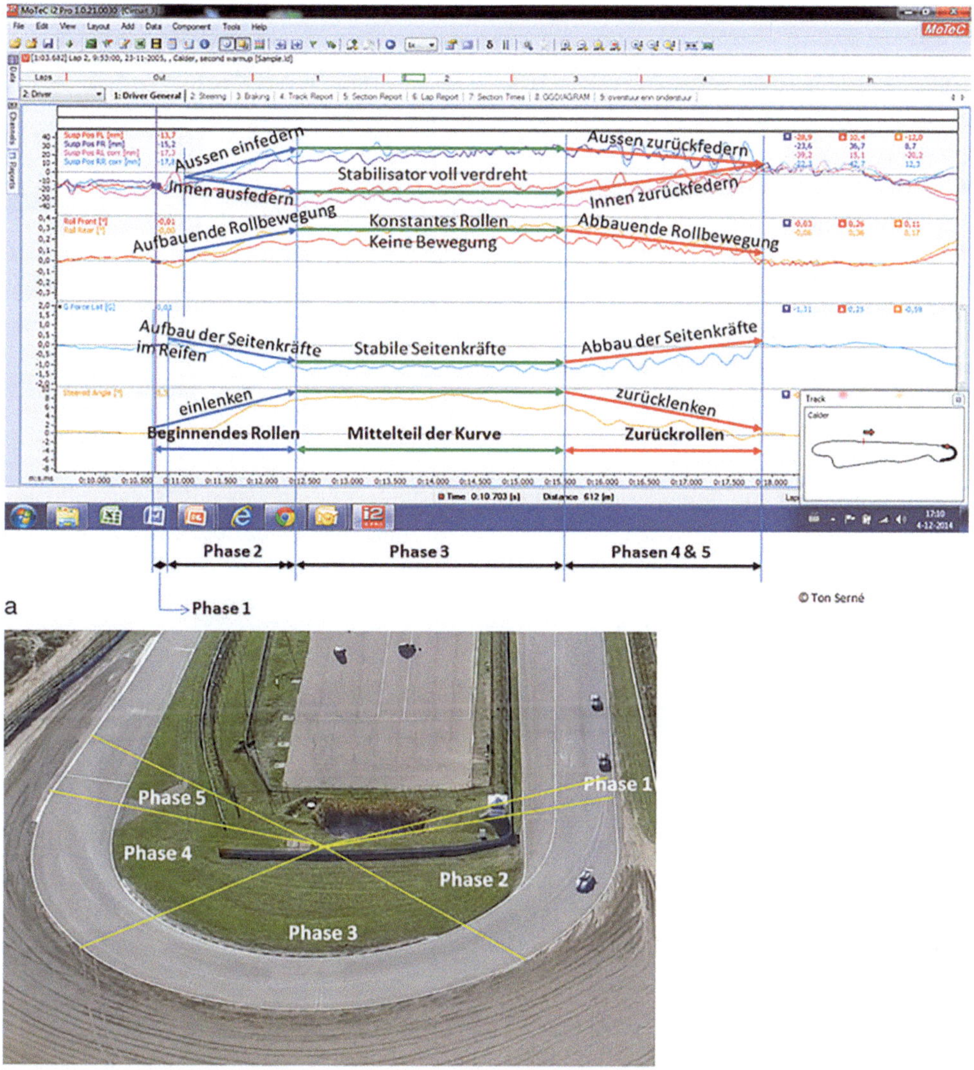

b

Abb. 2.2 **a** Die fünf Phasen einer Kurve. Unter-/Übersteuern hat in jeder Phase unterschiedliche Ursachen, und deshalb in jeder Phase einen individuellen Lösungseinsatz. **b** Die fünf Phasen einer Kurve aus der Vogelperspektive

die Hinterreifen etwas quer zu ihrer Bewegungsrichtung und bauen nun ebenfalls einen Schräglaufwinkel und damit eine Querkraft auf. Der Wagenkasten, d. h. die gefederte Masse, beginnt um seine Längsachse (x-Achse) zu rollen. Eine detaillierte Beschreibung davon folgt in Kap. 5.

Abhängig von der Strecke, der Geschwindigkeit und vor allem von der Fähigkeit des Fahrers, wird der Bremsvorgang entweder in Phase 1 oder Phase 2 beendet.

Die kurvenäußeren Räder federn ein und die kurveninneren Räder aus, sodass in der Folge der bzw. die Stabilisator(en) (auch: Anti-roll Bar) beginnt sich zu verdrehen. Am Ende dieser Phase ist er bis zu seinem Maximum verdreht, womit der Einfluss des Stabilisators von Null bis zu seinem Maximum zugenommen hat.

Phase 3: Mittelteil der Kurve

Wenn die Rollbewegung ihr Maximum erreicht hat, beginnt die Phase des konstanten Rollens der gefederten Masse. Das Auto hat nun eine Art von Stabilität erreicht, sei es auch eine labile, denn bereits kleine Einflüsse (wie eine Lenkbewegung, Unebenheit im Straßenbelag usw.) könnten diese Stabilität schon stören. Die kurvenäußeren Räder sind eingefedert und die kurveninneren ausgefedert. Das bedeutet, dass der Stabilisator während dieser gesamten Phase bis zu seinem Maximum verdreht und deshalb maximal wirksam ist.

Phase 4: Zurückrollen

Sobald der Fahrer mit dem Auslenken aus der Kurve beginnt, nehmen die Querkräfte ab. Damit beginnt der Wagenkasten wieder zurück zu rollen. Der Fahrer betätigt zum Herausbeschleunigen wieder stärker das Gaspedal. Die Schräglaufwinkel in allen Reifen nehmen kontinuierlich ab, und damit auch die Querkräfte. Die Räder federn zurück in ihre Ausgangslage, womit auch der Stabilisator entlastet wird. Der Einfluss des Stabilisators nimmt in dieser Phase von seinem Maximum bis auf null ab.

Phase 5: Auslenken

Obwohl diese Phase teilweise schon in Phase 4 beginnt, ist es für den Renningenieur hilfreich, diese Phase als eigenständige Phase zu betrachten. Der Grund dafür ist, dass nicht alles, was sich hier abspielt, auch für den Beginn von Phase 4 zutrifft. Wegen der zunehmenden Beschleunigung hebt sich das Vorderteil, sodass der Druck auf die Vorderräder abnimmt, was zu einem erheblichen „Power-Untersteuern“ führen kann. Das gilt sowohl für Rennwagen mit Vorderrad- als auch mit Hinterradantrieb. Hierbei sind nicht nur die Technik und Geometrie des Fahrwerks sowie die Kompetenz des Renningenieurs wichtig, sondern vor allem ist auch die Fähigkeit des Rennfahrers entscheidend, wie er die Motorleistung frei gibt! Dazu kommt, dass – je nach Kurve – die Geschwindigkeit schon hoch sein könnte, sodass nun auch die Aerodynamik wieder an Einfluss gewinnt.

An Abb. 2.2a sind die Phasen 2 bis 4 deutlich zu erkennen. Es ist klar ersichtlich, dass in den Phasen des beginnenden Rollens und Zurückrollen die Räder ein- und wieder ausfedern, also eine vertikale Geschwindigkeit aufweisen. Weiterhin ist erkennbar, dass die Räder im Mittelteil der Kurve (Phase 3) nur noch den Unebenheiten im Straßenbelag folgen.

Im Kap. 4 wird beschrieben, dass hydraulische Stoßdämpfer nur Dämpfungskräfte entwickeln, wenn sie sich ein- oder auswärts bewegen (geschwindigkeitsproportionale Dämpfung). Sobald also der Aufbau die Phase 3 erreicht hat und nicht weiter rollt, also keine weitere natürliche Bewegung stattfindet, werden nur noch Kräfte im Hochfrequenzbereich aufgrund der Straßenunebenheiten entwickelt.

> **Tipp 2.1** Beim Einrollen (Phase 2) und Zurückrollen (Phase 4) sind es vor allem die Stoßdämpfer, welche Widerstandskräfte gegen die Rollbewegungen aufbauen. Im Mittelteil der Kurve (Phase 3) ist hingegen der Stabilisator voll wirksam.[1]
>
> - Über-/Untersteuern beim Einlenken beseitigt man in der ersten Instanz durch die Stoßdämpfer
> - Über-/Untersteuern in Mittelteil der Kurve beseitigt man vor allem mit dem Stabilisator. Sollte das nicht ausreichen, kann zusätzlich die Federcharakteristik geändert werden.

Dieses Buch beschreibt in seinem Verlauf die Ursachen und mögliche Lösungen bei Unter-/Übersteuern in den fünf oben genannten Phasen einer Kurve. In Kap. 9 sind schließlich alle Ursachen und Lösungen in einer Tabelle zusammengefasst.

2.4 Untersteuern & Übersteuern *Understeer & Oversteer*

Um aber die Problematik des Unter- und Übersteuerns in den fünf Phasen einer Kurve lösen zu können, ist zunächst eine vertiefte Kenntnis zu diesen Phänomenen und ihren Ursachen erforderlich.

2.4.1 Zentripetalkraft, Querkraft oder Lateralkraft *Centripetal Force or Lateral Force*

Bei einer Kurvenfahrt entwickeln die vier Räder im Kontaktbereich der Reifen mit der Fahrbahn Kräfte, die zum Kurveninneren gerichtet sind. Diese Reifenkräfte werden als Querkräfte oder Lateralkräfte bezeichnet, siehe Abb. 2.3.

Die Summe der Lateralkräfte am rechten und linken Vorderrad ($F_{\mathrm{Ti,l,f}} + F_{\mathrm{Ti,r,f}}$) werden für die Vorderachse zu $F_{\mathrm{Ti,f}}$ zusammengefasst, die Summe der Lateralkräfte an den beiden Hinterrädern ($F_{\mathrm{Ti,r,r}} + F_{\mathrm{Ti,l,r}}$) für die Hinterachse zu $F_{\mathrm{Ti,r}}$. Die Summe von $F_{\mathrm{Ti,f}}$ plus $F_{\mathrm{Ti,r}}$ ist die totale Lateralkraft $F_{\mathrm{Ti,tot,v}}$ (bzw. $F_{\mathrm{v,y}}$) am Fahrzeug, die auch als Zentripetalkraft bezeichnet wird. Sie ist zum Kurvenmittelpunkt gerichtet (von Lat. centrum petere: dem Zentrum zustreben).

2.4.2 Zentrifugalkraft (oder: die unsichtbare Hand ...) *Centrifugal Force (or: the invisible hand)*

Jedes Objekt besitzt eine Masse, und diese Masse weist eine Trägheit auf, die sich jeglicher Richtungs- oder Geschwindigkeitsänderung widersetzt. Wenn die Masse ruht oder

[1] Siehe Handbuch Rennwagentechnik Bd. 5, Abschn. 5.3.3.

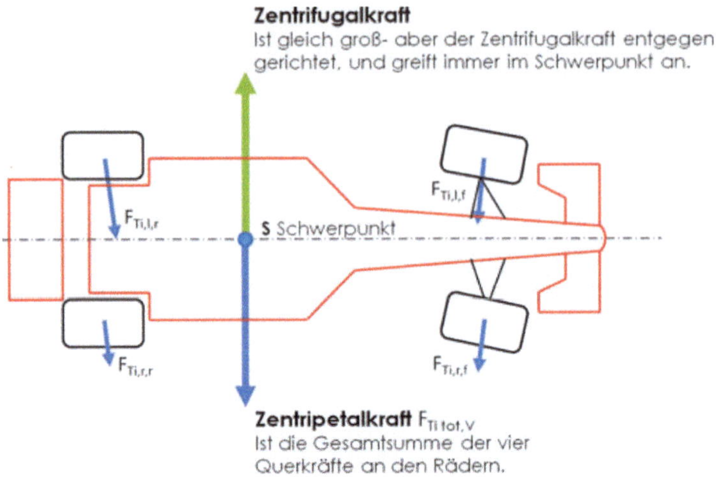

Abb. 2.3 Bei Kurvenfahrt entwickeln die vier Reifen Querkräfte, die in ihrer Summe die Zentripetalkraft bilden. Die kurvenäußeren Reifen produzieren mehr Querkraft als die kurveninneren Reifen, weil diese kurvenäußeren Räder durch den Gewichtstransfer höher belastet sind (siehe Kap. 5). Dabei bestehen auch Unterschiede bei Sturz und Vorspur zwischen den kurveninneren und -äußeren Rädern

sich mit einer konstanten Geschwindigkeit fortbewegt und dann beschleunigt wird, „wehrt sie sich" gegen diese Beschleunigung, indem der Beschleunigung eine Massenkraft entgegen gerichtet ist. Und bei Kreisbewegungen, also bei einem Rennwagen in einer Kurve, hat die Masse das Bestreben, der Kurvenfahrt zu widerstehen und sich geradeaus zu bewegen.

Die Widerwilligkeit einer Masse, Bewegungsänderungen zu folgen, wird als Massenträgheit oder Inertia bezeichnet. Es erscheint, als ob dabei eine unsichtbare Hand jeder Änderung an Geschwindigkeit oder Richtung einen Widerstand bietet.

Bei einer Kurvenfahrt wird dieses Phänomen als Fliehkraft oder Zentrifugalkraft bezeichnet (von Lat. centrum fugere: dem Zentrum entfliehen). Weil sich Masse und Massenträgheitsmoment immer auf den Schwerpunkt eines Objekts beziehen, greift die Zentrifugalkraft IMMER am Schwerpunkt des Fahrzeugs an.

Die Masse des Fahrzeugs bewegt sich um eine Kurve, weil eine Zentripetalkraft $F_{V,Y}$ auftritt, die aus den Kräften im Kontaktbereich der Reifen mit der Fahrbahn gebildet wird und zum Kurvenmittelpunkt gerichtet ist. Folglich ist die *Zentripetalkraft die Ursache, d. h. Aktionskraft.*

Der Widerstand kommt durch die Massenträgheit (Inertia), folglich ist die *Zentrifugalkraft die Wirkung, d. h. Reaktionskraft*. Tab. 2.1 zeigt den Unterschied der Charakteristika von Zentripetalkraft und Zentrifugalkraft. Ein richtiges Verständnis dieser Größen ist sehr hilfreich bei der Analyse der Straßenlage.

Tab. 2.1 Zentripetalkraft und Zentrifugalkraft gegenübergestellt

	Zentripetalkraft	Zentrifugalkraft
Art der Kraft	Aktion (Ursache)	Reaktion (Wirkung)
Ort der Kraft	Kontaktfläche zwischen Reifen und Straße	Immer im Schwerpunkt
Ursache der Kraft	Reibung zwischen Reifen und Straße	Massenträgheit (auch ‚Inertia')
Richtung der Kraft	Kurvenmittelpunkt	Zum Kurvenäußeren; ist gleich groß wie Zentripetalkraft, aber entgegengesetzte Richtung

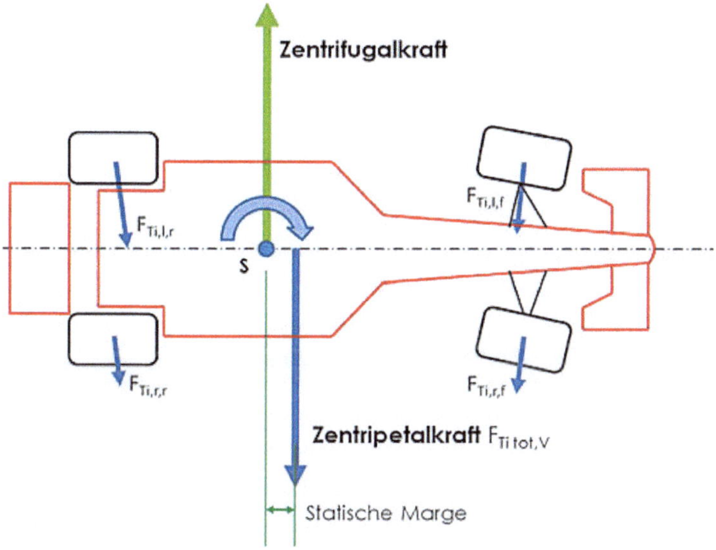

Abb. 2.4 Situation in Mitte einer Kurve: Wenn die Zentripetalkraft nicht im Schwerpunkt angreift, liegt diese Kraft nicht auf einer Linie mit der Zentrifugalkraft, weshalb diese beiden Kräfte ein Drehmoment erzeugen. Hier bedeutet das rechtsdrehende Moment in einer Rechtskurve, dass das Auto übersteuert. Die Lösung besteht hier also in einer Verschiebung der Zentripetalkraft in Richtung Fahrzeugschwerpunkt. Der Abstand zwischen der Zentrifugalkraft und der Zentripetalkraft heißt „Statische Marge" und ist ein Maß für die Stabilität des Fahrzeugs

2.4.3 Balance *Balance*

Für den Fall, dass Zentripetal- und Zentrifugalkraft beide im Schwerpunkt angreifen – siehe Abb. 2.3 – liegen die Aktionskraft und Reaktionskraft folglich auf einer Linie und sind gleich groß, aber entgegengesetzt. Damit ist das Fahrzeug in der Balance.

Wenn aber z. B. die Hinterräder zu wenig Querkräfte entwickeln, verringert sich nicht nur die gesamte Querkraft $F_{y,tot}$ (Zentripetalkraft), sondern verschiebt sich diese Zentripetalkraft auch ein wenig nach vorne, vgl. Abb. 2.4.

Die Reaktionskraft (Zentrifugalkraft) greift aber, wie beschrieben, immer im Schwerpunkt an.

Die Aktionskraft und Reaktionskraft liegen nun nicht mehr auf einer Linie. Das löst in einer Rechtskurve ein rechts drehendes Moment aus. Das Fahrzeug antwortet mit einer Art von Überreaktion auf die Lenkbewegung, was als Übersteuern bezeichnet wird.[2]

Beim Untersteuern ist es umgekehrt: Die Zentripetalkraft verschiebt sich in diesem Fall hinter den Schwerpunkt, was in einer Rechtskurve ein links drehendes Moment auslöst. Das Auto antwortet auf eine Lenkbewegung mit einer Art von unzureichender Reaktion, einer Unterreaktion, die als Untersteuern bezeichnet wird.

Basierend auf den zuvor beschriebenen Zusammenhängen kann Folgendes festgestellt werden (siehe auch Abb. 2.8):

Übersteuern wird dadurch verursacht, dass die Reifen der *Hinterräder zu wenig Querkraft* entwickeln. Ebenso ist es möglich, dass die Reifen der *Vorderräder zu viel Querkraft* entwickeln.

Untersteuern wird hingegen dadurch verursacht, dass die Reifen der *Vorderräder zu wenig Querkraft* oder die Reifen der *Hinterräder zu viel Querkraft* entwickeln.

Es ist von den jeweiligen Umständen abhängig, ob die Lösung der Problematik an der Vorderachse oder Hinterachse zu suchen ist. Prinzipiell steht die Realisierung einer größtmöglichen Balance statt maximaler Querkräfte im Vordergrund. Es ist sehr unwahrscheinlich, dass wenn das Querkraftpotenzial an allen vier Reifen maximal ausgenutzt wird die Gesamtquerkraft (also die Zentripetalkraft) genau im Schwerpunkt liegt. Wahrscheinlicher ist in diesem Fall, dass dann eine statische Marge und damit Unter- oder Übersteuern auftritt.

Vor allem in Hochgeschwindigkeitskurven ist es wichtig, dass der Fahrer seinem Fahrzeug voll vertraut. Nur ein Rennwagen, dessen Reifen zwar vielleicht nicht die maximalen Querkräfte liefern, der aber eine optimale Balance aufweist, gibt dem Fahrer das nötige Vertrauen. Nur mit einem solchen Auto wird der Fahrer der Mut haben, schnelle Kurven am Limit zu durchfahren.

In einer Hochgeschwindigkeitskurve sind aerodynamische Maßnahmen effektiv einsetzbar, sodass vor allem bei Formel- und Rennsportwagen, die vorne oder/und hinten mit Flügeln ausgestattet sind, ein Unter- oder Übersteuern durch die Abstimmung dieser Flügel sehr gut beseitigt werden kann. Es ist naheliegend, bei einem solchen Rennwagen Untersteuern in der Mitte einer Hochgeschwindigkeitskurve (Phase 3) durch eine etwas steilere Einstellung der Vorderflügel zu lösen. Diese Maßnahme bewirkt jedoch auch einen höheren aerodynamischen Widerstand (Drag), der am Ende einer Geraden Höchstgeschwindigkeit kostet. Alternativ könnte man auch den hinteren Flügel etwas flacher einstellen. Dadurch verringert sich zwar die Querkraft an der Hinterachse etwas, aber die Zentripetalkraft greift bei richtiger Einstellung nunmehr im Schwerpunkt an, was zu einem gut balancierten Rennwagen führt – und damit zu schnelleren Rundenzeiten.

---

[2] Genaueres siehe Handbuch Rennwagentechnik Bd. 5, Abschn. 5.3.2.

Die Lösung für Untersteuern sollte also nicht unbedingt an der Vorderachse gesucht werden, und jene für Übersteuern nicht immer an der Hinterachse …

2.5 Die Ermittlung von Unter- und Übersteuern *Identification of Understeering and Oversteering*

Es gibt mehrere Methoden, um das Maß von Unter- oder Übersteuern zu ermitteln. Ein routinierter Fahrer kann zwar das dynamische Verhalten seines Rennwagens ausreichend genau beschreiben, aber keineswegs so detailliert wie ein elektronisches Datenaufzeichnungssystem (Data Acquisition). Vor allem das Maß von Unter- oder Übersteuern in den Phasen 2 und 4 (Ein- und Ausrollbewegung, siehe Abb. 2.2a) ist eigentlich nur mit Hilfe der Datenaufzeichnung korrekt zu diagnostizieren. Außerdem schließt die Elektronik jeden Disput mit dem Fahrer aus, sie ist ein wahrer Lügendetektor.

Die im Folgenden beschriebenen Methoden basieren auf dem sogenannten ‚Einspurmodell'. In diesem Model sind die beiden Räder einer Achse, wie sie in Abb. 2.3 dargestellt sind, durch nur ein Rad pro Achse substituiert, siehe Abb. 2.5. Damit kann das Zusammenspiel der Kräfte mathematisch vereinfacht werden, ohne dass die aus der Vereinfachung folgenden Ungenauigkeiten, z. B. hinsichtlich der Schräglaufwinkel, zu einer Einschränkung der Rechenergebnisse führen würden. Zuverlässige Resultate sind somit sichergestellt.

2.5.1 Methode 1 *Method 1*

Wie erwähnt gibt es mehrere Methoden, um das Maß von Unter- oder Übersteuern zu vermessen und zu berechnen. Zunächst wird hier eine pragmatische Methode vorgestellt, für

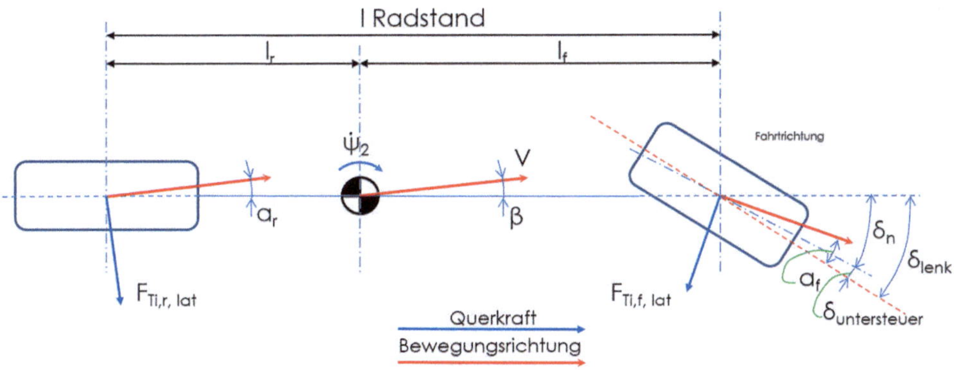

Abb. 2.5 Einspurmodell, wobei die beiden Räder einer Achse durch nur ein Rad ersetzt werden. α_r und α_f sind die durchschnittlichen Schräglaufwinkel der Reifen hinten und vorne. δ_{lenk} ist der kinematische Lenkwinkel von kurvenäußerem Vorderrad. δ_n ist der neutrale Lenkwinkel. β ist der Schwimmwinkel

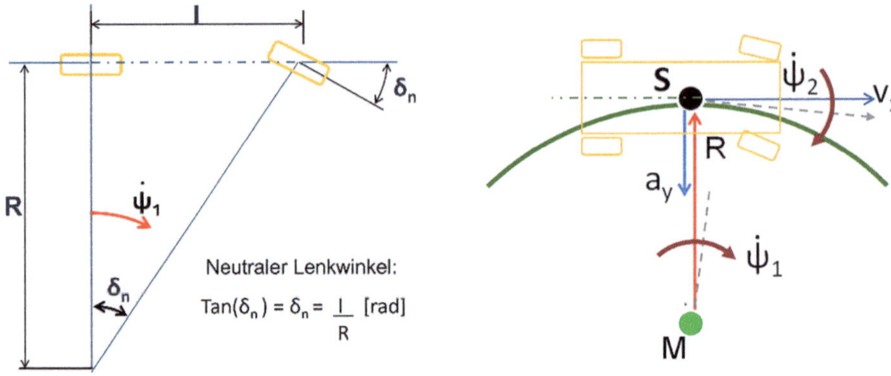

Abb. 2.6 **links:** Da die Lenkwinkel von Rennwagen klein sind, kann die Regel der „Näherung bei kleinen Winkeln" angewendet werden, d. h. tan δ [rad] = δ [rad]. **rechts:** $\dot{\psi}_1$ = Gierrate der Kurvenfahrt um den Kurvenmittelpunkt M, rad/s (angular velocity), $\dot{\psi}_2$ = Gierrate um Schwerpunkt S, gemessen am Fahrzeug, rad/s (attitude velocity), v_x = Fahrzeuggeschwindigkeit, m/s, R = Kurvenradius, m, M = Mittelpunkt der Kurve, S = Schwerpunkt des Fahrzeugs, a_y = Querbeschleunigung, m/s^2

die keine teuren Sensoren erforderlich sind, sondern lediglich bezahlbare und einfach zu applizierende, konventionelle Sensoren.

Für diese Methode (siehe Abb. 2.6) werden folgende Sensoren benötigt:

- ein Beschleunigungssensor in Richtung der Querachse (y-Achse), appliziert im Schwerpunkt. Dieser misst die Zentripetal- oder Querbeschleunigung a_y [m/s^2].

Oder:

- Gyroskop oder Gierwinkelsensor, appliziert im Schwerpunkt. Dieser misst den Gierwinkel oder das Verhalten des Fahrzeugs um die Hochachse (z-Achse). Aus diesem Signal kann die Gierrate $\dot{\psi}_2$ bestimmt werden. [rad/s]
- Fahrzeuggeschwindigkeitsensor, in Richtung der Längsachse (x-Achse). Dieser misst v_x [m/s]. Das Signal ist oft auch aus den Daten des Motormanagement-Systems oder ABS-System zu erhalten. (in dem Fall durch Reifenschlupf und Reifenwachstum verfälscht)
- Ein Steuergerät (ECU), das diese drei Signale weiterverarbeiten kann.

Die Masse des Fahrzeugs, bezogen auf S, dreht um den Mittelpunkt M der Kurve mit einer Gierrate von:

$$\dot{\psi}_1 = \frac{v_x}{R} \tag{2.1}$$

mit:

$\dot{\psi}_1$ Gierrate des Fahrzeugs um den Kurvenmittelpunkt M, rad/s

υx Geschwindigkeit des Fahrzeugs in Längsrichtung, m/s
R Kurvenradius, m

Der Kurvenradius ist

$$R = \frac{\upsilon_x^2}{a_y} \tag{2.2}$$

mit:
R Kurvenradius, m
υ_x Geschwindigkeit des Fahrzeugs in Längsrichtung, m/s
a_y Querbeschleunigung, m/s²

In der Praxis wird R jedoch nicht zur Verfügung stehen. Folglich ist es zielführend, die Größe R durch jene Größen darzustellen, welche mit Sensoren gemessen werden können. Durch Einsetzen von (Gl. 2.2) in (Gl. 2.1) folgt für die Gierrate um den Kurvenmittelpunkt:

$$\dot{\psi}_1 = \frac{a_y}{\upsilon_x} \tag{2.3}$$

mit:
$\dot{\psi}_1$ Gierrate des Fahrzeugs um den Kurvenmittelpunkt M, rad/s
a_y Querbeschleunigung, m/s²
υ_x Geschwindigkeit des Fahrzeugs in Längsrichtung, m/s

Die Gierrate $\dot{\psi}_1$ drückt aus, mit welcher Kurvengeschwindigkeit der Schwerpunkt S um den Kurvenmittelpunkt M dreht. Sie wird aus den Messwerten für a_y und v_x berechnet. Demgegenüber misst ein Gierratensensor im Fahrzeug die Gierrate $\dot{\psi}_2$ des Fahrzeugs um seine Hochachse (z-Achse), also um den Schwerpunkt S.

Ein Vergleich zwischen den beiden Gierraten liefert die Aussage, wie das Auto durch die Kurve driftet, jedoch erhält man noch keine Aussage über Unter- oder Übersteuern, da die Schräglaufwinkel der Reifen noch nicht berücksichtigt worden sind.

Wenn ein Auto beständig mit einem bestimmten Schwimmwinkel β um die Kurve fährt, heißt das noch nicht, dass es übersteuert (vgl. Abb. 2.5). Erst wenn die Schräglaufwinkel an den Vorder- und Hinterreifen bekannt sind, kann das Verhalten des Fahrzeugs ermittelt werden.

Dazu kann zunächst der mittlere Lenkwinkel an den Vorderrädern gemäß Abb. 2.5 bei neutralem Fahrverhalten auf zwei verschiedene Weisen berechnet (Ackermannwinkel) werden:

$$\delta_{\text{neutral}} \approx \frac{(\dot{\psi}_1 \cdot l)}{\upsilon_x} \tag{2.4a}$$

mit:

$\delta_{neutral}$	Neutraler Lenkwinkel, rad
$\dot{\psi}_1$	Gierrate Schwerpunkt S um Mittelpunkt M, zu vermitteln mit GPS (Attitude velocity), rad/s
l	Radstand, m
υ_x	Fahrzeuggeschwindigkeit, m/s

$$\delta_{neutral} \approx \frac{a_y \cdot l}{\upsilon_x^2} \tag{2.4b}$$

mit:

$\delta_{neutral}$	Neutraler Lenkwinkel, rad
a_y	Querbeschleunigung, m/s^2
l	Radstand, m
υ_x	Fahrzeuggeschwindigkeit, m/s

Sowohl in Gl. 2.4a als auch in 2.4b wird das ≈ Zeichen verwendet, weil der Schräglaufwinkel in beiden Formeln nicht vollständig berücksichtigt wird.

Beide o. a. Gleichungen können – je nach Verfügbarkeit der entsprechenden Sensoren – zielführend angewendet werden. Es wird also entweder ein GPS sensor (um $\dot{\psi}_1$ zu messen) oder ein Querbeschleunigungssensor (um a_y zu messen) benötigt.

Die beiden Gleichungen liefern nicht exakt dasselbe Ergebnis weil (Gl. 2.4a und 2.4b) davon ausgehen, dass die x-Achse des Autos quer zum Kurvenradius steht, was in Wirklichkeit nicht der Fall sein wird.

Aber innerhalb der üblicherweise bei einem Rennwagen auftretenden Schräglaufwinkel ist der Fehler vernachlässigbar klein, sodass grundsätzlich beide Gleichungen brauchbare Ergebnisse liefern (Quelle: Nowlan [2]). Der sehr geringe Unterschied ist aus Abb. 2.7 ersichtlich, welche die Ergebnisse aus (Gl. 2.4a) und (Gl. 2.4b) vergleicht.

Der Lenkwinkel δ_{Lenk} am Rad (nicht am Lenkrad!) wird mit Lenkwinkelsensoren ermittelt, näherungsweise nur mit einem Lenkwinkelsensor am kurvenäußeren Rad. Der Untersteuerwinkel kann nun berechnet werden mit (siehe Abb. 2.5):

$$\delta_{untersteuern} = \delta_{Lenk} - \delta_{neutral} \tag{2.5}$$

mit:

$\delta_{untersteuern}$	Winkel, der das Maß von Untersteuern angibt, rad
δ_{lenk}	der aktuelle Lenkwinkel, rad
$\delta_{neutral}$	Lenkwinkel bei neutralem Verhalten, rad
	Nun kann man δ_{Lenk} und $\delta_{neutral}$ miteinander vergleichen:
$\delta_{untersteuern} > 0$:	Untersteuern
$\delta_{untersteuern} = 0$:	neutrales Verhalten, nachfolgend: „Neutralsteuern“
$\delta_{untersteuern} < 0$:	Übersteuern

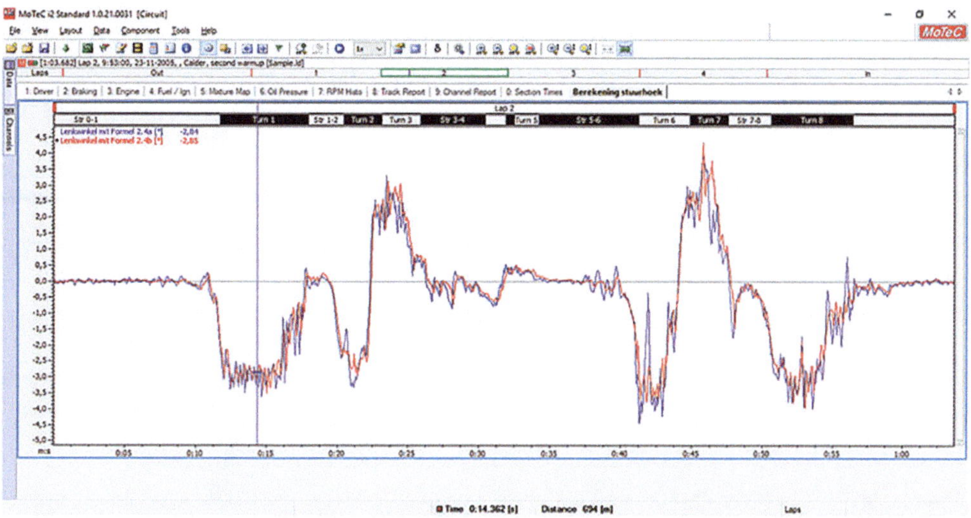

Abb. 2.7 Die Ergebnisse aus (Gl. 2.4a) (*Blau*) und (Gl. 2.4b) (*Rot*) im Vergleich. Die Unterschiede sind derart gering, dass sie für die Diagnose des Untersteuerns gemäß (Gl. 2.5) kaum relevant sind

Wenn also das kurvenäußere gelenkte Rad einen größeren Lenkwinkel δ_{Lenk} aufweist als der berechnete neutrale Lenkwinkel $\delta_{neutral}$, folgt für $\delta_{untersteuern}$ ein positiver Wert, das Auto untersteuert in diesem Fall. Wird der Wert negativ, übersteuert das Fahrzeug.

Um den Untersteuerwinkel $\delta_{untersteuern}$, der in (Gl. 2.5) in Radiant [rad] angegeben wird, besser interpretieren zu können, sollte das Ergebnis noch mit dem Faktor $180/\pi = 57{,}297$ multipliziert werden, um den Winkel in Grad [°] zu erhalten.

Die hier beschriebene Methode hat den Vorteil, dass sie es mit relativ einfachen Hilfsmitteln ermöglicht, einen guten Indikator für das Verhalten eines Fahrzeugs zu ermitteln.

Im Fall der Anwendung von (Gl. 2.4a) $\delta_{\text{neutral}} \approx \frac{(\dot{\psi}_1 \cdot l)}{v_x}$, also wenn ein Gierratensensor eingesetzt wird, können sogar Änderungen des Driftwinkels bzw. Schwimmwinkels β während der Kurvenfahrt mit dieser Methode festgestellt werden.

2.5.2 Methode 2 *Method 2*

Die zweite Methode ist etwas komplexer, aber für die mathematisch versierten Renningenieure nicht minder interessant als die erste Methode.

Diese Methode nimmt Bezug auf die Schräglaufwinkel der Räder bzw. Reifen. Bei neutralem Fahrverhalten sind die Schräglaufwinkel an den Vorder- und Hinterrädern gleich groß. Bei Untersteuern sind die Schräglaufwinkel an den Vorderrädern größer als an den Hinterrädern (siehe Abb. 2.8b), und bei Übersteuern ist es genau umgekehrt (siehe Abb. 2.8a).

Für die Anwendung dieser Grafik werden dieselben Sensoren benötigt wie bei der vorherigen Methode 1 (also: Sensoren für a_y, v_x und $\dot{\psi}_2$). Außerdem ist noch der Radstand l [m] erforderlich (siehe Kap. 1).

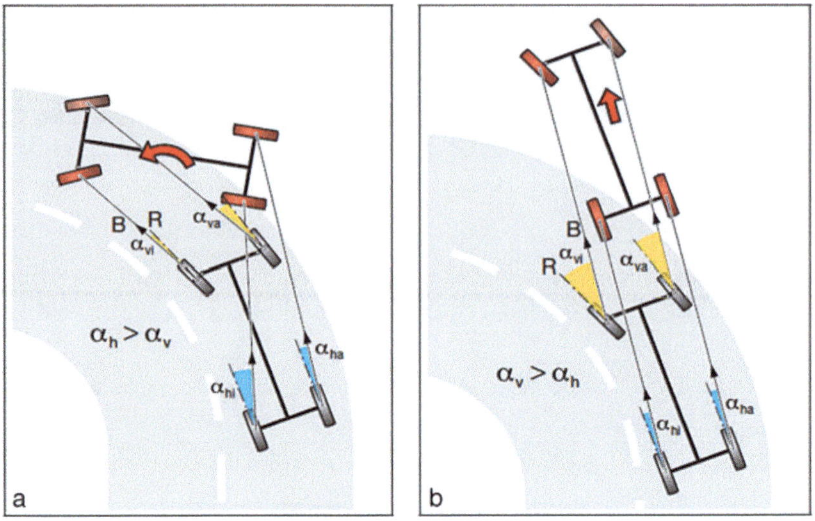

Abb. 2.8 Übersteuern (**a**) und Untersteuern (**b**)

Mit den folgenden Formeln, die sich auf das in Abb. 2.5 gezeigte Einspurmodell beziehen, lassen sich die Schräglaufwinkel pro Reife berechnen.

$$\alpha_{vorne} = \delta_{Lenkwinkel} - \left(v_y + l_{vorne} \cdot \dot{\psi}_2\right)/v_x$$

$$\alpha_{hinten} = \left(v_y - l_{hinten} \cdot \dot{\psi}_2\right)/v_x$$

Diese Methode liefert einen Schräglaufwinkel, der dem Durchschnitt der beiden Räder einer Achse entspricht. Aber es gibt einen Unterschied zwischen den Schräglaufwinkeln des inneren und des äußeren Rads. Die Schräglaufwinkel pro Rad und die Berechnung von v_y werden in Tipp 2.3 gezeigt.

Die Quergeschwindigkeit v_y wird oft nicht standardmäßig von der Data Acquisition Software vorgegeben und muss daher mithilfe der verfügbaren mathematischen Funktionen berechnet werden. Die Art und Weise, wie dies zu tun ist, variiert von einem DA-Softwareanbieter zum anderen. See Tipp 2.3.

Sobald v_y bekannt ist, kann der Driftwinkel ß des Fahrzeugs mit berechnet werden:

ß = atan (v_y/v_x), rad

2.5.3 Methode 3 *Method 3*

Ein Fahrzeug weist an einer bestimmten Stelle in der Kurve entweder Übersteuern, Untersteuern oder Neutralsteuern auf. Das heißt, dass das Fahrzeugverhalten einer der drei mathematischen Funktionen in Abb. 2.9 entspricht.[3]

[3] Siehe auch Handbuch Rennwagentechnik Bd. 5, Abschn. 5.3.3 und 6.2.4.2.

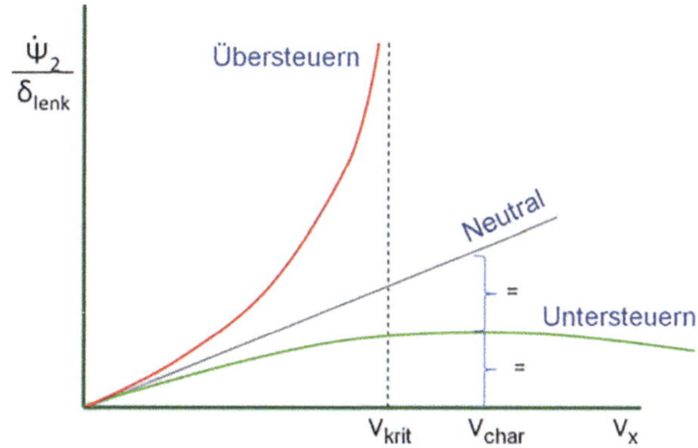

Abb. 2.9 Wiedergabe von Unter-/Übersteuern. $\dot{\psi}_2$ = Gierrate um den Schwerpunkt S, gemessen am Fahrzeug [rad/s], δ_{lenk}= der aktuelle (kinematische) Lenkwinkel an der Felge [rad], v_x= Fahrzeuggeschwindigkeit in Richtung der x-Achse [m/s], v_{krit}= Kritische Geschwindigkeit [m/s]

Die Linie für das Übersteuern zeigt, dass das Heck des Fahrzeugs bei einer bestimmten kritischen Fahrzeuggeschwindigkeit v_{krit} ausbricht und somit $\dot{\psi}_2$ zu groß wird und sich die Funktion asymptotisch einem unendlich großen Wert annähert.

Die Linie des Neutralsteuerns ist eine Gerade durch den Koordinatenursprung; entlang dieser Linie weist das Fahrzeug eine gute Balance auf.

Die Linie für das Untersteuern zeigt, dass bei zunehmender Fahrzeuggeschwindigkeit der Lenkwinkel des Vorderrades stetig zunimmt – und am Ende einfach zu groß ist und zunehmend Widerstand aufbaut.

Die Funktionen in Abb. 2.9 folgen aus der Formel:

$$\frac{\dot{\psi}_2}{\delta_{lenk}} = \frac{\left(\frac{v_x}{l}\right)}{1+(\eta \cdot \frac{v_x^2}{g \cdot l})} \tag{2.6}$$

mit:

$\dot{\psi}_2$ Gierwinkelgeschwindigkeit (Gierrate) des Fahrzeugs um den Schwerpunkt S (Siehe Abb. 2.6), rad/s

δ_{lenk} der aktuelle (kinematische) Lenkwinkel, rad

v_x Geschwindigkeit des Fahrzeugs in Längsrichtung, m/s

l Radstand, m

η Untersteuerkoeffizient (Eigenlenkgradient)

g Erdbeschleunigung, 9,81 m/s^2

(Quelle: Besselink [3], Milliken [4])

In dieser Formel ist η (Eta) der ‚Untersteuer-Koeffizient', die einzige unbekannte Größe in (Gl. 2.6). Dieser Koeffizient ist ein Maß für den Widerstand des Reifens (durch seine interne Federrate und Dämpfungsrate) gegen Gierbewegungen um den Fahrzeugschwerpunkt.

Der Untersteuer-Koeffizient ist ein direkter Indikator für das Fahrverhalten:

Für $\eta = 0$ ergibt sich in Abb. 2.9 die gerade Linie für Neutralsteuern
Für $\eta > 0$ folgt in Abb. 2.9 die degressive Linie für Untersteuern
Für $\eta < 0$ folgt in Abb. 2.9 die progressive Linie für Übersteuern

Die Größen $\dot{\psi}_2$ und δ_{Lenk} sind aus den Messwerten bekannt, und damit wäre es möglich, einen entsprechenden Punkt in der Grafik zu berechnen. Nur ist dann noch immer unbekannt, auf welcher der drei möglichen Linien dieser Punkt liegt.

Deshalb ist es zielführend, (Gl. 2.6) neu zu arrangieren und zu vereinfachen zu:

$$\eta = g \cdot \left(\frac{\delta_{Lenk}}{a_y} - \frac{l}{\upsilon_x^2} \right) \tag{2.7}$$

mit:

η Untersteuerkoeffizient, –
δ_{lenk} aktueller Lenkwinkel, rad
a_y Querbeschleunigung, m/s^2
υ_x Geschwindigkeit des Fahrzeugs in Längsrichtung, m/s
l Radstand, m
g Erdbeschleunigung, 9,81 m/s^2

In der Praxis wird das wie folgt genutzt: Für den Punkt oder die Teilstrecke, für die man das Verhalten des Fahrzeugs analysieren möchte, ermittelt man die Werte a_y, υ_x und δ_{Lenk}, der Radstand l ist bereits bekannt. Damit lässt sich der Untersteuer-Koeffizient η nach Größe und Vorzeichen (+ oder −) berechnen.

So können unterschiedliche Abstimmungen des Fahrzeugs miteinander verglichen werden. Der Absolutwert des Untersteuer-Koeffizienten ist nur schwer zu interpretieren, aber er ist ein guter Indikator, um mehrere Abstimmungen (Setups) miteinander zu vergleichen. Damit kann z. B. festgestellt werden ob gewählte Änderungen in der Abstimmung in die richtige Optimierungsrichtung laufen und auf welchen Abschnitt in der Kurve sie sich beziehen (Abb. 2.10).[4]

Ein Fahrzeug kann in einer Kurve durchaus ein unterschiedliches Fahrverhalten aufweisen, z. B. Untersteuern beim Einlenken und neutrales Fahrverhalten in der Mittelkurve. Das bedeutet, dass der Untersteuer-Koeffizient sich während der Kurvenfahrt ändern kann.

Der hier beschriebene Ansatz basiert auf dem Einspurmodell, siehe Abb. 2.5.

In (Gl. 2.7) steht a_y unter dem Bruchstrich, was bedeutet, dass bei Geradeausfahrt (also wenn a_y gleich Null ist) η unendlich groß ist. Das sieht auf den ersten Blick vielleicht unlogisch aus, aber es ist eigentlich nachvollziehbar:

[4] In Bd. 5, wird eine umfassende, aber aufwendige Methode vorgestellt, die Stabilität und Lenkbarkeit eines Fahrzeugs zu bewerten.

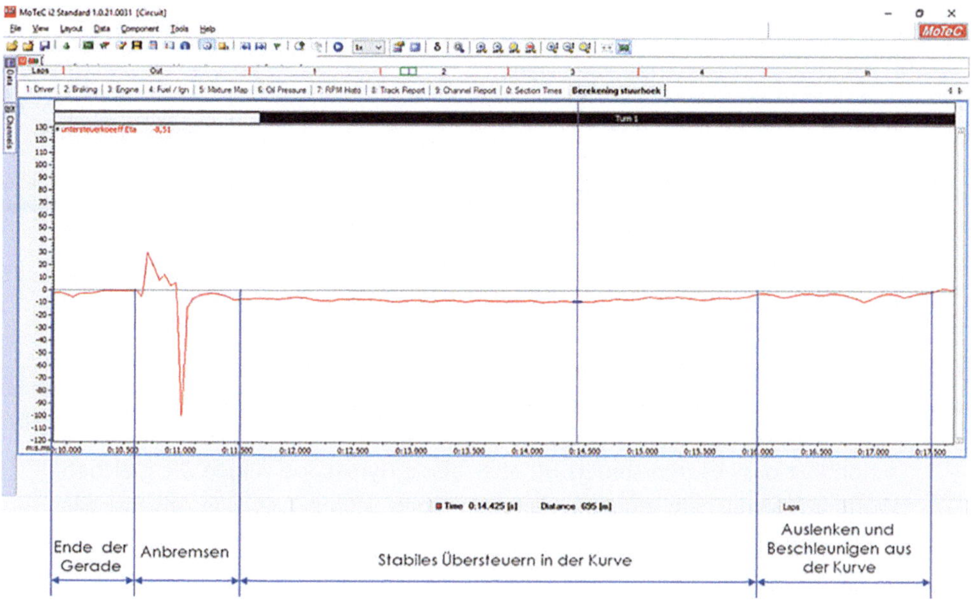

Abb. 2.10 Ungefilterte Wiedergabe des Untersteuer-Koeffizienten η (Eta) gemäß (Gl. 2.7). Die expliziten Spitzen und Täler der Funktion kommen hauptsächlich beim Anbremsen der Kurve vor, also in einer Phase, in der das Fahrzeug am instabilsten ist. In der Mitte der Kurve ist das Fahrzeug stabil übersteuernd, da der Untersteuer-Koeffizient negativ und konstant ist

Eine Geradeausfahrt ist im Grunde genommen eine Fahrt auf einer Kreisbahn mit einem unendlich großen Radius. Wenn das Auto in diesem Fall geradeaus fährt bedeutet das, das das Auto unendlich untersteuert – und das bedeutet, dass sich das Auto stabil verhält. Wenn η negativ wäre, hätte das Auto bei Geradeausfahren bei kleinsten Änderungen in der Fahrtrichtung eine Neigung zum Übersteuern – und das wäre ein äußert instabiles und gefährliches Verhalten!

▶ **Tipp 2.2** Es gibt Rennfahrzeuge, die sowohl an der Vorderachse als auch an der Hinterachse jeweils einen Querbeschleunigungssensor installiert haben. Das Team berechnet dann aus dem Unterschied zwischen den beiden Querbeschleunigungen das Maß des Unter-/Übersteuerns. Man soll sich dabei aber bewusst sein, dass damit nur die Änderung des Unter-/Übersteuerns berechnet wird, und nicht das absolute Maß des Unter-/Übersteuerns. Beim stetigen Schräglauf, also bei stetigem Unter-/Übersteuern, ist das Ergebnis der Berechnung des Unterschieds zwischen den beiden Querbeschleunigungen gleich Null. Der Renningenieur könnte dann fälschlicherweise denken, dass das Auto ein neutrales Fahrverhalten aufweist. Jedoch erst, wenn ein Gierratensensor angewendet wird, kann ein stetigem Unter-/Übersteuern konkret vermessen werden. Und wenn dieses Ergebnis nach der Zeit differenziert wird, kann sogar die Änderung der Gierrate, also die Gierbeschleunigung, berechnet werden.

Die Methode zum Vermessen von Unter-/Übersteuern basiert auf der Relation zwischen dem neutralen Lenkwinkel und dem aktuellen Lenkwinkel, siehe in Abb. 2.5, und ist sehr genau und zuverlässig. Auch ein stetiges Unter-/Übersteuern wird damit belastbar ermittelt.

Der Grund für den Einsatz von zwei Querbeschleunigungsmessern resultiert aus einer Zeit, in der oft noch ein Preisunterschied zwischen zwei Querbeschleunigungssensoren und einem, teureren Gierratensensor bestand.

Ein Vergleich zwischen $\dot{\psi}_1$ und $\dot{\psi}_2$ gibt nur Aufschluss über die Veränderungsrate der Gier. Er sagt aber nichts über den absoluten Status des Unter- oder Übersteuerns aus. Stell dir ein Auto vor, das mit vollem Gegenlenken in einem schönen Drift durch Stufe 3 (Mitte der Kurve) fährt. Optisch ist es dann schon klar dass es übersteuert ist, aber beide Gyroskope zeigen die gleichen Werte an, woraus ein Ingenieur einen falschen Schluss („$\dot{\psi}_1 = \dot{\psi}_{2,}$ also ist das Auto neutral.") ziehen könnte.

► **Tipp 2.3** In Abschn. 2.5.2 wird die Schräglaufwinkel des Einspurmodells berechnet. Es ist aber natürlich auch interessant, die Schräglaufwinkel aller vier Räder zu kennen. Zunächst aber die Definition einiger Größen, die wir kennen müssen (siehe Abb. 2.5):

- α Schräglaufwinkel: Winkel zwischen der Mittellinie der Felge und der Bewegungsrichtung des Reifens,
- δ Lenkwinkel: tatsächlicher Lenkwinkel der Felge
- δ lenk – α Schräglaufwinkel = Richtung der Reifenbewegung relativ zur Fahrzeugmittellinie.

Die Schräglaufwinkel aller vier Räder werden wie folgt berechnet.

$$\text{Vorderrad rechts} \quad : \alpha_{rechts,vorne} = \delta_{lenk,rechts,vorne} - \frac{v_y + \left(\dot{\Psi}2 \cdot a\right)}{v_x + \left(\dot{\Psi}2 \cdot 1/2t\right)}$$

$$\text{Vorderrad links} \quad : \alpha_{links,vorne} = \delta_{lenk,links,vorne} - \frac{v_y + \left(\dot{\Psi}2 \cdot a\right)}{v_x - \left(\dot{\Psi}2 \cdot 1/2t\right)}$$

$$\text{Hinterrad rechts} \quad : \alpha_{rechts,hinten} = \frac{v_y - \left(\dot{\Psi}2 \cdot b\right)}{v_x + \left(\dot{\Psi}2 \cdot 1/2t\right)}$$

$$\text{Hinterrad links} \quad : \alpha_{links,hinten} = \frac{v_y - \left(\dot{\Psi}2 \cdot b\right)}{v_x - \left(\dot{\Psi}2 \cdot 1/2t\right)}$$

Mit:
α l,r;v,h : Schräglaufwinkel pro Rad, rad
vx : Vorwärtsgeschwindigkeit (entlang der x-Achse des Autos), m/s
vy : Quergeschwindigkeit (entlang der y-Achse des Autos), m/s
$\dot{\Psi}2$: Gierrate des Autos (‚Attitude Velocity'), rad/sec
b i : Spur (track), m (i: f = vorne, r = hinten)
a,b : Abstand der Gesamtmasse S in Bezug auf die Vorder- bzw. Hinterachse, m

Die Quergeschwindigkeit v_y wird oft nicht standardmäßig von der Data Acquisition Software vorgegeben und muss daher mithilfe der verfügbaren mathematischen Funktionen berechnet werden. Die Art und Weise, wie dies zu tun ist, variiert von einem DA-Softwareanbieter zum anderen, aber es läuft immer darauf hinaus, den Wert der Querbeschleunigung a_y zu integrieren. Dabei ist zu beachten, dass man den Momentanwert von v_y wissen will, nicht den Gesamtwert.

Sobald v_y bekannt ist, kann der Driftwinkel ß des Fahrzeugs mit berechnet werden:

$$ß = \operatorname{atan}\left(v_y / v_x\right), \mathrm{rad}$$

Literatur

1. Society of Automotive Engineers (SAE): allgemeine Definition von Koordinaten-Systemen für Straßenfahrzeuge www.sea.corg (1987)
2. Nowlan, D.: The Dynamics of the Race Car. E-Book, Sydney (2010) https://www.chassissim.com
3. Besselink, I.J.M.: Vehicle Dynamics. 4L 150 lecture notes. Eindhoven University of Technology, Eindhoven (2003)
4. Milliken, W., et al.: Racecar Vehicle Dynamics. SAE, Rosewood (1995)

Reifen *Tires*

3

Inhaltsverzeichnis

R. Pütz, T. Serne, *Rennwagentechnik - Praxislehrgang Fahrdynamik*, Handbuch Rennwagentechnik 6, https://doi.org/10.1007/978-3-658-47000-5_3

Zusammenfassung

Die Reifen sind mit entscheidend für die Eigenschaften eines Rennwagens sowohl hinsichtlich Längs- als auch Querdynamik. Sie bestimmen Traktion und Bremsvermögen sowie die erreichbaren Kurvengeschwindigkeiten und haben letztendlich von allen Komponenten den **größten Einfluss auf das wichtigste Kriterium: die Rundenzeit**. Daher ist das Verständnis der Reifeneigenschaften, die in ihrer Summe den Faktor „Grip" ausmachen, eine wichtige Voraussetzung für die Interpretation des Fahrzeugverhaltens in den fünf Phasen der Kurvenfahrt (siehe Kap. 2). In der Regel treten bei einem Rennwagen in jeder Fahrsituation stets sowohl Längs- als auch Querkräfte auf.Es werden die nicht-lineare Reifencharakteristik bei Längs- und Seitenkräften erläutert und zugehörige Berechnungsansätze vorgestellt. Ebenso wird der Einfluss des abnehmenden Reibungskoeffizienten bei zunehmender Normalkraft diskutiert. Ein Ansatz für die Ermittlung der Kamm'schen Ellipse, eine optimale Stabilisatoreinstellung, die Bewertung des Setups anhand differenzierter Reifentemperaturmessungen sowie die Ermittlung des optimalen Reifendrucks und Interpretation der Reifenabnutzung werden ebenfalls vorgestellt.

3.1 Die nicht-lineare Charakteristik des Reifens *The non-linear Characteristic of the Tire*

Reifen können Längskräfte (Traktions- und Bremskräfte) nur unter **Schlupf** erzeugen. Ebenso ist für die Erzeugung der Seitenkräfte bei Kurvenfahrt ein **Schräglaufwinkel** erforderlich.[1] Zwischen dem Schlupf und den dadurch ermöglichten Längskräften einerseits und dem Schräglaufwinkel und den dadurch erzeugten Seitenführungskräften andererseits besteht jedoch nur bei sehr kleinen Werten näherungsweise ein linearer Zusammenhang, siehe Abb. 3.1. So sind bei der Betrachtung des Verlaufs der Seitenkraft bei Schräglauf drei wesentliche Phasen erkennbar. In der ersten Phase, die als weitgehend linear beschrie-

[1] Siehe Handbuch Rennwagentechnik Bd. 4, Kap. 1.

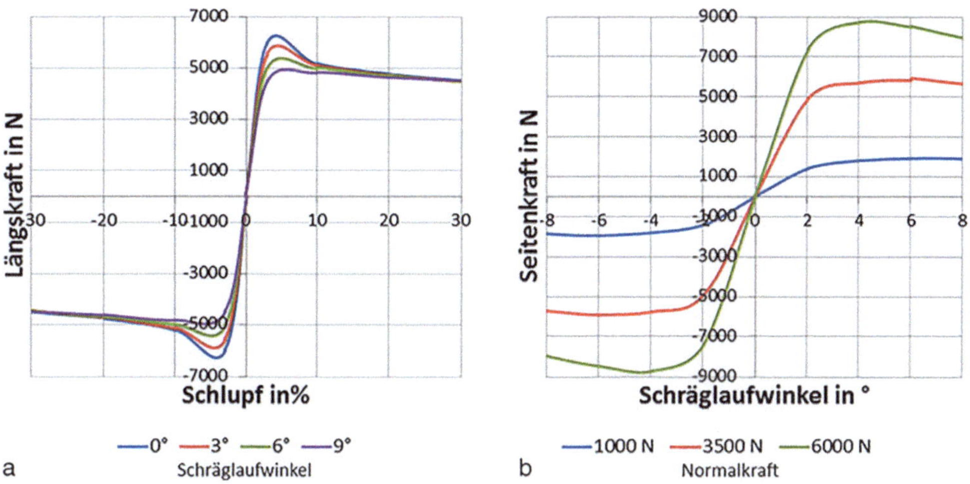

Abb. 3.1 Nicht-lineare Charakteristik eines Reifens bei Längs- und Seitenkräften

ben werden kann, verläuft der Aufbau der Seitenkraft nahezu proportional zum Reifenschräglauf. Diese Phase ist vor allem durch die Verformung der Reifenlauffläche (bzw. des Profils) geprägt (siehe Abb. 3.2a). In der sich anschließenden zweiten Phase, dem Übergangsbereich bis zur maximal übertragbaren Seitenkraft, stellt sich eine degressive Steigerung der Seitenkraft ein, wobei im hinteren Bereich des Reifenlatsches ein Gleiten beginnt (siehe Abb. 3.2b). In der dritten Phase, nach Erreichen des Seitenkraftmaximums, nimmt die Seitenkraft mit weiter zunehmendem Schräglauf wieder ab, bedingt durch die nun dominierenden Reibungseffekte zwischen Reifenlauffläche und Fahrbahn. Entscheidend für die Straßenlage eines Rennwagens in den in Kap. 2 beschriebenen fünf Abschnitten einer Kurve wird also sein, wie sich die Seitenkräfte an der Vorder- und Hinterachse im Vergleich zueinander entwickeln und wo das Seitenkraftmaximum zuerst erreicht wird. Dadurch wird letztendlich die Über- oder Untersteuertendenz bestimmt.

Die in Abb. 3.2 gezeigten Verhältnisse gelten nur für Reifenprüfstände, da hier die Seitenkraft rechtwinklig zur Felge auftritt. Im realen Fahrbetrieb tritt jedoch die Seitenkraft rechtwinklig zur Fahrtrichtung auf, siehe Abb. 3.3 und 3.4.

Hinsichtlich der Charakteristika der Querkraftentfaltung bei identischer Normalkraft bestehen signifikante Unterschiede zwischen Reifen für GT-Sportwagen und Reifen für Formel-1- oder IndyCar-Monoposti, vgl. Abb. 3.5. Während Sportwagenreifen einen größeren Arbeitsbereich auf nahezu konstantem, maximalem Niveau aufweisen, ist der optimale Arbeitsbereich der Reifen für Hochgeschwindigkeits-Formelfahrzeuge signifikant kleiner, jedoch auf höherem Seitenkraft-Niveau. Dies bedeutet eine bessere Beherrschbarkeit der Sportwagenreifen aufgrund der über einen großen Arbeitsbereich relativ geringen Abhängigkeit der Seitenkraft vom Schräglaufwinkel.

Abb. 3.2 Verformung des Reifenlatsches auf einem Reifenprüfstand bei kleinen (linearer Bereich; (a)) und großen Schräglaufwinkeln (degressiver Bereich; (b))

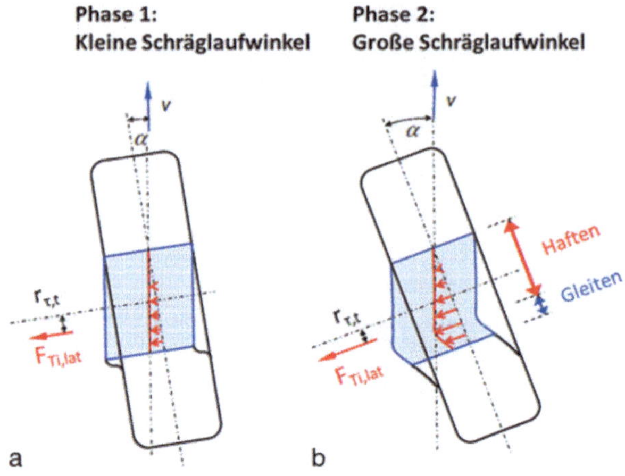

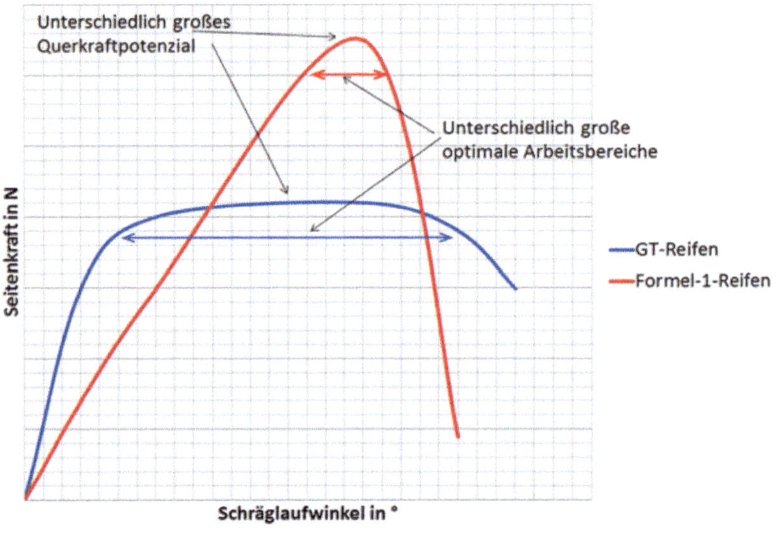

Abb. 3.3 Vergleich der Seitenkraft-Charakteristika unterschiedlicher Rennreifen

Als ein etablierter Standard zur mathematischen Beschreibung des Verlaufs der übertragbaren Seitenkraft (Querkraft) über dem Schräglaufwinkel α hat sich die von Hans Pacejka entwickelte, sogenannte „Magic Formula" bewährt (vgl. Abb. 3.1):

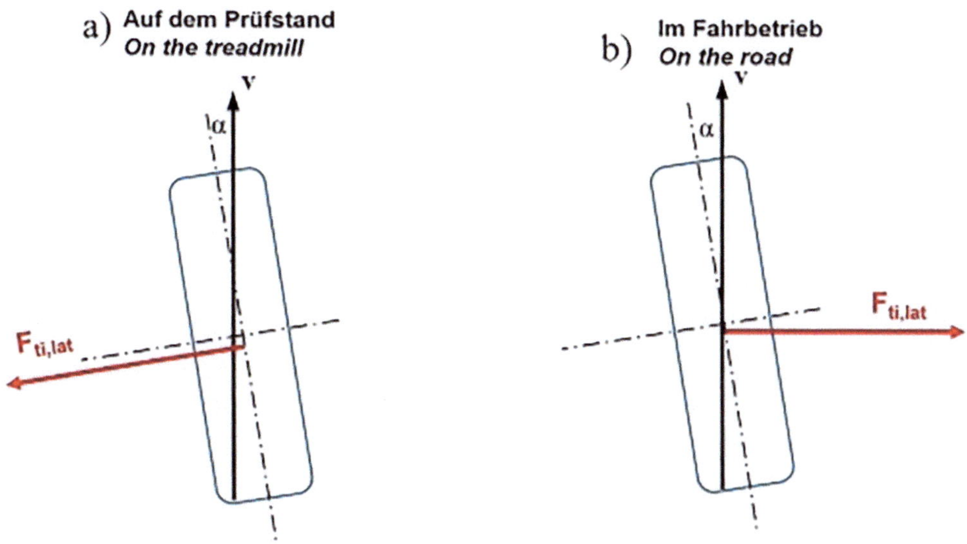

Abb. 3.4 Unterschiede in der Seitenkraft am Prüfstand und im realen Fahrbetrieb. (a) Auf dem Prüfstand steht die Seitenkraft rechtwinklig zur Felge. (b) Im realen Fahrbetrieb steht die Seitenkraft rechtwinklig zur Fahrtrichtung

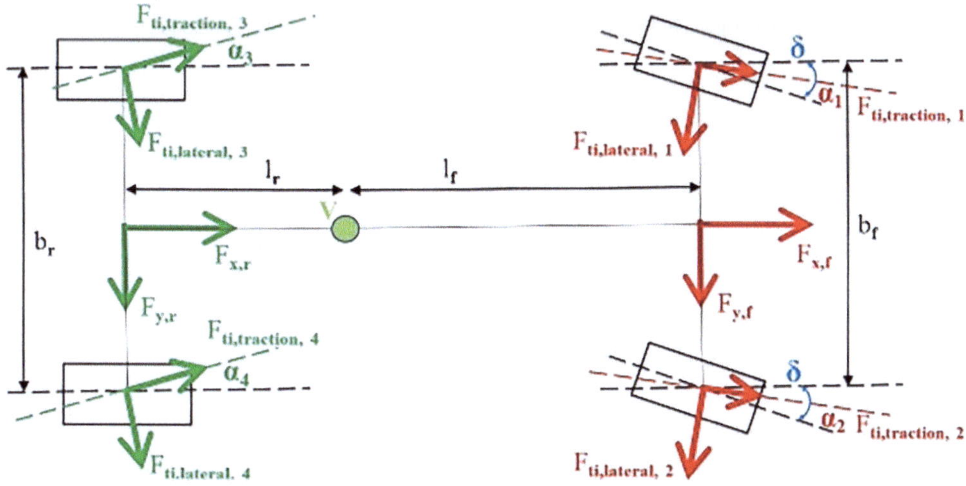

Abb. 3.5 Formales Modell beim Übersteuern im realen Fahrbetrieb mit Angabe von Lenkwinkel δ, Schräglaufwinkeln αi sowie Seiten- und Längskräften (hier: Allradantrieb)

$$F_{W,y} = d_y \cdot \sin\left[c_y \cdot \tan^{-1}\left(b_y \cdot \alpha - e_y\left(b_y \cdot \alpha - \tan^{-1}\left(b_y \cdot \alpha\right)\right)\right)\right] \tag{3.1}$$

mit:

$F_{W,y}$	Lateralkraft am Reifen, N
b_y, c_y, d_y, e_y	Konstanten, –
α	Schräglaufwinkel des Reifens, rad

Tab. 3.1 Konstanten für Paceijka-„Magic Formula"

Konstante	Wert
b_y	−15,2376
c_y	1,3786
d_y	5852 N
e_y	−1,61292

Die Konstante d_y beschreibt darin die maximal erreichbare Lateralkraft für eine gegebene Radlast $F_{W,z}$. Für typische Reifen von Formelrennwagen sind die Konstanten in Tab. 3.1 probat.

Die Paceijka-Formel ist sehr komplex und nur auf einem geeigneten Reifenprüfstand belastbar zu ermitteln.[2] Daher ist als praktische Anwendung in (Gl. 3.10) eine Weiterentwicklung der Paceijka-Formel zur Ermittlung des Kamm'schen-Ersatzradius der Kräfte-Ellipse aus Längs- und Querkräften beschrieben (siehe Abschn. 3.4).

Im Bereich linearer lateraler Reifencharakteristik (Phase 1) ist die Seitenkraft am Reifen, wie erwähnt, proportional zum Schräglaufwinkel (siehe Abb. 3.2a):

$$F_{Ti,lat} = c_{\mathrm{T},\alpha} \cdot \alpha = F_{\mathrm{w,y}} \tag{3.2}$$

mit:

$F_{\mathrm{Ti,lat}}$ Lateralkraft am Reifen, N

$C_{\mathrm{T},\alpha}$ Seitensteifigkeit des Reifens, N/rad

α Schräglaufwinkel des Reifens, rad

Für das Rückstellmoment am Reifen gilt allgemein, also in allen Phasen 1 bis 3:

$$M_{Ti,z} = F_{Ti,lat} \cdot r_{\tau,\mathrm{t}} \tag{3.3}$$

mit:

$r_{\tau,\mathrm{t}}$ gesamte Nachlaufstrecke des Rades, m

3.2 Der Reibungskoeffizient *Coefficient of Friction*

Bei einer Kurvenfahrt rollt der Fahrzeugaufbau um die Fahrzeuglängsachse (x-Achse) und bewirkt an den kurvenäußeren Rädern aufgrund der dynamischen Achslastverlagerung von der kurveninneren zur kurvenäußeren Seite dort einen Anstieg der Normalkraft. Dennoch steigt die resultierende Seitenkraft (Querkraft) nicht proportional mit dem Zuwachs der Normalkraft, wofür der Reibungskoeffizient verantwortlich zeichnet. Dieser ist definiert als der Quotient aus Seitenkraft und Normalkraft. Abb. 3.6 zeigt, dass der Reibungskoeffizient mit zunehmender Normalkraft sogar abnimmt. Dies verdeutlicht, warum Gewichtstransfer bei der Kurvenfahrt mit allen verfügbaren Maßnahmen weitestgehend

[2] Genaueres siehe Handbuch Rennwagentechnik Bd. 5, Abschn. 6.2.3.

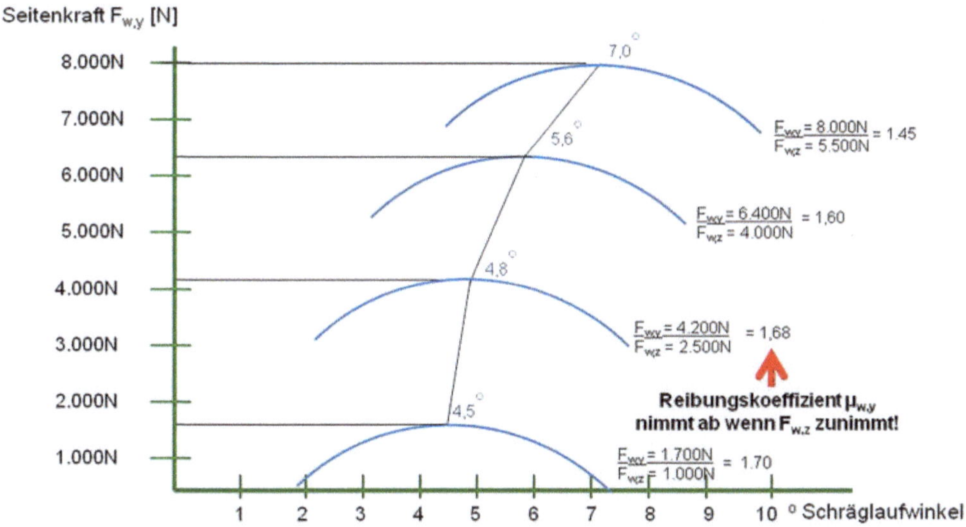

Abb. 3.6 Bei Zunahme der Normalkraft auf den Reifen nimmt der Reibungskoeffizient ab

verhindert werden muss! Eine zielführende Maßnahme, um den Gewichtstransfer beeinflussen zu können, ist der Einsatz eines Stabilisators, siehe Abschn. 3.3.

Die Normalkraft am Reifen bestimmt freilich auch die Kontaktfläche des Reifenlatsches mit der Fahrbahn. Näherungsweise kann von einem rechteckigen Reifenlatsch ausgegangen werden:

$$A_{\mathrm{T}} = \frac{F_{\mathrm{w,z}}}{p_{\mathrm{T}}} = l_{\mathrm{T,A}} \cdot b_{\mathrm{T,A}} \tag{3.4}$$

mit:

$F_{\mathrm{w,z}}$ Normalkraft auf das Rad, N
A_{T} Aufstandsfläche des Reifens = Reifenlatsch, m²
$l_{\mathrm{T,A}}$ Länge der Aufstandsfläche des Reifens, m
$b_{\mathrm{T,A}}$ Breite der Aufstandsfläche des Reifens, m
p_{T} Reifenluftdruck, N/m²; Umrechnung: 1 bar = 10^5 N/m²

Es sei darauf hingewiesen, dass Änderungen des Sturzes ε sowohl die Größe der Aufstandsfläche als auch deren Form verändern. Ebenso ändert sich mit dem Sturz die vertikale Federrate des Reifens c_{T}, siehe Abb. 3.7 und 3.8. Die vertikale Reifenfederrate nimmt mit dem Reifenluftdruck zu, ebenso mit der Reifenumfangsgeschwindigkeit, siehe Abb. 3.9.[3] Die vertikale Reifenfederrate beeinflusst umgekehrt auch wieder die übertragbare Normalkraft $F_{\mathrm{w,z}}$ und damit den Reibungskoeffizienten. Die vertikale Federrate ist da-

[3] Siehe Handbuch Rennwagentechnik Bd. 4, Kap. 1.

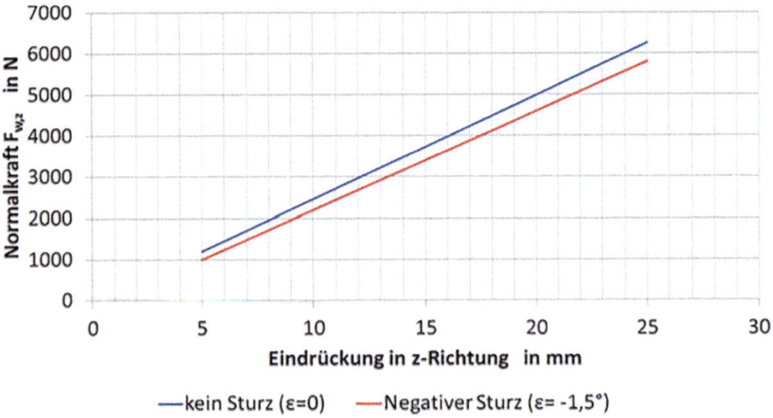

Abb. 3.7 Vertikalsteifigkeit eines Rennreifens: Mit zunehmendem negativen Sturz nimmt die vertikale Reifenfederrate ab. Die vertikale Reifenfederrate ist die Steigung der Geraden

Abb. 3.8 Veränderung der vertikalen Reifenfederrate über dem Sturz für einen Rennreifen: Mit zunehmendem negativen Sturz nimmt die Reifenfederrate ab

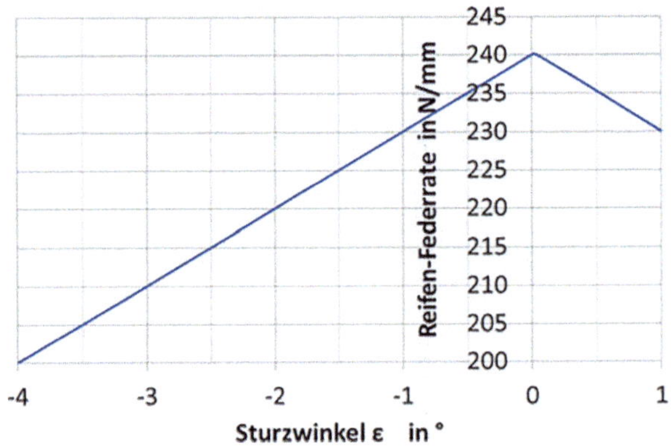

Abb. 3.9 Veränderung der vertikalen Reifenfederrate über der Umfangsgeschwindigkeit für einen Rennreifen, hier normiert auf die Fahrzeuggeschwindigkeit: Mit zunehmender Umfangsgeschwindigkeit nimmt die Reifenfederrate zu

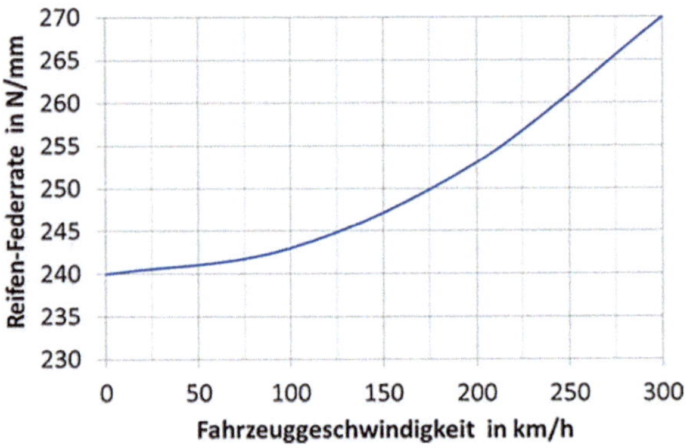

rüber hinaus auch für die Auslegung der Dämpfung relevant (vgl. Kap. 4). Allgemein ist die vertikale Federrate des Reifens von folgenden Parametern abhängig:

$$c_{Ti} = f\left(p_{\mathrm{T}};;\varepsilon;;\upsilon_{\mathrm{w}}\right) \tag{3.5}$$

mit:

c_{Ti} Vertikale Federrate (Federsteifigkeit) des Reifens, N/m
ε Sturzwinkel, °
υ_{w} Umfangsgeschwindigkeit des Reifens, m/s
p_{T} Reifenluftdruck, $\mathrm{N/m^2}$

Diese Funktion ist für jeden Rennreifen individuell, für Beispiele wird auf die Abb. 3.7, 3.8 und 3.9 verwiesen. In Abhängigkeit der Radlast und der vertikalen Federrate des Reifens kann bei bekanntem statischem Reifenhalbmesser auch der dynamische Reifenhalbmesser berechnet werden:

$$r_{dyn} = r_{stat,0} - \frac{F_{W,z}}{c_{Ti}} + \Delta r_{zentrifugal} \tag{3.6}$$

mit:

r_{dyn} dynamischer Radhalbmesser, m
$r_{\mathrm{stat,0}}$ statischer Radhalbmesser des unbelasteten Reifens, m
$F_{\mathrm{w,z}}$ dynamische Normalkraft auf das Rad, N
c_{Ti} Vertikale Federrate (Federsteifigkeit) des Reifens, N/m
$\Delta r_{\mathrm{zentrifugal}}$ Aufweitung des Reifens durch Fliehkräfte, m

3.3 Der Stabilisator als Mittel zur Beeinflussung des Gewichtstransfers *Stabilizer as a Means for influencing Weight Transfer*

Der Anstieg der Normalkraft an den kurvenäußeren Rädern bei Kurvenfahrt in Folge der dynamischen Achslastverlagerung bewirkt nicht nur einen abnehmenden Reibungskoeffizienten, sondern aufgrund der Rollbewegung um die Längsachse auch eine Bewegung der Radaufhängung, die die Stellung der Räder (Sturz, Spurweite etc.) verändert und negativ beeinflussen kann. Treten zusätzlich noch Längskräfte durch Beschleunigen oder Abbremsen in der Kurve auf, können der kurveninnere Vorder- bzw. kurveninnere Hinterreifen sogar den Bodenkontakt verlieren, was die Summe der Seitenführungskräfte noch weiter reduziert. Abhilfe bietet der Einsatz eines Stabilisators an Vorder- und/oder Hinterachse, der je nach Einstellung der Rollbewegung entweder entgegen wirken oder diese gezielt unterstützen kann und somit die gewünschten Radstellungen ermöglicht. Während bei gleichzeitiger, gleicher Einfederung beider Räder einer Achse ein Stabilisator wirkungslos ist, entfaltet er bei Kurvenfahrt seine Funktion. Wenn das kurvenäußere Rad

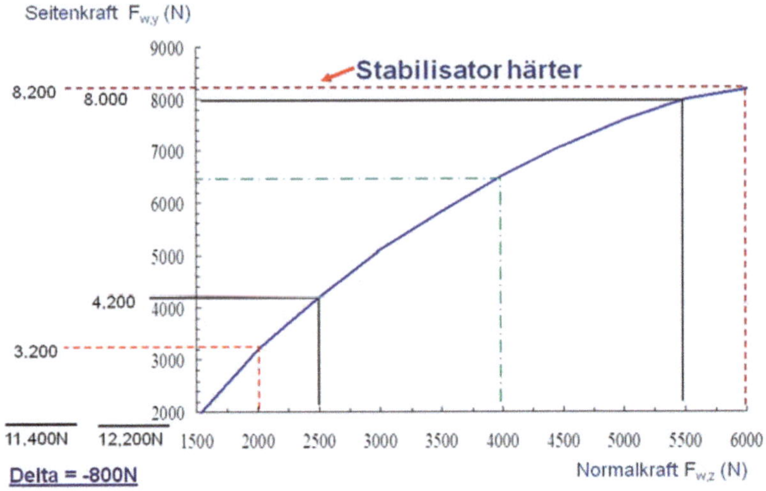

Abb. 3.10 Einfluss des Stabilisators auf den Gewichtstransfer, und damit auf die gesamte Seitenkraft einer Achse

einfedert, wird über den Stabilisator das kurveninnere Rad in Abhängigkeit der Stabilisator-Einstellung (hart oder weich) nach oben gezogen und gegen die kurveninnere Fahrzeugfeder gedrückt. Dieser Effekt verhindert einerseits das Rollen und andererseits die Generierung zu viel positiven Sturzes am kurvenäußeren Rad, was die Seitenkraft verringern würde. Beim Einsatz eines Stabilisators an einer Einzelradaufhängung geht jedoch die vollständige Entkoppelung der Räder dieser Achse verloren.

Ebenso kann durch Feineinstellung der Stabilisatoren bewusst ein definierter Gewichtstransfer zugelassen werden, um – abhängig vom Gesamtsystem („Setup", siehe Kap. 1) – etwaigen Unter- oder Übersteuertendenzen zu begegnen. Abb. 3.10. verdeutlicht den degressiven Aufbau von Seitenkraft am Reifen in Abhängigkeit der Normalkraft (vgl. auch Abb. 3.6; Abnahme des Reibungskoeffizienten), dem durch weitest gehende Verhinderung von Gewichtstransfer bei Kurvenfahrt entgegengewirkt werden muss. Je härter ein Stabilisator an einer Achse eingestellt ist, desto stärker wird die Gesamtseitenkraft an dieser Achse abnehmen.

Beispiel 3.1

„Übersteuern in der Mitte der Kurve":
Als „Symptom" wird durch Rückmeldung des Fahrers und/oder durch Auswertung der Datenaufzeichnung ein Übersteuern in der Mitte der Kurve (Phase 3; konstantes Rollen, vgl. Abb. 2.2) verifiziert. Ursache dieses Problems ist entweder zu wenig Seitenkraft auf der Hinterachse oder zu viel Seitenkraft auf der Vorderachse. Folglich bieten sich als Lösungsmöglichkeiten an, entweder mehr Seitenkraft auf die Hinterachse zu bringen oder weniger Seitenkraft auf die Vorderachse. Vereinfachend soll in diesem Beispiel aber lediglich ein Stabilisator an der Vorderachse angenommen werden, mit

dem das Symptom kuriert bzw. das Problem behoben werden kann. Als Abhilfemaßnahme wird eine härtere Einstellung des Stabilisators an der Vorderachse gewählt, was eine forcierte Übertragung von Normalkraft auf die Vorderachse und damit eine Abnahme an Seitenkraft an der Vorderachse bewirkt, was die Balance des Fahrzeugs im vorliegenden Fall wieder wie gewünscht ausgleicht. ◀

▶ **Tipp 3.1** Weniger Gewichtstransfer bei Kurvenfahrt bedeutet mehr Seitenkraft im Reifen!

Tritt an einer Achse zu viel Seitenkraft auf, muss an dieser Achse der Stabilisator eine härtere Einstellung erhalten, oder alternativ der Stabilisator an der anderen Achse eine weichere Einstellung!

Übersteuern:	Stabilisator vorne härter oder Stabilisator hinten weicher einstellen!
Untersteuern:	Stabilisator vorne weicher oder Stabilisator hinten härter einstellen!

Ein Stabilisator entwickelt seine Federsteifigkeit c_S unter Belastung durch die Kombination der Federsteifigkeiten aus der Torsion des Rückens c_{Ba} und der Biegung der beiden Schenkel c_{Bl} (siehe Abb. 3.11.) Daraus folgt für die gesamte Federrate c_S (Ersatzfedersteifigkeit):

$$c_S = \frac{c_{Ba} \cdot c_{Bl}}{c_{Ba} + c_{Bl}} \tag{3.7}$$

mit:

c_S Gesamtfedersteifigkeit des Stabilisators, N/mm

c_{Ba} Federsteifigkeit des Stabilisatorrückens (Torsionsteil), N/mm

c_{Bl} Federsteifigkeit der Stabilisatorschenkel (Biegeteile), N/mm

Die Auslegung von Stabilisatoren ist in der Buchreihe Rennwagentechnik Bd. 4, Kap. 3 ausführlich beschrieben. Die Stabilisatorrücken sind stets als Torsionsstäbe mit Kreis-

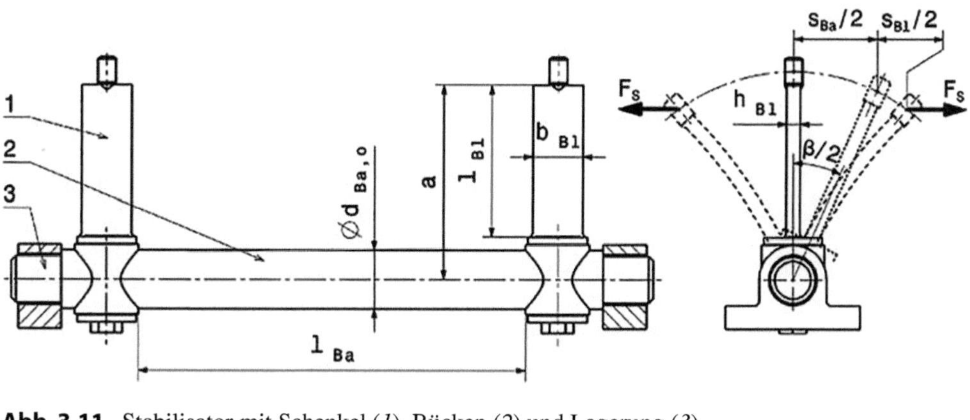

Abb. 3.11 Stabilisator mit Schenkel (*1*), Rücken (*2*) und Lagerung (*3*)

querschnitt ausgeführt, während die Schenkel in der Regel als Rechteckquerschnitt ausgeführt, bei dem die Schenkelhöhe h_S in der dritten Potenz in das Flächenträgheitsmoment I_S eingeht und somit die dominante Größe ist. Dadurch ändert sich hier durch die Verdrehung, d. h. Einstellung, der Schenkel deren Flächenträgheitsmoment I_S und damit deren Federsteifigkeit c_{Bl}. Sind die Schenkel aufrecht gestellt, ist h_S und somit auch das Flächenträgheitsmoment I_S signifikant größer als im flachgestellten Zustand. Die Federrate c_{Bl} ist dann größer („härtere Einstellung"), was reduzierte Seitenkräfte an den Reifen zur Folge hätte, siehe Abb. 3.12. Dieser Einfluss wäre bei kreisförmigen Schenkeln nicht der Fall, sodass rechteckige Schenkelquerschnitte für die Feinjustierung ein signifikant größeres Potenzial aufweisen. Demgegenüber besteht die Gefahr, dass unter hoher Belastung die Verformung bei schräg stehenden Schenkeln zu groß sein könnte und damit die Linearität der Federcharakteristik nicht mehr gegeben ist. Das beeinflusst auch die Fahrthöhe. Des Weiteren ist die beabsichtigte Funktion dieses Stabilisatortyps auch nur bei annähernd gleichen Bewegungen rechts und links gegeben. Zu große Unterschiede könnten sogar zum Bruch führen.

Bei modernen Rennwagen ist die Härte des Stabilisators vom Fahrerplatz aus im Einsatz verstellbar, sodass der Fahrer – ausreichende fahrdynamische Kenntnisse vorausgesetzt – selbst optimieren kann.

Andere Rennfahrzeuge und manche Tourenwagen verwenden indes sogenannte U-Stabilisatoren in Rohr- oder Stabform gemäß Abb. 3.13, deren individuelle Einstellung durch Änderung der Anbindung am Radträger, d. h. durch unterschiedliche Schenkel-

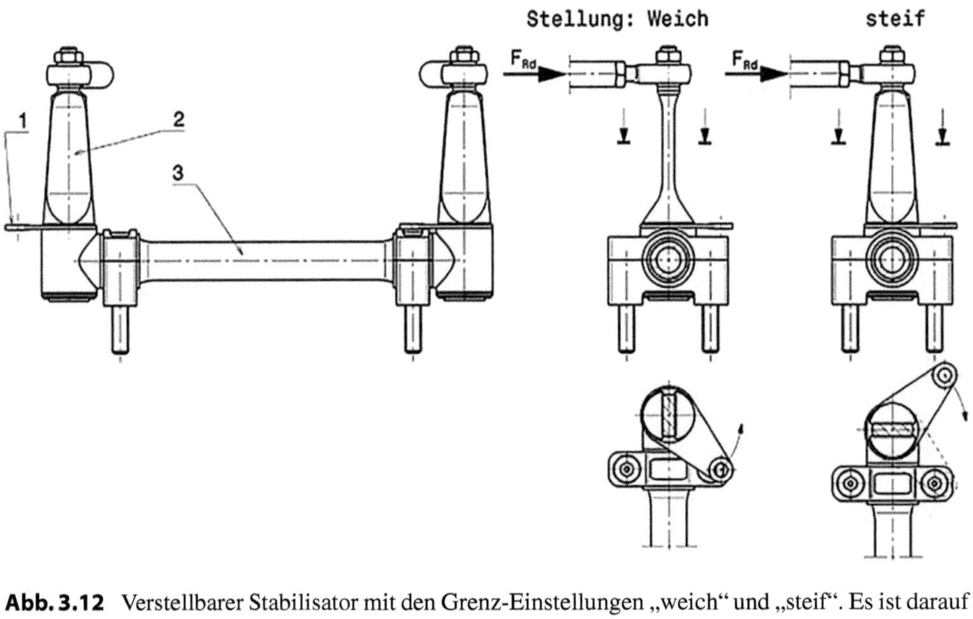

Abb. 3.12 Verstellbarer Stabilisator mit den Grenz-Einstellungen „weich" und „steif". Es ist darauf zu achten, dass die Stellungen der Schenkel links und rechts stets identisch sein müssen. Verstellung (*1*), Schenkel (*2*) und Rücken (*3*)

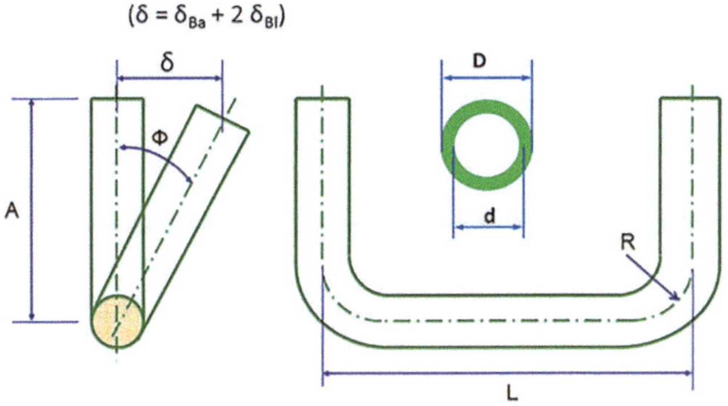

Abb. 3.13 U-Stabilisator (Schenkel und Welle als ein Bauteil gleichen Querschnitts)

längen *A*, erfolgt. Dieser Stabilisatortyp besitzt den Vorteil, dass er mit größeren Unterschieden in den Federwegen zwischen rechts und links funktioniert und seine Federcharakteristik beibehält. Oft ist am Schenkel eine Befestigungsschelle angebracht, um die Schenkellänge *A* variieren zu können. Durch Verkürzung der Schenkellänge *A* erhöht sich die Federsteifigkeit. Es giltwie folgt:

$$c_S = \frac{F}{\delta/2} = \frac{F}{\left(\delta_{Ba} + 2 \cdot \delta \mathrm{B1}\right)/2} = \frac{2F}{A \cdot \Phi} \tag{3.8}$$

mit:

c_S Gesamtfedersteifigkeit des Stabilisators, N/mm
F Tordierende und biegende Kraft im Stabilisator, N
δ Gesamte Einfederung des Stabilisators aus Verdrehung des Torsionsteils und Biegung beider Schenkel, mm
δ_{Ba} Einfederung des Stabilisators aus Verdrehung des Torsionsteils, mm
δ_{Bl} Einfederung des Stabilisators aus Biegung eines Schenkels, mm
A Schenkellänge, mm
Φ Gesamter Verdrehwinkel des Stabilisators aus Torsion und Biegung, rad

Beispiel 3.2

Ein Renningenieur benötigt zur Abschätzung des Rollwiderstandes insbesondere auch die Kenntnis des Kraftbetrags, den ein Stabilisator liefern kann. Die exakteste Methode zur Ermittlung der Gesamtfederrate c_S ist die experimentelle Methode mit Vermessung des belasteten Stabilisators in der Werkstatt und Berechnung der Gesamtfedersteifigkeit aus Torsion und Biegung anhand (Gl. 3.8). Damit werden auch alle erforderlichen Annahmen und Vereinfachungen, die für die Stabilisator-Berechnung gemacht werden und zu Ungenauigkeiten führen können, obsolet. Beispiele für die erforderlichen Annahmen sind der Elastizitätsmodul und der Schubmodul des Werkstoffes, welche von der Qualität des Federstahls abhängen und dem Renningenieur i. d. R. nicht bekannt sind. Sollte trotzdem der Stabilisator berechnet werden, geschieht dies wie nachfolgend anhand eines U-Stabilisators beschrieben. Aus Abb. 3.13 geht hervor, dass der Stabilisator-Rücken über die Länge *L* tordiert wird und die beiden Schenkel jeweils über den Hebelarm *A* gebogen werden. ◀

Die Federsteifigkeit des Stabilisator-Rückens (Torsionsteil) berechnet sich zu:

$$c_{Ba} = \frac{F}{\delta_{Ba}} = \frac{\pi \cdot G \cdot \left(D^4 - d^4\right)}{32 \cdot 0{,}5 \cdot \left(L - R\right) \cdot A^2} \tag{3.9a}$$

mit:

G	Schubmodul, N/mm^2 (abhängig vom Material Federstahl; 73.100–82.000 N/mm^2)
D	Außendurchmesser, mm
d	Innendurchmesser, mm
L	Länge des Rückens (Torsionsteil), mm
R	Radius zwischen Torsions- und Biegeteil, mm
A	Schenkellänge (Biegeteile), mm
δ_{Ba}	Einfederung des Stabilisators aus Verdrehung des Torsionsteils, mm

Für die Federsteifigkeit eines Stabilisator-Schenkels (Biegeteil) folgt:

$$c_{Bl,i} = \frac{F}{\delta_{Bl}} = \frac{3 \cdot \pi \cdot E \cdot \left(D^4 - d^4\right)}{64 \cdot \left(A - 0{,}5 \cdot R\right)^3} \tag{3.9b}$$

mit:

E	Elastizitätsmodul, N/mm^2
δ_{Bl}	Einfederung des Stabilisators aus Biegung eines Schenkels, mm

Durch die Reihenschaltung der beiden Schenkel (Biegeteile) folgt die Federsteifigkeit beider Schenkel zu:

$$c_{Bl,tot} = \frac{c_{Bl,i} \cdot c_{Bl,i}}{c_{Bl,i} + c_{Bl,i}} \tag{3.9c}$$

Wenn der Stabilisator massiv ausgeführt ist, kann für den Innendurchmesser *d* einfach der Wert Null angesetzt werden.

Für eine näherungsweise Berechnung im nachfolgenden Beispiel seien folgende Werte gegeben:

G = 80.000 N/mm^2 und E = 207.000 N/mm^2 (beide Werte typisch für Federstahl), D = 19,0 mm, d = 15,0 mm, L = 1000 mm, R = 100 mm, A = 300 mm.

$$c_{Ba} = \frac{\pi \cdot G \cdot \left(D^4 - d^4\right)}{32 \cdot 0{,}5 \cdot (L - R) \cdot A^2} = \frac{\pi \cdot 80.000 \cdot \left(19^4 - 15^4\right)}{32 \cdot 0{,}5 \cdot (1000 - 100) \cdot 300^2} = 15{,}5\,\text{N/mm}$$

$$c_{Bl,i} = \frac{3 \cdot \pi \cdot E \cdot \left(D^4 - d^4\right)}{64 \cdot (A - 0{,}5 \cdot R)^3} = \frac{3 \cdot \pi \cdot 207000 \cdot \left(19^4 - 15^4\right)}{64 \cdot (300 - 0{,}5 \cdot 100)^3} = 155{,}5\,\text{N/mm}$$

Beide Biegeteile sind in Reihe geschaltet, sodass eine serielle Addition zur Gesamtsteifigkeit der beiden Biegeteile erforderlich ist:

$$c_{Bl,tot} = \frac{c_{Bl,i} \cdot c_{Bl,i}}{c_{Bl,i} + c_{Bl,i}} = \frac{155{,}5 \cdot 155{,}5}{155{,}5 + 155{,}5} = 77{,}7\,\text{N/mm}$$

Da aber der Stabilisator als in der Mitte eingespannt betrachtet werden kann, wirkt pro Seite jeweils nur ein Biegeteil. In diesem Beispiel muss dann statt 77,7 N/mm der Einzel-Wert 155,5 N/mm angesetzt werden. Für die Reihenschaltung (serielle Addition) von Biege- und Torsionsteilen folgt mit (3.7):

$$c_S = \frac{c_{Ba} \cdot c_{Bl,tot}}{c_{Ba} + c_{Bl,tot}} = \frac{15{,}5 \cdot 155{,}5}{15{,}5 + 155{,}5} = 14{,}1\,\text{N/mm}$$

In der o. a. Berechnung wird vereinfachend angenommen, dass die Verbindungsstücke mit dem Radius *R* zwischen dem Rücken und den Schenkeln je zur Hälfte dem Torsionsteil und dem Biegeteil zugeschlagen werden. Auch wird außerdem vereinfachend angenommen, dass das Torsionsteil (Rücken) nicht biegt, was indes nur dann der Fall ist, wenn die beiden Lager des Torsionsteils so weit wie möglich auseinander liegen, also möglichst nahe an den Radien *R*.

In den schwereren GT-Klassen werden oft Stabilisatoren verwendet, bei denen nur der tordierende Rücken flexibel ausgeführt ist, jedoch die Schenkel nicht. In diesem Fall wird nur mit dem Torsionsteil gerechnet.

Es sollte immer sichergestellt sein und rechnerisch überprüft werden, dass die Schubspannung τ im Stabilisator nie den Wert 900 N/mm^2 überschreitet, da sonst Brüche unvermeidbar wären.

Bis hierher wurde zunächst die Federungscharakteristik des gesamten Stabilisators berechnet. Die Kräfte werden jedoch auf beide Seiten verteilt und sind links und rechts stets gleich groß. Dies entspricht einer festen Einspannung des Stabilisators in der Mitte seines Rückens. Die an den Schenkelenden angreifenden Kräfte sind dieselben, der Federweg ist jedoch pro Seite nur halb so groß. Damit verdoppelt sich die Federrate des Stabilisators je Radseite! Es bestehen folglich zwei Optionen, die Federraten pro Radseite zu berechnen:

Option 1: Federrate des kompletten Stabilisators mit 2 multiplizieren

Option 2: Berechnung in (3.9a) mit 0,5 · L ansetzen und lediglich einen Schenkel berücksichtigen.

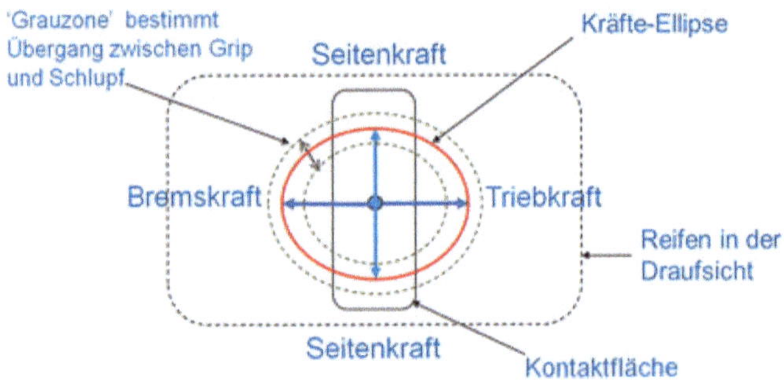

Abb. 3.14 Die Kräfte-Ellipse: Ein Reifen kann sowohl Längs- als auch Seitenkräfte übertragen; bei Längskräften in Kurven ist das Maximum der Seitenkraft nicht erreichbar

3.4 Der „Kamm'sche Kreis" – oder genauer: die Kräfte-Ellipse *Kamm's Circle – or more precisely, the Force Ellipse*

Ein Reifen kann sowohl Längs- (bei Beschleunigung oder Verzögerung) als auch Seitenkräfte (bei Kurvenfahrt) übertragen. Treten bei Kurvenfahrt zusätzlich Längskräfte auf, sind die übertragbaren Querkräfte – und damit die erreichbare Kurvengeschwindigkeit – limitiert. Die Grenze der Summe aus übertragbaren Seiten- und Längskräften ist durch eine Ellipse bestimmt, die reifenspezifisch ist. Diese „Grip"-Grenze ist jedoch nicht fest, sondern durch eine Grauzone charakterisiert, die den Übergang zwischen Haftung und Schlupf bestimmt, siehe Abb. 3.14.

Prof. W. Kamm beschrieb erstmals in den 1930er-Jahren die Grenzen aus Längs- und Seitenkräften als Kreis („Kamm'scher Kreis"), jedoch handelt es sich vielmehr um eine Kräfte-Ellipse, da die Reifen in Längsrichtung (Antrieb und Bremsung) 10 bis 15 % mehr Kraft entwickeln können als in Querrichtung.[4]

De facto werden aber im Rennen auf der Basis der Performance aller Reifen i. d. R. höhere Quer- als Längsbeschleunigungen des Fahrzeugs verzeichnet, was in den Reifenmodellen berücksichtigt werden muss. Jede Längskraft – Brems- oder Beschleunigungskraft – in einer Kurve verringert die Seitenkraft und damit die erreichbare Kurvengeschwindigkeit. Deshalb galt früher bei der traditionellen Lehre bei der Ausbildung von Rennfahrern, dass die Bremsung vor Erreichen der Kurve völlig abgeschlossen sein muss, um die maximale Seitenkraft in der Kurvenmitte, am sog. Scheitelpunkt, auszunutzen (heute stimmt das aufgrund der „Late-Apex"-Fahrtechnik nicht mehr so ganz).

Jede Lastwechselreaktion durch Unterbrechen der Längskraft in einer Kurve erhöht die übertragbare Seitenkraft. In der Beschleunigungsphase ab dem Kurvenscheitelpunkt erhöht sich somit bei jedem Schaltvorgang (oder beim Gas-Wegnehmen) plötzlich die übertragbare Seitenkraft, siehe Abb. 3.15 und 3.16.

In Abb. 3.16 ist als Beispiel ein Fahrzeug mit Frontantrieb und Starrachse an der Hinterachse bei Kurvenfahrt dargestellt. Im linken Bildteil ist eine ausgewogene Balance dar-

[4] Siehe auch Handbuch Rennwagentechnik Bd. 4, Kap. 1.

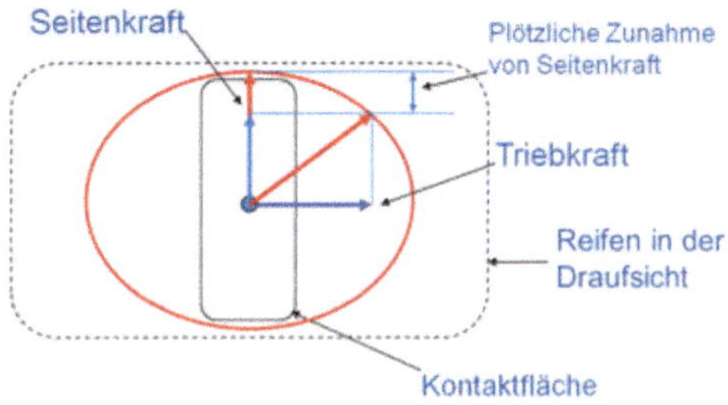

Abb. 3.15 Beispiel: Plötzlicher Zuwachs an Seitenkraft durch Unterbrechung der Zugkraft

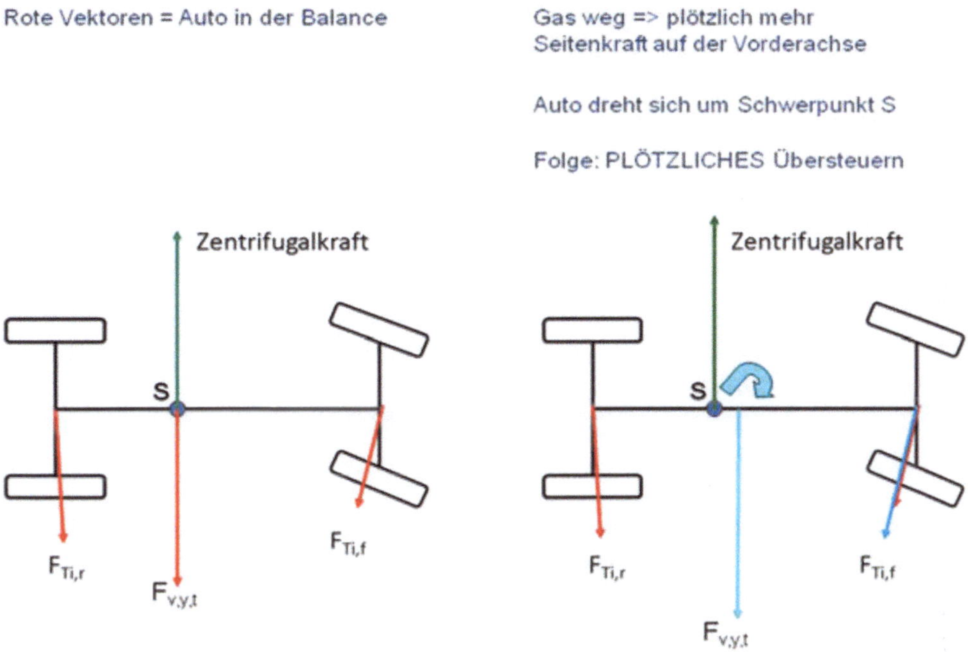

Abb. 3.16 Plötzliches Übersteuern beim Fahrzeug mit Frontantrieb infolge von Zugkraftunterbrechung

gestellt. Beim Gaswegnehmen entsteht plötzlich mehr Seitenkraft an der Vorderachse, sodass das Fahrzeug aus dem neutralen Fahrverhalten heraus sogleich in ein Übersteuern gerät. Abhilfe böte hier eine Verstellung des Stabilisators an der Hinterachse in Richtung weich.

Die Grenzen der übertragbaren Seiten- und Längskräfte **eines Reifens** werden wie beschrieben durch die **Kräfte-Ellipse** vorgegeben, die vom jeweiligen Reifen und der Fahrbahnbeschaffenheit abhängt. Abb. 3.17 zeigt hingegen beispielhaft die Erweiterung auf eine Kräfte-Darstellung für das **Gesamtfahrzeug** – unter Berücksichtigung **aller** Reifen –, die aus der Datenaufzeichnung während eines Rennens gewonnen werden kann. Die hier als Beschleunigungen (in Bezug auf die Erdbeschleunigung g) angegebenen Größen können mit der Masse des eingesetzten Fahrzeugs (inkl. Fahrer) direkt in Kräfte umgerechnet werden. Um mögliche Verwirrungen auszuschließen, sei hier besonders erwähnt, dass in einem g-g-Diagramm die Beschleunigungen in **Längsrichtung** (positiv:

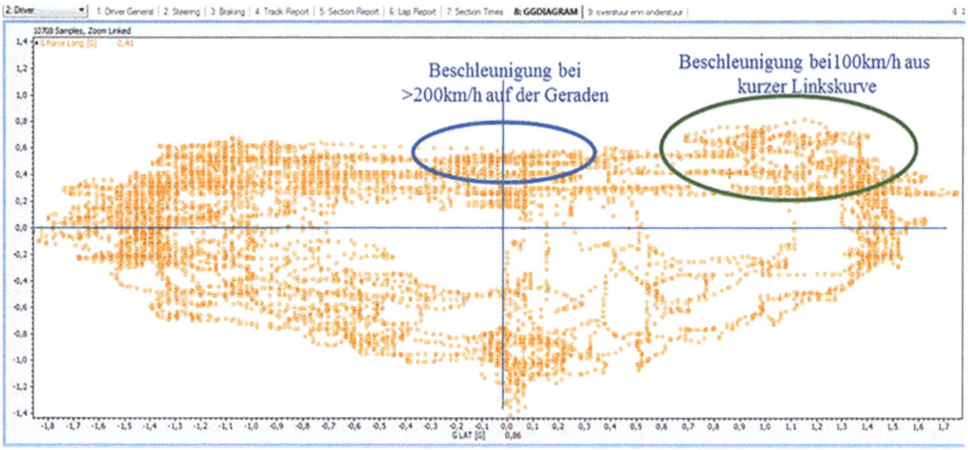

Abb. 3.17 Kräfte-Ellipse für das Gesamtfahrzeug aus Messwerten während eines Rennens (hier: Werte als Beschleunigungen in *g*)

Beschleunigen; negativ: Bremsen) die **Aktion** (Ursache) dargestellt wird; die daraus resultierenden Massenkräfte in Längsrichtung sind also den Beschleunigungen gegengesetzt. Demgegenüber wird bei den Beschleunigungen in **Querrichtung** stets die **Reaktion** (Wirkung) dargestellt, also die Zentrifugalbeschleunigung!

> **Tipp 3.2** Manche Datenaufzeichnungssysteme verwenden ein Koordinatensystem aus dem Flugzeugbau, bei dem im Rechtssystem die Hochachse (*z*-Achse) nach unten gerichtet ist. Bei dieser Ausrichtung zeigt die Querachse in Fahrtrichtung nach rechts. In einer Rechtskurve wird die Reaktion (Zentrifugalbeschleunigung) dann als negativer Wert angegeben.

Hervorgehoben sind zwei unterschiedliche Fahrzustände, zum einen ein Beschleunigungsvorgang bei hoher Geschwindigkeit auf der Geraden (fast ausschließlich Längskräfte), zum anderen ein Beschleunigungsvorgang aus einer engen Linkskurve (Längs- und Seitenkräfte). Beim dargestellten Antrieb nur einer Achse (über zwei Reifen) sind die möglichen Beschleunigungskräfte am Fahrzeug in Längsrichtung naturgemäß signifikant geringer als die in der Kurve maximal übertragbaren Querkräfte (über vier Reifen). Ebenso sind die übertragbaren Bremskräfte in Längsrichtung (über vier Reifen) signifikant größer als die übertragbaren Beschleunigungskräfte in Längsrichtung über zwei Reifen.

Beim Vergleich von Beschleunigungen sind diese stets auf die im aktuellen Zustand gefahrenen Geschwindigkeiten zu beziehen.

Es ist einleuchtend, dass für den jeweiligen Polarkoordinaten-Radius ein Maximalwert anzustreben ist, vgl. Abb. 3.18. Dieser charakterisiert als TCV_{Radius} („*Traction Circle **Vehicle***"-*Radius*) die „Kräfte-Ellipse" für das Gesamtfahrzeug! Der aus der Datenaufzeichnung gewonnene Wert für den Polarkoordinaten-Radius TCV_{Radius} ist jedoch lediglich der **erreichte Wert** – nicht der erreichbare. Folglich wäre für den Renningenieur an der

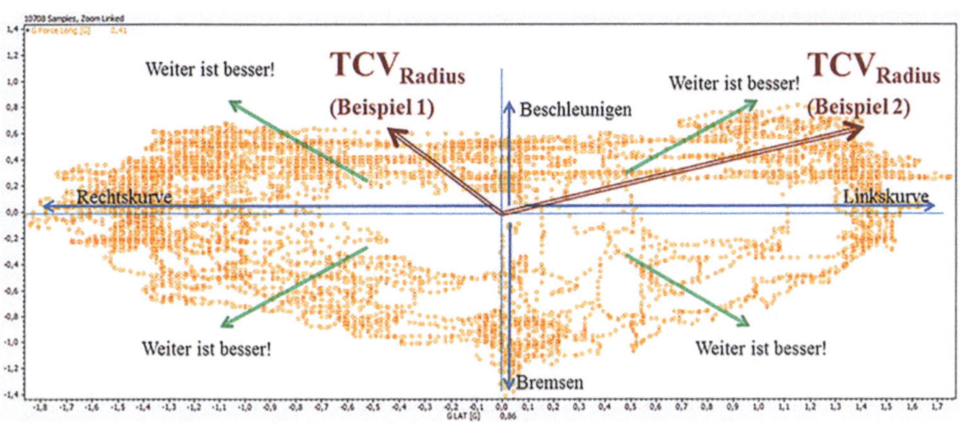

Abb. 3.18 Größtmögliche Werte für den jeweiligen Radius TCV-Radius (Kräfte!) sind anzustreben

Strecke ein Abgleich der aus der Datenaufzeichnung gewonnenen Längs- und Seitenkraftwerte (bzw. Längs- und Querbeschleunigungswerte) für das Gesamtfahrzeug mit den für die Summe aus den Reifen bei den aktuellen Witterungsbedingungen potenziell erreichbaren **Grenzwerten** zielführend. Erst damit wäre die Ausnutzung des gegebenen Reifenpotenzials durch das Fahrzeug (und den Fahrer) beurteilbar, sodass in der Folge adäquate Optimierungs-Maßnahmen zu dessen Ausschöpfung getroffen werden können. Es ist einleuchtend, dass die gemessenen Werte für TCV_{Radius} mit dem Grip-Level der Rennstrecke variiert, sodass von Tag zu Tag auch bei trockenen Bedingungen unterschiedliche Werte gemessen werden können. Die Kräfte-Ellipse für das Fahrzeug dient folglich – identische Grip-Ausnutzung durch den Fahrer vorausgesetzt – auch zur Beurteilung der aktuellen Bedingungen auf der Rennstrecke.

In der Regel stellen die Reifenhersteller die erforderlichen Informationen nur beschränkt zur Verfügung, sodass sich die Renningenieure in der Praxis meist durch einen Ansatz behelfen, den Ersatzradius der Kräfte-Ellipse eines Reifens (bei Seitenkraft) TCT_{Radius} („*Traction Circle* ***Tire***"-*Radius*) als Radius eines Kamm'schen Kreises anzunähern. Ein probater, von Danny Nowlan vorgeschlagener Ansatz beschreibt den Radius des Kamm'schen Kreises als Funktion der Radlast $F_{\mathrm{W,Z}}$ in Form eines Polynoms zweiter Ordnung:

$$TCT_{\mathrm{Radius}} = k_{Fr,0} \cdot \left(1 - k_{Fr,\mathrm{L}} \cdot F_{\mathrm{W,Z}}\right) \cdot F_{\mathrm{W,Z}} \tag{3.10}$$

mit:

TCT_{Radius}	Traktionsradius (übertragbare Kraft!) eines Reifens, N
$F_{\mathrm{W,Z}}$	Radlast, N
$k_{\mathrm{Fr,0}}$	anfänglicher Reibungskoeffizient (Startwert), –
$k_{\mathrm{Fr,L}}$	Koeffizient für die Abnahme des Reibungskoeffizienten unter Radlast (erfolgt linear mit der Radlast), 1/N

Die damit erhaltenen Werte werden i. d. R. für die Ermittlung der erreichbaren Seitenkräfte eines Reifens verwendet. Aus der ersten Ableitung dieser Gleichung nach $F_{W,Z}$ folgt der Extremwert der Radlast $F_{W,Z,opt}$, bei der sich ein Maximum des Polarkoordinaten-Radius der Kräfte-Ellipse $TCT_{Radius,max}$ einstellt.

$$F_{W,Z,opt} = \frac{1}{2 \cdot k_{Fr,L}} \tag{3.11}$$

Daraus folgt durch Einfügen von $F_{W,Z,opt}$ in die Gleichung für TCT_{Radius} der theoretische maximale Radius des Kamm'schen Kreises wie folgt:

$$TCT_{Radius,max} = \frac{k_{Fr,0}}{4 \cdot k_{Fr,L}} \tag{3.12}$$

Für konventionelle Formel-Rennwagen kann der Kamm'sche Kreis eines Reifens – als Näherung für die Kräfte-Ellipse – mit einem Startwert $k_{Fr,0}$ von 2,0 [–] und einem Degressionswert von $k_{Fr,L}$ von $5{,}0 \cdot 10^{-5}$ [1/N] berechnet werden. Reifenmodelle für High-Downforce-Rennwagen verwenden einen Startwert $k_{Fr,0}$ von 2,7 [–] und einen Degressionswert von $k_{Fr,L}$ von $7{,}3 \cdot 10^{-5}$ [1/N]. Analog – mit angepassten Faktoren – kann für Prototypen, Tourenwagen etc. verfahren werden. Ein beispielhafter Verlauf der erreichbaren Längs- und Seitenkräfte eines Reifens in Abhängigkeit der Radlast ist in Abb. 3.19 aufgeführt.

Es ist erkennbar, dass wenn die Radlast $F_{W,Z}$ abnimmt, der Degressionswert $k_{Fr,L}$ reziprok zunimmt und daher die Funktionskurve steiler abfällt. Dadurch nimmt der Polarkoordinaten-Radius der Kräfte-Ellipse TCT_{Radius} bei abnehmender Radlast schneller ab. In der Praxis bedeutet das, dass der Reifen bei Abnahme der Radlast deutlich sensibler reagieren wird. Dies zeigt ein weiteres Mal, weshalb die Beherrschung der vertikalen Belastung, also insbesondere der Gewichtstransfer (siehe auch Kap. 5), und die aerodynamischen Maßnahmen („Downforce“, siehe Kap. 8), so wichtig sind, um in allen fünf Phasen der Kurvenfahrt ein Optimum an „Grip“ zu erhalten!

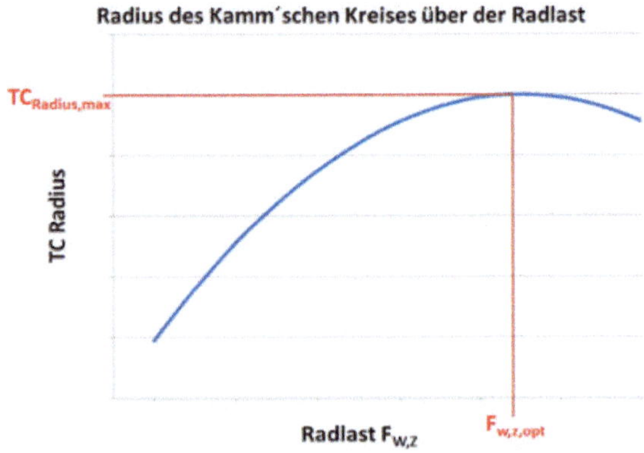

Abb. 3.19 Verlauf des Radius des Kamm'schen Kreises über der Radlast

Die Ermittlung dieser Werte ist eine komplexe Sache, wobei nicht nur eine Datenaufzeichnung (Data Aquisition) erforderlich ist, sondern auch geeignete Simulationssoftware.

Beispiel 3.3

Für einen Rennwagen, der in Le Mans eingesetzt wird (High-Downforce-Fahrzeug; $k_{Fr,0} = 2{,}7$ und $k_{Fr,L} = 7{,}3 \cdot 10^{-5}$ [1/N]) folgt der maximale Ersatzradius der „Kräfte-Ellipse“:

$$TCT_{\text{Radius,max}} = \frac{k_{Fr,0}}{4 \cdot k_{Fr,L}} = \frac{2{,}7}{4 \cdot 7{,}3 \cdot 10^{-5} 1/\text{N}} = \mathbf{9247\ N}$$

Die optimale Radlast zum Erreichen dieses Wertes beträgt nach (Gl. 3.10) folglich:

$$TCT_{\text{Radius,max}} = k_{Fr,0} \cdot \left(1 - k_{Fr,L} \cdot F_{\text{W,Z},opt}\right) \cdot F_{\text{W,Z},opt}$$

Umgestellt ergibt sich folgende quadratische Gleichung:

$$F^2_{\text{W,Z},opt} - \frac{k_{Fr,0}}{k_{Fr,0} \cdot k_{Fr,L}} \cdot F_{\text{W,Z},opt} + \frac{TCT_{\text{Radius,max}}}{k_{Fr,0} \cdot k_{Fr,L}} = 0$$

Die Lösung dieser Gleichung nach dem Muster $A \cdot x^2 + B \cdot x + C = 0$ lautet:

$$x_{1,2} = \frac{-B \pm \sqrt{B^2 - 4 \cdot A \cdot C}}{2 \cdot A}$$

Mit:

$$A = 1,\ B = -\frac{k_{Fr,0}}{k_{Fr,0} \cdot k_{Fr,L}},\ C = \frac{TCT_{\text{Radius,max}}}{k_{Fr,0} \cdot k_{Fr,L}}$$

folgt für die optimale Radlast $F_{\text{W,Z,opt}}$ zur bestmöglichen Ausnutzung der „Kräfte-Ellipse“:

$$F_{\text{W,Z},opt_{1,2}} = \frac{\frac{k_{Fr,0}}{k_{Fr,0} \cdot k_{Fr,L}} \pm \sqrt{\frac{k_{Fr,0}}{k_{Fr,0} \cdot k_{Fr,L}}^2 - 4 \cdot \frac{TCT_{\text{Radius,max}}}{k_{Fr,0} \cdot k_{Fr,L}}}}{2}$$

$$F_{\text{W,Z},opt_{1,2}} = \frac{\frac{2{,}7}{2{,}7 \cdot 7{,}3 \cdot 10^{-5} 1/\text{N}} \pm \sqrt{\frac{2{,}7}{2{,}7 \cdot 7{,}3 \cdot 10^{-5}\,[1/\text{N}]}^2 - 4 \cdot \frac{\mathbf{9247\ N}}{2{,}7 \cdot 7{,}3 \cdot 10^{-5} 1/\text{N}}}}{2}$$

$$F_{\text{W,Z},opt} = \mathbf{6849\ N}$$

Die maximal übertragbaren Seitenkräfte an der Vorderachse $F_{\text{W,Y,f}}$ und Hinterachse $F_{\text{W,Y,r}}$ lassen sich dann wie folgt bestimmen:

$$F_{W,Y,f} = \frac{m_{V,dr,f} \cdot \upsilon_V^2}{R} = \frac{Ant_{V,dr,f} \cdot m_{V,dr} \cdot \upsilon_V^2}{R} \tag{3.13}$$

$$F_{W,Y,r} = \frac{m_{V,dr,r} \cdot \upsilon_V^2}{R} = \frac{\left(1 - Ant_{V,dr,f}\right) \cdot m_{V,dr} \cdot \upsilon_V^2}{R} \tag{3.14}$$

mit:

$F_{W,Y,f}$	maximal übertragbare Seitenkraft an der Vorderachse, N
$F_{W,Y,r}$	maximal übertragbare Seitenkraft an der Hinterachse, N
$m_{V,dr}$	Masse des betriebsfertigen Rennfahrzeugs inkl. Fahrer, kg
$m_{V,dr,f}$	Vorderachslast des betriebsfertigen Rennfahrzeugs inkl. Fahrer, kg
$m_{V,dr,r}$	Hinterachslast des betriebsfertigen Rennfahrzeugs inkl. Fahrer, kg
$Ant_{V,dr,f}$	Anteilige Vorderachslast des betriebsfertigen Rennfahrzeugs inkl. Fahrer, %
υ_V	Fahrzeuggeschwindigkeit in der Kurve, m/s
R	Kurvenradius, m

In der o. a. Gleichung ist der Kurvenradius R unbekannt. Die Ermittlung des Kurvenradius in der Praxis aus den Messwerten Fahrgeschwindigkeit und Querbeschleunigung (Zentripetalbeschleunigung) ist in Kap. 2 ausführlich erläutert. Da viele Rennfahrzeuge mit Beschleunigungssensoren ausgestattet sind, können die daraus ermittelten Werte für die Querbeschleunigung unmittelbar verwendet werden, was die direkte Anwendung der o. g. Formeln ermöglicht:

$$F_{W,Y,f} = m_{V,dr,f} \cdot a_y = Ant_{V,dr,f} \cdot m_{V,dr} \cdot a_y \tag{3.15}$$

$$F_{W,Y,r} = \left(1 - Ant_{V,dr,f}\right) \cdot m_{V,dr} \cdot a_y \tag{3.16}$$

mit:

a_Y Zentripetalbeschleunigung, m/s^2

Zur Berücksichtigung auch des **Einflusses des Schräglaufwinkels** kann Formel 3.10 wie folgt erweitert werden:

$$TCT_{Radius} = f(\alpha) \cdot k_{Fr,0} \cdot \left(1 - k_{Fr,L} \cdot F_{W,Z}\right) \cdot F_{W,Z} \tag{3.17}$$

Für die Erweiterung f(α) kann mit den Erfahrungswerten $C_1 = 14{,}3$ und $C_3 = 323{,}2$ angesetzt werden (mit Werten für α in rad):

$$f(\alpha) = C_1 \cdot \alpha - C_3 \cdot \alpha^3 \tag{3.18}$$

Bei zusätzlicher **Berücksichtigung auch der Reifentemperatur** erfolgt eine weitere Erweiterung:

$$TCT_{Radius} = f(T_{Tire}) \cdot f(\alpha) \cdot k_{Fr,0} \cdot \left(1 - k_{Fr,L} \cdot F_{W,Z}\right) \cdot F_{W,Z} \tag{3.19}$$

Dies ist besonders bei den ersten Runden eines Rennens oder nach einer langen Safety-Car-Phase zu berücksichtigen. Für die Abhängigkeit von der Reifentemperatur gilt die Funktion:

$$f\left(T_{Tire}\right) = 1 - k \cdot \left(\frac{T_{Tire} - T_{Tire,opt}}{T_{Tire,opt}}\right)^2 \tag{3.20}$$

Wenn die Reifentemperatur $T_{Tire} < T_{Tire,opt}$ ist (z. B. am Anfang des Rennens), kann mit hinreichendem Ergebnis k = 6 bis 8 angesetzt werden. Bei $T_{Tire} > T_{Tire,opt}$ ist k = 14 bis 16 anzusetzen. Die optimale Reifentemperatur variiert von Rennserie zu Rennserie, wobei i. d. R. bei Fahrzeugen mit Downforce ein Wert von $T_{Tire,opt}$ = 340 bis 373 K anzunehmen ist. Bei optimaler Reifentemperatur ist $f(T_{Tire}) = 1$. ◀

3.5 Der Einfluss des Reifendrucks und der -temperatur *Influence of Tire Pressure and Temperature*

Der Reifenluftdruck beeinflusst nicht nur die Verformung und Temperatur des Reifens, sondern dadurch auch seine Federungscharakteristik (Federsteifigkeit c_{Ti}). Für konstantes Reifenvolumen ($V_1 = V_2$) wird folglich eine **isochore Zustandsänderung** vom Zustand 1 zum Zustand 2 angesetzt:

$$\frac{p_2}{p_1} = \frac{T_2}{T_1} \tag{3.21}$$

mit:

p_2 optimaler Betriebsdruck im Rennen (*inklusive* Atmosphärendruck), bar
T_2 optimale Reifentemperatur im Rennen, K
p_1 Reifenluftdruck im kalten Zustand in der Box (*inklusive* Atmosphärendruck), bar
T_1 Reifentemperatur (= Außentemperatur) im kalten Zustand in der Box, K

Da der optimale Betriebsdruck im Reifen – als **Überdruck** über Atmosphärendruck – und die zugehörige Reifentemperatur während des Rennens vom Hersteller vorgegeben ist, muss in Abhängigkeit der jeweiligen Außentempevor dem Rennen ein zugehöriger, adäquater Reifenluftdruck im kalten Zustand – als Überdruck über Atmosphärendruck – sichergestellt werden, um die optimalen Betriebswerte im Rennen zu erreichen. Die Temperatur T_i in [K] entspricht einer Temperatur t_i in [°C] von (273,15 + t_i). Folglich muss für einen optimalen, vom Hersteller im Rennbetrieb vorgegebenen Reifenluftdruck p_2 [bar] (als Überdruck über Atmosphärendruck) bei optimaler Reifentemperatur t_2 [°C] bei der aktuellen Außentemperatur t_1 [°C] im kalten Zustand vor dem Rennen folgender Reifenluftdruck (Überdruck über Atmosphärendruck) gewählt werden, wobei der Atmosphärendruck vereinfacht mit 1000 mbar (1 bar) angesetzt wird:

$$p_1 = \left((p_2 + 1) \cdot \frac{t_1 + 273{,}15}{t_2 + 273{,}15} \right) - 1 \tag{3.22}$$

mit:

p_2 optimaler Betriebsdruck im Rennen (Überdruck über Atmosphärendruck), bar

t_2 optimale Reifentemperatur im Rennen, °C

p_1 Reifenluftdruck im kalten Zustand in der Box (Überdruck über Atmosphärendruck), der einzufüllen ist, bar

t_1 Reifentemperatur (= Außentemperatur) im kalten Zustand in der Box, °C

Beispiel 3.4

Der Reifenhersteller nennt einen Überdruck im Rennen von p_2 = 1,6 bar bei einer Temperatur t_2 = 75 °C als optimal. Die Außentemperatur vor dem Start ist t_1 = 21 °C. Die Reifen sind folglich mit p_1 = 1,19 bar aufzufüllen. ◀

Abb. 3.20 zeigt anhand von Datenaufzeichnung den signifikanten Unterschied zwischen dem im Rennen und direkt nach dem Rennen in der Box gemessenen Zustand. Die große Diskrepanz ist evident und ermutigt, neben der Anwendung der o. g. thermischen Zustandsgleichung auch Reifendrucküberwachungssysteme einzusetzen, deren aufgezeichnete Daten für das tatsächliche Verhalten im Rennbetrieb eine Verifikation ermöglichen.

Der Temperaturaufbau eines rotierenden Reifens in seiner Lauffläche entsteht aus der Einwirkung von Längs- und Seitenkräften, vermindert um den Wärmeübergang einerseits vom Reifen auf die Fahrbahn und andererseits auf die den Reifen umgebende Luft, vgl. Abb. 3.21.

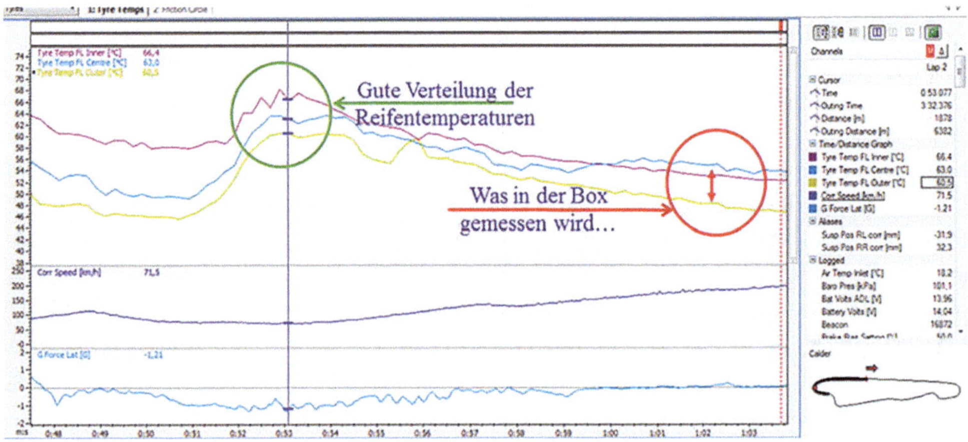

Abb. 3.20 Die direkt nach dem Rennen in der Box gemessene Reifentemperatur ist signifikant geringer als die Reifentemperatur im Rennen – Fehlinterpretationen sind also vorprogrammiert

1: Wärmeübergang vom Reifen auf die umgebende Luft
2: Wärmeübergang vom Reifen auf die Fahrbahn
3: Entstehung der Temperatur in der Lauffläche aufgrund von Längs- und Seitenkräften

1: Heat Transfer from the Tyres to the surrounding Air
2: Heat Transfer from the Tyres to the Track/Road
3: Generation of Heat in the Tyre Surface due to longitudinal and lateral Forces

Abb. 3.21 Generierung der Reifentemperatur in der Lauffläche

Diese Effekte können mit einem thermischen Reifenmodell beschrieben werden, das auf Mizuno, Hallum und Feverier sowie aggregiert auf Danny Nowlan zurückgeht:

$$\begin{aligned}\frac{c_{\mathrm{pTi,f/r}} \cdot \rho_{\mathrm{Ti,f/r}}}{k_{\mathrm{Ti}}} \cdot \frac{\mathrm{dT}}{dt} &= \sqrt{\left(F_{W,Y,\frac{f}{r}} \cdot \alpha_{\frac{\mathrm{f}}{\mathrm{r}}} \cdot v_{\mathrm{V}}\right)^2 + \left(F_{W,X,\frac{f}{r}} \cdot S_{\mathrm{W,X,\frac{a}{b}}} \cdot v_{\mathrm{V}}\right)^2} \\ &\quad -\alpha_{\mathrm{TiL}}\left(T_{Ti} - T_L\right) - \alpha_{\mathrm{TiTr}}\left(T_{Ti} - T_{Tr}\right) \\ &= (3: \text{Temperaturentstehung}) \\ &\quad -(1: \text{Wärmeübergang auf Umgebungsluft}) \\ &\quad -(2: \text{Wärmeübergang auf Fahrbahn})\end{aligned} \tag{3.23}$$

mit:

$c_{\mathrm{pTi,f/r}}$	spezifische Wärmekapazität des Vorder- bzw. Hinterreifens, J/kg K
$\rho_{\mathrm{Ti,f/r}}$	Dichte der Struktur des Vorder- bzw. Hinterreifens, kg/m^3
k_{Ti}	Maßstabsfaktor, 1/m^3
$F_{\mathrm{W,Y,\frac{f}{r}}}$	Seitenkraft im Vorder- bzw. Hinterreifen, N
$F_{\mathrm{W,X,\frac{f}{r}}}$	Längskraft im Vorder- bzw. Hinterreifen, N
$\alpha_{\frac{\mathrm{f}}{\mathrm{r}}}$	Schräglaufwinkel am Vorder- bzw. Hinterreifen, rad
$S_{\mathrm{W,X,\frac{f}{r}}}$	Schlupf am Vorder- bzw. Hinterreifen, –
α_{TiL}	Wärmeübergangskoeffizient Reifen-Luft, W/K
α_{TiTr}	Wärmeübergangskoeffizient Reifen-Fahrbahn, W/K
T_{Ti}	mittlere Reifentemperatur in der Lauffläche, K
T_{Tr}	Temperatur des Fahrbahnbelags, K
T_{L}	Temperatur der Umgebungsluft, K

Aus der obigen Gleichung ist ersichtlich, mit welch großem Einfluss die jeweilige Fahrsituation und der Fahrstil (Längs- und Seitenkräfte, Schräglaufwinkel, Geschwindigkeit, Schlupf) sowie die Umgebungsverhältnisse (Luft- und Fahrbahntemperatur) die Reifentemperatur bestimmen. Dabei kann die Reifentemperatur als Maßstab für vom Reifenwerkstoff übertragene **Leistung** betrachtet werden. Der Faktor der reifenspezifischen Daten auf der linken Seite der Gleichung charakterisiert die thermische Kapazität $C_{\mathrm{Ti,th,f/r}}$ des jeweiligen Vorder- bzw. Hinterreifens:

$$c_{Ti,th,\frac{\mathrm{f}}{\mathrm{r}}} = \frac{c_{pTi,\mathrm{f/r}} \cdot \rho_{Ti,\mathrm{f/r}}}{k_{Ti}} \tag{3.24}$$

Ein noch detaillierteres Modell zur Veranschaulichung der Wärmeentstehung und konvektiven Verluste ist in Abb. 3.22 aufgezeigt.

Während eines Trainings oder Rennens steigen die Reifentemperatur und die im Reifen gespeicherte Energie mit zunehmender Laufzeit sukzessive an. Zwischen bester Rundenzeit und Dauerhaltbarkeit des Reifens besteht jedoch ein Zielkonflikt, der exemplarisch in Abb. 3.23 dargestellt ist. Es existiert für jeden Reifen eine individuelle Leistungsgrenze für die Dauerhaltbarkeit. Liegt die im Reifen gespeicherte Energie oberhalb dieser Grenze, kann die Rundenzeit ihr Optimum erreichen, jedoch ist der Reifen dann nicht dauerhaltbar. Beim Abfall unter diese Grenze steigen die Rundenzeiten, was kaum zielführend ist. Es besteht folglich die Aufgabe, näherungsweise jene im Reifen gespeicherte Energie zu generieren, welche für jeweilige Renndistanz die Grenze für die Dauerhaltbarkeit gerade noch unterschreitet. In Abhängigkeit der gewählten Rennstrategie kann es auch sinnvoll sein, den Reifen kurzzeitig im Bereich der bestmöglichen Rundenzeit zu betreiben, um „Undercuts“ erfolgreich durchzuführen. Es sei jedoch darauf hingewiesen, dass der

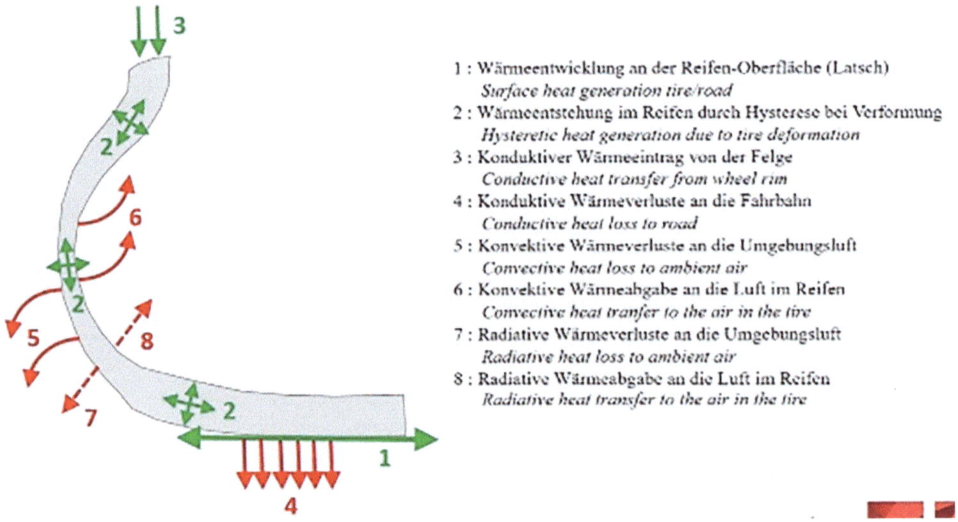

Abb. 3.22 Generierung und Verlust der Reifentemperatur im Reifen

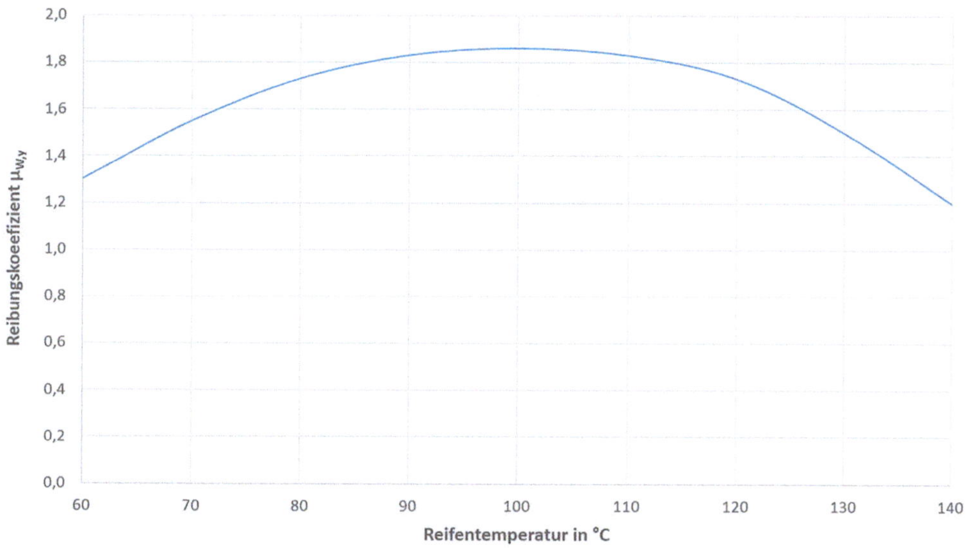

Abb. 3.23 Beispiel für die Veränderung des lateralen Reibungskoeffizienten in Abhängigkeit der Reifentemperatur. Für eine Maximierung der erreichbaren Kurvengeschwindigkeiten ist das Erreichen der Betriebstemperatur des Reifens unverzichtbar

Reibungskoeffizient und damit die erreichbare Querbeschleunigung eine Funktion der Reifentemperatur sind, siehe Abb. 3.24.

Die hier beschriebenen Zusammenhänge sollen lediglich dem Verständnis dienen, da wesentliche Parameter nicht so ohne Weiteres verfügbar sind.

▶ **Tipp 3.3** Die Entwicklung der Außentemperaturen eines Rennwochenendes kann entscheidenden Einfluss auf das Setup ausüben. Steigende Außentemperaturen während eines Rennwochenendes helfen, mehr Temperatur insbesondere auf die Reifen der nicht angetriebenen Achse zu bekommen. Das bedeutet aber für Heckantrieb eine tendenzielle Entwicklung zu Übersteuern, für Frontantrieb tendenziell zu Untersteuern.

Umgekehrt sorgen sinkende Außentemperaturen dafür, dass bei Heckantrieb eine Untersteuertendenz, bei Frontantrieb eine Übersteuertendenz entsteht.

Beispiel 3.5

Abb. 3.25 zeigt die Reifentemperaturen und die Querbeschleunigungen während eines Rennens (Ausschnitt). Es ist ersichtlich, dass die Reifen an der Hinterachse (RL: rear left; RR: rear right) die höchsten Temperaturen und damit die höchste Belastung (Leistung) aufweisen bzw. die meiste Seitenkraft übertragen. Außerdem folgt, dass die Reifen der Vorderachse zu wenig Seitenkraft übertragen, weil diese ihre optimale Betriebstemperatur nicht erreichen, was eindeutig auf Untersteuern in den Kurven hinweist und somit entsprechende Abhilfemaßnahmen erfordert. ◀

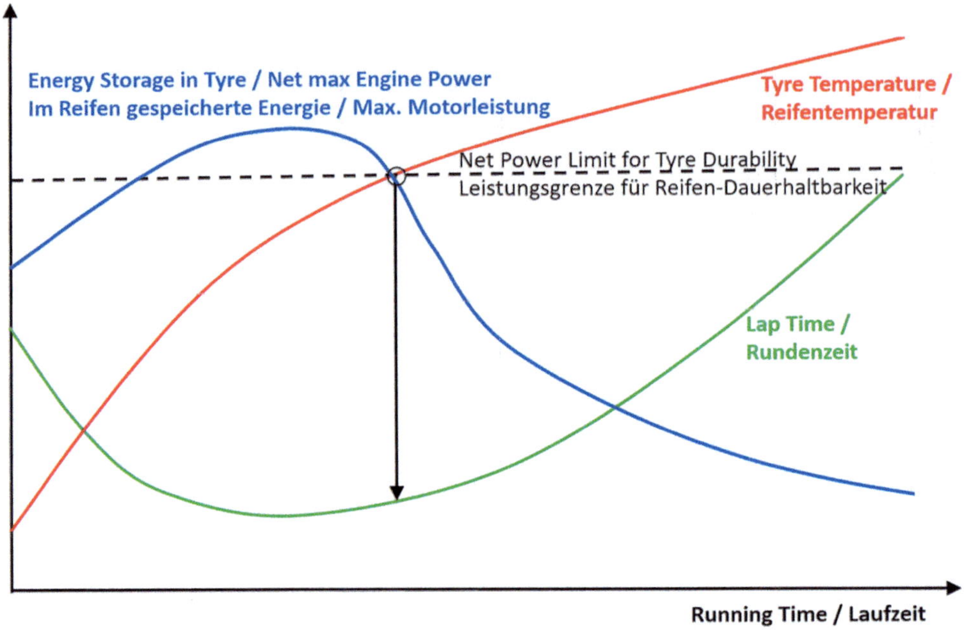

Abb. 3.24 Zusammenhang zwischen im Reifen gespeicherter Energie, Reifentemperatur und Rundenzeit

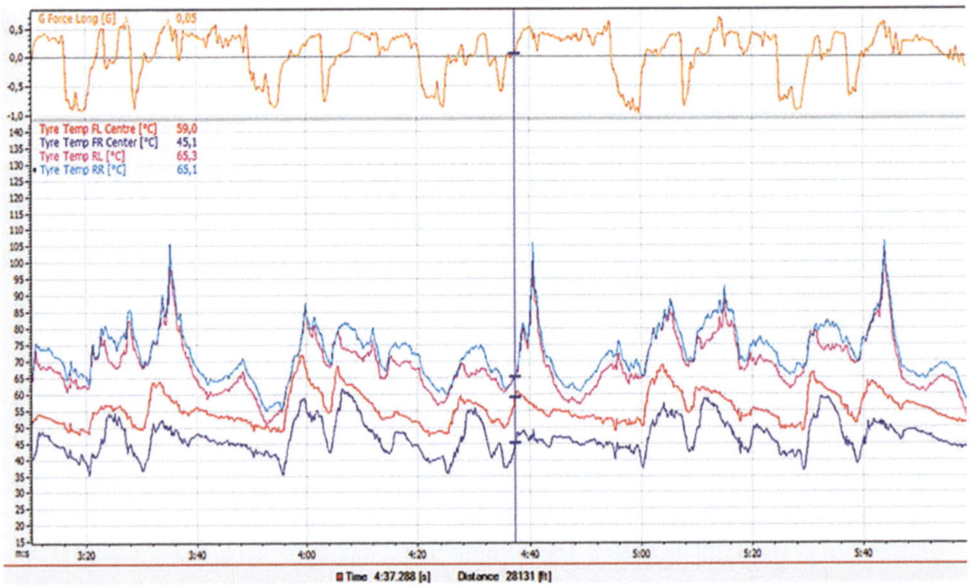

Abb. 3.25 Reifentemperaturen und Querbeschleunigungen während eines Rennens (Ausschnitt)

Beispiel 3.6

Bei einem Rennwagen mit wenig aerodynamischem Abtrieb werden Reifen verwendet, die als Einheitsreifen für Rennwagen mit höherem aerodynamischem Abtrieb entwickelt wurden. Es können dann sehr hohe Reifentemperaturen in der Lauffläche auftreten, die Blasenbildung zur Folge haben, ohne dass sich der ganze Reifen aufwärmt (siehe Abschn. 3.7). Ursache ist die zu geringere Normalkraft, wodurch die Reifen stärker rutschen (d. h. höheren Längs- und Querschlupf aufweisen). ◄

► **Tipp 3.4** Beim Vergleich der Reifentemperaturen unter Bezug der Temperatur eines jeden Reifens auf die Summe der Reifentemperaturen aller Vorder- und Hinterreifen kann einfach ermittelt werden, welcher Reifen am höchsten belastet ist:

$$T_{Ti\%-\mathrm{i}} = \frac{T_{Ti-\mathrm{i}}}{T_{Ti-FR} + T_{Ti-FL} + T_{Ti-RR} + T_{Ti-RL}} \cdot 100 \tag{3.25}$$

mit:

$T_{\mathrm{Ti\%-i}}$ Prozentualer Anteil der Temperatur des Reifens i in Bezug auf die Summe aller Reifentemperaturen, %; mit i = FR (front right), FL (front left), RR (rear right) oder RL (rear left)

$T_{\mathrm{Ti-i}}$ Temperatur des Reifens i, K oder °C; mit i = FR (front right), FL (front left), RR (rear right) oder RL (rear left)

$T_{\mathrm{Ti-FR}}$ Temperatur des rechten Vorderreifens (FR), K oder °C

$T_{\mathrm{Ti-FL}}$ Temperatur des linken Vorderreifens (FL), K oder °C

$T_{\mathrm{Ti-RR}}$ Temperatur des rechten Hinterreifens (RR), K oder °C

$T_{\mathrm{Ti-RL}}$ Temperatur des linken Hinterreifens (RL), K oder °C

Dazu wäre eine Überwachung der Reifentemperaturen mittels Datenaufzeichnung zu empfehlen, um den in Abb. 3.20 dokumentierten „Boxeneffekt" zu verhindern.

Beispiel 3.7

In Abb. 3.26 sind die prozentualen Anteile der Reifentemperaturen nach (Gl. 3.21) für eine Runde auf der Nürburgring-Nordschleife dargestellt. Am höchsten belastet ist der linke Hinterreifen, gefolgt vom linken Vorderreifen. Diese Tendenz ist bei im Uhrzeigersinn befahrenen Rennstrecken üblich. Da jedoch die Belastung des linken Hinterreifens derart dominiert, sind weitere Analysen notwendig. Eine Ursache kann in zu hohem Reifenluftdruck liegen, vgl. Abb. 3.28. ◄

In Abb. 3.27 ist die Reifenaufstandsfläche bei optimalem, zu hohem und zu niedrigem Reifendruck gegenüber gestellt. Bei zu niedrigem Reifendruck sind die Temperaturen an

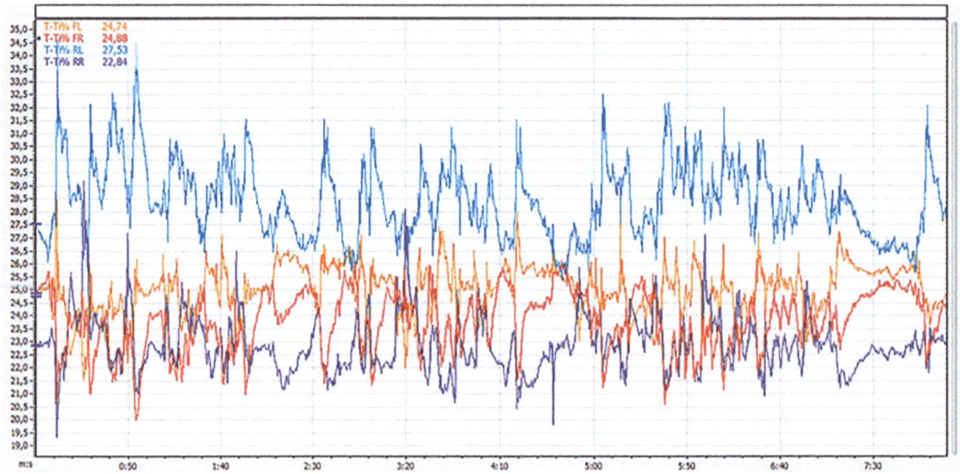

Abb. 3.26 Prozentuale Anteile der Reifentemperaturen während einer Runde auf der Nürburgring-Nordschleife

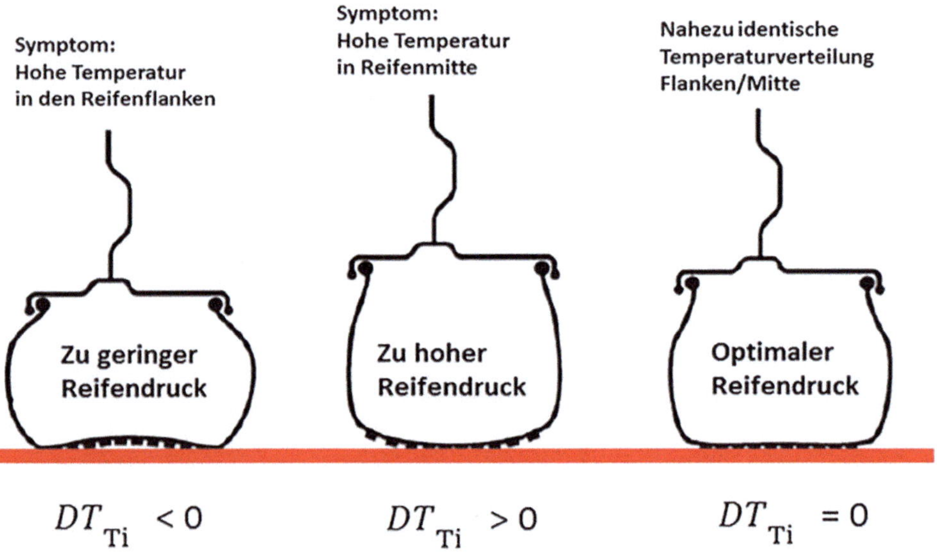

Abb. 3.27 Hinweise zur Beurteilung der Reifentemperatur

den Reifenflanken höher als in der Aufstandsfläche, bei zu hohem Reifendruck ergeben sich umgekehrte Temperaturverhältnisse (höhere Temperaturen im Latsch).

Zur Bewertung des Reifendrucks, sinnvollerweise über die Option Datenaufzeichnung, wäre ein standardisierter Vergleich der Temperaturen an allen Vorder- und Hinterreifen wie folgt sinnvoll:

$$DT_{Ti} = T_{Ti,\text{Mitte}} - \frac{T_{Ti,\text{Flanke au en}+}T_{Ti,\text{Flanke innen}}}{2} \tag{3.26}$$

mit:

DT_{Ti}	Differenz der Reifentemperatur in Reifenmitte und der gemittelten Reifentemperaturen der inneren und äußeren Reifenflanke, K oder °C
$T_{\text{Ti,Mitte}}$	Reifentemperatur in Reifenmitte, K oder °C
$T_{\text{Ti,Flanke außen}}$	Reifentemperatur an der äußeren Flanke, K oder °C
$T_{\text{Ti,Flanke innen}}$	Reifentemperatur an der inneren Flanke, K oder °C

Wird der Faktor DT_{Ti} negativ, ist der Reifendruck zu niedrig, bei positivem Wert ist der Reifendruck zu hoch. Ein optimaler Reifendruck ist bei $DT_{\text{Ti}} = 0$ gegeben.

Beispiel 3.8

Nachfolgend sollen beispielhaft die am linken Vorderreifen bei der Durchfahrt einer 180°-Rechtskurve gemessenen Reifentemperaturen im Detail analysiert und interpretiert werden. Die Phasen in Abb. 3.28 entsprechen denen der in Kap. 2, Abb. 2.2 genannten Phasen und sollen hier durch Momentaufnahmen in diesen Phasen repräsentiert werden.

Die Momentaufnahmen (gekennzeichnet durch vertikale Linien) beziehen sich für Phase 2 auf die Einrollbewegung, Phase 3 auf das abgeschlossene, konstante Rollen und Phase 4 auf das Zurückrollen.

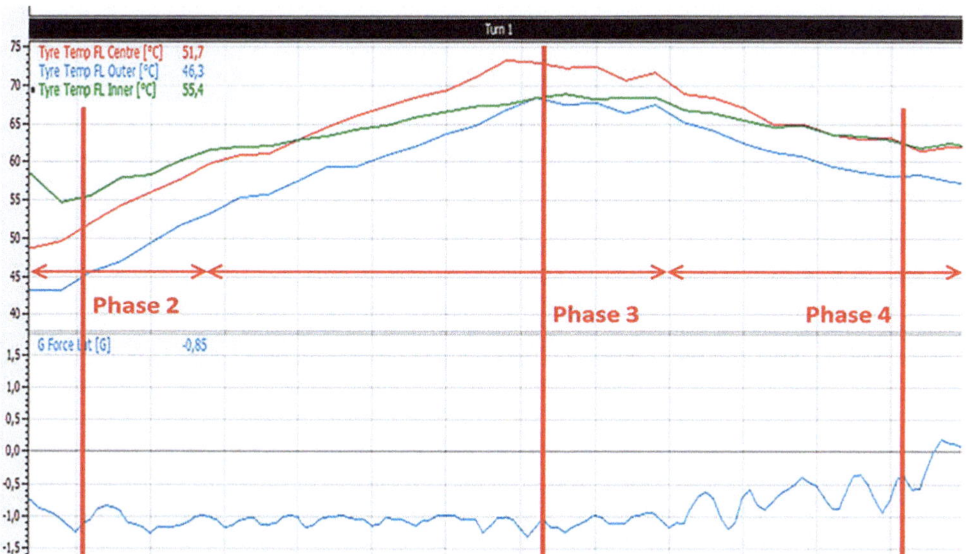

Abb. 3.28 Verlauf der Reifentemperaturen am linken Vorderreifen beim Durchfahren einer 180°-Rechtskurve

In **Phase 2** ist die Drosselklappenstellung gleich Null, d. h. der Fahrer betätigt das Gaspedal nicht mehr und hat den Bremsvorgang nahezu abgeschlossen. Das Rollen um die Längsachse (x-Achse) hat begonnen. Es tritt eine Zentripetalbeschleunigung a_y zum Kurvenmittelpunkt (Aktion!) auf, die aufgrund der Ausrichtung des fahrzeugbezogenen Koordinatensystems (Rechtssystem) hier einen negativen Wert annimmt. Die resultierende Massenkraft (Fliehkraft) ist der Zentripetalbeschleunigung entgegen gerichtet. Die Analyse der Reifentemperaturen ergibt ein $DT_{\mathrm{Ti}} > 0$, was auf einen zu hohen Reifendruck hinweist. In dieser Phase ist ein Untersteuern zu erwarten.

In **Phase 3** werden hier das Bremspedal nicht und das Gaspedal nur wenig betätigt. Der Wagenkasten hat den maximalen Wankwinkel erreicht. Die Analyse der Reifentemperaturen ergibt auch in diesem Bereich nach wie vor ein $DT_{\mathrm{Ti}} > 0$, was weiterhin auf zu hohen Luftdruck schließen lässt.

In **Phase 4** wird das Gaspedal wieder voll betätigt (maximale Drosselstellung). Der Wagenkasten rollt aufgrund der reduzierten Zentripetalbeschleunigung wieder zurück. Weiterhin ergibt sich ein $DT_{\mathrm{Ti}} > 0$, was einen zu hohen Luftdruck im linken Vorderreifen nunmehr endgültig verifiziert. Ein zu optimierender Parameter ist gefunden. ◀

Beispiel 3.9

In Abb. 3.29 werden die Differenzen zwischen den Reifentemperaturen in Reifenmitte und den gemittelten Reifentemperaturen der inneren und äußeren Reifenflanken jeweils für den linken Hinter- und Vorderreifen während einer Runde auf der Nürburgring-Nordschleife gemäß (Gl. 3.22) analysiert. Es zeigen sich durchweg positive Differenztemperaturen, was auf zu hohe Reifendrücke hinweist. ◀

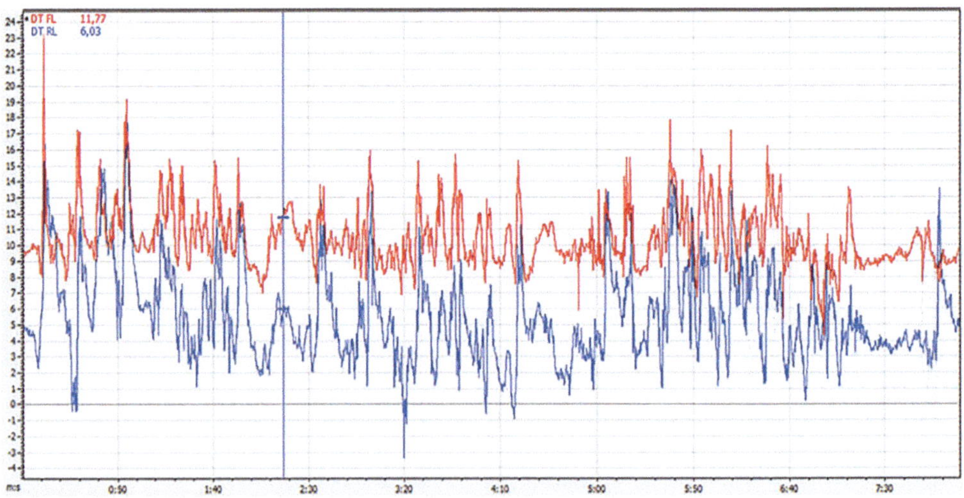

Abb. 3.29 Differenz der Reifentemperaturen in Reifenmitte und der gemittelten Reifentemperaturen der inneren und äußeren Reifenflanke für den linken Hinter- und Vorderreifen während einer Runde auf der Nürburgring-Nordschleife

Tab. 3.2 Bewertung der Temperaturdifferenzen am linken Vorderrad

Kurvenart	$DT_{\text{Ti,außen-Mitte}} + DT_{\text{Ti,innen-Mitte}}$	Bewertung
Rechtskurve	≈ 0	Sturz optimal
Rechtskurve	> 0	zu wenig Sturz
Rechtskurve	< 0	zu viel Sturz
Linkskurve	≈ 0	Sturz optimal
Linkskurve	> 0	zu viel Sturz
Linkskurve	< 0	zu wenig Sturz

Tab. 3.3 Bewertung der Temperaturdifferenzen am rechten Vorderrad

Kurvenart	$DT_{\text{Ti,außen-Mitte}} + DT_{\text{Ti,innen-Mitte}}$	Bewertung
Rechtskurve	≈ 0	Sturz optimal
Rechtskurve	> 0	zu viel Sturz
Rechtskurve	< 0	zu wenig Sturz
Linkskurve	≈ 0	Sturz optimal
Linkskurve	> 0	zu viel Sturz
Linkskurve	< 0	zu wenig Sturz

Außerdem kann die Analyse der Reifentemperaturen wichtige Hinweise zur Optimierung der Fahrwerkseinstellungen und der Fahrwerksgeometrie liefern (siehe Kap. 1 und 5). Dazu ist der Faktor DT_{Ti} alleine nicht ausreichend, sondern es müssen zusätzlich die Temperaturdifferenzen zwischen der äußeren Reifenflanke und Reifenmitte $DT_{\text{Ti,außen-Mitte}}$ und zwischen der inneren Reifenflanke und Reifenmitte $DT_{\text{Ti,innen-Mitte}}$ betrachtet und für jede Kurve gesondert analysiert werden, vgl. Tab. 3.2 und 3.3.

$$DT_{Ti,\text{außen-Mitte}} = T_{Ti,\text{Flanke außen}} - T_{Ti,\text{Mitte}} \tag{3.27}$$

$$DT_{Ti,\text{innen-Mitte}} = T_{Ti,\text{Flanke innen}} - T_{Ti,\text{Mitte}} \tag{3.28}$$

mit:

$DT_{\text{Ti,außen-Mitte}}$ Differenz der Reifentemperatur in der äußeren Reifenflanke und der Reifenmitte, K oder °C

$DT_{\text{Ti,innen-Mitte}}$ Differenz der Reifentemperatur in der inneren Reifenflanke und der Reifenmitte, K oder °C

$T_{\text{Ti,Mitte}}$ Reifentemperatur in Reifenmitte, K oder °C

$T_{\text{Ti,Flanke außen}}$ Reifentemperatur an der äußeren Flanke, K oder °C

$T_{\text{Ti,Flanke innen}}$ Reifentemperatur an der inneren Flanke, K oder °C

Beispiel 3.10

Nachfolgend soll am Beispiel der 180 °-Rechtskurve in Abb. 3.26 anhand der am linken Vorderreifen gemessenen Temperaturen die Einstellung des Fahrwerks für den Mittelteil der Kurve (Phase 3, maximales Rollen um die Längsachse (x-Achse)) untersucht werden. Die Werte für $DT_{\text{Ti,außen-Mitte}} = -5$ K und $DT_{\text{Ti,innen-Mitte}} = -4$ K sind nahezu identisch. Das lässt auf einen optimalen Wert für den Sturz am linken Vorderrad schließen.

Die negativen Werte belegen erneut, dass die Temperatur in Reifenmitte und damit der Reifenluftdruck zu hoch sind.

Durch die Analyse der Temperaturen an allen Rädern kann somit die gewählte aktuelle Fahrwerkseinstellung detailliert bewertet werden. ◀

Beispiel 3.11

In Abb. 3.30 ist die Differenz der Temperaturdifferenzen $DT_{\text{Ti,außen–Mitte}} - DT_{\text{Ti,innen–Mitte}}$ gemäß (Gl. 3.23) und (Gl. 3.24) für den linken Vorderreifen in einer Rechtskurve auf der Nürburgring-Nordschleife dargestellt. Die Kurve wird mit rund 1,9 g durchfahren, wobei sich eine Temperaturdifferenz $DT_{\text{Ti,außen–Mitte}} - DT_{\text{Ti,innen–Mitte}}$ von −23,9 K einstellt. Dies deutet auf zu viel Sturz hin, vgl. auch Tab. 3.2. ◀

Ein zusätzlicher Einfluss auf den Reifendruck wird durch den Feuchtigkeitsgehalt in der Luft im Reifen bestimmt. Bei der Kompression von Luft wird nämlich Feuchtigkeit frei-

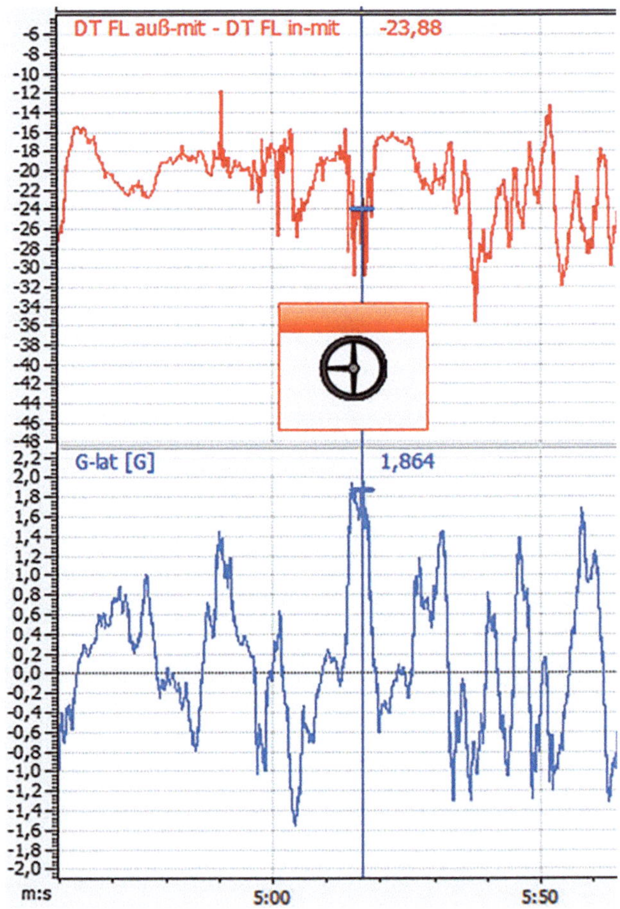

Abb. 3.30 $DT_{\text{Ti,außen–Mitte}} + DT_{\text{Ti,innen–Mitte}}$ des linken Vorderreifens gemäß (Gl. 3.23) und (Gl. 3.24) in einer Rechtskurve auf der Nürburgring-Nordschleife

gesetzt, da Luft bei derselben Temperatur, aber höherem Druck, weniger Wasser aufnehmen kann (deshalb wird bei Nutzfahrzeug-Bremssystemen die komprimierte Luft stets in Lufttrocknern nachbehandelt). Abb. 3.31 und 3.32 verdeutlichen diesen Einfluss.

Diese Feuchtigkeit in der Reifenluft bewirkt bei ihrer Erhitzung und Verdampfung im Rennbetrieb auf eine höhere Temperatur T im Reifen gemäß der allgemeinen Gasgleichung der Thermodynamik eine Massezunahme m des Gases im Reifen, die durch die begrenzte Ausdehnung des Reifens bei limitiertem Reifenvolumen V den größten Teil des Druckanstiegs im Reifen verantwortet:

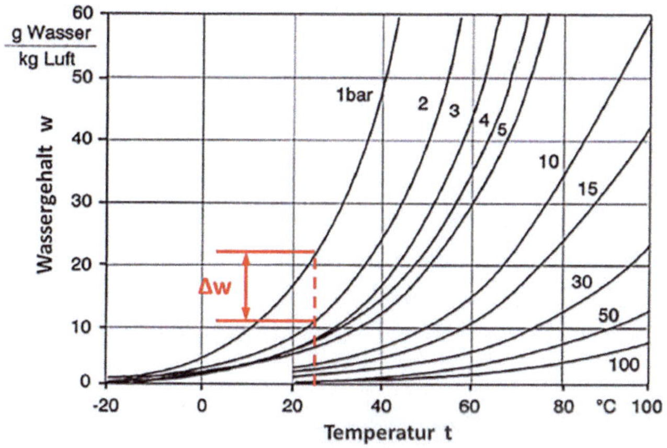

Abb. 3.31 Gelöster Wasserdampf in der Luft im Sättigungszustand. Bei Zunahme des Drucks z. B. von 1 auf 2 bar bei derselben Temperatur 25 °C kann die Luft nur noch etwas mehr als die Hälfte der ursprünglichen Feuchtigkeit aufnehmen. Es fällt folglich Kondensat im Reifen an

Abb. 3.32 Gelöster Wasserdampf in der Luft im Sättigungszustand bei 1 bar

Taupunkt [°C]	Max. Feuchte [g/m³]
5	6,79
10	9,36
15	12,74
20	17,15
25	22,83
30	30,08
35	39,29
40	50,67
45	64,85
50	82,26
55	103,45
60	129,02
70	196,21
80	290,02
90	417,94

$$p \cdot V = m \cdot R \cdot T \tag{3.29}$$

mit:

p Druck im Reifen, N/m^2
V Reifenvolumen, m^3
m Luftmasse im Reifen, kg
T Temperatur im Reifen, K
R Allgemeine Gaskonstante der Luft, 287 J/(kg · K) = 287 Nm/(kg · K)

▶ **Tipp 3.5** Feuchtigkeit kann auch über den Kompressor in die Reifen gelangen. Es wird folglich empfohlen, zunächst die Feuchtigkeit aus dem Kompressor abzulassen. Idealerweise wird der Reifen mit Stickstoff oder aus Sauerstoffflaschen für das Tiefseetauchen (Scuba Diving) befüllt, da letztere sehr trockenes Gas beinhalten.

Auch bei Befüllung mit Stickstoff weist ein Reifen bei 2 bar Luftdruck immer noch ein Drittel Luft auf, sodass ein zweites Reifenventil, zum Ablassen beim weiteren Auffüllen mit Stickstoff, vorgesehen werden kann.

Feuchtigkeit im Reifen kann jedoch nie vollständig vermieden werden – auch nicht bei 100 % Stickstofffüllung, da aus einem sich aufheizenden Reifengummi Feuchtigkeit entweicht, die vorher dort durch Produktionsprozesse gebunden war.

Ebenso wird die Reifentemperatur durch die Reibpaarung Reifen/Straße bestimmt, einerseits induziert durch die Fahrwerksgeometrie (siehe Kap. 5), andererseits auch durch den individuellen Fahrstil. Bei zu niedrigem Reifendruck gewinnt die Reibung im Reifen zwischen den konstruktiven Elementen des Reifens an Bedeutung.

▶ **Tipp 3.6** Richtiges Aufwärmen der Reifen kann auf zwei Arten erfolgen:

1. Aufwärmen der Reifen *im Ganzen*:
   - lange Bewegungen in regelmäßigen Intervallen
   - regelmäßige Bremsungen, ohne Blockieren
   - Beschleunigungen, ohne Durchdrehen der Reifen
2. Aufwärmen lediglich der *Lauffläche*:
   - Kurze, schnelle Lenkbewegungen

3.6 Diagonal- versus Radialreifen *Diagonal versus Radial Tires*

Für Rennwagen werden sowohl Diagonal- als auch Radialreifen angeboten, sodass die Entscheidung – wenn kein Reifentyp per Reglement explizit vorgeschrieben ist – mitunter nicht leicht fällt. Mit der Einführung von Luftreifen im Jahr 1898 durch Dunlop wurden

Tab. 3.4 Charkteristika von Diagonal- und Radialreifen im Vergleich

Diagonalreifen (*Bias, Bias-Ply, Cross-Ply*)	Radialreifen
Bessere Wärmeentwicklung	*Geringere* Wärmeentwicklung
Funktioniert am besten bei *größeren* Schräglaufwinkeln	Funktioniert am besten bei *kleineren* Schräglaufwinkeln
Erfordert *weniger* negativen Sturz	Erfordert *mehr* negativen Sturz
Weniger abhängig vom Reifendruck	*Stärker* abhängig vom Reifendruck

zunächst Diagonalreifen gefertigt, die dadurch gekennzeichnet sind, dass die Kordfäden in der Karkasse schräg (diagonal) zur Längsrichtung angeordnet sind. Demgegenüber sind die Kordfäden bei Radialreifen, die erst seit 1946 entwickelt wurden, radial gewickelt, d. h. nahezu orthogonal (rund 10 ° Winkel) zur Längsrichtung. Die Charakteristika dieser alternativen Reifenbauarten sind jedoch sehr unterschiedlich, sodass sie folglich unterschiedliche Fahrwerkseinstellungen erfordern. Wird zum Beispiel ein Fahrwerk von Diagonalreifen auf Radialreifen umgebaut, so hat sich als Anhaltswert in der Praxis bewährt, den Sturz um 3° in Richtung negativen Sturzwinkel zu verstellen.

Tab. 3.4 stellt die wesentlichen Charakteristika von Diagonal- und Radialreifen gegenüber.

▶ **Tipp 3.7** Zur Entwicklung einer größeren Querkraft bei einer Starrachse (z. B. historische Fahrzeuge) kann es sich sogar lohnen, falls mehr negativer Sturz gewünscht ist – der aber nicht einstellbar ist – die Radialreifen durch Diagonalreifen zu ersetzen (sofern das Reglement dies zulässt).

3.7 Interpretation der Reifenabnutzung *Interpretation of Tire Wear*

Je nach Fahrwerkseinstellung (siehe Kap. 1) und Fahrweise können Reifen unterschiedliche Verschleißerscheinungen aufweisen, die dem Renningenieur jedoch wichtige Hinweise auf Optimierungspotenzial und Lösungsansätze in Bezug auf das Setup bieten können. Daher ist es wichtig, die Reifenabnutzung richtig zu interpretieren. Abb. 3.33 bietet einen Überblick über gängige Verschleißbilder bei profilierten Rennreifen und ihre Ursachen sowie zugehörige Lösungsansätze, Abb. 3.34 beschreibt entsprechende Phänomene bei Slickreifen.

▶ **Tipp 3.8 „Körnung" des Reifens (Graining):**
Unter diesem Phänomen wird die signifikante Prägung des Reifens durch zu viel Schlupf verstanden, wenn also der Reifen zu wenig „Grip" aufbaut, siehe Abb. 3.34, Nr. 3. Folgerichtige Lösungsoptionen sind:

Phänomen	Verschleiß an den Schultern	Verschleiß in Reifenmitte	Gebrochene Laufflächen	Verschleiß an einer Seite	Gefiederte Kante	Kahle Stellen	Bogenförmiger Verschleiß
Ursache 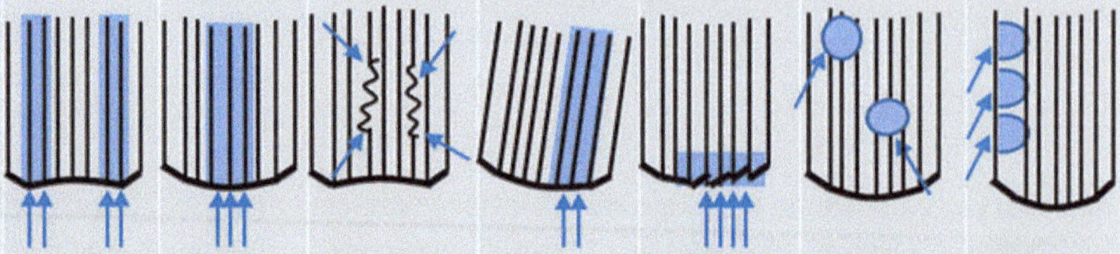	Zu geringer Reifendruck	Zu hoher Reifendruck	Zu geringer Reifendruck oder „Durchdrehen"	Zu viel Sturz	Zu viel Vor- oder Nachspur	Schlecht ausgewuchtet oder Reifendefekt	Falsche Einstellung oder Verschleiß des Fahrwerks
Behebung	Richtigen Reifendruck gemäß Herstellerangabe wählen (im kalten Zustand) Reifen drehen und inspizieren			Sturz nach Vorgabe einstellen	Spur nach Vorgabe einstellen	Räder korrekt wuchten	Fahrwerk auf Verschleiß inspizieren Einstellparameter rüfen

Abb. 3.33 Verschleißbilder an Profilreifen, ihre Ursachen und Abhilfemaßnahmen

- Die Erhöhung der Normalkraft durch aerodynamische Maßnahmen (mehr „Downforce" z. B. durch steilere Stellung der Flügel, siehe Kap. 8 Aerodynamik).
- Bei Fahrzeugen ohne Flügel härtere Dämpfereinstellung (siehe Kap. 4).
- Eine reduzierte Reifenprofil-Höhe.
- Weichere Reifen, einerseits im Sinne von mehr Grip und andererseits durch Reifen mit mehr Widerstand gegen Verformung.

Grip wird einerseits erzeugt durch eine bessere *Haftung des Reifens*, was bei nasser Fahrbahn jedoch nicht praktizierbar ist, aber andererseits auch durch die *Verformung des Gummiblocks (Profils)*, was auch bei nasser Fahrbahn, im Regen, funktioniert.

Pickup-Bildung:
Da Pickups sich vor allem an den heißen Kontaktstellen des Reifens bilden, gibt das Bild dem Renningenieur einen wichtigen Anhaltspunkt zur Fahrwerkseinstellung (z. B. Sturz). Idealerweise verläuft die Hauptlinie der Pickups in der Mitte der äußeren Hälfte der Reifenbreite. Befindet sich das Zentrum der Pickups in Reifenmitte, ist i. d. R. ein zu großer negativer Sturz die Ursache.

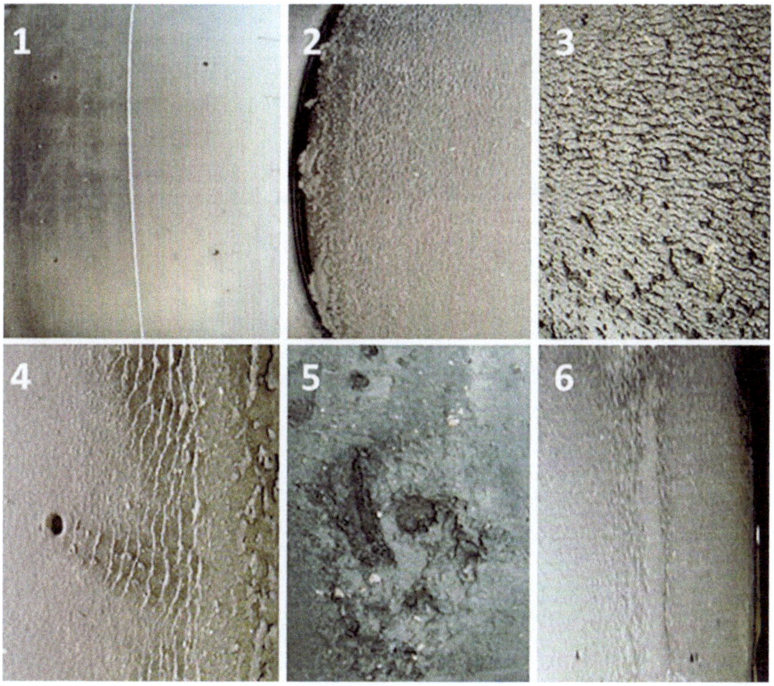

Abb. 3.34 Verschleißbilder an Slickreifen und Ihre Ursachen: *1*: Fabrikneuer Slick, *2*: Normale Abnutzung nach einem Rennen, *3*: Starke „Körnung" (Graining) aufgrund zu großem Schlupf, zu weichen Reifen für die Strecke oder zu aggressiver Fahrweise, *4*: „Pflaumenhautbildung" aufgrund eines zu weichen Reifens, meist die Vorstufe von Graining, *5*: Blasenbildung (Blistering) aufgrund Überhitzung des Reifens, *6*: Pickup-Bildung, Aufsammeln von Gummiteilchen nach dem Rennen auf der Fahrt zur Box. Pickups entstehen an den heißen Teilen des Reifens

Unterstützt werden kann die Interpretation der Reifenabnutzung idealerweise durch Daten aus dem in Abschn. 3.5 beschriebenen standardisierten Vergleich der Reifentemperaturen im Latsch und an den Flanken.

▶ **Tipp 3.9** Rennreifen altern signifikant schneller als Serienreifen, und das auch ohne Nutzung! Sie sollten daher im Dunkeln gelagert werden, da ultraviolettes Licht das Altern forciert. Zudem sollte zur Verhinderung einer evtl. Verhärtung (durch Ausdiffundieren der Weichmacher im Reifen) ein straffes Einwickeln der Lauffläche in Klarsichtfolie erfolgen.

Die Reifenabnutzung kann auch über Praxisversuche ermittelt werden, indem die Zunahme der Rundenzeit im Verlauf der Abnutzung je Runde ermittelt wird (siehe Abb. 3.35, 3.36 und 3.37). Da die Länge einer Runde ebenfalls aus der Datenaufzeichnung bekannt ist, kann die Reifenabnutzung auch als Abnahme der Durchschnittsgeschwindigkeit pro Runde dargestellt werden, vgl. Abb. 3.36.

Abb. 3.35 Reifenabnutzung: Zunahme der Rundenzeit (mittlere Werte)

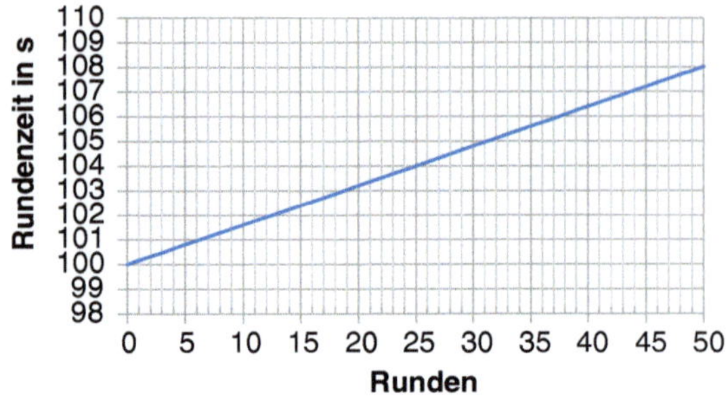

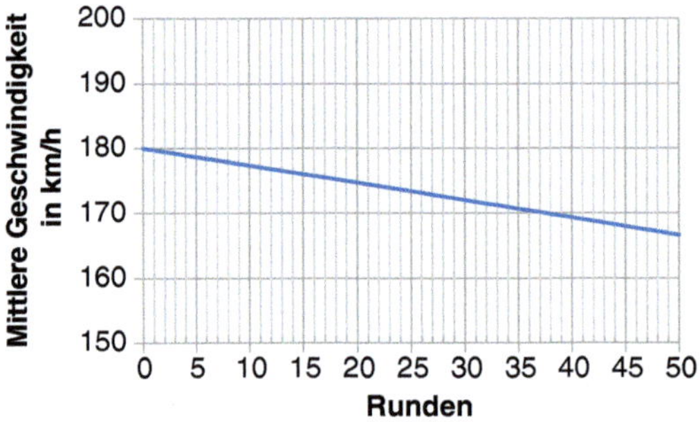

Abb. 3.36 Reifenabnutzung: Abnahme der Durchschnittsgeschwindigkeiten (mittlere Werte)

Abb. 3.37 Reifenabnutzung: Abnahme der mittleren Zentripetalbeschleunigung (mittlere Werte)

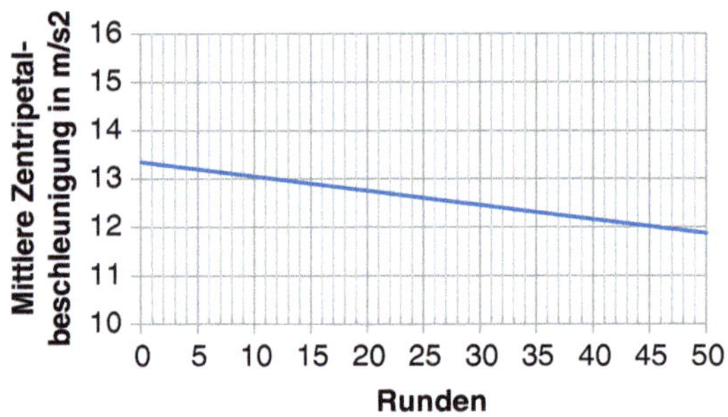

Bei Einsatz eines Datenaufzeichnungssystems können auch die Mittelwerte der erreichten Querbeschleunigungen pro Runde ermittelt und im Zeitverlauf dargestellt werden.

Voraussetzung für die Belastbarkeit der Ermittlung der Reifenabnutzung über Praxisversuche ist jedoch ein in Grenzen gleich bleibendes Grip-Niveau auf der Rennstrecke.

Literatur

1. Cees van der Grint: Bridgestone; persönliche Mitteilungen
2. Nowlan, D.: The Dynamics of the Race Car. E-Book, Sydney (2010) https://www.chassissim.com
3. Rouelle, C.: Racecar Dynamics. Seminar. OptimumG, Centennial (CO) USA (2017)
4. Segers, J.: Racecar Data Acquistion and Analysis Seminar, Köln (2015)

4 Schwingungsdämpfer *Dampers/Shock Absorbers*

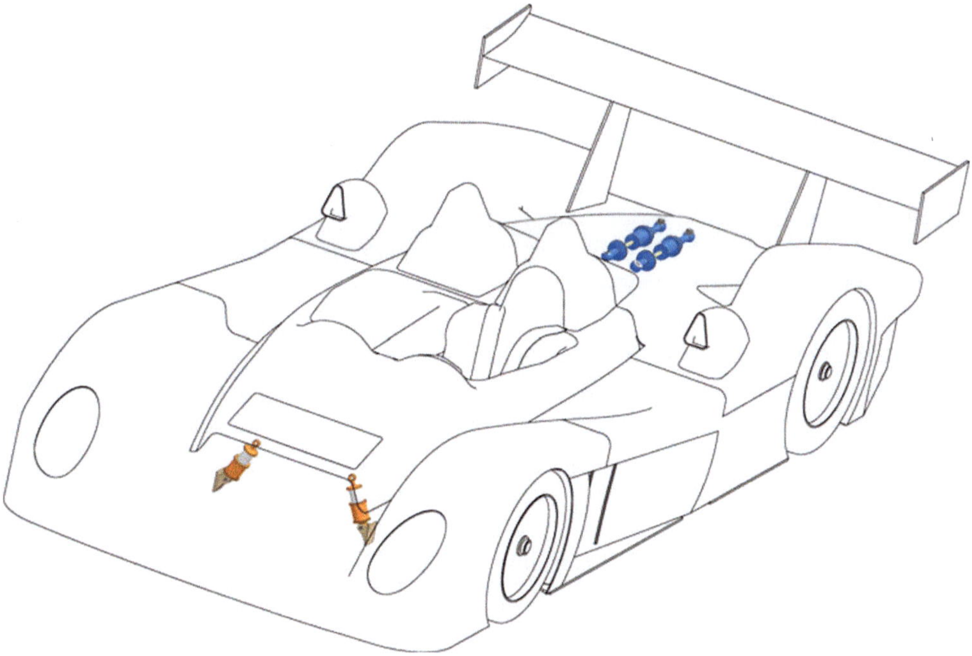

Inhaltsverzeichnis

R. Pütz, T. Serne, *Rennwagentechnik - Praxislehrgang Fahrdynamik*, Handbuch Rennwagentechnik 6, https://doi.org/10.1007/978-3-658-47000-5_4

Zusammenfassung

Ein Rennfahrzeug stellt ein komplexes schwingungsfähiges System dar, das u. a. durch Unebenheiten in der Fahrbahnoberfläche und durch Überfahren der Curbs sowie Fahrzeugberührungen zu Schwingungen angeregt wird. Die vertikalen Schwingungen entlang der Hochachse (z-Achse) beeinflussen dabei durch Radlastveränderungen nicht nur die Vertikaldynamik des Fahrzeugs, sondern auch signifikant die Querdynamik. Dämpferbauarten, -Kennlinien und -Parameter werden ihrer Wirkung vorgestellt. Anhand eines Viertelfahrzeugmodells werden Dämpferrate und Dämpfungsmaß rad- und dämpferbezogen anhand eines Beispiels analysiert. Ebenso wird die Dämpferwirkung anhand von Histogrammen und aufgezeichneten Federwegen hinsichtlich der Dämpfung hoher und niedriger Frequenzen während des Durchfahrens der fünf Phasen einer Kurve beurteilt.

4.1 Das Fahrzeug als schwingendes System *The Vehicle as an oscillating System*

Ein Rennfahrzeug stellt ein komplexes schwingungsfähiges System dar, das u. a. durch Unebenheiten in der Fahrbahnoberfläche und durch Überfahren der Curbs sowie Fahrzeugberührungen zu Schwingungen angeregt wird, siehe Abb. 4.1. Die vertikalen Schwingungen entlang der Hochachse (z-Achse) beeinflussen dabei durch Radlastveränderungen nicht nur die Vertikaldynamik des Fahrzeugs, sondern auch signifikant die Querdynamik.[1]

Der Schwingungsverlauf des Gesamtfahrzeugs wird in seiner Charakteristik bestimmt durch:

- die Fahrzeugfederung, charakterisiert durch die Federraten c der Federn an der Vorder- und Hinterachse sowie durch die Eigenfrequenz f_e des schwingenden Systems (siehe auch Kap. 6)
- die Dämpfungsraten k der Dämpfer an der Vorder- und Hinterachse
- die Federraten c_s der Stabilisatoren an der Vorder- und Hinterachse (siehe Kap. 3; in Abb. 4.1 nicht dargestellt).

[1] Siehe auch Handbuch Rennwagentechnik Bd. 4, Kap. 3.

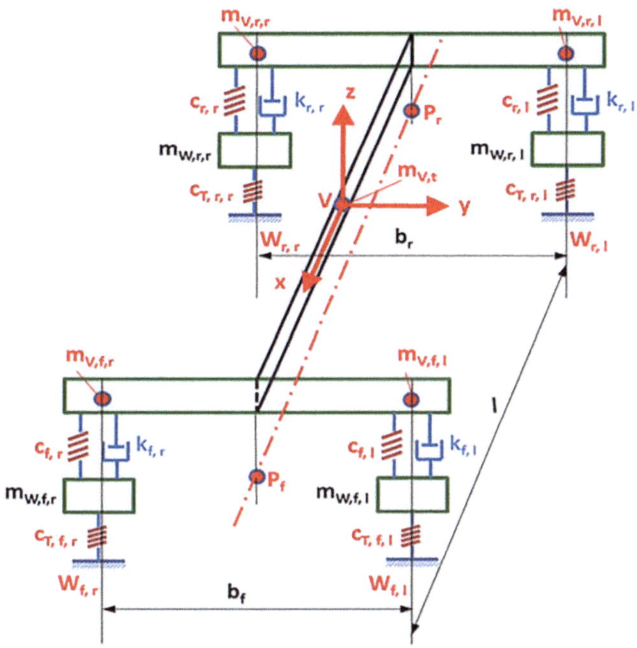

Abb. 4.1 Vereinfachte Darstellung des Rennwagens als Schwingsystem mit: V: Fahrzeugschwerpunkt, $W_{i,j}$: Radaufstandspunkte (Indizes: i = f,r (vorne, hinten)); j = r,l (rechts, links), P_i: Rollzentrum (Index: i = f,r (vorne, hinten), $m_{V,t}$: Fahrzeugmasse (inkl. Fahrer) [kg], $m_{V,i,j}$): gefederte Fahrzeugmasse (Aufbaumasse) je Rad (Indizes: i = f,r (vorne, hinten); j = r,l (rechts, links) [kg], $m_{W,i,j}$): ungefederte Fahrzeugmasse je Rad (Indizes: i = f,r (vorne, hinten)); j = r,l (rechts, links) [kg], $c_{i,j}$: Federrate der Fahrzeugfeder je Rad (Indizes: i = f,r (vorne, hinten)); j = r,l (rechts, links) [N/m], $c_{T,i,j}$: Vertikale Federsteifigkeit des Reifens (Indizes: i = f,r (vorne, hinten)); j = r,l (rechts, links) [N/m], $k_{i,j}$: Dämpferrate je Rad (Indizes: i = f,r (vorne, hinten)); j = r,l (rechts, links) [kg/s] bzw. [N · s/m]

Die Eigenfrequenz f_e eines schwingenden Systems berechnet sich aus:

$$f_e = \frac{1}{2\pi} \cdot \omega_e \tag{4.1}$$

mit der Eigenkreisfrequenz:

$$\omega_e = \sqrt{\frac{c}{m}} \tag{4.2}$$

mit:

f_e Eigenfrequenz, 1/s bzw. Hz

ω_e Eigenkreisfrequenz, 1/s

c Federrate des schwingenden Systems, N/m

m Masse des schwingenden Systems, kg

Die Eigenkreisfrequenz ω_e eines schwingenden Fahrzeugsystems ist ein wichtiger Parameter, um die Steifigkeit des Fahrwerks direkt zu beurteilen. Diese hat auch unmittelbaren

Einfluss auf die Betriebstemperatur im Reifen und damit die übertragbaren Querkräfte. Denn je höher die Federrate c und damit die Steifigkeit des schwingenden Systems, desto höher die Eigenkreisfrequenz. Eine höhere Federrate c bewirkt eine höhere Beaufschlagung des Reifens und damit mehr mechanischen Grip. Um den Grip zu verbessern, müssen letztlich auch die Eigenkreisfrequenzen an den vorderen und hinteren Radaufhängungen aneinander angeglichen werden.

Die Erregung eines frei schwingenden Systems darf nie im Bereich der Eigenkreisfrequenz erfolgen, da sonst Resonanz auftritt und die Amplituden der Schwingung rechnerisch unendlich werden. Dies zeigt auch, wie unverzichtbar eine Dämpfung ist.

Zur Beherrschung des Schwingungsverhaltens eines Rennfahrzeugs sind also auf die fahrzeugspezifischen Parameter (gefederte und ungefederte Massen, Federraten, Spurweiten und Radstand etc.) abgestimmte Schwingungsdämpfer (umgangssprachlich: Stoßdämpfer) zwingend erforderlich, damit eine von außen erregte Schwingung möglichst schnell abklingt. Die Dämpfung der vertikalen, in den Aufbau eingeleiteten Schwingungen, d. h. die der gefederten Massen, begrenzt dabei die vertikalen Schwingungsamplituden und sorgt für deren rasches Abklingen. Dabei wird die Schwingungsenergie durch Reibung in Wärme umgewandelt. Heute werden vorwiegend Hydraulikdämpfer (viskose Dämpfung mit Öl) verwendet, deren Dämpfungscharakteristik über verschiedene Kolbengruppen und Drosselorgane (sowohl Ventile, fluidtechnisch „Blenden", und Drosseln) eingestellt werden kann. Die aufgrund der Fluidreibung entstehende Wärme muss wirksam abgeführt werden. Hydraulikdämpfer haben eine zur Geschwindigkeit der Aufbauschwingung $\dot{z}$ proportionale Dämpfungscharakteristik:

$$F_{\mathrm{D}} = k \cdot \dot{z}^{n} \tag{4.3}$$

mit:

F_{D} Dämpferkraft, N
k Dämpferrate, kg/s bzw. N · s/m
$\dot{z}$ Geschwindigkeit der Schwingung in Richtung der Dämpferachse (bei aufrecht stehendem Dämpfer: z-Achse), m/s oder mm/s
n Exponent für Dämpferkennung, –

Die Dämpferkennungen der Druckstufe (Einfederung) und Zugstufe (Ausfederung) unterscheiden sich. Eine progressive Dämpferkennung (*Exponent* $n > 1$) ermöglicht eine bessere Bodenhaftung bei höheren Schwingungsgeschwindigkeiten, erhöht jedoch die Wank- und Nickneigung. Demgegenüber realisiert eine degressive Dämpferkennung ($n < 1$) eine hohe Dämpfungsrate bei niedrigen Schwingungsgeschwindigkeiten, führt jedoch zu schlechterer Bodenhaftung bei höheren Geschwindigkeiten. Die Kennlinien bei unterschiedlichen Exponenten sind in Abb. 4.2 dargestellt.

▶ **Tipp 4.1** Damit Lieferanten von Dämpfern einem Team belastbare Empfehlungen für die Dämpferwahl aussprechen können, sind folgende Daten bereitzustellen:

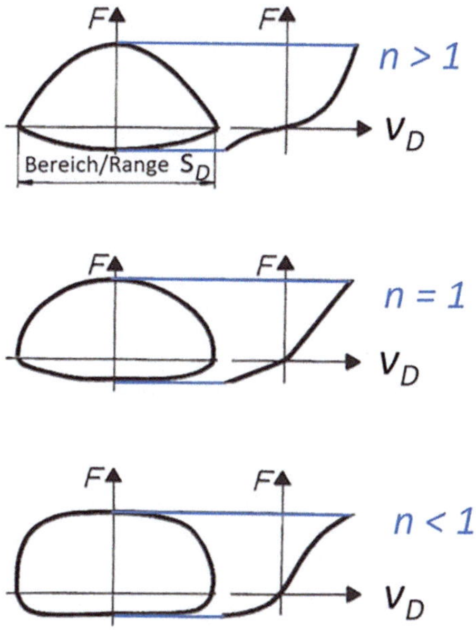

Abb. 4.2 Hydraulikdämpfung: Einfluss des Exponenten n auf den Kraftverlauf über der Dämpfungsgeschwindigkeit

- gefederte Massen[2]
- ungefederte Massen
- Federraten der eingesetzten Federn
- maximaler Federweg
- minimale und maximale Einbaulängen.

Der Lieferant sollte daraufhin Dämpfer mit korrekten Einstellungen für die Dämpfung hoher Geschwindigkeiten bereitstellen. Die Einstellungen für die Dämpfung niedriger Dämpfergeschwindigkeiten ergeben sich bei Testfahrten.

Beispiel 4.1

Ein aus dem Kartsport aufsteigender Nachwuchsrennfahrer (Karts besitzen keine Federung/Dämpfung – außer durch die Taillierung des Rahmens!) erlebt seine ersten Rennerfahrungen im Formelrennwagen. Aufgrund des aus dem Kartstport gewohnten Fahrzeugverhaltens wählt er ein Setup mit extrem harter Federung. Im Rennen fährt er in schnellen Kurven untersteuernd und mit stark vibrierendem, trampelndem Vorderwagen. Die Datenaufzeichnung zeigt an der Vorderachse kaum Federweg. Hydraulikdämpfer können jedoch nur dann wirken, wenn **Geschwindigkeiten am Dämpfer** auftreten. Eine zu harte Federung, die kaum Federwege ermöglicht, verhindert damit auch Dämpfergeschwindigkeiten – und letztendlich eine erfolgreiche Dämpfung. Als Lösung wurde auf eine weichere Einstellung des Stabilisators und weichere Federn gesetzt, die die Symptomatik vollends behoben. ◄

[2] Zur Ermittlung dieser Massen siehe Handbuch Rennwagentechnik Bd. 5, Kap. 6.

4.2 Dämpferbauarten *Damper Types*

Die Dämpferrate *k* und der Dämpfungsexponent *n* sind abhängig von der Konstruktion des Dämpfers und des verwendeten Dämpferöls. In der Summe ermöglichen diese Parameter eine optimierte Abstimmung des Schwingungssystems auf die Anforderungen je nach Rennstrecke.

Im Rennsport werden hydraulische Teleskopdämpfer, ausgeführt als Ein- oder Zweirohrdämpfer mit unter Gasdruck stehendem Ausgleichsvolumen, als Schwingungsdämpfer verwendet. Diese Ausführung als Gasdruckdämpfer ermöglichen ein besseres Ansprechverhalten sowie eine exaktere Dämpfung.

Beim konventionellen Einrohr-Teleskopdämpfer (siehe Abb. 4.3a) wird ein mit Gasdruck beaufschlagtes Dämpfungsfluid (Hydrauliköl bestimmter Viskosität) durch einen Kolben mit jeweils Ventilen und/oder Drosseln für Ein- und Ausfederbewegung (d. h. für Druck- und Zugstufe) verdrängt. Dabei wird die Kolbenbewegung durch die Strömungswiderstände an den Ventilen und Drosseln abgebremst. Die Dämpfungskraft wirkt also der Federbewegung entgegen. Das unter einem Druck von 5 bis 25 bar stehende Gasvolumen (in Ausnahmefällen: sogar bis 50 bar) verhindert ein Aufschäumen des schnell strömenden Öls und ermöglicht außerdem einen Ausgleich der Volumenänderung bei ein- und ausfahrender Kolbenstange. Der hohe Systemdruck gewährleistet ein schnelles Ansprechen des Dämpfers. Gasvolumen und Öl werden je nach Bauform durch eine Prallscheibe (offen) oder einen Trennkolben voneinander getrennt. Einrohr-Teleskopdämpfer mit Trennkolben sind in jeder Lage konstruktiv einsetzbar, aber teurer als Zweirohr-Teleskopdämpfer und durch die kritische Kolbenstangendichtung in der Lebensdauer limitiert. Ein weiterer Nachteil ist die relativ lange Bauart. Deshalb wird bei Einrohr-Dämpfern eine Flexibilisierung dadurch erreicht, dass der feste Expansions- bzw. Ausgleichsraum durch ein externes Expansionsgefäß gebildet wird, vgl. Abb. 4.3b. Auch die Kühlung dieses Konzepts ist

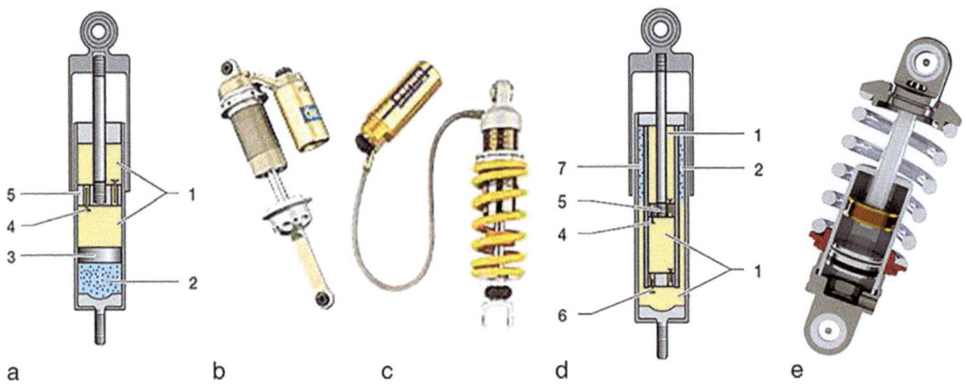

Abb. 4.3 Bauarten von Hydraulikdämpfern: (**a**) bis (**c**) Einrohrausführung. (**d**) Zweirohrausführung. (**e**) Ausführungsbeispiel für einen Einrohr-Hydraulikdämpfer für den Rennsporteinsatz. (Quelle: Intrax). *1* Öl, *2* Gas, *3* Trennkolben, *4* Kolbenventil, *5* Arbeitskolben, *6* Bodenventil, *7* Ausgleichsraum

besser als bei konventionellen Einrohr-Teleskopdämpfern. Eine weitere Flexibilisierung des Packagings und Verbesserung der Kühlung wird durch die räumliche Entkoppelung von Dämpfer und Expansionsvolumen über eine Schlauchverbindung erreicht, vgl. Abb. 4.3c. Dies ist jedoch mit dem Nachteil einer höheren hydraulischen Kapazität des Schlauchs verbunden, die – auch bei der Verwendung von Panzerschläuchen – eine unkontrollierte Dämpfungseigenschaft mit sich bringt. Deshalb ist diese Anwendung eher für Rallye-Fahrzeuge mit einem großen Federweg geeignet, da der negative Effekt in Anbetracht der großen Federwege gering ist. Für Formelfahrzeuge ist diese Ausführung jedoch völlig ungeeignet.

Beim Zweirohr-Dämpfer (siehe Abb. 4.3d) wird infolge der Federbewegungen das Dämpfungsöl über ein Bodenventil zwischen Arbeitsraum (Arbeitszylinder) und Vorratsraum (Behälterrohr) ausgeglichen. Dabei erfolgt der Ausgleich der Volumenänderungen im Arbeitsraum über Kolbenventile, im Vorratsraum über Bodenventile. Auch Zweirohr-Teleskopdämpfer werden mit Gasdruck (jedoch i. d. R. lediglich bis rund 15 bar) ausgeführt. Da das Gasvolumen aufgrund der Zweirohr-Bauweise, ähnlich wie bei Einrohrdämpfern mit externem Expansionsraum, nicht im Arbeitsraum untergebracht werden muss, ist auch hier die Baulänge kürzer und damit die Flexibilität größer als bei der Einrohr-Bauweise mit Gasdruck. Die Flexibilität und bessere Kühlung von Einrohrdämpfern mit am Schlauch angebundenem Expansionsraum wird freilich nicht erreicht. Zweirohrdämpfer weisen i. d. R. eine exakter einstellbare Dämpferfunktion und eine höhere Lebensdauer auf. Die exaktere Einstellung resultiert aus höheren Freiheitsgraden durch zusätzliche Bodenventile und die Drossel beim Übergang in das Außenrohr. Von Nachteil ist hier jedoch die Limitierung der Anwendung auf vertikale oder nur leicht schräge Einbaulage.

Zur Vermeidung des „Durchschlagens“ sind Dämpfer mit Anschlagpuffer versehen. Zu ergänzen ist, dass auch durch die Kompression des Gasreservoirs sich eine geringe Federwirkung einstellt.

Nachfolgend sind beispielhaft die Vorgänge im Einrohr-Hydraulikdämpfer mit externem, festem Expansionsraum gemäß Abb. 4.4. aufgezeigt. Es werden die Vorgänge im Arbeitsraum und Expansionsraum separat betrachtet. Im Arbeitskolben des Arbeitsraums sind zwei Blenden a_1 und a_2 (Ventile) und zwei Drosseln b_1 und b_2 angeordnet. Beim Einfedern bewegt sich der Kolben im Arbeitsraum aus der Ausgangsstellung 1 in die Stellung 2. Dabei wird die Dämpferwirkung – hier in der dargestellten Druckstufe – durch das Ventil a_1 (Blende) und die Drosseln b_1 und b_2 hervorgerufen. Das Ventil a_2 wirkt lediglich in der Zugstufe, die Drosseln b_1 und b_2 wirken jedoch in beide Bewegungsrichtungen und damit auch in der Zugstufe. Das Überströmen in den Expansionsbehälter erfolgt hier ebenfalls über eine Drossel (b_3).

Blenden und Drosseln weisen eine völlig unterschiedliche Charakteristik auf. Die Strömung nach einer Blende ist turbulent, nach einer Drossel laminar. Während bei einer Drossel der durch die Drossel fließende Volumenstrom Q proportional zur Druckdifferenz Δp aus dem Druck p_1 vor und p_2 nach der Drossel ist, verläuft der Volumenstrom Q bei einer Blende (Ventil) degressiv zur Druckdifferenz Δp, d. h. proportional zur Wurzel der Druckdifferenz Δp, vgl. auch Abb. 4.5:

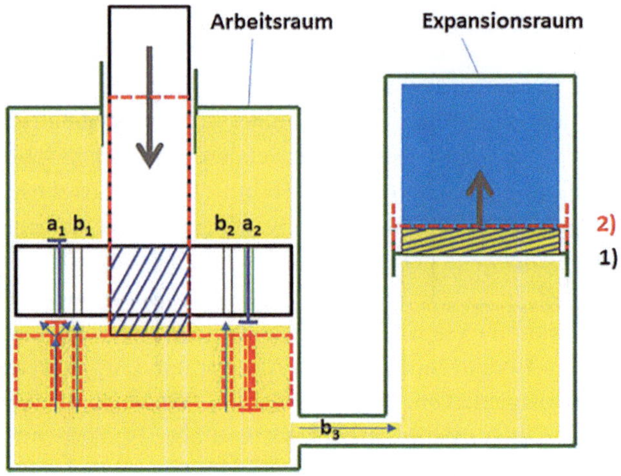

Abb. 4.4 Vorgänge in einem Einrohr-Hydraulikdämpfer mit externem Expansionsvolumen (Zustand *1*: nicht aktiv; Zustand *2*: aktiv)

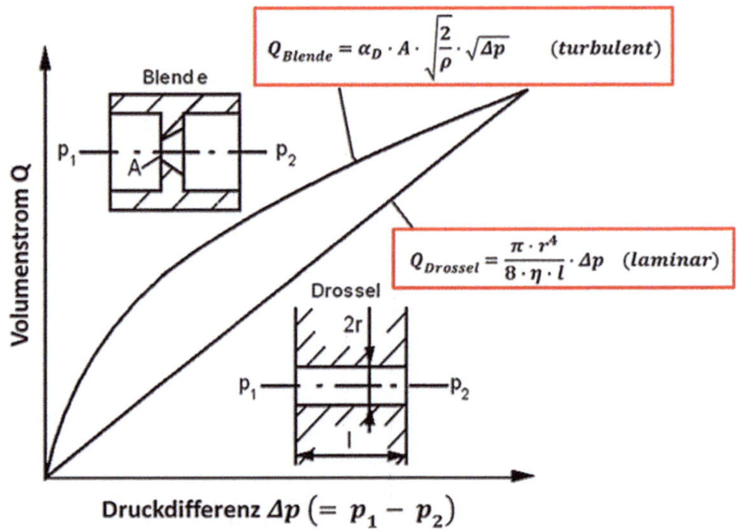

Abb. 4.5 Unterschied der hydraulischen Widerstände von Drosseln und Blenden. Die Ventile im Dämpfer sind Blenden, deren Charakteristik durch unterschiedliche Vorspannung der Federn veränderbar ist. Blenden entfalten Ihre Wirkung mit Öffnung der Ventile erst bei höheren Dämpfergeschwindigkeiten, während die Drosseln über den gesamten Dämpfergeschwindigkeitsbereich wirken. Im Zusammenspiel mit den Ventilen findet an den Drosseln bei sehr hoher Dämpfergeschwindigkeit eine zu starke Strömungseinschnürung statt, sodass dann die Wirkung der Ventile einsetzt

$$Q_{\text{Blende}} = \alpha_{\text{D}} \cdot A \cdot \sqrt{\frac{2}{\rho}} \cdot \sqrt{\Delta p} \tag{4.4}$$

$$Q_{\text{Drossel}} = \frac{\pi \cdot r^4}{8 \cdot \eta \cdot l} \cdot \Delta p \tag{4.5}$$

$$\Delta p = p_1 - p_2 \tag{4.6}$$

mit:

p_1	Druck vor Ventil bzw. der Drossel (upstream), N/m^2
p_2	Druck am Ausgang des Ventils bzw. der Drossel (downstream), N/m^2
Q	Volumenstrom, m^3/s
A	geometrischer Strömungsquerschnitt am Ventil, m^2
α_D	Durchflussbeiwert, –, gibt an, in wieweit die Strömung an der Blende kontrahiert wird und sich dadurch gegenüber dem geometrischen Strömungsquerschnitt eine Reduzierung ergibt
$\alpha_D \cdot A$	tatsächlicher Strömungsquerschnitt am Ventil, m^2
r	Radius der Drossel, m
l	Länge der Drossel, m
ρ	Dichte des Hydrauliköls, kg/m^3
η	dynamische Viskosität des Hydrauliköls, $N \cdot s/m^2 = Pa \cdot s$

Im Expansionsraum erfolgt beim Einfedern, über einen Trennkolben zwischen Öl und Gas, eine Kompression des Gasvolumens. Die Kompression des Gases vollzieht sich aufgrund der sehr schnellen Vorgänge näherungsweise isentrop (adiabat), d. h. „wärmedicht". In praxi ergibt sich jedoch eine polytrope Zustandsänderung mit Wärmeübergang und einem Polytropenexponenten n, der etwas kleiner als der Isentropenexponent κ ist ($\kappa = 1{,}4$). Bei einer polytropen Zustandsänderung ist im Gegensatz zu einer isentropen Zustandsänderung ein Wärmeübergang möglich. Dennoch ist der Ansatz der isentropen Zustandsänderung brauchbar:

$$\frac{p_{2G}}{p_{1G}} = \left(\frac{V_{1G}}{V_{2G}}\right)^{\kappa} \tag{4.7}$$

$$\frac{T_{2G}}{T_{1G}} = \left(\frac{V_{1G}}{V_{2G}}\right)^{\kappa-1} \tag{4.8}$$

mit:

p_{1G}	Gasdruck im Expansionsvolumen vor Verdichtung, bar
p_{2G}	Gasdruck im Expansionsvolumen nach Verdichtung, bar
V_{1G}	Expansionsvolumen vor Verdichtung, m^3
V_{2G}	Expansionsvolumen nach Verdichtung, m^3
T_{1G}	Temperatur des Gases im Expansionsvolumen vor Verdichtung, K
T_{2G}	Temperatur des Gases im Expansionsvolumen nach Verdichtung, K
κ	Isentropenexponent $=1{,}4$, –

Somit ergibt sich durch die geeignete Kombination von Drosseln und Blenden, und mit den Stoffeigenschaften des verwendeten Öls (Dichte ρ, dynamische Viskosität η) die gewünschte Dämpfungscharakteristik.

▶ **Tipp 4.2** Bei Dämpfern mit externem, über Schlauch angebundenem Expansionsraum können die Dämpfungscharakteristik, Federwirkung (des Gasvolumens) und das Temperaturverhalten ggf. durch die Verwendung von Expansionsräumen mit geändertem Gasdruck und anderer Geometrie positiv beeinflusst werden (bei unverändertem Arbeitsraum, Kolben, Drosseln und Blenden). Manche Hersteller bieten diese Änderungen z. B. bei Revision des Dämpfers an. Voraussetzung ist jedoch die quantifizierte Kenntnis des aktuellen Schwingungsverhaltens z. B. anhand des Viertelfahrzeug-Modells in Abschn. 4.4.

4.3 Dämpferkennlinien *Damper Characteristics*

Bei der Dämpferauslegung hydraulischer Dämpfer werden die Druckstufe k_d (Einfederung) und Zugstufe k_z (Ausfederung) unabhängig voneinander ausgelegt. Je nach Wahl des Exponenten n der Dämpferkennung werden progressive oder degressive Verläufe der Dämpferkraft über der Dämpfergeschwindigkeit $\dot{z}$ ermöglicht.

▶ **Tipp 4.3** In der Praxis wird der Exponent *n* geändert, wenn die Dämpfereinstellung geändert wird. Es hängt von der jeweiligen Dämpferausführung ab, wie diese Einstellung letztendlich erfolgt (über Knopf, Rädchen, Schraube etc.).

Bei jeder Änderung sollte man sich jedoch stets bewusst sein, was abgestimmt wird, und mit welcher Mannigfaltigkeit an Mitteln. Grundsätzlich gibt es **vier Einstelloptionen pro Dämpfer**: hohe oder niedrige Geschwindigkeit der Dämpferkolben sowie Ein- oder Auswärtsbewegung der Dämpferkolben. Das sind vier Optionen pro Rad und folglich **16 Optionen für das gesamte Fahrzeug**. Jede dieser Optionen besitzt darüber hinaus i. d. R. fünf bis sechzehn Einstellwerte. Es gibt jedoch auch Dämpfer, bei denen zwei der vier Optionen mit einem Einstellsystem gleichzeitig verändert werden. Angesicht der Vielzahl der Optionen und Einstellwerte – **bis zu 160 Einstellwerte für das Gesamtfahrzeug** und **daraus resultierend mehrere Millionen (!) an Einstellkombinationen** – sind fehlerhafte Abstimmungen zumindest zu Beginn nahezu unvermeidbar. Daher wird empfohlen, die Dokumentation genau zu sichten und darüber hinaus die Dämpfer-Lieferanten für Details zu konsultieren.

Im Motorsport ist es üblich, über den Verlauf der Dämpfergeschwindigkeit durchaus keine konstanten Dämpferkennungen für die Druck- und Zugstufe vorzusehen. Abb. 4.6a zeigt ein typisches Schaubild für die Dämpfercharakteristik am Beispiel eines Formel-3-

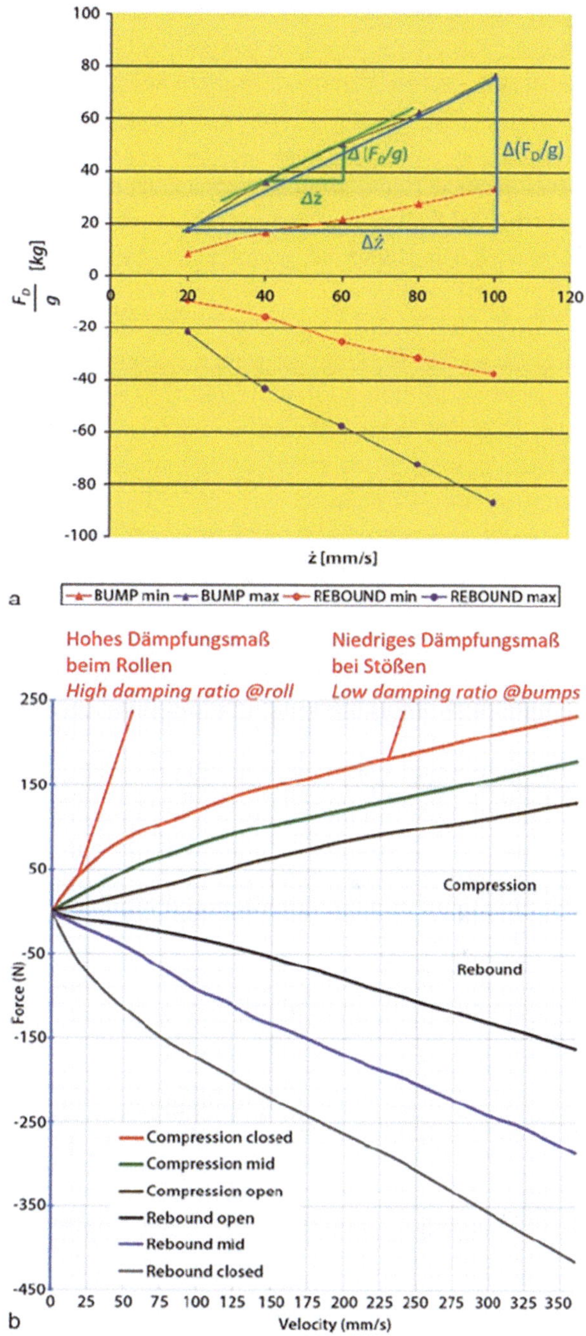

Abb. 4.6 (**a**) Auf Erdbeschleunigung g bezogene Dämpferkraft über der Dämpfergeschwindigkeit: Beispiel für die Verläufe der maximalen und minimalen Dämpferraten bei Einfederung (Bump) und Ausfederung (Rebound) für einen Formel-3-Dämpfer. (Quelle: Koni) (wie solche Messungen durchgeführt werden wird im Handbuch Rennwagentechnik Bd. 5, Kap. 6 beschrieben). Die Steigung der Tangente (*grün*) entspricht der Änderung der Dämpferrate k in einem Punkt, während die Steigung der blauen Tangente die Dämpferrate k repräsentiert (siehe auch Abb. 4.21 in Beispiel 4.6). F_D: Dämpferkraft [N], k: Dämpferrate, hier in [kg · s/mm], $\dot{z}$: Geschwindigkeit in Richtung der Dämpferachse in [mm/s]. (**b**) Dämpferkraft über der Dämpfergeschwindigkeit: Beispiel für die Verläufe der Dämpferraten bei Einfederung (Bump) und Ausfederung (Rebound) für einen Dämpfer von GT-Rennwagen. (Quelle: Intrax). Zu beachten sind die signifikant niedrigeren Dämpferraten im Vergleich zum Formel-3-Fahrzeug (siehe **a**)

Rennwagens. Dort sind die Grenzkurven für eine harte (blaue Kurven) und weiche Dämpfereinstellung (rote Kurven) jeweils für die Druck- (Bump) und Zugstufe (Rebound) dargestellt. Da die Dämpferraten nicht konstant sind, empfiehlt es sich, diese je Abschnitt zu ermitteln. In Abb. 4.6. ist für die maximale Dämpfung bei Einfederung die Dämpferrate als Steigung für eine konkrete Dämpfungskraft ermittelt. Normalerweise wird die Dämpferrate in [kg/s] oder [N · s/m] angegeben. Im vorliegenden Beispiel ist die Dämpferkraft auf der Ordinate jedoch auf die Erdbeschleunigung g normiert und daher in [kg] angegeben. Die Dämpferrate ergibt sich dann in [kg · s/mm].

Die Ausfederbewegung wird stets stärker gedämpft als die Einfederbewegung, um einem Verlust an Bodenhaftung entgegenzuwirken. Übliche Werte für die Dämpferraten, je nach Fahrzeugtyp, liegen bei niedrigen Dämpfergeschwindigkeiten im Bereich 8000–26.000 N · s/m, bei hohen Dämpfergeschwindigkeiten im Bereich 2000–8000 N · s/m. Abb. 4.6b zeigt die Verhältnisse für ein GT-Fahrzeug.

Der Zusammenhang zwischen Dämpferkraft, Dämpferweg und Dämpfergeschwindigkeit ist in Abb. 4.7 erläutert.

> **Tipp 4.4** Zur Überprüfung der Korrelation von maximalem Feder- und Dämpferweg wird empfohlen, den Federweg am Rad zu kontrollieren. Dazu müssen zunächst Dämpfer und Federn demontiert werden, bevor die Radaufhängung frei bewegt werden kann. Der kürzeste und längste Abstand zwischen den Dämpfer-Montagepunkten ist dann mit dem maximal möglichen Dämpferweg zu vergleichen.
>
> Ebenso wird auch empfohlen, die Wirkung des Anschlagpuffers im Betrieb auf der Rennstrecke zu überprüfen (Kommt diese im gewünschten Moment? Ist die Federungscharakteristik wie erwartet?).
>
> Darüber hinaus sollte die Roll- und Rückrollgeschwindigkeit im Betrieb auf der Rennstrecke geprüft werden. Ein Aufbäumen (Jacking up) oder Trampeln

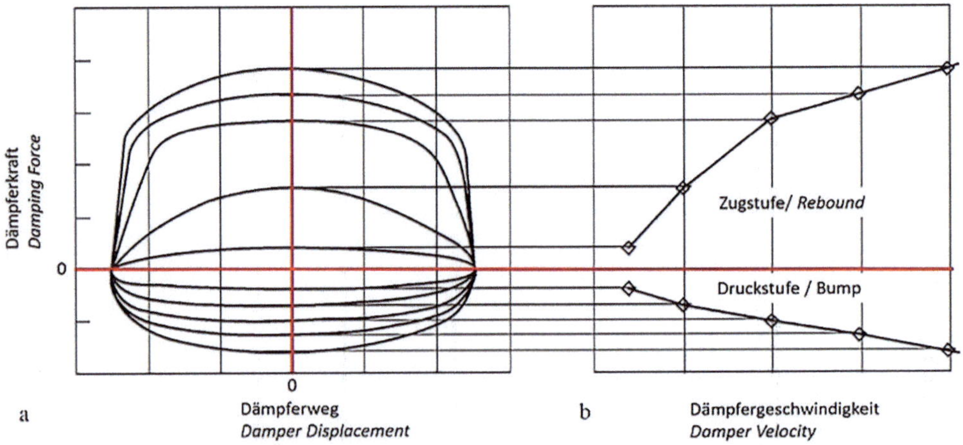

Abb. 4.7 Zusammenhang zwischen Dämpferkraft, Dämpferweg und Dämpfergeschwindigkeit

(Jacking down) müssen in jedem Fall verhindert werden. Beim Jacking down versucht die Fahrzeugfeder den Aufbau zurück in die normale Fahrthöhe zu drücken, dem jedoch durch eine weiche Dämpfereinstellung begegnet werden muss. Bei zu harter Dämpfereinstellung würde ein unerwünschtes Trampeln auftreten.

Beispiel 4.2

Nachfolgend sollen an einem konkreten Beispiel zunächst für einen 1-Rohr-Dämpfer die Veränderung der Zug- und Druckstufeneinstellungen in Bezug auf die jeweiligen Ölflüsse an den Blenden und die daraus folgenden Kennlinien erläutert werden. Abb. 4.8 zeigt eine Übersicht über den zugrunde gelegten Dämpfer mit Druck- und Zugstufendämpfung im Kolben.

Zugstufeneinstellung:

Grundlegend erfolgt die Dämpfung durch den (Setup-spezifisch) vormontierten Federscheibenaufbau am Kolben.

Abb. 4.8 Einrohr-Dämpfer mit veränderlichen Zug- und Druckstufen. (Quelle: Thyssen-Krupp Bilstein)

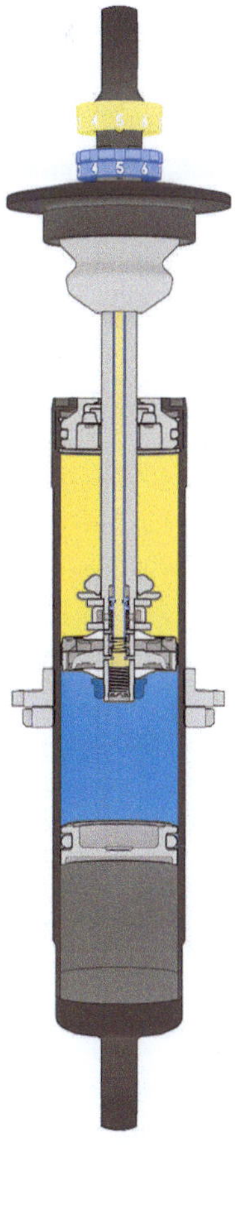

Ist der **Bypass-Kanal für die Zugstufeneinstellung geschlossen**, wird die **maximal mögliche Zugdämpfung** und damit eine **degressive Kennlinie** erreicht. Abb. 4.9 rechts zeigt den Ölfluss in Zugstufen Richtung und die dazugehörige Steuerkante der Zugstufennadel. Durch Verschieben der Nadel (in Gelb) kann der Bypass vergrößert oder verkleinert werden.

In Abb. 4.10 ist die **zugehörige Kennlinie in Rot** dargestellt. Dadurch wird eine **straffe** Abstimmung der Zugstufe eingestellt, welche der Kontrolle der Wank- und

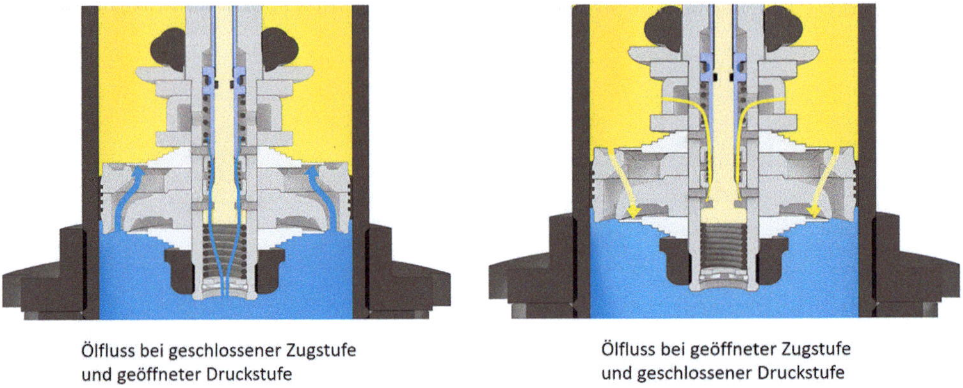

Abb. 4.9 Einrohr-Dämpfer-Kolben: Ölfluss bei geschlossener Zugstufe und geöffneter Druckstufe (links) und geöffneter Zugstufe und geschlossener Druckstufe (rechts). (Quelle: ThyssenKrupp Bilstein)

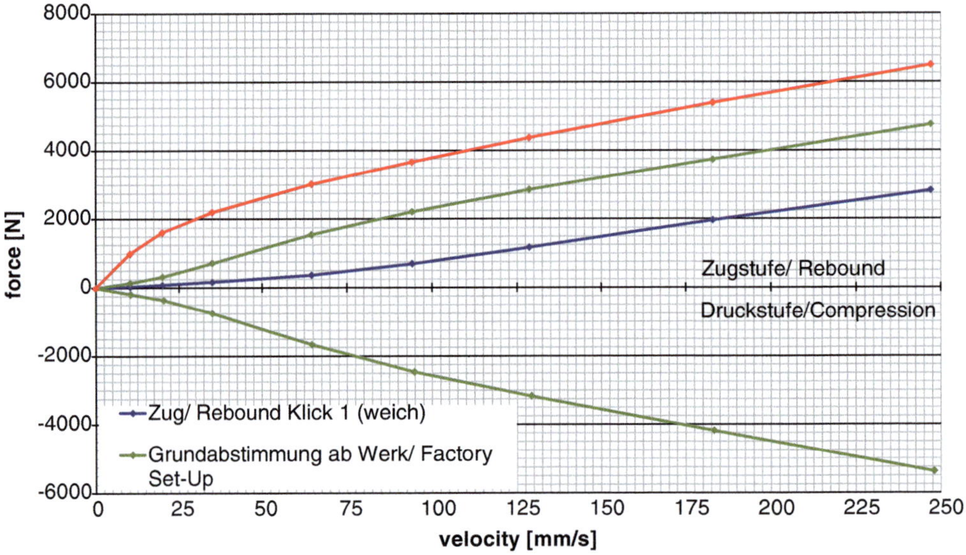

Abb. 4.10 Kennlinien für harte und weiche Zugstufeneinstellung: Dämpfungskraft (N) über Dämpfergeschwindigkeit (m/s) bei Verstellung der Zugstufendämpfung. (Quelle: ThyssenKrupp Bilstein)

Nickbewegungen des Fahrzeugs dient. Des weiteren suggeriert eine straffere Zugstufe ein sportliches Fahrverhalten, welches allerdings ab einem bestimmten Level zu einem Verlust des Grip-Niveaus führt. Ist der **Bypasskanal der Zugstufeneinstellung geöffnet**, folgt eine **progressive Kennlinie**. Die **geringste Zugdämpfung** wird erreicht. Die Bypass-Ölmenge (kleine gelben Pfeile in Abb. 4.9 rechts) steht dem Federventil am Kolben nicht mehr zur Verfügung und die Dämpferkräfte werden dadurch reduziert. Durch die geringe Zugdämpfung erhöht sich der Fahrkomfort. In Abb. 4.10 ist die zugehörige **Kennlinie in Dunkelblau** dargestellt.

Druckstufeneinstellung:

In Abb. 4.9 links ist der Ölfluss in Druckstufenrichtung dargestellt. Grundlegend erfolgt auch hier die Dämpfung durch den (Setup-spezifisch) vormontierten Federscheibenaufbau am Kolben. Die Funktionsweise der Druckstufe ist äquivalent zur Zugstufe. Eine **geschlossene Druckstufe** erzeugt eine **degressive Kennlinie der Druckdämpfung**, was eine straffe Abstimmung der Druckstufe zur Folge hat und das Wanken des Fahrzeugs bei Kurvenfahrten verhindert, siehe **Kennlinie in Rot** in Abb. 4.11. Durch das **geöffnete Bypass-Ventil** wird eine **progressive Kennlinie** der Druckdämpfung erzielt, siehe Kennlinie in **Dunkelblau** in Abb. 4.11.

Beide Bypass-Ventile, Zug- sowie Druckstufe, verfügen über ein hochfrequent ansprechendes Rückschlagventil, welches eine vollkommen **getrennte Einstellung der**

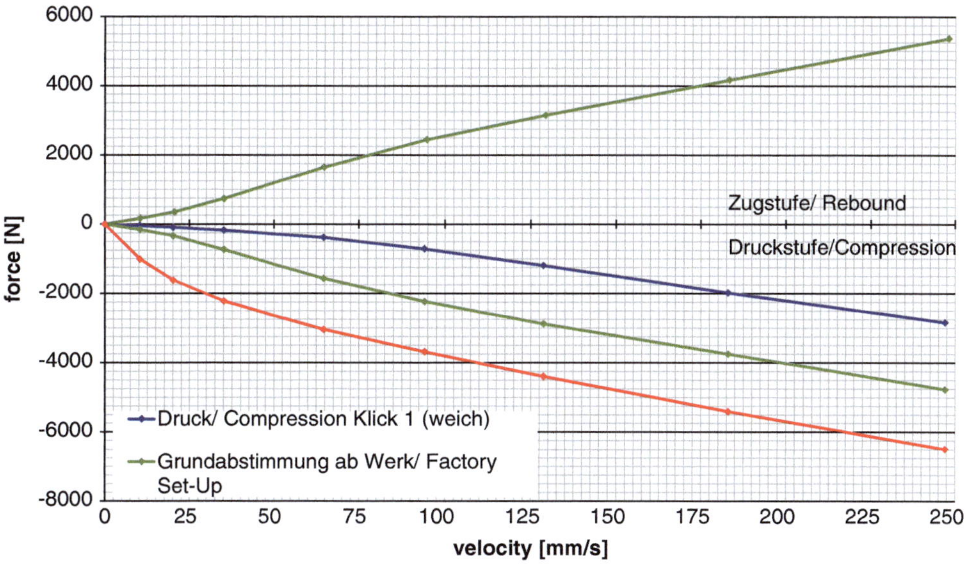

Abb. 4.11 Kennlinien für harte und weiche Druckstufeneinstellung: Dämpfungskraft (N) über Dämpfergeschwindigkeit (m/s) bei Verstellung der Druckstufendämpfung. (Quelle: ThyssenKrupp Bilstein)

Zug- und Druckstufendämpfung ermöglicht. Zusätzlich wird durch spezifische Nadeldesigns eine konstante Stufung der Kennlinie gewährleistet. Die Kombination aus Dämpfkrafterzeugenden Federscheiben am Kolben und innen liegendem Bypass-Verstell-System reduziert die ungewollte Dämpfkrafthysterese auf ein Minimum. ◀

Beispiel 4.3

Nachfolgend sollen an einem konkreten Beispiel für einen 2-Rohr-Dämpfer die Veränderung der Zug- und Druckstufeneinstellungen in Bezug auf die jeweiligen Ölflüsse an den Blenden und Drosseln und die daraus folgenden Kennlinien erläutert werden. Abb. 4.12 zeigt eine Übersicht über den zugrunde gelegten Dämpfer mit Zugstufendämpfung im Kolben und Druckstufendämpfung im Bodenbereich.

Zugstufeneinstellung:

Ist der Bypass-Kanal für die Zugstufeneinstellung geschlossen, werden die maximal mögliche Zugdämpfung und damit eine **degressive Kennlinie** erreicht. Die Dämpfung erfolgt über das (Setup-spezifisch) voreingestellte Federventil am Kolben. Dadurch

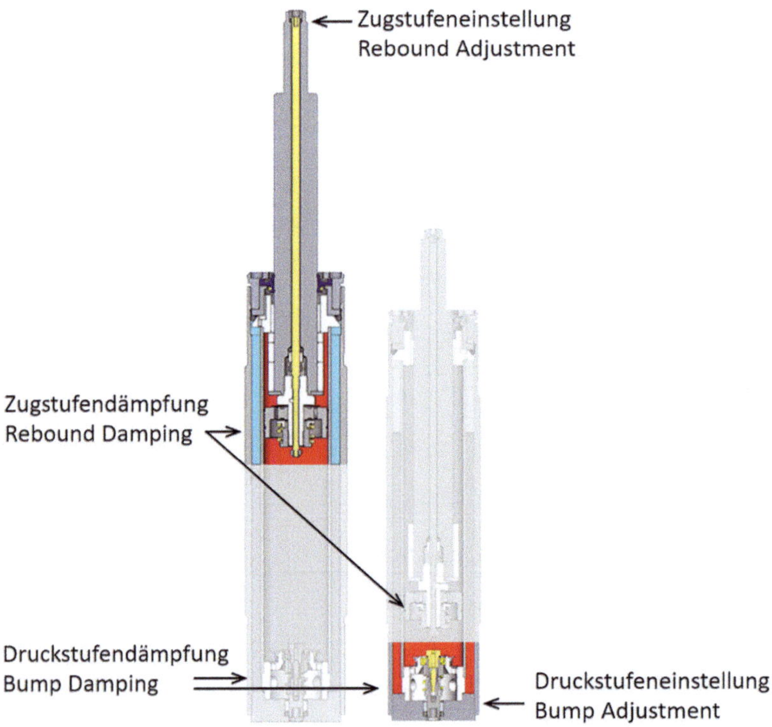

Abb. 4.12 Zweirohr-Dämpfer mit veränderlichen Zug- und Druckstufen. (Quelle: KW Suspensions)

wird eine **straffe Abstimmung** der Zugstufe eingestellt, welche der **Kontrolle der Wank- und Nickbewegungen** des Fahrzeugs dient. Abb. 4.13 links zeigt den Ölfluss bei geschlossener Zugstufe, in Abb. 4.14 ist die **zugehörige Kennlinie in Magenta** dargestellt.

Ist der Bypasskanal der Zugstufeneinstellung geöffnet, folgt eine **progressive Kennlinie**. Die **geringste Zugdämpfung** wird erreicht. Abb. 4.13 rechts zeigt den Ölfluss bei geöffneter Zugstufe: Die Bypass-Ölmenge (schwarze Pfeile) steht dem Federventil am Kolben nicht mehr zur Verfügung und die Dämpferkräfte werden dadurch reduziert. Durch die geringe Zugdämpfung erhöht sich der Fahrkomfort. In Abb. 4.14 ist die **zugehörige Kennlinie in Hellblau** dargestellt.

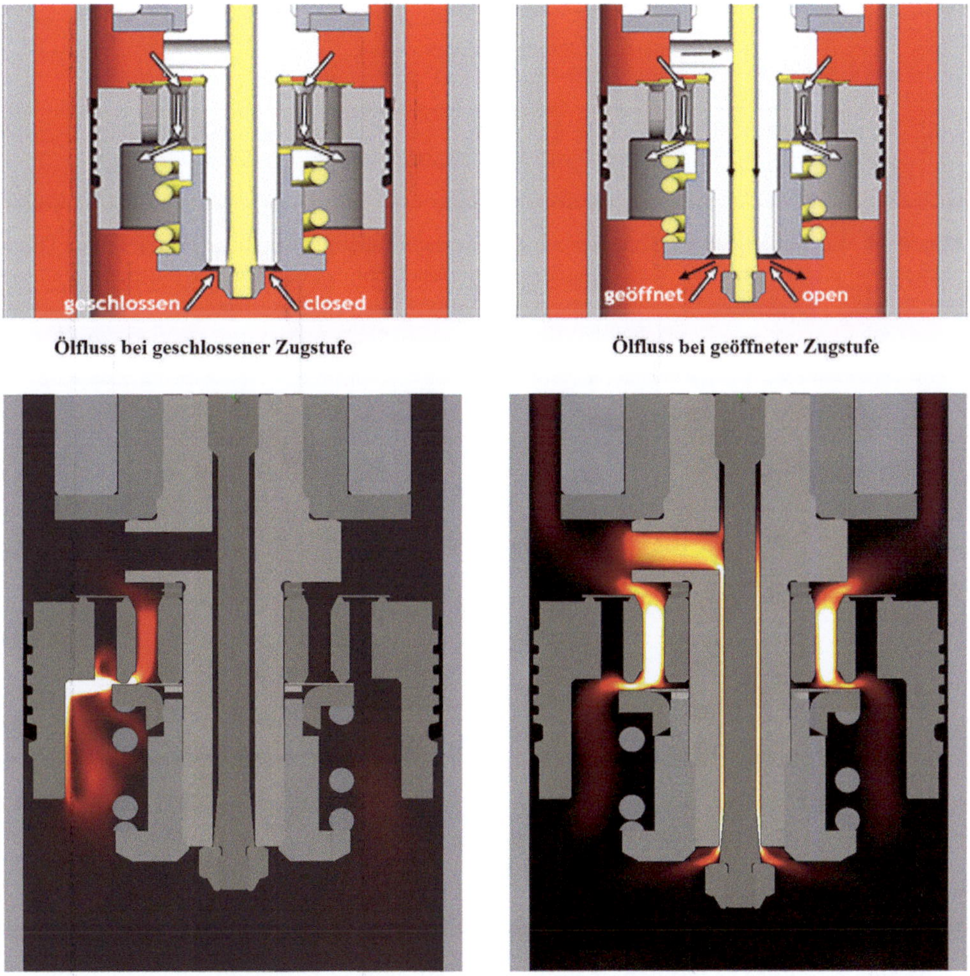

Ölfluss bei geschlossener Zugstufe **Ölfluss bei geöffneter Zugstufe**

Abb. 4.13 Zweirohr-Dämpfer-Kolben: Ölfluss bei geschlossener Zugstufe (links) und geöffneter Zugstufe (rechts). Die beiden Abbildungen unten zeigen die Strömungsverhältnisse. (Quelle: KW Suspensions)

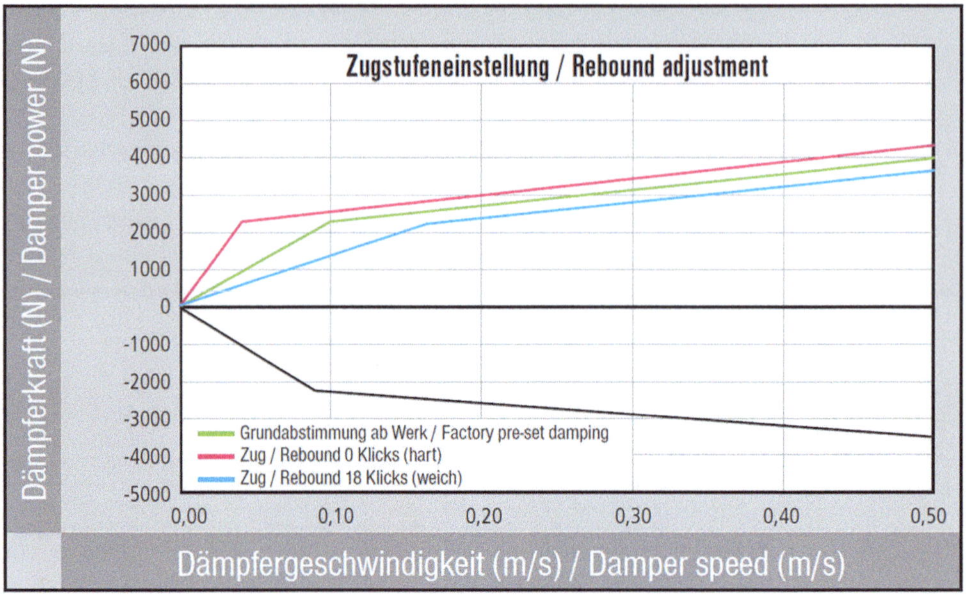

Abb. 4.14 Kennlinien für harte und weiche Zugstufeneinstellung: Dämpfungskraft (N) über Dämpfergeschwindigkeit (m/s) bei Verstellung der Zugstufendämpfung. (Quelle: KW Suspensions)

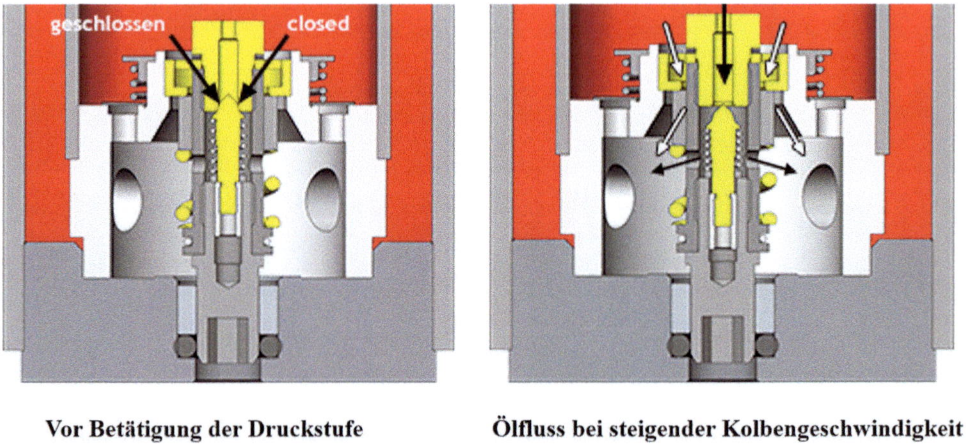

Abb. 4.15 Zweirohr-Dämpfer-Kolben: Ölfluss bei geschlossener Druckstufe (links) und bei steigender Kolbengeschwindigkeit (rechts). (Quelle: KW Suspensions)

Druckstufeneinstellung:

In Abb. 4.15 links ist das federbelastete Bypassventil der Druckstufendämpfung im geschlossen Zustand vor dem Betätigen der Druckstufe dargestellt. Bei langsamer Kolbenstangengeschwindigkeit (schwarze Pfeile) strömt das Öl über das Bypassventil, siehe Abb. 4.15 rechts. Die **maximale Druckdämpfung** (weiße Pfeile) erfolgt über das federbelastete Kolbenventil. Die **geschlossene Druckstufe** erzeugt eine **progressive Kennlinie** der Low-Speed-Druckdämpfung, was eine **straffe Abstimmung der Druckstufe** zur Folge hat und das **Wanken des Fahrzeugs** bei Kurvenfahrten verhindert, siehe **Kennlinie in Magenta** in Abb. 4.17.

Abb. 4.16 rechts zeigt die maximale Druckdämpfung (weiße Pfeile), welche über das federbelastete Kolbenventil erfolgt. Durch das geöffnete Bypassventil wird eine de-

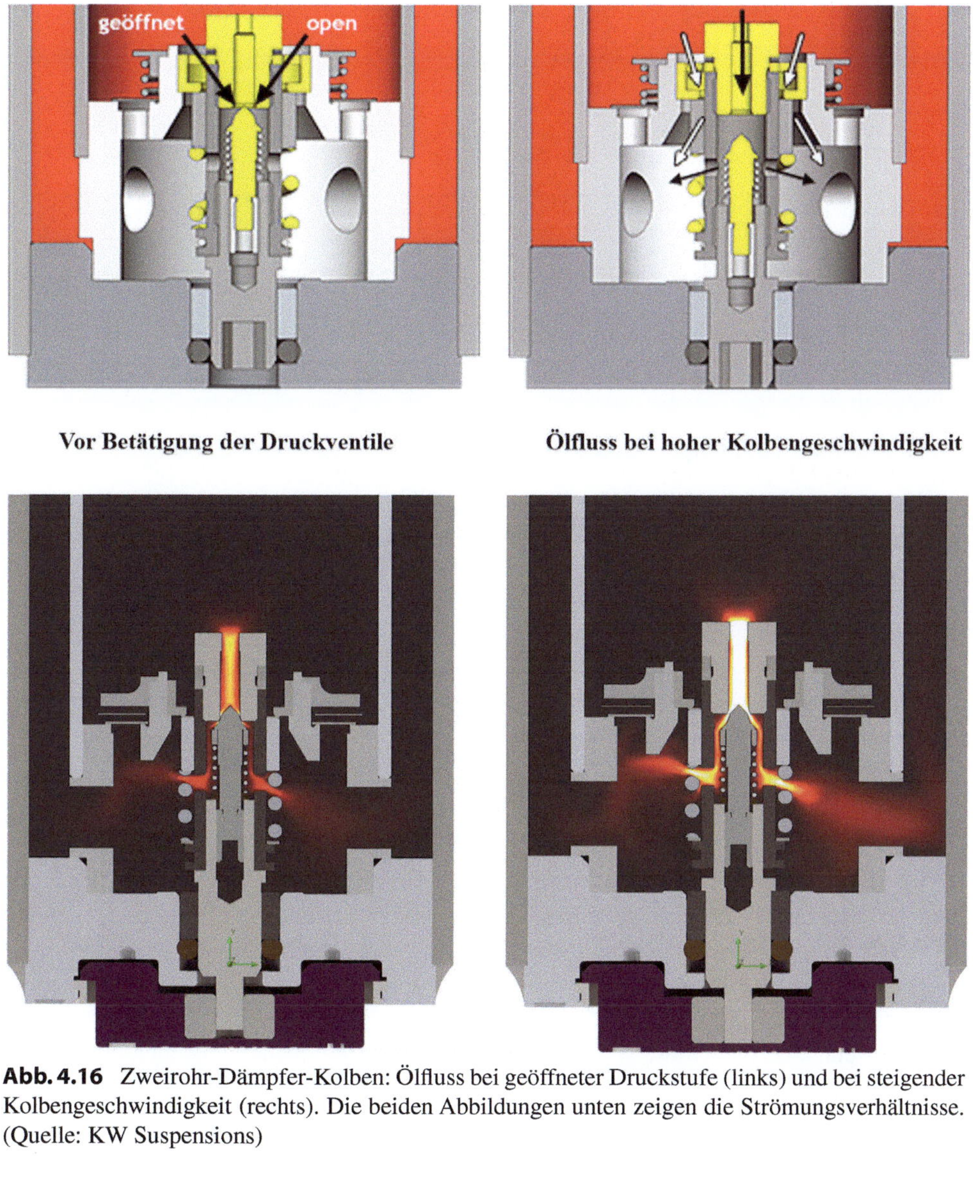

Abb. 4.16 Zweirohr-Dämpfer-Kolben: Ölfluss bei geöffneter Druckstufe (links) und bei steigender Kolbengeschwindigkeit (rechts). Die beiden Abbildungen unten zeigen die Strömungsverhältnisse. (Quelle: KW Suspensions)

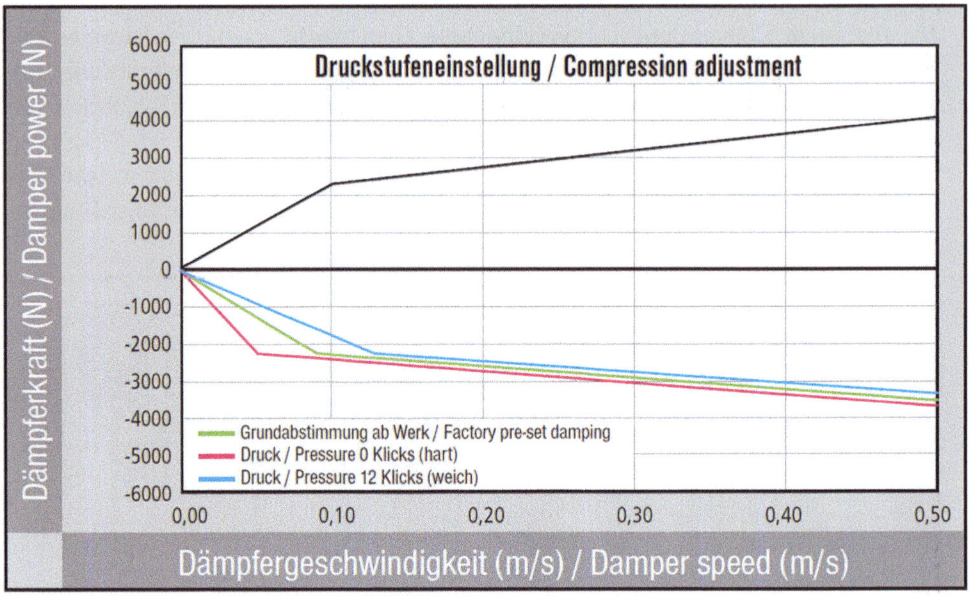

Abb. 4.17 Kennlinien für harte und weiche Druckgstufeneinstellung: Dämpfungskraft (N) über Dämpfergeschwindigkeit (m/s) bei Verstellung der Zugstufendämpfung. (Quelle: KW Suspensions)

gressive Kennlinie der Druckdämpfung im Low-Speed Bereich erzielt, siehe **Kennlinie in Hellblau** in Abb. 4.17. Die Low-Speed Dämpfung ermöglicht eine gleichbleibende maximale Druckdämpfung. Die (sicherheitsrelevante) Abstützung des Fahrzeuges im High-Speed Bereich der Dämpfung wird bei geöffneter und geschlossener Druckstufe nicht beeinflusst und gewährleistet. ◄

4.4 Das Fahrzeug als reduziertes Viertelfahrzeug-Modell *The Vehicle as a reduced Quarter-Vehicle Model*

Um das Schwingungsverhalten in Richtung der Hochachse eines Rennfahrwerks grundlegend zu verstehen, eignet sich bereits die Reduzierung des in Abb. 4.1 dargestellten komplexen Schwingungssystems auf ein stark vereinfachtes Viertelfahrzeug-Modell gemäß Abb. 4.18. Es wird dabei vernachlässigt, dass der Rennwagen auf vier Rädern steht. Des Weiteren betrachtet man das Fahrzeug als nur zu reinen Vertikalbewegungen in Richtung der Hochachse (z-Achse) fähig. Von den vier parallel arbeitenden Radaufhängungen wird bei dem Viertelfahrzeug-Modell nur eine Radaufhängung als System betrachtet. Manchmal werden auch die Werte für das gesamte Fahrzeug als Viertelfahrzeugmodell simuliert. Es überrascht, dass auch diese weitere Vereinfachung noch ein ausreichendes Verständnis des Schwingungsverhaltens des Fahrzeugs ermöglicht. In Abb. 4.18 ist jedoch das Viertelfahrzeug-Modell beispielhaft für den rechten Vorderwagen (in Bezug auf das rechte

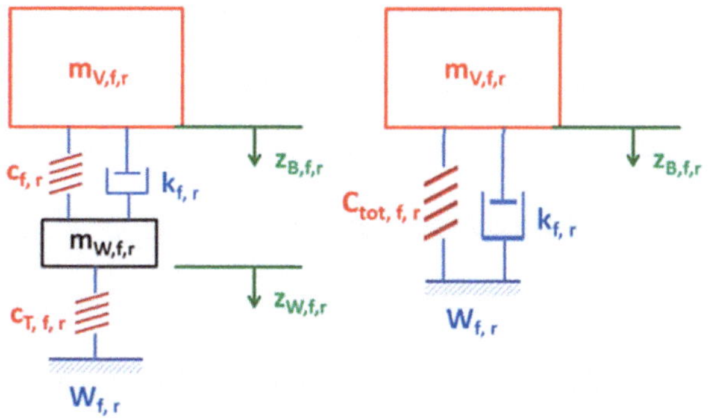

Abb. 4.18 Das Viertelfahrzeug-Modell, am Beispiel des rechten Vorderwagens in Bezug auf das rechte Vorderrad. Die Indizes f,r beziehen sich auf das rechte Vorderrad (f = front/*vorne*; r = right/*rechts*). mit: $W_{f,r}$: Radaufstandspunkt des rechten Vorderrades, $m_{V,f,r}$: gefederte Fahrzeugmasse (Aufbaumasse) am rechten Vorderrad [kg], $z_{B,f,r}$: Federweg der gefederten Fahrzeugmasse (Aufbaumasse) am rechten Vorderrad [m] bzw. [mm], $m_{W,f,r}$: ungefederte Fahrzeugmasse am rechten Vorderrad [kg], $z_{W,f,r}$: Weg der ungefederten Fahrzeugmasse (Rad- und Aufhängungsmasse) am rechten Vorderrad [m] bzw. [mm], $c_{f,r}$: Federrate der Fahrzeugfeder am rechten Vorderrad [N/m], $c_{T,f,r}$: Vertikale Federsteifigkeit des rechten Vorderreifens [N/m], $k_{f,r}$: Dämpferrate des Dämpfers am rechten Vorderrad [kg/s] bzw. [N · s/m]

Vorderrad) betrachtet. Die angesetzten Feder- und Dämpferraten sind dabei auf das jeweilige Rad reduziert. Die Parameter der i. d. R. schräg eingebauten Federn und Dämpfer sind also zuvor unter Berücksichtigung der jeweiligen Radaufhängungskinematik (siehe Kap. 5) auf das Rad zu reduzieren.

Das Viertelfahrzeug-Modell (als **Zwei-Massen-Schwinger**) lässt sich aufgrund der beiden Freiheitsgrade z_W (Radbewegung) und z_B (Aufbaubewegung) durch zwei gekoppelte Differenzialgleichungen zweiter Ordnung beschreiben. Die Indizes *f,r (front, right)* aus Abb. 4.18 (für das rechte Vorderrad) wurden nachfolgend zur Veranschaulichung weggelassen:

$$m_V \cdot \ddot{z}_B + k \cdot (\dot{z}_B - \dot{z}_W) + c \cdot (z_B - z_W) = 0 \tag{4.9}$$

$$m_W \cdot \ddot{z}_W - k \cdot (\dot{z}_B - \dot{z}_W) - c \cdot (z_B - z_W) + c_T \cdot z_W = 0 \tag{4.10}$$

mit:

m_V gefederte Fahrzeugmasse am Rad (1/4-Aufbaumasse!), kg
z_B Federweg der gefederten Fahrzeugmasse (1/4-Aufbaumasse!), m bzw. mm
m_W ungefederte Fahrzeugmasse am Rad (1/4-Aufbaumasse!), kg
z_W Weg der ungefederten Fahrzeugmasse (Rad- und Aufhängungsmasse, bezogen auf 1/4-Fahrzeug), m bzw. mm
c Federrate der Fahrzeugfeder, bezogen auf das Rad, N/m
c_T Vertikale Reifen-Federsteifigkeit, N/m
k Dämpferrate, bezogen auf das Rad, kg/s bzw. N · s/m

Die Schreibweise der beiden o. g. Differenzialgleichungen in Matrixform lautet:

$$\begin{bmatrix} m_W & 0 \\ 0 & m_V \end{bmatrix} \begin{bmatrix} \ddot{z}_W \\ \ddot{z}_B \end{bmatrix} + \begin{bmatrix} k & -k \\ -k & k \end{bmatrix} \begin{bmatrix} \dot{z}_W \\ \dot{z}_B \end{bmatrix} + \begin{bmatrix} c_T + c & -c \\ -c & c \end{bmatrix} \begin{bmatrix} z_W \\ z_B \end{bmatrix} = \begin{bmatrix} 0 \\ 0 \end{bmatrix} \quad (4.11)$$

Anzumerken ist, dass das als Zwei-Massen-Schwinger aufgebaute System unter Einbeziehung der Massen und Elastizitäten der Radaufhängungs-Gelenke sowie der Chassis-Elastizität in einen Vier-Massen-Schwinger konkretisiert werden kann. Dennoch ist die Vereinfachung als Zwei-Massen-Schwinger angebracht, da bei der Detaillierung des Modells die einzelnen Parameter bekannt sein müssen, was meist nicht der Fall ist.

Eine weitere Vereinfachung kann durch die Annahmen getroffen werden, dass erstens die Federsteifigkeit der Aufbaufeder c klein gegenüber der Reifensteifigkeit c_T ist ($c \ll c_T$) und zweitens die ungefederte Masse m_W klein gegenüber der gefederten Masse m_V ist ($m_W \ll m_V$). Diese Vereinfachung trifft auf konventionelle Tourenwagen sehr gut zu, jedoch nur begrenzt für Formel- und Rennsportwagen (z. B. Prototypen), da hier die Federsteifigkeiten von Aufbau- c und Reifenfeder c_T ähnlich hoch sein können. Ein Lösungsansatz besteht darin, für die Reihenschaltung von c und c_T eine Ersatzfederkonstante c_{tot} anzusetzen. Ebenso können sich Einschränkungen für Rennwagen mit hohen ungefederten Massen m_W ergeben (z. B. bei NASCAR-Fahrzeugen).

Mit der Ersatzfedersteifigkeit (Werte bezogen auf das Rad):

$$c_{tot} = \frac{c \cdot c_T}{c + c_T} \quad (4.12)$$

folgt für die weitere Vereinfachung in Form eines **Ein-Massen-Schwingers** unter Vernachlässigung der ungefederten Massen:

$$m_V \cdot \ddot{z}_B + k \cdot \dot{z}_B + c_{tot} \cdot z_B = 0 \quad (4.13)$$

bzw.

$$\ddot{z}_B + \frac{k}{m_V} \cdot \dot{z}_B + \frac{c_{tot}}{m_V} \cdot z_B = 0 \quad (4.14)$$

$$\frac{\ddot{z}_B}{z_B} + \frac{k}{m_V} \cdot \frac{\dot{z}_B}{z_B} + \frac{c_{tot}}{m_V} = 0 \quad (4.15)$$

Mit Hilfe der Laplace-Transformation (zur Analyse von periodischen und aperiodischen Zeitsignalen) folgt:

$$s^2 + \frac{k}{m_V} \cdot s + \frac{c_{tot}}{m_V} = 0 \quad (4.16)$$

Zum Vergleich wird nachfolgend die Gleichung eines Schwingungssystems mit der Eigenkreisfrequenz ω_e und dem Dämpfungsmaß k_ς[3] angeführt:

---

[3] Das Dämpfungsmaß k_ς wird in den übrigen Bänden mit D bezeichnet. Die Autoren dieses Bandes bevorzugen indes die hier gewählte Nomenklatur, um den Bezug zur Dämpferrate k herzustellen.

$$s^2 + 2 \cdot k_\varsigma \cdot \omega_e \cdot s + \omega_e^2 = 0 \tag{4.17}$$

Aus dem Vergleich der o. g. Gleichungen können die Dämpferrate k das Dämpfungsmaß k_ς in Abhängigkeit der Eigenkreisfrequenz ω_e des schwingenden Systems – bezogen auf das Rad – dargestellt werden:

$$\omega_e = \sqrt{\frac{c_{tot}}{m_V}} \tag{4.18}$$

$$k = 2 \cdot \omega_e \cdot m_V \cdot k_\varsigma \tag{4.19}$$

$$k_\varsigma = \frac{k}{2 \cdot \omega_e \cdot m_V} \tag{4.20}$$

mit:

ω_e Eigenkreisfrequenz, bezogen auf das Rad, 1/s
k Dämpferrate, bezogen auf das Rad, kg/s bzw. N · s/m
k_ς Dämpfungsmaß, bezogen auf das Rad, –

Da sich die Größen in den o. g. Gleichungen, wie bereits erwähnt, auf das **Rad** beziehen – nicht auf Feder/Dämpfer –, ist ggf. mit dem Übersetzungsverhältnis der Radaufhängung vom Rad zu Feder/Dämpfer (=*MR;*[4] Motion Ratio = Weg am Rad/Weg an Feder/Dämpfer, siehe Kap. 5) wie folgt zu korrigieren:

$$\omega_{e,f} = \frac{1}{MR} \cdot \sqrt{\frac{c_{tot}}{m_V}} \tag{4.21}$$

In Kap. 5 (*Geometrie*) wird später gezeigt, dass ***MR***^{2} **(Motion Ratio zum Quadrat) = Dämpferrate in der Einbaulage [N · s/m]/Dämpferrate am Rad [N · s/m]**, sodass (Gl. 4.19) mit (Gl. 4.22) in (Gl. 4.23) überführt werden kann.

$$MR^2 = \frac{k_d}{k} = \frac{C_{T,f}}{C_T} \tag{4.22}$$

$$k_d = 2 \cdot \omega_e \cdot m_V \cdot k_\varsigma \cdot MR^2 \tag{4.23}$$

$$k_{\varsigma,d} = \frac{k}{2 \cdot \omega_e \cdot m_V \cdot MR^2} \tag{4.24}$$

mit:

MR Motion Ratio, Übersetzungsverhältnis der Radaufhängung vom Rad zum Dämpfer, –; in den übrigen Bänden i_{Sp}
$\omega_{e,f}$ Eigenkreisfrequenz, bezogen auf die Feder, 1/s
k Dämpferrate, bezogen auf das Rad, kg/s bzw. N · s/m
k_d Dämpferrate, bezogen auf den Dämpfer, kg/s bzw. N · s/m
$k_{\varsigma,d}$ Dämpfungsmaß, bezogen auf den Dämpfer, –

[4] Motion Ratio *MR* wird in den übrigen Bänden mit Federübersetzung i_{Sp} bezeichnet. Die Autoren dieses Bandes bevorzugen indes die englische, international übliche Nomenklatur.

Tab. 4.1 Dämpfungsmaße und ihre Wirkungen

Dämpfungsmaß k_ς	Wirkung auf
0,3 bis 0,4	Stöße (Einfederung)
0,5 bis 1,0	Balance des Aufbaus
> 1,0	Extreme Balance des Aufbaus und Aufbau von Reifentemperaturen für mehr Grip

Die Zusammenhänge gelten sowohl für die Einfederung (Bump) als auch für die Ausfederung (Rebound). Gemäß Abb. 4.6 ist jedoch bei Ausfederung aufgrund der negativen Kräfte dann eine negative Steigung (Faktor −1) anzusetzen.

Die Bewertung der Dämpfung einer Radaufhängung anhand des dimensionslosen Dämpfungsmaßes k_ς bietet den entscheidenden Vorteil, bei jeder Änderung der Federcharakteristik problemlos einen Dämpfer vergleichbarer Charakteristik zu finden. Außerdem sind für die jeweiligen Fahrdynamikanforderungen eines Rennwagens unterschiedliche Dämpfungsmaße selektiv einzusetzen. Tab. 4.1 dokumentiert die Dämpfungsmaße je nach Anwendungsfall.

Beispiel 4.4

Das Viertelfahrzeug-Modell soll am Beispiel eines Formel-Rennwagens nachfolgend für eine Seite der vorderen Radaufhängung angewendet werden. Initial sind folgende Daten gegeben:

m_V: 115 kg (am Vorderrad, ca. Hälfte der Aufbaumasse vorne; mit Fahrer und halber Tankfüllung, siehe Kap. 1)

MR: 1,33 (Übersetzung der Wege z_B am Rad auf die Wege am Feder/Dämpfer)

c: 120 N/mm (Federrate der Fahrzeugfeder)

c_T: 160 N/mm (Reifen-Federsteifigkeit)

k: 7500 N · s/m (Dämpferrate des Hydraulikdämpfers) ◀

Für die Ersatzfedersteifigkeit aus Fahrzeugfeder und Reifen, **bezogen auf** die Lage der **Fahrzeugfeder ung**, gilt:

$$c_{tot,f} = \frac{c \cdot \left(c_T \cdot MR^2\right)}{c + \left(c_T \cdot MR^2\right)} = \frac{\mathbf{120.000\frac{N}{m} \cdot \left(160.000\frac{N}{m} \cdot 1{,}33^2\right)}}{\mathbf{120.000\frac{N}{m} + \left(160.000\frac{N}{m} \cdot 1{,}33^2\right)}} = 84.270\frac{N}{m}$$

Die Ersatzfedersteifigkeit **bezogen auf das Rad** lautet dann:

$$c_{tot} = \frac{c/MR^2 \cdot c_T}{c/MR^2 + c_T} = \frac{120.000\frac{N}{m}/1{,}33^2 \cdot 160.000\,N/m}{120.000/1{,}33^2\,N/m + 160.000\,N/m} = 47.640\,\mathrm{N/m}$$

Damit ergeben sich die Eigenkreisfrequenz und die Eigenfrequenz des schwingenden Systems für eine Seite der Radaufhängung (bezogen auf die Feder):

$$\omega_{e,f} = \frac{1}{MR} \cdot \sqrt{\frac{c_{tot}}{m_V}} = 0,75 \cdot \sqrt{\frac{47.640\,\text{N/m}}{115\,kg}} = 15,3\,\text{rad/s}$$

$$f_{e,f} = \frac{1}{2\pi} \cdot \omega_{e,f} = \frac{1}{2\pi} \cdot 15,3\,rad/s = 2,44\,1/\text{s}$$

Das auf das Rad bezogene Dämpfungsmaß ergibt sich schließlich zu:

$$k_\varsigma = \frac{k}{2 \cdot \omega_{e,f} \cdot m_V \cdot MR} = \frac{7.500\,Ns/m}{2 \cdot 15,3\frac{rad}{s} \cdot 115kg \cdot 1,33} = 1,60$$

Das Schwingungsverhalten – d. h. die Abstimmung der Federung und Dämpfung – wird vom Fahrer als sehr gut empfunden. Das Dämpfungsmaß (>1) ermöglicht hohen Grip und extreme Balance des Aufbaus.

Um den Grip dennoch weiter zu verbessern, soll die Eigenkreisfrequenz weiter erhöht werden, was bei Testfahrten auf der Rennstrecke auch überprüft werden soll. Dazu werden einerseits härtere Federn mit c = 150 N/mm (+25 %) und andererseits härtere Reifen mit c_T = 170 N/mm (+6,2 %) bei unveränderten Dämpfern eingesetzt. Es ergeben sich dann folgende Werte bezogen auf die Feder bzw. das Dämpfungsmaß am Rad:

$$\mathbf{c_{tot,f} = 100.079\frac{N}{m}} \qquad (\mathbf{+19}\,\textbf{\textit{Prozent}}), \textbf{bezogen auf die Feder}$$

$$\mathbf{\omega_{e,f} = 16,7\frac{rad}{s}} \qquad (\mathbf{+9,1}\,\textbf{\textit{Prozent}}), \textbf{bezogen auf die Feder}$$

$$\mathbf{k_\varsigma = 1,47} \qquad (\mathbf{-8,1}\,\textbf{\textit{Prozent}}), \textbf{bezogen auf das Rad}$$

Fazit: Um eine identische Dämpfungscharakteristik bei noch höherem Grip zu verwirklichen, muss eine um 8,1 % härtere Dämpfung eingestellt werden (k = 8107 N · s/m).

Beispiel 4.5

Das Viertelfahrzeug-Modell soll am Beispiel des o. g. Formel-Rennwagens nachfolgend noch für die Überprüfung der Eigenkreisfrequenzen an der vorderen und hinteren Radaufhängung angewendet werden. Zur Optimierung des mechanischen Grips sind möglichst gleiche Eigenkreisfrequenzen vorne/hinten anzustreben. Folgende Daten sind gegeben:

$m_{V,f,r}$: 115 kg (am rechten Vorderrad, ca. Hälfte der Aufbaumasse vorne; mit Fahrer und halber Tankfüllung, siehe Kap. 1)

$m_{V,r,r}$: 155 kg (am rechten Hinterrad, ca. Hälfte der Aufbaumasse hinten; mit Fahrer und halber Tankfüllung, siehe Kap. 1)

$MR_{f,r}$: 1,33 (Übersetzung der Wege am rechten Vorderrad auf die Wege an Feder/Dämpfer)

$MR_{r,r}$: 1,18 (Übersetzung der Wege am rechten Hinterrad auf die Wege an Feder/Dämpfer)

c: 120 N/mm (Federrate der Fahrzeugfeder vorne und hinten)

c_T: 160 N/mm (Reifen-Federsteifigkeit vorne und hinten)

k: 7500 N · s/m (Dämpferrate des Hydraulikdämpfers vorne und hinten) ◄

Die Werte für das rechte Vorderrad wurden im vorherigen Beispiel bereits berechnet:

$$c_{tot,f,r} = 84.270\,\text{N/m}\,(\text{bezogen auf Feder});\ \omega_{e,f,r} = 15,3\,\text{rad/s}\,(\text{bezogen auf Feder});$$
$$k_{\varsigma,f,r} = 1,60\,(\text{bezogen auf Vorderrad})$$

Für das rechte Hinterrad folgt nun bezogen auf die Feder:

$$c_{tot\,f,r,r} = \frac{c \cdot \left(c_T \cdot MR_{r,r}{}^2\right)}{c + \left(c_T \cdot MR_{r,r}{}^2\right)} = \frac{120.000\,N/m \cdot \left(160.000\,N/m \cdot 1{,}18^2\right)}{120.000\,N/m + \left(160.000\,N/m \cdot 1{,}18^2\right)} = 77.991\,\text{N/m}$$

Die Ersatzfedersteifigkeit bezogen auf das Hinterrad lautet dann:

$$c_{tot,r,r} = \frac{c/MR^2 \cdot c_T}{c/MR^2 + c_T} = \frac{120.000\frac{N}{m}/1{,}18^2 \cdot 160.000\,N/m}{120.000/1{,}18^2\,N/m + 160.000\,N/m} = 56.012\,\text{N/m}$$

$$\boldsymbol{\omega}_{e,r,r} = \frac{1}{MR_{r,r}} \cdot \sqrt{\frac{c_{tot,r,r}}{m_{V,r,r}}} = \mathbf{0,85} \cdot \sqrt{\frac{\mathbf{56.012\,N/m}}{\mathbf{155}\,\boldsymbol{kg}}} = \mathbf{16,11/s}\ ;\text{bezogen auf die Feder}$$

$$\boldsymbol{k}_{\varsigma,r,r} = \frac{\boldsymbol{k}}{2 \cdot \boldsymbol{\omega}_{e,r,r} \cdot \boldsymbol{m}_{V,r,r} \cdot \boldsymbol{MR}_{r,r}} = \frac{\mathbf{7.500}\,\boldsymbol{Ns/m}}{\mathbf{2 \cdot 16,1}\frac{\mathbf{1}}{\boldsymbol{s}} \cdot \mathbf{155}\boldsymbol{kg} \cdot \mathbf{1,18}} = \mathbf{1,27}$$

Fazit: Die Eigenkreisfrequenzen sowie die Dämpfungsraten vorne und hinten unterscheiden sich nur unwesentlich. Die gewählte Abstimmung lässt folglich auf nahezu optimalen mechanischen Grip des Fahrzeugs schließen. Sollten weitere Verbesserungen des Grips intendiert werden, müssen vorne und hinten parallel korrespondierende Maßnahmen an der Einstellung vorgenommen werden.

Anmerkung: Bei Tourenwagen liegen die Werte des Dämpfungsmaßes bei $k_{\varsigma,r,r} < 1,0$ (meist 0,7 bis 0,9), da für die größere Masse hier ausreichende Federwege erforderlich sind.

Das obige Beispiel für Formel-Rennwagen zeigt eine Auslegung für extreme Stabilität (hier: beim Einfedern) und die Intention, die Reifen energisch „zum Arbeiten" zu bringen.

Mit Bezug auf Formel 4.20 kann bei gedämpfter Schwingung eine Abklingkonstante wie folgt angesetzt werden (alle Werte bezogen auf das Rad):

$$\delta = \frac{k}{2 \cdot m_V} = k_\varsigma \cdot \omega_e \tag{4.25}$$

Für die gedämpfte Eigenfrequenz ω_d am Rad ergibt sich dann:

$$\omega_d = \sqrt{\frac{c_{tot}}{m_V} - \left(\frac{k}{2 \cdot m_V}\right)^2} = \sqrt{\omega_e^{\,2} - \delta^2} \tag{4.26}$$

Nun soll das Verhalten des Viertelfahrzeug-Modells bei Einleitung eines die Fahrzeugschwingung erregenden Signals mit der Amplitude z_{Err} (z. B. durch Unebenheit in der Fahrbahn oder vom Curb) betrachtet werden, vgl. Abb. 4.19. Die Variation des Dämpfungsmaßes k_ς zeigt auf, wie sich das Fahrzeug verhalten wird, d. h. wie schnell die Amplitude z_B der Schwingung des Fahrzeugaufbaus abklingt. Der Zustand der ungedämpften, freien Schwingung ist durch $k_\varsigma = 0$ dargestellt. Bei Dämpfungsraten $k_\varsigma < 0{,}5$ werden durch die geringere Dämpfung, dokumentiert in größerer Aktivität der Federn mit „weichem" Überschwingen und länger andauernden Oszillationen, stoßartige Belastungen sehr gut beantwortet. Demgegenüber ist bei sehr hoher Dämpfung $k_\varsigma \approx 1{,}0$ eine bessere Wirkung auf die Kontrolle der Aufbaubewegungen (z. B. Wanken, Nicken) gegeben. Jedes Dämpfungsmaß k_ς dient also einer spezifischen Aufgabe. Ein extremes Dämpfungsmaß, hier $k_\varsigma = 1{,}5$, ist jedoch nicht zielführend, wie der zugehörige Amplitudenverlauf aufzeigt.

Wie sich die Dämpfung in Abhängigkeit der Dämpfergeschwindigkeit darstellt, soll nachfolgend am Beispiel des Formel-3-Dämpfers aus Abb. 4.6 jeweils für den Verlauf der maximalen Dämpfung sowohl für Einfederung (Bump) als auch Ausfederung (Rebound) mit den bekannten Daten aus dem o. g. Beispiel untersucht werden ($m_V = 115$ kg (am Vorderrad), $MR = 0{,}75$ (Übersetzung Rad/Feder), $c = 120$ N/mm (Federrate der Fahrzeugfeder), $c_T = 160$ N/mm (Reifen-Federsteifigkeit)). Die Ergebnisse sind in Tab. 4.3 dargestellt.

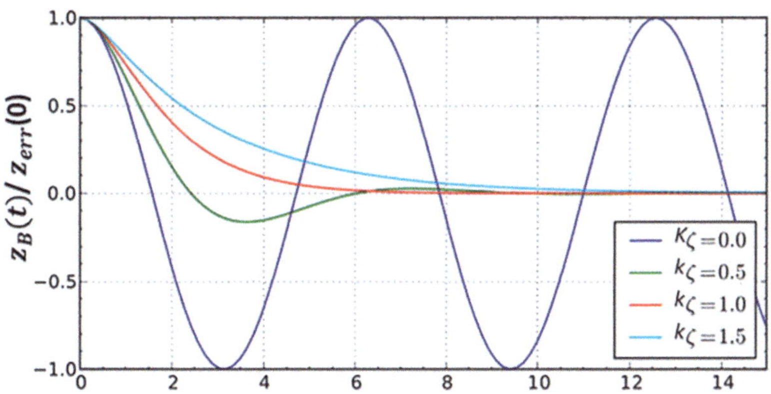

Abb. 4.19 Beispiel für den Schwingungsverlauf eines Fahrzeugaufbaus am Viertelfahrzeug-Modell in Abhängigkeit des Dämpfungsmaßes k_ς

Auffällig sind die hohen Dämpfungsmaße über den gesamten Wirkbereich des Dämpfers. Dies zeigt, dass hier die Kontrolle der Aufbaubewegungen und die Forcierung von mechanischem Grip durch Erhöhung der Reifentemperaturen klar im Vordergrund stehen. Die Dämpfung von Stößen steht offenbar hier nicht im Vordergrund. Aus diesen Werten kann bereits ohne weitere Informationen auf ein Fahrzeug mit hohem Abtriebsniveau (High Downforce) geschlossen werden. Bei niedrigeren Dämpfungsgeschwindigkeiten ist das Dämpfungsmaß am größten, da hier eine maximale Kontrolle des Roll- und Nickverhaltens mit maximaler Belastung des Reifens erfolgen soll. Auch die Dämpfergeschwindigkeiten, die unter 100 mm/s liegen, deuten darauf hin, dass die Kontrolle der Aufbaubewegungen und die Forcierung von mechanischem Grip beim vorliegenden Beispiel im Vordergrund stehen (vgl. Tab. 4.2 und 4.3).

Ungewöhnlich – im Vergleich zu Tourenwagen – ist die Tatsache, dass im vorliegenden Beispiel bei Ausfederung sogar höhere Dämpfungsmaße verzeichnet werden. Wenn ein Rad ausfedert ist i. d. R. ein niedrigeres Dämpfungsmaß als in der Druckstufe zu beobachten, da hier bewusst die Beibehaltung des Kontakts zur Fahrbahn im Vordergrund steht. Aufgrund des bei Formel- und Rennsportwagen niedrigeren Schwerpunkts und signifikant höheren Abtriebs gelten hier völlig andere Maßstäbe. Ein weiterer Grund ist das kleinere Verhältnis von gefederter zu ungefederter Masse.

> **Tipp 4.5** Um eine grundlegende Vorauslegung der Dämpfer durchzuführen, werden folgende initiale Dämpfungsmaße empfohlen, um darauf aufzubauen:
>
> **High-Speed-Dämpfung von Stößen:**
> $\mathbf{k_{\varsigma\text{-HS, Bump/Rebound}} = 0{,}3}$ **bis 0,5**
> **Low-Speed-Dämpfung für Stabilität beim Einfedern:**

Tab. 4.2 Dämpfungsgeschwindigkeiten und ihre Einflussgrößen

Dämpfungsgeschwindigkeit [mm/s]	Einfluss auf
< 5	Reibung in Gelenken, Elementen des Dämpfers
> 5 bis 30	Aufbaubewegungen (Rollen, Nicken)
> 30 bis 200	Stöße: Unebenheit der Fahrbahn
> 200	Stöße: Curbs

Tab. 4.3 Dämpfungsmaße am Beispiel eines Formel-3-Rennwagens, bezogen auf das Rad

	Dämpfungsmaß	
Dämpfergeschwindigkeit	Druckstufe	Zugstufe
$\dot{z}$	k_ς	k_ς
mm/s	–	–
30	1,27	1,40
50	0,99	1,09
70	0,90	1,04
90	0,99	1,04

$k_{\zeta\text{-LS, Bump}}$ = 0,5 (holprige Strecke), 0,7 bis 0,8 (bei gutem Asphalt) und 1,2 und höher (bei extremer Anforderung an die Reifen).
Low-Speed-Dämpfung für Stabilität beim Ausfedern:
$k_{\zeta\text{-LS, Rebound}}$ = 0,3 (völlig glatte Strecke ohne Stabilitätsanforderungen in den Kurven), 0,5 bis 0,7 (bei hohen Stabilitätsanforderungen).

Abb. 4.20 zeigt diese Zusammenhänge im Dämpferschaubild. Um die für ein Fahrzeug berechneten Werte mit den von den Herstellern übermittelten Diagrammen zu vergleichen, empfiehlt es sich, zumindest zwei charakteristische Bereiche – einen für niedrige und einen für hohe Dämpfungsgeschwindigkeit – jeweils für das Einfedern (Bump) und Ausfedern (Rebound) zu analysieren. Beispiel 4.6 kann als Hinweis dazu dienen.

Beispiel 4.6

Gegeben:
Für einen LMP-Rennwagen sollen die Fahrzeugfedern und Dämpfer an der Vorderachse ausgelegt werden. Folgende Daten sind verfügbar:

i_m:	0,64 (= $m_{V,f}/m_{V,r}$; Achslastverhältnis VA/HA)
$m_{V,dr,tot}$:	1050 kg (mit Fahrer und halber Tankfüllung)
$MR_{f/r}$:	1,10 (Übersetzung der Wege an Vorder- und Hinterrädern auf die Wege am Feder/Dämpfer)
$c_{F,r}$:	350 N/mm (Federrate einer Fahrzeugfeder der HA in ihrer Einbaulage)
c_T:	250 N/mm (Reifen-Federsteifigkeiten an VA und HA)

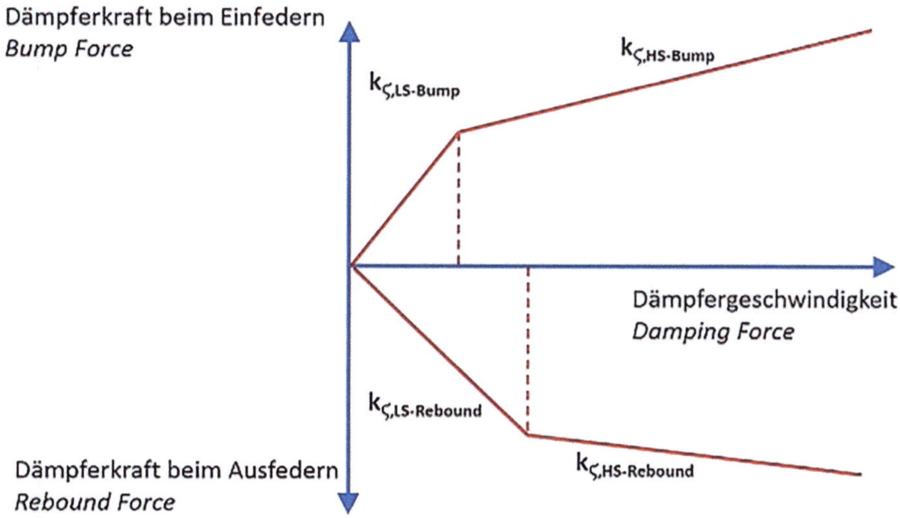

Abb. 4.20 Dämpferkennfeld eines Fahrzeugaufbaus am Viertelfahrzeugmodell in Abhängigkeit des Dämpfungsmaßes

Gesucht:

a) Achslast $m_{V,f,i}$ an einem Vorderrad, Ersatzfedersteifigkeit aus Rad- und Fahrzeugfeder einerseits bezogen auf das *Rad* und andererseits bezogen auf die Feder in ihrer *Einbaulage* sowie und Federrate nur der Fahrzeugfeder $c_{F,f}$ in ihrer Einbaulage an jeder Seite der Vorderachse (VA).

Die Vorderachslast berechnet sich zu:

$$m_{V,f} = i_m \cdot m_{V,r} = i_m \cdot \left(m_{V,tot,dr} - m_{V,f}\right) = \frac{m_{V,tot,dr}}{1+\frac{1}{i_m}} = \frac{1050\,kg}{1+\frac{1}{0,64}} = 409,8\,kg$$

Daraus folgt die auf ein Vorderrad wirkende Masse:

$$m_{V,f,i} = \frac{m_{V,f}}{2} = 204,9\,kg$$

Die Ersatzfederrate an jedem Hinterrad berechnet sich zu:

$$c_{tot,r} = \frac{c_r \cdot c_{Ti,r}}{c_r + c_{Ti,r}} = \frac{\frac{c_{F,r}}{MR_r^2} \cdot c_{Ti,r}}{\frac{c_{F,r}}{MR_r^2} + c_{Ti,r}} = \frac{\frac{350\,N/mm}{1,1^2} \cdot 250\,N/mm}{\frac{350\,N/mm}{1,1^2} + 250\,N/m} = 134,1\,N/mm$$

Da die Ersatzfederraten an den Vorder- und Hinterrädern im ersten Ansatz dasselbe Verhältnis wie die zugehörigen Achslasten haben sollten, folgt für die Ersatzfederrate an jedem Vorderrad:

$$c_{tot,f} = i_m \cdot c_{tot,r} = 0,64 \cdot 134,1\frac{N}{mm} = 85,8\,N/mm$$

Aufgrund der Reihenschaltung aus Fahrzeug- und Reifenfeder folgt für ein Vorderrad:

$$\frac{1}{c_{tot,f}} = \frac{1}{c_f} + \frac{1}{c_{Ti,f}}$$

und für die Federsteifigkeit bezogen auf ein Vorderrad:

$$\frac{1}{c_f} = \frac{1}{c_{tot,f}} - \frac{1}{c_{Ti,f}} = \frac{1}{85,8\frac{N}{mm}} - \frac{1}{250\frac{N}{mm}} = 7,7 \cdot 10^{-3}\,mm/N$$

$$c_f = 130,7\,N/mm$$

Damit ergibt sich die Federsteifigkeit einer vorderen Fahrzeugfeder bezogen auf ihre Einbaulage zu:

$$c_{F,f} = c_f \cdot MR_f^2 = 130,7\frac{N}{mm} \cdot 1,1^2 = 158,1N/mm$$

b) Welche Dämpfungsmaße $k_{\zeta,i}$ für LS (Low-Speed)- und HS (High-Speed)-Dämpfung – jeweils für Bump und Rebound und bezogen auf ein Vorderrad – würden Sie wählen? Der LS-Bereich erstreckt sich bis zu einer Dämpfergeschwindigkeit von 50 mm/s. Der dann folgende HS-Bereich erstreckt sich bis 300 mm/s.

Mit Blick auf Tipp 4.5 und Abb. 4.20 werden folgende Dämpfungsmaße angesetzt:

$$\begin{pmatrix} k_{\zeta,\text{LS-Bump}} = 1{,}0 & k_{\zeta,\text{HS-Bump}} = 0{,}4 \\ k_{\zeta,\text{LS-Rebound}} = 0{,}7 & k_{\zeta,\text{HS-Rebound}} = 0{,}3 \end{pmatrix}$$

c) Eigenkreisfrequenz bezogen auf das *Vorderrad* und Dämpferraten für LS- und HS-Dämpfung – für Bump und Rebound – für den Dämpfer in seiner *Einbaulage* gemäß der in c) gewählten Dämpfungsmaße.

Skizzieren Sie das Dämpferschaubild für den Exponenten n = 1.

Die Eigenkreisfrequenz und die Eigenfrequenz bezogen auf ein Vorderrad ergeben sich mit den in a) berechneten Werten:

$$\omega_e = \sqrt{\frac{c_{tot,f}}{m_{V,f,i}}} = \sqrt{\frac{85{,}8 \cdot 10^3\, N/m}{204{,}9\, kg}} = 20{,}47\, rad/s$$

$$f_e = \frac{\omega_e}{2\pi} = 3{,}26\, Hz$$

Für die gesuchten Dämpferraten eines Dämpfers an der Vorderachse in seiner Einbaulage ergibt sich dann für LS- und HS-Dämpfung – für Bump und Rebound:

$$k_{d,LS-Bump} = 2 \cdot \omega_e \cdot m_{V,f,i} \cdot k_{\varsigma,LS-Bump} \cdot MR_f^{\,2}$$

$$k_{d,LS-Bump} = 2 \cdot 20{,}47 \frac{rad}{s} \cdot 204{,}9 kg \cdot 1{,}0 \cdot 1{,}1^2 = 10.150\,\text{NS/m}$$

$$k_{d,HS-Bump} = 2 \cdot \omega_e \cdot m_{V,f,i} \cdot k_{\varsigma,HS-Bump} \cdot MR_f^{\,2}$$

$$k_{d,HS-Bump} = 2 \cdot 20{,}47 \frac{rad}{s} \cdot 204{,}9 kg \cdot 0{,}4 \cdot 1{,}1^2 = 4.060\,\text{Ns/m}$$

$$k_{d,LS-Rebound} = 2 \cdot \omega_e \cdot m_{V,f,i} \cdot k_{\varsigma,LS-Rebound} \cdot MR_f^{\,2}$$

$$k_{d,LS-Rebound} = 2 \cdot 20{,}47 \frac{rad}{s} \cdot 204{,}9 kg \cdot 0{,}7 \cdot 1{,}1^2 = 7.105\,\text{Ns/m}$$

$$k_{d,HS-Rebound} = 2 \cdot \omega_e \cdot m_{V,f,i} \cdot k_{\varsigma,HS-Rebound} \cdot MR_f^{\,2}$$

$$k_{d,HS-Rebound} = 2 \cdot 20{,}47 \frac{rad}{s} \cdot 204{,}9 kg \cdot 0{,}3 \cdot 1{,}1^2 = 3.045\,\text{Ns/m}$$

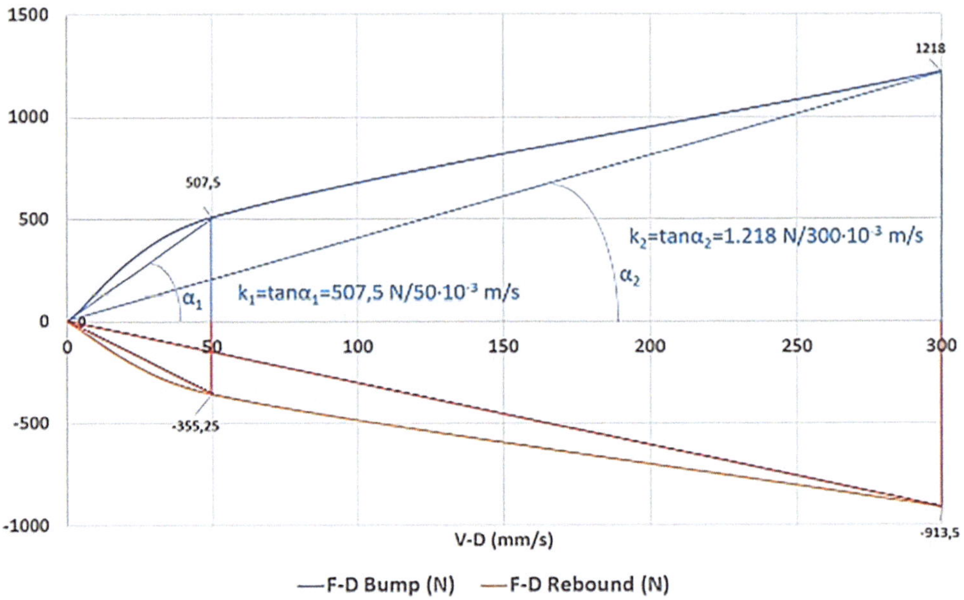

Abb. 4.21 Berechnetes Dämpferkennfeld als Basis für die Dämpferwahl. Die Steigungen (tanα) entsprechen den Dämpferraten k für die beiden gewählten Bereiche (hier nur dargestellt für die Einfederung, aber analog auch für die Ausfederung entsprechend anzusetzen)

Damit können die Dämpferkräfte für den LS-Bereich für $\dot{z}$ bis 50 mm/s und den dann folgenden HS-Bereich für $\dot{z}$ bis 300 mm/s berechnet und in ein Diagramm eingetragen werden.

$$F_{D,i,j} = k_{d,i,j} \cdot \dot{z}^n$$

Abb. 4.21 zeigt das Ergebnis für die Berechnung über die beiden gewählten Geschwindigkeitsbereiche. Damit kann anhand der von den Herstellern zur Verfügung gestellten Dämpferdiagramme rasch ein geeigneter Dämpfer ausgewählt werden.

d) Eigenkreisfrequenz und Eigenfrequenz des schwingenden Systems für eine Seite der Vorderradaufhängung (bezogen auf die Feder).

$$\omega_{e,F} = \frac{1}{MR_f} \cdot \sqrt{\frac{c_{tot,f}}{m_{V,f,i}}} = \frac{1}{1,1} \cdot \sqrt{\frac{85,8 \cdot 10^3 \, N/m}{204,9 \, kg}} = 18,6 \, rad/s$$

$$f_{e,F} = \frac{\omega_{e,F}}{2\pi} = 3,0 \, Hz$$

e) Gedämpfte Eigenkreisfrequenz und gedämpfte Eigenfrequenz des schwingenden Systems für eine Seite der Radaufhängung für LS-Bump (bezogen auf die Feder).

Die auf das Rad bezogene Abklingkonstante bei LS-Bump ergibt sich aus:

$$\delta = \frac{k}{2 \cdot m_V} = k_\varsigma \cdot \omega_e = \frac{k_{\varsigma,LS-Bump}}{MR^2} \cdot \omega_e = \frac{1,0}{1,1^2} \cdot \omega_e = 0,83 \cdot \omega_e$$

Für die gedämpfte Eigenkreisfrequenz bezogen auf die Feder folgt dann:

$$\omega_{d,F} = \frac{1}{MR_f} \cdot \sqrt{\omega_e^2 - \delta^2} = \frac{1}{MR_f} \cdot \sqrt{\omega_e^2 \left(1 - 0,83^2\right)}$$

$$\omega_{d,F} = \frac{1}{MR_f} \cdot \sqrt{\omega_e^2 - \delta^2} = \frac{1}{1,1} \cdot \sqrt{20,47^2 \left(1 - 0,83^2\right)} = 10,4\,rad/s$$

$$f_{d,F} = \frac{\omega_{d,F}}{2\pi} = 1,65\,Hz$$

◀

4.5 Beurteilungen der Dämpferwirkung im Rennbetrieb *Assessment of the Dampers under Racing Condition*

Zur Beurteilung der für die jeweilige Rennstrecke adäquaten Dämpfereinstellung kann die Datenaufzeichnung sehr von Vorteil sein. Hierzu sind Wegsensoren an der Radaufhängung erforderlich (siehe auch Kap. 5). Abb. 4.22 zeigt die ausschnittsweise Aufzeichnung der Positionen der Radaufhängung je Rad, die Gaspedalstellung sowie die Über-/Untersteuer-Charakteristik während eines Rennens vor, während und nach der Durchfahrt einer Rechtskurve. Die in Kap. 2 beschriebenen Phasen der Kurve sind gekennzeichnet.

Beim Anbremsen der Kurve ist ein gleichmäßiges Einfedern aller Räder zu verzeichnen, was auf optimalen Nickausgleich des Fahrzeugs hindeutet. Während des Einlenkens in Phase 1 und Einrollens um die x-Achse in Phase 2 federt die linke Seite zunehmend ein und die rechte Seite zunehmend aus. In der Phase 3, während die Rollbewegung das Maximum erreicht hat, stellen sich die maximalen, nahezu konstanten Ein- und Ausfederungen ein. Gegen Ende der Phase 3 und während der Phasen 4 und 5 beschleunigt der Rennwagen während des Zurückrollens wieder (kurze Zeit später wird das Gaspedal vor der nächsten Kurve wieder zurückgenommen). Während der Durchfahrt der Kurve gerät das Fahrzeug in Phase 2 in ein Untersteuern, das erst beim Zurückrollen in Phase 4 endet. Während des Untersteuerns ist die Einfederung hinten links größer als vorne links, die Ausfederung hinten rechts größer als vorne rechts. In den Abb. 4.23 und 4.24 wird dann die Kurvenfahrt detailliert auf die Wirkung der Dämpfer analysiert.

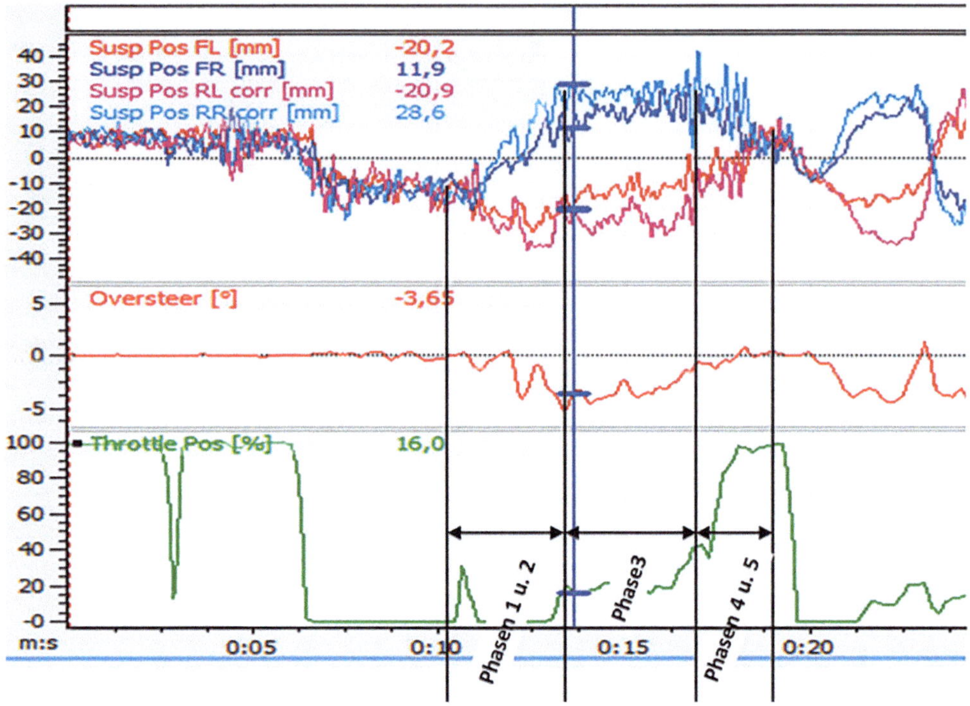

Abb. 4.22 Aufzeichnungen der Lage der Radaufhängung an allen Rädern sowie der Gaspedalstellung und des Über-/Untersteuerns während eines Rennens (Ausschnitt)

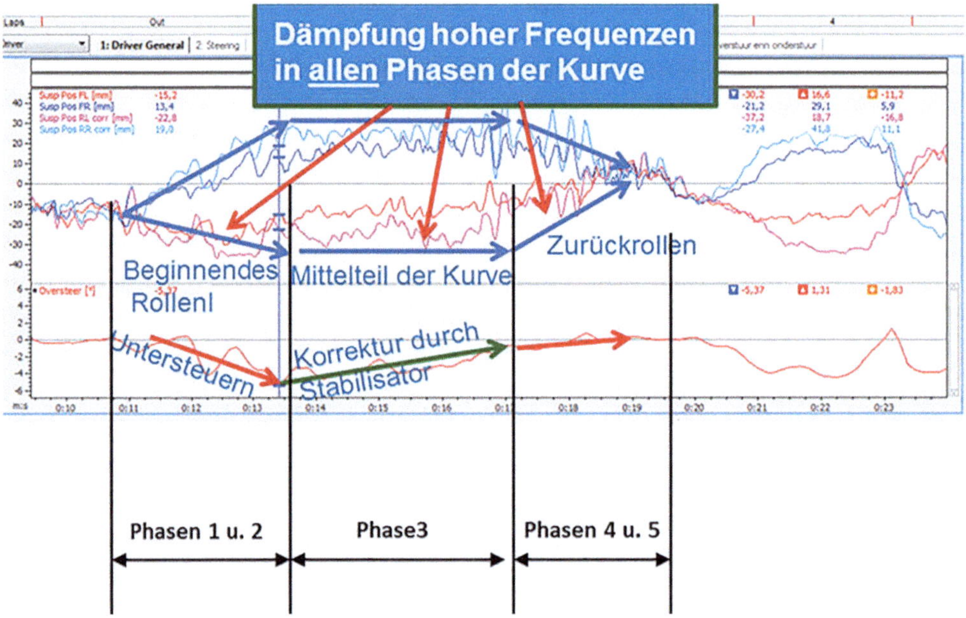

Abb. 4.23 Aufzeichnungen der Lage der Radaufhängung an allen Rädern während der Phasen einer Kurvendurchfahrt mit Hervorheben sowohl der Wirkung des Dämpfers auf hohe Frequenzen (niedrigeres Dämpfungsmaß) und der Korrektur durch den Stabilisator während des konstanten Rollens in Phase 3. In dieser Phase werden ausschließlich die Fahrbahnunebenheiten gedämpft. Die Dämpfung der Fahrbahnunebenheiten findet jedoch darüber hinaus in *allen* Phasen der Kurve statt!

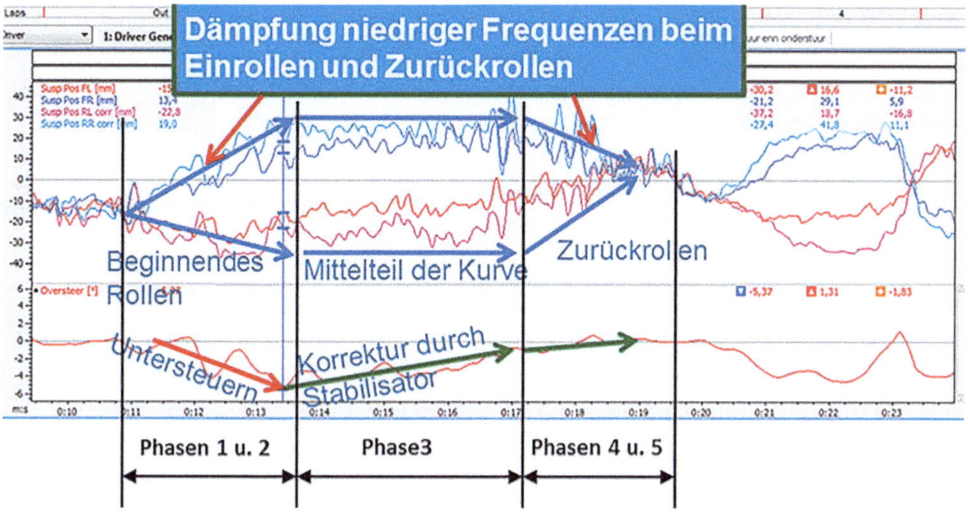

Abb. 4.24 Aufzeichnungen der Lage der Radaufhängung an allen Rädern während der Phasen einer Kurvendurchfahrt mit Hervorheben der Wirkung des Dämpfers auf niedrige Frequenzen (hohes Dämpfungsmaß) beim Einrollen in Phase 2 und Zurückrollen in Phase 4. Die Dämpfung der Fahrbahnunebenheiten und damit der hohen Frequenzen findet wie beschrieben in allen Phasen der Kurve statt

Nach dem Anbremsen der Rechtskurve beginnt in den Phasen 1 und 2 ein Untersteuern bei beginnendem Rollen um die Längsachse. Während des anschließenden konstanten Rollens in Phase 3 wirkt der Dämpfer vor allem auf hohen Frequenzen, d. h. beim Ausgleich von Fahrbahnunebenheiten. In dieser Phase entfaltet auch der Stabilisator seine Wirkung, wodurch dem Untersteuern begegnet wird (siehe auch Kap. 3).

Beim Zurückrollen in Phase 4 wirkt der Dämpfer dann, wie auch zuvor beim Einrollen und Bremsnicken in Phase 2, auf die niedrigen Frequenzen. Die Dämpfung hoher Frequenzen ist in diesem Bereich jedoch ebenfalls wirksam.

Der Dämpfer erfüllt aufgrund seiner unterschiedlichen Dämpfungsraten bei niedrigen und hohen Dämpfergeschwindigkeiten zwei grundsätzlich verschiedene Aufgaben. Wie bereits erwähnt sind die unterschiedlichen Dämpfungscharakteristika bei Rennwagen mit hohem aerodynamischem Abtrieb nicht derart ausgeprägt.

Zur Beurteilung einer optimalen Dämpfungscharakteristik kann auch der Zeitpunkt zwischen Bremsen und Einrollen am Beginn einer Kurve herangezogen werden. In Abb. 4.25. ist die Einfahrt in eine Rechtskurve dargestellt. Die Übergänge der Federbewegungen des hinteren kurveninneren Rades vom Ausfedern zum Einfedern und kurvenäußeren Vorderrades vom Einfedern zum Ausfedern sollten möglichst gleichzeitig erfolgen. Im dargestellten Fall ist dies nur näherungsweise zu bestätigen.

Eine weitere Möglichkeit der Beurteilung des Dämpfungsverhaltens des Gesamtfahrzeugs ergibt sich aus der statistischen Darstellung der Verweilzeiten in den jeweiligen Dämpfer-Geschwindigkeitsbereichen während eines Rennens, differenziert nach den

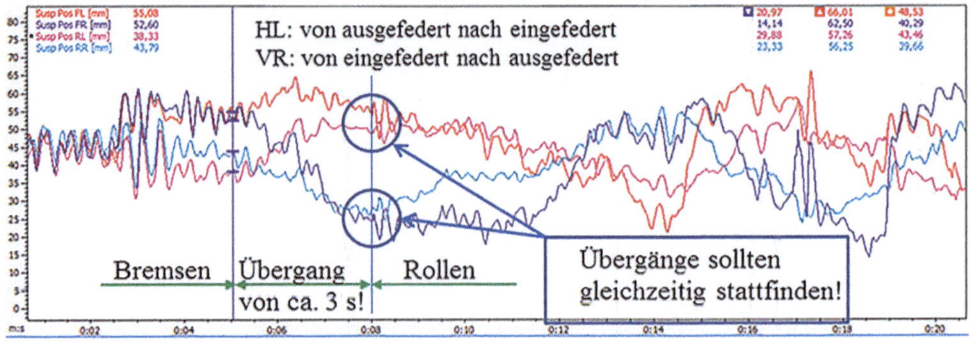

Abb. 4.25 Aufzeichnungen der Lage der Radaufhängung an allen Rädern während einer Einfahrt in eine Rechtskurve: Die Übergänge der Federbewegungen des kurveninneren Hinterrades vom Ausfedern zum Einfedern und des kurvenäußeren Vorderrades vom Einfedern zum Ausfedern sollten möglichst gleichzeitig erfolgen!

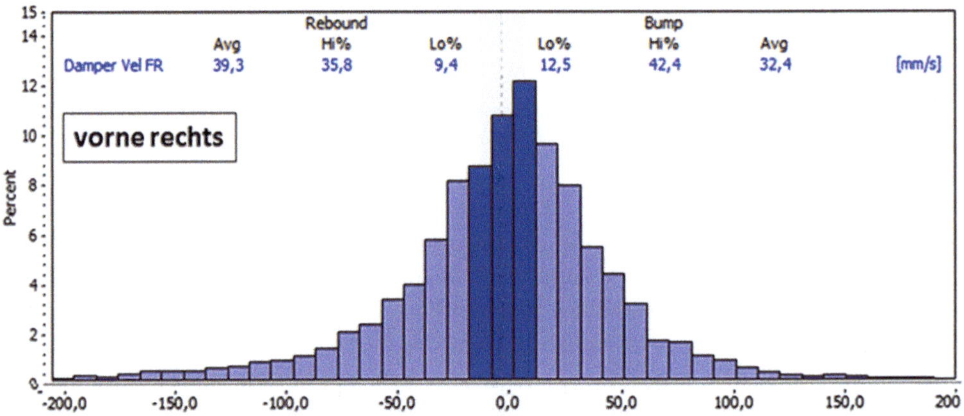

Abb. 4.26 Histogramm der Zeitanteile der Dämpfergeschwindigkeiten für die rechte vordere Radaufhängung. Die angestrebte Symmetrie der Verteilung zwischen Ein- und Ausfederung ist nicht vollständig ersichtlich, könnte aber durch unterschiedliche Dämpfungsraten für Ein- und Ausfedern durchaus gegeben sein

einzelnen Rädern, in Form von Histogrammen.[5] Abb. 4.26 stellt exemplarisch das Histogramm der Dämpfergeschwindigkeiten für das rechte Vorderrad dar. Positive Geschwindigkeiten beziehen sich auf die Einfederung (Bump), negative auf die Ausfederung (Rebound). Für optimalen Grip sollte das Histogramm so symmetrisch wie möglich sein, idealerweise in der Form einer Normalverteilung nach Gauss („Glocken-Kurve"). Diese Aussage trifft jedoch absolut gesehen nur bei weitgehend identischer Charakteristik der Dämpfer bei Bump und Rebound zu, d. h. bei identischen Kräften. Zur Realisierung einer

[5] Siehe Handbuch Rennwagentechnik Bd. 5, Kap. 3 und 5.

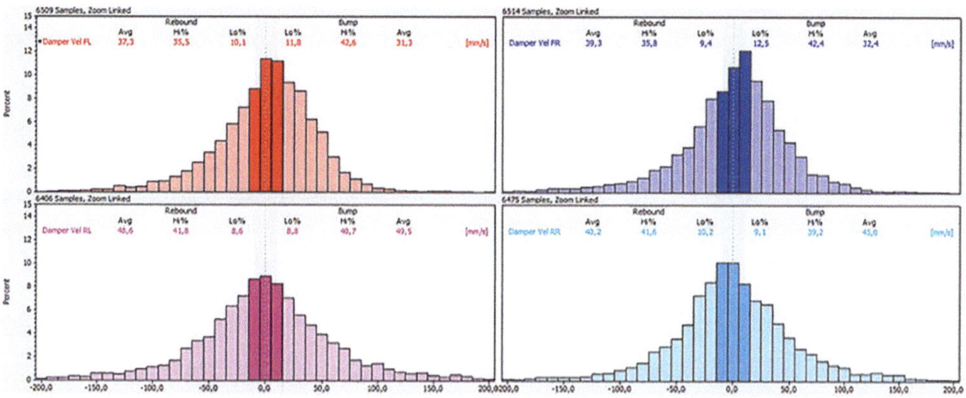

Abb. 4.27 Vergleich der Histogramm-Zeitanteile der Dämpfergeschwindigkeiten an allen Rädern

„sauberen" Rollbewegung sollte der Dämpfer für „Bump" und „Rebound" eine identische Kräftecharakteristik generieren. Dies könnte jedoch für unterschiedliche Dämpfungsraten unterschiedliche Dämpfergeschwindigkeiten bedeuten.

Das heißt bei einem optimalen Setup werden identische Energiebeträge im Ein- und Ausfederbereich absorbiert bzw. umgewandelt. Diese Anforderung ist im Beispiel von Abb. 4.26 nicht ganz erfüllt, denn die Durchschnittsgeschwindigkeit im Ausfederungsbereich ist mit 39,3 mm/s höher als im Einfederungsbereich (32,4 mm/s). Die dunkle Färbung dokumentiert die Verweildauer im niedrigen Dämpfungsgeschwindigkeits-Bereich <25 mm/s, die im Einfederungsbereich mit 12,5 % dominiert. Abb. 4.27 vergleicht schließlich die Histogramme für alle Räder. Es ist großer Wert darauf zu legen, dass die für optimalen Grip erforderlichen Symmetrien der Histogramme sich an allen Rädern einstellen.

Histogramme dienen auch als Grundlage zur Identifikation von Dämpferfehlern und -schäden.

Beispiel 4.7

Im freien Training zu einem Formel-3-Rennen auf dem Lausitzring wurde bei submaximaler Fahrt das gewählte Setup eines Dallara 307 mit Mono-Federbein an der Vorderachse und zwei Federbeinen an der Hinterachse überprüft. Im Fahrzeug ist das serienmäßige Bosch-FIA F3-Datenaufzeichnungssystem verbaut. In Abb. 4.28 ist zwischen den in Grün und in Rot gekennzeichneten, gepunkteten Linien der Ausschnitt über die Sektoren 2 und 3 gezeigt, der nachfolgend betrachtet werden soll. Rechts unten in Abb. 4.28 ist der zugehörige Abschnitt im Streckenverlauf gekennzeichnet. Zur Auswertung wurden die folgenden Standard-Kanäle (Channels) über der Zeit herangezogen:

- Weg am Mono-Federbein der Vorderachse und Lenkwinkel.
- Längs- und Querbeschleunigungen.

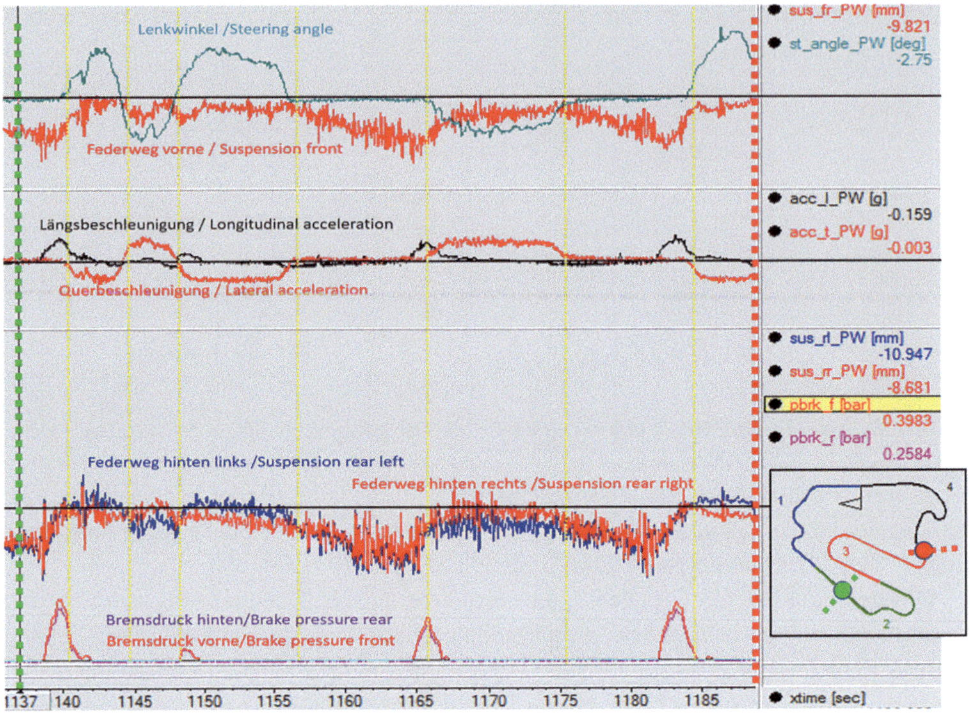

Abb. 4.28 Aufgezeichnete Race-Daten über einen Ausschnitt von zwei Sektoren am Lausitzring

- Wege an den Federbeinen rechts und links der Hinterachse.
- Bremsdrücke an Vorder- und Hinterachse.

Die vertikalen gelben Linien kennzeichnen die Übergänge (oder Wechsel) in den Querbeschleunigungen. Im Zeitverlauf findet zunächst am Ende der Gegengeraden im Sektor 2 eine Bremsung statt, ersichtlich aus dem plötzlichen Anstieg der Bremsdrücke. Die Federwege zeigen aufgrund des großen Abtriebs und der Achslastverlagerung beim Bremsen entsprechend des sehr niedrigen Fahrzeugschwerpunktes dann eine Einfederung vorne und hinten. Mit dem Einlenken nach links und Auftreten einer Querbeschleunigung (hier nach unten dargestellt; Massenkraft nach rechts) findet auch unmittelbar ein Übergang der Fahrzeuglage mit Einfederung des kurvenäußeren, rechten Hinterrades und Ausfederung des linken Hinterrades statt. Dieser Übergang, wie auch der Übergang bei der sogleich folgenden Einfahrt in die Rechtskurve und die Übergänge bei den Ein- und Ausfahrten der folgenden Kurven sind als sehr synchron erkennbar (siehe Markierung durch vertikale gelbe Linien). Da die Übergänge in den wechselseitigen Ein- und Ausfederungen an der Hinterachse in Abhängigkeit der Querbeschleunigungen sehr synchron erfolgen und auch mit der Einfederung an der Vorderachse korrespondieren, passt die Einstellung der Dämpfer bestens. Das Beispiel zeigt, dass auch bei sehr geringen Federwegen (wie bei Formelfahrzeugen üblich) eine adäquate Beurteilung des Verhaltens der Dämpfer alleine schon aus den Aufzeichnungen der Federwege belastbar möglich ist. ◀

► **Tipp 4.6** Stoßdämpfer sind einerseits ein Stück Feinmechanik (wie in diesem Kapitel beschrieben), gleichzeitig sind sie aber auch starken Belastungen ausgesetzt. Sie sind nicht nur großen Kräften bei sehr unterschiedlichen Frequenzen ausgesetzt, sondern auch bei sehr unterschiedlichen Temperaturen.

Deshalb sind Stoßdämpfer in der Regel einem hohen Verschleiß unterworfen. Ein Dämpfer kann am Ende einer Saison eine ganz andere Charakteristik haben als im Neuzustand. Das bedeutet nicht, dass sie unbrauchbar sind, aber die Degradationen sind bei den Einstellungen zu berücksichtigen.

Deshalb ist es ratsam, die Dämpfer regelmäßig zu testen und die Diagramme neu zu erstellen. Das Ergebnis kann sein, dass die Einstellung (die Anzahl der Klicks) angepasst werden muss, um die gleichen Dämpferkräfte zu erhalten. Beim Testen von Dämpfern können auch sogenannte „Matching-Dämpfer" gepaart werden, d. h. zwei gleiche Dämpfer können auf einer Achse platziert werden.

Bei gleichen Einstellungen kann auch das Dämpferhistogramm einen Hinweis auf den Verlauf der Dämpferkräfte bieten.

► **Tipp 4.7** Bei der Verwendung neuer Dämpfer stellt sich immer die Frage, welche Dämpfereinstellung zu verwenden ist. Zu Beginn ist es immer gut, die Berechnung der Eigenfrequenz durchzuführen, wie in diesem Kapitel beschrieben.

Darüber hinaus bietet ein so genanntes Bode-Diagramm eine interessante Sicht auf das Masse-Feder-System, indem er das Verhalten im Frequenzbereich zeigt. Es gibt Simulationssoftwarepakete, die solche Plots standardmäßig erzeugen. Ein solches Diagramm zeigt entsprechend genau, wo die Frequenzspitze liegt, auf die die Dämpfung einzustellen ist.

Auch praxisnahe Prüfstandtests, wie der 7-Post- oder 4-Post-Shaker-Rig-Test, sind hilfreich. Diese Tests zeigen die Frequenzen, die in der gefederten und ungefederten Masse auftreten. Obwohl die Genauigkeit nicht 100 %ig ist, kann ein solcher Test, auch wenn er i. d. R. recht kostspielig ist, an einem Tag mehr Erkenntnisse bringen als drei Testtage auf einer Rennstrecke! Die Qualität des Ergebnisses hängt von der Qualität des Bedieners einer solch komplexen Anlage ab. Ein klarer, offener Dialog zwischen Ingenieur und Bediener ist für ein gutes Ergebnis unerlässlich.

Literatur

1. Nowlan, D.: The Dynamics of the Race Car. E-Book, Sydney (2010) https://www.chassissim.com
2. Milliken, W., et al.: Racecar Vehicle Dynamics. SAE (1995)

Geometrie *Geometry* 5

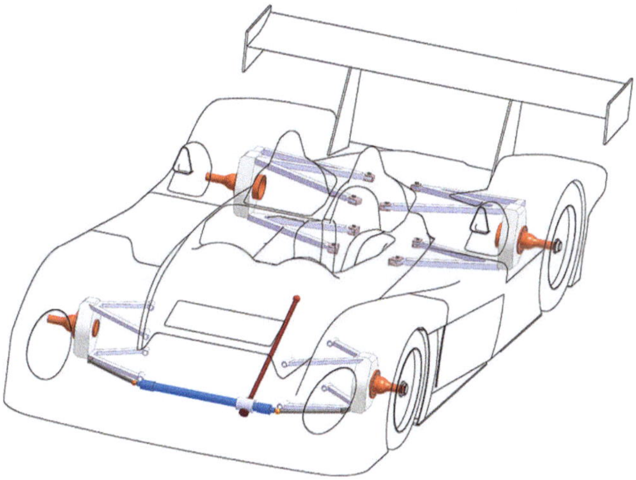

Inhaltsverzeichnis

R. Pütz, T. Serne, *Rennwagentechnik - Praxislehrgang Fahrdynamik*, Handbuch Rennwagentechnik 6, https://doi.org/10.1007/978-3-658-47000-5_5

Zusammenfassung

Die Geometrie beschreibt die Konfiguration und Anordnung von *Systemlinien* und *Drehpunkten* an einer Radaufhängung. Damit bestimmt die Geometrie, wie die Kräfte der Reifen über die Räder und die Radaufhängung auf die Aufbaumasse des Fahrzeugs übertragen werden. Ausführlich werden hier beschrieben: Zusammenhang zwischen Spreizung und Nachlaufwinkel, Vorspur und Nachspur, Rollzentrum und Nickzentrum, Geometrie der Radaufhängung und der Spurstangenmechanismus, das Kräftespiel in Längs- und Querrichtung, das Ackermannprinzip sowie die analytische Ermittlung der Bewegung einer Doppelquerlenker-Radaufhängung Radaufhängung.

5.1 Die Fahrwerksgeometrie und ihre Bedeutung *Suspension Geometry and its Significance*

Die Geometrie beschreibt die Konfiguration und Anordnung von *Systemlinien* und *Drehpunkten* an einer Radaufhängung. Damit bestimmt die Geometrie, wie die Kräfte der Reifen über die Räder und die Radaufhängung auf die Aufbaumasse des Fahrzeugs übertragen werden. Wenn die Kraftübertragungskinematik nicht vollständig verstanden wird, können bei falscher Geometriewahl Probleme entstehen, deren geometriebedingter Ursache man sich sogar oft nicht bewusst ist. Das Ergebnis in diesen Fällen ist dann meist, dass Probleme wie z. B. zu viel Rollen, Nicken oder unerwünschte Eigenlenkung beim Einfedern (Bumpsteer) fälschlicherweise mit Federungs- und Stabilisator-Einstellungen beseitigt werden, die i. d. R. viel zu hart für das Auto sind.

Die Geometrie wird durch das Verbinden der Referenz- und Drehpunkte ermittelt. Diese Verbindungen sind nicht unbedingt mit den physischen Maßen der Radaufhängung identisch. Abb. 5.1 zeigt beispielhaft, dass die Achse, um welche das Rad eines McPherson-Federbeins lenkt, nicht der Mittellinie (Wirklinie) des Stoßdämpfers entspricht.

▶ **Tipp 5.1** Die Bestimmung der Geometrie eines existierenden Autos ist nicht einfach.

Es ist zu empfehlen, wenn die Radaufhängung demontiert ist, z. B. im Rahmen einer großen Wartung im Winter, die einzelnen Bauteile detailliert zu vermessen. Auch die Anlenkpunkte am Chassis sind dann einfacher und genauer zu vermessen. Nach der Vermessung können dann die einzelnen Teile der Radaufhängung in einer Zeichnung bzw. CAD-Modell zusammengeführt werden. Damit kann dann z. B. das Rollzentrum genau festgelegt werden, welches später für die Berechnung des Rollmomentes in Kap. 6 benötigt wird.

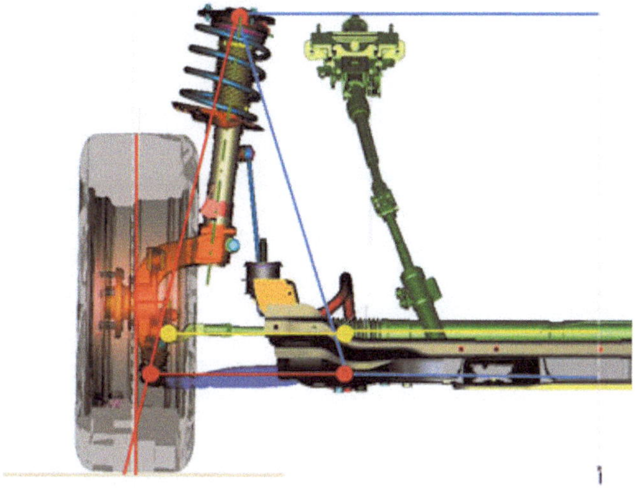

Abb. 5.1 Die Geometrie ist die Verbindung zwischen den Dreh- und Anlenkpunkten der Radaufhängung. Hier wird das Federbein eines Ford Mondeo gezeigt. *Rot* = ungefederte Masse; *Blau* = gefederte Masse; *Gelb* = Lenkung; *Grün gestrichelt* = Mittellinie des Stoßdämpfers. (Quelle: Ford Nederland)

> **Tipp 5.2** Vor allem bei Tourenwagen ist es schwierig, die Koordinaten der Drehpunkte am Chassis exakt zu vermessen. Karosseriebau- und Instandsetzungsunternehmen verfügen jedoch i. d. R. für die meisten Autos über die genauen Maße dieser Anlenk- und Drehpunkte (für die Federbeine, Querlenker, Stoßdämpfer usw.). Die Bestimmung der tatsächlichen Maße lohnt jedoch vor allem bei Gebrauchtfahrzeugen, weil durch Umbauten und/oder Unfälle die Geometrie verändert worden sein kann.

5.2 Spreizung und Nachlauf *Kingpin Inclination and Caster*

Spreizung (oder Spreizungswinkel; Englisch: KPI, King Pin Inclination) bezeichnet die Schrägstellung der Schnittlinie der Lenkachse am Radträger in der Vorderansicht, siehe Abb. 5.2. Da es nicht immer möglich ist, den Radträger in dem relativ kleinen Einbauraum in der Felge unterzubringen, und um trotzdem einen definierten, kleinen Lenkrollhalbmesser R_0 zu realisieren, ist eine Schrägstellung mit dem Spreizungswinkel σ erforderlich.

Wenn die Schnittlinie (Lenkachse) auf der inneren Hälfte der Reifenaufstandsfläche die Straße durchschneidet, ist der Lenkrollhalbmesser positiv, wenn sie auf der äußeren Hälfte

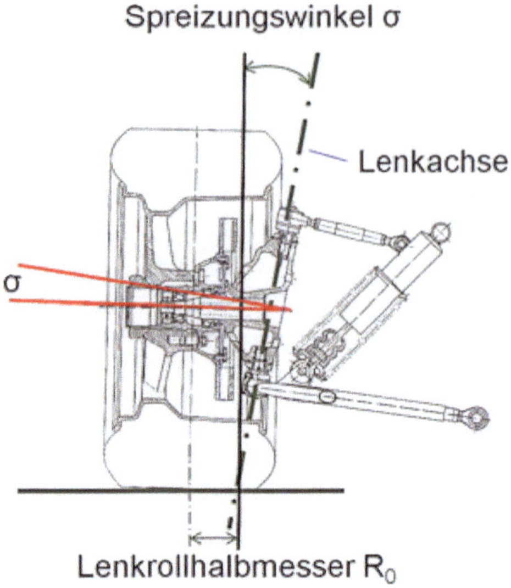

Abb. 5.2 Beispiel für Spreizung. In den meisten Fällen besteht der Radträger (Upright) mit den beiden Anlenkpunkten (um welche das Rad lenkt), Lagern usw. aus einem Teil. Demzufolge haben Sturzänderungen auch keinen Einfluss auf die Definition und Größe der Spreizung

die Straße durchschneidet, ist er negativ (vgl. auch Abschn. 1.5.4, Abb. 1.14). Wenn jedoch die Schnittlinie durch die Straße exakt in der Mittellinie des Reifens erfolgt – der Lenkrollhalbmesser also Null ist –, wird das auf Englisch „Centrepoint Steering" genannt.

> **Tipp 5.3** Negative Lenkrollhalbmesser kommen vor allem bei Fahrzeugenund mit Vorderradantrieb vor. Wenn z. B. ein Rallye-Auto mit den Rädern der rechten Seite von der Straße abkommt, wird das rechte Vorderrad keine ausreichende Bremskraft mehr liefern können. Beim Bremsen wird dann nur das linke Vorderrad (das sich noch auf der Straße befindet) eine ausreichende Bremswirkung aufbringen. Dadurch entsteht ein linksdrehendes Moment der Fahrzeugmasse um das linke Vorderrad, was sehr gefährlich sein kann. Ein negativer Lenkrollhalbmesser an den Vorderrädern wird jedoch ein rechtsdrehendes Moment am linken Vorderrad auslösen, womit dem Drehen (Gieren) des Fahrzeugs einigermaßen entgegengewirkt wird.

Je kleiner der Lenkrollhalbmesser ist, desto leichter lässt sich das Auto lenken. Wenn jedoch der Lenkrollhalbmesser zu klein wird oder sich sogar „Centrepoint Steering" einstellt, bekommt der Fahrer kaum noch Rückmeldung von seinem Auto, womit es sich für ihn anfühlen kann, als ob er „auf Eis" fährt. Umgekehrt nehmen die Kräfte in Längsrichtung – z. B. Rollwiderstands-, Brems- und Antriebskräfte (letztere im Fall des Vorderradantriebs) – am Lenkrad immer mehr zu, je größer der Lenkrollhalbmesser wird. Ein negativer Lenkrollhalbmesser stabilisiert indes beim Bremsen das Fahrzeug.

Auch wird sich die Lage der Radachse während einer Lenkbewegung in der Höhe (entlang der z-Achse) verändern, wenn die Lenkachse schräg gestellt ist. Das bedeutet, dass beim Lenken in einer Kurve das kurveninnere Vorderrad angehoben wird. Die Schwerkraft wirkt dem entgegen, zieht das Auto beständig nach unten, und weil die Räder links und rechts durch die Lenkung miteinander verbunden sind, stellt sich zwischen den Rädern durch das Lenkrückstellmoment ein Gleichgewicht ein. Das bedeutet, dass die beiden Räder in eine Geradeausstellung drängen. Die Spreizung bewirkt ebenso Stabilität während der Geradeausfahrt.

Der Nachlaufwinkel (Englisch: caster) bezeichnet die Schrägstellung der Lenkachse in der Seitenansicht, siehe Abschn. 1.5.3, Abb. 1.12. Ein Nachlauf entsteht, wenn die geometrische Linie der Lenkachse am Radträger die Straße an einer Stelle vor dem Zentrum der Kontaktfläche des Reifens durchschneidet. Damit greifen dann Brems- und Widerstandskräfte hinter der Lenkachse an, was zu einer Stabilität bei Geradeausfahrt führt. Fahrzeuge mit Vorderradantrieb haben oft einen äußerst geringen Nachlauf, weil die nach vorne gerichtete Zugkraft bei zu großem Nachlauf Instabilität auslöst.

Die Lenkachse am Radträger sollte in der Seitenansicht nicht unbedingt durch den Mittelpunkt der Raddrehachse verlaufen. Damit wird erreicht, dass der Nachlaufwinkel unabhängig von der Nachlaufstrecke ist.

Oft wird bei Rennwagen mit Doppelquerlenker-Aufhängung auch der Nachlaufwinkel der Hinterradaufhängung vom Hersteller vorgeschrieben. Der Nachlauf an der Hinterradaufhängung hat jedoch nicht dieselbe Funktion wie bei der Vorderradaufhängung, weil die Räder der Hinterachse keine freie Bewegung um ihre Hochachsen ausführen können. Die herstellerseitige Vorgabe des Nachlaufs hat hier nur die Funktion, die Radträger in die richtige Position zu stellen, damit Größen wie Federungslenken (Bumpsteer) und Sturzänderungen innerhalb der vom Konstrukteur beabsichtigten Grenzen bleiben.

Zusammenwirken von Spreizung und Nachlauf

Weil ein Rad während einer Lenkbewegung sich um eine schräg stehende Lenkachse bewegt, wird das Rad auch eine Änderung seiner Lage relativ zur Straße erfahren. Das Rad erhält somit eine Sturzänderung beim Lenken!

In Abb. 5.3 ist der Verlauf der Sturzänderung als Funktion des Lenkwinkels, und damit als Funktion von Nachlauf und Spreizung, dargestellt. Die Sturzänderung bleibt innerhalb akzeptabler Grenzen, so lange der Spreizungswinkel und der Nachlaufwinkel in nahezu gleicher Größenordnung bleiben. Sobald einer der beiden Größen zu sehr abweicht, sind erhebliche Sturzänderungen die Folge, wie in Abb. 5.3 aufgezeigt.[1]

Zur Ermittlung des aktuellen Sturzes sind die Sturzänderung und der statisch eingestellte Sturz zu addieren.

Die Spreizung ist nicht nur der Winkel σ zwischen der Lenkachse und einer Vertikalen, sondern auch der Winkel zwischen der Radachse und einer Senkrechten zur Lenkachse, siehe Abb. 5.2. Dies bedeutet, dass bei der Einstellung des Sturzes die komplette Einheit des Radträgers mit allen Anbauteilen ein wenig verdreht wird, und dass deshalb der Spreizungswinkel σ nicht geändert wird. Durch die Einstellung des statischen Sturzes ändert sich folglich die Spreizung nicht!

[1] Genaueres siehe Handbuch Rennwagentechnik Bd. 4, Kap. 5.

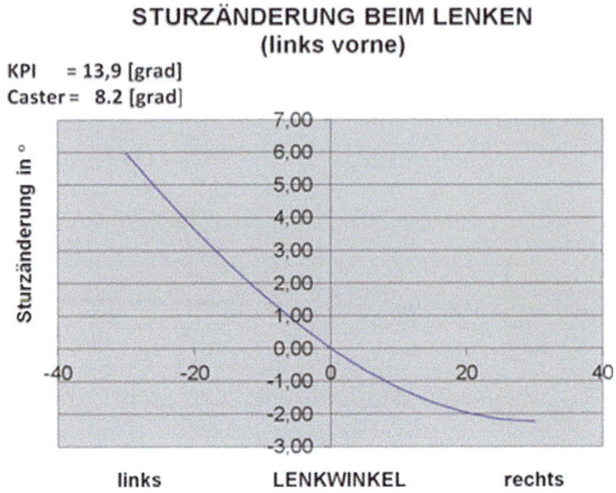

Abb. 5.3 Ein Rad erfährt aufgrund von Spreizung und Nachlaufwinkel eine Sturzänderung beim Lenken. Wenn Spreizungswinkel und Nachlaufwinkel zu sehr voneinander abweichen, erhält das Rad eine zu starke, nicht akzeptable Sturzänderung

▶ **Tipp 5.4** Wenn bei Testfahrten auf einer Rennstrecke lediglich ein Sturzmesser zur Verfügung steht, kann der Nachlaufwinkel wie folgt gemessen werden:

Schritt 1:	Das Vorderrad links um 30° nach links drehen, dann den Sturz messen, z. B. −2,5°
Schritt 2:	Das Vorderrad links um 30° nach rechts drehen, dann den Sturz messen, z. B. 4,7°
Schritt 3:	Die Addition der beiden absoluten Messwerte liefert den Nachlaufwinkel! Zum Beispiel, Nachlaufwinkel = |−2,5°| + 4,7° = 7,2°.

(30° entspricht einer Stunde auf dem Zifferblatt einer Uhr)

Wenn sich das Rad nur bis 20° lenken lässt, muss im o. g. Schritt 3 der Ergebniswert aus der Addition der Messwerte mit 1,47 multipliziert werden.

▶ **Tipp 5.5** Weil die Sturzänderung u. a. vom Nachlaufwinkel abhängig ist, können Änderungen des Nachlaufs dazu benutzt werden, um die Sturzänderungen zu beeinflussen. Tritt z. B. Untersteuern beim Einlenken auf und es sind keine andere Abstimmungsmöglichkeiten vorhanden, könnte mehr Nachlauf (= mehr Sturz während des Lenkens) das Problem beseitigen.

Die Kombination von Nachlaufwinkel und Spreizung sorgt auch dafür, dass das Fahrzeug beim Einlenken an der Kurveninnenseite ein wenig angehoben wird und sich an der Kurvenaußenseite ein wenig senkt. Damit vollzieht die Nase des Aufbaus bereits eine Rollbewegung, das sogenannte „Rollsteer". Im Grunde ist das sogar gewünscht, weil der Aufbau sowieso nach außen rollen wird. Rollsteer trägt also dazu bei, das Moment der Aufbaumasse schon bei der Lenkbewegung in die richtige Richtung aufzubauen.

Dies bedeutet jedoch auch, dass sich Räder mit Null Grad Sturz bei Vorspur in negativen Sturz und bei Nachspur in positiven Sturz einstellen.

Vor diesem Hintergrund ist es möglich, nun auch die Reifentemperaturen geeignet interpretieren zu können. Dazu sind Infrarotsensoren erforderlich, um die Temperaturen an der Oberfläche der Reifen an drei Stellen (Innen- und Außenseite sowie Mitte) zu messen. Anhand von Tab. 5.1 und 5.2 sind belastbare Beurteilungen von Nachspur, Vorspur, Sturz und Reifendruck möglich. Abb. 5.4 zeigt die unterschiedlichen Positionen (Innen, Mitte und Außen) für die Temperaturmessung am Reifen.

Die Beziehung zwischen den Temperaturen an der Lauffläche des Reifens liefert aussagekräftige Informationen über die Abstimmung der Fahrwerks-Geometrie. Quelle: Auszug aus OptimumG Seminar.

Tab. 5.1 Beurteilung der Verhältnisse der Reifentemperaturen

$T_{Innenseite}$	<	T_{Mitte}	<	$T_{Außenseite}$	Zu wenig Sturz, oder zu viel Nachspur
$T_{Innenseite}$	<	T_{Mitte}	>	$T_{Außenseite}$	Zu hoher Reifendruck
$T_{Innenseite}$	<	T_{Mitte}	=	$T_{Außenseite}$	Zu wenig Sturz, oder zu hoher Reifendruck, zu viel Nachspur
$T_{Innenseite}$	>	T_{Mitte}	<	$T_{Außenseite}$	Zu niedriger Reifendruck
$T_{Innenseite}$	>	T_{Mitte}	>	$T_{Außenseite}$	Zu viel Sturz, oder zu viel Vorspur
$T_{Innenseite}$	>	T_{Mitte}	=	$T_{Außenseite}$	Zu viel Sturz, oder zu niedriger Reifendruck, zu viel Vorspur
$T_{Innenseite}$	=	T_{Mitte}	<	$T_{Außenseite}$	Zu wenig Sturz, oder zu geringer Reifendruck, zu viel Nachspur
$T_{Innenseite}$	=	T_{Mitte}	>	$T_{Außenseite}$	Zu viel Sturz, oder zu hoher Reifendruck, zu viel Vorspur
$T_{Innenseite}$	=	T_{Mitte}	=	$T_{Außenseite}$	OK

Tab. 5.2 Beurteilung der absoluten Reifentemperaturen [°C]

Innenseite	Mitte	Außenseite	Schlussfolgerung
70	100	70	Reifendruck zu hoch
60	80	100	Positiver Sturz
90	90	90	Gut, wenn 90 °C das Ziel ist
60	60	60	Verteilung gut, aber zu kalt
120	120	120	Verteilung gut, aber zu warm
100	80	60	Viel negativer Sturz
120	110	100	Viel negativer Sturz, vielleicht zu heiß

Quelle: Auszug aus OptimumG Seminar

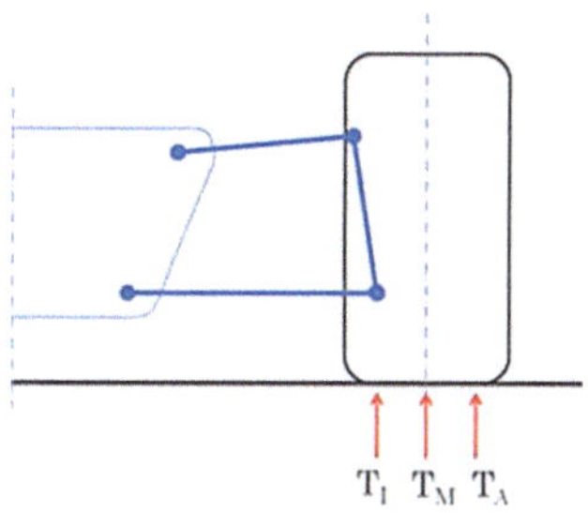

Abb. 5.4 Position der am Reifen gemessenen Temperaturen

5.3 Vorspur und Nachspur *Toe-in and Toe-out*

Unter Vorspur (Englisch: toe-in) versteht man die Einstellung der Räder einer Achse, bei der in der Draufsicht die Vorderseiten der Reifen nach innen zueinander gedreht sind. Es ist als ob man die Zehen (toe) nach innen stellt. Bei Nachspur stehen die Reifen vorne auseinander (toe-out).

Querkräfte entstehen in der Kontaktfläche zwischen Reifen und Straße. Diese Kräfte werden über die Reifenflanken an die Felge übertragen, und die Felge übertragt die Kräfte an den Radträger usw. Weil jeder Reifen ein bestimmtes Maß von Flexibilität besitzt, muss ein Reifen zunächst durch eine flexible Phase lenken, bevor die Flanken die Querkräfte übertragen können. Ein Reifen ist in diesem Bezug gleich einer Art von Feder. Durch Vorspur wird eine gewisse Vorspannung in dieser „Feder" aufgebaut. Damit ist der Reifen in der Lage, unmittelbar Querkräfte von der Kontaktfläche (Latsch) an die Felge übertragen zu können. Der Fahrer wird dadurch als Rückmeldung erfahren, dass das Auto gut und direkt einlenkt. Wenn jedoch zu wenig oder überhaupt keine Vorspur eingestellt ist, muss über die Felge erst noch Vorspannung aufgebaut werden; erst danach können die Querkräfte übertragen werden. Der Fahrer wird dann als Rückmeldung erfahren, dass das Auto dann nur langsam und verzögert auf seine Lenkbewegung reagiert.

▶ **Tipp 5.6** Es handelt sich bei den Größen Vorspur/Nachspur nur um sehr kleine Werte, diese aber mit großen Folgen für die Fahrdynamik. Deshalb sollten die Vorgaben des Herstellers genau befolgt werden! Zu viel Vorspur kann zu einer zu großen Erhitzung der Reifen und damit zu vorzeitigem Verschleiß führen. Dies bedeutet umgekehrt auch, dass bei kalten Witterungsbedingungen Vorspur helfen kann, die Reifen besser zu erwärmen. Die Einstellung von Vorspur/Nachspur ist eine sehr wichtige, exakt auszuführende Aufgabe! Nach jeder Arbeit an der Radaufhängung und nach härteren Beanspruchungen (z. B. exzessives Überfahren von Randsteinen, Berührungen mit anderen Rennteilnehmern) sollte die Einstellung wiederholt werden.

Nachspur wird aus verschiedenen Gründen angewendet. Man findet Nachspur oft bei serienmäßigen Straßenfahrzeugen mit Vorderradantrieb, bei denen die Radaufhängung an manchen Stellen mit Gummibuchsen ausgestattet ist, um die auftretenden Vibrationen zu dämpfen und um Elastokinematik zu ermöglichen.

Beim Gasgeben, also wenn eine Zugkraft (Schub) wirkt, drückt diese die Radaufhängung nach vorne. Abhängig von der Geometrie des Spurstangengelenks wird das Rad dann dynamisch in Vorspur gedrückt. Dieses bedeutet aber, dass wenn ein solches Fahrzeug im Rennsport eingesetzt und nachfolgend die Gummibuchsen durch Kugelgelenke (ball joints) ersetzt werden, das Auto statt der ursprünglichen Nachspur nunmehr sogar Vorspur benötigt.

Ein anderer Grund für Nachspur könnte ein Problem mit „Power understeer" sein, d. h. Untersteuern beim Auslenken und Beschleunigen am Ausgang der Kurve. Vor allem Rennwagen mit hohem Drehmoment werden am Ausgang der Kurve, also am Ende von Phase 4 und in Phase 5, viel Schub liefern (siehe Abb. 2.2a und b). Die Vorderreifen könnten dadurch überfordert werden, wobei Nachspur als veritabler Lösungsansatz herangezogen werden könnte. Dadurch wird der kurveninnere Reifen mehr zum Kurveninneren gedreht (und dadurch ein größerer Schräglaufwinkel aufgezwungen) als der kurvenäußere Reifen und liefert deshalb mehr Querkraft als bei Vorspur. Dies trifft sowohl für Fahrzeuge mit Vorderradantrieb als auch mit Hinterradantrieb zu. Nachteilig ist hierbei, dass die Reifen auch mehr Rollwiderstand erzeugen und sich auf den Geraden an der Vorderachse ein instabileres Verhalten des Autos einstellt.

▶ **Tipp 5.7** Vorspur und Nachspur erfordern eine sehr exakte Einstellung. Es ist nicht nur erforderlich, dass die Gesamtsumme der Spur zwischen den beiden Rädern stimmt, sondern die Anteile auch symmetrisch auf die linke und rechte Seite verteilt sind.

Deshalb wird folgende Methode zur Abstimmung empfohlen:

Schritt 1:	BEIDE Spurstangen sind (unabhängig von der Spur) auf dieselbe Länge einzustellen.
Schritt 2:	Vermessung der Spur (z. B. 5 mm) und Vergleich mit der erforderlichen Spur (z. B. 2 mm). Schlussfolgerung im vorliegenden Beispiel: Die Spur muss um 3 mm verringert werden.
Schritt 3:	In der Folge Verringerung der Spur um 1,5 mm *an beiden Rädern*!

Nur auf diese Weise erhält man ein völlig symmetrisches Auto. Andernfalls wird das Fahrzeug beim Bremsen nach links oder rechts ziehen.

5.4 Rollzentrum und Nickzentrum *Roll Centre and Pitch Centre*

Die im Reifen aufgebauten Kräfte werden über die Felge und den Radträger auf die Radaufhängung übertragen. Die Radaufhängung leitet diese Kräfte dann weiter zum Aufbau (bzw. die gefederte Masse). Das Rollzentrum ist der Punkt, über welchen die Querkräfte auf die gefederte Masse übertragen werden. Die Lage des Rollzentrums je Achse und damit die Übertragung der Kräfte ist indes abhängig von der Geometrie. Die Lage des Rollzentrums ist also entscheidend für die Charakteristik, wie die Querkräfte an die Fahrzeugmasse weitergeleitet werden. Die Rollachse des Fahrzeugs verläuft in Fahrzeuglängsrichtung dann durch die Rollzentren der Vorder- und Hinterachsaufhängung.

Auf dieselbe Weise wie die Konstruktion des Rollzentrums in der Vorderansicht, erfolgt in der Seitenansicht des Fahrzeugs die Konstruktion des Nickzentrums, um welches das Auto beim Bremsen und Beschleunigen nickt. Zunächst werden die Momentanpole der Vorder- und Hinterachsaufhängung über die Polstrahlen konstruiert. Die Polstrahlen der Radaufstandspunkte vorne und hinten durch ihre jeweiligen Momentanpole ergeben als Schnittpunkt das Nickzentrum *NZ*.

▶ **Tipp 5.8** Die Lage des Rollzentrums ist unabhängig von den Federraten. Sogar beim Einsatz extrem harter Federn bleibt die Position entscheidend für die Art der Querkraftübertragung![2] Die landläufige Vermutung, das Auto rolle kaum um die Rollachse, weil sehr harte Federn verwendet werden, und deswegen sei die Position des Rollzentrums eher unwichtig, ist völlig abwegig …

In Abschn. 5.6 wird die praktische Anwendung von Rollzentrum und Nickzentrum gezeigt.

5.5 Geometrie, ein faszinierender Kompromiss *Geometry, a fascinating Compromise*

Wie eingangs beschrieben bestimmt die Geometrie, wie die Kräfte im Reifenlatsch auf die Masse des Fahrzeugs übertragen werden. Der Konstrukteur muss dabei einen Kompromiss finden zwischen zwei völlig entgegengesetzten Zielsetzungen. Einerseits sollen die Reifen beim Bremsen und Beschleunigen aufrecht auf der Straße stehen, anderseits sollen sich die Reifen in einer Kurve, also wenn der Aufbau nach außen neigt, schräg stellen.

Jeder Kompromiss läuft für eine Doppelquerlenker-Aufhängung im Großen und Ganzen auf eine Auslegung wie in Abb. 5.5 gezeigt hinaus: Der untere Querlenker ist mehr oder weniger horizontal und der obere Querlenker schräg gestellt, wobei dieser auch kürzer ist als der untere Querlenker. Je mehr ein Fahrzeug ein- und ausfedert, desto empfindlicher wird dieser Kompromiss sein. Dieser Kompromiss zwischen den entgegengesetzten Zielsetzungen wird in Abb. 5.10 erläutert. Für einen Formel-Rennwagen, der zwar nur wenig ein- und ausfedert, ist die Lage des Rollzentrums immer noch äußerst wichtig (siehe Abschn. 5.6), aber die Geometrie wird sich kaum ändern. Das bedeutet aber keineswegs, dass der o. g. Kompromiss nicht auch für Formel-Rennwagen von Bedeutung ist. Die Bestimmung des Rollzentrums der Festachse mit Blattfedern zeigt Abb. 5.7. Vor allem klassische Cabrios mit so einer Hinterachse weisen ein hohes Rollzentrum auf (Abb. 5.7).

Ähnlich wie das Rollzentrum in der Vorderansicht festgestellt wird, wird in der Seitenansicht das Nickzentrum festgestellt. Das Nickzentrum ist aber unterschiedlich zwischen Bremsen (siehe Abb. 5.8) und Beschleunigen (siehe Abb. 5.9). Der Grund dafür ist, dass beim Bremsen die Langskräfte im Reifenlatsch und beim Beschleunigen im Radlager angreifen (Abb. 5.8).

Sobald die Geometrie der Radaufhängung festgelegt worden ist, ist die geeignete Lenk-Geometrie zu bestimmen. Auch dies ist von besonderer Bedeutung, denn die Räder sollten

[2] Genaueres siehe Handbuch Rennwagentechnik Bd. 4, Kap. 2.

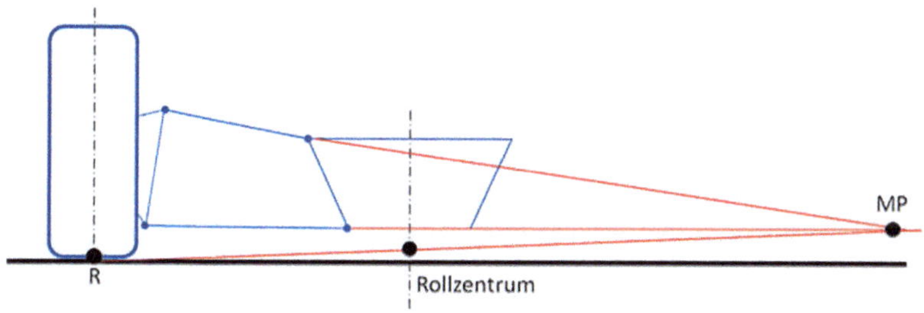

Abb. 5.5 Konstruktion des Rollzentrums einer Doppelquerlenker-Radaufhängung. Die *Linien* durch die beiden Querlenker (auch: Polstrahlen) schneiden einander im Momentanpol *MP*. Dieser Punkt ist das momentane Bewegungszentrum des Viergelenk-Koppelgetriebes, bestehend aus den beiden Querlenkern und dem Radträger. Der Radträger und auch das Rad selbst mit dem Radaufstandspunkt *R* (= Zentrum der Reifenkontaktfläche) bilden die Koppel. Folglich bewegt sich auch der Radaufstandspunkt *R* um den Momentanpol, sodass *MP* mit *R* durch einen weiteren Polstrahl verbunden werden kann. Spiegelbildlich ergibt sich die äquivalente Konstruktion des Momentanpols für die andere Radseite. Dort, wo sich die beiden Polstrahlen *R–MP* beider Radseiten schneiden, liegt das Rollzentrum *RZ*. Beim Ein- und Ausfedern bewegen sich die Querlenker beider Seiten, und damit wandern auch die Momentanpole *MP* beider Seiten. Die Bahnen, auf denen die Momentanpole wandern, sind die sogenannten Polbahnen. Da sich die Momentanpole *MP* folglich bei Bewegung der Radaufhängung verändern, verändert sich auch die Lage des Rollzentrums. Dieses ist eine dynamische Größe, die sich je nach Stellung der beiden Seiten der Radaufhängung nicht nur nach oben und unten bewegt, sondern auch nach links nach rechts. Das Rollzentrum *RZ* als imaginärer Momentanpol kann, je nach Geometrie der Radaufhängung, auch unterhalb der Straßenebene liegen. Die analoge Konstruktion für ein McPherson-Federbein wird in Abb. 5.6 beschrieben

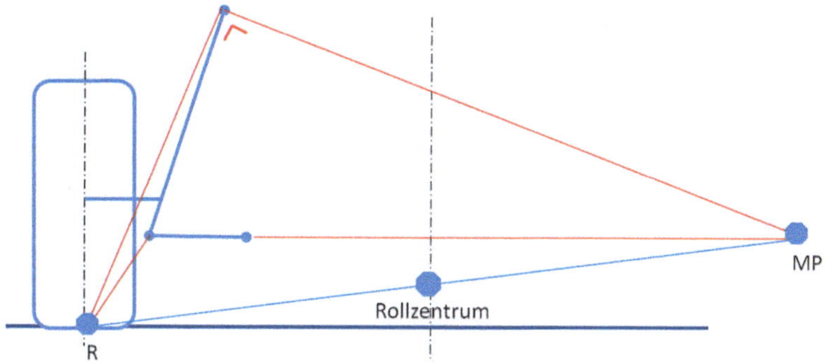

Abb. 5.6 Konstruktion des Rollzentrums bei einem McPherson-Federbein

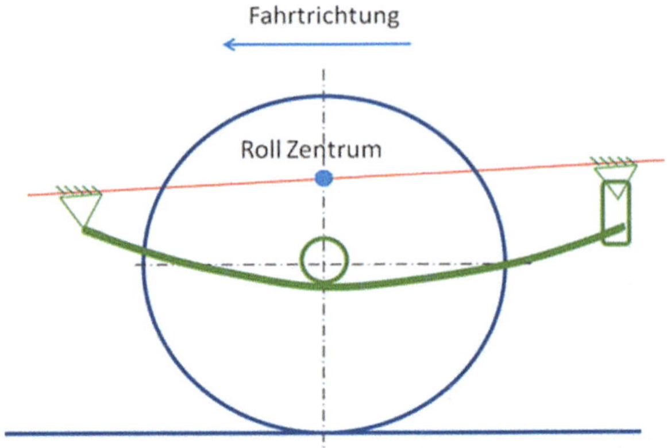

Abb. 5.7 Konstruktion des Rollzentrums *RZ* bei einer Starrachse. Im Falle eines Panhardstabes, eines Wattgestänges oder einer anderen vertikalen Geradführung könnte das *RZ* einfach versetzt werden!

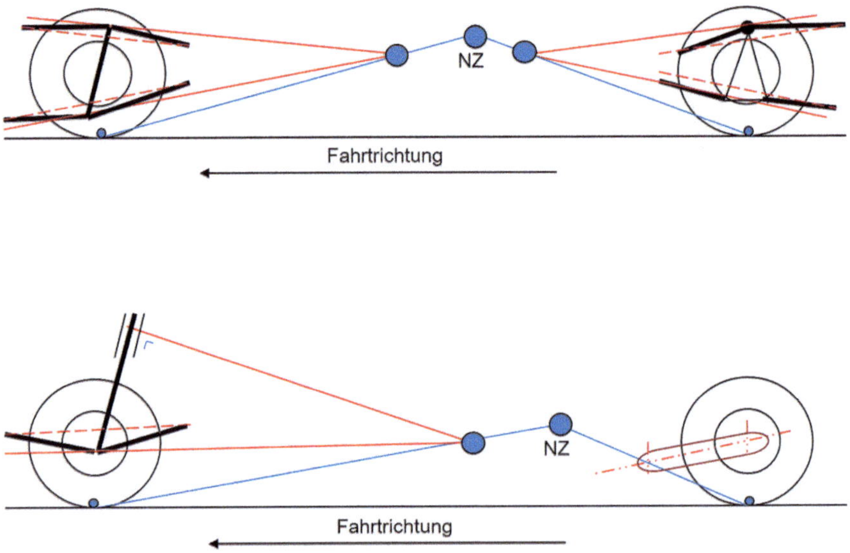

Abb. 5.8 Konstruktion des Nickzentrums beim Bremsen eines Fahrzeugs. **a** für ein Doppelquerlenker-Auslegung vorne und hinten; **b** für ein McPherson-Federbein vorne und Starrachse hinten

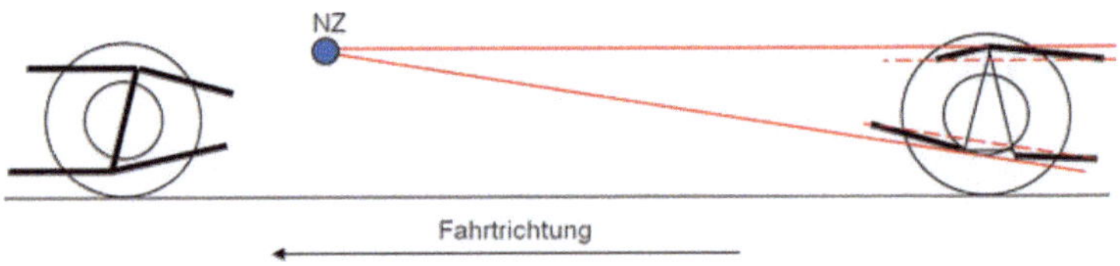

Abb. 5.9 Konstruktion des Nickzentrums beim Beschleunigen eines Fahrzeugs mit Hinterradantrieb. Weil die Schubkräfte nur durch die Hinterradaufhängung weitergeleitet werden, ist die Geometrie der Vorderradaufhängung nicht entscheidend

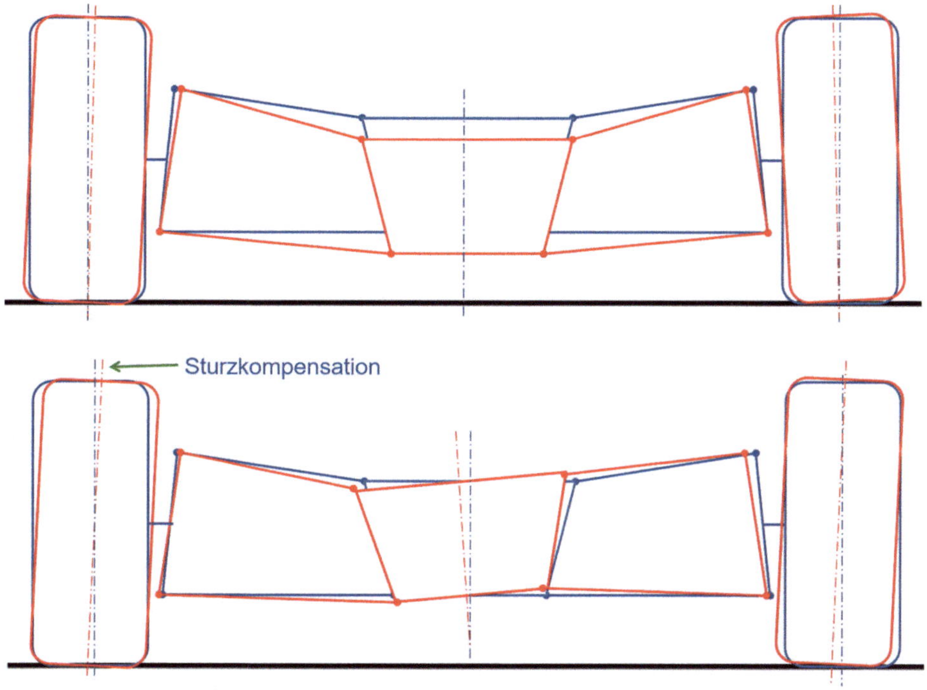

Abb. 5.10 Der Kompromiss bei einer Doppelquerlenker-Radaufhängung. **a** Beim Bremsen sollten die Reifen keine Sturzänderung erfahren, damit die Reifen ihr volles Bremsvermögen liefern können. **b** Andererseits sollte sich in einer Kurve ausreichend Sturzänderung einstellen, damit die Reifen sich schräg stellen. Die dazu benötigte Sturzänderung wird „Sturzkompensation" genannt. In beiden Fällen soll sich möglichst keine Spuränderung ergeben

während des Eintauchens und Anhebens des Fahrzeugbugs (Englisch: Bumpsteer) keinerlei Spuränderung erfahren. Abb. 5.11 zeigt das Vorgehen hierzu. Analog erfolgt die Auslegung der Lenkgeometrie beim McPherson-Federbein, siehe Abb. 5.12.

► **Tipp 5.9** Die Feinabstimmung bei Bumpsteer kann erreicht werden durch die Höhenverstellung von entweder Punkt *S* oder Punkt *Z*. Oft geschieht dies anhand kleiner Zwischenringe. Wenn die Feder/Dämpfer-Einheit entfernt wird, kann das Rad leicht auf und ab bewegt werden, womit die Spuränderung überprüft werden kann.

► **Tipp 5.10** Der Austausch von Radträgern mit jenen eines Fahrzeugs mit anderer Geometrie könnte zu unverstandenen Problemen führen. Die Drehpunkte (Momentanpole) der Querlenker mögen sich vielleicht an derselben Stelle befinden, aber wenn der Punkt *S* nicht identisch mit jenem an der Originalaufhängung ist, wird das Rad einen unerwünschten Bumpsteer ausführen. Das Auto wird dann vor allem beim Beschleunigen aus der Kurve heraus instabil

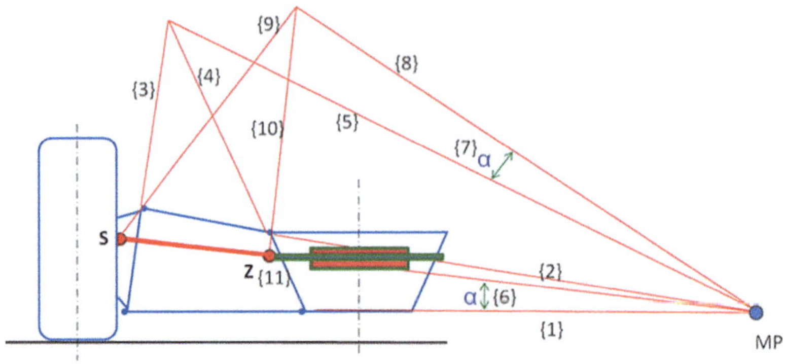

Abb. 5.11 Feststellung der Geometrie des Lenkungsmechanismus einer Doppelquerlenker-Radaufhängung mit der Spurstange *S–Z*. In den *geschweiften Klammern* { } ist die Reihenfolge der Konstruktionsschritte angegeben: Nachdem die *Linien* {*1–4*} gezeichnet sind, kann die *Linie* {*5*} festgelegt werden. Punkt *S* ist schon bei der Wahl der Ackermann-Geometrie festgelegt worden (siehe Abschn. 5.7), deshalb kann die *Linie* {*6*} zwischen *S* und dem Momentanpol *MP* unter dem Winkel α konstruiert werden. *Linie* {*8*} folgt aus *Linie* {*5*} plus dem Winkel α {*7*}. *Linie* {*9*} wird durch *S* und den oberen Drehpunkt am Radträger gezogen. Aus dem Schnittpunkt zwischen {*8*} und {*9*} wird *Linie* {*10*} gezogen. Am Schnittpunkt zwischen {*6*} und {*10*} wird *Z* gefunden, und damit a) die Länge der Spurstange, und b) die Koordinaten von *Z* in *y*- und *z*-Richtung. Damit sind schließlich auch die Lage des Lenkgehäuses und die Länge der Zahnstange festgelegt

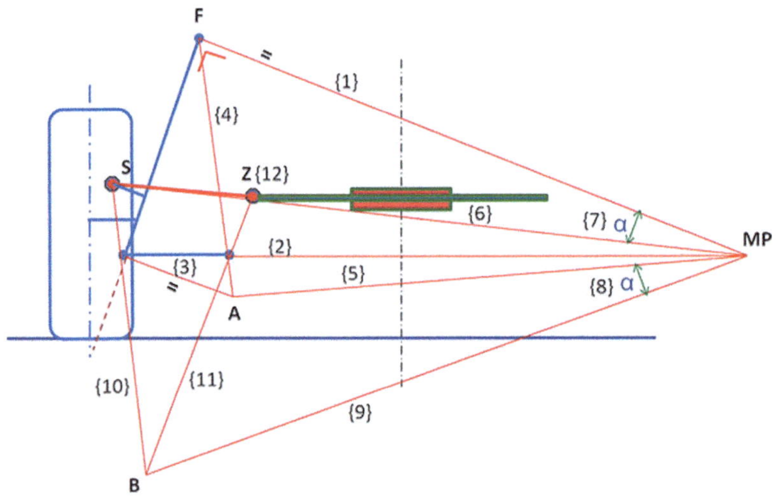

Abb. 5.12 Bestimmung der Geometrie des Lenkungsmechanismus an einer McPherson-Achse mit der Spurstange *S–Z*. In den *geschweiften Klammern* { } ist wieder die Reihenfolge der Konstruktionsschritte, analog der Vorgehensweise bei der Doppel-Querlenker-Aufhängung in Abb. 5.11, angegeben

sein. Grobe Fehleinstellungen sind bereits mit bloßem Auge feststellbar, denn der Polstrahl durch Spurstange *S–Z* sollte immer mit den Polstrahlen der beiden Querlenker im Momentanpol *MP* konvergieren.

Die Geometrie des Lenkmechanismus in der Draufsicht wird im Zusammenhang mit der Erläuterung des Ackermann-Prinzips in Abschn. 5.7 besprochen.

5.6 Das Kräftespiel in der Radaufhängung *Effect of Forces in the Suspension*

Wie erläutert, bestimmt die Geometrie, wie die Kräfte von den Reifen über die Räder und die Radaufhängung auf den Aufbau des Fahrzeugs übertragen werden. Um dieses Kräftespiel richtig verstehen zu können, ist es fundamental sich zu vergegenwärtigen, dass, wie bereits in Abschn. 2.4.2 beschrieben, die **Aktionskräfte** in der Kontaktfläche zwischen Reifen und Straße entstehen, aber die **Reaktion** darauf, d. h. die Zentrifugalkraft, immer im Fahrzeugschwerpunkt angreift.

Bei der Kurvendurchfahrt ergibt sich folgender Ablauf des Kraftaufbaus (siehe Abb. 5.13 und 5.14):

Die Querkräfte $F_{W,y,o}$ und $F_{W,y,i}$ an den Reifen der Vorderräder entstehen durch eine Lenkbewegung. Der Vorderwagen beginnt daraufhin, sich in die Kurve hinein zu bewegen, wodurch die Hinterreifen ebenfalls in einen Schräglauf übergehen und damit beginnen, selbst Querkräfte aufzubauen (Phasen 1 und 2 der Kurve, vgl. Abb. 2.2a und b).[3] Die Querkräfte an der Vorder- und Hinterachse werden über das jeweilige Rollzentrum *RZ* auf den Schwerpunkt *S* der Fahrzeugmasse übertragen. In dem Fall, dass das Rollzentrum *RZ* oberhalb der Straßenebene liegt, entsteht folglich eine nach oben gerichtete, vertikale

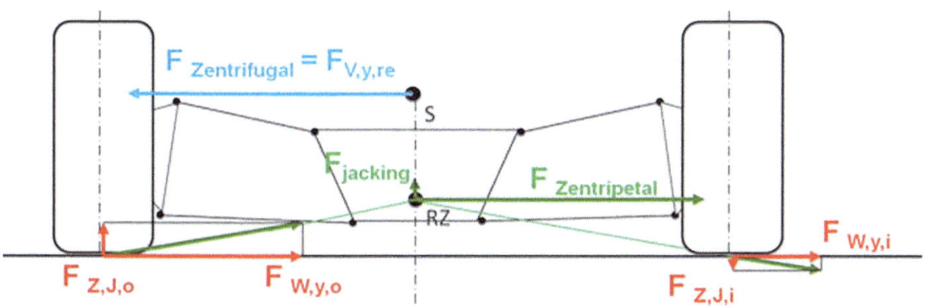

Abb. 5.13 Die beiden Querkräfte $F_{W,y,o}$ ($F_{Ti,y,o}$) und $F_{W,y,i}$ ($F_{Ti,y,i}$) entstehen in den Kontaktflächen der Reifen aufgrund einer Lenkbewegung und/oder einem Schräglaufwinkel. In der Summe bilden sie die angreifende Querkraft oder Zentripetalkraft: $F_{W,y,o} + F_{W,y,i} = F_{Zentripetal}$; $F_{Z,J,o} + F_{Z,J,i} = F_{jacking}$; o = outer, außen, i = inner, innen

[3] Vgl. auch Handbuch Rennwagentechnik Bd. 4, Abb. 5.1.

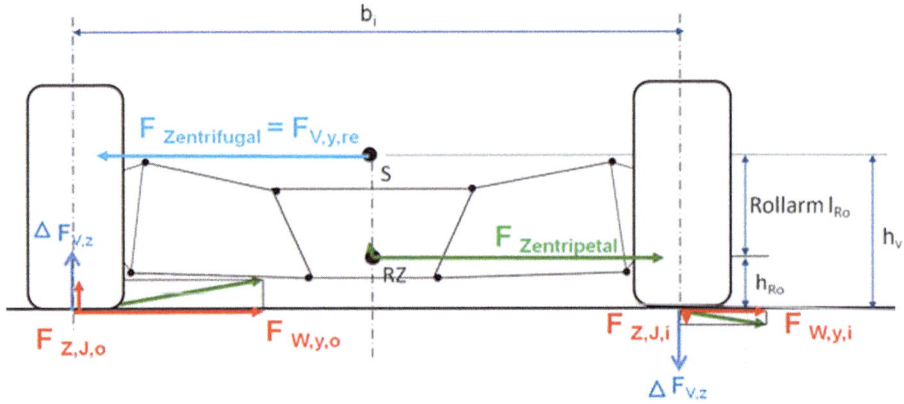

Abb. 5.14 Der Gewichtstransfer $\Delta F_{V,z}$ ist proportional zur Schwerpunkthöhe h_v, und reziprok zur Spurweite b_i. Weil das Rollzentrum *RZ* ein imaginärer Momentanpol ist, kann dieser je nach Geometrie auch unterhalb der Straßenebene liegen. In diesem Fall wären die Jacking Forces negativ, d. h. am kurvenäußeren Rad nach unten- und am kurveninneren Rad nach oben gerichtet

Kraftkomponente, weil die Querkraft unterhalb des Rollzentrums angreift. Die kurvenäußeren Reifen erfahren eine nach oben gerichtete Kraft $F_{Z,o}$, während die kurveninneren Reifen eine nach unten gerichtete Kraft $F_{Z,i}$ erfahren. Die resultierende Hubkraft wird im Englischen als Jacking Force (Aufstützkraft) bezeichnet.

Die beiden Querkräfte $F_{W,y,o}$ und $F_{W,y,i}$ bilden zusammen eine Zentripetalkraft, die im Rollzentrum *RZ* angreift:

$$F_{\text{Zentripetal}} = F_{\text{W,y,o}} + F_{\text{W,y,i}} \tag{5.1}$$

mit:

$F_{W,y,o}$ Querkraft am kurvenäußeren Rad, N
$F_{W,y,i}$ Querkraft am kurveninneren Rad, N

Die vertikale, resultierende Jacking Force im Rollzentrum *RZ* ist die Summe aus den beiden vertikalen Komponenten der Jacking Forces beider Radseiten:

$$F_{\text{Jacking}} = F_{\text{Z,J,o}} + F_{\text{Z,J,i}} \tag{5.2}$$

mit:

$F_{Z,J,o}$ Jacking force am kurvenäußeren Rad, N
$F_{z,J,i}$ Jacking force am kurveninneren Rad, N

Die im Rollzentrum angreifende Zentripetalkraft wirkt auf die Fahrzeugmasse im Schwerpunkt *S*. Wie in Abschn. 2.4.2 beschrieben, baut diese träge Masse nach d'Alembert einen Widerstand gegen die Zentripetalkraft auf, welche die Fahrtrichtung zu ändern versucht. Dieser Widerstand – also die Reaktion – ist die Zentrifugalkraft, die immer im Schwerpunkt S angreift. Im Mittelteil der Kurve, also in Phase 3, ist die Zentrifugalkraft definiert als:

$$F_{V,y} = m_V \cdot a_y = \frac{m_V \cdot v^2}{R} \tag{5.3}$$

mit:

m_V Fahrzeugmasse, kg
v Fahrgeschwindigkeit, m/s
R Kurvenradius, m
a_y Querbeschleunigung (Zentripetalbeschleunigung), m/s²

Die beiden Querkräfte $F_{W,Y,o} + F_{W,Y,i}$ bilden mit der Zentrifugalkraft aufgrund der Höhe des Schwerpunktes S ein linksdrehendes Moment, siehe Abb. 5.14. Dieses Moment verursacht ein rechtsdrehendes Gegenmoment in den Reifen, welches durch das Moment aus den vertikalen Kräften $\Delta F_{V,z}$ mit der Spurweite b_i kompensiert wird.

Die dynamischen Kräfte $\Delta F_{V,z}$ entstehen durch den Gewichtstransfer bei Kurvenfahrt und sind gleich groß, aber entgegengesetzt gerichtet: Das Gewicht des Fahrzeugs wird von der kurveninneren zur kurvenäußeren Seite transferiert. Die Gleichgewichtsbedingung lautet:

$$F_{Zentripetal} \cdot h_v = \Delta F_{V,z} \cdot b_i \tag{5.4a}$$

$$\Delta F_{V,z} = \frac{F_{Zentripetal} \cdot h_v}{b_i} \tag{5.4b}$$

mit:

$\Delta F_{V,z}$ Gewichtstransfer pro Rad einer Achse, N
$F_{Zentripetal}$ Zentripetalkraft an einer Achse, N
b_i Spurweite einer Achse, m; i = f (front, vorne) oder r (rear, hinten)
h_V Schwerpunkthöhe, m

Hieraus folgt, dass je breiter ein Fahrzeug ist (je größer also die Spurweite ist), desto weniger Gewichtstransfer auftritt. Das kann bei kalten Umgebungsbedingungen ggf. umgekehrt genutzt werden, nämlich wenn die Spur verringert und damit der Gewichtstransfer vergrößert werden kann, wodurch die Reifen in der Folge mehr Temperatur aufbauen können.

Ebenso folgt aus (Gl. 5.4b), dass je niedriger die Schwerpunkthöhe h_V ist, desto weniger Gewichtstransfer findet statt. In Kap. 3 wurde bereits beschrieben, dass je weniger Gewichtstransfer auftritt, desto effektiver können die Reifen Querkräfte aufbauen. Deshalb ist es bei Rennwagen enorm wichtig, h_V so niedrig wie möglich zu halten.

Der bei Kurvenfahrt auftretende Gewichtstransfer $\Delta F_{V,z}$ setzt sich aus zwei Elementen zusammen: dem **elastischen** Gewichtstransfer und dem **geometrischen** Gewichtstransfer.

Der ***elastische Gewichtstransfer*** wird durch das Rollmoment M_{Ro} bestimmt:

$$M_{Ro} = F_{V,y} \cdot l_{Ro} = F_{V,y} \cdot (h_V - h_{Ro}) \tag{5.5}$$

mit:

M_{Ro} Rollmoment der Zentrifugalkraft um *RZ*, N m
$F_{V,y,re}$ Zentrifugalkraft (Reaktion), N
l_{Ro} Rollhebelarm zwischen *RZ* und *S*, m
h_{Ro} Höhe des Rollzentrums, m
h_V Schwerpunkthöhe, m

Für den sich aus dem Rollmoment ergebenden elastischen Gewichtstransfer folgt:

$$\Delta F_{V,z,ela} = \frac{M_{Ro}}{b_i} \tag{5.6}$$

mit:

$\Delta F_{V,z,ela}$ Elastischer Gewichtstransfer einer Achse, N
M_{Ro} Rollmoment um *RZ*, N m
b_i Spurweite einer Achse, m; i = f (front, vorne) oder r (rear, hinten)

Dem Rollmoment M_{Ro} wird durch die elastischen Komponenten (wie Feder, Stabilisator und Stoßdämpfer) ein Widerstand entgegengesetzt, der in seiner Summe als elastischer Rollwiderstand bezeichnet wird. Die Feder und der Stabilisator bestimmen dabei, wie weit der Aufbau rollen darf, der Dämpfer aber, wie schnell der Aufbau rollen darf.

Der ***geometrische Gewichtstransfer*** wird durch die Höhe des Rollzentrums *RZ* über der Straße bestimmt:

$$\Delta F_{V,z,geo} = \frac{F_{V,y} \cdot h_{Ro}}{b_i} = \frac{F_{V,y} \cdot (h_v - l_{Ro})}{b_i} \tag{5.7}$$

mit:

$\Delta F_{V,z,geo}$ Geometrischer Gewichtstransfer, N
$F_{V,y}$ Zentripetalkraft, N
h_v Schwerpunkthöhe, m
l_{Ro} Rollhebelarm zwischen *RZ* und *S*, m
h_{Ro} Höhe des Rollzentrums, m
b_i Spurweite einer Achse, m; i = f (front, vorne) oder r (rear, hinten)

Der geometrische Gewichtstransfer umfasst den vertikalen Anteil, der aufgrund des nicht auf Straßenebene liegenden Rollzentrums durch die Querkräfte entwickelt wird, und der durch die Geometrie der Radaufhängung aufgenommen wird und deshalb nicht für Federung, Stabilisator oder Stoßdämpfer „spürbar" ist.

Je höher sich das Rollzentrum *RZ* über der Straße befindet, desto größer wird folglich der geometrische Gewichtstransfer und umso kleiner der elastische Gewichtstransfer. Damit nimmt also auch das Rollmoment ab.

Zusammenfassend sind folgende Zusammenhänge festzustellen:[4]

1. Gesamter lateraler Gewichtstransfer = elastischer Gewichtstransfer + geometrischer Gewichtstransfer
2. Der geometrische Widerstandsanteil gegen Rollen beträgt:

$$Ant_{\mathrm{Roll},geo} = \frac{\left(h_{\mathrm{v}} - l_{Ro}\right)}{h_{\mathrm{v}}} \cdot 100\% \tag{5.8}$$

mit:

$Ant_{\mathrm{Roll,geo}}$	geometrischer Anteil des Widerstands gegen Rollen, verursacht durch die Lage des Rollzentrums *RZ* über der Straße, %
h_{v}	Schwerpunkthöhe über der Straße, m
l_{Ro}	Rollhebelarm zwischen *RZ* und *S*, m

3. Der Gewichtstransfer $\Delta F_{\mathrm{V,z}}$ ist nur abhängig von der Spurweite und der Höhe des Schwerpunkts *S* über der Straße, er ist unabhängig von der Geometrie der Radaufhängung.
4. Es wird IMMER Gewichtstransfer $\Delta F_{\mathrm{V,z}}$ auftreten weil der Fahrzeugschwerpunkt IMMER über der Straße liegt.
5. Die Größe des Rollwinkels ist nicht proportional zum Gewichtstransfer! Er ist jedoch abhängig vom Widerstand gegen Rollen, also vom elastischen- und geometrischen Anteil des Widerstands gegen Rollen.
6. Es wären also – für extreme Geometrien – folgende Fahrzeuge denkbar:
   a) eines, das zwar Gewichtstransfer, aber kein Rollen aufweist (mit niedrigem Schwerpunkt *S* und dem Rollzentrum *RZ* auf einer Ebene mit dem Schwerpunkt *S*), und
   b) eines mit kaum Gewichtstransfer, aber mit sehr viel Rollen (mit niedrigem Schwerpunkt *S* und Rollzentrum *RZ* tief unterhalb der Straßenebene).
7. Wenn das Rollzentrum *RZ* unterhalb der Straßenebene liegt, ist der geometrische Gewichtstransfer negativ. Da der gesamte Gewichtstransfer jedoch gleich groß bleibt, bedeutet das, dass der elastische Gewichtstransfer die negative Differenz ausgleichen muss. Oder anders ausgedrückt: Ein Auto benötigt härtere Federn und Stabilisatoren, wenn das Rollzentrum *RZ* unter der Straßenebene liegt.

[4] Mit der Anordnung der Wankzentren an Vorder- und Hinterachse wird die Aufteilung der Radlastverlagerung auf die Achsen und damit das Eigenlenkverhalten festgelegt, siehe Handbuch Rennwagentechnik Bd. 4, Kap. 2.

▶ **Tipp 5.11** Wenn das **Rollzentrum *RZ* auf der Straßenebene** liegt, beträgt der geometrische Widerstand gegen Rollen 0 % (vgl. (Gl. 5.8)). Das heißt, dass in diesem Fall der gesamte Widerstand gegen Rollen durch den elastischen Widerstand aufgebaut wird. Es wird dann auch **keine Jacking Forces** geben.

Wenn das **Rollzentrum *RZ* auf der Ebene des Schwerpunkts *S*** liegt, beträgt der geometrische Widerstand gegen Rollen 100 % und der elastische Widerstand 0 %. Diese Geometrie ist jedoch zu vermeiden, weil sie einerseits eine sehr ungünstige Kinematik mit u. a. viel Spuränderung erfordert und andererseits, weil kein Rollen auftritt und somit auch keine Rückmeldung an den Fahrer erfolgt. Ein Beispiel für diese Art der Radaufhängung ist die vom VW Käfer stammende Kurbelachse eines Formel-V-Rennwagens.

Wenn das **Rollzentrum *RZ* unter der Straßenebene** liegt (was tatsächlich möglich ist, da *RZ* nur ein imaginärer Momentanpol ist), wird h_{Ro} negativ. Das bedeutet ein verstärktes Rollen!

Beispiel 5.1: Beziehung zwischen Rollen und Gewichtstransfer

Je weicher ein Fahrzeug gefedert ist, desto leichter können sich die Momentanpole *MP* der rechten und linken Radaufhängungen und damit das Rollzentrum *RZ* bewegen. Es ist deshalb äußerst wichtig, dass der Renningenieur die jeweilige Lage des Rollzentrums im Blick hat. Das Rollzentrum kann ober- und unterhalb der Straße liegen; es kann sich – wenn die Geometrie nicht richtig gewählt ist oder/und das Auto eine große Neigung macht – sogar außerhalb der Spurweite befinden. Das hat negative Auswirkungen auf den Gewichtstransfer. Tab. 5.3 und Abb. 5.15 vermitteln einen Eindruck darüber, was bei der Bewegung des Rollzentrums geschehen könnte. ◀

Tab. 5.3 Ermittlung der Änderungen von Gewichtstransfer und Jacking Forces als Folge der Position des Rollzentrums

d_{Ro} [mm]	−900		0		300		900	
Position *RZ* [mm]	außerhalb der Spur an der Außenseite		auf der Mittellinie		rechts von der Mittellinie		Außerhalb der Spur an der Innenseite	
h_{RZ} [mm]	50	−50	50	−50	50	−50	50	−50
$F_{Zentripetal}$ [N]	11.000	11.000	11.000	11.000	11.000	11.000	11.000	11.000
Gewichtstransfer								
$\delta F_{v,z,i}$ ela [N]	4400	5200	4400	5200	4400	5200	4400	5200
$\delta F_{v,z,i}$ geo [N]	400	**−400**	400	**−400**	400	**−400**	400	**−400**
$\delta F_{v,z,i}$ [N]	4800	4800	4800	4800	4800	4800	4800	4800
Jacking Kräfte								
$F_{jacking\ l}$ [N]	−2667	2667	533	−533	381	−381	242	−242
$F_{jacking\ r}$ [N]	**−91**	91	**−200**	200	**−333**	333	1000	**−1000**
$F_{jacking\ in\ RZ}$ [N]	−2758	2758	333	−333	48	−48	1242	−1242

Erläuterungen: Gewichtstransfer: positiv = rechtsdrehend. Jacking Force: positiv = nach oben gerichtet

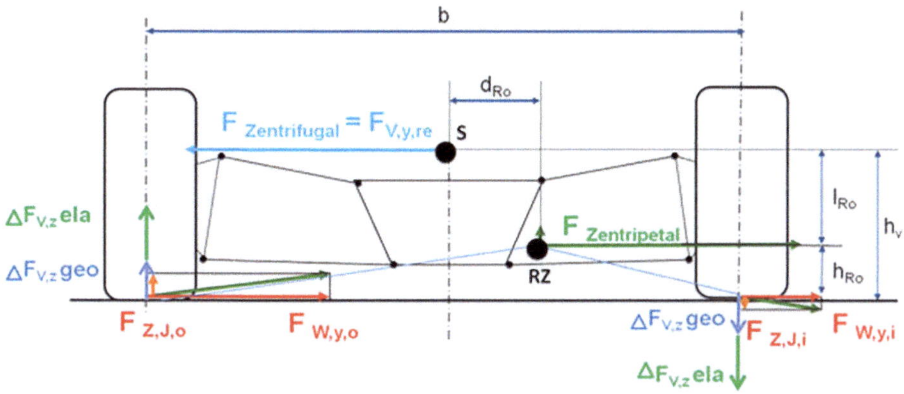

Abb. 5.15 Der – elastische und geometrische – Gewichtstransfer und die Jacking Forces sind völlig unterschiedliche Größen desselben Phänomens. Tab. 5.3 stellt die rechnerische Relation zwischen diesen Kräften her

Für die Kräfte in Abb. 5.15 bestehen die folgenden Beziehungen:

$$F_{\mathrm{W,y}} = F_{\mathrm{W,y,o}} + F_{\mathrm{W,y,i}} = F_{\mathrm{Zentripetal}} \tag{5.9}$$

$$\Delta F_{\mathrm{V,z}} = \frac{m_{\mathrm{V}} \cdot a_{\mathrm{y}} \cdot h_{\mathrm{v}}}{b_{\mathrm{i}}} \tag{5.10}$$

$$\Delta F_{\mathrm{V,z},ela} = \frac{\left(h_{\mathrm{v}} - h_{Ro}\right) \cdot m_{\mathrm{V}} \cdot a_{\mathrm{y}}}{b_{\mathrm{i}}} \tag{5.11}$$

$$\Delta F_{\mathrm{V,z},geo} = \frac{h_{Ro} \cdot m_{\mathrm{V}} \cdot a_{\mathrm{y}}}{b_{\mathrm{i}}} \tag{5.12}$$

$$F_{\mathrm{Z,J,o}} = \frac{h_{Ro} \cdot F_{\mathrm{W,y,o}}}{0{,}5 \cdot b_{\mathrm{i}} + d_{Ro}} \tag{5.13}$$

$$F_{\mathrm{Z,J,i}} = \frac{h_{Ro} \cdot F_{\mathrm{W,y,i}}}{-0{,}5 \cdot b_{\mathrm{i}} + d_{Ro}} \tag{5.14}$$

$$F_{\mathrm{Jacking}} = F_{\mathrm{Z,J,i}} + F_{\mathrm{Z,J,o}}$$

siehe (5.2)mit:

$F_{\mathrm{W,y,o}}$	Querkraft am kurvenäußeren Rad, N
$F_{\mathrm{W,y,i}}$	Querkraft am kurveninneren Rad, N
$F_{\mathrm{W,y}}$	Summe der kurvenäußeren und -inneren Querkraft, N
$\Delta F_{\mathrm{v,z}}$	gesamter Gewichtstransfer, N
$\Delta F_{\mathrm{v,z,ela}}$	elastischer Gewichtstransfer, N

$\Delta F_{v,z,geo}$	geometrischer Gewichtstransfer, N
$F_{Z,J,o}$	Anhebekraft (Jacking Force) am kurvenäußeren Rad, N
$F_{Z,J,i}$	Anhebekraft (Jacking Force) am kurveninneren Rad, N
$F_{Jacking}$	gesamte Anhebekraft (Jacking Force) im Rollzentrum, N
m_V	Fahrzeugmasse, kg
a_y	Querbeschleunigung, m/s^2
b_i	Spurweite, m; i = f (Front, vorne) oder r (rear, hinten)
h_v	Höhe des Schwerpunktes *S*, m
h_{Ro}	Höhe des Rollzentrums *RZ*, m
d_{Ro}	Horizontale Distanz zwischen Fahrzeugmitte und Rollzentrum, m

Rechenbeispiel:

$$F_{W,y,o} = 8000\text{ N} \quad F_{W,y,i} = 3000\text{ N}$$
$$F_{W,y} = 8000 + 3000 = 11.000\text{ N}$$

m_v = 1200 kg, a_y = 10 m/s^2, h_v = 600 mm, b_f = 1500 mm:

$$F_{v,z} = \frac{1200 \cdot 10 \cdot 600}{1500}\text{N} = 4800\text{ N}$$

Das Rollzentrum h_{Ro} befindet sich 50 mm über der Straße:

$$\Delta F_{v,zela} = \frac{(600-50)\cdot 1200 \cdot 10}{1500}\text{N} = 4400\text{ N}$$
$$\Delta F_{v,zgeo} = \frac{50 \cdot 1200 \cdot 10}{1500}\text{N} = 400\text{ N}$$

Das Rollzentrum befindet sich d_{Ro} = 300 mm von der Fahrzeugmitte in kurveninnerer Richtung:

$$F_{Z,J,o} = \frac{50 \cdot 8000}{0{,}5 \cdot 1500 + 300}\text{N} = 381\text{ N}$$
$$F_{Z,J,i} = \frac{50 \cdot 3000}{-0{,}5 \cdot 1500 + 300}\text{N} = -333\text{ N}$$
$$F_{Jacking} = 381 - 333 = 48\text{ N}$$

Tab. 5.3 zeigt für das obige Beispiel mit Abb. 5.15 (Spurweite: 1500 mm) die Ergebnisse jeweils für weitere Situationen, hier in denen das Rollzentrum einerseits innerhalb der Spur liegt (sowohl in Fahrzeugmitte d_{Ro} = 0 mm als auch im Abstand d_{Ro} = 300 mm von der Fahrzeugmitte zum Kurveninneren), andererseits außerhalb der Spur liegt (Richtung Kurveninnenseite d_{Ro} = +900 mm und Kurvenaußenseite d_{Ro} = −900 mm).

F_{Jacking} ist die Kraft, die das Auto im Rollzentrum *RZ* hochhebt. Wenn das Rollzentrum nicht in der Fahrzeugmitte liegt, bedeutet das, dass es um den Hebelarm d_{Ro} noch ein Moment ausübt. So lange jedoch das *RZ* sich innerhalb der Spur befindet, werden diese Kräfte klein sein.

Wenn sich das Rollzentrum auf der Straßenebene befindet ($h_{\text{Ro}} = 0$), treten wie bereits beschrieben weder Jacking Forces noch ein geometrischer Gewichtstransfer auf. Deshalb wird dieser Fall in Tab. 5.3 nicht betrachtet.

Aus Tab. 5.3 wird einmal mehr deutlich:

1. Der Gewichtstransfer ist nur abhängig von der Schwerpunkthöhe und der Spurweite und ist unabhängig von der Lage des Rollzentrums.
2. Wenn das Rollzentrum unterhalb der Straßenebene liegt ($h_{\text{Ro}} < 0$):
   - gibt es mehr Rollen, aber nicht mehr Gewichtstransfer. **Fazit: Rollen und Gewichtstransfer sind nicht proportional!** Dennoch ist zu viel Rollen unerwünscht, weil dies in der Folge zu mehr Sturzänderung führt, die Aerodynamik unter dem Fahrzeug stört und die Radaufhängung längere Federwege erfordert.
   - werden das Rollmoment größer und der geometrische Gewichtstransfer negativ. Das wird der Fall sein wenn z. B. das Auto tiefergelegt wird, oder beim Anbremsen einer Kurve. Der elastische Gewichtstransfer muss das kompensieren!
3. Der geometrische Gewichtstransfer und die Jacking Force sind nicht dasselbe:
   - Der Gewichtstransfer ist völlig *unabhängig von der Höhe des Rollzentrums* über der Straße (bei starkem Rollen wird sich aber der Schwerpunkt *S* aus der Fahrzeugmitte heraus bewegen und eine „Unbalance" kreieren, was auch als Art von Gewichtstransfer betrachtet wird.)
   - die Jacking Force ist *proportional zur Höhe des Rollzentrums* über der Straße.

Alles im Allem kann man sagen, dass Rollen und Gewichtstransfer zwar miteinander zu tun haben, aber keine proportionale Beziehung dazwischen besteht. Die weit verbreitete Aussage, durch Tieferlegung eines Fahrzeugs dessen Rollen zu reduzieren, ist folglich in den Bereich der Märchen zu verweisen.

► **Tipp 5.12** Wenn das Rollzentrum *RZ* unter der Straße liegt, sind die Jacking Forces am kurvenäußeren Rad nach unten und am kurveninneren Rad nach oben gerichtet. Das könnte eine Ursache von Untersteuern beim Einlenken in die Kurve sein (Phase 1 der Kurve), denn in dem Moment, wenn der Fahrer einlenkt, wird sogleich Widerstand durch die Massenträgheit aufgebaut. Nun greifen die Querkräfte *über* dem *RZ* an, was bedeutet, dass die Radlast am kurvenäußeren Rad sich verringert und sich am kurveninneren Rad vergrößert. Das ist jedoch ungünstig, weil in der Kurve das äußere Rad belastet und das innere Rad entlastet wird. Das Auto wird zwar in die Kurve einfahren, weil die Räder durch viele andere Kräfte, z. B. die Gewichtskraft, die aerodynamischen Kräfte usw., belastet werden. Dennoch reagiert das Fahrzeug nicht im erwarteten Maße und nicht schnell genug auf die Lenkbewegung des Fahrers, sodass dieser ein Untersteuern wahrnimmt.

> **Tipp 5.13** Solange der Rollwinkel innerhalb der im Autorennsport üblichen Größenordnungen bleibt, ist der Gewichtstransfer ΔF_V unabhängig vom Rollen. Trotzdem ist übermäßiges Rollen zu vermeiden, weil es sich nicht nur ungünstig auf die Aerodynamik auswirkt, sondern auch eine zu große Sturzänderung in die falsche Richtung auslösen kann. Bei höheren Fahrzeugen wird beim stärkeren Rollen sich die Lage des Schwerpunkts nach außen verschieben, wodurch das kurvenäußere Rad geringfügig statisch höher belastet und das kurveninnere Rad um denselben Betrag entlastet wird. Die Reifen werden dann ihre Leistungsfähigkeit nicht ausnützen können (siehe Kap. 3).

Für das Nicken können die gleichen Analysen wie für den lateralen Gewichtstransfer angewendet werden, siehe Abb. 5.16 für Bremsen. Eine Differenzierung nach elastischem

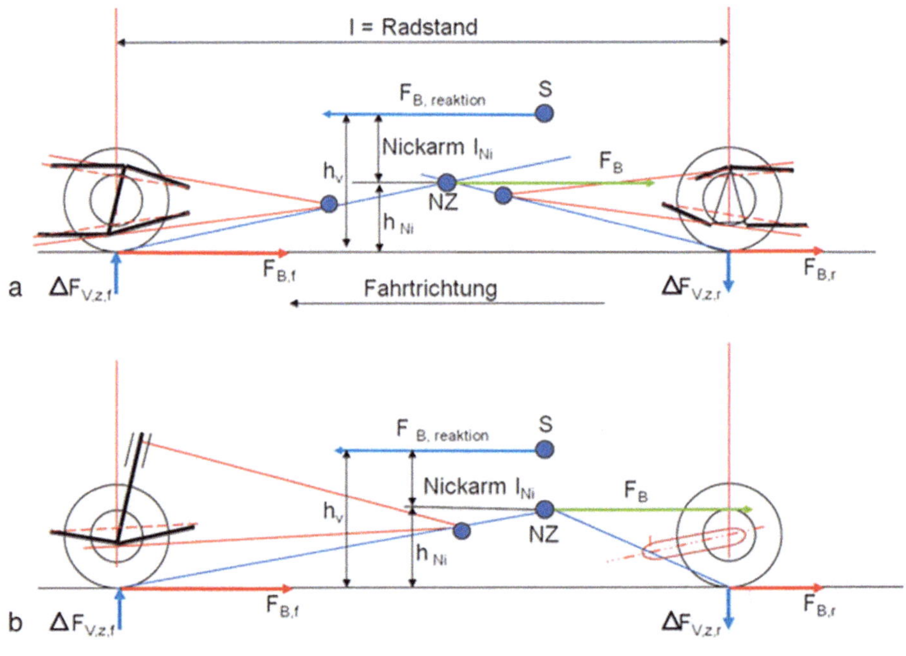

Abb. 5.16 Nicken beim Bremsen an einer Doppelquerlenker-Aufhängung (**a**) und an einem McPherson-Federbein (**b**). Die Summe der Bremskräfte an Vorder- und Hinterachse greifen im Nickzentrum *NZ* an. Die Massenkraft im Schwerpunkt *S* ($F_{B,Reaktion}$: gleich groß wie die Summe der Bremskräfte F_B, aber entgegengesetzt gerichtet) widersteht dieser entgegen der Fahrtrichtung agierenden Bremskraft und versucht, aufgrund der Trägheit der Masse diese in Fahrtrichtung zu schieben, was ein Nickmoment um den Nickarm l_{NI} auslöst. Die Jacking Forces sind hierbei außer Acht gelassen. Der Hebelarm h_V (Schwerpunkthöhe) zwischen den Bremskräften im Reifenlatsch und der Reaktionskraft $F_{B,Reaktion}$ im Schwerpunkt *S* löst den Gewichtstransfer $\Delta F_{V,z}$ in Längsrichtung aus. Anmerkung: Diese Betrachtung gilt nur für Autos mit konventionellen Radbremsen, d. h. mit am Radträger montierten Bremszangen. Wenn die Bremszangen am Getriebe angreifen, ist eine Analyse ähnlich der beim Beschleunigen durchzuführen

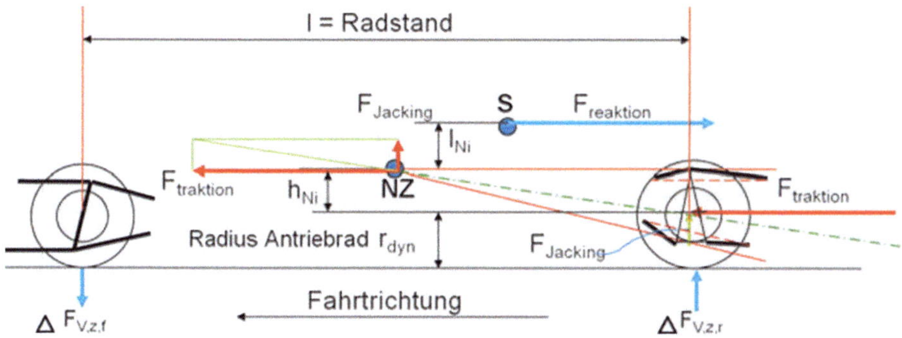

Abb. 5.17 Nicken beim Beschleunigen. Weil die Schubkraft im Radträger in der Höhe der Antriebsachse angreift, unterscheidet sich die Nickbewegung des Fahrzeugaufbaus von jener beim Bremsen. Der Massenträgheit zufolge findet zwar ein Gewichtstransfer von vorne nach hinten statt. Wenn das Nickzentrum *NZ* und der Schwerpunkt *S* beide auf der Höhe der Antriebsachse liegen, d. h. Nickarm l_{Ni} und h_{Ni} beide gleich Null sind, wird es keinen Gewichtstransfer geben! Die Jacking Forces sind hier außer Acht gelassen

und geometrischem Gewichtstransfer ist wiederum notwendig. Auch hier befindet sich der Fahrzeugschwerpunkt *S* nicht nur über der Straße, sondern auch über dem Nickzentrum *NZ*. Das Nickzentrum wird sich immer unterhalb des Fahrzeugschwerpunkts befinden und nie darüber, da sonst beim Bremsen die Nase des Fahrzeugs angehoben und beim Beschleunigen gesenkt würde.

Beim Bremsen und Beschleunigen sind die Nickzentren *NZ* jedoch unterschiedlich, da das Nickzentrum beim Beschleunigen nur von der Geometrie der angetriebenen Räder beeinflusst wird und die Triebkraft an der jeweiligen Antriebsachse im Radträger angreift, siehe Abb. 5.17. Beim Nicken findet ebenfalls ein Gewichtstransfer statt: von hinten nach vorne beim Bremsen und von vorne nach hinten beim Beschleunigen. Das Nickzentrum *NZ* kann, ebenso wie der Schwerpunkt *S*, je nach Auslegung in Längsrichtung außerhalb der Fahrzeugmitte liegen.

Aus Abb. 5.16 ergeben sich beim Bremsen folgende Beziehungen für die Kräfte und Momente:

$$F_{\mathrm{B}} = F_{\mathrm{B,f}} + F_{\mathrm{B,r}} \tag{5.15}$$

$$M_{Ni} = F_{\mathrm{B}} \cdot l_{Ni} \tag{5.16}$$

$$\Delta F_{\mathrm{V,z}} = \Delta F_{\mathrm{V,z,f}} = \Delta F_{\mathrm{V,z,r}} = \frac{F_{\mathrm{B,reaktion}} \cdot h_{\mathrm{v}}}{l} \tag{5.17}$$

$$\Delta F_{\mathrm{V},z,ela} = \Delta F_{\mathrm{V},z,ela,\mathrm{f}} = \Delta F_{\mathrm{V},z,ela,\mathrm{r}} = \frac{F_{\mathrm{B,reaktion}} \cdot l_{Ni}}{l} \tag{5.18}$$

$$\Delta F_{\mathrm{V},z,geo} = \Delta F_{\mathrm{V},z,geo,\mathrm{f}} = \Delta F_{\mathrm{V},z,geo,\mathrm{r}} = \frac{F_{\mathrm{B,reaktion}} \cdot \left(h_{\mathrm{v}} - l_{Ni}\right)}{l} = \frac{F_{\mathrm{B,reaktion}} \cdot h_{Ni}}{l} \tag{5.19}$$

mit:

$F_{B,f}$, $F_{B,r}$	Bremskraft beider Räder an Vorder- bzw. Hinterachse, N
F_B	gesamte Bremskraft (= Aktion), N
$F_{B,reaktion}$	Reaktionskraft in S auf die gesamte Bremskraft F_B, N
$\Delta F_{V,z}$	Gesamter Gewichtstransfer, N; vom Betrag her für jede Achse gleich, also: $\Delta F_{V,z} = \Delta F_{V,z,f} = \Delta F_{V,z,r}$
$\Delta F_{V,z,ela}$	elastischer Gewichtstransfer, N; vom Betrag her für jede Achse gleich, also: $\Delta F_{V,z,ela} = \Delta F_{V,z,ela,f} = \Delta F_{V,z,ela,r}$
$\Delta F_{V,z,geo}$	geometrischer Gewichtstransfer, N; vom Betrag her für jede Achse gleich, also: $\Delta F_{V,z,geo} = \Delta F_{V,z,geo,f} = \Delta F_{V,z,geo,r}$
M_{Ni}	Nach vorne drehendes Nickmoment, N m
l_{Ni}	Nickarm; Distanz zwischen dem Nickzentrum *NZ* und dem Schwerpunkt *S*, m
h_{Ni}	Höhe des Nickzentrums *NZ* über der Straßenebene, m
h_v	Schwerpunkthöhe, m
l	Radstand, m

Aus Abb. 5.17 ergeben sich beim Beschleunigen folgende Beziehungen für die Kräfte und Momente:

$$M_{Ni} = F_{\text{Traktion}} \cdot l_{Ni} \tag{5.20}$$

$$h_V = r_{dyn} + h_{Ni} + l_{Ni} \tag{5.21}$$

$$\Delta F_{V,z} = \Delta F_{V,z,f} = \Delta F_{V,z,r} = \frac{F_{\text{Reaktion}} \cdot (l_{Ni} + h_{Ni})}{l} \tag{5.22}$$

$$\Delta F_{V,z,ela} = \Delta F_{V,z,ela,f} = \Delta F_{V,z,ela,r} = \frac{F_{\text{Reaktion}} \cdot l_{Ni}}{l} \tag{5.23}$$

$$\Delta F_{V,z,geo} = \Delta F_{V,z,geo,f} = \Delta F_{V,z,geo,r} = \frac{F_{\text{Reaktion}} \cdot h_{Ni}}{l} \tag{5.24}$$

$$Ant_{\text{Nick},geo} = \frac{h_{Ni}}{h_{Ni} + l_{Ni}} \cdot 100\% \tag{5.25}$$

mit:

F_{Traktion}	Triebkraft beider Hinterräder, N
F_{Reaktion}	Reaktionskraft in S auf die Triebkraft F_B, N
$\Delta F_{V,z}$	Gesamter Gewichtstransfer, N; vom Betrag her für jede Achse gleich, also: $\Delta F_{V,z} = \Delta F_{V,z,f} = \Delta F_{V,z,r}$
$\Delta F_{V,z,ela}$	elastischer Gewichtstransfer, N; vom Betrag her für jede Achse gleich, also: $\Delta F_{V,z,ela} = \Delta F_{V,z,ela,f} = \Delta F_{V,z,ela,r}$
$\Delta F_{V,z,geo}$	geometrischer Gewichtstransfer, N; vom Betrag her für jede Achse gleich, also: $\Delta F_{V,z,geo} = \Delta F_{V,z,geo,f} = \Delta F_{V,z,geo,r}$

M_{Ni}	Nach hinten drehendes Nickmoment, N m
l_{Ni}	Nickarm; Distanz zwischen dem Nickzentrum *NZ* und dem Schwerpunkt *S*, m
h_{Ni}	Höhe des Nickzentrums *NZ* über der Antriebswelle, m
h_v	Schwerpunkthöhe über die Straße, m
l	Radstand, m
$Ant_{Nick,geo}$	Der geometrische Anteil des totale Nickwiderstandes

Dies bedeutet, dass wenn das Nickzentrum *NZ* auf der Höhe des Radmittelpunktes der Antriebsachse liegt, die Geometrie keinen Widerstand gegen das Nicken ausübt. Damit muss jeder Widerstand gegen das Nicken ausschließlich von Federung und Stoßdämpfer aufgebracht werden (der Stabilisator ist beim Nicken unwirksam!), wobei die Federung bestimmen wird, wie weit das Auto Nicken darf und die Dämpfer, wie schnell es nicken darf.

Wenn das Nickzentrum *NZ* auf der Höhe des Schwerpunkts *S* liegt, tritt kein Nicken auf, aber viel Jacking, welches das gesamte Auto anzuheben versucht! Bis hierhin ist der Gewichtstransfer pro Achse dargestellt, um die Analysen zu verdeutlichen. In der Praxis ist jedoch die Höhe des Schwerpunkts pro Achse i. d. R. nicht bekannt. In diesem Fall könnte für die Berechnung des Gewichtstransfers das gesamte Rollmoment im Schwerpunkt berechnet werden, welches über die Vorder- und Hinterachse im Verhältnis der Widerstände gegen Rollen durch Federn, Stoßdämpfer, Stabi und Geometrie verteilt ist, siehe auch Abschn. 6.4.

▶ **Tipp 5.14** Sowohl beim Rollen als auch beim Nicken kann ein Teil des Widerstandes durch die Geometrie aufgebracht werden. Jeder Widerstand gegen Nicken und Rollen, der durch die Geometrie aufgebracht wird, muss nicht von den elastischen Bauteilen (Feder, Stabilisator, Dämpfer) aufgebracht zu werden. Damit könnte eventuell die Freiheit geschaffen werden, weichere Federn und Stabilisatoren anzuwenden, wenn erforderlich. Es wird indes nicht empfohlen, das Rollzentrum oder Nickzentrum auf die Höhe des Fahrzeugschwerpunktes *S* zu bringen, da es in diesem Fall keine Roll- oder Nickbewegung mehr gäbe, wodurch dann die erforderliche Rückmeldung vom Fahrzeug an den Fahrer unterbliebe.

▶ **Tipp 5.15** Es gilt der Grundsatz: Probleme in die Geometrie sollten mit Maßnahmen der Geometrie gelöst werden! „Lösungen“ durch Modifikation von Stabilisatoren, Federn, Dämpfern oder aerodynamischen Maßnahmen sind nicht mehr als ein „Notbehelf“, der zum Missbrauch dieser Bauteile führt!

Eine Ausnahme bilden die sogenannten „Marken-Cup Klassen“, bei denen es wegen des engen Reglements wenig Möglichkeiten für Modifikationen der Geometrie gibt. Deshalb kann es geschehen, dass Untersteuern beim Einlenken z. B. dadurch auftritt, dass das Rollzentrum unterhalb der Straßenebene liegt, aber der Lösungsansatz darin besteht, einen größeren Nachlaufwinkel einzustellen, um mehr Sturzänderung zu generieren.

5.7 Das Ackermann-Prinzip *Ackermann's Principle*

Das Ackermann-Prinzip (benannt nach einem ursprünglichen Patent von Ackermann/Lankensperger, 1818) basiert darauf, dass Reifen nur bei Schräglauf eine Seitenkraft entwickeln können. Ohne Schräglaufwinkel wird folglich keine Querkraft im Reifen aufgebaut. Ohne Schräglaufwinkel würde sich also ein Auto nur bei äußerst geringer Geschwindigkeit um den Kurvenmittelpunkt *M* bewegen können, siehe Abb. 5.18. Dies ist jedoch allenfalls ein theoretischer Fall. Da bei höheren Geschwindigkeiten immer Schräglaufwinkel auftreten, bewegt sich das Rennfahrzeug in praxi stets um einen Punkt *M′*, der vor dem Kurvenmittelpunkt *M* liegt. Die Lage des Punktes *M′* legt der Konstrukteur fest, er bestimmt dadurch, welche Charakteristik das Fahrzeug aufweist. Bei einem konventionellen Straßenauto, das auch in Parkhäusern und engen Innenstädten leicht zu beherrschen sein soll, wird der Punkt *M′* mehr nach hinten in Richtung *M* liegen (womit das Auto sich einfach und leicht einparken lässt). Aber bei Sport- und Rennwagen, die mit hoher Geschwindigkeit fahren, sind die zu erwartenden Schräglaufwinkel meist groß, was bedeutet, dass der Punkt *M′* eher weiter vorne liegt.

Es ist einleuchtend, dass die richtige Wahl des Punktes *M′* sehr stark von der Charakteristik der Reifen abhängig ist. Ebenso ist für den Konstrukteur entscheidend, für welche Art von Kurven das Auto bestimmt ist: kurze-, mittellange- oder lange Kurven. Professionelle Teams passen ihr Auto deshalb immer wieder individuell an die Kurven jeder Rennstrecke an.

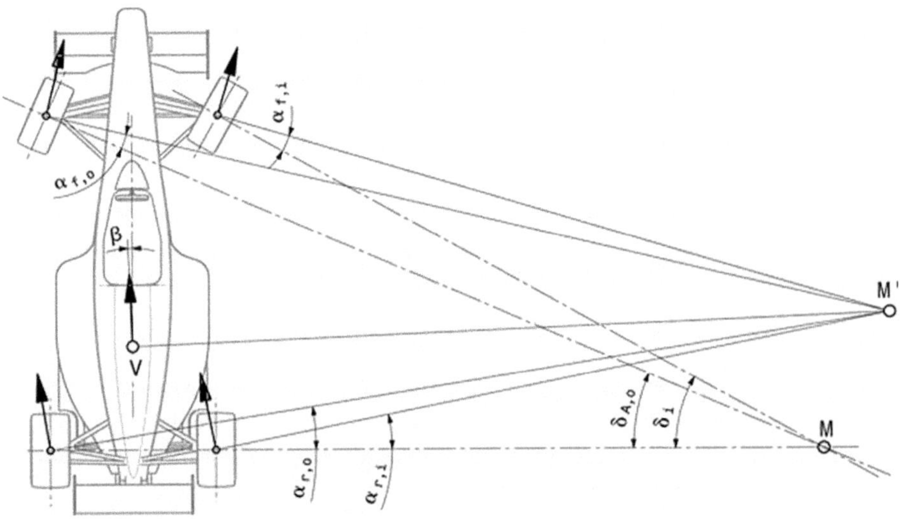

Abb. 5.18 Schnelle Kurvenfahrt unter Querbeschleunigung. $\alpha_{f,j}$, $\alpha_{r,j}$ Schräglaufwinkel (*slip angle*) vorne bzw. hinten, j = i: kurveninnen, j = o: kurvenaußen; β Schwimmwinkel, *M* Momentanpol (Kurvenmittelpunkt) nach Ackermann *(instantaneous centre according to Ackermann)*, *M′* tatsächlicher Momentanpol. δ_i und δ_o sind die kinematischen Lenkwinkel, d. h. die Lenkwinkel der Felge. Ohne Schräglaufwinkel würde sich das Fahrzeug um den Mittelpunkt *M* bewegen, aber weil stets ein Schräglaufwinkel auftritt, bewegt sich das Fahrzeug um *M′*

Ein wichtiger, jedoch für den Konstrukteur und Renningenieur oft nicht einfacher Schritt ist es herauszufinden, welche Charakteristik die Reifen aufweisen. Oft liefert der Reifenhersteller keinerlei Reifendaten – oder mitunter sogar irreführende, um sein Know-how dem Wettbewerb nicht zu offenbaren. Insbesondere ist jedoch für die korrekte Auslegung eine Grafik erforderlich die aufzeigt, welche Querkräfte ein Reifen in Bezug auf die Schräglaufwinkel und seine vertikale Belastung entwickeln kann. Ein Beispiel dazu ist in Abb. 5.19 dargestellt. Daraus folgen zwei grundsätzliche Optionen:

a) **Anti-Ackermann**: Die optimale Querkraft wird bei zunehmender vertikaler Belastung des Reifens bei immer größeren Schräglaufwinkeln auftreten, oder genau umgekehrt
b) **Pro-Ackermann**: Die optimale Querkraft wird bei zunehmender vertikaler Belastung des Reifens bei immer kleineren Schräglaufwinkeln auftreten.

Der Reifenlieferant sollte stets in der Lage sein, zumindest die in Abb. 5.19 gezeigten Daten zu liefern.

Wenn der kurveninnere, geringer belastete Reifen einen größeren optimalen Schräglaufwinkel aufweist als der kurvenäußere, stärker belastete Reifen, ist beim Lenken Nachspur erforderlich. Das wird bei **Pro-Ackermann** der Fall.

Wenn der kurveninnere, geringer belastete Reifen einen kleineren optimalen Schräglaufwinkel aufweist als das kurvenäußere, schwerer belastete Rad, ist beim Lenken Vorspur erforderlich. Das ist bei **Anti-Ackermann** (auch als Reverse-Ackermann bezeichnet) der Fall.

Die Fahrsituation, bei der kein Schräglaufwinkel auftritt und sich das Auto exakt um den geometrischen Kurvenmittelpunkt M anstatt um M' bewegt, wird als **100 %-Ackermann** bezeichnet. Diese Charakteristik ist für Rennwagen – anders als bei kleinen Stadt-

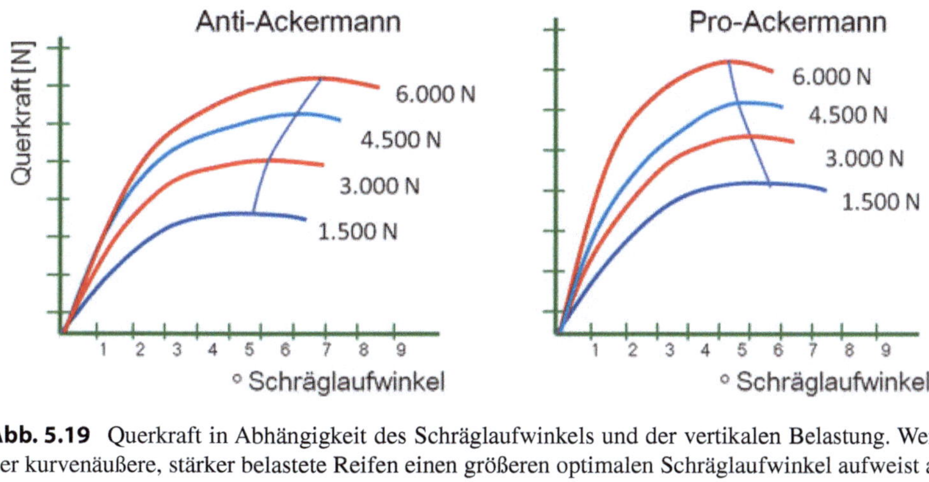

Abb. 5.19 Querkraft in Abhängigkeit des Schräglaufwinkels und der vertikalen Belastung. Wenn der kurvenäußere, stärker belastete Reifen einen größeren optimalen Schräglaufwinkel aufweist als der geringer belastete kurveninnere Reifen, benötigen diese Reifen mehr Vorspur beim Lenken (Anti-Ackermann). Im umgekehrten Fall, benötigen die Reifen eher Nachspur (Pro-Ackermann)

autos, bei denen M' sehr nahe an M liegen soll – absolut unerwünscht und trifft nur für quasistationäre Kreisfahrt mit geringen Geschwindigkeiten zu.

Auch die Sensibilität des Fahrzeugs in Bezug auf die jeweilige Ackermann-Geometrie hängt stark von der Charakteristik der Reifen ab. Beispiel: Wenn die Querkräfte nach dem optimalen Schräglaufwinkel nur wenig abnehmen, ist die Empfindlichkeit auf die Änderung der Vorspur nur gering. Ist die Abnahme der Querkräfte indes groß, wird die Empfindlichkeit ebenfalls groß sein. Deshalb ist für den Renningenieur stets die Kenntnis interessant, für welche Reifen (Hersteller und Typ) das jeweilige Auto entworfen worden ist. Vor allem in historischen Rennwagenklassen gibt es viele Fahrzeuge, die ursprünglich für den Einsatz von Diagonalreifen entworfen wurden, aber dann später vom Reglement her mit Radialreifen fahren müssen. Deshalb kann es sein, dass solch ein Auto dann ein anderes Lenkverhalten zeigt.

▶ **Tipp 5.16** Fahrzeuge, die unter sportlichen Gesichtspunkten oder als reiner Sportwagen gebaut worden sind, werden einen mehr vorne gelegenen dynamischen Drehpunkt M' aufweisen als ein ausschließlich für den Stadtverkehr konzipiertes Auto. Daraus folgt, dass die Reifen sportlicher Fahrzeuge gerade bei niedriger Geschwindigkeit mit ungeeigneter Ackermann-Auslegung um eine Kurve fahren. Das ist vor allem in Parkhäusern akustisch wahrzunehmen, wo die Vorderräder dann eine Menge Geräusche produzieren – eben weil das Auto für die Auslegung zu langsam fährt! Ein kleines, konventionelles Stadtfahrzeug produziert bei derselben niedrigen Geschwindigkeit dagegen kaum Geräusche.

Wenn man jedoch andererseits ein für konventionelle Zwecke gebautes Stadtfahrzeug im Tourenwagensport einsetzen möchte, könnten die Vorderreifen besser funktionieren, wenn die Ackermann-Geometrie an die bei hoher Geschwindigkeit größeren Schräglaufwinkel angepasst wird. In vielen Reglements ist jedoch ausdrücklich untersagt, die originale Lenkgeometrie zu ändern.

Die Ackermann Charakteristik lässt sich nur schwierig einschätzen, deshalb ist es empfehlenswert, diese entweder zu vermessen oder zu berechnen.

Die Vermessung geschieht auf einfache Weise, indem die Vorderräder auf Drehplateaus aufgestellt und beim Lenken die Lenkwinkel beider Räder vermessen werden. Der Unterschied zwischen den beiden Lenkwinkeln ist der Spurdifferenzwinkel, siehe Tab. 5.4.

Wenn das Fahrzeug für die Vermessung nicht zur Verfügung steht, kann der Spurdifferenzwinkel gemäß Abb. 5.20 berechnet werden.

In Abb. 5.20 vollzieht das Rad eine Lenkbewegung, wenn die Zahnstange sich nach links oder rechts bewegt, weil die Spurstange SL im Punkt L bewegt wird. Der Spurstangenhebel US ist am Radträger U_u–U_o im Punkt U befestigt, der sich nicht immer auf der Höhe der Radachse befindet. Alle Abmessungen beziehen sich auf die Draufsicht, d. h. von einer schräg laufenden Spurstange wird nur der horizontale Wert angesetzt. Weil der Spurstangenhebel US sich um den wegen der Spreizungs- und Nachlaufwinkel schräg

Tab. 5.4 Beispiel für die Vermessung des Spurdifferenzwinkels

Lenkwinkel am linken Rad bei Ausschlag nach rechts [°]	Lenkwinkel am rechten Rad bei Ausschlag nach rechts [°]	Spurdifferenzwinkel [°] (Positiver Wert = Vorspur)
0	0	0
5	4,9	0,1
10	9,8	0,2
15	14,5	0,5
20	19,3	0,7
25	24,1	0,9
30	29,0	1,0

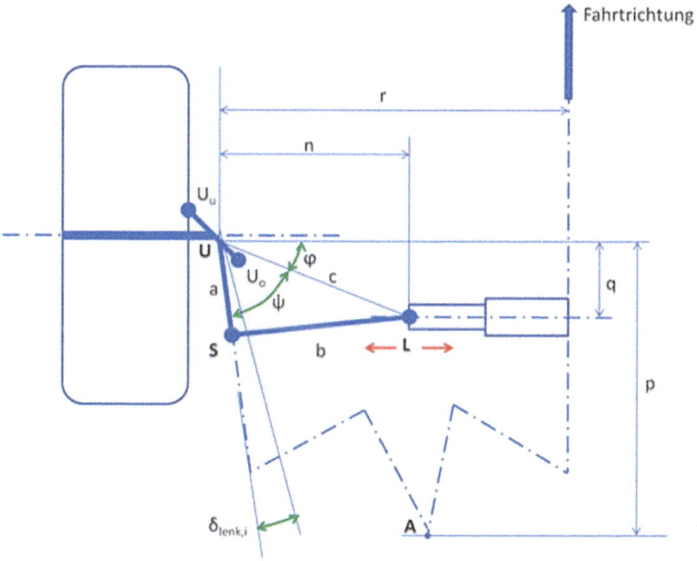

Abb. 5.20 Geometrie einer Spurstange: Lenktrapez. *US* = Spurstangenhebel. U_o–U_u = Radträger *(Upright)*, *SL* = horizontale Projektion der Spurstange. Die Abmessungen *a*, *b*, *n*, *q* und *r* können vermessen werden. Die Größen *c*, *p*, und ψ und werden anschließend berechnet. Daraus folgen die Spuränderungen beim Lenken und die Lage des Ackermann-Punktes *A*

gestellten Radträger dreht, bewegt sich der Punkt *S* etwas in der Höhe entlang der *z*-Achse, was eine gewisse Ungenauigkeit bewirkt. Je größer Spreizungswinkel und Nachlaufwinkel sind, desto größer werden diese Ungenauigkeiten.

Der Berechnungsablauf vollzieht sich wie folgt:

$$\varphi = \arctan\left(\frac{q}{n}\right) \tag{5.26}$$

$$c\left(=UL\right) = \sqrt{\left(n^2 + q^2\right)} \tag{5.27}$$

Mit Hilfe des Kosinus-Satzes kann Winkel ψ berechnet werden:

$$\psi = \arccos\left(\frac{b^2 - a^2 - c^2}{-2 \cdot a \cdot c}\right) \tag{5.28}$$

Der Lenkwinkel $\delta_{\text{lenk,i}}$ eines Rades entspricht der Änderung von $(\varphi + \psi)$ dieses Rades. Die Differenz zwischen $(\varphi + \psi)$ am kurveninneren und -äußeren Rad ist das Maß für den Spurdifferenzwinkel, siehe Beispiel 5.3.

Für die Lage des Ackermann-Punktes A in Fahrzeuglängsrichtung (x-Achse) folgt:

$$p = \frac{r}{\tan(90 - \varphi - \psi)} \tag{5.29}$$

$p <$ Radstand l: A liegt vor der Hinterachse
$p =$ Radstand l: A liegt auf der Hinterachse
$p >$ Radstand l: A liegt hinter der Hinterachse

Beispiel 5.2

Die Geometrie eines Lenktrapezes hat die folgenden Abmessungen:
a = 210 mm, b = 390 mm, r = 770 mm, Rack = 350 mm, q = 170 mm.

$$\text{n} = 770 - 350 = 420 \text{ mm}$$

$$\varphi = \arctan\left(\frac{170}{420}\right) = 22{,}0° \left(\textit{bei Geradeausfahrt}\right)$$

$$c = \sqrt{(420^2 + 170^2} = 453\ mm \left(\textit{bei Geradeausfahrt}\right)$$

$$\psi = \arccos\left(\frac{390^2 - 210^2 - 453^2}{-2 \cdot 210 \cdot 453}\right) = 59{,}3° \left(\textit{bei Geradeausfahrt}\right)$$

◀

Die Winkel φ und ψ ändern sich, wenn sich der Punkt L der Zahnstange in einer Linkskurve nach rechts bewegt. Am linken Rad werden c und n größer, und damit werden φ und ψ kleiner. Am rechten Rad werden c und n kleiner, und damit werden φ und ψ größer. Tab. 5.5 zeigt die Ergebnisse für den Spurdifferenzwinkel in einer Linkskurve.

$n_{\text{dyn}} = n$ (in Geradeausstellung) + Bewegung der Zahnstange.

Kinematischer Lenkwinkel = $(\varphi + \psi)$ in Abhängigkeit der Bewegung der Zahnstange.

Spurdifferenzwinkel = Kinematischer Lenkwinkel $_{\text{links}}$ + kinematischer Lenkwinkel $_{\text{rechts}}$.

Die Lage des Punktes M' wird für die optimalen Schräglaufwinkel α_{opt} der Reifen (vgl. Abb. 5.19) in Relation zu den kinematischen Lenkwinkeln δ_{lenk} der beiden Vorderräder gemäß Abb. 5.21 konstruiert.

Tab. 5.5 Änderung des Spurdifferenzwinkels beim Lenken in einer Linkskurve, siehe auch Abb. 5.20

Lenkbewegung Zahnstange nach rechts [mm]	n_{dyn} links [mm]	C_{links} [mm]	φ_{links} [°]	ψ links [°]	$\varphi + \psi$ linker Rad [°]	Kinematische Lenkwinkel $\delta_{lenk,i}$ linker Rad [°]	Δ Spur [°] kinematisch	Kinematische Lenkwinkel $\delta_{lenk,o}$ rechter Rad [°]	$\varphi + \psi$ rechter Rad [°]	ψ rechts [°]	φ_{rechts} [°]	c_{rechts} [mm]	n_{dyn} rechts [mm]
20	440	471,7	21,1	54,7	75,8	−5,47	**−0,04**	−5,43	86,7	63,7	23,0	434,6	400
15	435	467,0	21,3	55,8	77,2	−4,09	**−0,02**	−4,07	85,4	62,6	22,8	439,2	405
10	**430**	**462,4**	**21,6**	**57,0**	**78,6**	**−2,73**	**−0,01**	**−2,72**	**84,0**	**61,5**	**22,5**	**443,8**	**410**
5	425	457,7	21,8	58,1	79,9	−1,36	**0,00**	−1,36	82,6	60,4	22,3	448,5	415
0	420	453,1	22,0	59,3	81,3	0,00	**0,00**	0,00	81,3	59,3	22,0	453,1	420

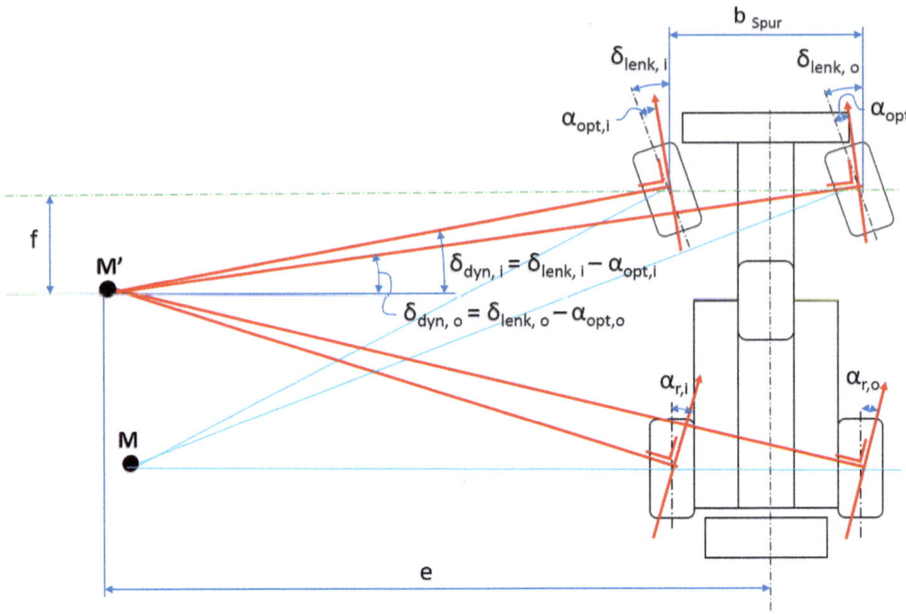

Abb. 5.21 Nur bei sehr niedrigen Kurvengeschwindigkeiten dreht sich das Fahrzeug um den Punkt *M*. Bei höheren Geschwindigkeiten bewegt sich der Kurvenmittelpunkt in den Punkt *M′*, also aufgrund der Schräglaufwinkel der Hinterräder ($\alpha_{r,i}$ und $\alpha_{r,o}$) nach vorne. Die kinematischen Lenkwinkel δ_{lenk} der Vorderräder (d. h. die Lenkwinkel der Felgen) sind aufgrund der Schräglaufwinkel größer als die dynamischen Lenkwinkel ($\delta_{lenk} - \alpha_{opt}$). α_{opt} ist der optimale Schräglaufwinkel (Index i = innen, o = außen)

Um die optimale Ackermann-Auslegung zu erreichen, müssen die geometrischen Lenkwinkel der beiden Vorderräder optimal aufeinander abgestimmt werden. Der Winkel für den Pfad, dem ein Rad dynamisch folgt (rote Vektoren in Abb. 5.21) ergibt sich aus der Differenz der kinematischen Lenkwinkel δ_{lenk} und dem Schräglaufwinkel α_{opt} (siehe Tab. 5.5).

Für das linke, kurveninnere Rad gilt:

$$\tan\left(\delta_{lenk,i} - \alpha_{opt,i}\right) = \frac{f}{e - 0,5 \cdot b}$$

Für das rechte, kurvenäußere Rad folgt analog:

$$\tan\left(\delta_{lenk,o} - \alpha_{opt,o}\right) = \frac{f}{e + 0,5b}$$

Damit ergibt sich durch nach Einsetzen der Wert *e* wie folgt:

$$e = 0,5b \cdot \frac{\tan\left(\delta_{\text{lenk,i}} - \alpha_{opt,\text{i}}\right) + \tan\left(\delta_{\text{lenk,o}} - \alpha_{opt,\text{o}}\right)}{\tan\left(\delta_{\text{lenk,i}} - \alpha_{opt,\text{i}}\right) - \tan\left(\delta_{\text{lenk,o}} - \alpha_{opt,\text{o}}\right)} \quad (5.30)$$

$$f = \tan\left(\delta_{\text{lenk,i}} - \alpha_{opt,\text{i}}\right) \cdot \left(e - 0{,}5 \cdot b\right) \quad (5.31)$$

Damit ist die Lage von M' vollständig definiert. Dies kann bei der Abstimmung der Ackermann-Geometrie an der Rennstrecke sehr behilflich sein.

Beispiel 5.3

Die Theorie von Ackermann ist einfach zu fassen, das Umsetzen dieser Theorie in die Praxis aber ist weniger einfach! Hier folgt eine mögliche Vorgehensweise, um die Ackermann Geometrie eines Autos besser zu verstehen:

1 Es ist der Renningenieur, der anhand der Strecke und der dazu eventuell gespeicherten Datei entscheidet, für welche Kurvenart das Auto optimiert werden sollte. Zum Beispiel: Die Datenaufzeichnung gibt eine Geschwindigkeit v_x = 120 km/h und einen Kurvenradius = 55 m aus. Weil die meisten Kurven dieser Strecke mehr oder weniger dieser Kurve gleichen, möchte der Renningenieur das Auto für diese Kurvencharakteristik optimieren. Hinweis: Die Querbeschleunigung ist in diesem Fall $a_y = (120/3{,}6)^2/55 = 20{,}2$ m/s^2, das entspricht ungefähr 2 g, was plausibel erscheint. (Es ist immer ratsam, solche „Sanity Checks" auszuführen).
2 Es ist sehr unwahrscheinlich, dass die optimalen Schräglaufwinkel bekannt sind, aber es ist sicher, dass diese nie den Wert Null erreichen! Es muss eine Annahme getroffen werden und z. B. 5° für alle Räder gewählt werden, siehe Abb. 5.19.
3 Gegeben sind: Radstand = 2400 mm, gewünschter optimaler Kurvenradius = 55 m und die Spurweite = 1600 mm. Siehe Abb. 5.21.

Durchschnittliche Schräglaufwinkel der Hinterräder = 5°, und damit kann die Dimension f berechnet werden:

tan 5° = (2400 – f)/55.000, daraus folgt f = –2412 mm. Das Minuszeichen deutet daraufhin, dass M′ 2412 mm vor der Vorderachse liegt.

4 Nun können die gewünschten dynamischen Lenkwinkel bestimmt werden (Soll-Werte):
5 Der aktuelle Lenkwinkel (Ist-Wert) ist auf zweifache Weise festzustellen:
Option 1): Vermessen mit Hilfe von zwei Drehplatten, siehe z. B. Tab. 5.4.
Option 2): Berechnen mit Hilfe der Algorithmen 5.26, 5.27 und 5.28,

Inneres Rad: $\delta_{\text{lenk,dyn,i}}$	= arctan {f/(Radius – 0,5 · Spurweite)} = arctan {–2412/(55.000 – 0,5 · 1600)} = 2,54°
Äußeres Rad: $\delta_{\text{lenk,dyn,o}}$	= arctan {f/(Radius + 0,5 · Spurweite)} = arctan {–2412/(55.000 + 0,5 · 1600)} = 2,47°

Abb. 5.22 Vorderradaufhängung eines Mercedes Benz-DTM-Rennwagens. Die *rote Linie* verbindet die Punkte *U* und *S*, und läuft weiter nach hinten zum Punkt *A* (vgl. Abb. 5.20). Die Lage des Punktes *S* wird in diesem Beispiel an die Kurvencharakteristik der jeweiligen Rennstrecke durch das Austauschen des Spurstangenhebels *US* angepasst, was bei dieser Konstruktion relativ einfach ist

Man sollte sich bewusst sein, dass diese Resultate ungenau sind, weil lediglich ein bestimmter Schräglaufwinkel angenommen wurde.

6 Anhand von Abb. 5.20 und den zugehörigen Berechnungen ist es möglich, durch das Verschieben von Punkt S die Geometrie noch ein wenig zu optimieren. Dabei kann Punkt S sich durch einen anderen Lenkhebel z. B. nach links/rechts verschieben (siehe Abb. 5.22) mit dem um einige Millimeter verschobenen Punkt S. ◀

Die Bestimmung der Ackermann-Geometrie ist komplex und am Ende fast immer ein Kompromiss zwischen optimalen Schräglaufwinkeln (die nie genau bekannt sind), den auf der Strecke vorliegenden Kurven und den Vorlieben des Fahrers. Es lohnt sich aber, die Ackermann-Charakteristik an schnelle Strecken (Hockenheim, Zandvoort usw.) und langsame Strecken (Monaco, Pau usw.) individuell anzupassen. Bei den sogenannten „Cup Cars“ (wie Suzuki Swift, VW Polo, Renault Clio, usw.) wird die Anpassung der Ackermanngeometrie (wenn die Reglements das zulassen!) wesentliche Verbesserungen bringen. Der Grund ist a) die Umrüstung von Straßenreifen auf Slicks und b) das Bedürfnis, das Auto von einem „Familienauto“, das sich leicht einparken lässt, zu einem Rennwagen, der mit hoher Geschwindigkeit durch Kurven mit größeren Kurvenradien fahren muss, zu adaptieren.

Weitere Informationen

Wenn ein konventionelles Straßenauto für den Renneinsatz umgebaut wird, erfolgt oft eine Tieferlegung, ohne dass die weiteren Konsequenzen beachtet werden. Meist beschränken die Reglements leider die Anpassungsmöglichkeiten, aber in dem Fall, dass sämtliche Freiheiten bestehen, ist die folgende Vorgehensweise zu empfehlen:

1. Um weniger Gewichtstransfer (siehe Formel Gl. 5.4b) und weniger aerodynamischen Widerstand zu ermöglichen, wird das Auto tiefer gelegt.
2. Oft wird damit das Rollzentrum unter die Straßenebene verlagert, weil der untere Querlenker mit den inneren Anlenkpunkten nach unten gerichtet ist. Das löst Untersteuern beim Einlenken in die Kurve aus, siehe Abb. 5.5 und 5.6 sowie Beispiel 5.1.
3. Daher ist es das Ziel, das Rollzentrum zurück auf oder über die Straßenebene zu bringen, was dadurch erreicht werden kann, dass der untere Querlenker möglichst horizontal liegt. Dies kann dadurch realisiert werden, dass der kurvenäußere Anlenkpunkt am unteren Radträger nach unten gebracht wird oder die beiden inneren Anlenkpunkte nach oben. Eine Kombination von beidem ist ebenfalls möglich.
4. Damit ist aber evtl. ein neues Problem entstanden: Die Geometrie der Spurstangenlenkung (Lenktrapez) ist nun suboptimal verändert. Wenn dazu keine Korrektur stattfindet, wird sich das Fahrzeug vor allem beim Beschleunigen aus der Kurve heraus unruhig verhalten. Wenn man sich dieser Ursache nicht vollends bewusst ist, wird man fälschlicherweise mittels der Federung, Stabilisator und Dämpfer versuchen Lösungen zu finden, die jedoch alle nur von der wesentlichen Lösung ablenken: Die Geometrie des Spurstangenmechanismus muss korrigiert werden! Zur Erläuterung wird auf die Abb. 5.11 oder 5.12 verwiesen.

5.8 Analytische Ermittlung der Bewegung einer Doppelquerlenker-Radaufhängung *Analytical Determination of the Motion of a Double-Wishbone Suspension*

Wenn die Abmessungen zwischen den Lagerpunkten des unteren l_1 und oberen Querlenkers l_3, des Radträgers l_2 (Upright) und am Chassis l_4 aus der Konstruktionszeichnung oder durch praktische Vermessung bekannt sind, kann die Bewegungsfunktion eines Doppelquerlenker-Koppelgetriebes wie in Abb. 5.23 berechnet werden.

Rein formal handelt es sich bei einer Doppelquerlenker-Radaufhängung um ein Viergelenk-Koppelgetriebe, dessen Übertragungsfunktion wie folgt lautet:

$$\psi = Funktion(\varphi) = \pi - \psi_s - \psi_t \tag{5.32}$$

Die Hilfsdiagonale f in Abb. 5.23 berechnet sich zu:

$$f = \sqrt{l_1^2 + l_4^2 - 2 \cdot l_1 \cdot l_4 \cdot \cos\varphi} \tag{5.33}$$

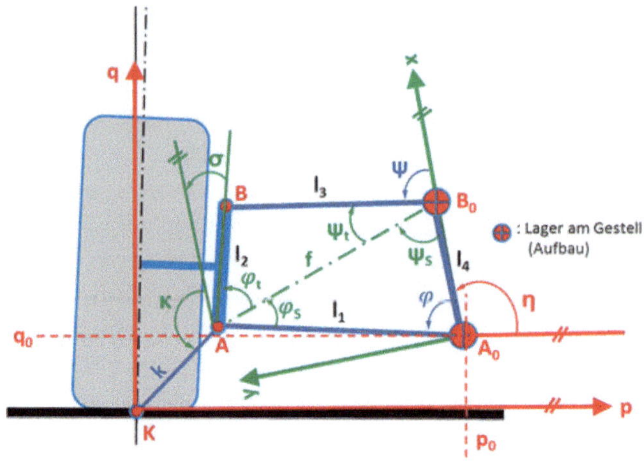

Abb. 5.23 Doppelquerlenker-Radaufhängung. Das fahrzeugfeste Koordinatensystem ist x–y (*grün*), das straßenfeste Koordinatensystem p–q (*rot*). Der Koppelpunkt K – als zentraler Aufstandspunkt des Reifens – und sein Verlauf auf der Koppelkurve bei Bewegung der Radaufhängung kann durch Koordinatentransformation vom fahrzeugfesten x–y-Koordinatensystem auf das straßenfeste p-q-Koordinatensystem umgerechnet werden. Damit lassen sich Spur- und Sturzänderungen leicht bestimmen. Mit: l_1 Länge des unteren Querlenkers (Abstand der Lager A und A_0) [mm], l_2 Radträger (Abstand der Lager A und B) [mm], l_3 Länge des oberen Querlenkers (Abstand der Lager B und B_0) [mm], l_4 Abstand der Lager A_0 und B_0 am Chassis [mm], ψ Winkel zwischen Chassis und oberem Querlenker [rad], φ Winkel zwischen Chassis und unterem Querlenker [rad], ψ_s Winkel zwischen Chassis und der Hilfsgeraden f [rad], ψ_t Winkel zwischen der Hilfsgeraden f und dem oberen Querlenker [rad], φ_s Winkel zwischen dem unteren Querlenker und der Hilfsgeraden f [rad], φ_t Winkel zwischen der Hilfsgeraden f und dem Upright [rad], σ Winkel zwischen Upright und der Verbindung zwischen den Lagerpunkten A_0 und B_0 [rad], κ Winkel zwischen der Verbindung zwischen den Lagerpunkten A_0 und B_0 und dem unteren Lagerpunkt A mit dem Radaufstandspunkt K [rad], η Winkel zwischen fahrzeugfestem und straßenfestem Koordinatensystem [rad]

Für die Winkel in Abb. 5.23 folgt:

$$\sigma = \varphi_t - \psi_s \tag{5.34}$$

$$\psi_s = \arccos\frac{l_4^2 + f^2 - l_1^2}{2 \cdot l_4 \cdot f} \tag{5.35}$$

$$\psi_s = \arcsin\frac{l_1 \cdot \sin\varphi}{f} \tag{5.36}$$

$$\varphi_s = \arccos\frac{l_1^2 + f^2 - l_4^2}{2 \cdot l_1 \cdot f} \tag{5.37}$$

$$\varphi_s = \arcsin\frac{l_4 \cdot \sin\varphi}{f} \tag{5.38}$$

$$\psi_t = \arccos\frac{l_3^2 + f^2 - l_2^2}{2 \cdot l_3 \cdot f} \tag{5.39}$$

$$\varphi_t = \arccos\frac{l_2^2 + f^2 - l_3^2}{2 \cdot l_2 \cdot f} \tag{5.40}$$

Die Koordinaten des Verlaufs des Radaufstandspunktes K bei Einfederung (Koppelkurve) berechnen sich je nach Koordinatensystem wie folgt:

In Bezug auf das **fahrzeugfeste *x*–*y*-Koordinatensystem**:

$$x_K(\varphi) = l_1 \cdot \cos\varphi - k \cdot \cos(\varphi + \varphi_s + \varphi_t + \kappa) \tag{5.41}$$

$$y_K(\varphi) = l_1 \cdot \sin\varphi - k \cdot \sin(\varphi + \varphi_s + \varphi_t + \kappa) \tag{5.42}$$

In Bezug auf das **straßenfeste *p*–*q*-Koordinatensystem**:

$$p_K(\varphi) = p_0 + x_K \cdot \cos\eta - y_K \cdot \sin\eta \tag{5.43}$$

$$q_K(\varphi) = q_0 + x_K \cdot \sin\eta + y_K \cdot \cos\eta \tag{5.44}$$

Die o. g. Algorithmen lassen sich einfach in Excel programmieren und bieten somit die Möglichkeit, den Bewegungsablauf der Radaufhängung mit dessen Auswirkungen auf die Radstellung (z. B. Sturz) beim Ein- und Ausfedern darzustellen.

Beispiel 5.4

Für einen Formel-3-Rennwagen wurden gemäß Abb. 5.23 folgende Werte ermittelt:

- Länge unterer Querlenker $l_1 = 470$ mm
- Länge Radträger (Upright) $l_2 = 230$ mm
- Länge oberer Querlenker $l_3 = 435$ mm
- Abstand der Querlenkerlager am Chassis $l_4 = 176$ mm
- Koppellänge $k = 171$ mm (Strecke AK)
- Winkel $\kappa = 165° = 2{,}88$ rad
- Gedrehtes Koordinatensystem: $p_0 = 541$ mm, $q_0 = 105$ mm, $\eta = 98° = 1{,}71$ rad
- Der statische Sturz beträgt $\varepsilon = -3{,}5°$.

Beispiele für eine Analyse sind in den Abb. 5.24, 5.25, 5.26 und 5.27 gezeigt. ◄

Die Steigung der Funktionen (Tangens) in den Abb. 5.24, 5.25, 5.26 und 5.27 liefert die genaue Charakteristik der Funktionsverläufe.

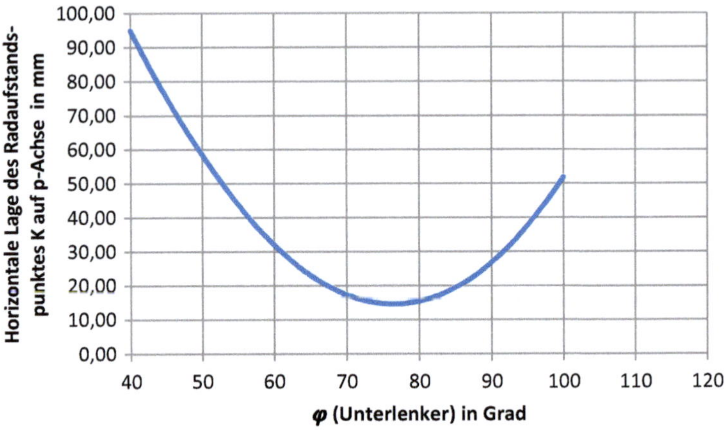

Abb. 5.24 Horizontale Lage des Radaufstandspunktes in Abhängigkeit des Federwinkels des unteren Querlenkers. Bei einem Winkel des unteren Querlenkers von etwa 75° ist die maximale Spurweite erreicht

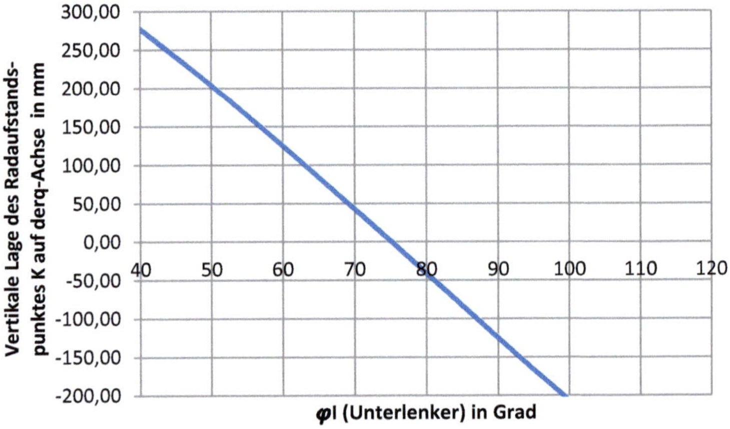

Abb. 5.25 Vertikale Lage des Radaufstandspunktes in Abhängigkeit des Federwinkels des unteren Querlenkers. Bei einem Winkel des unteren Querlenkers von etwa 75° stellt sich bei maximaler Spurweite der Radaufstandspunkt auf Straßenebene ein. Bei einem geringeren Unterlenkerwinkel findet folglich Einfederung statt

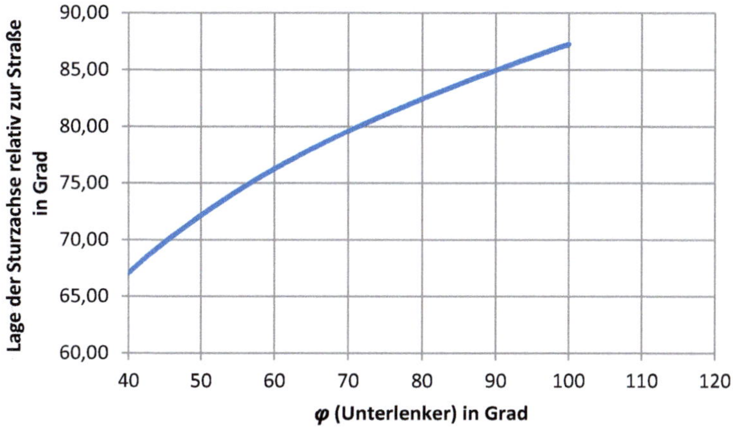

Abb. 5.26 Verlauf der Lage der Sturzachse zur Straße. Bei einem Winkel des unteren Querlenkers von etwa 75° stellt sich die maximale Spurweite bei statisch eingestelltem Sturz von −3,5° ein. Bei Einfederung nimmt der negative Sturz überproportional zu

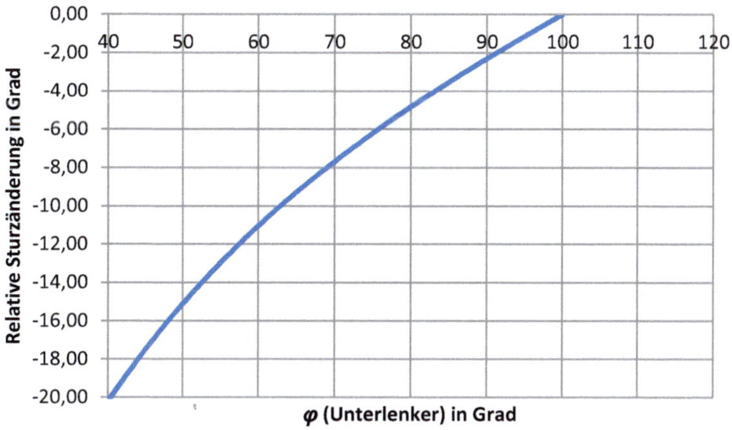

Abb. 5.27 Relative Sturzänderung. Bei einem Winkel des unteren Querlenkers von etwa 75° stellt sich die maximale Spurweite ein. Bei Einfederung nimmt der negative Sturz überproportional zu. Da es sich um einen Formel-3-Rennwagen handelt, wird der Winkel des Unterlenkers sehr klein bleiben. Bei Einfederung um $\Delta\varphi = 5°$, d. h. von $\varphi = 75°$ auf $\varphi = 70°$, vergrößert sich der negative Sturz um 2° von −3,5° auf −5,5°. Beim Ausfedern um $\Delta\varphi = 5°$ verringert sich der negative Sturz nur um knapp 1,5° von −3,5° auf −2,0°, d. h. auch beim Ausfedern bleibt der negative Sturz erhalten, was auch erwünscht ist

▶ **Tipp 5.17** Es gibt manchmal einige Missverständnisse bei der Bestimmung des % Ackermann. Zum Beispiel wird die Position von Punkt A (siehe Abb. 5.20) in Bezug auf die Vorderachse mit dem Radstand verglichen. Das ergibt keine korrekte Antwort. Ein Problem bei der Bestimmung des % Ackermann ist, dass wir diesen Prozentsatz eigentlich dynamisch wissen wollen, d. h. wenn das Auto mit voller Geschwindigkeit durch eine Kurve fährt, wir ihn aber nur statisch messen können. Hier ist die Methode, um den % Ackermann statisch korrekt zu bestimmen.

Entscheiden Sie, für welche Art von Kurve Sie den Ackermann optimieren möchten. Daraus ergibt sich dann der Kurvenradius R. Bei 100 % Ackermann bewegen sich alle vier Räder um den Kurvenmittelpunkt M. Schräglaufwinkel werden in dieser statischen Analyse also nicht berücksichtigt. Aber bei jedem anderen Wert als 100 % Ackermann bewegen sich die Räder um den Kurvenmittelpunkt M′, wo:

$$\tan\left(\delta_{Äuß}\right) = \mathrm{L}/\left(\mathrm{R}+\mathrm{S}\right), \text{ also wird R} : \mathrm{R} = \left\{\mathrm{L}/\tan\left(\delta_{Äuß}\right)\right\} - \mathrm{S}$$

Zudem gilt Bei 100 % Ackermann: δ_{inn} = atan (L/R), und damit wird (Abb. 5.28)

Abb. 5.28 Schema für die Bestimmung des Ackermann-Prozentsatzes

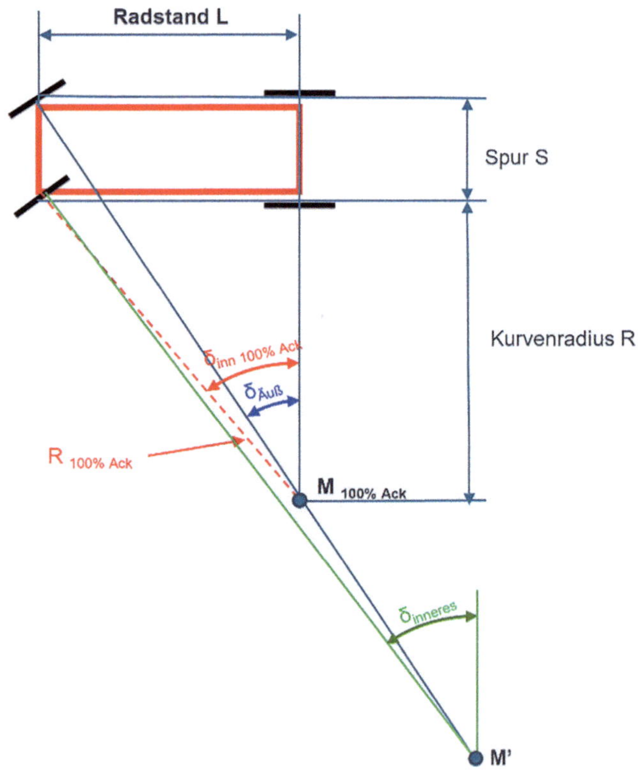

% Ackermann = (*δ inneres Rad aktuell – δ Äußeres Rad aktuell*) / (δ inneres Rad bei 100 % Ack – δÄußeres Rad) * 100 %

$\delta_{\text{Äußeres Rad}}$: Lenkwinkel Äußeres Rad
$\delta_{\text{Inn bei 100 \% Ack}}$: Lenkwinkel Inneres Rad bei 100 % Ackermann
$\delta_{\text{Inneres Rad}}$: Tatsächlicher Lenkwinkel Inneres Rad um M′

Betrachte nun den % Ackermann:
<0 %: Räder bewegen sich in Vorspur: Anti-Ackermann
=0 %: Beide Räder bleiben parallel
>0 %: Räder bewegen sich in Nachspur: Pro-Ackermann
=100 %: Räder bewegen sich in Nachspur, passend zu M
>100 %: Räder bewegen sich in Nachspur (über 100 %)

Auf diese Weise erhalten Sie einen Einblick in den Charakter des Lenkmechanismus. Vor allem bei Tourenwagen, die ursprünglich nicht für den Rennsport, sondern für den Einsatz in der Stadt konzipiert wurden, können die gefundenen Werte und die gewünschten Werte stark voneinander abweichen. Diese Analyse zeigt auch, dass der Ackermann-Prozentsatz mit dem gewählten Kurvenradius zusammenhängt.

Federung *Springs*

6

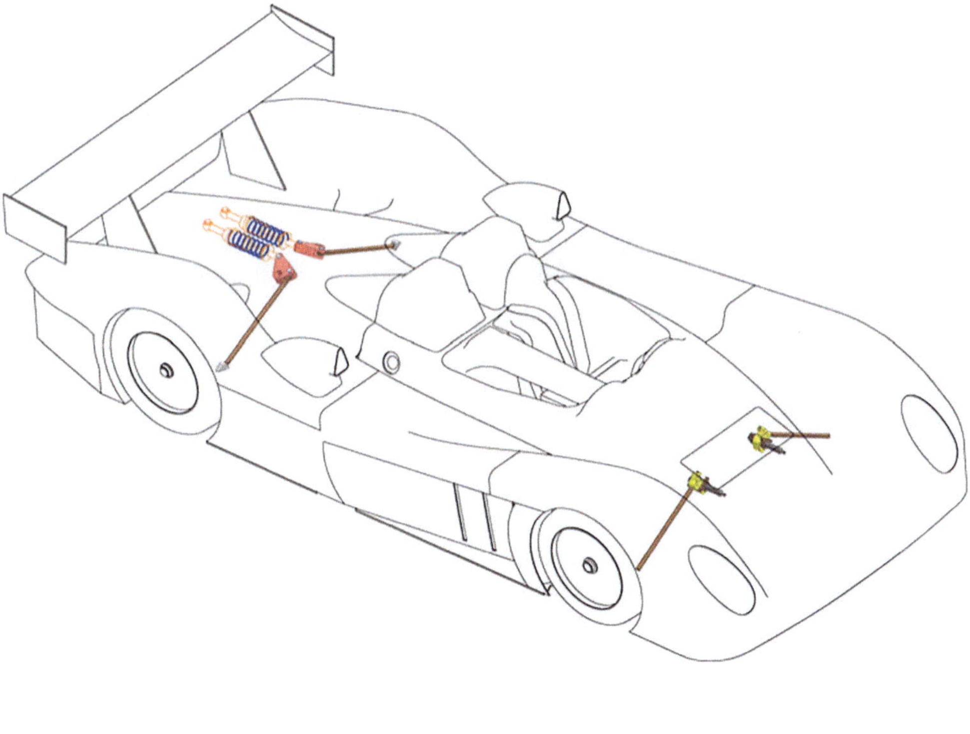

R. Pütz, T. Serne, *Rennwagentechnik - Praxislehrgang Fahrdynamik*, Handbuch Rennwagentechnik 6, https://doi.org/10.1007/978-3-658-47000-5_6

Inhaltsverzeichnis

6.1 Gründe für Federung *Reasons for Springs in Suspension*

Jedes Auto ist aus drei wesentlichen Gründen mit Federn ausgestattet:

- Reifen können nur ihre maximale Quer- und Längskraft liefern, wenn die Reifen stetig belastet sind, siehe Kap. 3. Die Reifen sollten also in der Lage sein, der Straßenoberfläche zu folgen. Dies wird durch Federn, in Zusammenarbeit mit den Stoßdämpfern, ermöglicht.
- Federn ermöglichen einen gewissen Komfort, auch wenn Komfort für einen Rennwagen weniger gefragt ist als für ein Straßenauto. Dennoch könnte Komfort, selbst wenn der Rennfahrer nicht um mehr Komfort nachfragt, dazu beitragen, die Straßenlage zu verbessern, da sich der Fahrzeugaufbau leichter bewegt. Damit wiederum können die Reifen besser der Straßenoberfläche folgen, so lange gewisse Grenzen eingehalten werden.
- Federn reduzieren die Belastung von Radaufhängung und Rahmen indem sie Stoßenergie von Unebenheiten Zwischenspeichern.

Ein Rennwagen ohne Federung würde sich wie ein Kart verhalten, d. h. sehr „holperig". Ein Kart unterscheidet sich aber in zwei Aspekten von einen Rennwagen: es hat eine sehr geringe Masse, sodass die Reifen schneller wieder Kontakt mit der Straße herstellen können, und der Rahmen eines Karts ist derart flexibel, dass er im Grunde genommen als Feder betrachtet werden kann. Man könnte daher behaupten: Jedes Kart hat doch eine Federung![1]

6.2 Federrate und Federarten *Spring Rate and Spring Types*

Ein Renningenieur muss in der Lage sein, die Federung berechnen zu können. Daher sollte er immer die Federraten der von ihm angewendeten Federn kennen.

[1] Siehe dazu auch Handbuch Rennwagentechnik Bd. 5, Kap. 6.

Die Federrate ist wie folgt definiert:

$$c_F = \frac{F_F}{f_F} \tag{6.1}$$

Mit:

c_F Federrate, N/mm
F_F Kraft auf die Feder, N
f_F Federweg, mm

Die Federrate wird immer angegeben als eine Kraft oder ein Gewicht, dividiert durch den Federweg. Häufig vorkommenden Dimensionen sind Lbs/″ (Pounds/inch), N/mm oder kg/cm.

Am häufigsten kommen drei Arten von Federn vor: Torsionsfeder, Schraubenfeder und Blattfeder.

Torsionsfeder Wesentliche Vorteile eines Torsionsstabes sind eine klare Federcharakteristik und zudem der problemlose Einbau an einer niedrigen Stelle im Fahrzeug. Demgegenüber steht der Nachteil eines stets erforderlichen Mechanismus, um die Ein- und Ausfederbewegung der Räder in eine Rotationsbewegung am Stab umzusetzen.

Die Federrate einer Torsionsfeder berechnet sich ähnlich der eines Stabilisators:

$$c_{F,t} = \frac{\pi \cdot G \cdot \left(D^4 - d^4\right)}{32 \cdot L \cdot A^2} \tag{6.2}$$

mit:

$c_{F,t}$ Federrate der Torsionsfeder, N/mm
G Schubmodul, N/mm^2 (abhängig vom Material; für Federstahl 73.100–82.000 N/mm^2)
D Außendurchmesser, mm
d Innendurchmesser, mm
L Länge des Torsionsstabes, mm
A Schenkellänge (Kraftarms), mm

In dieser Berechnung wird der Kraftarm A als nicht flexibel betrachtet. Der Schubmodul G ist ein Maß für den Widerstand, den der Werkstoff (Stahl) gegen die Schubverformung aufbaut. Um die Vorteile eines Torsionsstabs anwenden zu können, muss eine Stoßstange (Pushrod) oder Ziehstange (Pullrod) verwendet werden, welche mittels eines Kipphebels den Torsionsstab betätigt. Abb. 6.2 zeigt eine übliche Auslegung, welche in vielen Formel- und Sportrennwagen angewendet wird.

Schraubenfeder Der besondere Vorteil dieser Bauart ist die einfache Kombination mit einem Stoßdämpfer und damit die Realisierung eines Federbeins, englisch „Coil-over unit".

Eine Schraubenfeder kann als eine gewundene Torsionsfeder betrachtet werden, wobei der Hebelarm *A* in Abb. 6.1 dem Hebelarm 0,5*D* in Abb. 6.3 entspricht. Die Länge *L* der zu einer Schraubenfeder gewundenen Torsionsfeder beträgt näherungsweise (Abb. 6.3):

$$L_{\text{Schraubenfeder}} = \pi \cdot D \cdot n \tag{6.3}$$

mit:

$L_{\text{Schraubenfeder}}$ Länge der Schraubenfeder, mm
D Durchmesser der Feder (Mitte-zu-Mitte des Drahtes), mm
n Anzahl der Windungen, –

Bei der Anwendung von Schraubenfedem muss man ein minimales äußeres Einbaumaß von $D + d$ berücksichtigen, ebenso ein maximales inneres Einbaumaß (z. B. des Dämpfers) von $D–d$ (Abb. 6.3).

Die Federrate berechnet sich wie folgt:

$$c_{\text{F,s}} = \frac{G \cdot d^4}{8 \cdot D^3 \cdot n} [\text{N/mm}] \tag{6.4}$$

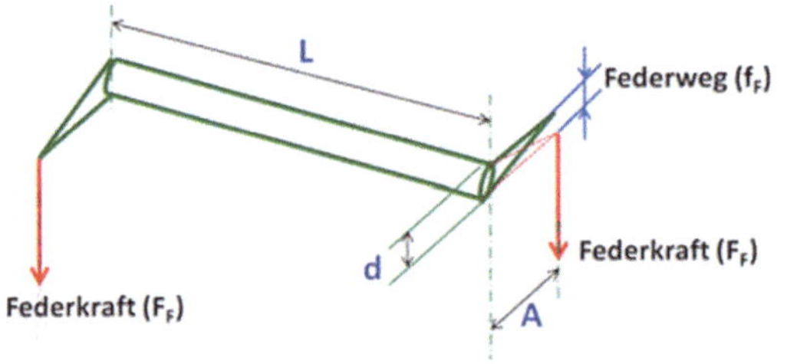

Abb. 6.1 Torsionsfeder, d = Durchmesser des Torsionsstabes, A = Kraftarm, L = Länge des Torsionsstabes, F_F = Kraft am Kraftarm, f_F = Federweg, relativ zum Kraftarm auf der gegenüberliegenden Seite im Abstand L. Die Lagerpunkte des Torsionsstabes, die Reaktionskräfte erzeugen, sind hier außer Acht gelassen

Abb. 6.2 Torsionsfeder mit Betätigimgsmechanismus an einem Formel 1 Rennwagen links hinten

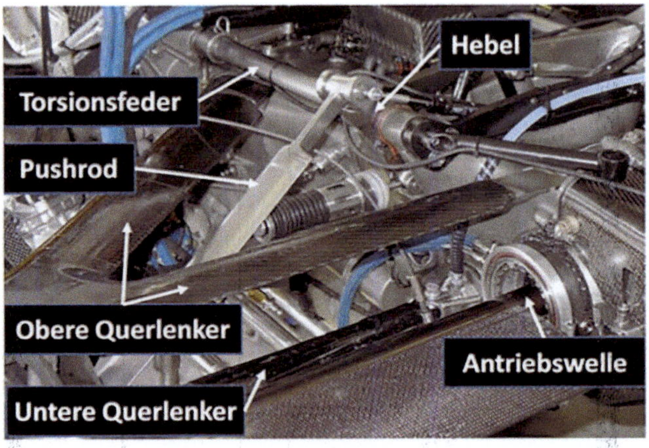

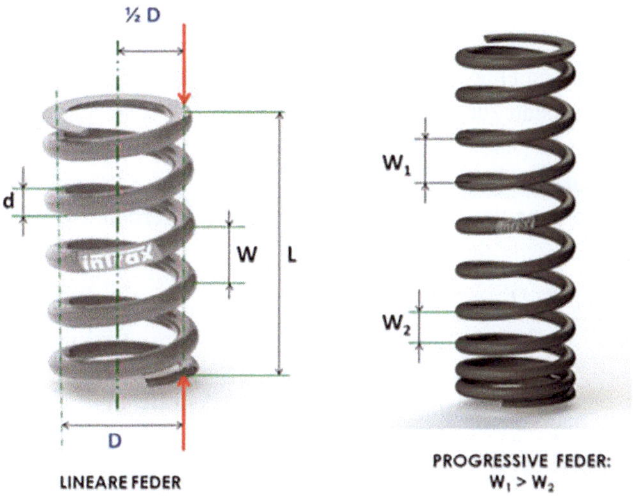

Abb. 6.3 Schraubenfeder. D = Durchmesser (Mitte-zu-Mitte), d = Drahtdicke, W = Windung, L = Federlänge. Eine Schraubenfeder ist dem Grunde nach eine gewundene Torsionsfeder. (Quelle: Intrax Suspension Systems)

mit:

$c_{F,S}$ Federrate der Schraubenfeder, N/mm
G Schubmodul, N/mm² (abhängig vom Material; für Federstahl 73.100–82.000 N/mm²)
D Durchmesser der Feder (Mitte-zu-Mitte des Drahtes), mm
d Drahtdicke, mm
n Anzahl der Windungen, –

Im Grunde genommen kann eine Schraubenfeder als eine Reihenschaltung mehrerer Windungen betrachtet werden, die jede für sich eine Feder bilden. Wenn die Feder um eine Windung gekürzt wird, nimmt n um 1 ab, womit dann die Steifigkeit $c_{F,s}$ größer wird. Ähnlich verhält es sich, wenn die Länge L eines Torsionsstabes gekürzt wird (vgl. Abb. 6.1).

Ein zu beachtender Nachteil einer Schraubenfeder ist, dass die angreifenden Kräfte immer auch ein Biegemoment in der gesamten Feder verursachen und nur auf einen Punkt der Federschale arbeiten. Das verursacht bei einem Federbein ein Biegemoment im Stoßdämpfer. Deshalb ist es ratsam, die Feder links und rechts absolut symmetrisch zu installieren und beim Ein- und Ausbau immer zu markieren.

▶ **Tipp 6.1** Wenn ein Straßenauto zu einem Rennwagen umgebaut wird ist es stets empfehlenswert, die Serienfedern durch reinrassige Rennfedern zu ersetzen, weil die Serienfedern oft aus billigem Stahl mit relativer Serienstreuung produziert sind. Das könnte sich in kleinen, aber im Renneinsatz spürbaren Unterschieden in den Federraten links und rechts auswirken.

Beispiel 6.1

Ein Renningenieur möchte die Qualität einer Schraubenfeder untersuchen. Dazu vermisst er in der Werkstatt zuerst die Federrate (= Kraft/Federweg) und stellt $c_{F,s} = 113$ N/mm fest. Die übrigen Daten der Schraubenfeder sind bekannt: $d = 15$ mm, $D = 70$ mm, $n = 10$ Windungen.

Aus (6.4) kann dann der Schubmodul G berechnet werden:

$$G = \frac{c_{F,s} \cdot 8 \cdot D^3 \cdot n}{d^4} = \frac{113 \cdot 8 \cdot 70^3 \cdot 10}{15^4}\left[\frac{N}{mm^2}\right] = 61.248\left[\frac{N}{mm^2}\right] \blacktriangleleft$$

Die üblicherweise gebräuchlichen Werte für Federwerkstoffe sind:

Arten der Federwerkstoffe	Durchschnittlicher Schubmodul G	
Kalt gerollter Stahl	79.400	[N/mm²]
Rostfreier Stahl	73.100	[N/mm²]
Wärmebehandelter Karbonstahl	82.100	[N/mm²]
Titan	41.400	[N/mm²]

Es ist evident, dass der ermittelte Wert für den Schubmodul $G = 61.248$ N/mm^2 qualitativ den Anforderungen an einen Rennwagen nicht genügt Somit ist im vorliegenden Beispiel der Kauf neuer Federn mit signifikant besserer Qualität zu empfehlen.

Die je nach Werkstoff weit auseinander liegenden Werte für den Schubmodul G sind der Grund dafür, dass die Berechnung einer Feder ausschließlich basierend auf den Abmessungen d, D und n unmöglich ist. An sich wäre ein niedriger Schubmodul kein Problem, könnte aber bedeuten, dass die Feder nicht von ausreichender Qualität ist. Zumeist haben solche Federn deshalb auch unzulässig weite Streuungen in der Länge und/oder Federraten, was für den Autorennsport untauglich ist. Außerdem altem Federn mit niedriger Qualität sehr viel schneller, wodurch die Federrate rascher abnehmen wird.

Blattfeder In den historischen Rennserien sind viele Rennwagen mit Blattfedern ausgerüstet, vor allem an der Hinterachse. Ein Vorteil von Blattfedern ist, dass diese oft die Funktionen von Federn und tragenden Teilen der Radaufhängung (z. B. Längslenker) miteinander kombinieren. Das ist auch der Grund, warum selbst heute noch modernere Autos mit Blattfedern ausgerüstet werden. Während ältere Fahrzeuge jedoch i. d. R. **Trapezfedern** mit konstanter Blattdicke einsetzen, die aufeinander liegen und damit auch eine Dämpfungsfunktion (Reibungsdämpfung) ermöglichen, setzen modernere Fahrzeuge zunehmend auf **Parabelfedern**, deren Blattdicke nach außen hin abnimmt. Parabelfedem liegen nicht aufeinander auf und ermöglichen kaum Dämpfungseffekte. Der Nachteil von Trapez-fedem ist, dass bei nachlässiger Wartung sich die Blätter durch u. a. Rost nicht mehr ausreichend übereinander schieben können, was Dämpfung und Federung nachteilig beeinflusst.

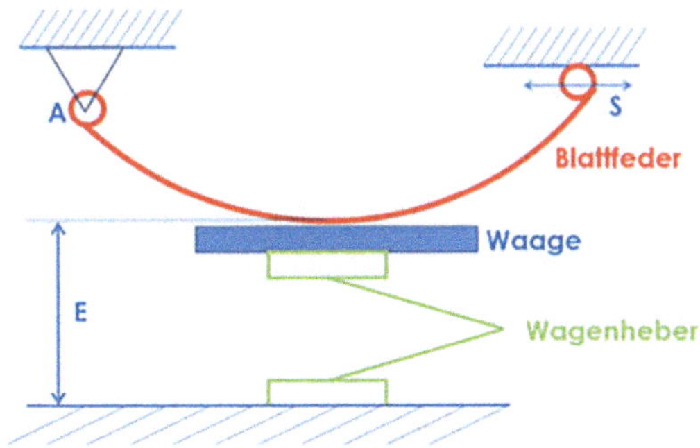

Abb. 6.4 Beispiel eines Versuchsaufbaus zur Messung der Federrate einer Blattfeder. Während die Feder im Punkt *A* fest gelagert ist, sollte sie sich im Punkt *S* frei ausdehnen können. Diese Ausdehnung ist im Einbauzustand am Rennwagen vielfach durch eine Federlasche realisiert. Die Blattfeder kann auch im eingebauten Zustand am Fahrzeug vermessen werden, wobei dann das Auto vertikal fixiert sein muss, damit es sich nicht anheben kann

Tab. 6.1 Beispiel für die Auswertung der Ergebnisse aus dem Versuchsaufbau in Abb. 6.4

Distanz E	Federweg f_F	Ablesewert Waage	Berechnung	Federrate
332 mm	0	**15,1 kg**		
342 mm	10 mm	**55,9 kg**	(55,9–15,1) kg · 9,81/10 =	40,0 N/mm
353 mm	21 mm	**101,8 kg**	(101,8–15,1) kg · 9,81/21 =	40,5 N/mm
362 mm	30 mm	**140,8 kg**	(140,8–15,1) kg · 9,81/10 =	41,1 N/mm
371 mm	39 mm	**181,3 kg**	(181,3–15,1) kg · 9,81/21 =	41,8 N/mm
usw.	usw.	**usw.**	usw.	usw.

Auch lassen sich Blattfedern nicht immer exakt berechnen. Die zuverlässigste Methode zur Ermittlung der Federrate an bestehenden Fahrzeugen ist daher eine experimentelle Prüfung gemäß dem Aufbau in Abb. 6.4. Die ermittelten Werte aus diesem Versuchsaufbau können dann in eine Tabelle übertragen und weiter verarbeitet werden (siehe Tab. 6.1).

Auch beim Kauf neuer Blattfedern ist es sinnvoll, diese initial zu vermessen, um deren Qualität zu ermitteln. Durch die jeweils aktuell gemessene Federrate kann diese mit der berechneten Federrate verglichen und damit die Degression der Qualität des Stahls analog Beispiel 6.2 festgestellt werden. Auch ist es wertvoll zu ermitteln, ob die Federn links und rechts gleiche Werte aufweisen, was bei Blattfedern nicht unbedingt der Fall ist!

Eine Blattfeder übt, wie erwähnt, auch eine tragende Funktion der Achse in Form eines Längslenkers aus und hat damit auch Einfluss auf die Fahrwerks-Geometrie. Aus diesem Grund sind bei manchen Autos die Blattfedern bewusst nicht symmetrisch angeordnet. In Abb. 6.5 ist das schematisch wiedergegeben. Weil der Drehpunkt *D*, um welchen die Achse gemäß der rot dargestellten Pfeile ein- und ausfedert, oberhalb des Punktes *C* liegt, an dem die Blattfeder an der Achse befestigt ist, bewegt sich die Achse beim Einfedem nach oben und auch nach hinten. Beim Ausfedem erfolgt der Achsbewegung nach unten und nach vome.

Daraus folgt, dass in einer Kurve aufgrund der dynamischen Achslastverlagerung das kurvenäußere Rad sich nach hinten bewegt, und das kurveninnere Rad nach vome. Deshalb lenkt die mit Blattfedern geführte Hinterachse das Heck des Autos nach außen, was die Kurvenläufigkeit verbessert und das Lenken in der Kurve erleichtert.

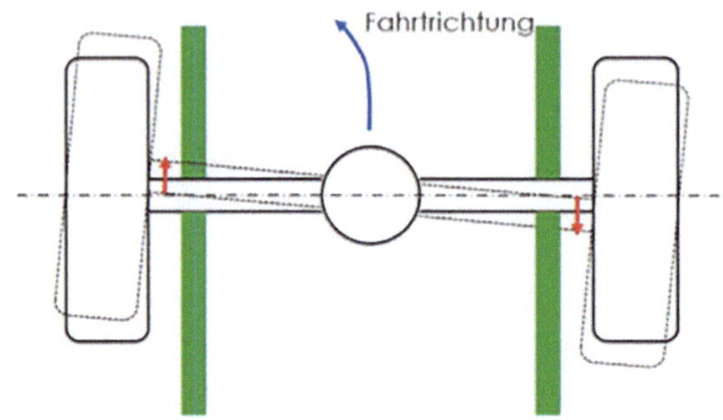

Abb. 6.5 Die geometrische Funktion einer Blattfederung bei Kurvenfahrt. Weil die Blattfedern (grün) auch die Funktion als Längslenker der Radaufhängung übernehmen, haben sie auch eine Funktion für die Fahrwerksgeometrie: Bei Rollen des Aufbaus wird die Hinterachse ein wenig gelenkt, wodurch das Auto einfacher durch die Kurve lenkt

Abb. 6.6 Bei der Berechnung einer Blattfeder wird unterschieden zwischen der Anzahl der durchgehenden Blätter, die von Federauge zu Federauge verlaufen (n_1, *grün*), und der Anzahl der nicht-durchgehenden Blätter (n_2, *rot*)

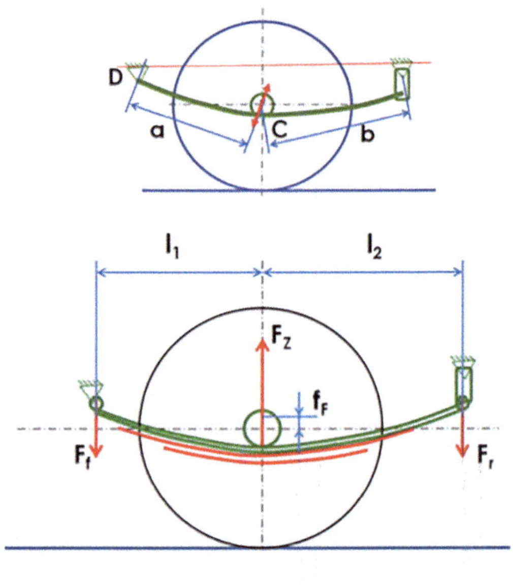

Die Berechnung einer Blattfeder, welche wegen vieler Kennzahlen komplizierter ist als bei einer Torsions- oder Schraubfeder, ist im Folgenden beschrieben, siehe Abb. 6.6.

Für die Berechnung des Federwegs f_F und der maximal zulässigen Kraft $F_{Z,max}$ sollte zuerst die tatsächliche Spannung σ in der Blattfeder bei der auftretenden Achslast F_Z berechnet werden:

$$\sigma = \frac{6 \cdot l_1 \cdot l_2 \cdot F_Z}{B_2 \cdot h^2 \cdot (l_1 + l_2)} \leq \sigma_{zul} = 0,5 \cdot R_m \tag{6.5}$$

Diese Spannung im Bauteil darf aus Sicherheitsgründen nicht größer als 50 % der Zugfestigkeit R_m des Werkstoffs sein. Wenn die Spannung zu groß wird, sollten z. B. ein oder mehrere Blätter zugefügt werden, was den Faktor B_2 vergrößert und damit die Spannung verringert. Die maximal zulässige Kraft wird dann:

Tabelle zur Vermessung einer Blattfeder. Weil die Waage Werte in kg ausgibt, müssen diese Werte mit 9,81 m/s² multipliziert werden, um die Kraft in Newton zu erhalten. Um die Masse der Blattfeder zu eliminieren, muss deren Masse von jedem Messergebnis subtrahiert werden.

Der Federweg muss nicht immer genau 10 mm/Stufe entsprechen, so lange die durchschnittliche Stufengröße in etwa konstant ist und mit dem aktuellen Federweg gerechnet wird.

Die fett gedruckten Werte sind die Messwerte, alle übrigen sind die berechneten Werte.

$$F_{Z,max} = \frac{B_2 \cdot h^2 \cdot (l_1 + l_2) \cdot \sigma_{zul}}{6 \cdot l_1 \cdot l_2} \tag{6.6}$$

Für den Federweg ergibt sich:

$$f_F = \frac{4 \cdot \gamma \cdot l_1^2 \cdot l_2^2 \cdot F_Z}{B_2 \cdot h^3 \cdot E \cdot (l_1 + l_2)} \tag{6.7}$$

Wobei:

$$F_z = F_f + F_r$$
$$B_1 = n_1 \cdot b$$
$$B_2 = n \cdot b$$
$$n = n_1 + n_2$$
$$\gamma = B_1 / B_2$$

mit:

$F_{Z,max}$	maximal zulässige Kraft, N
F_Z	Kraft der Feder aus Achslast, N
f_F	Federweg der Achse, mm
n_1	Anzahl der durchgehenden Blätter, –
n_2	Anzahl der übrigen Blätter (= $n - n_1$), –
b	Breite der Blätter, mm
h	Höhe der Blätter, mm
σ	maximal zulässige Zugspannung, N/mm²
E	Elastizitätsmodul, N/rrnn²
R_m	Zugfestigkeit, N/rrnn²
$F_Z = F_f + F_r$	Gesamte Kraft an der Blattfeder, N
$B_1 = n_1 \cdot b$	Kennzahl für die durchgehenden Blätter (n_1), mm
$B_2 = n \cdot b$	Kennzahl für die nicht-durchgehenden Blätter, mm
$n = n_1 + n_2$	Total Anzahl Blätter (n_2), –
$\gamma = f(B_1/B_2)$	Faktor für die Verhältnis zwischen B_1 und B_2, –; Siehe die Grafik in Abb. 6.7.

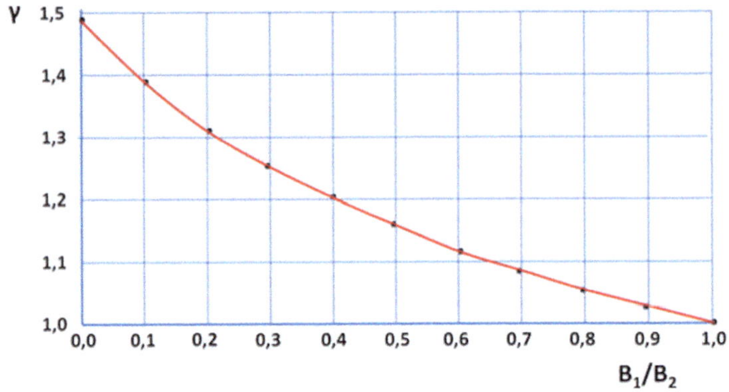

Abb. 6.7 Faktor für das Verhältnis zwischen B_1 und B_2

Die Federlasche (am rechten Federauge in Abb. 6.6) ist in obiger Rechnung nicht berücksichtigt, würde die Beanspruchung auch nur geringfügig verändern.

Diese Berechnung ist basiert auf der Voraussetzung, dass die Blätter ungehindert übereinander schieben können und folglich auch eine Reibungsdämpfung stattfindet. Das ist aber bei älteren Federn oft nicht mehr der Fall, insbesondere aufgrund von Rost zwischen den Blättern. Deshalb sollten Blattfedern stets gut gewartet werden, um die Blätter rostfrei zu halten, und mit Öl oder Fett eingeschmiert werden. Besser wäre es noch, Nylon-Schichten zwischen die Blätter zu legen.

Beispiel 6.2

Eine Blattfeder aus 50CrV4 (E = 200.000 N/mm², Zugfestigkeit R_m = 1450 N/mm² und Bauteilfestigkeit von $R_m/2$ = 725 N/mm²) hat die folgenden Werte: $n_1 = 1$, $n_2 = 4$, l_1 = 500 mm, l_2 = 600 mm, b = 46 mm, h = 7 mm. Die Blattfeder ist belastet mit F_z = 2500 N.

$$B_1 = 1 \cdot 46 = 46\ \text{mm}$$
$$n = 1 + 4 = 5$$
$$B_2 = 5 \cdot 46 = 230\ \text{mm}$$

B_1/B_2 = 46/230 = 0,2 [–]. Aus der Grafik in Abb. 6.7 folgt: γ = 1,32 [–] Unter dieser Belastung ergibt sich folgende Normalspannung in der Feder:

$$\sigma = \frac{6 \cdot l_1 \cdot l_2 \cdot F_Z}{B_2 \cdot h^2 \cdot (l_1 + l_2)} = \frac{6 \cdot 400 \cdot 600 \cdot 2500}{230 \cdot 7^2 \cdot (500 + 600)} = 363\ \text{N/mm}^2$$ ◄

Dieser Wert liegt deutlich unterhalb der zulässigen Bauteilspannung von 725 N/mm², was bedeutet, dass auch unter evtl, dynamischer Überhöhung keine unakzeptablen Spannungen auftreten.

Für den Federweg folgt:

$$f_F = \frac{4 \cdot \gamma \cdot l_1^2 \cdot l_2^2 \cdot F_Z}{B_2 \cdot h^3 \cdot E \cdot (l_1 + l_2)} = \frac{4 \cdot 1{,}32 \cdot 500^2 \cdot 600^2 \cdot 2500}{230 \cdot 7^3 \cdot 200.000 \cdot (500 + 600)} = 68\,\text{mm}$$

Die Federrate ist also:

$$c_F = \frac{2500\,\text{N}}{68\,\text{mm}} = 36{,}7\,\frac{\text{N}}{\text{mm}} = 3{,}7\,\frac{\text{kg}}{\text{mm}}$$

Es sei angemerkt, dass die o. g. Berechnungen sehr genau sind, wenn der Lieferant der Feder zuverlässige Informationen über den Werkstoff (Elastizitätsmodul und Zugfestigkeit) gibt. Es können jedoch in der Praxis Ungenauigkeiten in den im Folgenden genannten Fällen auftreten, sodass dann die Rechenergebnisse nur als eine Annäherung dienen können:

- Die Rechnung wird für eine bereits an einem Auto montierte Blattfeder durchgeführt, für die der Werkstoff der Feder nicht bekannt ist. Somit können Elastizitätsmodul und Zugfestigkeit nur angenommen werden, wodurch sich schnell ein Fehler von mehr als 10 % einstellen kann.
- Es tritt Rost zwischen den Blättern und Verschleiß in den drehenden Befestigungspunkten auf. Diese Effekte bewirken, dass die effektive Federsteifigkeit erheblich zunehmen kann.

In diesen Fällen ermöglicht allein die Vermessung, wie in Abschn. 6.2 beschrieben, ein objektives Ergebnis!

6.3 Berechnung der Federung *Calculation of Springs*[2]

A – Federrate

Die Federrate ist das Maß für die Kraft, welche eine Feder bei einem bestimmten Federweg liefert (siehe (Gl. 6.1)). Die Federrate kann eine lineare oder progressive (und degressive) Charakteristik aufweisen, siehe Abb. 6.8. Bei linearer Federcharakteristik wächst die Federkraft proportional zur Einfederung, während sich bei progressiver Federcharakteristik eine exponentiell mit der Einfederung ansteigende Federkraft einstellt.

Eine progressive Federung ermöglicht, dass der Rennwagen bei normaler Fahrt relativ komfortabel abgefedert ist, aber die Einfederung beim Rollen in der Kurve beim Bremsen an der Vorderseite und beim Beschleunigen an der Hinterseite exponentiell beschränkt wird.

[2] Die grundsätzliche Festlegung von Aufbaufedem wird im Handbuch Rennwagentechnik Bd. 4, Kap. 3 behandelt.

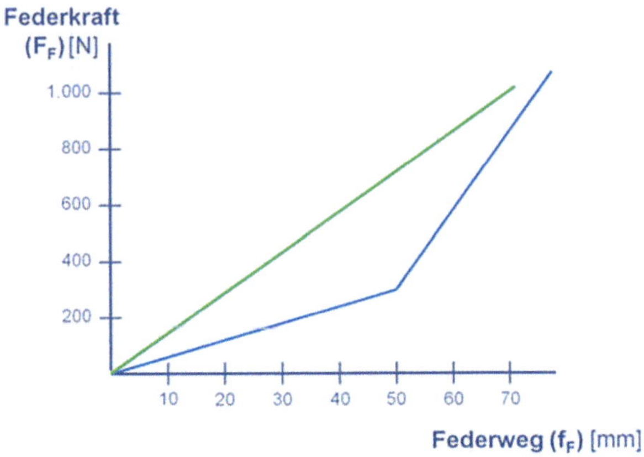

Abb. 6.8 Lineare (*grün*) und progressive (*blau*) Federcharakteristika. Die Federrate ist dabei der Tangens der jeweiligen Funktion (Federkraft/Federweg). Die progressive Federcharakteristik ist hier als Stufenfeder angenähert und zeigt während des ersten Teils des Federwegs bis 50 nun eine relativ weiche Federrate, aber im zweiten Teil eine härtere Federrate, welche den progressiven Verlauf ermöglicht

Eine progressive Federrate kann auf unterschiedliche Weise erreicht werden:

- Die Windungen einer Schraubenfeder können stetig abnehmend gewunden sein. Das bedeutet, dass jede Windung eine zunehmende kleinere Steigung aufweist und das Maß W in Abb. 6.3 zunehmend kleiner wird. Wenn die Feder belastet wird, sind zunächst alle Windungen belastet, aber sobald die erste (also weichste) Windung „anliegt", nimmt in (Gl. 6.4) der Anzahl Windungen n zunächst um 1 ab, was eine höhere Federrate zur Folge hat. Wenn die folgende Windung anliegt, sinkt die Anzahl der Windungen wiederum um 1 mit der Folge einer weiter steigenden Federrate usw.
- Eine Feder kann aus zwei Teilen bestehen, die aus unterschiedlich gewalzten Windungen bestehen. Mathematisch wird das als zwei parallel geschaltete Federn betrachtet.
- Mit einer linearen Feder kann ebenfalls eine progressive Charakteristik durch die Geometrie des Mechanismus erzeugt werden, welcher die Feder betätigt. Dies wird weiter unten in diesem Kapitel beschrieben.

B – Parallel- und Reihenschaltung von Federn

Federn können auf zwei Arten miteinander verbunden sein: parallel oder in Reihe.

Parallel geschaltete Federn unterstützen sich gegenseitig, weshalb die Federraten addiert werden, siehe Abb. 6.9a:

$$c_{\text{F,parallel total}} = c_{\text{F,A}} + c_{\text{F,B}} \tag{6.8}$$

Wenn die Federn jedoch in Reihe geschaltet sind, dann sind die Kräfte auf jede einzelne Feder gleich groß, nur die Federwege unterscheiden sich pro Feder. Die Federraten werden dann wie folgt addiert:

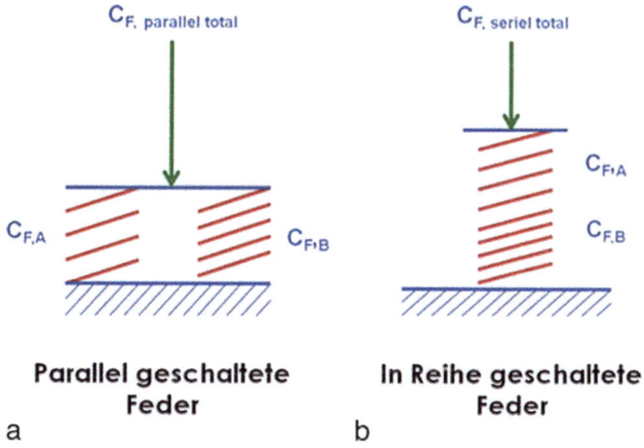

Abb. 6.9 Addition zur Gesamt-Federkonstanten von Parallel- (**a**) und in Reihe geschalteten (**b**) Federn

$$\frac{1}{c_{\mathrm{F,Reihe\ total}}} = \frac{1}{c_{\mathrm{F,A}}} + \frac{1}{c_{\mathrm{F,B}}} \tag{6.9a}$$

Analog zur Reihenschaltung des Stabilisator-Rückens und der -Schenkel in Kap. 3 kann die **Reihenschaltung** von Federn wie folgt ausgedrückt werden:

$$c_{\mathrm{F,Reihe\ total}} = \frac{c_{\mathrm{F,A}} \cdot c_{\mathrm{F,B}}}{c_{\mathrm{F,A}} + c_{\mathrm{F,B}}} \tag{6.9b}$$

In Abb. 6.9b sind zwei in Reihe geschaltete Federn abgebildet: $c_{\mathrm{F,A}}$ und $c_{\mathrm{F,B}}$ erfahren dieselbe Kraft, aber weil die Federn unterschiedliche Federraten aufweisen, sind die Federwege unterschiedlich. Nachdem die weichere Feder *B* vollständig anliegt (weil diese Feder länger ist, siehe (Gl. 6.3)), ist nur noch Feder *A* wirksam. In diesem Fall ist die Federrate der gesamten Feder nur $c_{\mathrm{F,A}}$. Ansonsten ist die Gesamt-Federrate $c_{\mathrm{F,Reihe\ total}}$ immer weicher als die einzelnen Federraten $c_{\mathrm{F,A}}$ und $c_{\mathrm{F,B}}$.

Für den Fall, dass sogar drei Federn in Reihe geschaltet sind, können diese wie folgt addiert werden:

$$\frac{1}{c_{\mathrm{F,Reihe\ total}}} = \frac{1}{c_{\mathrm{F,A}}} + \frac{1}{c_{\mathrm{F,B}}} + \frac{1}{c_{\mathrm{F,C}}} \tag{6.10a}$$

woraus folgt:

$$c_{\mathrm{F,Reihe\ total}} = \frac{c_{\mathrm{F,A}} \cdot c_{\mathrm{F,B}} \cdot c_{\mathrm{F,C}}}{\left(c_{\mathrm{F,A}} \cdot c_{\mathrm{F,B}}\right) + \left(c_{\mathrm{F,B}} \cdot c_{\mathrm{F,C}}\right) + \left(c_{\mathrm{F,A}} \cdot c_{\mathrm{F,C}}\right)} \tag{6.10b}$$

► **Tipp 6.2** Es ist in praxi bei ausgeführten Radaufhängungen nicht immer leicht zu identifizieren, ob zwei Federn in Reihe oder parallel geschaltet sind. Dazu folgende Hilfestellung:

Parallel geschaltete Federn entwickeln *unterschiedliche Kräfte* (es sei denn, es handelt sich um zwei identische Federn), haben aber *dieselbe Einfederung.*

In Reihe geschaltete Federn weisen *dieselben Kräfte* auf, haben aber *unterschiedliche Einfederungen.*

Folgende Beispiele sollen zur Erläuterung dienen:

- Federbein (Coil-over-Federung, also Feder um den Dämpfer angeordnet) mit Anschlagpuffer (Bumpstop): Diese entwickeln unterschiedliche Kräfte, haben aber – sobald der Puffer anliegt – dieselbe Einfederung. Es handelt sich dann also um eine Parallelschaltung.
- Eine Feder und der Stabilisator (beide auf das Rad bezogen) entwickeln unterschiedliche Kräfte, haben aber dieselbe Einfederung. Es handelt sich also um eine Parallelschaltung.
- Eine Feder (auf das Rad bezogen) und ein Reifen entwickeln dieselben Kräfte, haben aber unterschiedliche Einfederungen. Es handelt sich also um eine Reihenschaltung.
- Hauptfeder mit Hilfsfeder. So lange die beiden Federn nicht blockiert sind, entwickeln beide Federn dieselbe Federkraft. Sie sind also in Reihe geschaltet. Anmerkung: Hilfsfedem dienen dazu, die Hauptfeder bei Ausfederung in ihrer Position zu halten und sind meist sehr schwache Federn, die gleich blockieren, sobald das Rad die Straße wieder berührt.

Mitunter kommen auch Parallelschaltungen von Torsions- und Schraubenfedem vor, siehe Abb. 6.10. Insbesondere moderne Formel-1-Rennwagen nutzen diese Kombination (für die Berechnungsalgorithmen siehe die Formeln 6.2, 6.4 und 6.8.

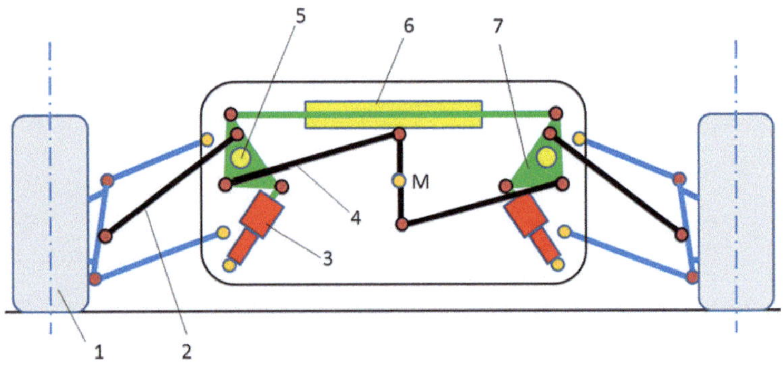

Abb. 6.10 Parallelschaltung von Schrauben- und Torsionsfedem bei einem Formel-1-Rennwagen. Dieses System weist den essenziellen Vorteü auf, dass Rollbewegung, Nickbewegung, und Motion Raüo unabhängig voneinander eingestellt werden können. Diese Auslegung ist zwar komplexer und schwieriger zu berechnen, bietet aber die Möglichkeit, eine stabüe Belastung der Reifen im Latsch zu erreichen, was die Reifenleistung erhöht

1. Radfedem: Die Reifen sind in der heutigen Formel 1 ein wesentlicher Bestandteil der Gesamt- Federrate
2. Schubstangen: Betätigen die Kipphebel (7). Weil die Kipphebel sich drehen, ändert sich auch die Motion Ratio. Deshalb bestimmen die Anlenkpunkte der Schubstangen an den Kipphebeln die Motion Ratio
3. Dämpfer: Außer der Dämpfung von Unebenheiten beeinflusst der Dämpfer auch die Roll- und Nickgeschwindigkeit
4. Stabilisator: Ist hier eine Torsionsfeder (die in diesem Bild senkrecht zu M steht), und die von dem Mechanismus der Schubstangen beim Rollen des Aufbaus betätigt wird. Bei beidseitig gleichem Ein- und Ausfedem bewegt sich diese Torsionsfeder in M nicht
5. Torsionsfedem: Sind die Hauptfedem (die senkrecht zur Zeichenebene stehen). Diese Federn haben Einfluss auf sowohl die Ein-/Ausfederung als auch auf die Rollbewegung
6. Schraubenfeder: Diese Hilfsfeder kontrolliert nur die senkrechte Ein-/Ausfederung, also die Nickbewegung unter Bremsen und Beschleunigen

C – Motion Ratio (Federübersetzung)

Eine Feder, ein Stoßdämpfer und ein Stabilisator werden nie ein Rad direkt auf seiner Mittellinie beaufschlagen. Aufgrund der Kinematik einer Radaufhängung wird die Kraft auf das Rad entweder direkt am Radträger oder auf den Querlenker etc. ausgeübt. Das bedeutet, dass stets eine Art von Übersetzung zwischen den Bewegungen am Rad und jenen an Feder/Dämpfer/Stabilisator auftritt. Dieses Übersetzungsverhältnis wird im Englischen „Motion Ratio" *MR* genannt und ist wie folgt definiert:

$$MR = \frac{\text{Federweg am Rad}}{\text{Federweg an der Feder}} = \frac{f_{\text{F,Rad}}}{f_{\text{F}}} \tag{6.11}$$

Das Übersetzungsverhältnis *MR* ist dimensionslos. Abb. 6.11 zeigt zwei Beispiele für *MR* bei häufig im Rennsport vorkommenden Arten von Radaufhängungen.

Die Motion Ratio MR ist nicht immer ein konstanter Wert. Zum Beispiel ändert sich MR bei einer Pushrod-Auslegung kontinuierlich mit der Drehung des Kipphebels, da sich die Längen der effektiven Hebelarme ändern. Es gibt Rechnerprogramme – wie ChassisSim – die eine dynamische MR-Veränderung mittels eines Polynom-Ansatzes berücksichtigen. In Tipp 9.3 (Testfahrten) wird erläutert, wie solche Polynome mit Hilfe von MS Excel generiert werden können.

Beispiel 6.3

Am Federbein (Abb. 6.11a) erfahrt die Feder eine Eindrückung von 18 mm, wenn das Rad um 20 mm einfedert, deshalb ist das Übersetzungsverhältnis *MR*:

$$MR = \frac{20\,mm}{18\,mm} = 1{,}11$$

An der Doppelquerlenker-Aufhängung (Abb. 6.11b) erfahrt die Feder lediglich eine Eindrückung von 15 mm, wenn das Rad 20 mm einfedert, deshalb ist hier das Motion Ratio *MR*:

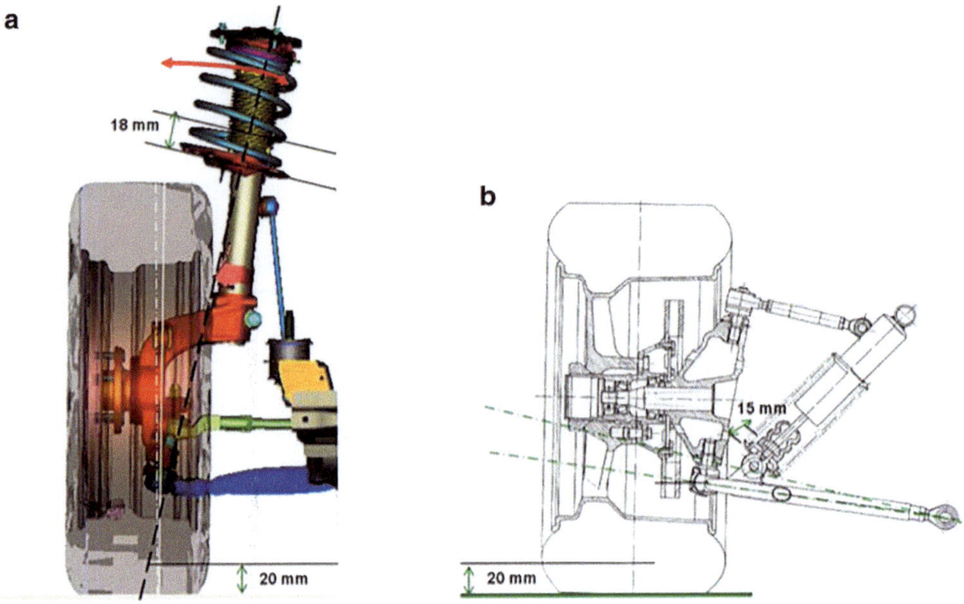

Abb. 6.11 Beispiele des Übersetzungsverhältnisses *MR* (Motion Ratio) bei häufig vorkommenden Arten von Radaufhängungen. Am Federbein (**a**) beträgt der Federweg an der Feder 18 mm wenn sich das Rad in vertikaler Richtung um 20 mm bewegt. An der Doppelquerlenker-Radaufhängung (**b**) beträgt der Federweg 15 mm bei einer vertikalen Radbewegung von 20 mm

$$MR = \frac{20\,mm}{15\,mm} = 1{,}33$$

Das Übersetzungsverhältnis „Motion Ratio" wird benutzt, um die Kräfte von Feder, Stoßdämpfer und Stabilisator auf die Kontaktfläche zwischen Reifen und Straße umzurechnen, da der Renningenieur immer daran interessiert ist, was diese Kräfte für die Reifen bedeuten bzw. dort bewirken (siehe Kap. 3).

Aus dem Momentengleichgewicht in Abb. 6.12 folgt:

$$\frac{F_{\mathrm{F,Rad}}}{F_{\mathrm{F}}} = \frac{b}{a} = \frac{1}{MR} \blacktriangleleft$$

Für die Bewegung der Hebelkinematik gilt:

$$\frac{f_{\mathrm{F,Rad}}}{f_{\mathrm{F}}} = \frac{a}{b} = MR$$

mit:

$F_{\mathrm{F,Rad}}$ Kraft der Feder am radseitigen Hebel a, N

F_{F} Federkraft = Kraft am federseitigen Hebel b, N

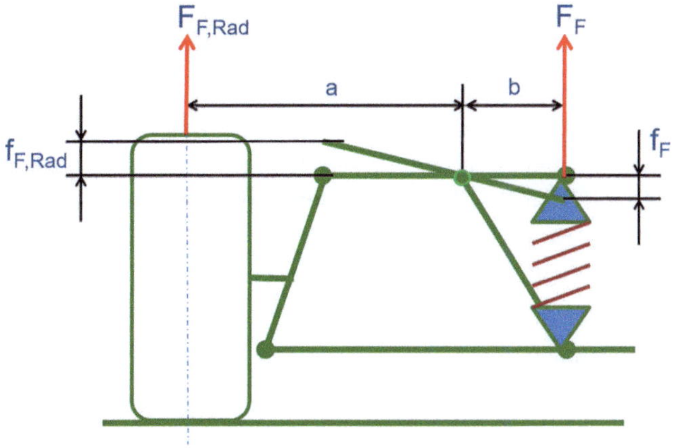

Abb. 6.12 Ermittlung der auf das Rad bezogenen Feder- und Dämpferraten. $f_{\mathrm{F,Rad}}$ = Federweg am Rad, f_F = Federweg an der Feder, $F_{\mathrm{F,Rad}}$ = Federkraft am radseitigen Hebel a, F_F = Federkraft bzw. Kraft am federseitigen Hebel b

$f_{\mathrm{F,Rad}}$	Federweg, bezogen auf das Rad, mm
f_F	Federweg an der Feder, mm
MR	Motion Ratio, –; siehe (Gl. 6.11)
a	radseitiger Hebelarm, mm
b	federseitiger Hebelarm, mm

Zudem gilt:

$$F_{\mathrm{F,Rad}} = c_{\mathrm{F,Rad}} \cdot f_{\mathrm{F,Rad}}$$
$$F_\mathrm{F} = c_\mathrm{F} \cdot f_\mathrm{F}$$

Obige Gleichungen ineinander eingesetzt ergeben dann:

$$c_{\mathrm{F,Rad}} \cdot f_{\mathrm{F,Rad}} \cdot a = c_\mathrm{F} \cdot f_\mathrm{F} \cdot b$$
$$c_{\mathrm{F,Rad}} = \frac{f_\mathrm{F}}{f_{\mathrm{F,Rad}}} \cdot \frac{b}{a} \cdot c_\mathrm{F} = \frac{1}{MR} \cdot \frac{1}{MR} \cdot c_\mathrm{F} \tag{6.12}$$
$$c_{\mathrm{F,Rad}} = \frac{c_\mathrm{F}}{MR^2}$$

Analog gilt auch für die auf das Rad bezogene Dämpferrate:

$$k_{\mathrm{D,Rad}} = \frac{k_\mathrm{D}}{MR^2} \tag{6.13}$$

mit:

$C_{\mathrm{F,Rad}}$	Federrate, auf das Rad bezogen, N/mm
k_D	Dämpferrate des Stoßdämpfers, N/(m/s)
$k_{\mathrm{D,Rad}}$	Dämpferrate des Stoßdämpfers, auf das Rad bezogen, N/(m/s)

Daraus folgt, dass bei der Berechnung der **auf das Rad bezogenen** Feder- und Dämpferraten die Motion Ratio *MR* zweifach Einfluss nimmt: zum einen hinsichtlich der Kraftübertragung und zum anderen für die Bewegungsübertragung. Deshalb wirkt die Motion Ratio hier quadratisch, also überproportional!

Bei einen Federbein (Coil-over-System, Feder und Dämpfer in einer Einheit) sind die Motion Ratios für Feder und Dämpfer identisch. Der Stabilisator wirkt jedoch oft über ein anderes Motion Ratio als die Feder, weil der Stabilisator i. d. R. an einen anderen Punkt am Querlenker angreift als die Feder.

Beispiel 6.4

1. Die Feder am Federbein (siehe Abb. 6.11a) hat eine Federrate von 250 [N/mm], (Gl. 6.12) zufolge ist die auf das Rad bezogene Federrate:

$$c_{\mathrm{F,Rad}} = \frac{c_{\mathrm{F}}}{MR^2} = \frac{250}{1{,}11^2} = 203 \left[\frac{\mathrm{N}}{\mathrm{mm}}\right]$$

2. Ein Renningenieur möchte bei einer Doppelquerlenker-Radaufhängung (siehe Abb. 6.11b) eine auf das Rad bezogene Dämpferrate von 12.500 [N/(m/s)] anwenden. (Gl. 6.13) zufolge ergibt sich für die Dämpferrate:

$$k_{\mathrm{D}} = k_{\mathrm{D,Rad}} \cdot MR^2 = 12.500 \cdot 1{,}33^2 = 22.111\left[\mathrm{N}/\left(\mathrm{m}/\mathrm{s}\right)\right]$$

Es wird deutlich, welch großen Einfluss die Motion Ratio auf die Feder- und Dämpferraten (auf dem Rad bezogen) hat, da die Motion Ratio quadratisch eingeht! ◄

► **Tipp 6.3** Der Begriff „Motion Ratio" wird in der Literatur UND in einschlägigen Computerprogrammen sehr unterschiedlich verwendet, d. h. sowohl als „$\text{Federweg}_{\text{Rad}}/\text{Federweg}_{\text{Feder}}$" als auch als „$\text{Federweg}_{\text{Feder}}/\text{Federweg}_{\text{Rad}}$". An sich sind beide Definitionen korrekt, aber die Autoren befürworten die in (Gl. 6.11) gewählte Definition.

Beim Anwenden von Computerprogrammen, z. B. Simulationssoftware für Rundenzeiten, ist es stets ratsam zu kontrollieren, welche Definition für Motion Ratio angewendet wird. Wenn die Motion Ratio falsch angewendet wird, wird das erste Beispiel in Beispiel 6.3 als Ergebnis nicht $c_{\mathrm{F,Rad}} = 203$ [N/mm] liefern, sondern $c_{\mathrm{F;Rad}} = 250 \cdot 1{,}11^2 = 308$ [N/mm], Das bedeutet einen Fehler von 52 %! In diesem Fall würde die Simulationssoftware ein Resultat liefern, das vom Fahrer auf der jeweiligen Strecke nicht reproduzierbar ist.

Die jeweiligen Motion Ratios für die beiden Beispiele in Abb. 6.11 sind anhand einer Zeichnung oder eines Fotos einfach zu ermitteln. Komplexer stellt sich aber ein System dar, welches das Feder-/Dämpfer-System über eine Stoßstange (Push-Rod) oder Zugstange (Pull-Rod) betätigt, siehe Abb. 6.13. In der Praxis kann man, völlig unabhängig von der Konstruktion des Feder/Dämpfer-Systems, die Motion Ratio wie folgt feststellen (Beispiel: Push-Rod):

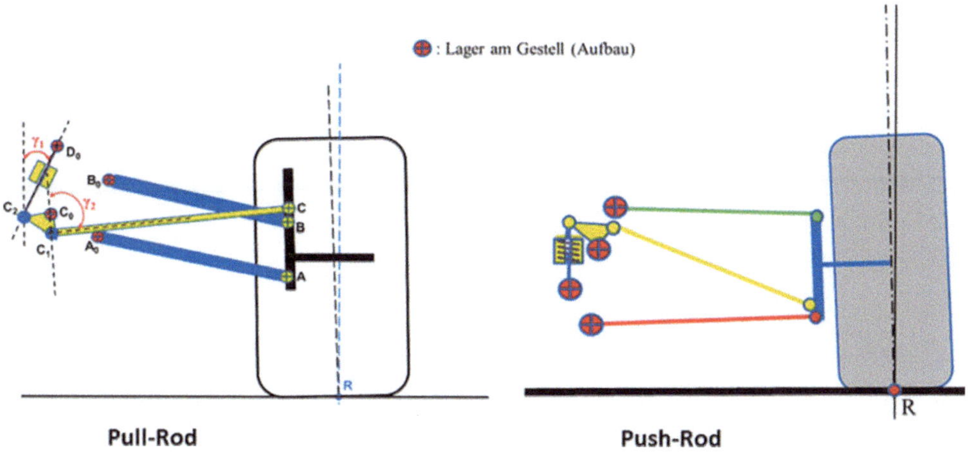

Abb. 6.13 Betätigung von Feder/Dämpfer-Systemen über Zugstange (Pull-Rod) oder Stoßstange (Push-Rod)

Step 1:	Entfernen der Feder und Entkoppeln des Stabilisators, damit das Rad ohne Aufwand auf und ab bewegt werden kann. Der Stoßdämpfer muss eingebaut bleiben.
Step 2:	Rad bis zum Anschlag nach unten hängen lassen, dann Vermessen der maximalen Stoßdämpfer-Länge.
Step 3:	Rad um ungefähr 10 mm anheben. Dazu kann z. B. ein Holzblöckchen von 10 mm Höhe oder ein ähnliches Hilfsmittel angewendet werden. Erneute Vermessung der Stoßdämpfer-Länge. Der Unterschied zu der in Step 2 gemessenen Länge ist die Federweg an der Feder.
Step 4:	Wiederholung von Step 3 mit einem weiteren Holzblöckchen von 10 mm Höhe. Auf diese Weise kann eine Grafik für die Motion Ratio erstellt werden.

Beispiel 6.5

Beispiel einer Tabelle für die Ermittlung der Motion Ratio an einem Tourenwagen. Fettgedruckt ist die Situation bei normaler Fahrthöhe. ◀

Federweg am Rad	Schrittgröße	Länge des Dämpfers	ΔFederweg an Feder	Motion Ratio
0	10	427		
10	10	421	6	1,67
20	10	414	7	1,43
30	10	406	8	1,25
40	**10**	**397**	**9**	**1,11**
50	10	387	10	1,00
60	10	376	11	0,91
70	10	364	12	0,83

Alle Maße in mm

Offensichtlich hat diese Radaufhängung keinen linearen Verlauf der Motion Ratio. Bei Einfederung des Rades nimmt in diesem Beispiel die Motion Ratio ab, was jedoch bedeutet, dass der Federweg der Feder mit jedem Schritt zunimmt. Das Rad beansprucht die Feder quasi immer mehr. In der Folge nimmt die auf das Rad bezogene Federrate quadratisch zu, siehe (Gl. 6.12).

Fazit: eine degressive Motion Ratio hat eine progressive Federrate bezogen auf das Rad zur Folge!

Wie erläutert, trifft dies auch auf die Dämpferrate zu.

Beispiel 6.6

Wenn die Motion Ratio und die Federkräfte bekannt sind, können die resultierenden Kräfte auf die Kontaktfläche des Reifens berechnet werden. Abb. 6.14 verdeutlicht dies schematisch anhand eines Viertel-Fahrzeug-Modells.

Anhand dieses Schemas kann die Federrate der gefederten Masse berechnet werden. Für ein Auto sind die folgende Werte bekannt:

a) Feder: $c_F = 200$ N/mm, $MR_F = 1{,}12$
b) Stabilisator: $c_{St} = 10$ N/mm, $MR_{St} = 1{,}20$
c) Reifen: $c_T = 500$ N/mm ◀

$$c_{F,Rad} = \frac{c_F}{MR_F^2} = \frac{200}{1{,}12^2} = 159{,}4\left[\frac{N}{mm}\right]$$

$$c_{St,Rad} = \frac{c_{St}}{MR_{St}^2} = \frac{10}{1{,}20^2} = 6{,}9\left[\frac{N}{mm}\right]$$

Die Feder und der Stabilisator sind parallel geschaltet, und die Summe aus diesen beiden Federraten (siehe (Gl. 6.8)) sind mit der Federrate des Reifens in Reihe geschaltet (siehe (Gl. 6.9a) und (Gl. 6.9b)). Damit können diese drei Federraten addiert werden zu:

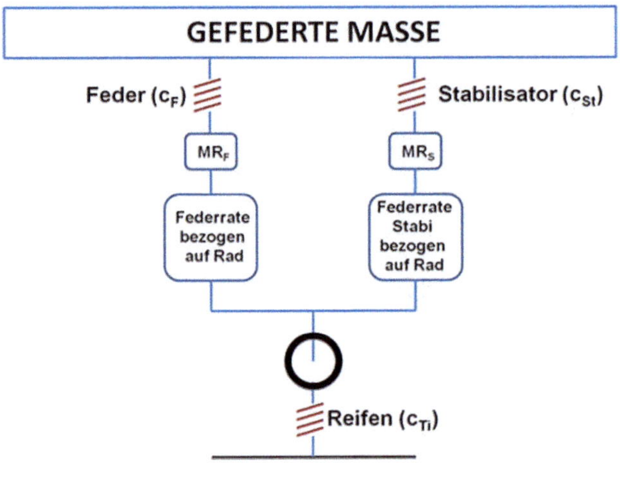

Abb. 6.14 Schematische Darstellung eines Viertel-Fahrzeug-Modells (Englisch: Quarter car model) mit den jeweiligen Federraten von Feder, Stabilisator und Reifen

$$c_{\text{Gefederte Masse}} = \frac{\left(c_{\text{F,Rad}} + c_{\text{St,Rad}}\right) \cdot c_{\text{Ti}}}{c_{\text{F,Rad}} + c_{\text{St,Rad}} + c_{\text{Ti}}} = \frac{(159{,}4 + 6{,}9) \cdot 500}{159{,}4 + 6{,}9 + 500} = 124{,}8 \left[\frac{\text{N}}{mm}\right]$$

Wenn die Motion Ratio nicht linear ist, also im Falle eines degressiven oder progressiven Verlaufs der Motion Ratio, sind die Federrate und die Dämpferrate bezogen auf das Rad auch nicht linear.

In dem Fall, dass die gewünschte Federrate bei Geradeausfahrt (d. h. wenn der Stabilisator nicht aktiv ist) von der gefederten Masse $c_{\text{Feder Reihe total}}$ auf die Federrate am Rad umgerechnet werden soll, ist die folgende Formel anzuwenden, siehe (Gl. 6.9b):

$$\frac{1}{c_{\text{F,Reihe total}}} = \frac{1}{c_{\text{Ti}}} + \frac{1}{c_{\text{F,Rad}}}, \quad \text{woraus folgt:} \quad c_{\text{F,Rad}} = \frac{c_{\text{Ti}} \cdot c_{\text{F,Reihe total}}}{c_{\text{Ti}} - c_{\text{F,Reihe total}}}$$

Es ist durchaus interessant, die äußerst wichtige Rolle der Kipphebel(Kniehebel)-Kinematik einer Stoßstangen-Auslegung (Push-Rod) näher zu betrachten. In Abb. 6.15 ist die Push-Rod-Kinematik an einem Formel-3-Rennwagen dargestellt.

Die Momentenbilanz des Kipphebels in Abb. 6.15 lautet:

$$F_{\text{F}} \cdot q = F_{\text{Rd}} \cdot p, \quad \text{oder} \quad \frac{F_{\text{Rd}}}{F_{\text{F}}} = \frac{q}{p}$$

Abb. 6.15 Kipphebel-Kinematik mit Push-Rod an einem Formel-3-Rennwagen. F_{F} = Federkraft, F_{Rd} = Kraft an der Stoßstange, p = Hebelarm der Stoßstange, q = Hebelarm der Feder, α = Winkel zwischen Stoßstange und der Verbindungslinie des Stoßstangenangriffspunktes mit der Drehachse des Kipphebels. Dieser Winkel ist für die Charakteristik der Kipphebelkinematik entscheidend! Beträgt der Winkel α = 90°, entsteht durch die Übersetzung eine näherungsweise lineare Federcharakteristik. Bei spitzem Winkel α ist die Übertragungscharakteristik progressiv, obwohl vielleicht die Feder eine lineare Charakteristik aufweist! Bei progressiver Feder ergibt sich eine weitere Steigerung der Progressivität. Ebenso ist der Winkel β entscheidend: Ist dieser >90°, wird beim Einfedem ebenfalls die Progressivität zunehmen

Im vorliegenden Beispiel ergibt sich folglich aufgrund des größeren Hebelarms q eine Verringerung der Federkraft. Der Kipphebel ist jedoch nur ein Teil der Stoßstangen-Kinematik, also ist die Übersetzung q/p nur die Motion Ratio des Kipphebels. Dennoch hat dieses Element großen Einfluss auf die Charakteristik des gesamten Übertragungssystems. Eine selbst kleine Verdrehung des Kipphebels ändert das Verhältnis q/p sehr schnell, was erhebliche Folgen für die Motion Ratio der gesamten Stoßstangen (Push-Rod)-Kinematik haben kann. Deshalb sollte bei Arbeiten an der Radaufhängung stets die Position der Kipphebel markiert werden, sodass diese später wieder in exakt derselben Position verbaut werden.

Die Bedeutung des Winkels α in Abb. 6.15 auf die Charakteristik der Übertragungskinematik ist an dieser Stelle hervorzuheben. Da sich im vorliegenden Beispiel ein spitzer Winkel ergibt, erzeugt die Übertragung eine progressive Charakteristik an der Feder, selbst wenn diese selbst eine lineare Charakteristik aufweist!

Eine Push-Rod-Kinematik hat den entscheidenden Vorteil, dass die folgenden Größen völlig unabhängig voneinander eingestellt werden können und sich kaum beeinflussen:

1. Fahrthöhe: Einstellung über die Länge der Stoßstange. Damit bleibt die Motion Ratio unverändert.
2. Motion Ratio: Einstellung über die Lage des Kipphebels. Bei einer modifizierten Position des Kipphebels muss die Fahrthöhe mittels der Stoßstange neu eingestellt werden.
3. Vorspannung der Feder: Einstellung durch den Federteller am Dämpfer. Um die Fahrthöhe entsprechend zu kompensieren, muss der Kipphebel in seine ursprüngliche Lage zurückgestellt werden. Dies geschieht durch Verlagerung der Befestigung des Dämpfers am Chassis. Die Stoßstangenlänge muss in diesem Fall nicht verändert werden.

Beispiel 6.7

Die Ermittlung der Motion Ratio MR kann auf einfache, zeichnerische Weise auch über die Bestimmung der Kräfte erfolgen (vgl. auch Formel 6.11), wenn die Geometrie der Radaufhängung in einer Zeichnung gegeben ist. Die Vorgehensweise eignet sich insbesondere für komplexere Radaufhängungs-Kinematiken und wird nachfolgend mit Bezug zu Abb. 6.16 vorgestellt. Zu beachten ist hierbei, dass stets zwischen **Lageplan** (Zeichnung) und **Kräfteplan** differenziert werden muss! Für Kräftegleichgewicht an einem Bauteil schneiden sich im Lageplan die Wirklinien der angreifenden Kräfte in einem Punkt, während diese Kräfte im Kräfteplan einen geschlossenen Polygonzug bilden. ◄

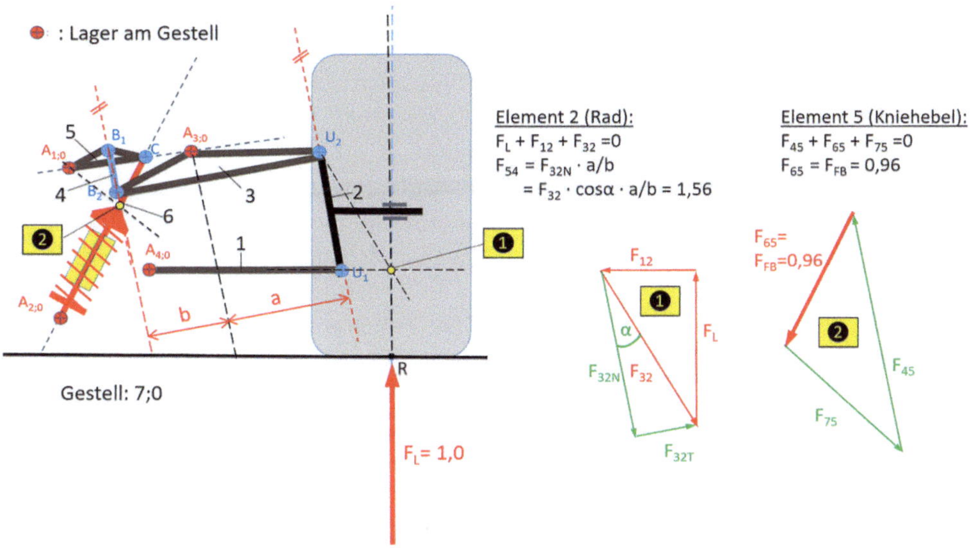

Abb. 6.16 Beispiel für die Ermittlung der Motion Ratio MR über die am Rad in z-Richtung angreifende Kraft F_L. Bei einer normierten Kraft $F_L = 1{,}0$ ergibt sich hier eine Kraft am Federbein von $F_{FB} = 0{,}96$ und somit MR = 0,96

1) Zunächst werden wieder die wesentlichen Lagerpunkte im statischen Zustand identifiziert:
   - Aufbaufeste Lager: $A_{1;0}$ bis $A_{4;0}$ (in Rot; Index 0 für Bezugssystem).
   - Lager am Federbein (In-Coil-Damper): $A_{2;0}$ und C.
   - Untere und obere Lager am Radträger Ui und U_2 (in Hellblau).
   - Lager an der Schubstange Bj und B_2 und am Kniehebel C (in Hellblau).
   - Mittlerer Radaufstandspunkt R.
2) Im weiteren werden die einzelnen Glieder der Doppelquerlenker-Radaufhängung nummeriert, welche aus dem primären Koppelgetriebe $A_{4;0} - U_1 - U_2 - A_{3;0}$ besteht und mit einem sekundären, gegenläufigen Koppelgetriebe $A_{1;0} - B_1 - B_2 - A_{3;0}$ verbunden ist:
   - Element 1: Unterer Querlenker ($A_{4;0} - U_1$).
   - Element 2: Radträger mit Rad ($U_1 - U_2$).
   - Element 3: Oberer Querlenker ($U_2 - A_{3;0} - B_2$).
   - Element 4: Koppelstange ($B_1 - B_2$).
   - Element 5: Kniehebel ($A_{1;0} - B_1 - C$).
   - Element 6: Federbein ($A_{2;0} - C$).
   - Element 7: Gestell (= Aufbau/Chassis)
3) Nun wird als erstes das **Element 2** (Radträger mit Rad = Koppel des primären Koppelgetriebes) betrachtet und im mittleren Radaufstandspunkt R eine vertikale Kraft F_L in z-Richtung angesetzt. Der Radaufstandspunkt R ist wie die Anlenkpunkte U_1 und U_2 ein Teil dieses Elements 2 (Koppel). Die eingeleitete Kraft F_L (Radlast) dient als Referenz für die zu ermittelnde Kraft F_{FB} am Federbein. Folglich wird deren Länge auf $F_L = 1{,}0$

normiert (die Einheit, z. B. kN, spielt hier keine Rolle). Die zu ermittelnde Kraft F_{FB} am Federbein wird also später im Verhältnis zur normierten Kraft F_L angegeben.

Für das Kräftegleichgewicht am Element 2 müssen sich im Lageplan die Wirklinien der Kräfte aus der Radlast F_L, vom unteren Querlenker F_{12} (von Element 1 auf Element 2) und vom oberen Querlenker F_{32} (von Element 3 auf Element 2) in einem Punkt ❶ schneiden. Da die Wirklinien der Kräfte F_L und F_{12} bekannt sind, ergibt sich in der Folge die Wirklinie der Kraft F_{32}. Nunmehr wird mit diesen Kraftrichtungen und der dabei bekannten, normierten Länge der Kraft F_L der Kräfteplan für den Punkt ❷ gezeichnet. Die Kräfte F_L, F_{12} und F_{32} müssen im Kräfteplan einen geschlossenen Polygonzug bilden, womit die Richtung der Kräfte festgelegt ist.

Die ermittelte Kraft am oberen Querlenker F_{32}, die im Punkt U_2 angreift und durch den Punkt ❸ verläuft, wird anschließend in ihre Komponenten F_{32N} (in Richtung des Radträgers U_1–U_2) und F_{32T} (rechtwinklig zum Radträger) zerlegt.

4) Die Komponente der Radträgerkraft F_{32N} (in Richtung des Radträgers $U_1 - U_2$) wird durch die Hebelarme a und b in die Kraft $F_{45} = -F_{54}$ an der Koppelstange übersetzt. Im Beispiel in Abb. 6.16 ergibt sich für die Kraft in der Koppelstange (Element 4) hier das 1,56-fache der Radlast F_L.
5) Nunmehr wird als nächstes das **Element 5** (Kniehebel) betrachtet. Die Kräfte an der Koppelstange F_{45}, am Federbein $F_{FB} = F_{65}$ und am Chassis F_{75} (greift im Punkt $A_{1;0}$ an) schneiden sich im Lageplan aufgrund der Gleichgewichtsbedingung im Punkt ❹. Im Kräfteplan bilden diese Kräfte folglich wiederum einen geschlossenen Polygonzug. Damit ergibt sich im Beispiel in Abb. 6.16 eine Kraft am Federbein $F_{FB} = 0{,}96$. Es stellt sich hier somit nach Formel 6.11 eine Motion Ratio MR = 0,96 ein.

D – Vorspannung der Feder

Die Vorspannung einer Feder ermöglicht es, trotz einer relativ geringen Federrate (weiche Feder) dennoch eine niedrige Fahrthöhe zu realisieren. Dies wäre mit einer weichen Feder ohne Vorspannung nicht möglich.

Abb. 6.17 verdeutlicht die Zusammenhänge. Die Federrate der Feder mit der blauen Kennlinie, die in die grüne Kennlinie übergeht, beträgt bei einer Federkraft von 2000 N pro 100 mm Federweg somit 20 N/mm. Die Federrate entspricht der Steigung dieser Linie. Die härtere Feder mit der roten Kennlinie hingegen weist bei einer Federkraft von 4000 N pro 100 mm Federweg eine Federrate von 40 N/mm auf. Je größer der Steigungswinkel, desto härter ist die Feder.

Wenn der Renningenieur bevorzugt, das Fahrzeug mit der weicheren Feder mit einer Federrate von nur 20 N/mm auszurüsten, damit die Räder bequemer sich der Straße anpassen, kann das jedoch bedeuten, dass die Räder beim Rollen des Aufbaus oder beim Bremsnicken zu stark einfedem und dann an den Gummipuffern anliegen, was das Handling signifikant verschlechtert. Als Lösung kann er sich einerseits für eine härtere Feder entscheiden, womit die Gummipuffer nicht beansprucht werden, was aber den Komfort verschlechtert. Andererseits könnte auch die Vorspannung der weicheren Feder das Problem lösen: Das Fahrzeug kann dann unter Beibehaltung des Fahrkomforts tiefergelegt werden.

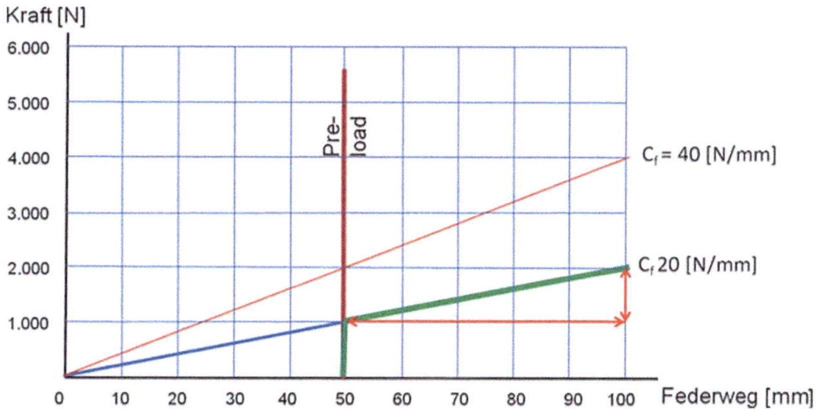

Abb. 6.17 Federraten und Vorspannung (Preload). Die Feder mit der blauen Kennlinie ist um 50 mm vorgespannt, was einer Kraft von 1000 N entspricht. Damit wird diese Feder erst ab einer Belastung >1000 N eine weitere Eindrückung (Federweg) erfahren

Die fett gedruckte grüne Linie in Abb. 6.17 zeigt diese Variante: Die gewählte Vorspannung beträgt 1000 N (ungefähr 100 kg). Zwischen 0 und 1000 N Belastung wird das Rad nicht einfedem; erst ab 100 kg wird der Feder einfedem, und zwar mit einer Federrate von lediglich 20 N/mm. Auf diese Weise kann ein niedrige Fahrthöhe, die vor allem der Verbesserung der Aerodynamik unter dem Wagen und dem Gewichtstransfer zu Gute kommt, mit einem angemessenen Fahrkomfort kombiniert werden.

Vorspannung wird durch das Verdrehen des Federtellers (Federschüssel) am Federbein bzw. Dämpfer erreicht. Solange der Dämpfer noch nicht seine größte Länge erreicht hat, wird das Verdrehen des Federtellers nur die Dämpferlänge vergrößern. Erst wenn die maximale Länge erreicht ist, wird bei weiterem Verdrehen des Federtellers die Feder belastet und baut somit die Vorspannung auf. Deshalb ist es bei Radaufhängungen wie in Abb. 6.11 gezeigt mitunter schwierig, wenn nicht gar unmöglich, die richtige Vorspannung in Kombination mit der richtigen Fahrthöhe zu finden. Oft benötigt man dort Federn, die genau in den benötigten Abmessungen gewunden sind. Auch sind Dämpfer mit Vorkehrungen verfügbar, um beides zu kombinieren. Demgegenüber dürfte dies bei einem Push- Rod-System absolut unproblematisch sein, weil Vorspannung, Fahrthöhe und Motion Ratio unabhängig voneinander einstellbar sind.

Die Feder mit Vorspannung auszustatten bringt die potenzielle Gefahr mit sich, dass es verführerisch ist, Dämpfer einzusetzen, die einen zu kurzen Hub aufweisen. Dadurch könnte der Ausschlag zu kurz sein, wodurch das kurveninnere Rad in der Kurve abhebt und plötzlich alle Haftung verliert. Das ist oft die Ursache von sogenanntem ‚snap oversteer' oder ‚snap understeer'.

▶ **Tipp 6.4** Wenn an einem Push-Rod-System mehr Vorspannung an der Feder eingestellt oder eine weichere bzw. härtere Feder montiert wird und dabei die Fahrthöhe und Motion Ratio unverändert bleiben sollen, sollten die Stoßstangenlänge und die Lage des Kipphebels unverändert bleiben. Der Fahrthöhe sollte in diesem Fall mittels Verlagerung der Befestigung des Dämpfers am Chassis kompensiert werden, denn jede Verdrehung des Kipphebels verändert das Motion Ratio!

6.4 Roll- und Nickwiderstand *Roll and Pitch Resistances*

Es ist die Aufgabe der Federn, einerseits die Räder komfortabel der Fahrbahn folgen zu lassen, und andererseits, zusammen mit Stabilisator und Stoßdämpfer, Widerstand gegenüber Roll- und Nickbewegungen zu bieten.

Widerstandsanteil gegen Rollen

Die Verteilung des Widerstands gegen das Rollmoment auf Vorder- und Hinterachse (siehe Kap. 5), auch als Widerstandsanteil gegen das Rollen bezeichnet, bestimmt in großem Maße das Verhalten eines Rennwagens in den Kurven, weil dies den Gewichtstransfer auf die Reifen direkt bestimmt.

Die Berechnung des Rollarms $l_{RA,S}$ im Schwerpunkt erfolgt gemäß Abb. 6.18:

$$\frac{e_{RZ,h}}{L} = \frac{e_{RZ,S}}{l_v} \quad \text{oder:} \quad e_{RZ,S} = \frac{e_{RZ,h} \cdot l_v}{L}$$

$$\alpha = arctan\left(\frac{e_{RZ,S}}{l_f}\right)$$

$$l_{RA,S} = cos\alpha \cdot \left(h_{S,gef} - e_{RZ,S} - h_{RZ,v}\right) = cos\alpha \cdot \left(h_{S,gef} - \frac{e_{RZ,h} \cdot l_v}{L} - h_{RZ,v}\right) \tag{6.14}$$

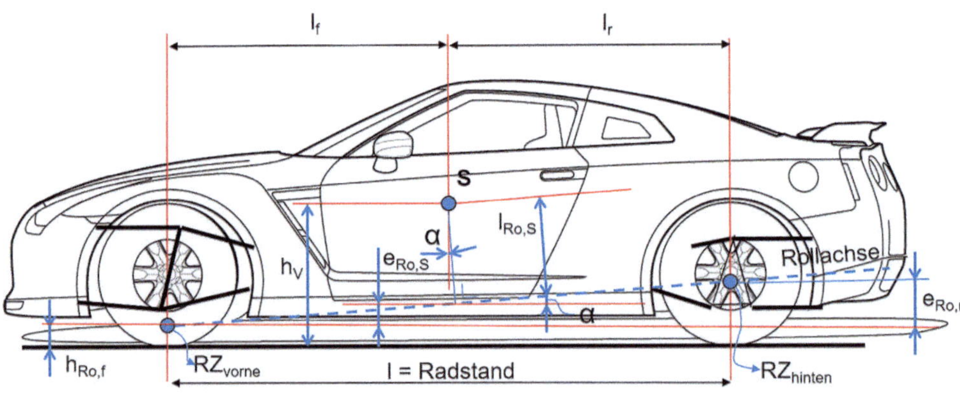

Abb. 6.18 Widerstandsanteil gegen Rollen. l_v = Abstand des Schwerpunkts zur Vorderachse, l_h = Abstand des Schwerpunkts zur Hinterachse, $h_{RZ,v}$ = Höhe des Rollzentrum der Vorderachse, $e_{RZ,h}$ = Höhe des Rollzentrums der Hinterachse über der Höhe des Rollzentrums der Vorderachse, $h_{S,gef}$ = Schwerpunkthöhe der Gefederte Masse, $l_{RA,S}$ = Rollarm im Schwerpunkt. Die Zentrifugalkraft steht im Schwerpunkt S senkrecht zur Zeichenebene

mit:

$l_{RA,S}$	Rollarm von Schwerpunkt S der gefederte Masse	mm
$h_{S,gef}$	Höhe Schwerpunkts gefederte Masse zur Straße	mm
$e_{RZ,S}$	Rollachse im Schwerpunk S	mm
$h_{RZ,v}$	Höhe Rollzentrum vorne	mm

Das Rollen des Fahrzeugs wird durch die Zentrifugalkraft verursacht, die auf den Schwerpunkt der gefederten Masse wirkt. Dadurch entsteht, wie oben beschrieben, das Rollmoment um die Rollachse. Diesem Rollmoment wird von den Federn und dem Stabilisator Widerstand entgegengesetzt. Dies kann in einer Gleichung wie folgt dargestellt werden:

$$\text{Rollmoment} = \text{Rollwiderstand}\left(\text{Während der stabilen Phase 3 des Midcornering}\right)$$

Das Rollmoment beträgt:

$$\text{RM} = \text{gefederte Masse} \cdot a_y \cdot l_{Ro,S}$$

Pro Achse gilt:

$$\text{RW} = C_{links} \cdot i_{/Rad\,links} \cdot 1/2\text{Track}_{links} + C_{rechts} \cdot i_{/wheel\,rechts} \cdot 1/2\text{Track}_{rechts} = C \cdot i_{/Rad} \cdot \text{Track}$$

Damit wird die Rollwiderstand:

$$\begin{aligned} \text{RM} &= \text{RW}_{vorne} && + \text{RW}_{hinten} \\ &= C_{vorne} \cdot f_{vorne/Rad} \cdot \text{Spur}_{vorne} && + C_{hinten} \cdot f_{hinten/Rad} \cdot \text{Spur}_{hinten} \end{aligned}$$

Diese Gleichung hat zwei unbekannte Größen (i_{vorne} und i_{hinten}), die mittels

$$f_{hinten} = f_{vorne} \cdot \text{Spur}_{hinten} / \text{Spur}_{vorne}$$

auf eine unbekannte Größe (f_{vorne}) reduziert werden können, so dass die Gleichung gelöst werden kann:

$$\text{RM} = C_{vorne} \cdot f_{vorne/Rad} \cdot \text{Spur}_{vorne} \qquad + C_{hinten} \cdot f_{vorne/Rad} \cdot \text{Spur}_{hinten}{}^2 / \text{Spur}_{vorne}$$

$$\text{RM} = f_{vorne/Rad} \cdot \left(C_{vorne} \cdot \text{Spur}_{vorne} + C_{hinten} \cdot \text{Spur}_{hinten}{}^2 / \text{Spur}_{vorne}\right)$$

$$f_{vorne\,pro\,Rad} = \frac{Rollmoment}{C_{vorne} \cdot Spur_{vorne} + C_{hinten}\ Spur_{hinten}^2 / Spur_{vorne}} \tag{6.15a}$$

Basiert auf die ‚Näherung für kleine Winkel' (mit α in Radianten gilt $\tan(\alpha) = \alpha$) $f_{pro\,Rad} = \alpha \cdot ½$ Spur, und damit kann 6.15a umgeschrieben werden in:

$$\alpha[\text{rad}] = \frac{2 \cdot Rollmoment}{C_{vorne} \cdot S_{vorne}^2 + C_{hinten} \cdot S_{hinten}^2} \tag{6.15b}$$

Mit:

$f_{v/h/Rad}$	Einfederung pro Rad, vorne/hinten	[m]
RM	Rollmoment	[Nm]
$C_{v/h}$	Federrate pro Rad, auf Rad Bezogen	[N/m]
$Spur_{v/h}$	Abstand zwischen linkem und rechtem Rad, vorne/hinten	[m]
α	Rollwinkel	[rad]
$S_{v/h}$	Spur, vorne/hinten	[m]

Der Ingenieur interessiert sich nicht nur für den gesamten Rollwiderstand, sondern auch für die Verteilung des Rollwiderstands zwischen Vorder- und Hinterachse, da dies eine der Größen ist, die das Verhalten des Autos in einer Kurve maßgeblich bestimmt:

$$\%\text{Rollwiderstand}_{\text{vorne}} = \frac{C_{vorne} \cdot Spur_{vorne}}{C_{vorne} \cdot Spur_{vorne} + C_{hinten} \cdot Spur_{hinten}} \tag{6.16a}$$

Da die Rollbewegung durch die von der Hauptfeder, dem Stabilisator und dem möglichen dritten Federelement erzeugten Kräfte beeinflusst wird, sollte die Federrate am Rad in den Formeln 6.15a und 6.15b, und 6.16a wie folgt berechnet werden:

$$C_{total} = \frac{C_{Hauptfeder}}{MR^2_{Hauptfeder}} + \frac{C_{Stabi}}{MR^2_{Stabi}} + \frac{C_{3rd}}{MR^2_{3rd}} \tag{6.16b}$$

Einige Anmerkungen zu den Formeln:

- Vorsicht: $C_{vorne/hinten}$ ist die Federrate von nur EINER vorderen/hinteren Feder!
- Dieser Ansatz gilt nur, solange die Dämpfer-/Federeinheit frei beweglich ist, d. h. nicht auf Anschlagpuffern oder blockierten Federn aufliegt oder sich am Ende ihres Dämpferhubs befindet!
- Es ist immer ratsam, Winkel im Radianten in Grad umzurechnen, damit ein schneller Blick das Ergebnis auf Plausibilität prüfen kann.
- Die Position des Schwerpunkts (sei es von der Gesamtmasse oder der gefederten Masse) entlang der x-Achse hat keinen Einfluss auf die Rollbewegung. Sobald jedoch der Unterschied in den Federraten vorne und hinten zu groß wird, beginnt das Auto um die Diagonale VL-HR oder VR-HL zu „wackeln".
- Obwohl es dafür keine festen Berechnungsregeln gibt, ist es dennoch ratsam, die Federrate des Stabi nicht mehr als 20 % der Hauptfederrate (am Rad bezogen) betragen zu lassen. Der Grund dafür ist, dass der Stabi bei höheren Werten überlastet wird, während er im Wesentlichen eine Möglichkeit zur Feinabstimmung sein sollte. Wenn jedoch mehr Rollwiderstand erwünscht ist, ist es sinnvoll, diesen von der Hauptfeder oder dem dritten Element zu beziehen.

Beispiel 6.8

Der Renningenieur eines GT-Rennwagens mit den Werten $m_{V,gefedert}$ = 1.450 kg, l_{RA} = 450 mm, Spur $_{vorne}$ = 1.400 mm, Spur $_{hinten}$ = 1.350 mm, C_{vorne} = 200 N/mm, C_{hinten} = 250 N/mm, möchte die Einfederung pro Rad vorne und hinten sowie den Rollwinkel bei einer Kurvenfahrt mit a_y = 2 g wissen. ◀

Bevor Sie beginnen, ist es immer ratsam, die Maße aller Variablen in Standardmaßeinheiten wie [m, kg, s, Nm, N/m usw.] umzurechnen.

Rollmoment = 1.450 kg * 0,45 * 2 * 9,81 = 12.802 Nm

$f_{vorne/Rad}$ = 12.802 / (200.000*1,4+ 250.000*1,35²/1,4) = 0,0106 m = 21,2 mm

$f_{hinten/Rad}$ = 21,2 * 1.350 / 1.400 = 20,4 mm

α = 12.802 / 2 * (200.000 • $1{,}4^2$ + 250.000 • $1{,}35^2$) = 0,0302 rad = 1,7°

Nickwiderstand

Der Massenträgheit zufolge greift beim Bremsen eine Kraft im Schwerpunkt *S* an, welche so groß wie die gesamten Bremskräfte an den Reifen, aber diesen entgegengerichtet ist. Weil der Fahrzeugschwerpunkt *S* immer oberhalb des Nickzentrums *NZ* liegt, entsteht ein nach vorne gerichtetes Drehmoment. Die Federung bietet dagegen eine Widerstandskraft. Während der Nickbewegung, bei Kurvenfahrt in den Phasen 1 und 2, bieten auch die Stoßdämpfer zusätzlich eine Widerstandskraft gegen die Nickbewegung.

Abb. 6.19 zur Folge kann das Nickmoment beim Bremsen wie folgt berechnet werden:

Analog zur Situation beim Rollen, wo die Federn der inneren Räder ebenfalls zum Rollwiderstand beitragen, trägt die Hinterradaufhängung beim Bremsen und die Vorderradaufhängung beim Beschleunigen zum Nickwiderstand bei. Die Federwegen und Nickwinkel können daher berechnet werden mit:

$$\text{Nickmoment } M_{ni} = \text{Nickwiderstand}$$

$$m_{gefedert}{}^{*}\, a_x{}^{*}\, \text{Nickarm} = 2\cdot C_{vorne/Rad}\cdot f_v\cdot l_v + 2\cdot C_{hinten/Rad}\cdot f_h\cdot l_h$$

Mit $f_{hinten} = f_{vorne} * l_{hinten} / l_{vorne}$ kann diese Gleichung mit zwei Unbekannten auf eine lösbare Gleichung mit einer Unbekannten reduziert werden:

$$f_{Rad,v} = \frac{M_{ni}}{2\cdot C_v\cdot l_v + 2\cdot C_h\cdot \frac{l_h^2}{l_v}} \tag{6.18a}$$

$$frad,r = f_{rad,f}\cdot\frac{l_r}{l_f} \tag{6.18b}$$

$$Nickwinkel\ \beta = \text{atan}(\beta) = atan\left(\frac{f_{Rad,f}+f_{Rad,r}}{l}\right)\frac{180}{\pi}\ [\text{deg}] \tag{6.18c}$$

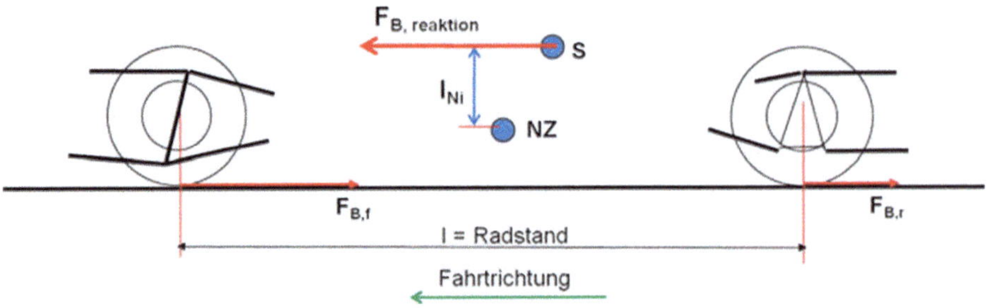

Abb. 6.19 Nickwiderstand beim Bremsen. $F_{B,Reaktion}$ = Reaktionskraft auf die Bremskräfte $F_{B,f}$ und $F_{B,r}$ aufgrund der Massenträgheit. l_{Ni} = Nickarm zwischen Schwerpunkt *S* und Nickzentrum *NZ* (siehe Kap. 5 für die Ermittlung dieses Punktes)

Mit:

M_{Ni}	Nickmoment, Nmm
a_x	Bremsverzögerung, m/s²
$m_{V,G}$	gefederte Fahrzeugmasse, kg
l_{Ni}	Nickarm, mm
l_i	Abstand Achse zum Schwerpunkt der gefederten Masse mm (i = f, Vorderachse; r, Hinterachse)
l	Radstand ($l = l_f + l_r$), mm
$f_{Rad\ i}$	Federweg pro Vorderrad und pro Hinterrad, mm (i = f, Vorderachse; r, Hinterachse)
C_i	Radbezogenen Federrate, N/mm; (i = f, Vorderachse; r, Hinterachse)

Da die Stäbe bei Nicken nicht aktiv sind (sie bewegen sich mit, verdrehen sich aber nicht), sollten ihre Federraten nicht berücksichtigt werden. Da aber beide Federn an der Vorder- und Hinterachse aktiv sind, sollten zwei Federkonstanten pro Achse verwendet werden. Schließlich sollte das dritte Element (falls vorhanden) einbezogen werden.

Beispiel 6.9

Ein Formelauto mit den folgenden Abmessungen: l_{Pi} = 300 mm, $m_{v,gefedert}$ = 550 kg, l_f = 1.300 mm, l_r = 1.100 mm, Federrate vorne pro Rad C_f = 145 N/mm, MR_f = 1,07, C_r = 130 N/mm, MR_r = 1,15, bremst mit 3g. Der Ingenieur möchte wegen die Aerodynamik die Federwegen und Nickwinkel beim Bremsen beurteilen, wozu er das Nickmoment berechnet:

$$\text{Nick} - \text{Moment} = 3 \cdot 9{,}81 \cdot 550 \cdot 300 = 4.855.950\,\text{Nmm}$$

Der Federweg der Vorderachse lässt sich nach der Formel 6.18a wie folgt berechnen:

$$f_{rad,f} = \frac{4.855.950}{2 \cdot \frac{145}{1{,}07^2} \cdot 1.300 + 2 \cdot \frac{130}{1{,}15^2} \cdot \frac{1.100^2}{1.300}} = 9{,}5\,mm$$

$$f_{\mathrm{rad,r}} = 9{,}5 \cdot \frac{1.100}{1.300} = 8{,}0\,mm$$

$$Nickwinkel\ \beta = \left(\frac{9{,}5 + 8{,}0}{2.400} \right) \frac{180}{\pi} \ [deg] = 0{,}4°$$ ◀

Tipp 6.5

Bei der Berechnung des Roll- und Nickwiderstandes wird lediglich die Masse des Aufbaus, also die gefederte Masse, herangezogen. Die Massenträgheitsreaktionen der ungefederten Massen (wie Räder und Achsen) werden nämlich nicht durch Feder, Stabilisator und Stoßdämpfer „wahrgenommen". Deshalb wird bei der Berechnung des Roll- und Nickwiderstandes nur mit der gefederten Masse statt der gesamten Fahrzeugmasse gerechnet! Der Hebelarm l_{NI} berücksichtigt auch nur den elastischen Anteil des Nickmoments analog zur Radlastverlagerung, vgl. Kap. 5.

Beispiel 6.10: Berechnung des Rollwinkels

Das Auto aus Beispiel 6.9, und abgebildet in Abb. 6.20 mit eine Rollarm $l_{\mathrm{Ro,S}} = 450$ mm, $\mathrm{spur}_f = 1.400$ mm, $\mathrm{spur}_r = 1.350$ mm, und ohne Stabis, durchfährt eine Kurve mit einer Querbeschleunigung von 2g.

Der Rollwinkel kann berechnet werden mit Formel 6.15b:

$$\alpha = \frac{2 \cdot 2 \cdot 9.81 \cdot 550 \cdot 400}{0{,}5 \cdot \frac{145}{1.07^2} \cdot 1.250^2 + 0.5 \cdot \frac{130}{1.15^2} \cdot 1.220^2} = 0{,}0313\,\mathrm{rad} = 1{,}8°$$

Mit:

f_{Fo}	Einfederung am kurvenäußeren Rad, mm
M_{Ro}	Rollmoment (folgt aus (Abschn. 5.5)), N mm
$C_{\mathrm{f,Rad}}$	Federrate der Feder, auf das Rad bezogen, N/mm
$C_{\mathrm{St,Rad}}$	Federrate des Stabilisators, auf das Rad bezogen, N/mm
b	Spurweite der Achse, mm; Index i = f (front, vome) oder r (rear, hinten)
$FV_{,z,\mathrm{ela}}$	Elastischer Gewichtstransfer (folgt aus (Abschn. 5.6)), N
α	Rollwinkel, ° ◀

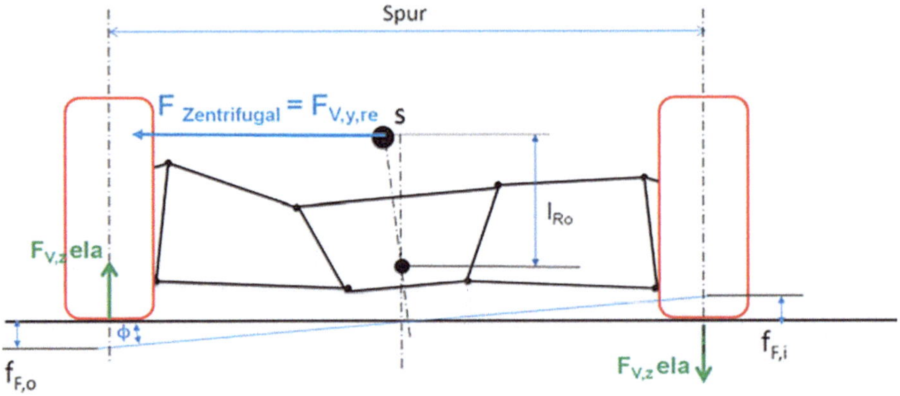

Abb. 6.20 Ermittlung des Rollwinkels Φ

6.5 Wiegen Weighing

Rennwagen sind mit härteren Federn als PKW ausgestattet, da Roll- und Nickbewegungen möglichst beschränkt werden sollen. Das bedeutet aber, dass jeder Millimeter Unterschied in den Federwegen große Folgen nach sich zieht. Unterschiedliche Radlasten links und rechts an einer Achse sind daher höchst unerwünscht. Die exakte Wägung eines Rennwagens kommt folglich der Stabilität zugute (siehe auch Abschn. 1.2).

Wenn die Ergebnisse des Wiegens geschickt dokumentiert werden, erhält man rasch eine Übersicht: Aus Abb. 6.21 geht klar hervor, dass es sich hier um ein rechtsgelenktes Auto handelt, weil die Radlasten rechts (inklusive Fahrer) mit 56 % dominieren. Da die meisten Rennstrecken im Uhrzeigersinn befahren werden, sind auch die meisten Kurven Rechtskurven. Ein geringfügiger Gewichtsüberschuss auf der rechten Fahrzeugseite hilft dann sogar, die negativen Folgen des Gewichtstransfers auszugleichen.

Wird die Gewichts-Differenz zwischen links und rechts jedoch zu groß, dann kann das der Grund dafür sein, dass das Fahrzeug beim Bremsen nach einer Seite zieht. Und wenn die Differenz weiter zunimmt, kann sogar ein unterschiedliches Verhalten zwischen Links- und Rechtskurven entstehen.

Es ist ein weitverbreitetes Missverständnis, dass mit der Vorspannung der Federn links vorne und links hinten die linken Räder mehr Radlast bekommen, und dass damit die Balance wieder ausgeglichen ist, siehe Abb. 6.22. In diesem Fall wird nur die Fahrthöhe verstellt, die Massenverteilung bleibt jedoch unverändert! Erst wenn schwerere Bauteile wie Feuerlöscher, Batterie, Tank usw. nach links verschoben werden, wird die Radlast rechts ab- und links zunehmen.

Aus der linken Tabelle in Abb. 6.22 ist ersichtlich, dass der Massenunterschied zwischen links und rechts nur 20 kg beträgt. Diese Differenz ist zwar vordergründig klein, aber es gibt dennoch einen Grund zur Sorge: Die Radlasten auf der Diagonalen LH–RV

Abb. 6.21 Ergebnisse der Wägung eines Rennwagens mit Rechtslenker, inklusive Fahrer. Alle Massen in kg

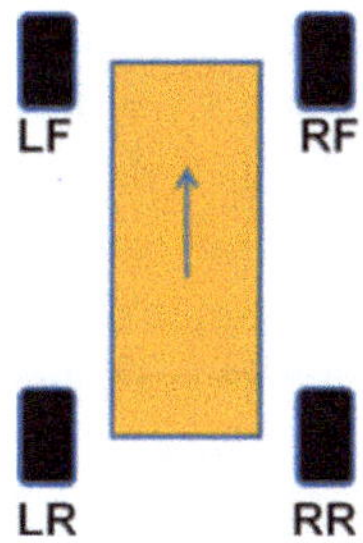

	L		R		TOT	
F	260	+	**320**	=	580	58%
R	180	+	**240**	=	420	42%
TOT	440	+	560	=	1.000	100%
	44%		56%			

	L	R	TOT
	450	550	(100)
F	180	220	400
R	330	270	600
	510	490	1.000

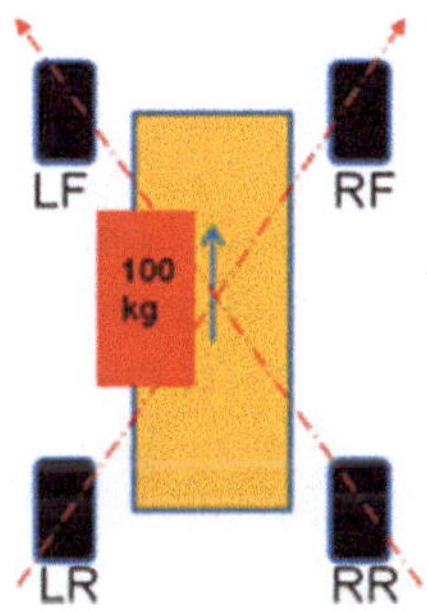

	L	R	TOT
	490	510	(20)
F	200	200	400
R	310	290	600
	510	490	1.000

Abb. 6.22 Diagonales Wiegen. Ergebnisse der Wägung eines Linkslenker-Fahrzeugs (inklusive Fahrer)

betragen zusammen 550 kg, und jene auf der Diagonalen RH–LV 450 kg. Der Unterschied zwischen beiden Diagonalen beträgt 100 kg, was signifikant zu viel ist. Dieses Auto kann mit einem Tisch verglichen werden, der wackelt, weil ein Bein zu lang bzw. ein anderes Bein zu kurz ist.

Nun muss zwischen den folgenden Strategien entschieden werden: die Radlasten auf der Diagonalen LH–RV verkleinern, oder auf der Diagonalen RH–LV vergrößern? Und sollen dabei nur an einem Rad oder an zwei Rädern zugleich Änderungen vorgenommen werden? Und wenn an zwei Rädern zugleich, sollen dann die Änderungen an beiden proportional oder unterschiedlich vorgenommen werden? Die Antwort könnte gefunden werden in eventuellen Unterschieden zwischen den gemessenen Fahrthöhen.

Das Resultat aus dieser Entscheidung sollte aussehen wie in der rechten Tabelle in Abb. 6.22: der Unterschied zwischen der linken und rechten Seite beträgt zwar immer noch 20 kg, aber die Differenz zwischen den beiden Diagonalen ist nun nur noch 20 kg!

Tipp 6.6 Vermessungsarbeiten sollten immer nur auf einem zu 100 % ebenen und horizontalen Untergrund durchgeführt werden. Kein Boden in einer Box oder Werkstatt ist zu 100 % flach. Es wird deshalb empfohlen, immer sogenannte „Level Pads" anzuwenden, weil bei einem Rennwagen aufgrund der hohen Federraten bereits 1 mm Unterschied In der Bodenhöhe an einer Achse oder diagonal bereits 10 kg Radlastunterschied bewirken können.

Bei diesen Vermessungen ist zudem immer der Stabilisator zu entkoppeln und dieser anschließend spannungslos wieder zu montieren.

Beispiel 6.11

Am Rennwagen aus Abb. 6.22 sind die Ergebnisse der Fahrthöhevermessung wie folgt:

Links vorne:	46 mm	Rechts vome:	41 mm
Links hinten:	63 mm	Rechts hinten:	60 mm

Folgerung: Das Auto „wackelt" nach rechts hinten, weil es rechts hinten niedriger steht als links hinten, und links vome höher als rechts vome. Der Mechaniker stellt folglich die Feder am Rad rechts hinten so weit ein, bis der Unterschied zwischen beiden Diagonalen minimal ist.

Beispiel 6.12: Berechnungen der Federwege

Das Zusammenspiel zwischen den Federn und Stabilisatoren bestimmt, wie viel die Räder beim Bremsen, Beschleunigen und Aufbaurollen ein- bzw. ausfedern. Daraus ergeben sich brauchbare Informationen über die Bewegungen des Autos. Zur besseren Übersicht ist nachfolgend in geschweiften Klammern { } stets die Referenz zur jeweiligen Stelle im Buch angegeben. Zunächst sollen die folgenden, erforderlichen Daten über das Fahrzeug zusammengestellt werden, siehe dazu die Tab. 6.2, 6.3 und 6.4.

Die fett gedruckten Daten sind die Eingabe-Werte, alle anderen Daten sind Zwischen- oder Endresultate der Berechnungen.

Alle u. a. Rechenbeispiele basieren auf stetigen Bewegungen, das heißt stetiges Bremsen und Beschleunigen sowie stetige Kurvenfahrt (vgl. Phase 3; siehe Abb. 2.2).

Die Stoßdämpfer sind hierbei außer Acht gelassen, weil der Federweg des Rades ausschließlich von Feder und Stabilisator bestimmt wird, während die Dämpfer die Geschwindigkeit dieser Bewegung bestimmen. Somit werden hier nur die Federwege berechnet. ◄

Tab. 6.2 Daten zu Massen

m_V (Masse total)		**1400 kg**		
Vorderachse	**45 %**	630 kg	$m_{u,f}$ (Ungefederte Masse pro Vorderrad)	**35 kg**
Hinterachse	**55 %**	770 kg	$m_{u,r}$ (Ungefederte Masse pro Hinterrad)	**40 kg**
$m_{V,G}$ (gefederte Masse)		1250 kg	$= m_V - (2 \cdot m_{u,f} + 2 \cdot m_{u,r})$	

Tab. 6.3 Daten zu Federn und Stabilisatoren

Vorderachse			Hinterachse		
$C_{F,f}$ Federrate	**100**	[N/mm]	$C_{F,r}$ Federrate	**120**	[N/mm]
MR_F	**1,2**	[–]	MR_F	**1,15**	[–]
$C_{F,f,Rad}$ (C/MR^2)	69,4	[N/mm]	$C_{F,r,Rad}$ (C/MR^2)	90,7	[N/mm]
$C_{St,f}$ Stabilisator	**30**	[N/mm]	$C_{St,r}$ Stabilisator	**40**	[N/mm]
MR_{St}	**1,3**	[–]	MR_{St}	**1,3**	[–]
$C_{St,rad,f}$ (C/MR^2)	17,8	[N/mm]	$C_{St,rad,r}$ (C/MR^2)	23,7	[N/mm]
{(6.11)}					

Tab. 6.4 Übrige (Geometrie-)Daten

Nickarm bei Bremsen	**400**	[mm]	{Abb. 6.19}
Radstand	**2700**	[mm]	{Abb. 1.2}
Rollarm zwischen Schwerpunkt und Rollachse	**420**	[mm]	{Abb. 6.18}
Spur vorne	**1450**	[mm]	{Abb. 1.2}
Spur hinten	**1420**	[mm]	{Abb. 1.2}
Nickarm bei Beschleunigung	**175**	[mm]	{Abb. 5.17}

1) **STATISCHER FEDERWEG**
Vorderachse:

- Gefederte Masse pro Vorderrad: (630/2) – 35 = 280 kg
- Kraft pro Feder: 280kg · 9,81m/s^2 = 2747 N
  Einfederung: 2747N/69, 4N/mm = 39,6 mm

Hinterachse:

- Gefederte Masse pro Hinterrad: (770/2) – 40 = 345 kg
- Kraft pro Feder: 345kg · 9,81m/s^2 = 3384 N
  Einfederung: 3384N/90, 7N/mm = 37,3 mm

2) **FEDERWEG DER VORDERRÄDER BEIM BREMSEN {Abb. 5.16}**
Verzögerung:

- Geschwindigkeit bei Beginn der Bremsung: **220** km/h
- Geschwindigkeit am Ende der Bremsung: **95** km/h
- Dauer der Bremsung: **2,5** sec
- Bremsverzögerung a_x: (220 – 95)/(3,6 · 2,5) = 13,9 m/s²(= 13,9 / 9,81 m/s² = 1,41 g)

(Die Umrechnung mit Bezug auf die Erdbeschleunigung g ist deshalb zielführend, um schnell bewerten zu können, ob die Bremsverzögerung innerhalb der zu erwartenden Werte liegt. Eine Verzögerung von 1,4g ist durchaus realistisch. Ein Ergebnis von z. B. 14 g wäre indes unrealistisch gewesen, so dass in der Folge die Berechnungen und Daten zu überprüfen wären.)

- Nickmoment: $m_{V,G} \cdot a_x \cdot$ Nickarm = 1250 · 13,9 · 400 = 6.950.000 N mm

(Die ungefederte Masse trägt nicht zur Nickbewegung bei!)

- Abstand S zur Vorderachse: l_f = (770 – 2 · 40) · 2700 / 1250 = 1.490 mm
- Abstand S zur Hinterachse : l_r = (630 – 2 · 35) · 2700 / 1250 = 1.210 mm
- Federweg der Vorderräder beim Nicken. Ref Formel 6.18a.

$$f_{rad,f} = \frac{6.916.050}{2 \cdot 69,4 \cdot 1.490 + 2 \cdot 90,7 \cdot \frac{1.210^2}{1.490}} = 18,0 \ mm$$

- Federweg der Hinterräder beim Nicken. Ref Formel 6.18b

$$f\text{rad,r} = 18,0 \cdot \frac{1.210}{1.490} = \ 14,6\,\text{mm} \ (\text{Ausfederung})$$

3) **FEDERWEG DER HINTERRÄDER BEIM BESCHLEUNIGEN {Abb. 5.17}**

- Geschwindigkeit bei Beginn der Beschleunigung: **0** km/h
- Geschwindigkeit am Ende der Beschleunigung: **95** km/h
- Dauer der Beschleunigung: **3,1** sec
- Beschleunigung a_x: (95 – 0)/(3,6 · 3,1) = 8,5 m/s²(=8,5/9,81 m/s² = 0,87 g)

(Auch hier wird a_x als Referenz auf die Erdbeschleunigung g normiert.)

- Nickmoment: $m_{V,G}$ · a_x · Nickarm {Abb. 5.17} =
  1.250 · 8.5 · 175 = 1.866.966 Nmm

(Die ungefederte Masse trägt nicht zur Nickbewegung bei!)

- Federweg der Vorderräder beim Nicken während Beschleunigen. Ref Formel 6.18a

$$f_{rad,f} = \frac{-1.866.966}{2 \cdot 64,9 \cdot 1.490 + 2 \cdot 90,7 \cdot \frac{1.210^2}{1.490}} = -4,8\,\text{mm}\,(\text{Ausfederung})$$

- Federweg der Hinterräder. Ref Formel 6.18b

$$f_{\text{rad,r}} = 4,8 \cdot \frac{1.210}{1.490} = 3,9\,\text{mm}\,(\text{Einfederung})$$

4) **FEDERWEG DER RÄDER BEIM ROLLEN {Abb. 6.20}**

- FV,y Zentrifugalkraft bei einer Querbeschleunigung von 1 g = ay · mV,G = 1 · 9,81 · 1250 = 12.263 N
- Rollmoment = FV,y · Rollarm = 12.263 · 420 = 5.150.250 Nmm

Während das Rollen ist auch der Stabi aktiv, so dass er ebenfalls einbezogen werden sollte. Feder und Stabi sind parallel geschaltet, also:

$$C_{Rad,f} = \frac{C_{f,mainspring}}{MR_C^2} + \frac{C_{Stabi}}{MR_{stabi}^2} = 69,4 + 17,8 = 87,2\,N/mm$$

$$C_{Rad,r} = \frac{C_{r,mainspring}}{MR_C^2} + \frac{C_{Stabi}}{MR_{stabi}^2} = 90.7 + 23,7 = 114,4\,N/mm$$

Die Einfederung des äußeren Vorderrades und die Ausfederung des inneren Vorderrades sind (Ref Formel 6.15a):

$$f_{Rad,f} = \frac{5.150.250}{87.2 \cdot 1.450 + 114,4 \cdot \frac{1.420^2}{1.450}} = 22,7\,mm$$

Die Einfederung des äußeren Hinterrades und die Ausfederung des inneren Hinterrades sind:

$$f_{Rad,r} = 22,7 \cdot \frac{1.450}{1.420} = 22,2\,mm$$

Der Rollwinkel des gesamten Fahrzeugs beträgt (Formel 6.15b):

$$\alpha = \frac{2 \cdot 5.150.250}{87,2 \cdot 1.450^2 + 114,4 \cdot 1,420^2} * \frac{180}{\pi} = 0,7°$$

Hier wird nur der Einfluss der Zentrifugalkraft berücksichtigt, die Einflüsse der Aerodynamik, die Geometrische Gewichtsverlagerung und das statische Gewicht werden in dieser Berechnung außer Acht gelassen.

Bei aerodynamisch empfindlichen Fahrzeugen wirkt sich die Bewegung des Unterbodens auf den Abtrieb aus. Daher muss bei der Berechnung des Rollwinkels des Fahrzeugs relativ zur Fahrbahnoberfläche auch die Verformung der Reifen berücksichtigt werden.

Die Berechnungen in diesem Beispiel beruhen auf linearen Federn. Sobald die Federkonstante am Rad progressiv ist, sind die Federwegen des inneren und des äußeren Rades nicht mehr gleichwertig zueinander.

6.6 Die richtige Frequenz

Bisher haben wir uns ausgiebig mit der Federung, der Dämpfung und den Frequenzen pro Rad beschäftigt. Die vier Räder sind jedoch über das Chassis, also die gefederte Masse, miteinander verbunden. Daraus ergibt sich eine Interaktion zwischen den vier Rädern, die das Fahrverhalten des Autos stark beeinflusst. Die nachfolgende Theorie konzentriert sich zunächst auf den Komfort von Personenkraftwagen, aber sie betrifft auch die Leistungsfähigkeit von Rennwagen!

Durch das Zusammenspiel der Masse-Feder-Systeme der Vorder- und Hinterachsen kann die gefederte Masse zwei Bewegungen gleichzeitig ausführen: eine Nickbewegung oder ‚Pitch' (die Vorderräder federn ein, die Hinterräder federn aus) und eine ‚Hebebewegung' oder ‚Bounce' (alle Räder gleichzeitig in der Einfederung oder Ausfederung).

Diese Interaktion kann durch die Aufstellung der Bewegungsgleichungen für die Nick- und die Hebebewegung dargestellt werden. Dazu ist ein umfassender mathematischer Ansatz erforderlich, den wir hier kurz, aber nützlich zusammenfassen. Durch Kombination dieser beiden Gleichungen können drei Parameter bestimmt werden, die sowohl für die Nick- als auch für die Ausfederbewegung verwendet werden.

Diese sind:

$$\alpha = \left(C_f + C_r\right) / m\left[1/s^2\right]\text{vertikale Komponente} \tag{6.19a}$$

$$\beta = \left(C_r.c - C_f.b\right) / m\left[m/s^2\right]\text{‘Coupling coefficient’} \tag{6.19b}$$

$$\gamma = \left(C_f.b^2 + C_r.c^2\right) / \left(m.k^2\right)\left[1/s^2\right]\text{Rotationskomponente} \tag{6.19c}$$

$$k = SQR\left(I_y / m\right)\left[m\right]\text{Trägheitsradius}\left(\text{Nicken}\right) \tag{6.19d}$$

Die Federraten $C_{\text{vorne, hinten}}$ beziehen sich auf die Federrate der gesamten Achse, d. h. das Doppelte der einzelnen Federrate am Rad. Nun können die Eigenfrequenzen der Nick- und Hebebewegungen berechnet werden mittels:

$$\text{Frequenz Motion Centre 1}: \omega_1 = \sqrt[2]{\left(\frac{\alpha+\gamma}{2}\right) + \sqrt[2]{\left(\frac{(\alpha-\gamma)^2}{4} + \frac{\beta^2}{\kappa^2}\right)}}\ [1/\sec] \tag{6.20a}$$

$$\text{Frequenz Motion Centre 2}: \omega_2 = \sqrt[2]{\left(\frac{\alpha+\gamma}{2}\right) - \sqrt[2]{\left(\frac{(\alpha-\gamma)^2}{4} + \frac{\beta^2}{\kappa^2}\right)}}\ [1/\sec] \tag{6.20b}$$

Diese Gleichungen ergeben jeweils ein verwertbares und ein unbrauchbares Ergebnis (negativer Wert wegen des Wurzelvorzeichens). Wir rechnen mit dem verwertbaren Ergebnis weiter. Da nun die Frequenz bekannt ist, kann die Größe der Bewegungen mit berechnet werden:

$$\text{Motion Centre 1} = -\beta / \left(\alpha - \omega_1^{\,2}\right)[\mathrm{m}] \tag{6.21a}$$

$$\text{Motion Centre 2} = -\left((-\mathrm{k})^{2*} \left(\gamma - \omega_2^{\,2}\right)\right) / \beta[\mathrm{m}] \tag{6.21b}$$

Diese Formeln werden hier noch mit dem neutralen „ Motion Centre“ angegeben, weil es vom Ergebnis abhängt, ob es sich um das „Nick Zentrum“ oder das „Hebezentrum“ handelt.

Diese MCs werden in Bezug auf den Schwerpunkt der gefederten Masse berechnet und können bei Bedarf in den Abstand zur Vorderachse umgerechnet werden, sowie das gemacht worden ist in Abb. 6.24.

Da nun die Beziehungen zwischen den Frequenzen und den MC‘s bekannt sind, kann ein Diagramm wie in Abb. 6.23 erstellt werden. Darin sind die beiden MC‘s auf der x-Achse und die Beziehung zwischen den Eigenfrequenzen und der Vorder- und Hinterachse auf der y-Achse aufgetragen.

Es werden immer zwei Positionen für die MCs gefunden:

- Eine, die zwischen der Vorder- und der Hinterachse liegt (Nick oder Pitch), und
- Eine, die entweder vor der Vorderachse (positives Ergebnis) liegt oder hinter der Hinterachse (negatives Ergebnis) liegt (Heben oder Bounce).

Das hier gefundene Nickzentrum ist ein dynamischer Punkt, der von den Federn und Massen abhängt, im Gegensatz zu dem in Abb. 5.16 gezeigten ‚Force Based Nickzentrum‘, das geometrieabhängig ist.

Ein Berechnungsbeispiel auf der Grundlage des Fahrzeugs in Tab. 6.5 kann z. B. so aussehen, dass die Federrate an der Vorderachse in kleinen Schritten von 300.000 N/mm auf 55.000 N/mm sinkt. Das Verhältnis der Eigenfrequenzen an der Vorder- und Hinterachse wird dann für den ersten Schritt sein:

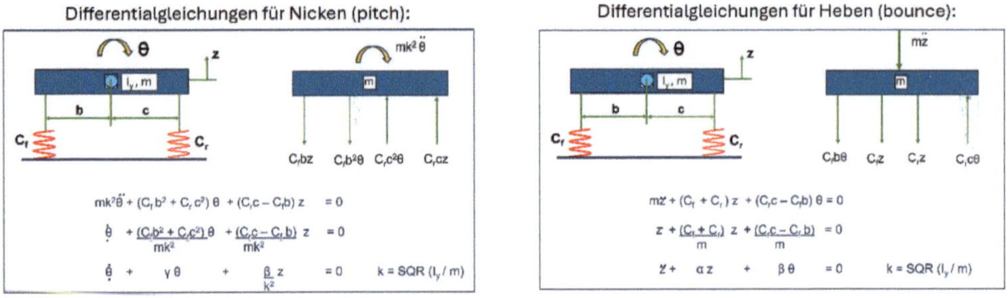

Abb. 6.23 Differential Gleichungen für Nicken (Pitch) und Heben (Bounce)

Tab. 6.5 Daten eines Autos, das als Beispiel für die Berechnungen der Motion Centres dient.

Federweg am Rad	Schrittgröße	Länge des Dämpfers	ΔFederweg an Feder	Motion Ratio
0	10	427		
10	10	421	6	1,67
20	10	414	7	1,43
30	10	406	8	1,25
40	**10**	**397**	**9**	**1,11**
50	10	387	10	1,00
60	10	376	11	0,91
70	10	364	12	0,83

$$Q = \frac{Natural\ freq.vorne}{Natural\ freq.hinten} = \frac{\sqrt{\frac{300.000}{600}}}{\sqrt{\frac{200.000}{700}}} = 1{,}183$$

Bei sehr hart gefederten Fahrzeugen (Formel, LMP, Hypercar usw.) kann es sinnvoll sein, die Federrate des Reifens einzubeziehen, siehe Abb. 6.14.

Lasse nun die Frequenz an der vorderen Achse in kleinen Schritten abnehmen, so dass sich ein Bereich von z. B. Q = 1,300 bis Q = 0,700 ergibt. Die Ergebnisse sind in Abb. 6.24 zu sehen, zu denen Folgendes angemerkt werden kann:

Die blaue Linie zeigt das ‚Pitch Centre of Motion' an, da es die grün gestrichelten Linien berührt, aber nie schneidet. Dieses Ergebnis liegt also immer innerhalb des Radstandes. Diese Linie bildet eine S-Form zwischen den grünen Linien. Die S-Form ist umso ausgeprägter, je größer das „Nick-Trägheitsmoment" I_x ist. Die orangefarbenen Linien

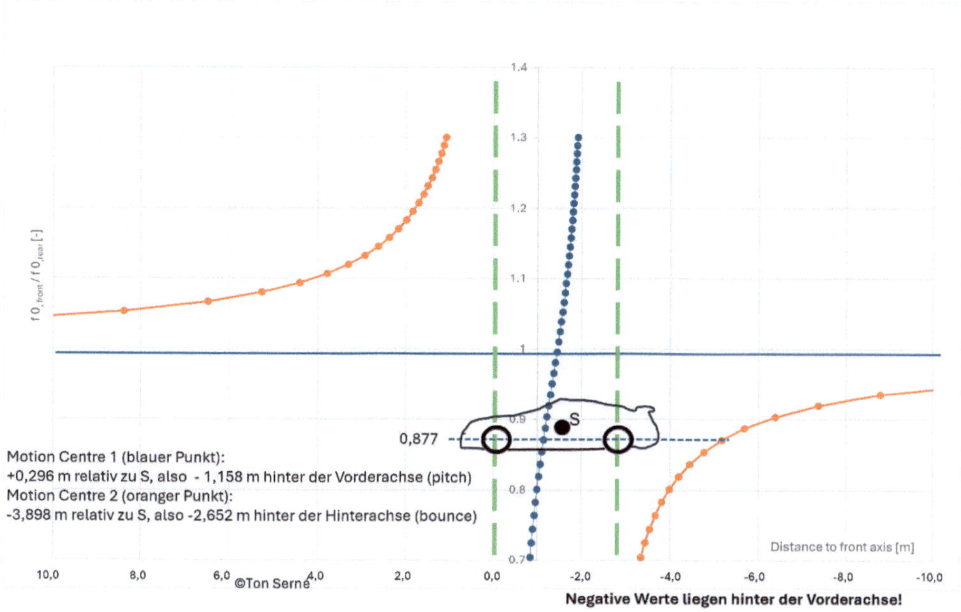

Abb. 6.24 (Quelle: Dynatune 2) Bei einem Verhältnis der vorderen und hinteren Federfrequenzen von 0,877 liegt der ‚Motion Centre 1' 0,296 m vor dem Schwerpunkt S. Eine Bewegung um diesen MC bewirkt eine Nickbewegung (Vorderräder federn ein, Hinterräder federn aus und vv). Und ‚Motion Centre 2' liegt 3,898 m hinter dem Schwerpunkt S, also 3,898 – 1,246 = 2,652 m hinter der Hinterachse. Eine Bewegung um diesen MC bewirkt eine Hebebewegung (alle Räder gleichzeitig in Einfedern oder Ausfedern). Die berechneten Nick- und Hebebewegungen können gleichzeitig auftreten

zeigen das ‚Bounce Centre of Motion' an, die berühren ebenfalls immer die gepunkteten grüne Linien, aber schneiden sich auch nie. Außerdem ist zu erkennen, dass diese Linie die x-Achse bei Q = 1,000 im Unendlichen berührt, um dann im Unendlichen auf der anderen Seite wieder aufzutauchen. Die beiden orangen Linien sind zusammen eine Funktion.

Wenn die MC's berechnet werden mit die Werten in Tab. 6.5, sieht die Berechnung wie folgend aus:

$$Q = \frac{Natural\ freq.vorne}{Natural\ freq.hinten} = \frac{\sqrt{\dfrac{132.000}{600}}}{\sqrt{\dfrac{200.000}{700}}} = 0,877$$

$$\alpha = (32.000 + 200000)/1300 = 510,77\left[1/s^2\right]$$

$$\beta = (200.000^{*}1,246\ -\ 132.000^{*}1,454)/1300 = 88,19\left[m/s^2\right]$$

$$\gamma = (132.000^{*}1,454^2 + 200.000^{*}1,246^2)/(1300^{*}1,07^2) = 786,11\left[1/s^2\right]$$

$$k = SQR(1500/1300) = 1,07[m]$$

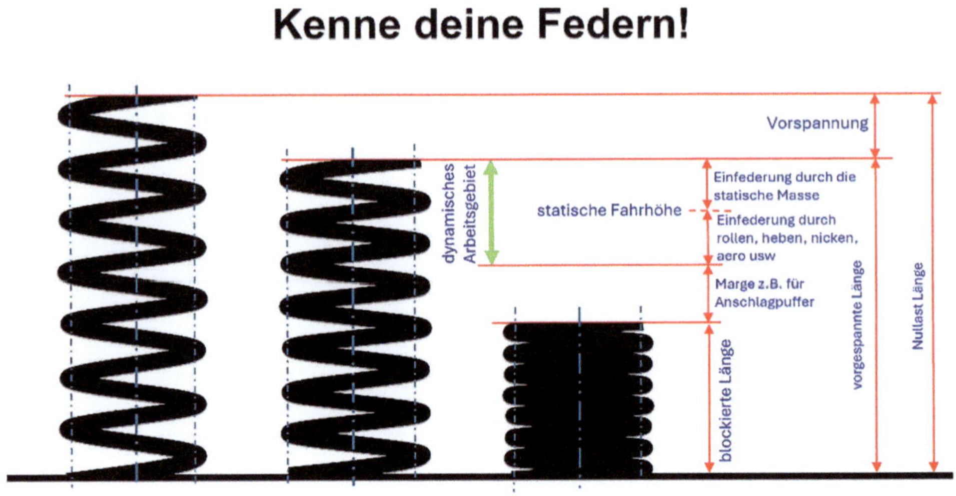

Abb. 6.25 Diagramme der Federn (vorne und hinten) wie dieses können sehr aufschlussreich sein und manchmal sogar missverstandene Probleme aufdecken

$$\text{Frequenz MC1}: \omega_1 = \sqrt[2]{\left(\frac{510{,}77+786{,}11}{2}\right)+\sqrt[2]{\left(\frac{(510{,}77-786{,}11)^2}{4}+\frac{88{,}19^2}{1{,}07^2}\right)}} = 28{,}4\,[1/\text{sec}]$$

$$\text{Frequenz MC2}: \omega_2 = \sqrt[2]{\left(\frac{510{,}77+786{,}11}{2}\right)-\sqrt[2]{\left(\frac{(510{,}77-786{,}11)^2}{4}+\frac{88{,}19^2}{1{,}07^2}\right)}} = 22{,}1\,[1/\text{sec}]$$

$$\text{MC1} = -88{,}19/\left(510{,}77-28{,}4^2\right) = 0{,}296\,[\text{m}]$$

$$\text{MC2} = -\left(\left(-1{,}07\right)^{2*}\left(786{,}11-22{,}1^2\right)\right)/88{,}19 = -3{,}898\,[\text{m}]$$

Motion Centre 1 (blau): −1,454 + 0,296 = − 1,158 m hinter der Vorderachse, also ist das bezüglich Nick (Pitch).

Motion Centre 2 (orange): −1,545 − 3,898 = − 5,352 m hinter der Vorderachse. Damit liegt MC2 hinter der Hinterachse, also ist das bezüglich Heben (Bounce)

Hier endet der mathematische Ansatz, und wir kommen zum menschlichen Gleichgewichtssystem. Es stellt sich nämlich heraus, dass der Mensch es als äußerst unangenehm empfindet, wenn das Bounce Center vor der Vorderachse liegt, also einen positiven Wert hat. Generell zeigt sich, dass negative Werte für die beiden MC's bei Q ≈ 0,900 als angenehm empfunden werden: Das Auto macht seine Bounce-Bewegung um einen Punkt, der hinter der Hinterachse liegt. Vergleichen Sie es mit einem kleinen Boot, das auf dem Wasser dümpelt, in dem man wunderbar entspannt auf dem Rücksitz sitzt. Diese Analyse ist bei einem Auto für alle Kombinationen von Federkonstanten und Massen, deren Q die gleichen Werte aufweisen, gleich.

Das Rennauto eines Fahrers, der sich vage über das Verhalten des Wagens beschwert, ohne wirklich genau sagen zu können, wo das Problem liegt, oder dessen Datenerfassung kaum Probleme anzeigt, mag ansonsten gut laufen, aber dem Fahrer trotzdem kein gutes Gefühl vermitteln. In diesem Fall sollte der Ingenieur die oben genannten Berechnungen mit diesem Auto durchführen, wobei die Wahrscheinlichkeit besteht, dass die Schlussfolgerung lautet, dass $Q > 1$ ist, und dass demzufolge sich das Bounce Center vor der Vorderachse befindet. Nur eine gut durchdachte Änderung der Federn wird den Wert $Q \approx 0{,}900$ bringen.

Ziel ist es also immer, die Federung so auszulegen, dass der Wert von Q zwischen ungefähr 0,850 und 0,959 liegt.

Tipp 6.6

Es ist ein häufiges Missverständnis anzunehmen, dass ein Stoßdämpfer zur Bestimmung der Eigenfrequenz eines Masse-Feder-Systems beiträgt. Wie unter anderem in Formel (4.18) gezeigt, wird die Eigenfrequenz durch die Masse und die Federkonstante bestimmt. Der Stoßdämpfer kommt in dieser Gleichung nicht vor. Es ist aber die Aufgabe des Stoßdämpfers zu verhindern, dass sich das Masse-Feder-System mit seiner Eigenfrequenz bewegt und dadurch durchdreht. *Man könnte sagen: Die Eigenfrequenz wird durch die Masse und die Feder bestimmt, und der Dämpfer muss dafür sorgen, dass das System nicht unkontrolliert schwingt.*

Gleichzeitig müssen wir uns aber darüber im Klaren sein, dass diese Art der Analyse ungedämpfte Masse-Feder-Systeme betrifft. Letztendlich werden die Dämpfer die Bewegungen der Massen beeinflussen.

Tipp 6.7

Kennen Sie Ihre Federn!

Ein Ingenieur sollte seine Federn gut kennen. Der Federweg gibt an, ob sich ein Rad ausreichend vertikal bewegen kann und ob insbesondere das innere Rad bei Kurvenfahrten noch ausreichend ausfedern kann. Wenn dies nicht der Fall ist, hebt sich das innere Rad in der Mitte der Kurve (Phase 3), wodurch es plötzlich seine Last und damit seine Seitenkräfte verliert. Dies geschieht auf einmal und ohne Vorwarnung, was zu einem ‚Snap-Übersteuern' führt: Das Auto ist plötzlich rückwärts gerichtet. Ähnlich verhält es sich beim ‚Snap-Untersteuern', bei dem das Auto geradeaus fährt, ohne zu lenken.

Achten Sie bei Ihren Überlegungen auch auf die minimale und maximale Dämpferlänge. Ein angemessenes Ausfedern ist mindestens so wichtig wie ein angemessenes Einfedern...! Versuchen Sie, Ihre eigenen Diagramme wie in Abb. 6.23 der vorderen und hinteren Aufhängung zu erstellen.

Literatur *References*

1. [Dynatune whitepaper: www.dynatune-xl.com]

Differenziale (Ausgleichsgetriebe) *Differentials*

7

Inhaltsverzeichnis

R. Pütz, T. Serne, *Rennwagentechnik - Praxislehrgang Fahrdynamik*, Handbuch Rennwagentechnik 6, https://doi.org/10.1007/978-3-658-47000-5_7

Zusammenfassung

Differenziale sind ein essenzielles, aber oftmals viel zu wenig beachtetes Subsystem eines Rennwagens. Ein Differenzial ist erforderlich, da bei Kurvenfahrt das kurvenäußere Rad der Antriebsachse eine um Δv größere, das kurveninnere Rad eine um Δv kleinere Geschwindigkeit aufweist als der Mittelpunkt der Antriebsachse. Ein Ausgleich ist folglich erforderlich. Ohne Differenzial (Ausgleichsgetriebe) würde sich eine kaum tolerierbare Belastung der Achsantriebswellen und Gelenke einstellen, die letztendlich zum Ausfall des Antriebs – und damit des Fahrzeugs – führen kann (eine Differenz erfordert ein Differenzial). Es werden die Auswirkungen offener und Sperdifferenziale erläutert und der Einfluss des Sperrwertes S auf die Zugkräfte am langsamsten und schnellsten drehenden Rad berechnet und bewertet. Ebenso wird die Funktion eines Differenzials anhand von während eines Rennens aufgezeichneten Daten diskutiert. Schließlich wird noch auf die Differenzialwirkung bei elektrischen Einzelradantrieben eingegangen.

7.1 Notwendigkeit für Differenziale bei Kurvenfahrt *Need for Differentials while Cornering*

Differenziale sind ein essenzielles, aber oftmals viel zu wenig beachtetes Subsystem eines Rennwagens. Ein Differenzial ist erforderlich, da bei Kurvenfahrt das kurvenäußere Rad der Antriebsachse eine um Δv größere, das kurveninnere Rad eine um Δv kleinere Geschwindigkeit aufweist als der Mittelpunkt der Antriebsachse. Ein Ausgleich ist folglich erforderlich. Ohne Differenzial (Ausgleichsgetriebe) würde sich eine kaum tolerierbare Belastung der Achsantriebswellen und Gelenke einstellen, die letztendlich zum Ausfall des Antriebs – und damit des Fahrzeugs – führen kann (eine Differenz erfordert ein Differenzial).

In Abb. 7.1 sind die Geschwindigkeitsverhältnisse an der Antriebsachse am Beispiel eines Heckantriebs in einer Rechtskurve dargestellt (Indizes: r für Hinterachse; o: kurvenaußen; i: kurveninnen). Aufgrund des Reifenschräglaufs sind für die Ausgleichswirkung des Differenzials die jeweiligen Geschwindigkeitskomponenten in Fahrzeuglängsrichtung maßgebend (υ_r, $\upsilon_{r,o}$, $\upsilon_{r,i}$; grüne Vektoren in Abb. 7.1). Für das kurvenäußere Rad gilt dann:

$$\upsilon_{r,o} = \upsilon_r + \Delta\upsilon = \upsilon_{v,r,o} \cdot \cos\alpha_{r,o} \tag{7.1}$$

und für das kurveninnere Rad:

$$\upsilon_{r,i} = \upsilon_r - \Delta\upsilon = \upsilon_{v,r,i} \cdot \cos\alpha_{r,i} \tag{7.2}$$

Die durch das Differenzial auszugleichende Geschwindigkeitsdifferenz zwischen kurvenäußerem und kurveninnerem Rad ist dann $(2 \cdot \Delta\upsilon)$. Für $\Delta\upsilon$ folgt aus der Gierwinkelgeschwindigkeit im Zentrum der Antriebsachse $\dot{\psi}_r$ und der Spurweite b_r an der Antriebsachse (hier: Index r für Heckantrieb):

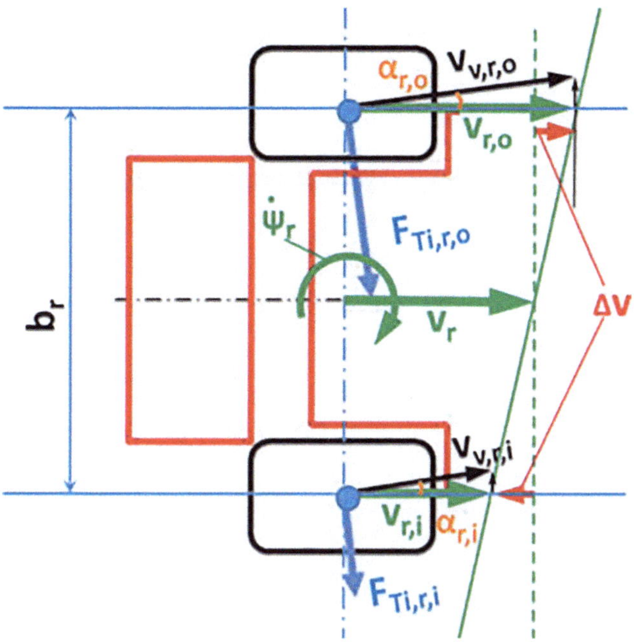

Abb. 7.1 Geschwindigkeitsverhältnisse an der Antriebsachse am Beispiel eines Heckantriebs (Index: r). Die Längskräfte an den Reifen sind aus Gründen der Übersichtlichkeit nicht dargestellt. Mit: $\upsilon_{v,r,o}$: Fahrzeuggeschwindigkeit am kurvenäußeren Rad (hier Index: r = hinten/Heckantrieb) [m/s], $\upsilon_{r,o}$: Geschwindigkeitskomponente in Fahrzeuglängsrichtung am kurvenäußeren Rad (hier Index: r = hinten/Heckantrieb) [m/s], $\upsilon_{v,r,i}$: Fahrzeuggeschwindigkeit am kurveninneren Rad (Index: r = hinten) [m/s], $\upsilon_{r,i}$: Geschwindigkeitskomponente in Fahrzeuglängsrichtung am kurveninneren Rad (hier Index: r = hinten/Heckantrieb) [m/s], υ_r: Geschwindigkeitskomponente in Fahrzeuglängsrichtung im Achsmittelpunkt (hier Index: r = hinten/Heckantrieb) [m/s], $\Delta\upsilon$: Geschwindigkeitsdifferenz in Fahrzeuglängsrichtung zwischen dem jeweiligen Rad und dem Achsmittelpunkt [m/s], $\Delta\upsilon$: Gierwinkelgeschwindigkeit um den Achsmittelpunkt (Index: r = hinten) [1/s], b_r: Spurweite (hier Index: r = hinten/Heckantrieb) [m], $F_{Ti,r,o}$: Resultierende Kraft am kurvenäußeren Reifen (hier Index: r = hinten) [N], $F_{Ti,r,i}$: Resultierende Kraft am kurveninneren Reifen (hier Index: r = hinten) [N], $\alpha_{r,o}$: Schräglaufwinkel am kurvenäußeren Reifen (hier Index: r = hinten) [rad], $\alpha_{r,i}$: Schräglaufwinkel am kurveninneren Reifen (hier Index: r = hinten) [rad]

$$\Delta\upsilon = \frac{\dot{\psi}_r \cdot b_r}{2} \tag{7.3}$$

Die Darstellung in Abb. 7.1 ist vereinfacht, denn eine exakte Modellierung der Differenzialwirkung ist sehr komplex, da sie auch die Veränderungen der Längskräfte durch unterschiedlichen Reifenschlupf und Querkräfte durch unterschiedliche Normalkraftänderungen sowie unterschiedliche dynamische Radhalbmesser und die Elastizitäten des Fahrwerks und der Antriebswellen berücksichtigen müsste (siehe auch Kap. 3 und 5).[11]

[11] Siehe dazu auch Handbuch Rennwagentechnik Bd. 3, Kap. 5.

7.2 Sperrdifferenziale versus offene Differenziale *Torque Bias/ locked Differentials versus open Differentials*

7.2.1 Allgemeines General Information

Grundsätzlich können Differenziale sowohl als Kegelrad- als auch als Planetenrad-Differenziale ausgeführt werden, um die erforderliche Drehzahldifferenz zwischen der kurveninneren und kurvenäußeren Antriebswelle sicherzustellen (siehe Abb. 7.2).

Ergänzend zu (Gl. 7.1, 7.2 und 7.3) gelten für die Drehzahlen am kurvenäußeren und kurveninneren Rad (Indizes: r für Heckantrieb; o: kurvenaußen; i: kurveninnen)

$$n_{\mathrm{r,o}} = n_{RG} + \Delta n = \frac{n_{PN}}{i_{FD}} + \Delta n = n_{\mathrm{fast}} \tag{7.4}$$

$$n_{\mathrm{r,i}} = n_{RG} - \Delta n = \frac{n_{PN}}{i_{FD}} - \Delta n = n_{\mathrm{slow}} \tag{7.5}$$

mit:

$n_{\mathrm{r,o}}$ Drehzahl am kurvenäußeren Rad (hier Index: r = hinten/Heckantrieb), 1/min oder 1/s

n_{fast} Drehzahl am schnellsten drehenden Rades, 1/min oder 1/s

$n_{\mathrm{r,i}}$ Drehzahl am kurveninneren Rad (hier Index: r = hinten/Heckantrieb), 1/min oder 1/s

n_{slow} Drehzahl am langsamsten drehenden Rades, 1/min oder 1/s

n_{PN} Drehzahl des Trieblings, 1/min oder 1/s

n_{RG} Drehzahl des Tellerades, 1/min oder 1/s

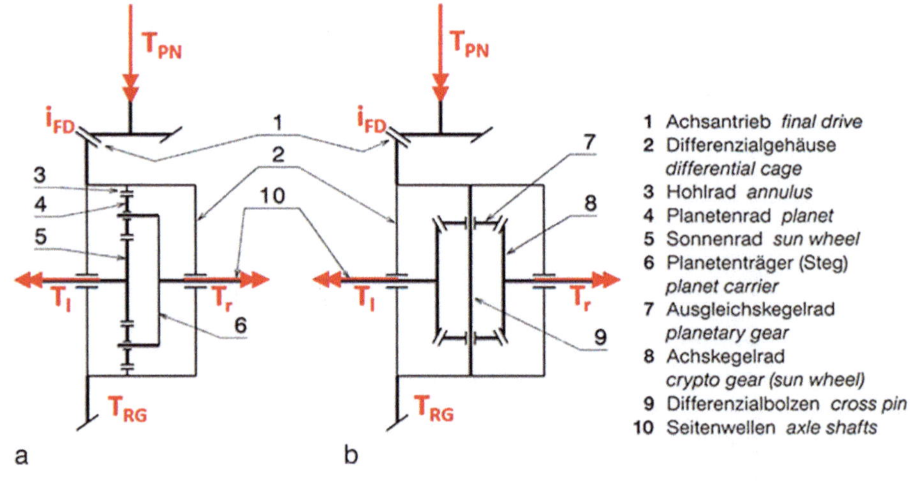

Abb. 7.2 Bauarten von Differenzialen: (**a**) Planetenrad-Differenzial (**b**) Kegelrad-Differenzial; hier als „offene" Differenziale ohne Sperrwirkung mit: T_{PN}: Antriebsdrehmoment am Triebling [N m], T_{RG}: Drehmoment am Tellerrad [N m], T_{l}: Drehmoment an der linken Antriebswelle bzw. am linken Rad [N m], T_{rs}: Drehmoment an der rechten Antriebswelle bzw. am rechten Rad [N m]

Δn Drehzahldifferenz zwischen kurvenäußerem und kurveninnerem Rad, 1/min oder 1/s

i_{FD} Antriebsachsübersetzung, –

Bei Differenzialen gilt für die Drehmomentverteilung allgemein:

$$T_{RG} = T_{PN} \cdot i_{FD} = T_l + T_{rs} = T_{slow} + T_{fast} = M_A \tag{7.6}$$

mit:

T_{RG} Drehmoment am Tellerrad, N m

M_A Antriebsmoment an der Achse, N m

T_{PN} Antriebsdrehmoment am Triebling, N m

T_l Drehmoment an der linken Achsantriebswelle bzw. am linken Rad, N m

T_{rs} Drehmoment an der rechten Achsantriebswelle bzw. am rechten Rad, N m

T_{slow} Drehmoment an der am langsamsten drehenden Achsantriebswelle bzw. am langsamsten drehenden Rad, N m

T_{fast} Drehmoment an der am schnellsten drehenden Achsantriebswelle bzw. am schnellsten drehenden Rad, N m

Bei Geradeausfahrt verteilen Differenziale das Drehmoment am Tellerrad T_{RG} gleichmäßig auf beide Seiten:

$$\frac{T_{RG}}{2} = T_l = T_{rs} = \frac{M_A}{2} \tag{7.7}$$

Bei Kurvenfahrt findet eine Leistungsverzweigung der Leistung am Tellerad $T_{RG} \cdot n_{RG}$ auf die Antriebsachswellen wie folgt statt:

$$T_{RG} \cdot n_{RG} = T_{slow} \cdot n_{slow} + T_{fast} \cdot n_{fast} = M_A \cdot n_{RG} \tag{7.8}$$

7.2.2 Nachteile offener Differenziale *Disadvantages of open Differentials*

Offene Differenziale haben den Nachteil, dass, wenn ein Reifen aufgrund mangelhaften mechanischen Grips oder Verlust an Bodenkontakt durchdreht, das **übertragbare Drehmoment auf den durchdrehenden Reifen übertragen** wird, was den Reifen der anderen Seite zum Stillstand bringt ($n_{slow} = 0$) und dort eine Übertragung von Drehmoment bzw. Zugkraft verhindert. Aus (Gl. 7.5) und (Gl. 7.4) folgt dann:

$$n_{slow} = 0 = n_{RG} - \Delta n = \frac{n_{PN}}{i_{FD}} - \Delta n \tag{7.9}$$

$$\Delta n = n_{RG} = \frac{n_{PN}}{i_{FD}} \tag{7.10}$$

$$n_{fast} = 2 \cdot n_{RG} \tag{7.11}$$

Aus (Gl. 7.8) folgt dann das Drehmoment T_{fast} am durchdrehenden Rad ($T_{\text{slow}} = 0$):

$$T_{\text{fast}} = \frac{T_{RG} \cdot n_{RG}}{n_{\text{fast}}} = \frac{T_{RG}}{2} = \frac{M_{\text{A}}}{2} \tag{7.12}$$

Ein – wenn auch nur partiell – durchdrehendes Antriebsrad limitiert folglich das an der Antriebsachse übertragbare Drehmoment und ist völlig inakzeptabel für einen Rennwagen, insbesondere bei hoher Motorleistung, denn eine Ausschöpfung der Motorleistung und positive Beeinflussung der Straßenlage sind mit offenen Differenzialen nicht realisierbar.

Beispiel 7.1: Phänomene im Rennbetrieb bei offenen Differenzialen

- Ein Rennfahrzeug mit Heckantrieb und offenem Differenzial fährt aus einer engen Rechtskurve heraus. Aufgrund der Rollbewegung nimmt die Normalkraft am kurveninneren Antriebsrad in **Phase 4 der Kurve** (Beginn des Herausbeschleunigens, vgl. Abb. 2.2) immer mehr ab, sodass dieses Rad den Bodenkontakt verliert und durchdreht. Der kurvenäußere Reifen der Antriebsachse überträgt dann ebenfalls keine Zugkraft mehr. Ein Unterbrechen der Zugkraft führt zu einer spontanen Zunahme an übertragbarer Seitenkraft an diesem Reifen (siehe Kap. 3), was ein Untersteuern zur Folge hat.
- Ein Tourenwagen mit Frontantrieb beschleunigt am Ausgang einer Linkskurve, sodass das kurveninnere angetriebene Vorderrad im Verlauf der **Phase 4 der Kurve** abhebt (vgl. Abb. 2.2). Der kurvenäußere Vorderreifen kann dann keine Zugkraft mehr übertragen, wodurch eine Zunahme an Seitenkraft erfolgt, was eine Übersteuertendenz hervorruft.
- Ein Sportwagen mit Heckantrieb hebt an einem Sprunghügel mit allen Rädern ab. Aufgrund des höheren Achslastanteils hinten ($Ant_{\text{r}} > Ant_{\text{f}}$) und geringfügig höherer Achslast hinten rechts ($Ant_{\text{r,r}} > Ant_{\text{r,l}}$) setzt er bei der Landung schräg und zuerst hinten rechts auf. Aufgrund trotz Volllast fehlender Traktion tritt hinten rechts ein dominierender Seitenkraft-Impuls auf, die das Fahrzeug destabilisiert. ◄

7.2.3 Sperrdifferenziale *Torque Bias/Locked Differentials*

Da bei Rennfahrzeugen jedoch eine in der jeweiligen Fahrsituation stets optimale Drehmomentverteilung auf die Räder unverzichtbar ist, haben sich Sperrdifferenziale heute durchgesetzt. Es ist nicht Gegenstand dieses Buches, auf die Unterschiede in den vielfältigen Bauarten von Sperrdifferenzialen einzugehen (Lamellenkupplungen, axiale Druckringe) oder radiale Kurvenbahnen und Gleitsteine, „Torque-Sensing" (Torsen)-Differenziale mit Schneckenrädern, elektrisch aktuierte Differenziale oder gar Momentenverteilende-Differenziale (sogenanntes „Torque-Vectoring").[22] Hervorgehoben sei hier ledig-

[22] Siehe dazu Handbuch Rennwagentechnik Bd. 3, Kap. 5 und 8.

Tab. 7.1 Ausführung und prinzipielle Wirkprinzipien von Differenzial-Sperren

Typ	Ausführung	Beispiel	Eignung	Wirk-Charakter
Drehmoment-Sensierung (Automatic Torque Biasing; ATB)	Schnecken-räder	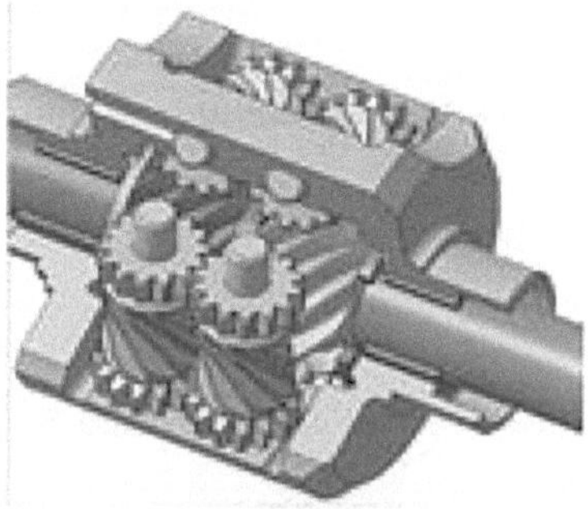	Flache Rund-strecken	reibungslos, kaum spürbar
Drehzahl-Sensierung (Limited Slip-Differential; LSD)	Kupplungs-scheiben	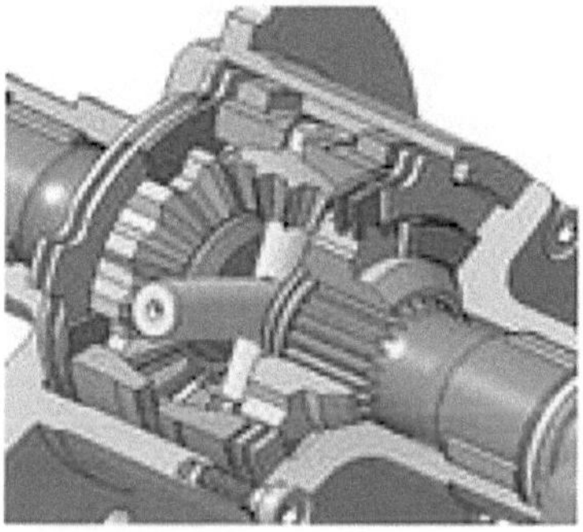	Rallye und Rund-strecken	abrupt, holperig (wenn nicht korrekt abgestimmt)

lich die Unterscheidung nach den verschiedenen Wirkprinzipien „Drehzahl-Sensierung" (Limited Slip-Differenzial, z. B. Lamellenkupplungen) oder „Drehmoment-Sensierung" (Automatic Torque Biasing, z. B. Torsen-Differenzial), siehe Tab. 7.1.

Allen Sperrdifferenzialen gemein – gleich ob Drehmoment- oder Drehzahl-sensiert – ist jedoch die Realisierung einer Drehmomenten-Umverteilung vom am schnellsten drehenden zum am langsamsten drehenden Antriebsrad. Diese Umverteilung des Drehmoments wird durch den sogenannten Sperrwert S (Angabe meist in Prozent) ausgedrückt:

$$S = \frac{T_{\text{slow}} - T_{\text{fast}}}{T_{\text{slow}} + T_{\text{fast}}} \cdot 100 = \frac{T_{\text{slow}} - T_{\text{fast}}}{T_{RG}} \cdot 100 = \frac{T_{\text{slow}} - T_{\text{fast}}}{M_{\text{A}}} \cdot 100 \tag{7.13}$$

mit:

S Sperrwert, %

T_{slow} Drehmoment am langsamst drehenden Rad, N m

T_{fast} Drehmoment am schnellst drehenden Rad, N m

T_{RG} Drehmoment am Tellerrad (= Antriebsmoment an der Achse M_{A}), N m

M_{A} Antriebsmoment an der Achse, N m

Beispiel 7.2

Bei einem Sperrwert von z. B. $S = 30\ \%$ werden folglich 30 % des Drehmoments vom am schnellsten drehenden Antriebsrad auf das am langsamsten drehende Antriebsrad umverteilt. Daraus folgt, dass 65 % des Moments am Tellerrad auf den Reifen mit dem höchsten Grip geleitet werden, 35 % verbleiben am zum Durchdrehen neigenden Rad:

$$T_{\text{slow}} = \left(T_{\text{slow}} - T_{\text{fast}}\right)/S - T_{\text{fast}} = \left(0,,65 - 0,,35\right)/0,3 - 0,35 = 0,65$$

Das Extremum des Sperrwertes $S = 100\ \%$ – also ein blockiertes Differenzial – bedeutet, dass das gesamte verfügbare Drehmoment auf das am langsamsten drehende Rad umgeleitet wird. Unterschiedliche Drehzahlen an den Antriebsrädern werden somit vollständig verhindert. Dies bewirkt z. B. bei einem Heckantrieb bei Kurvenfahrt in **Phase 4 der Kurve** (vgl. Abb. 2.2) eine maximale Traktion am kurvenäußeren Hinterrad, aber auch einen Verlust an Seitenkraft, was vordergründig Übersteuern zur Folge hätte. Da jedoch durch die Beschleunigung die Vorderachse entlastet wird, kann auch Untersteuern eintreten. ◄

7.3 Analyse der Wirkung von Sperrdifferenzialen *Analysis of the Effect of Torque Bias/Locked Differentials*

Zunächst sollen die an den Antriebsrädern übertragbaren Längskräfte betrachtet werden. In Abb. 7.3 ist der Kraftfluss vom Motor zur Antriebsachse bei Geradeausfahrt dargestellt. Das an der Antriebsachse übertragbare Moment M_{A} errechnet sich aus dem Motordrehmoment M_{M} wie folgt:

$$M_{\text{A}} = M_{\text{M}} \cdot i_{\text{G}} \cdot i_{\text{D}} \cdot \eta_{ges} = F_{\text{W,x,A}} \cdot r_{dyn} = T_{RG} \tag{7.14}$$

mit:

M_{A} Antriebsmoment an der angetriebenen Achse (= Drehmoment T_{RG} am Tellerrad), N m

M_{M} Motordrehmoment, N m

i_{G} Getriebeübersetzung des jeweiligen Gangs, –

i_{D} Übersetzung des Achsantriebs, –

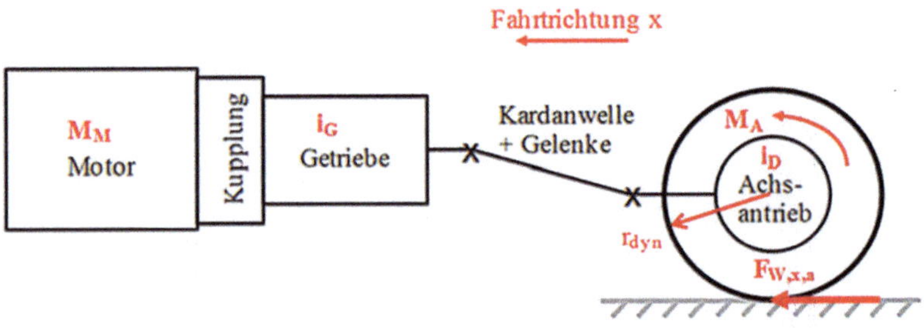

Abb. 7.3 Übersetzung des Motormoments zur Zugkraft an der Antriebsachse

η_{ges} Gesamtwirkungsgrad der Kraftübertragung vom Motor zur Antriebsachse, –
$F_{W,x,A}$ Zugkraft an der Antriebsachse (Summe aus den Zugkräften an beiden Antriebsrädern bzw. gesamter äußerer Fahrwiderstand), N
r_{dyn} dynamischer Radhalbmesser, m; hier für beide Antriebsräder gleich angenommen

Mit der effektiven Motorleistung P_e und der Motordrehzahl n_M berechnet sich das Moment an der Antriebsachse zu:

$$M_A = \frac{P_e}{2 \cdot \pi \cdot n_M} \cdot i_G \cdot i_D \cdot \eta_{ges} = F_{W,x,A} \cdot r_{dyn} = T_l + T_{rs} \tag{7.15}$$

$$T_l = F_{W,x,a,l} \cdot r_{dyn} \tag{7.16}$$

$$T_{rs} = F_{W,x,a,r} \cdot r_{dyn} \tag{7.17}$$

mit:
P_e effektive Motorleistung, W
n_M Motordrehzahl, 1/s (= Motordrehzahl, (1/min)/60)
T_l Drehmoment an der linken Achsantriebswelle bzw. am linken Rad, N m
T_{rs} Drehmoment an der rechten Achsantriebswelle bzw. am rechten Rad, N m
$F_{W,x,a,l}$ Zugkraft am linken Antriebsrad, N
$F_{W,x,a,r}$ Zugkraft am rechten Antriebsrad, N

Unterschiede im dynamischen Radhalbmesser zwischen beiden Antriebsrädern werden hier vernachlässigt. Für die Raddrehzahl der Antriebsachse bei Geradeausfahrt gilt:

$$n_A = \frac{n_M}{i_G \cdot i_D} = \frac{\upsilon_V}{2 \cdot \pi \cdot r_{dyn}} = n_r = n_l = n_{RG} \tag{7.18}$$

mit:
n_A Drehzahl der Antriebsachse, 1/s (= Drehzahl des Tellerades n_{RG})
n_r Drehzahl an der rechten Achsantriebswelle bzw. am rechten Rad, 1/s
n_l Drehzahl an der linken Achsantriebswelle bzw. am linken Rad, 1/s
υ_V Fahrzeuggeschwindigkeit, m/s (= Fahrzeuggeschwindigkeit, (km/h)/3,6)

Bei **Geradeausfahrt** wird das Antriebsmoment M_A zu gleichen Teilen auf die Antriebsräder übertragen: $T_l = T_{rs} = M_A/2$. Die Zugkraft $F_{W,x,A}$ an der Antriebsachse ist gleich der Summe der wirkenden Fahrwiderstände aus Luft-, Roll-, Steigungs- und Beschleunigungswiderstand. Jeder Reifen der Antriebsachse überträgt folglich die halbe Zugkraft ($F_{W,\,x,\,a,\,l} = F_{W,\,x,\,a,\,r} = F_{W,\,x,\,A}/2$, wenn beide Reifen den gleichen dynamischen Radhalbmesser aufweisen.

Bei **Kurvenfahrt** oder sonstigem **Eingreifens eines Differenzials** sind jedoch weder die Drehzahlen noch die Drehmomente an den beiden Antriebsrädern einer Achse gleich. Die gesamte Zugkraft $F_{W,x,A}$ an der Antriebsachse wird folglich nicht mehr von den Rädern beider Seiten zu gleichen Teilen aufgebracht. Mit (Gl. 7.13) berechnet sich die im Differenzial mit Sperrwirkung umverteilte Zugkraft zu:

$$F_{\text{slow}} - F_{\text{fast}} = \frac{S}{100} \cdot F_{\text{W,x,A}} \tag{7.19}$$

$$\Delta F_{\text{Diff}} = \frac{F_{\text{slow}} - F_{\text{fast}}}{2} \tag{7.20}$$

mit:

S	Sperrwert, %
F_{slow}	Zugkraft am langsamsten drehenden Rad, N
F_{fast}	Zugkraft am schnellsten drehenden Rad, N
ΔF_{Diff}	umverteilter Zugkraftanteil je Rad, N
$F_{\text{W,x,A}}$	Zugkraft an der Antriebsachse (Summe aus den Zugkräften an beiden Antriebsrädern bzw. gesamter äußerer Fahrwiderstand), N

Damit folgt für die Zugkräfte an den Antriebsrädern:

$$F_{\text{slow}} = \frac{F_{\text{W,x,A}}}{2} + \Delta F_{\text{Diff}} = \frac{F_{\text{W,x,A}}}{2} + \frac{S}{100} \cdot \frac{F_{\text{W,x,A}}}{2} = \frac{F_{\text{W,x,A}}}{2} \cdot \left(1 + \frac{S}{100}\right) \tag{7.21}$$

$$F_{\text{fast}} = \frac{F_{\text{W,x,A}}}{2} - \Delta F_{\text{Diff}} = \frac{F_{\text{W,x,A}}}{2} \cdot \left(1 - \frac{S}{100}\right) \tag{7.22}$$

Das am langsamsten drehende Rad bekommt also eine zusätzliche Zugkraft ΔF_{Diff} übertragen, während vom zum Durchdrehen neigenden Rad derselbe Zugkraftanteil abgezogen wird, sodass der Zugkraftunterschied zwischen beiden Seiten der Antriebsachse $2 \cdot \Delta F_{\text{Diff}}$ beträgt.

Ein Sperrdifferenzial kann jedoch in der Kurve bei zu hoher Last bzw. geringer Querbeschleunigung an der Vorderachse Untersteuern bewirken (Power-Understeering).

▶ **Tipp 7.1** Für das Differenzialsetup und die Traktionskontrolle kann eine präzise Echtzeit-Messung von Drehmoment, Kraft und Drehzahl zielführend sein. Berührungslose Sensoren sind verfügbar und kommen bereits in zahlreichen professionellen Rennserien (Formel 1, MotoGP oder Rallye-WM) zum Einsatz. Die wartungsfreien Sensoren werden an Antriebswellen, im Getriebe, Kupplungen und an Systemen zur Energierekuperation wie KERS (Kinetic Energy Recovery System; System zur Rückgewinnung kinetischer Energie) und HERS (Heat Energy Recovery System; Wärmeenergie-Rückgewinnungsystem) sowie auch in Schlagschraubern beim Boxenstopp verwendet, siehe Abb. 7.4. Zusätzliche Komponenten wie Dehnungsmessstreifen sind dabei nicht erforderlich.

Beispiel 7.3

Ein Rennwagen mit Heckantrieb und Hinterreifen mit einem dynamischen Radhalbmesser von rund 300 mm fährt mit Volllast im 2. Gang durch eine Kurve. Das Volllastdrehmoment des Motors beträgt 320 N m bei 6000 Umdrehungen pro Minute. Die

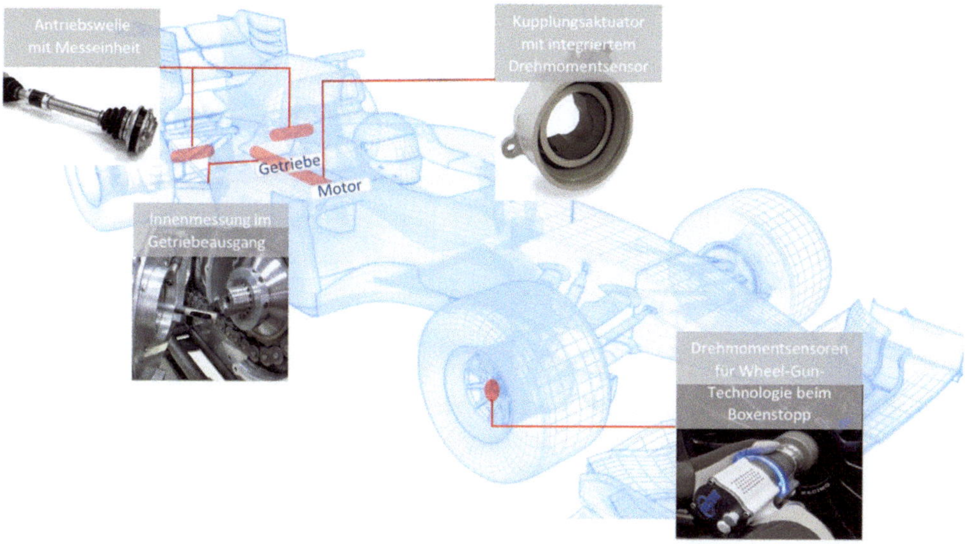

Abb. 7.4 Anwendung von berührungslosen Drehmoment-/Drehzahlsensoren zur Traktionskontrolle. (Quelle: NCTE)

Übersetzung des Getriebes im 2. Gang beträgt 1,8, jene des Achsantriebs 3,1. Das Differenzial weist einen Sperrwert von 30 % auf. Es wird ein mechanischer Gesamtwirkungsgrad des Antriebsstrangs von 90 % angenommen.

Das Drehmoment am Tellerrad des Differenzials, also das gesamte Antriebsmoment an der Achse beträgt:

$$M_A = M_M \cdot i_G \cdot i_D \cdot \eta_{ges} = 320\ Nm \cdot 1{,}8 \cdot 3{,}1 \cdot 0{,}9 = \mathbf{1607}\ \mathrm{Nm}$$

Daraus folgt die gesamte Zugkraft an der Antriebsachse (Summe der Fahrwiderstände), die durch das Differenzial auf die Antriebsräder gemäß Sperrwert verteilt werden muss:

$$F_{W,x,A} = \frac{M_A}{r_{dyn}} = \frac{1607\ \mathrm{N\,m}}{0{,}3\ \mathrm{m}} = \mathbf{5356{,}7\ N}$$

Die Zugkräfte am schnelleren (kurveninneren, da entlastet) und langsamerem (kurvenäußeren, da belastet) Rad lauten:

$$F_{fast} = \frac{F_{W,x,A}}{2} \cdot \left(1 - \frac{S}{100}\right) = \frac{5356{,}7\ \mathrm{N}}{2} \cdot \left(1 - \frac{30}{100}\right)$$
$$= 1874{,}8\ \mathrm{N}\ (\text{entspricht } 35\ \%\ \textit{der}\ \text{Traktion})$$
$$F_{slow} = \frac{F_{W,x,A}}{2} \cdot \left(1 + \frac{S}{100}\right) = \frac{5356{,}7\ \mathrm{N}}{2} \cdot \left(1 + \frac{30}{100}\right)$$
$$= 3481{,}9\ \mathrm{N}\ (\text{entspricht } 65\ \%\ \textit{der}\ \text{Traktion})$$

Die gesamte im Differenzial umverteilte Kraft beträgt:

$$2 \cdot \Delta F_{\mathrm{Diff}} = F_{\mathrm{slow}} - F_{\mathrm{fast}} = 3481{,}9 - 1874{,}8 = 1607{,}1\,\mathrm{N}\ \left(\text{entspricht } 30\,\%\ \textit{der}\ \text{Traktion}\right)$$

Der Geschwindigkeitsunterschied zwischen dem am schnellsten und am langsamsten drehenden Rad berechnet sich mit (Gl. 7.3) (vgl. auch Abb. 7.1) am Beispiel eines **Heckantriebs** (Index: r) zu:

$$\upsilon_{\mathrm{fast}} - \upsilon_{\mathrm{slow}} = \upsilon_{\mathrm{r,o}} - \upsilon_{\mathrm{r,i}} = 2 \cdot \Delta\upsilon = \dot{\psi}_{\mathrm{r}} \cdot b_{\mathrm{r}} = \frac{b_{\mathrm{r}} \cdot a_{\mathrm{y,r}}}{\upsilon_{\mathrm{r}}} \approx \frac{b_{\mathrm{r}} \cdot a_{\mathrm{y}}}{\upsilon_{\mathrm{V}}} \tag{7.23}$$

mit:

υ_{fast} Geschwindigkeit in Längsrichtung am schnellsten drehenden Rad, m/s
υ_{slow} Geschwindigkeit in Längsrichtung am langsamsten drehenden Rad, m/s
$\upsilon_{\mathrm{r,o}}$ Geschwindigkeitskomponente in Fahrzeuglängsrichtung am kurvenäußeren Rad (hier Index: r = hinten/Heckantrieb), m/s
$\upsilon_{\mathrm{r,i}}$ Geschwindigkeitskomponente in Fahrzeuglängsrichtung am kurveninneren Rad (hier Index: r = hinten/Heckantrieb), m/s
υ_{r} Geschwindigkeitskomponente in Fahrzeuglängsrichtung im Achsmittelpunkt (hier Index: r = hinten/Heckantrieb), m/s
$\Delta\upsilon$ Geschwindigkeitsdifferenz in Fahrzeuglängsrichtung zwischen dem jeweiligen Rad und dem Achsmittelpunkt, m/s
$\dot{\psi}_{\mathrm{r}}$ Gierwinkelgeschwindigkeit um den Achsmittelpunkt (Index: r = hinten), 1/s
b_{r} Spurweite (hier Index: r = hinten/Heckantrieb), m
$a_{\mathrm{y,r}}$ Querbeschleunigung des Fahrzeugs im Achsmittelpunkt (hier Index: r = hinten/Heckantrieb), m/s^2
a_{y} Querbeschleunigung des Fahrzeugs, m/s^2
υ_{V} Fahrzeuggeschwindigkeit, m/s

Für **Frontantrieb** folgt analog:

$$\upsilon_{\mathrm{fast}} - \upsilon_{\mathrm{slow}} = \upsilon_{\mathrm{f,o}} - \upsilon_{\mathrm{f,i}} = 2 \cdot \Delta\upsilon = \dot{\psi}_{\mathrm{f}} \cdot b_{\mathrm{f}} = \frac{b_{\mathrm{f}} \cdot a_{\mathrm{y,f}}}{\upsilon_{\mathrm{f}}} \approx \frac{b_{\mathrm{f}} \cdot a_{\mathrm{y}}}{\upsilon_{\mathrm{V}}} \tag{7.24}$$

mit:

$\upsilon_{\mathrm{f,o}}$ Geschwindigkeitskomponente in Fahrzeuglängsrichtung am kurvenäußeren Rad (hier Index: f = vorne/Frontantrieb), m/s
$\upsilon_{\mathrm{f,i}}$ Geschwindigkeitskomponente in Fahrzeuglängsrichtung am kurveninneren Rad (hier Index: f = vorne/Frontantrieb), m/s
$\Delta\upsilon$ Geschwindigkeitsdifferenz in Fahrzeuglängsrichtung zwischen dem jeweiligen Rad und dem Achsmittelpunkt, m/s
υ_{f} Geschwindigkeitskomponente in Fahrzeuglängsrichtung im Achsmittelpunkt (hier Index: f = vorne/Frontantrieb), m/s
$\dot{\psi}_{\mathrm{f}}$ Gierwinkelgeschwindigkeit um den Achsmittelpunkt (Index: f = vorne), 1/s

b_f Spurweite (hier Index: f = Vorderachse), m
$a_{y,f}$ Querbeschleunigung des Fahrzeugs im Achsmittelpunkt (hier Index: f = vorne/ Frontantrieb), m/s² ◀

► **Tipp 7.2** Durch Applikation von Gierratensensoren an der Vorderachse (beim Frontantrieb) und Hinterachse (beim Heckantrieb) kann der Geschwindigkeitsunterschied zwischen dem am schnellsten und am langsamsten drehenden Antriebsrad ermittelt und somit die Wirkung des Differenzials beurteilt werden (vgl. Gl. 7.23, 7.24).

Beispiel 7.4

Ein Rennwagen mit Heckantrieb fährt mit 100 km/h in **Phase 3** (konstanter Rollwinkel; vgl. Abb. 2.2) um eine Kurve. Der im Bereich des Fahrzeugschwerpunktes eingebaute Beschleunigungssensor misst eine Querbeschleunigung von etwa 1,3*g* (12,8 m/s²). Die Spurweite an der Antriebsachse beträgt 1300 mm. Es werden Reifen mit einem dynamischen Radhalbmesser von rund 300 mm gefahren.

Die Geschwindigkeitsdifferenz zwischen kurvenäußerem und -innerem Rad beträgt dabei näherungsweise:

$$\upsilon_{r,o} - \upsilon_{r,i} \approx \frac{b_r \cdot a_y}{\upsilon_V} = \frac{1{,}3\,\mathrm{m} \cdot 12{,}8\,\frac{\mathrm{m}}{\mathrm{s}^2}}{100.000\,\frac{\mathrm{m}}{\mathrm{h}} \cdot \frac{1\,\mathrm{h}}{3600\,\mathrm{s}}} = \mathbf{0{,}6\,\frac{m}{s}} = \mathbf{2{,}16\,km/h}$$

Die durch das Differenzial umverteilte Geschwindigkeitsdifferenz je Rad lautet:

$$\Delta v = \frac{\upsilon_{r,o} - \upsilon_{r,i}}{2} = \mathbf{0{,}3\,m/s}$$

Die Differenz der Raddrehzahlen außen und innen folgt zu:

$$n_{r,o} - n_{r,i} = \frac{\upsilon_{r,o} - \upsilon_{r,i}}{2 \cdot \pi \cdot r_{dyn}} = \frac{2 \cdot \Delta\upsilon}{2 \cdot \pi \cdot r_{dyn}} = \frac{0{,}6\,\frac{\mathrm{m}}{\mathrm{s}}}{2 \cdot \pi \cdot 0{,}3\,\mathrm{m}} = \mathbf{0{,}321/s} = \mathbf{19{,}11}/\mathrm{min}$$

Das Differenzial ermöglicht dem kurvenäußeren Rad eine Drehzahlerhöhung um knapp 10 Umdrehungen pro Minute und dem kurveninneren Rad eine Drehzahlverringerung um denselben Betrag. In diesen vereinfachten Berechnungen ist jedoch ein möglicher Reifenschlupf nicht berücksichtigt. Dieser könnte durch die Erfassung der Raddrehzahlen mit einbezogen werden.

Bei Geradeausfahrt würden die Antriebsräder folgende, identische Drehzahlen aufweisen:

$$n_A = \frac{v_V}{2 \cdot \pi \cdot r_{dyn}} == \frac{100.000 \frac{m}{h} \cdot \frac{1\,h}{3600\,s}}{2 \cdot \pi \cdot 0{,}3\,m} = \mathbf{14{,}741/s} = \mathbf{884{,}21}/\min$$

Das Schlupfverhältnis SL_A ergibt sich dann zu:

$$SL_A = \frac{n_A + \frac{n_{r,o} - n_{r,i}}{2}}{n_A - \frac{n_{r,o} - n_{r,i}}{2}} - 1 = \frac{14{,}74 + \frac{0{,}32}{2}}{14{,}74 - \frac{0{,}32}{2}} - 1 = \mathbf{0{,}022}$$

Das Schlupfverhältnis ist ein indirekter Indikator für die Ausnutzung der Traktion am kurveninneren Rad. Bei Geradeausfahrt (ohne Ausgleich) ist das Schlupfverhältnis $SL_A = 0$. Mit zunehmendem Schlupfverhältnis nimmt die Traktion am kurveninneren Rad ab.

Für die Gierwinkelgeschwindigkeit um die Mitte der Antriebsachse folgt:

$$\dot{\psi}_r = \frac{a_y}{v_V} = \frac{12{,}8 \frac{m}{s^2}}{100.000 \frac{m}{h} \cdot \frac{1\,h}{3600\,s}} = \mathbf{0{,}461/s}$$

bzw.

$$\dot{\psi}_r = \frac{v_{r,o} - v_{r,i}}{b_r} = \frac{0{,}6 \frac{m}{s}}{1{,}3\,m} = \mathbf{0{,}461/s}$$

Im Folgenden soll nun eine erweiterte Analyse unter Berücksichtigung der am Reifen in Abhängigkeit der jeweiligen Radlasten $F_{W,z}$ übertragbaren Längs- $F_{W,x}$ und Querkräfte $F_{W,y}$ erfolgen. Abb. 7.5 verdeutlicht dies am Beispiel eines Heckantriebs (Index i = r; r: hinten) und stellt eine Erweiterung von Abb. 7.1 dar. Die Kräfte-Ellipsen als Grenzen der Kraftübertragung in Abhängigkeit der jeweiligen Normalkräfte müssen hierfür bekannt sein.

Alternativ kann auch der in Abschn. 3.4 mit guter Näherung berechnete Kamm'sche Ersatzradius TCT_{Radius} in Abhängigkeit der jeweiligen Radlast $F_{W,z,}$ für die Ellipse angesetzt werden (siehe (Gl. 3.10)), was nachfolgend geschieht.

Unter Berücksichtigung der bekannten Achslastverteilung am Fahrzeug folgt in Anlehnung an (Gl. 3.7) die maximal übertragbare Seitenkraft am kurvenäußeren Reifen der Hinterachse:

$$F_{W,Y,r,o} = \frac{m_{V,dr,r} \cdot \upsilon_V^2}{R} \cdot \frac{F_{Ti,r,o,max}}{F_{Ti,r,i,max} + F_{Ti,r,o,max}}$$

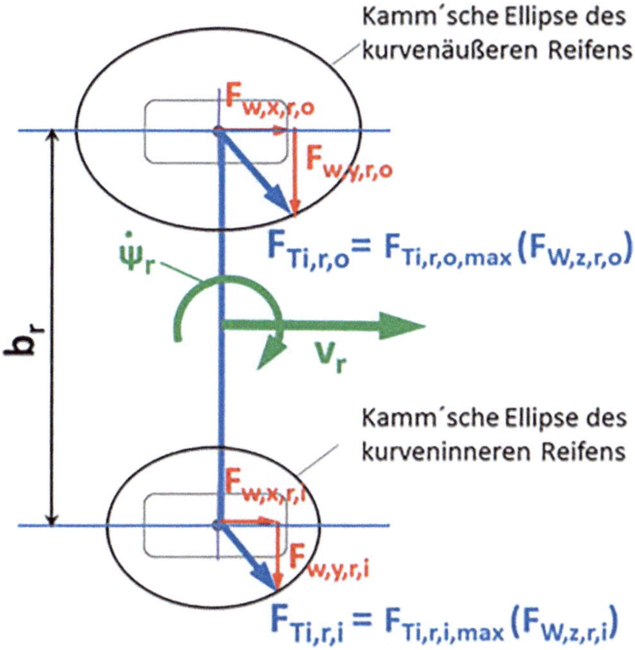

Abb. 7.5 Kräfteverhältnisse an den Reifen der Antriebsachse am Beispiel eines Heckantriebs (Index: r) in einer Kurve. Mit: $F_{\mathrm{Ti,r,o}}$: resultierende am kurvenäußeren Rad übertragene Kraft (hier Index: r = hinten/Heckantrieb) [m/s], $F_{\mathrm{w,x,r,o}}$: am kurvenäußeren Rad übertragene Längskraft (hier Index: r = hinten/Heckantrieb) [m/s], $F_{\mathrm{w,y,r,o}}$: am kurvenäußeren Rad übertragene Querkraft (hier Index: r = hinten/Heckantrieb) [m/s], $F_{\mathrm{Ti,r,i}}$: resultierende am kurveninneren Rad übertragene Kraft (hier Index: r = hinten/Heckantrieb) [m/s], $F_{\mathrm{w,x,r,i}}$: am kurveninneren Rad übertragene Längskraft (hier Index: r = hinten/Heckantrieb) [m/s], $F_{\mathrm{w,y,r,i}}$: am kurveninneren Rad übertragene Querkraft (hier Index: r = hinten/Heckantrieb) [m/s], v_{r}: Geschwindigkeitskomponente in Fahrzeuglängsrichtung im Achsmittelpunkt, (hier Index: r = hinten/Heckantrieb) [m/s], $\dot{\psi}_{\mathrm{r}}$: Gierwinkelgeschwindigkeit um den Achsmittelpunkt (Index: r = hinten) [1/s], b_{r}: Spurweite (hier Index: r = hinten/Heckantrieb) [m]

$$= \frac{Ant_{\mathrm{V},dr,\mathrm{r}} \cdot m_{\mathrm{V},dr} \cdot \upsilon_{\mathrm{V}}^2}{R} \cdot \frac{F_{Ti,\mathrm{r,o,max}}}{F_{Ti,\mathrm{r,i,max}} + F_{Ti,\mathrm{r,o,max}}} \tag{7.25}$$

mit:

$F_{\mathrm{W,Y,r,o}}$	übertragbare Seitenkraft am kurvenäußeren Rad der Hinterachse, N
$F_{\mathrm{Ti,r,o,max}}$	maximal übertragbare Reifenkraft am kurvenäußeren Rad der Hinterachse, N
$F_{\mathrm{Ti,r,i,max}}$	maximal übertragbare Reifenkraft am kurveninneren Rad der Hinterachse, N
$m_{\mathrm{V,dr,r}}$	Hinterachslast des betriebsfertigen Rennfahrzeugs inkl. Fahrer, kg
$Ant_{\mathrm{V,dr,f}}$	Anteilige Vorderachslast des betriebsfertigen Rennfahrzeugs inkl. Fahrer, %
υ_{v}	Fahrzeuggeschwindigkeit in der Kurve, m/s
R	Kurvenradius, m

Da der Kurvenradius R in der Regel nicht bekannt ist, jedoch im Motorsport oftmals Beschleunigungssensoren eingesetzt werden, wird in (Gl. 7.25) alternativ a_y verwendet:

$$F_{W,Y,r,o} = Ant_{V,dr,r} \cdot m_{V,dr} \cdot a_y \cdot \frac{F_{Ti,r,o,max}}{F_{Ti,r,i,max} + F_{Ti,r,o,max}} \quad (7.26)$$

Die maximal übertragbaren Reifenkräfte in Abhängigkeit der jeweiligen Radlast $F_{W,Z,}$ können schließlich durch die Kamm'schen Ersatzradien $TCT_{Radius,r,o} = f(F_{W,Z,r,o})$ und $TCT_{Radius,r,i} = f(F_{W,Z,r,i})$ ausgedrückt werden, womit folgt:

$$F_{W,Y,r,o} = Ant_{V,dr,r} \cdot m_{V,dr} \cdot a_y \cdot \frac{TCT_{Radius,r,o}}{TCT_{Radius,r,i} + TCT_{Radius,r,o}} \quad (7.27)$$

mit:

$TCT_{Radius,r,o}$ maximal übertragbare Reifenkraft am kurvenäußeren Rad der Hinterachse als Ersatzradius des Kamm'schen Kreises, N

$TCT_{Radius,r,i}$ maximal übertragbare Reifenkraft am kurveninneren Rad der Hinterachse als Ersatzradius des Kamm'schen Kreises, N

Analog ergibt sich die maximal übertragbare Seitenkraft am kurveninneren Reifen der Hinterachse:

$$F_{W,Y,r,i} = Ant_{V,dr,r} \cdot m_{V,dr} \cdot a_y \cdot \frac{TCT_{Radius,r,i}}{TCT_{Radius,r,i} + TCT_{Radius,r,o}} \quad (7.28)$$

Für die maximal übertragbaren Längskräfte am kurvenäußeren und kurveninneren Reifen der Hinterachse folgt dann:

$$F_{W,X,r,o} = \sqrt{TCT^2_{Radius,r,o} - F^2_{W,Y,r,o}} \quad (7.29)$$

$$F_{W,X,r,i} = \sqrt{TCT^2_{Radius,r,i} - F^2_{W,Y,r,i}} \quad (7.30)$$

Damit kann nun der kritische Sperrwert S_{krit} des Differenzials für die jeweiligen Lastverhältnisse berechnet und mit dem vom Hersteller angegebenen Sperrwert S verglichen werden. Der **kritische Sperrwert S_{krit} charakterisiert den Zustand der optimalen Verteilung der Längskräfte bei Kurvenfahrt** in Bezug auf die dann übertragbaren Reifenkräfte und damit die Trennlinie zwischen zu großen und zu kleinen Sperrwerten, siehe Tab. 7.2. Er ist das Maß für die optimale Umverteilung der Längskräfte:

$$S_{krit} = \left(\frac{F_{W,X,r,o}}{F_{W,X,r,o} + F_{W,X,r,i}} \right) - 0,5 \quad (7.31)$$

Ein Sperrwert im Bereich des kritischen Sperrwertes ist also anzustreben!

Es ist stets lohnend, die Kamm'schen Kreise am kurvenäußeren und -inneren Reifen in der jeweiligen Fahrsituation mit dem bei der optimalen Radlast $\boldsymbol{F_{W,Z,opt}}$ maximal

Tab. 7.2 Bewertung des Sperrwertes

	Wirkung	Folge
$S > S_{\text{krit}}$	Zugkraft wird nicht mehr zum kurvenäußeren Rad übertragen, also gesperrtes Differenzial!	„over-locked“: Traktionseinbußen und signifikantes Untersteuern
$S = S_{\text{krit}}$	Optimale Verteilung der Längskräfte auf kurvenäußeres und -inneres Rad!	Erreichbares Optimum!
$S < S_{\text{krit}}$	Zu viel Zugkraft am kurvenäußeren Rad	„under-locked“: Traktionseinbußen und Übersteuern

erreichbaren Grenzwert zu vergleichen, um die Reifenausnutzung zu beurteilen. Die im Rechenbeispiel in Abschn. 3.4 berechnete optimale Radlast zur vollständigen Ausnutzung des Kamm'schen Kreises $\boldsymbol{TCT}_{\textbf{Radius,max}}$ beträgt:

$$F_{\text{W,Z},opt_{1,2}} = \frac{\dfrac{k_{Fr,0}}{k_{Fr,0} \cdot k_{Fr,\text{L}}} \pm \sqrt{\left(\dfrac{k_{Fr,0}}{k_{Fr,0} \cdot k_{Fr,\text{L}}}\right)^2 - 4 \cdot \dfrac{TCT_{\text{Radius,max}}}{k_{Fr,0} \cdot k_{Fr,\text{L}}}}}{2} \tag{7.32}$$

$$TCT_{\text{Radius,max}} = \frac{k_{Fr,0}}{4 \cdot k_{Fr,\text{L}}} \qquad \left((3.11),\ \text{siehe Abschn. 3.4}\right)$$

$$F_{\text{W,Z},opt_{1,2}} = \frac{\dfrac{k_{Fr,0}}{k_{Fr,0} \cdot k_{Fr,\text{L}}} \pm \sqrt{\left(\dfrac{k_{Fr,0}}{k_{Fr,0} \cdot k_{Fr,\text{L}}}\right)^2 - \dfrac{1}{k_{Fr,\text{L}}^2}}}{2} \tag{7.33}$$

mit:

$TCT_{\text{Radius,max}}$	maximaler Traktionsradius (maximale übertragbare Kraft!) eines Reifens, N
$F_{\text{W,Z,opt}}$	optimale Radlast zum Erreichen von $TCT_{\text{Radius,max}}$, N
$k_{\text{Fr, 0}}$	anfänglicher Reibungskoeffizient (Startwert), –
$k_{\text{Fr,L}}$	Koeffizient für die Abnahme des Reibungskoeffizienten unter Radlast (erfolgt linear mit der Radlast), 1/N ◀

Beispiel 7.5

Für einen Formel-3-Rennwagen soll der kritische Sperrwert des Differenzials für eine bestimmte Fahrsituation berechnet werden. Es handelt sich um dasselbe Fahrzeug wie im vorangegangenen Beispiel und um dieselbe Fahrsituation (Fahrgeschwindigkeit 100 km/h) in **Phase 3** der Kurve (konstantes Aufbaurollen bzw. konstanter Rollwinkel). Der im Bereich des Fahrzeugschwerpunktes eingebaute Beschleunigungssensor misst eine Querbeschleunigung von etwa 1,3*g* (12,8 m/s²). Dabei tritt am kurvenäußeren Rad eine Radlast von 2950 N (300,7 kg) auf, am kurveninneren Rad von 1265 N (129,0 kg).

Die Spurweite an der Antriebsachse beträgt 1300 mm. Es werden Reifen mit einem dynamischen Radhalbmesser von rund 300 mm gefahren.

Tab. 7.3 Werte aus der Wägung des rennfertigen Fahrzeugs (inkl. Fahrer und halber Tankfüllung für Renndistanz)

Radlast vorne rechts (mit Fahrer)	$m_{V,f,r}$	kg	120
Radlast vorne links (mit Fahrer)	$m_{V,f,l}$	kg	106
Vorderachslast (mit Fahrer)	$m_{V,f}$	kg	226
Radlast hinten rechts (mit Fahrer)	$m_{V,r,r}$	kg	153
Radlast hinten links (mit Fahrer)	$m_{V,r,l}$	kg	157
Hinterachslast (mit Fahrer)	$m_{V,r}$	kg	310
Gesamtmasse (mit Fahrer)	$m_{V,dt}$	kg	536

Es handelt sich um einen Rennwagen mit relativ hohem Abtrieb: $k_{Fr,0} = 2,5$ und $k_{Fr,L} = 6,5 \cdot 10^{-5}[1/N]$.

Bei der Vermessung des Rennwagens wurden die Massen in Tab. 7.3 ermittelt (siehe Abschn. 1.2).

Zunächst wird der Achslastanteil der Hinterachse (Antriebsachse) berechnet:

$$Ant_r = \frac{F_{Z,V,r}}{F_{Z,V,t}} = \frac{m_{V,r}}{m_{V,dr}} = \frac{310\,kg}{536\,kg} = \mathbf{0,578}\ (= 57,8\,\%)$$

Die in der aktuellen Lastsituation maximal übertragbaren Reifenkräfte am kurvenäußeren und kurveninneren Rad der Antriebsachse lauten:

$$TCT_{\text{Radius,r,o}} = k_{Fr,0} \cdot \left(1 - k_{Fr,L} \cdot F_{W,Z,r,o}\right) \cdot F_{W,Z,r,o} TCT_{\text{Radius,r,o}}$$
$$= 2,5 \cdot \left(1 - 6,5 \cdot 10^{-5} \left[\frac{1}{N}\right] \cdot 2950\ N\right) \cdot 2950\ N = \mathbf{5961\ N}$$

$$TCT_{\text{Radius,r,i}} = k_{Fr,0} \cdot \left(1 - k_{Fr,L} \cdot F_{W,Z,r,i}\right) \cdot F_{W,Z,r,i} TCT_{\text{Radius,r,i}}$$
$$= 2,5 \cdot \left(1 - 6,5 \cdot 10^{-5} \left[\frac{1}{N}\right] \cdot 1265\ N\right) \cdot 1265\ N = \mathbf{2903\ N}$$

Damit folgen die maximal übertragbaren Seitenkräfte am kurvenäußeren und kurveninneren Reifen der Hinterachse nach (7.27) und (7.28): Fw,y,r,o=2668,5 N und Fw,y,r,i=1299,5 N.

Die maximal übertragbaren Längskräfte am kurvenäußeren und kurveninneren Reifen der Hinterachse ergeben sich dann zu:

$$F_{W,X,r,o} = \sqrt{TCT^2_{\text{Radius,r,o}} - F^2_{W,Y,r,o}} = \sqrt{5961\ N^2 - 2668,5\ N^2} = \mathbf{5330,4\ N}$$
$$F_{W,X,r,i} = \sqrt{TCT^2_{\text{Radius,r,i}} - F^2_{W,Y,r,i}} = \sqrt{2903\ N^2 - 1299,5\ N^2} = \mathbf{2595,9\ N}$$

Für den kritischen Sperrwert S_{krit} des Differenzials, also die optimale Einstellung zwischen zu großen und zu kleinen Sperrwerten, folgt schließlich:

$$S_{\text{krit}} = \left(2 \cdot \frac{F_{W,X,r,o}}{F_{W,X,r,o} + F_{W,X,r,i}}\right) - 1 = \left(2 \cdot \frac{5330,4\ N}{5330,4\ N + 2595,9\ N}\right) - 1 = \mathbf{0,345}\ (= \mathbf{34,5}\,\%)$$

Die in diesem Beispiel in der aktuellen Lastsituation an der Antriebsachse maximal übertragbaren Reifenkräfte am kurvenäußeren $TCT_{\mathrm{Radius,r,o}}$ und kurveninneren Rad $TCT_{\mathrm{Radius,r,i}}$ können nun noch mit dem Maximum der übertragbaren Reifenkraft $TCT_{\mathrm{Radius,r,o,max}} = f(F_{\mathrm{W,Z,opt}})$ verglichen werden:

$$TCT_{\mathrm{Radius,r,o,max}} = \frac{k_{Fr,0}}{4 \cdot k_{Fr,\mathrm{L}}} = \frac{2,5}{4 \cdot 6,5 \cdot 10^{-5}\,[1/\mathrm{N}]} = \mathbf{9615\ N}$$

$$F_{\mathrm{W,Z},opt_{1,2}} = \frac{\dfrac{k_{Fr,0}}{k_{Fr,0} \cdot k_{Fr,\mathrm{L}}} \pm \sqrt{\left(\dfrac{k_{Fr,0}}{k_{Fr,0} \cdot k_{Fr,\mathrm{L}}}\right)^2 - \dfrac{1}{k_{Fr,\mathrm{L}}^2}}}{2}$$

$$F_{\mathrm{W,Z},opt_{1,2}} = \frac{\dfrac{2,5}{2,5 \cdot 6,5 \cdot 10^{-5}\,[1/\mathrm{N}]} + \sqrt{\dfrac{2,5}{2,5 \cdot 6,5 \cdot 10^{-5}\left[\dfrac{1}{\mathrm{N}}\right]}^2 - \dfrac{1}{\left(6,5 \cdot 10^{-5}\left[\dfrac{1}{\mathrm{N}}\right]\right)^2}}}{2} = \mathbf{7754\ N}$$

Folglich werden selbst am kurvenäußeren Rad lediglich 62 % (= 5961 N/9615 N) des Kraftpotenzials ausgenutzt. Dabei erreicht die Radlast auch nur rund 38 % des erforderlichen Optimums. Das Erreichen des Optimums der Radlast (790,4 kg!) ist für dieses Fahrzeug indes völlig ausgeschlossen! ◄

► **Tipp 7.3** Es wird empfohlen, die Einhaltung des kritischen Sperrwertes möglichst für jede Fahrsituation auf der Rennstrecke zu überprüfen, um optimale Rundenzeiten zu ermöglichen.

Im Falle eines „Over-locked"-Differenzials ($S > S_{\mathrm{krit}}$) können folgende Maßnahmen das Problem des Untersteuerns reduzieren:

- Stabilisator an der Hinterachse auf härter stellen (und/oder Stabilisator vorne auf weicher). Diese Maßnahme bewirkt eine forcierte Verlagerung von mehr Querkraft auf die Vorderachse (siehe Kap. 3).
- Große Nachlaufwinkel rechts $\tau_{\mathrm{f,r}}$ und links $\tau_{\mathrm{f,l}}$ an der Vorderachse einstellen. Diese Maßnahme bewirkt eine Verlängerung der Nachlaufstrecke und damit einen größeren Hebelarm für die Querkraft an der Vorderachse (siehe Abb. 1.12). Ebenso ergibt sich durch die Vergrößerung des Nachlaufwinkels auch mehr Sturz und so mehr Querkraft an der Vorderachse (siehe Kap. 5).
- Erhöhung des Rollzentrums an der Hinterachse, um ein relatives Ausbrechen hinten zu provozieren (siehe auch Kap. 5). Durch ein höheres Rollzentrum werden mehr Jacking-Forces (Aufstützkräfte) kreiert, wodurch die Querkräfte abnehmen.

Andererseits kann ein „Over-locked"-Differenzial bei ungleichen Grip-Bedingungen ($\mu_{\mathrm{W,l}} \neq \mu_{\mathrm{W,r}}$) auch Vorteile bieten, da ein nicht kalkulierbarer

Ausgleich verhindert wird. Somit wird dem Fahrer eine Art „Beherrschbarkeit" vermittelt, wodurch diese Anwendung bei Rallye- und Rallyecross-Fahrzeugen ggf. sinnvoll erscheint.

Beispiel 7.6

Nachfolgend ist in Abb. 7.6 das Anbremsen einer Rechtskurve anhand von aufgezeichneten Sensordaten dargestellt. In der gekennzeichneten Situation tritt beim Bremsnicken in Geradeausfahrt (kaum Querbeschleunigung) und neutralem Fahrzustand eine signifikante Geschwindigkeitsdifferenz an den Antriebsrädern (Hinterachse) auf: $v_{r,o} - v_{r,i} = 35{,}5$ km/h.

Durch das Ausfedern werden die Radlasten auf den Rädern der Hinterachse reduziert. Das rechte Hinterrad federt mehr aus als das linke und hat besseren Bodenkontakt. Daher ist die Geschwindigkeit dort auch am niedrigsten. Das linke Hinterrad scheint den Bodenkontakt jedoch zu verlieren, weshalb dessen Drehzahl signifikant erhöht ist. Die Differenzialsperre wirkt jedoch adäquat, sodass sich die Raddrehzahlen rasch – innerhalb einer Viertelsekunde – aneinander angleichen. In der folgenden Rechtskurve ist die Geschwindigkeit des kurvenäußeren Rades (RL) dann der gewünschten Differenzialwirkung entsprechend größer. Es handelt sich folglich um ein Differenzial mit adäquat gewähltem Sperrwert. ◀

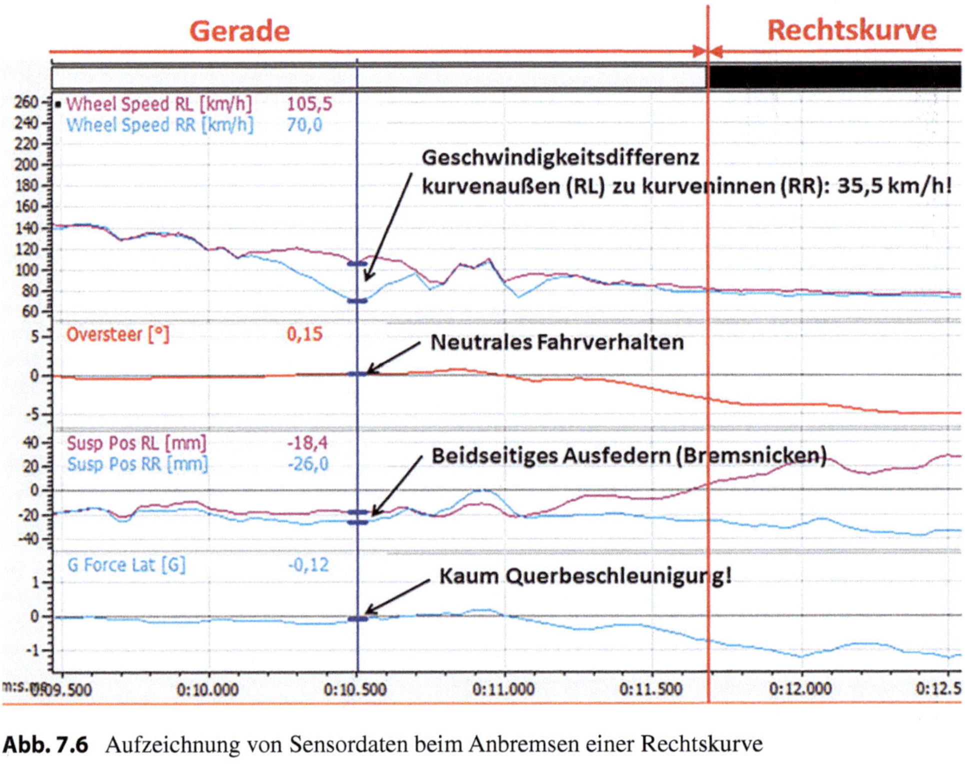

Abb. 7.6 Aufzeichnung von Sensordaten beim Anbremsen einer Rechtskurve

Beispiel 7.7

Differenzialwirkung bei elektrischen Einzelradantrieben

Bei Fahrzeugen mit elektrischen Einzelradantrieben, z. B. Radnabenmotoren, muss die Differenzialfunktion durch elektronische Regelung sichergestellt werden. Dies ist jedoch nicht für Zentralmotorantriebe erforderlich, bei denen Elektromotoren lediglich die Kardanwelle antreiben. Die elektronisch geregelte Ausgleichsfunktion bei elektrischen Einzelradantrieben ist im Folgenden beschrieben:

Velocity Vectoring (individuelle Regelung der Raddrehzahlen)

Bei vier angetriebenen Rädern ist ein erheblicher Aufwand für Messung der einzelnen Parameter und Regelung erforderlich, um sicher zu stellen, dass die Radgeschwindigkeiten und Drehmomente dem aktuellen Fahrzustand entsprechen. Auf der anderen Seite bieten sich dadurch verschiedene Möglichkeiten, das Handling des Fahrzeugs zu beeinflussen und zu verbessern. Die Methode des Torque Vectoring, d. h. Drehmomentverteilung, regelt die einzelnen Raddrehmomente individuell, um das Fahrverhalten zu optimieren. Alternativ können die Raddrehzahlen individuell geregelt werden, was dann als Velocity Vectoring (Drehzahlverteilung) bezeichnet wird.

Für den aktuellen Fahrzeugzustand (charakterisiert durch Fahrzeuggeschwindigkeit, Gierrate, Schräglaufwinkel und Lenkwinkel der Räder) können die kinematischen Raddrehzahlen direkt bestimmt werden. Dieses Prinzip kann unmittelbar als Basis für eine Verteilung der Raddrehzahlen eingesetzt werden. Wenn die Radgeschwindigkeiten mit diesen kinematischen Werten geregelt werden wird die Differenzialfunktion erfüllt und unerwünschter Radschlupf dadurch minimiert. Jedoch sofern die Raddrehzahlen immer den aktuellen Fahrzeuggeschwindigkeiten angepasst werden, kann das Fahrzeug weder beschleunigen noch bremsen. Um dieses Problem zu lösen, können die Radgeschwindigkeiten an den erwünschten statt an den aktuellen Fahrzustand angepasst werden. Das gewünschte Fahrverhalten kann direkt auf den Fahreranforderungen (User Input) und dem gemessenen Fahrzustand basieren.

Wenn die gewünschte Fahrzeuggeschwindigkeit höher als die aktuelle ist, ist ein positiver Reifenschlupf in Bezug zur Straße zu verzeichnen, sodass das Fahrzeug beschleunigt. Ebenso wird, wenn die gewünschte Geschwindigkeit niedriger als die aktuelle Geschwindigkeit ist, ein negativer Reifenschlupf verursacht, was zu einer Verzögerung des Fahrzeuges führt. Das gleiche Prinzip gilt auch für die Gierrate: Wenn die absolute Gierrate zu hoch ist (Übersteuern), werden die auf die gewünschten Gierrate angepassten Raddrehzahlen automatisch einen positiven Radschlupf an den kurveninneren Reifen und einen negativen Radschlupf an den kurvenäußeren Reifen erzeugen, woraus ein korrigierendes Giermoment folgt, was das Übersteuern verringert. Auf die gleiche Weise kann Untersteuern begegnet werden. Verkürzt bedeutet das, dass der Fahrzustand des Fahrzeugs unmittelbar durch Velocity Vectoring angepasst werden kann. Wenn der gewünschte Fahrzeugzustand jeweils entsprechend exakt definiert wird und die Radgeschwindigkeiten entsprechend korrekt geregelt werden, können ein übermäßiger Reifenschlupf oder gar Rutschen in jeder Situation wirkungsvoll vermieden

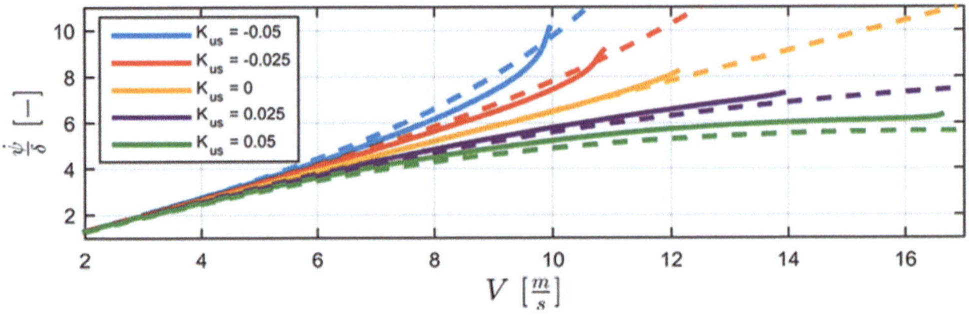

Abb. 7.7 Diagramm zum Stationärfahrt-Handling für unterschiedliche Untersteuerungseinstellungen. (Quelle: Von der Drift 1); (*gestrichelte Linien* = erwünschtes Verhalten, *durchgezogene Linien* = aktuelles Verhalten)

werden. Außerdem erkennt das Fahrzeug automatisch an den aktuellen Raddrehzahlen auch den jeweiligen Fahrzustand (innerhalb gewisser Grenzen). Ein Beispiel dafür zeigt Abb. 7.7, wo das stationäre Handling-Verhalten eines Formula-Student-Rennwagens mit unterschiedlichen gewünschten Untersteuerungsgradienten dargestellt ist.

Das ungeregelte Fahrzeugverhalten ist fast neutral. Dies bedeutet, dass die Untersteuergradient nahezu Null beträgt. Wenn sich der gewünschte Untersteuerungsgradient (gestrichelte Linie) verändert, wird die aktuelle Untersteuerung (durchgezogene Linie) in gleicher Richtung verändert. Es ist zu beachten, dass je mehr das gewünschte Fahrzeugverhalten sich vom ungeregelten Fahrzeugverhalten unterscheidet, desto schwieriger wird das Erreichen dieses gewünschten Fahrverhaltens.

Obwohl alternativ auch Torque Vectoring zum Erreichen einer korrektiven Gierrate und damit zur Veränderung des Fahrzeugverhaltens angewendet werden kann, würde ein rückgekoppeltes Regelungssystem benötigt, welches auf dem Gierratenfehler basiert. Da die Darstellung der Rückkopplungsschleife durch unterschiedliche Faktoren begrenzt wird (hauptsächlich durch Gierraten-Messungsrauschen und Verzögerungen in den Rückkopplungsschleifen), wird die Fahrzeugleistungsfähigkeit dadurch limitiert. Dagegen ermöglicht Velocity Vectoring das Erreichen der gewünschten Gierrate (bis zu einem gewissen Grade) ohne dass die Gierrate überhaupt gemessen werden muss, was die Gesamtsystemleistung signifikant steigert. Der Nachteil von Velocity Vectoring ist, dass es sich auf die Ermittlung der gewünschten Fahrzeuggeschwindigkeiten abstützt, welche schwer zu bestimmen sind, wenn letztendlich optimale Längsbeschleunigungen und die erwünschte regenerative Bremsleistung erreicht werden sollen. ◄

Literatur

1. Van der Drift, M.T.A.: Velocity Vectoring Overview. ‚University Racing Eindhoven‘, Eindhoven University of Technology (2/2017)
2. Rouelle, C.: Racecar Dynamics. Seminar. OptimumG, Centennial (2017)
3. Nowlan, D.: The Dynamics of the Race Car. E-Book, Sydney (2010). https://www.chassissim.com
4. Trzesniowski, M.: Rennwagentechnik, Bd. 2–5. Springer-Vieweg, Wiesbaden (2014)

Aerodynamik *Aerodynamics* 8

Inhaltsverzeichnis

Zusammenfassung

Die Anwendung und kontinuierliche Weiterentwicklung aerodynamischer Maßnahmen an Rennwagen hat während der vergangenen fünfzig Jahre eine entscheidende Rolle gespielt, um die Rundenzeiten signifikant zu verbessern. So nimmt heute die Aerodynamikoptimierung eine Schlüsselrolle ein, der sich nahezu alle Baugruppen eines Rennwagens unterordnen müssen.

Hauptziel ist dabei die Erhöhung der Radlasten auf den Reifen durch Abtrieb („Downforce"), um höhere Kurvengeschwindigkeiten zu erreichen. Dies führt jedoch umgekehrt zum Negativeffekt eines höheren Luftwiderstands („Drag"), der die Maximalgeschwindigkeit und das Beschleunigungsvermögen reduziert. Aus diesem Grund müssen alle aero-

R. Pütz, T. Serne, *Rennwagentechnik - Praxislehrgang Fahrdynamik*, Handbuch Rennwagentechnik 6, https://doi.org/10.1007/978-3-658-47000-5_8

dynamischen Maßnahmen zu einem Kompromiss als Optimum führen, der als „**aerodynamischer Kompromiss**“ bezeichnet wird. Dieser Kompromiss zwischen Anpressdruck und Luftwiderstand ist für jede Rennstrecke individuell zu ermitteln.

Die Basis bilden strömungstechnische Grundlagen wie Kontinuitätsgleichung (Massenerhalt) und Bernoulli-Gleichung (Energieerhalt) mit den daraus folgenden Größen wie statischer und dynamischer Druck und Reynoldszahl, welche laminare und turbulente Strömungen abgrenzt. Die Charakteristika von Flügelprofilen, inklusive Gurney-Flaps, Winglets und Flügelanzahl, werden vorgestellt, ebenso die Applikation von Turbolatoren, Splittern und Diffusoren sowie des Golfball-Effektes. Ebenso werden Abtrieb und Luftwiderstand aus aufgezeichneten Renndaten bewertet.

8.1 Mehr Abtrieb durch aerodynamische Maßnahmen *More Downforce by Aerodynamic Measures*

Der Einfluss von Abtrieb auf die Erzeugung höherer Radlasten und damit höherer Kurvengeschwindigkeiten soll stark vereinfacht durch folgenden Vergleich erläutert werden, vgl. auch Abb. 8.1. Die in einer Kurve erreichbare Querkraft (Zentripetalkraft) eines Rennwagens ohne Abtriebs-steigernde Maßnahmen berechnet sich zu:

$$F_{\mathrm{V,y}} = \mu_{\mathrm{W,y}} \cdot F_{\mathrm{V,z,t}} = m_{\mathrm{V,t},dr} \cdot a_{\mathrm{y}} \tag{8.1a}$$

$$F_{\mathrm{V,y}} = \mu_{\mathrm{W,y}} \cdot m_{\mathrm{V,t},dr} \cdot g = m_{\mathrm{V,t},dr} \cdot \frac{\upsilon_{\mathrm{V}}^2}{R} \tag{8.1b}$$

mit:

$F_{\mathrm{V,y}}$ Zentripetalkraft, N
$\mu_{\mathrm{W,y}}$ Haftreibungszahl in Querrichtung, –
a_{y} Querbeschleunigung (Zentripetalbeschleunigung), m/s^2
υ_{V} Kurvengeschwindigkeit des Fahrzeugs, m/s
g Erdbeschleunigung = 9,81 m/s^2
$F_{\mathrm{V,z,t}}$ Gewichtskraft des betriebsfertigen Gesamtfahrzeugs inkl. Fahrer, N
$m_{\mathrm{V,t,dr}}$ Masse des betriebsfertigen Gesamtfahrzeugs inkl. Fahrer, kg
R Kurvenradius, m

Die erreichbare Kurvengeschwindigkeit **ohne** Abtriebs-steigernde Maßnahmen lautet:

$$\upsilon_{\mathrm{V}} = \sqrt{\mu_{\mathrm{W,y}} \cdot g \cdot R} \tag{8.2}$$

Abb. 8.1 Bei Abtriebs-steigernden aerodynamischen Maßnahmen können die Radlasten $F_{V,z,t}$ um die Abtriebskraft $F_{L,z}$ erhöht werden, was eine signifikante Steigerung der Kurvengeschwindigkeit ermöglicht! Die Zentrifugalkraft (Reaktion) greift im Schwerpunkt V (= SP) an, die Zentripetalkraft (Aktion) aber im Rollzentrum RZ (siehe Kap. 5).

Für das Kräftegleichgewicht eines Rennwagens mit Abtriebs-steigernden Maßnahmen folgt:

$$F_{V,y} = \mu_{W,y} \cdot \left(F_{V,z,t} + F_{L,z} \right) = m_{V,t,dr} \cdot a_y \tag{8.3a}$$

$$F_{V,y} = \mu_{W,y} \cdot \left(m_{V,t,dr} \cdot g + F_{L,z} \right) = m_{V,t,dr} \cdot \frac{\upsilon_V^2}{R} \tag{8.3b}$$

Die erreichbare Kurvengeschwindigkeit **mit** Abtriebs-steigernden Maßnahmen beträgt:

$$\upsilon_V = \sqrt{\mu_{W,y} \cdot \left(g + \frac{F_{V,L,z}}{m_{V,t,dr}} \right) \cdot R} \tag{8.4}$$

mit:

$F_{V,L,z}$ Abtriebskraft durch aerodynamische Maßnahmen, N

Beim Vergleich von (8.2) und (8.4) ist ersichtlich, dass **mit** Abtriebs-steigernden Maßnahmen ein signifikanter Geschwindigkeitsüberschuss $\Delta\upsilon_V$ erzeugt werden kann:

$$\Delta\upsilon_V = \sqrt{\mu_{W,y} \cdot R} \cdot \left(\sqrt{g + \frac{F_{L,z}}{m_{V,t,dr}}} - \sqrt{g} \right) \tag{8.5}$$

Beispiel 8.1

Ein Rennwagen mit einer Masse von 535 kg (inkl. Fahrer und halber Tankfüllung) durchfährt im Trockenen bei einer Haftreibungszahl 1,3 eine Kurve mit einem Radius von 60 m. Dabei ist folgende Kurvengeschwindigkeit erreichbar:

$$\upsilon_V = \sqrt{\mu_{W,y} \cdot g \cdot R} = \sqrt{1{,}3 \cdot 9{,}81 \frac{m}{s^2} \cdot 60\,m} = 27{,}66\ m/s = 99{,}6\ km/h$$ ◀

Durch aerodynamische Maßnahmen wird in dieser Kurve nunmehr ein Abtrieb von 150 N ermöglicht (Radlasten in Summe um 15 kg erhöht). Damit erhöht sich die erreichbare Kurvengeschwindigkeit:

$$\Delta\upsilon_V = \sqrt{\mu_{W,y} \cdot R} \cdot \left(\sqrt{g + \frac{F_{L,z}}{m_{V,t,dr}}} - \sqrt{g} \right) = \sqrt{1{,}3 \cdot 60m} \cdot \left(\sqrt{9{,}81 \frac{m}{s2} + \frac{150N}{535kg}} - \sqrt{9{,}81 \frac{m}{s2}} \right)$$
$$= 0{,}39 \frac{m}{s} = 1{,}41\,km/h$$

Eine Steigerung der Kurvengeschwindigkeit um 1,41 km/h ist signifikant! Überholmanöver ergeben sich mitunter bereits bei Geschwindigkeitsunterschieden von unter 3 km/h.

8.2 Strömungstechnische Grundlagen *Basics in Fluid Technology*

Um die Umströmung des Fahrzeugs und seiner Subsysteme und somit die Funktion von Abtriebs-erzeugenden und damit Radlast-erhöhenden Maßnahmen im Detail besser verstehen zu können, wird nachfolgend zunächst ein strömungstechnisches Grundlagenwissen vermittelt.

8.2.1 Energie- und Massenerhaltung der Strömung *Energy and Mass Conservation during Flow*

Einen der wichtigsten Grundsätze in der Strömungslehre stellt die **Energieerhaltung** einer Strömung dar. Die sogenannte **Bernoulli-Gleichung** zeigt, dass die Summe aus statischem, kinetischem (dynamischem) und potenziellem (Lage-)Druck – d. h. der

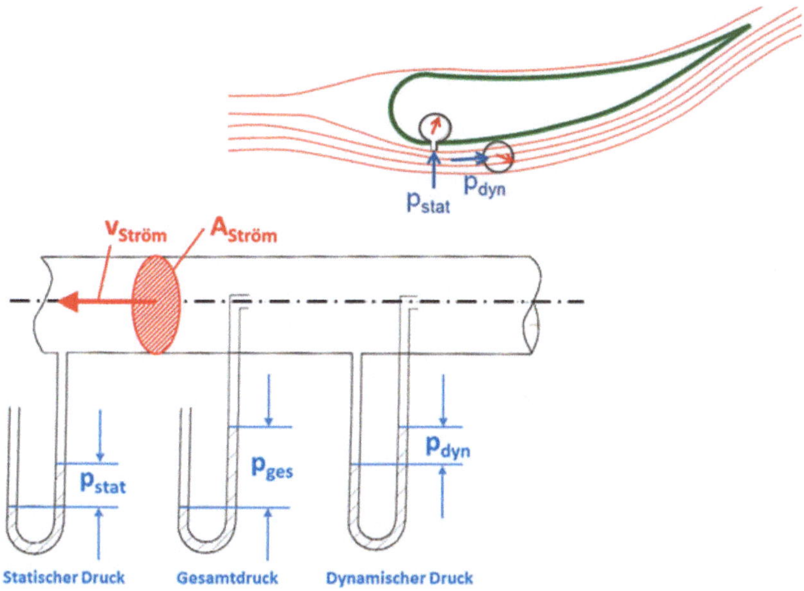

Abb. 8.2 Druckanteile einer Strömung: Der Gesamtdruck der Strömung setzt sich aus statischem und dynamischem Druck (Staudruck) zusammen (Lagedruck vernachlässigt)

Gesamtdruck einer (reibungsfreien, inkompressiblen) Strömung – stets konstant ist. Abb. 8.2 verdeutlicht die jeweiligen Druckanteile einer Strömung.

$$p_{\text{stat}} + p_{dyn} + p_{pot} = p_{ges} = \text{const.} \tag{8.6}$$

$$p_{\text{stat}} + \frac{1}{2}\rho_{\text{L}} \cdot \upsilon_{Ström}^{2} + \rho_{\text{L}} \cdot g \cdot z = \text{const.} \tag{8.7}$$

mit:

p_{stat}	Statischer Druck, N/m² bzw. bar; 1 bar = 10^5 N/m²
p_{dyn}	Dynamischer Druck, N/m² bzw. bar
p_{pot}	Druck der Lage, N/m² bzw. bar
p_{ges}	Gesamtdruck, N/m² bzw. bar
ρ_{L}	Luftdichte, kg/m³
$\upsilon_{Ström}$	Strömungsgeschwindigkeit, m/s
z	Höhe zum Bezugsystem, m
g	Erdbeschleunigung; 9,81 m/s²

Bei einem Rennwagen auf ebener Fahrbahn ist der Lagedruck $\rho_{\text{L}} \cdot g \cdot z$ vernachlässigbar. Aus (8.7) geht dann hervor, dass entlang einer Stromlinie bei steigender Strömungsgeschwindigkeit $\upsilon_{\text{V}} \pm \upsilon_{\text{L}}$ der statische Druck p_{stat} abnehmen muss, damit die gesamte Energie konstant bleibt. Aerodynamische Maßnahmen zielen folglich darauf ab, die Anteile des Gesamtdrucks vorteilhaft zu verändern, um die Radlasten zu erhöhen. Zur direkten Messung des dynamischen Drucks werden Pitot-Sonden eingesetzt, vor allem in der Formel 1, um Anströmgeschwindigkeiten unmittelbar erfassen zu können (vgl. auch Abb. 8.2).[1]

Der zweite essenzielle Grundsatz der Strömungslehre, die sogenannte **Kontinuitätsgleichung**, beschreibt die **Massenerhaltung** einer Strömung:

$$\rho_{\mathrm{L}} \cdot \upsilon_{Ström} \cdot A_{Ström} = \dot{m} = \text{const.} \tag{8.8}$$

mit:

ρ_{L} Luftdichte, kg/m^3
$\upsilon_{Ström}$ Strömungsgeschwindigkeit bzw. Anströmgeschwindigkeit, m/s
$A_{Ström}$ Strömungsquerschnitt, m^2
$\dot{m}$ Massenstrom, kg/s

Die Kontinuitäts-Gleichung besagt, dass der Massenstrom durch ein bestimmtes System stets konstant ist. Wird beispielsweise die durchströmte Fläche $A_{Ström}$ kleiner, muss die Strömungsgeschwindigkeit $v_{Ström}$ zunehmen. Das bedeutet in Verbindung mit der Bernoulli-Gleichung (8.2), dass der statische Druck abnimmt. Dieser Effekt wird z. B. Unterboden des Rennwagens genutzt, um Anpressdruck zu erzielen (vgl. auch Abb. 8.7). Die Dichte des Fluids Luft ρ_{L} ändert sich mit den Wetterbedingungen und kann nicht als konstant angenommen werden.

8.2.2 Laminare und turbulente Strömung sowie Grenzschicht *Laminar and turbulent Flow and boundary Layer*

Grundsätzlich wird beim umströmten Rennwagen zwischen anliegender und abgerissener Strömung unterschieden. Bei einer anliegenden Strömung folgen die Stromlinien exakt der Kontur des umströmten Körpers. Ein Strömungsabriss kann beispielsweise durch scharfe Kanten verursacht werden und hat sowohl eine reduzierte Abtriebskraft (Downforce) als auch einen höheren Luftwiderstand (Drag) zur Folge. Jedes Luftmolekül strömt mit einer gewissen Geschwindigkeit über einen Körper. Sind alle Teilchen gleichmäßig angeordnet und strömen in die gleiche Richtung, spricht man von laminarer Strömung. Für den Fall, dass einige Teilchen zeitweise in die entgegengesetzte Richtung strömen, handelt es sich um eine sogenannte turbulente Strömung, siehe Abb. 8.3.

Eine turbulente Strömung führt zu einer höheren Reibung an der umströmten Oberfläche und damit zu einem höheren Luftwiderstand. Aus diesem Grund wird bei Rennfahrzeugen i. d. R. eine laminare Strömung angestrebt. Eine Ausnahme bilden die sogenannten Vortex-Generatoren (Wirbel-Generatoren, auch Turbulatoren; siehe Abschn. 8.4.3), mit

[1] Genaueres siehe Handbuch Rennwagentechnik Bd. 5. Kap. 1 und 3.

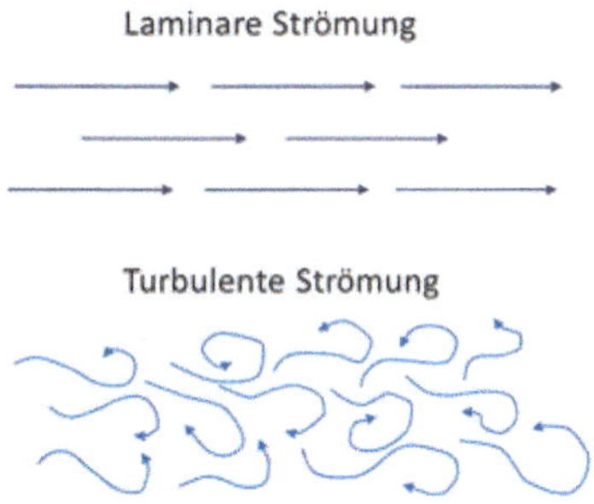

Abb. 8.3 Laminare und turbulente Strömung

Tab. 8.1 Kinematische Viskosität von trockener Luft [10^{-8} m^2/s] in Abhängigkeit von Druck und Temperatur

		T/°C				
$\nu_L/10^{-8}\,m^2/s$		−50	0	25	50	100
p/bar	1	931,1	1341,0	1558,0	1786,0	2315,0
	5	186,1	268,5	312,2	358,1	464,2
	10	93,03	134,5	156,5	179,6	232,8
	50	19,11	27,74	32,29	37,19	48,13
	100	10,53	14,82	17,23	19,72	25,34

deren Hilfe bewusst eine turbulente Strömung erzeugt wird, um ein Abreißen der Strömung zu verhindern.

Eine Unterscheidung zwischen laminarer und turbulenter Strömung ist durch die Reynoldszahl *Re* möglich, die wie folgt definiert ist:

$$\mathrm{Re} = \frac{\upsilon_{Ström} \cdot D}{\nu_L} \tag{8.9}$$

mit:

Re Reynoldszahl, –

$\upsilon_{Ström}$ Strömungsgeschwindigkeit bzw. Anströmgeschwindigkeit, m/s

D Charakteristische Länge, m; bei Rohrströmungen z. B. der Rohrdurchmesser, bei Flügeln die Sehnenlänge *c* (siehe Abb. 8.8)

ν_L Kinematische Viskosität der Luft, m^2/s bzw. [St = Stokes]; 1 St = $10^{-4}\,m^2/s$

Bei Reynoldzahlen ***Re*** > 2300 erfolgt der Übergang von laminarer zu turbulenter Strömung. Die kinematische Viskosität der trockenen Luft ν_L ist abhängig von Druck und Temperatur, siehe Tab. 8.1.

Anzumerken ist, dass sich aus Kostengründen oftmals Modellversuche mit verkleinertem Maßstab für aerodynamische Parametervariationen (z. B. M 1:4) bewährt haben. Dabei ist zu beachten, dass für eine hinreichende Übertragbarkeit vom Modell- auf den Originalmaßstab die Reynoldszahlen als Maß für den Strömungszustand identisch sein müssen. Die charakteristische Länge *D* entspricht dabei jeweils der Fahrzeuglänge.

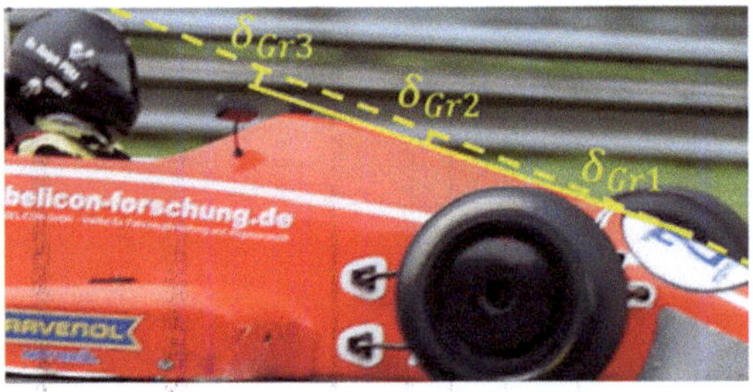

Abb. 8.4 Zunahme der Grenzschichtdicke von wenigen Millimetern an der Fahrzeugfront bis zu Zentimetern im Verlauf der Strömung. In der Grenzschicht haftet die Strömung, so dass die Fluidreibung den Fahrwiderstand erhöht

Die Strömungsgeschwindigkeiten im Modellversuch sind folglich reziprok zum Verkleinerungsfaktor zu erhöhen.

Ein weiteres strömungsmechanisches Phänomen stellt die sogenannte **Grenzschicht** dar. Bei der Umströmung eines Körpers herrscht nämlich unmittelbar an der Oberfläche eine Haftbedingung, so dass die Fluidteilchen an der Oberfläche haften und folglich keine Geschwindigkeit besitzen. Mit zunehmender Entfernung von der Oberfläche erreicht die Strömungsgeschwindigkeit jedoch wieder die des freien Luftstroms, siehe auch Abb. 8.11. Die Grenzschichtdicke δ_{Gr} steigt von der Fahrzeugfront mit zunehmender Distanz entlang des umströmten Fahrzeugs an, so dass – je nach Geschwindigkeit – die Grenzschichtdicke an der Fahrzeugfront nur wenige Millimeter betragen kann, aber am Fahrzeugheck bereits einige Zentimeter stark sein kann, vgl. Abb. 8.4. Die Reibungseffekte nehmen mit zunehmender Grenzschichtdicke zu, da der Abstand zum freien, ungestörten Luftstrom größer wird.

▶ **Tipp 8.1** Oftmals wird das Polieren der Rennfahrzeuge zwischen den Rennen als „Kosmetik" und optische Maßnahme belächelt. Jedoch dienen diese Maßnahmen gezielt der Verminderung der Fluidreibung.

Dieser Oberflächeneffekt im Mikrobereich darf aber keineswegs mit dem „Golfball"-Effekt verwechselt werden, der sich auf den Makro-Bereich bezieht, da die Beulen und Grübchen rund 1 mm hoch bzw. tief sind. Der Golfball-Effekt zur Verbesserung des Luftwiderstandes im niederen turbulenten Bereich wird in Abschn. 8.4.3 behandelt.

8.3 Luftwiderstand und Abtrieb *Drag and Downforce*

Jeder angeströmte Körper erfährt Luftkräfte, die der Form und projizierten Anströmfläche des Körpers sowie der Anströmgeschwindigkeit proportional sind.

Für den Luftwiderstand $F_{L,x}$ und den Abtrieb $F_{L,z}$ eines Rennwagens gelten folgende analoge Beziehungen:

$$F_{L,x} = c_W \cdot A \cdot \frac{\rho_L}{2} \cdot \upsilon_{Ström}^2 = c_W \cdot A \cdot \frac{\rho_L}{2} \cdot (\upsilon_V \pm \upsilon_L)^2 \tag{8.10a}$$

$$F_{L,z} = c_A \cdot A \cdot \frac{\rho_L}{2} \cdot \upsilon_{Ström}^2 = c_A \cdot A \cdot \frac{\rho_L}{2} \cdot (\upsilon_V \pm \upsilon_L)^2 \tag{8.11a}$$

mit:

$F_{L,x}$	Luftwiderstandskraft, N; Drag
$F_{L,z}$	Abtriebskraft, N; Downforce
ρ_L	Luftdichte, kg/m^3
c_W	Luftwiderstandsbeiwert, –
c_A	Abtriebsbeiwert, –
$\upsilon_{Ström}$	Strömungsgeschwindigkeit bzw. Anströmgeschwindigkeit, m/s
υ_V	Fahrzeuggeschwindigkeit, m/s
υ_L	Windgeschwindigkeit, m/s
A	Angeströmter Fahrzeugquerschnitt = Projektionsfläche, m^2; siehe Kap. 1, Abb. 1.16 und Tab. 1.11

Die Vektorsumme aus (negativer) Fahrzeug- und Windgeschwindigkeit entspricht der Anströmgeschwindigkeit (Strömungsgeschwindigkeit) $\upsilon_{Ström}$. Bei Gegenwind ist die Anströmgeschwindigkeit $\upsilon_V + \upsilon_L$, bei Rückenwind $\upsilon_V - \upsilon_L$.

Wie aus (8.6) hervorgeht, ist der Term $\upsilon_V - \upsilon_L$ der dynamische Druck p_{dyn} (Staudruck) der Strömung. Damit können die essenziellen, von der **Form** und von der **Querschnittsfläche** des umströmten Körpers abhängigen Größen isoliert werden. Dies hat den Vorteil, dass diese Größen in ihrem Zusammenspiel direkt durch gemessene Luftwiderstands- und Abtriebskräfte ausgedrückt werden können.

$$c_W \cdot A = \frac{F_{L,x}}{\frac{\rho_L}{2} \cdot (\upsilon_V \pm \upsilon_L)^2} = \frac{F_{L,x}}{p_{dyn}} \tag{8.10b}$$

$$c_A \cdot A = \frac{F_{L,z}}{\frac{\rho_L}{2} \cdot (\upsilon_V \pm \upsilon_L)^2} = \frac{F_{L,z}}{p_{dyn}} \tag{8.11b}$$

mit:

p_{dyn} Dynamischer Druck; Staudruck, N/m^2

Das Produkt $c_W \cdot A$ kann problemlos durch den in Abschn. 1.6 erläuterten Ausrollversuch ermittelt werden.

> **Tipp 8.2** Das Produkt $c_W \cdot A$ kann durch den in Abschn. 1.6 erläuterten Ausrollversuch einfach ermittelt werden.
>
> Wie aus (8.10b) und (8.11b) ersichtlich ist, verbessert eine Erhöhung des dynamischen Drucks p_{dyn} – also des **kinetischen Anteils** der Strömung – den Abtrieb, weil $c_A \cdot A$ konstant ist, verschlechtert aber auch den Luftwiderstand, weil $c_W \cdot A$ konstant ist. Das Verhältnis c_A/c_W ist also von entscheidender Bedeutung und heißt aerodynamische Effizienz!

Anhaltswerte für die essenziellen Parameter bezogen auf den Luftwiderstand ($c_W \cdot A$) und den Abtrieb ($c_W \cdot A$) bei unterschiedlichen Rennfahrzeugen sind in Tab. 8.2 aufgeführt. Die Spannbreite der Werte ergibt sich aus unterschiedlichen Fahrhöhen und Flügeleinstellungen (jeweils vorne/hinten), der Diffusorcharakteristik sowie den weiteren aerodynamischen Einzelmaßnahmen.

Die Luftdichte ρ_L ist abhängig von den äußeren Wetterbedingungen und kann mit der bereits in Kap. 3 benutzten Allgemeinen Gasgleichung der Thermodynamik in Abhängigkeit des atmosphärischen Luftdrucks und der Lufttemperatur berechnet werden.

$$p_L \cdot V_L = m_L \cdot R_L \cdot T_L \tag{8.12a}$$

$$\rho_L = \frac{p_L}{R_L \cdot T_L} \tag{8.12b}$$

mit:

ρ_L Luftdichte, kg/m^3
p_L Luftdruck, N/m^2; 1 bar = 10^5 N/m^2 = 10^5 Pa
V_L Luftvolumen, m^3
m_L Luftmasse, kg
T_L Lufttemperatur, K; Umrechnung: T_L [K] = t_L [°C] +273,15
R_L Allgemeine Gaskonstante der trockenen Luft, 287 J/(kg · K) = 287 N m/(kg · K)

Tab. 8.2 Beispiele für Abtriebs- und Luftwiderstandsparameter verschiedener Rennwagentypen

Fahrzeugtyp	Luftwiderstandsparameter $c_W \cdot A$	Abtriebsparameter $c_A \cdot A$	c_A/c_W
Tourenwagen	ca. 0,5	ca. 0,45	bis 1
Formel 3	ca. 1,0	bis 2	bis 2
Formel 1	1,0 bis 1,4	2,0 bis 2,8	bis 2,8
LMP1/2	ca. 0,5	ca. 3,1	ca. 6

Da jedoch stets eine Luftfeuchte vorhanden ist, muss die für trockene Luft gültige (8.12b) erweitert werden:

$$\rho_L = \frac{p_L}{R_L \cdot T_L} + \frac{p_W}{R_W \cdot T_L} \tag{8.12c}$$

mit:

p_W Druck des Wasserdampfes, N/m²; 1 bar = 10^5 N/m²
R_W Allgemeine Gaskonstante des Wasserdampfes, 461,5 J/(kg · K)

Da der Druck des Wasserdampfes p_W für eine gegebene Außentemperatur T_L von der relativen Luftfeuchte r_L und vom Sättigungsdruck $p_{SW}(T_L)$ des Wasserdampfes abhängt, muss (8.12c) erneut erweitert werden:

$$\rho_L = \frac{p_L}{R_L \cdot T_L} + \frac{p_{SW} \cdot r_L}{R_W \cdot T_L} \tag{8.12d}$$

mit:

p_{SW} Sättigungsdruck des Wasserdampfes, N/m² in Abhängigkeit der Temperatur
r_L Relative Luftfeuchte, %

Der Sättigungsdruck p_{SW} als Funktion der Temperatur t_L in °C (t_L [°C] = T_L [K] – 273,15) berechnet sich nach der sogenannten Magnus-Formel wie folgt:

$$p_{SW} = 611{,}2 \cdot e^{\left(\frac{t_L \cdot 17{,}27}{t_L + 238{,}3\,°C}\right)} \tag{8.13}$$

Beispiel 8.2

In einem Ausrollversuch (siehe Kap. 1) wurde für ein modernes Formel-V-Fahrzeug ein c_W-Wert von 0,917 ermittelt (siehe Abb. 1.16). Die nach Abb. 1.16 berechnete Anströmfläche beträgt 1,04 m². Um den für das vorliegende Setup in Abhängigkeit der Anströmgeschwindigkeit auftretenden Luftwiderstand $F_{L,x}$ direkt zu berechnen, muss zunächst die Luftdichte für die Umgebungsbedingungen ermittelt werden. Es herrscht nach Angabe der Wetterstation ein Luftdruck von 1013 mbar bei 25 °C Außentemperatur (= 25 + 273,15 = 298,15 K) und einer relativen Luftfeuchte von 62 %. Die Analyse soll für die Fahrgeschwindigkeit 200 km/h bei Windstille erfolgen. ◄

Der Sättigungsdruck des Wasserdampfes beträgt:

$$p_{SW} = 611{,}2 \cdot e^{\left(\frac{t_L \cdot 17{,}27}{t_L + 238{,}3\,°C}\right)} = 611{,}2 \cdot e^{\left(\frac{25\,°C \cdot 17{,}27}{25\,°C + 238{,}3\,°C}\right)} = 0{,}0315 \cdot 10^5\ \mathrm{N/m^2} = 0{,}0315\ bar$$

Damit folgt für die Luftdichte:

$$\rho_L = \frac{p_L}{R_L \cdot T_L} + \frac{p_{SW} \cdot r_L}{R_W \cdot T_L} = \frac{1{,}013 \cdot 10^5\ \mathrm{N/m^2}}{287\ \mathrm{J}/(kg\ \ \mathrm{K}) \cdot 298{,}15\ \mathrm{K}} + \frac{0{,}0315 \cdot 10^5\ \mathrm{N/m^2} \cdot 0{,}62}{461{,}5\ \mathrm{J}/(kg \cdot \mathrm{K}) \cdot 298{,}15\ \mathrm{K}}$$
$$= (1{,}{,}18 + 0{,}{,}01)\ kg/\mathrm{m}^3 = \mathbf{1{,}198\ kg/m^3}$$

Der Luftwiderstand beträgt somit:

$$F_{L,x} = c_W \cdot A \cdot \frac{\rho_L}{2} \cdot (\upsilon_V \pm \upsilon_L)^2 = 0{,}917 \cdot 1{,}04\ \mathrm{m}^2 \cdot \frac{1{,}198\ kg/\mathrm{m}^3}{2} \cdot \left(\frac{200.000\ \frac{\mathrm{m}}{\mathrm{h}}}{3600\ \frac{\mathrm{s}}{\mathrm{h}}} \right)^2$$
$$= \mathbf{1763{,}2\ N}$$

Nachfolgend soll untersucht werden, wie sich die Luftdichte ändert, wenn sich die Luft abkühlt. Es wird hier vereinfachend unterstellt, dass Luftdruck und relative Luftfeuchte gleich bleiben. Die Außentemperatur sei jedoch auf bei 15 °C gefallen (= 15 + 273,15 = 288,15 K).

Der Sättigungsdruck des Wasserdampfes beträgt nun:

$$p_{SW} = 611{,}2 \cdot e^{\left(\frac{t_L \cdot 17{,}27}{t_L + 238{,}3\,°\mathrm{C}}\right)} = 611{,}2 \cdot e^{\left(\frac{15\,°\mathrm{C} \cdot 17{,}27}{15\,°\mathrm{C} + 238{,}3\,°\mathrm{C}}\right)} = 0{,}0065 \cdot 10^5\ \mathrm{N/m^2} = 0{,}0065\ bar$$

Die Luftdichte erhöht sich auf:

$$\rho_L = \frac{p_L}{R_L \cdot T_L} + \frac{p_{SW} \cdot r_L}{R_W \cdot T_L} = \frac{1{,}013 \cdot 10^5\ \mathrm{N/m^2}}{287\ \mathrm{J}/(kg\ \mathrm{K}) \cdot 288{,}15\ \mathrm{K}} + \frac{0{,}0065 \cdot 10^5\ \mathrm{N/m^2} \cdot 0{,}62}{461{,}5\ \mathrm{J}/(kg \cdot \mathrm{K}) \cdot 288{,}15\ \mathrm{K}}$$
$$= (1{,}{,}{,}225 + 0{,}{,}{,}003)\ kg/\mathrm{m}^3 = \mathbf{1{,}233\ kg/m^3}$$

Der Luftwiderstand erhöht sich somit um knapp 3 % auf:

$$F_{L,x} = c_W \cdot A \cdot \frac{\rho_L}{2} \cdot (\upsilon_V \pm \upsilon_L)^2 = 0{,}917 \cdot 1{,}04\ \mathrm{m}^2 \cdot \frac{1{,}233\ kg/\mathrm{m}^3}{2} \cdot \left(\frac{200.000\ \frac{\mathrm{m}}{\mathrm{h}}}{3600\ \frac{\mathrm{s}}{\mathrm{h}}} \right)^2$$
$$= \mathbf{1814{,}7\ N}$$

Um dieselbe Prozentzahl wird sich auch der Abtrieb erhöhen (vgl. (8.11a))! Kältere Luft bewirkt also einen höheren Abtrieb, aber auch höheren Luftwiderstand. Die Motorleistung wird sich dann aufgrund höherer Luftdichte und damit Sauerstoffmasse ebenfalls erhöhen, falls das Kraftstoff-Luft-Verhältnis entsprechend geregelt wird.

▶ **Tipp 8.3** Zur Optimierung des Abtriebs ist eine hohe Luftdichte von Vorteil. Dies impliziert aus (8.12c) eine niedrige Lufttemperatur. Da das Verhältnis c_A/c_W i. d. R. $\gg 1$ ist, ist eine niedrige Lufttemperatur anzustreben. Das bedeutet:

- Vermeidung der Zuströmung heißer Luft aus dem Auspuff, aus dem Kühler oder von den Bremsen auf aerodynamisch relevante Systeme wie Flügel, Lufteinlässe etc. (und wenn, dann lediglich Anströmung der Flügelunterseite).
- Ausnahme: Bei Formel-1- und anderen hochdrehenden Rennwagen (18.000–20.000 1/min) strömt sehr viel heißes Abgas aus dem Auspuff, aber auch mit sehr hoher Strömungsgeschwindigkeit und damit p_{dyn}. Dies bewirkt wiederum Abtrieb, insbesondere bei Anströmung der Flügelunterseite!

▶ **Tipp 8.4** Der Einfluss der Asphalttemperatur ist ein entscheidender Parameter für die Aerodynamik. Die Asphalttemperatur wirkt sich auf den Frontflügel weitaus stärker aus als auf den Heckflügel. Wenn z. B. das optimale Setup für eine Qualifying-Session am Samstagnachmittag nach tagsüber lang andauerndem Sonnenschein bei relativ hohen Temperaturen gefunden wurde, heißt das keineswegs, dass das Setup für das Rennen am Sonntagmorgen bei kälteren Temperaturen passt! Die dann beim Rennen niedrigere Asphalt- und Außentemperatur beeinflusst den Frontflügel stärker, so dass hier mehr Abtrieb entsteht. Die Einstellung des Front- oder/und Heckflügels muss also angepasst werden!

Um auf die Berechnung des Sättigungsdrucks des Wasserdampfes nach (8.13) ggf. verzichten zu können, wird in Abb. 8.5 der Sättigungsdruck über der Temperatur dargestellt, so dass ein Ablesen für die jeweiligen Außenbedingungen rasch möglich ist.

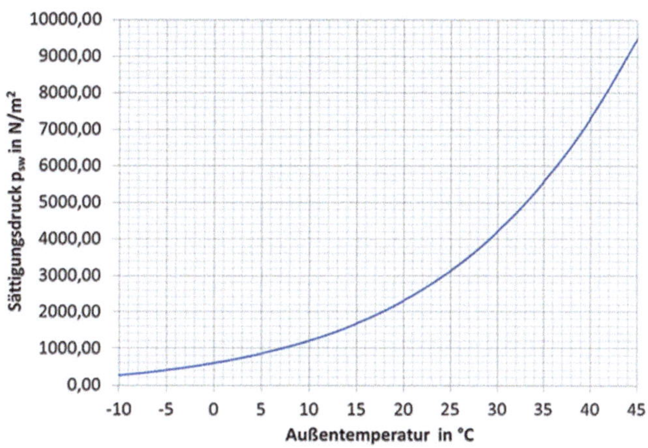

Abb. 8.5 Sättigungsdruck des Wasserdampfes in Abhängigkeit der Temperatur

Nach der in Abschn. 8.1 erfolgten, allgemeinen Betrachtung der Radlasterhöhungen und damit des Potenzials schnellerer Kurvendurchfahrten durch Erzeugung von Abtrieb soll nunmehr eine differenzierte Betrachtung der Radlasterhöhungen für die einzelnen Räder erfolgen. Die Radlasten eines Rades bei Kurvenfahrt setzen sich wie folgt zusammen:

Gesamte Radlast =	Radlast aus Achslastanteil gemäß Schwerpunktlage (statische Radlast, siehe Kap. 1) + Radlast aus dynamischer Achslastverlagerung (siehe Kap. 5) + Radlast aus anteiligem aerodynamischem Abtrieb

Damit folgt für die Radlasten der einzelnen Räder, hier am Beispiel einer Linkskurve, vgl. Abb. 8.6:

$$F_{\mathrm{V,z,f,r}} = \frac{Ant_{\mathrm{f}} \cdot m_{\mathrm{V,t},dr} \cdot g}{2} + \frac{Ant_{lat,\mathrm{f}} \cdot m_{\mathrm{V,t},dr} \cdot a_{\mathrm{y}} \cdot h_{\mathrm{V}}}{b_{\mathrm{f}}} + \frac{Ant_{\mathrm{A,f}} \cdot c_{\mathrm{A}} \cdot A \cdot \frac{\rho_{\mathrm{L}}}{2} \cdot (\upsilon_{\mathrm{V}} \pm \upsilon_{\mathrm{L}})^2}{2} \tag{8.14}$$

$$F_{\mathrm{V,z,f,l}} = \frac{Ant_{\mathrm{f}} \cdot m_{\mathrm{V,t},dr} \cdot g}{2} - \frac{Ant_{lat,\mathrm{f}} \cdot m_{\mathrm{V,t},dr} \cdot a_{\mathrm{y}} \cdot h_{\mathrm{V}}}{b_{\mathrm{f}}} + \frac{Ant_{\mathrm{A,f}} \cdot c_{\mathrm{A}} \cdot A \cdot \frac{\rho_{\mathrm{L}}}{2} \cdot (\upsilon_{\mathrm{V}} \pm \upsilon_{\mathrm{L}})^2}{2} \tag{8.15}$$

$$F_{\mathrm{V,z,r,r}} = \frac{Ant_{\mathrm{r}} \cdot m_{\mathrm{V,t},dr} \cdot g}{2} + \frac{Ant_{lat,\mathrm{r}} \cdot m_{\mathrm{V,t},dr} \cdot a_{\mathrm{y}} \cdot h_{\mathrm{V}}}{b_{\mathrm{r}}} + \frac{Ant_{\mathrm{A,r}} \cdot c_{\mathrm{A}} \cdot A \cdot \frac{\rho_{\mathrm{L}}}{2} \cdot (\upsilon_{\mathrm{V}} \pm \upsilon_{\mathrm{L}})^2}{2} \tag{8.16}$$

$$F_{\mathrm{V,z,r,l}} = \frac{Ant_{\mathrm{r}} \cdot m_{\mathrm{V,t},dr} \cdot g}{2} - \frac{Ant_{lat,\mathrm{r}} \cdot m_{\mathrm{V,t},dr} \cdot a_{\mathrm{y}} \cdot h_{\mathrm{V}}}{b_{\mathrm{r}}} + \frac{Ant_{\mathrm{A,r}} \cdot c_{\mathrm{A}} \cdot A \cdot \frac{\rho_{\mathrm{L}}}{2} \cdot (\upsilon_{\mathrm{V}} \pm \upsilon_{\mathrm{L}})^2}{2} \tag{8.17}$$

mit:

Ant_{f}	Achslastanteil vorne, –
Ant_{r}	Achslastanteil hinten, –
$Ant_{\mathrm{lat,f}}$	Anteil der lateralen dynamischen Achslastverlagerung vorne, –
$Ant_{\mathrm{lat,r}}$	Anteil der lateralen dynamischen Achslastverlagerung hinten, –
$Ant_{\mathrm{A,f}}$	Anteil des Abtriebs vorne, –
$Ant_{\mathrm{A,r}}$	Anteil des Abtriebs hinten, –
a_{y}	Querbeschleunigung (Zentripetalbeschleunigung), m/s^2
g	Erdbeschleunigung = 9,81 m/s^2
$m_{\mathrm{V,t,dr}}$	Masse des betriebsfertigen Gesamtfahrzeugs inkl. Fahrer, kg
h_{V}	Höhe des Fahrzeugschwerpunktes, m
b_{f}	Spurweite vorne, m
b_{r}	Spurweite hinten, m
υ_{L}	Windgeschwindigkeit, m/s
υ_{V}	Kurvengeschwindigkeit des Fahrzeugs, m/s
A	Angeströmter Fahrzeugquerschnitt = Projektionsfläche, m^2; siehe Kap. 1, Abb. 1.16

Abb. 8.6 Differenzierte Analyse der Radlasten je Rad während einer Linkskurve. Die *blauen Pfeile* charakterisieren die Erhöhung der Radlast durch Abtrieb. Dadurch erhöht sich die im Reifen übertragbare Kraft signifikant (vgl. auch (3.10)). Die Summe der Radlasten sind mit *gelben Pfeilen* dargestellt

In (8.14) bis (8.17) wurde zur Vereinfachung angenommen, dass sich die statischen Radlasten an den Seiten einer Achse nicht unterscheiden.

Die Ermittlung einer optimalen Abtriebs-Balance und damit von $Ant_{A,f,opt}$ und $Ant_{A,r,opt}$ ist in Abschn. 8.4 beschrieben.

8.4 Maßnahmen zur Erzeugung von Abtrieb *Measures for Generating Downforce*

Im Wesentlichen beruht die Erzeugung von Abtrieb auf zwei Ansätzen:

- Abtrieb durch Überströmung von Tragflügeln.
- Abtrieb durch Beschleunigung der Luft unter dem Fahrzeug.

In Abb. 8.7 sind diese Maßnahmen und ihre Wirkungen auf den Abtrieb dargestellt. Es ist erkennbar, dass der Frontflügel einen signifikanten Anstieg des Abtriebs hervorruft. In der Folge wird dieser insbesondere durch den Auftrieb der Vorderräder und durch die Auftrieb-generierende Form des Monocoques wieder vermindert. Am Eintritt des Diffusors findet dann wieder eine Erhöhung des Abtriebs statt, der dann durch die Hinterräder reduziert, aber durch den Heckflügel wieder vergrößert wird.

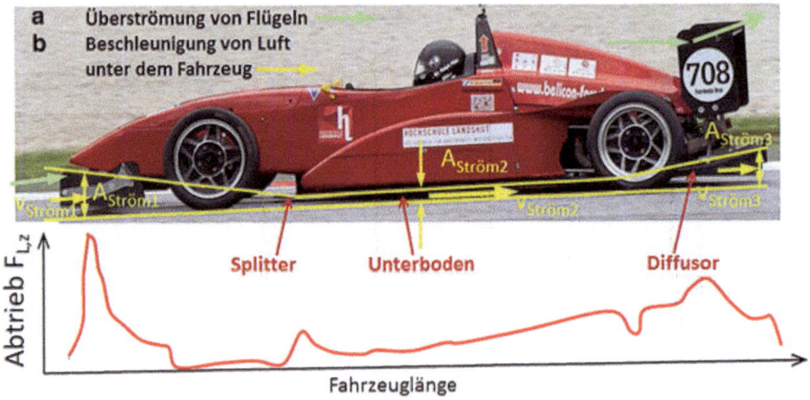

Abb. 8.7 Verlauf des Abtriebs über der Fahrzeuglänge und zugehörige Hauptmaßnahmen zur Erzeugung von Abtrieb

8.4.1 Tragflügel, Gurney-Flapsund Winglets *Wings, Gurney Flaps and Winglets*

Die Tragflügel eines Rennfahrzeugs arbeiten nach demselben Prinzip wie die Flügel eines Flugzeugs, mit dem Unterschied, dass sie bei einem Rennwagen umgedreht installiert werden und somit eine Abtriebskraft statt einer Auftriebskraft erzeugen. Grundsätzlich wird im Rennsport durch die Wölbung des Flügelprofils eine zum Boden gerichtete Druckdifferenz zwischen Ober- und Unterseite und damit (Anpress-)Kraft erzeugt, siehe Abb. 8.8. Die Fluidteilchen müssen über dem Flügel einen kürzeren Weg zurücklegen als unter dem Flügel und werden nach oben abgelenkt. Nach der in Abschn. 8.2.1 beschriebenen Bernoulli-Gleichung ((8.7); Energieerhaltung) ist die Energie in der Strömung stets konstant. Das heißt, dass da der kinetische Energieanteil p_{dyn} der Strömung oberhalb des Flügels geringer ist der statische Druck p_{Stat} über dem Flügel zunimmt. Unter dem Flügel ist der kinetische Anteil der Strömung größer, so dass der statische Druck dort abnimmt. Die daraus resultierende Druckdifferenz führt zu der gewünschten Abtriebskraft $F_{\mathrm{L,z}}$ am Flügel. Durch die Ablenkung der Luft nach oben über dem Flügel wird darüber hinaus ein Impuls nach unten erzeugt. Beide Effekte verursachen den Abtrieb. Gleichzeitig tritt jedoch auch die unerwünschte Luftwiderstandskraft $F_{\mathrm{L,x}}$ am Flügel auf. Beide Kräfte – Abtrieb und Luftwiderstand – bilden durch Vektoraddition eine resultierende Kraft, die im sogenannten Druckpunkt angreift, der in etwa bei einem Drittel der Sehnenlänge des Flügels liegt. Eine stärkere Ablenkung der Stromlinien, beispielsweise durch Flügel mit stärkerer Wölbung oder einen steileren Anstellwinkel α des Flügels, führt demzufolge zu einer größeren Druckdifferenz und damit zu einer höheren Abtriebskraft. Abb. 8.9 zeigt ein Beispiel. Bestimmte Werte dürfen jedoch nicht überschritten werden, da es sonst zu einem Strömungsabriss und zu einem damit verbundenen Verlust von Abtrieb kommen kann. Jede Verbesserung des Abtriebs am Flügel führt wie beschrieben zur Erhöhung des Luftwiderstands (siehe Beispiel in Abb. 8.10).

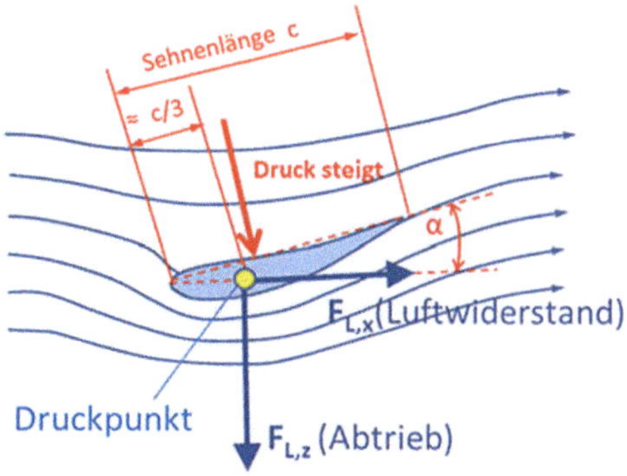

Abb. 8.8 Strömungsverhältnisse und Kräfte am Flügel eines Rennwagens

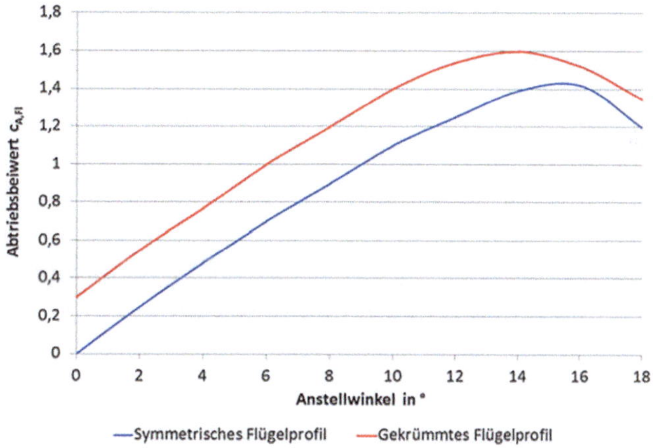

Abb. 8.9 Beispiel für die Optimierung des Abtriebsbeiwertes von Flügeln durch Veränderung des Anstellwinkels oder Wahl eines alternativen Flügelprofils

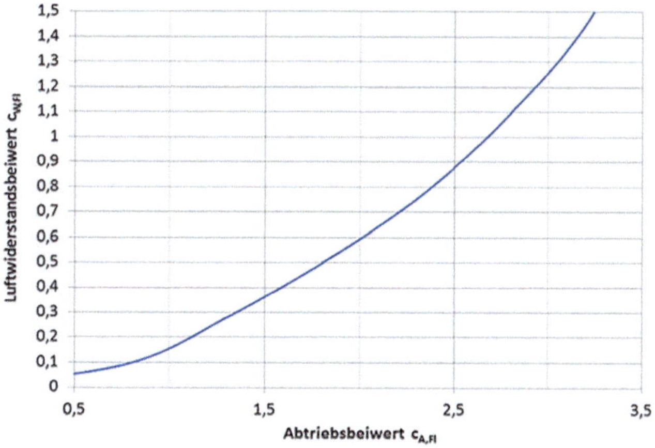

Abb. 8.10 Beispiel für die Zunahme des Luftwiderstandsbeiwertes bei Verbesserung der Abtriebsbeiwerte von Flügeln

Für den Luftwiderstand $F_{L,x}$ und den Abtrieb $F_{L,z}$ eines Flügels gelten analog (8.10a) und (8.11a):

$$F_{L,x} = c_{W,Fl} \cdot c \cdot s \cdot \frac{\rho_L}{2} \cdot v_{Ström}^2 = c_{W,Fl} \cdot c \cdot s \cdot \frac{\rho_L}{2} \cdot \left(\upsilon_V \pm \upsilon_L\right)^2 \quad (8.18)$$

$$F_{L,z} = c_{A,Fl} \cdot c \cdot s \cdot \frac{\rho_L}{2} \cdot v_{Ström}^2 = c_{A,Fl} \cdot c \cdot s \cdot \frac{\rho_L}{2} \cdot \left(\upsilon_V \pm \upsilon_L\right)^2 \quad (8.19)$$

mit:

$c_{W,Fl}$ Luftwiderstandsbeiwert eines Flügels, –
$c_{A,Fl}$ Abtriebsbeiwert eines Flügels, –
c Sehnenlänge eines Flügels, m; siehe Abb. 8.8
s Spannweite eines Flügels, m

Beispiel 8.3: Einfluss der Heckflügelverstellung

Bei einem Formel-3-Rennwagen (derselbe aus den früheren Beispielen, siehe Tab. 8.3) tritt in einer Kurve, die mit 100 km/h durchfahren wird und in der laut Datenaufzeichnung eine Zentripetalbeschleunigung von 1,31 *g* (12,86 m/s²) gemessen wird, in Phase 3 ein leichtes Übersteuern auf. Deshalb sollen an der Hinterachse die Radlasten lediglich durch Verstellung des Heckflügels erhöht werden. Der bisherige Anstellwinkel lag bei 6°. Es soll nun ein Anstellwinkel von 8° versucht werden. Damit ändert sich der Abtriebsbeiwert des Flügels $c_{A,Fl}$ von 1,0 auf 1,2, vgl. Abb. 8.9. Vor der Änderung möchte der Renningenieur die Auswirkungen quantifizieren. ◀

Der Abtriebsbeiwert des Gesamtfahrzeugs c_A beträgt für die ursprüngliche Einstellung laut Windkanalmessung vor der Saison 2,62.

Bei der Vermessung des Rennwagens (siehe Kap. 1) wurden folgende Messwerte erhoben:

Die Verteilung der lateralen dynamischen Achslastverlagerung bei Kurvenfahrt (siehe Kap. 5) ist laut aktueller Einstellung der Fahrwerksgeometrie vorne und hinten nahezu identisch.

Tab. 8.3 Werte aus der Wägung des rennfertigen Fahrzeugs (inkl. Fahrer und halber Tankfüllung für Renndistanz)

Vorderachslast (mit Fahrer)	$m_{V,f}$	kg	226
Hinterachslast (mit Fahrer)	$m_{V,r}$	kg	310
Gesamtmasse (mit Fahrer)	$m_{V,dr}$	kg	536
Spurweite vorne	b_f	mm	1480
Spurweite hinten	b_r	mm	1300
Anströmfläche	A	m²	1,06
Schwerpunkthöhe	h_V	mm	330

Messungen bei Ausroll- und Konstantfahrt-Versuchen mit der ursprünglichen Flügeleinstellung vor der Saison ergaben einen Beitrag des Unterbodens von 37 %, des Frontflügels von 33 % und des Heckflügels von 30 % zum Abtrieb. Bisher lag damit auf der Vorderachse der aerodynamische Anteil des Abtriebs um etwa 10,5 % höher als auf der Hinterachse. Das bedeutet einen aerodynamischen Abtriebsanteil auf der Vorderachse von 52,5 % und an der Hinterachse von 47,5 %. Offenbar trägt bei einem Abtriebsanteil des Frontflügels von 33 % der Unterboden mit 19,5 % zum Abtrieb auf der Vorderachse und 17,5 % zum Abtrieb auf der Hinterachse bei.

Da derselbe Heckflügel weiter verwendet wird, ändern sich die Sehnenlänge und Spannweite und damit die Flügelfläche nicht ($c \cdot s = \text{const.}$) Damit ist nach (8.19) die Änderung des Abtriebs ausschließlich abhängig von der Änderung des Abtriebsbeiwertes des Flügels:

$$\frac{F_{\text{L},z,neu}}{F_{\text{L},z,\text{ursprünglich}}} = \frac{c_{\text{A},Fl,neu}}{c_{\text{A},Fl,\text{ursprünglich}}} = \frac{1{,}2}{1{,}0} = 1{,}2$$

Die neue Einstellung erhöht also die Abtriebskraft des Heckflügels um 20 %! Damit ergibt sich auch eine geänderte Verteilung des Abtriebs am Fahrzeug:

Vorher
Abtrieb Vorderachse: 33 % Flügel + 19,5 % Unterboden = 52,5 %
Abtrieb Hinterachse: 30 % Flügel + 17,5 % Unterboden = 47,5 %

Nachher
Abtrieb Vorderachse: 33 % Flügel + 19,5 % Unterboden = 52,5 % **entspricht neu: 49,5 %**
Abtrieb Hinterachse: **36 %** Flügel + 17,5 % Unterboden = 53,5 % **entspricht neu: 50,5 %**

Nunmehr liegen also 50,5 % des Abtriebs auf der Hinterachse und 49,5 % auf der Vorderachse. Der Abtrieb an der Hinterachse wurde von 47,5 % auf 50,5 % erhöht, was einer relativen Erhöhung von mehr als 6 % entspricht. Eine **Erhöhung des Abtriebs am Heckflügel um 20 %** ermöglicht im vorliegenden Beispiel folglich eine **Erhöhung des Abtrieb s an der Hinterachse um mehr als 6 %**. Der Abtrieb bezogen auf das Gesamtfahrzeug steigt um exakt 6 %. Aus (8.11b) folgt bei nahezu unveränderter Anströmfläche A des Gesamtfahrzeugs (lediglich h_c ändert sich geringfügig, siehe Abb. 1.16) und konstantem dynamischem Druck p_{dyn} eine Änderung des Abtriebsbeiwertes des Gesamtfahrzeugs um +6 %:

$$\frac{c_{\text{A},neu}}{c_{\text{A},\text{ursprünglich}}} = \frac{F_{\text{L},z,neu}}{F_{\text{L},z,\text{ursprünglich}}} = \frac{106\ \%}{100\ \%} = 1{,}06$$

Der neue Abtriebsbeiwert des Gesamtfahrzeugs beträgt nunmehr $c_{A,neu} = 1{,}06 \cdot 2{,}62 = \mathbf{2{,}78}$
Es soll nun untersucht werden, wie sich dadurch die einzelnen Radlasten in der fraglichen Linkskurve ändern (Luftdichte $\rho_L = 1{,}20$ kg/m³).

Vorher
Mit der **ursprünglichen Heckflügel-Einstellung** ergeben sich folgende Radlasten der einzelnen Räder:

$$F_{V,z,f,r} = \frac{\text{Ant}_f \cdot m_{V,t,dr} \cdot g}{2} + \frac{\text{Ant}_{lat,f} \cdot m_{V,t,dr} \cdot a_y \cdot h_V}{b_f} + \frac{\text{Ant}_{A,f} \cdot c_A \cdot A \cdot \frac{\rho_L}{2} \cdot (v_V \pm v_L)^2}{2}$$

$$F_{V,z,f,r} = \frac{226\,\text{kg} \cdot 9{,}81\frac{m}{s^2}}{2} + \frac{0{,}5 \cdot 536\,kg \cdot 12{,}86\frac{m}{s^2} \cdot 0{,}33m}{1{,}48\,m} + \frac{0{,}525 \cdot 2{,}62 \cdot 1{,}06\,m^2 \cdot \frac{1{,}2\,kg/m^3}{2} \cdot \left(\frac{100}{3{,}6}\,m/s\right)^2}{2} = \mathbf{2214{,}5\,N}$$

$$F_{V,z,f,l} = \frac{\text{Ant}_f \cdot m_{V,t,dr} \cdot g}{2} - \frac{\text{Ant}_{lat,f} \cdot m_{V,t,dr} \cdot a_y \cdot h_V}{b_f} + \frac{\text{Ant}_{A,f} \cdot c_A \cdot A \cdot \frac{\rho_L}{2} \cdot (v_V \pm v_L)^2}{2}$$

$$F_{V,z,f,l} = \frac{226\,\text{kg} \cdot 9{,}81\frac{m}{s^2}}{2} - \frac{0{,}5 \cdot 536\,kg \cdot 12{,}86\frac{m}{s^2} \cdot 0{,}33m}{1{,}48\,m} + \frac{0{,}525 \cdot 2{,}62 \cdot 1{,}06\,m^2 \cdot \frac{1{,}2\frac{kg}{m^3}}{2} \cdot \left(\frac{\frac{100}{3{,}6}m}{s}\right)^2}{2} = \mathbf{677{,}6\,N}$$

$$F_{V,z,r,r} = \frac{\text{Ant}_r \cdot m_{V,t,dr} \cdot g}{2} + \frac{\text{Ant}_{lat,r} \cdot m_{V,t,dr} \cdot a_y \cdot h_V}{b_r} + \frac{\text{Ant}_{A,r} \cdot c_A \cdot A \cdot \frac{\rho_L}{2} \cdot (v_V \pm v_L)^2}{2}$$

$$F_{V,z,r,r} = \frac{310\,\text{kg} \cdot 9{,}81\frac{m}{s^2}}{2} + \frac{0{,}5 \cdot 536\,kg \cdot 12{,}86\frac{m}{s^2} \cdot 0{,}33m}{1{,}30\,m} + \frac{0{,}475 \cdot 2{,}62 \cdot 1{,}06\,m^2 \cdot \frac{1{,}2\,kg/m^3}{2} \cdot \left(\frac{100}{3{,}6}\,m/s\right)^2}{2} = \mathbf{2700{,}8\,N}$$

$$F_{V,z,r,l} = \frac{\text{Ant}_r \cdot m_{V,t,dr} \cdot g}{2} - \frac{\text{Ant}_{lat,r} \cdot m_{V,t,dr} \cdot a_y \cdot h_V}{b_r} + \frac{\text{Ant}_{A,r} \cdot c_A \cdot A \cdot \frac{\rho_L}{2} \cdot (v_V \pm v_L)^2}{2}$$

$$F_{V,z,r,l} = \frac{310\,\text{kg}\cdot 9{,}81\frac{m}{s^2}}{2} - \frac{0{,}5\cdot 536\,kg\cdot 12{,}86\frac{m}{s^2}\cdot 0{,}33m}{1{,}30\,m} + \frac{0{,}475\cdot 2{,}62\cdot 1{,}06\,m^2\cdot\frac{1{,}2\,kg/m^3}{2}\cdot\left(\frac{100}{3{,}6}m/s\right)^2}{2} = \mathbf{951{,}0\,N}$$

Die in der aktuellen Lastsituation maximal übertragbaren Reifenkräfte je Rad folgen nach (3.10) mit den Faktoren $k_{\mathrm{Fr,0}} = 2{,}5$ und $k_{\mathrm{Fr,L}} = 6{,}5 \cdot 10^{-5}$ 1/N:

$$TCT_{Radius} = k_{Fr,0}\cdot\left(1-k_{Fr,L}\cdot F_{W,Z}\right)\cdot F_{W,Z}$$

$$TCT_{Radius,f,r} = 2{,}5\cdot\left(1-6{,}5\cdot 10^{-5}\left[\frac{1}{\mathrm{N}}\right]\cdot 2214{,}5\,\mathrm{N}\right)\cdot 2214{,}5\,\mathrm{N} = \mathbf{4739{,}3\,N}$$

$$TCT_{Radius,f,l} = 2{,}5\cdot\left(1-6{,}5\cdot 10^{-5}\left[\frac{1}{\mathrm{N}}\right]\cdot 677{,}6\,\mathrm{N}\right)\cdot 677{,}6\,\mathrm{N} = \mathbf{1619{,}4\,N}$$

$$TCT_{Radius,r,r} = 2{,}5\cdot\left(1-6{,}5\cdot 10^{-5}\left[\frac{1}{\mathrm{N}}\right]\cdot 2700{,}8\,\mathrm{N}\right)\cdot 2700{,}8\,\mathrm{N} = \mathbf{5566{,}7\,N}$$

$$TCT_{Radius,r,r} = 2{,}5\cdot\left(1-6{,}5\cdot 10^{-5}\left[\frac{1}{\mathrm{N}}\right]\cdot 951{,}0\,\mathrm{N}\right)\cdot 951{,}0\,\mathrm{N} = \mathbf{2230{,}5\,N}$$

In der Summe könnten mit dem ursprünglichen Setup an der Vorderachse Querkräfte in Höhe von **6358,7 N** und an der Hinterachse Querkräfte in Höhe von **7797,2 N** übertragen werden.

Nachher

Mit der **modifizierten (steileren) Heckflügel -Einstellung** ergeben sich folgende Radlasten der einzelnen Räder:

$$F_{\mathrm{V,z,f,r}} = \frac{Ant_{\mathrm{f}}\cdot m_{\mathrm{V,t},dr}\cdot g}{2} + \frac{Ant_{lat,\mathrm{f}}\cdot m_{\mathrm{V,t},dr}\cdot a_{\mathrm{y}}\cdot h_{\mathrm{V}}}{b_{\mathrm{f}}} + \frac{Ant_{\mathrm{A,f}}\cdot c_{\mathrm{A}}\cdot A\cdot\frac{\rho_{\mathrm{L}}}{2}\cdot\left(\upsilon_{\mathrm{V}}\pm\upsilon_{\mathrm{L}}\right)^2}{2}$$

$$F_{\mathrm{V,z,f,r}} = \frac{226\,kg\cdot 9{,}81\frac{\mathrm{m}}{\mathrm{s}^2}}{2} + \frac{0{,}5\cdot 536\,kg\cdot 12{,}86\frac{\mathrm{m}}{\mathrm{s}^2}\cdot 0{,}33\,\mathrm{m}}{1{,}48\,\mathrm{m}} + \frac{0{,}495\cdot 2{,}78\cdot 1{,}06\,\mathrm{m}^2\cdot\frac{1{,}2\,kg/\mathrm{m}^3}{2}\cdot\left(\frac{100}{3{,}6}\,\mathrm{m/s}\right)^2}{2} = \mathbf{2214{,}7\,N}$$

$$F_{\mathrm{V,z,f,l}} = \frac{Ant_{\mathrm{f}} \cdot m_{\mathrm{V,t},dr} \cdot g}{2} - \frac{Ant_{lat,\mathrm{f}} \cdot m_{\mathrm{V,t},dr} \cdot a_{\mathrm{y}} \cdot h_{\mathrm{V}}}{b_{\mathrm{f}}} + \frac{Ant_{\mathrm{A,f}} \cdot c_{\mathrm{A}} \cdot A \cdot \frac{\rho_{\mathrm{L}}}{2} \cdot (\upsilon_{\mathrm{V}} \pm \upsilon_{\mathrm{L}})^2}{2}$$

$$F_{\mathrm{V,z,f,l}} = \frac{226\,kg \cdot 9{,}81\,\frac{\mathrm{m}}{\mathrm{s}^2}}{2} - \frac{0{,}5 \cdot 536\,kg \cdot 12{,}86\,\frac{\mathrm{m}}{\mathrm{s}^2} \cdot 0{,}33\,\mathrm{m}}{1{,}48\,\mathrm{m}}$$

$$+ \frac{0{,}495 \cdot 2{,}78 \cdot 1{,}06\,\mathrm{m}^2 \cdot \frac{1{,}2\,kg/\mathrm{m}^3}{2} \cdot \left(\frac{100}{3{,}6}\,\mathrm{m/s}\right)^2}{2} = \mathbf{677{,}7\,N}$$

$$F_{\mathrm{V,z,r,r}} = \frac{Ant_{\mathrm{r}} \cdot m_{\mathrm{V,t},dr} \cdot g}{2} + \frac{Ant_{lat,\mathrm{r}} \cdot m_{\mathrm{V,t},dr} \cdot a_{\mathrm{y}} \cdot h_{\mathrm{V}}}{b_{\mathrm{r}}} + \frac{Ant_{\mathrm{A,r}} \cdot c_{\mathrm{A}} \cdot A \cdot \frac{\rho_{\mathrm{L}}}{2} \cdot (\upsilon_{\mathrm{V}} \pm \upsilon_{\mathrm{L}})^2}{2}$$

$$F_{\mathrm{V,z,r,r}} = \frac{310\,kg \cdot 9{,}81\,\frac{\mathrm{m}}{\mathrm{s}^2}}{2} + \frac{0{,}5 \cdot 536\,kg \cdot 12{,}86\,\frac{\mathrm{m}}{\mathrm{s}^2} \cdot 0{,}33\,\mathrm{m}}{1{,}30\,\mathrm{m}}$$

$$+ \frac{0{,}505 \cdot 2{,}78 \cdot 1{,}06\,\mathrm{m}^2 \cdot \frac{1{,}2\,kg/\mathrm{m}^3}{2} \cdot \left(\frac{100}{3{,}6}\,\mathrm{m/s}\right)^2}{2} = \mathbf{2739{,}9\,N}$$

$$F_{\mathrm{V,z,r,l}} = \frac{Ant_{\mathrm{r}} \cdot m_{\mathrm{V,t},dr} \cdot g}{2} - \frac{Ant_{lat,\mathrm{r}} \cdot m_{\mathrm{V,t},dr} \cdot a_{\mathrm{y}} \cdot h_{\mathrm{V}}}{b_{\mathrm{r}}} + \frac{Ant_{\mathrm{A,r}} \cdot c_{\mathrm{A}} \cdot A \cdot \frac{\rho_{\mathrm{L}}}{2} \cdot (\upsilon_{\mathrm{V}} \pm \upsilon_{\mathrm{L}})^2}{2}$$

$$F_{\mathrm{V,z,r,l}} = \frac{310\,kg \cdot 9{,}81\,\frac{\mathrm{m}}{\mathrm{s}^2}}{2} - \frac{0{,}5 \cdot 536\,kg \cdot 12{,}86\,\frac{\mathrm{m}}{\mathrm{s}^2} \cdot 0{,}33\,\mathrm{m}}{1{,}30\,\mathrm{m}}$$

$$+ \frac{0{,}505 \cdot 2{,}78 \cdot 1{,}06\,\mathrm{m}^2 \cdot \frac{1{,}2\,kg/\mathrm{m}^3}{2} \cdot \left(\frac{100}{3{,}6}\,\mathrm{m/s}\right)^2}{2} = \mathbf{990{,}1\,N}$$

Die in der aktuellen Lastsituation maximal übertragbaren Reifenkräfte je Rad folgen nach (3.10) mit den Faktoren $k_{\mathrm{Fr,0}} = 2{,}5$ und $k_{\mathrm{Fr,L}} = 6{,}5 \cdot 10^{-5}$ 1/N:

$$TCT_{Radius} = k_{Fr,0} \cdot (1 - k_{Fr,L} \cdot F_{W,Z}) \cdot F_{W,Z}$$

$$TCT_{Radius,f,r} = 2{,}5 \cdot \left(1 - 6{,}5 \cdot 10^{-5} \left[\frac{1}{\mathrm{N}}\right] \cdot 2214{,}5\,\mathrm{N}\right) \cdot 2214{,}5\,N = \mathbf{4739{,}7\,N}$$

$$TCT_{Radius,f,l} = 2{,}5 \cdot \left(1 - 6{,}5 \cdot 10^{-5} \left[\frac{1}{\mathrm{N}}\right] \cdot 677{,}6\,N\right) \cdot 677{,}6\,N = \mathbf{1619{,}6\,N}$$

$$TCT_{Radius,r,r} = 2{,}5 \cdot \left(1 - 6{,}5 \cdot 10^{-5} \left[\frac{1}{\mathrm{N}}\right] \cdot 2700{,}8\,\mathrm{N}\right) \cdot 2700{,}8\,\mathrm{N} = \mathbf{5629{,}9\,N}$$

$$TCT_{Radius,r,r} = 2{,}5 \cdot \left(1 - 6{,}5 \cdot 10^{-5} \left[\frac{1}{\mathrm{N}}\right] \cdot 951{,}0\,\mathrm{N}\right) \cdot 951{,}0\,\mathrm{N} = \mathbf{2316{,}0\,N}$$

In der Summe könnten mit dem geänderten Setup an der Vorderachse Querkräfte in Höhe von **6359,3 N** (vorher 6358,7 N) und an der Hinterachse Querkräfte in Höhe von **7945,8 N** (vorher 7797,2 N) übertragen werden. Mit der steileren Heckflügelstellung können die **Querkräfte an der Hinterachse** – bei nahezu unveränderten Querkräften an der Vorderachse – **um rund 2 % gesteigert** werden.

Fazit

- Eine Erhöhung des Abtriebs am Heckflügel um 20 % ermöglicht im vorliegenden Beispiel eine Erhöhung des Abtriebs an der Hinterachse um mehr als 6 %.
- Der Abtrieb bezogen auf das Gesamtfahrzeug steigt um exakt 6 %.
- Die Querkräfte an der Hinterachse können (bei nahezu unveränderten Querkräften an der Vorderachse) und ohne weitere Maßnahmen um rund 2 % (entspricht ca. 149 N) gesteigert werden.

Da an der Oberseite eines Flügels ein höherer Druck herrscht als unterhalb des Flügels, sind die Luftmoleküle stets bestrebt, einen Druckausgleich zwischen Ober- und Unterseite herbeizuführen. Daher neigt die Luft dazu, von der Ober- zur Unterseite des Flügels zu strömen, was neben einem Verlust an Abtriebskraft auch Wirbel an den Flügelenden entstehen lässt. Dies wird als sogenannter **induzierter Luftwiderstand** bezeichnet. Dies drückt sich einerseits in einer **turbulenten Wirbelschleppe** an den **Flügelspitzen** (siehe Abb. 8.11) und andererseits in einer turbulenten Wirbelschleppe an der **Seite des Flügels** aus (siehe Abb. 8.12). Beiden Formen des induzierten Luftwiderstandes muss mit geeigneten Maßnahmen begegnet werden.

In Abschn. 8.2.2 und Abb. 8.4 wurde bereits auf die Grenzschicht eingegangen. Abb. 8.11 zeigt, dass in einer Grenzschicht die Strömung durch Reibung gebremst wird, in einer turbulenten Strömung kann es dann zur Ablösung mit hohen induzierten Luftwiderständen kommen. Der Reibungswiderstand an der Oberfläche des Flügels bremst also den Rennwagen, indem er in der Grenzschicht die kinetische Energie in Wärmeenergie umwandelt. Der Reibungswiderstand (auch: Schubspannungswiderstand) hängt davon ab, ob die anliegende Strömung laminar oder turbulent ist. Er kann wie bereits erwähnt durch eine hohe Oberflächengüte verbessert werden, indem die Strömung möglichst laminar gehalten wird.

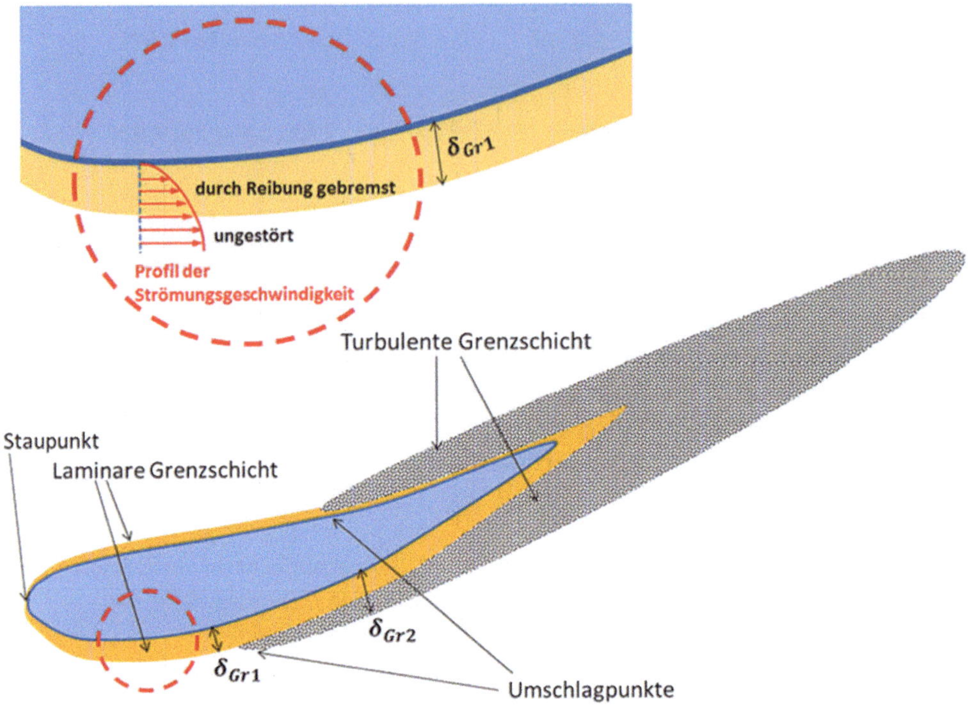

Abb. 8.11 Laminare und turbulente Grenzschichten am Flügel eines Rennwagens

Um ein optimales Verhältnis zwischen Abtrieb und Luftwiderstand für einen Heckflügel zu erreichen, sollte dieser so hoch wie möglich angeordnet werden, denn je höher der Flügel installiert ist, umso näher kommt er dem freien Luftstrom über dem Rennwagen. Damit steigt die Wahrscheinlichkeit einer laminaren Strömung am Flügel.

Eine effektive Maßnahme zur Steigerung des Abtriebs an einem Flügel ist die Anbringung einer sogenannten **Gurney-Leiste** (Gurney-Flap) am hinteren Ende des Flügelprofils, siehe Abb. 8.13. Dabei handelt es sich um einen einfachen Metallwinkel. Dadurch wird dem Luftstrom eine zusätzliche vertikale Geschwindigkeitskomponente verliehen und dieser somit nach oben abgeleitet. Der daraus entstehende Gegenimpuls führt zu einer Steigerung des Abtriebs. Außerdem wird der Luftstrom vor der Leiste abgebremst, wodurch nach dem Gesetz der Energieerhaltung (Bernoulli-Gleichung) der statische Druck p_{stat} über dem Flügel zunimmt. Zahlreiche Windkanalversuche haben ergeben, dass eine Gurney-Leiste gegenläufige Wirbel unmittelbar hinter sich erzeugt. Dadurch wird die Sehnenlänge c des Flügels um den Betrag c^* künstlich verlängert, was gemäß (8.19) den Abtrieb (aber auch den Luftwiderstand!) vergrößert. Anhaltswerte liefert Abb. 8.12. Daraus ist erkennbar, dass sich die Abtriebs-erhöhenden Effekte des Gurney-Flaps mit zunehmendem Anstellwinkel verringern, aber auch der Luftwiderstand. Dies resultiert aus einem Druckabfall hinter dem Gurney-Flap, wodurch der Strömungsabriss hinausgezögert

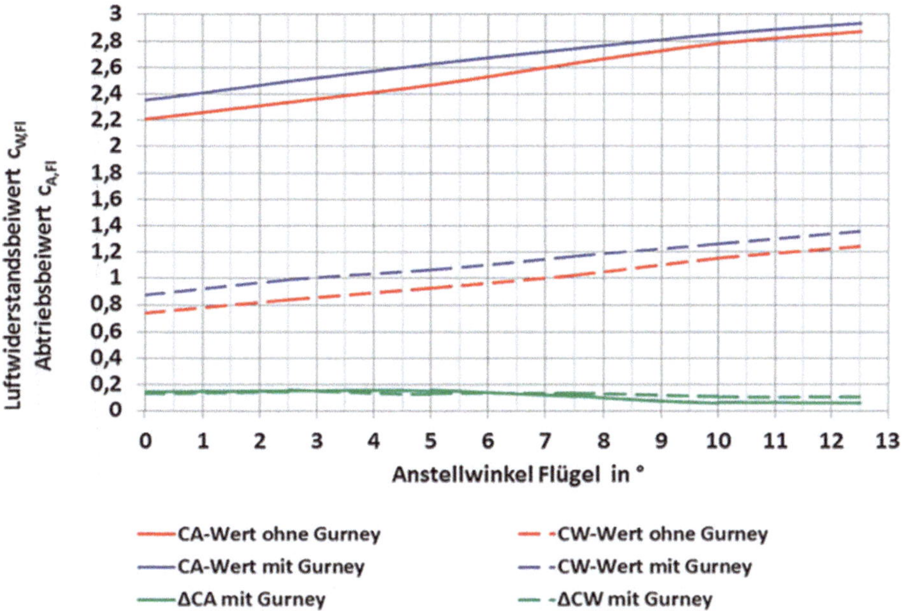

Abb. 8.12 Beispiel für die Erhöhung des Abtriebs und Vergrößerung des Luftwiderstandes von Gurney-Flaps anhand der Beiwerte in Abhängigkeit des Anstellwinkels

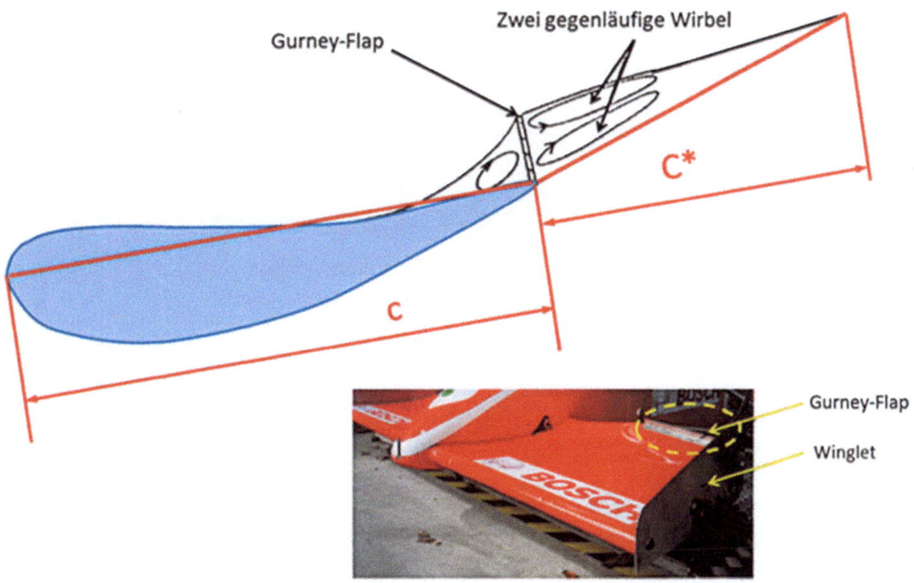

Abb. 8.13 Gurney-Flaps am Flügelende erzeugen zwei gegenläufige Wirbel und damit eine Verlängerung der Sehnenlänge des Flügels. Dies bewirkt je nach Anströmgeschwindigkeit eine signifikante Steigerung des Abtriebs

wird und damit der Anstellwinkel des Flügels erhöht werden kann. Ebenso ist es möglich, bei identischer Abtriebskraft einen kleineren Anstellwinkel und damit geringeren Luftwiderstand zu erzeugen.

> **Tipp 8.5** Auf Hochgeschwindigkeitsrennstrecken ist zu erwägen, Gurney-Flaps zum Zweck einer höheren aerodynamischen Effizienz zu demontieren, um höhere Geschwindigkeiten zu erreichen. Die Entscheidung muss jedoch immer mit Blick auf die aerodynamische Balance des Gesamtfahrzeugs erfolgen.

Eine weitere Form des induzierten Widerstands wird durch Randwirbel an den Flügelenden verursacht, so dass weitere kinetische Energie dem Abtrieb erzeugenden Strömungssystem entzogen wird. Abhilfe bieten hier Endplatten an den Front- und Heckflügeln, sogenannte **Winglets**, siehe Abb. 8.14.

Oft verfügt der Heckflügel über einen zusätzlichen, darunter angeordneten Flügel. Das untere Flügelelement, das sogenannte **Beam Wing**, hat neben der Erzeugung zusätzlicher Abtriebskraft noch eine weitere Aufgabe. Durch die Anordnung nahe dem Diffusorausgang kommt es zu einer Interaktion zwischen Beam Wing und Fahrzeugunterboden. Der unter diesem Flügel herrschende Niederdruckbereich führt zu einer Sogwirkung, der die Luft im Diffusor (siehe Abschn. 8.4.2) und damit unter dem Unterboden zusätzlich be-

Abb. 8.14 Der konsequente Einsatz von Winglets an den Flügeln eines Rennwagens verhindert, dass die den Abtrieb erzeugende Strömungsenergie verringert wird

schleunigt, was wiederum zu einem höheren Anpressdruck des gesamten Fahrzeugs führt. Abb. 8.15 dokumentiert den prozentualen Gewinn an Abtrieb in Abhängigkeit der Flügelzahl, aber auch die Verschlechterung des c_A/c_W-Verhältnisses (Abtrieb zu Luftwiderstand).

▶ **Tipp 8.6** Für eine optimale Ausnutzung der Sogwirkung des unteren Flügelprofils (Beam Wing) sollte dessen Unterseite so tief wie möglich angeordnet werden, damit diese möglichst auf Höhe der Oberseite des Diffusors liegt und von diesem direkt angeströmt wird.

Mitunter ist auch der obere Flügel nicht als ein Bauteil, sondern mit zwei hintereinander angeordneten Flügeln dargestellt. Die hat den gleichen Effekt wie eine Verlängerung der Sehnenlänge des Flügels, jedoch durch die Beschleunigung der Strömung zwischen den Flügeln auch eine Reduzierung des induzierten Widerstands durch besser anliegende Strömung oberhalb des Hauptflügels.

Manche Lieferanten bieten ein Portfolio an unterschiedlichen Flügel-Konfigurationen mit einem oder mehreren Flügeln an, für die auch die Werte für Abtrieb (Downforce) und Luftwiderstand (Drag) und deren Verhältnis zueinander angegeben werden. Beispiele sind in Abb. 8.16 gezeigt.

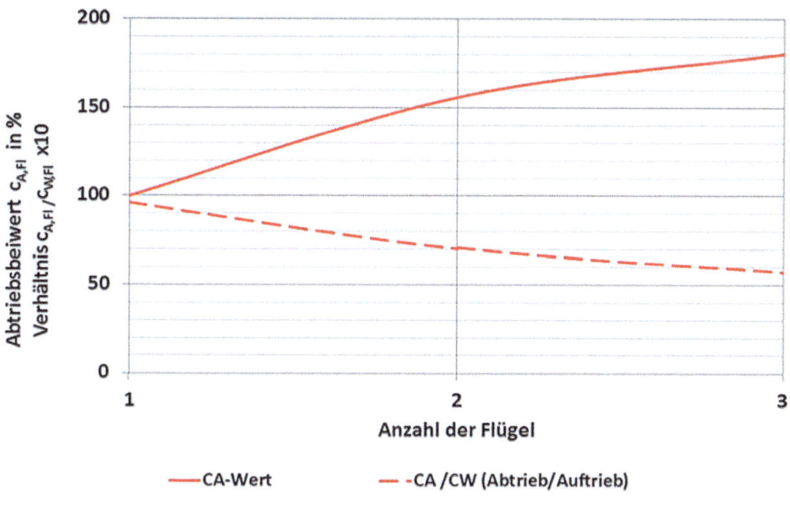

Abb. 8.15 Beispiel für die Erhöhung des Abtriebs und Vergrößerung des Luftwiderstandes in Abhängigkeit der Flügelzahl

110MM CHORD

AOA	Downforce (N)	Drag (N)	L/D	BHP Absorbed
4	171	10.8	15.8	0.6
8	220	15	14.7	0.9
10	239	18	13.3	1.1
12	240	21	11.3	1.3

150MM CHORD

AOA	Downforce (N)	Drag (N)	L/D	BHP Absorbed
4	219	16	13.7	1.0
8	304	21	14.4	1.3
10	331	25	13.3	1.5
12	346	29	12.0	1.7

225MM CHORD

AOA	Downforce (N)	Drag (N)	L/D	BHP Absorbed
4	446	34	13.1	2.0
8	539	47	11.5	2.8
12	598	59	10.1	3.5
14	620	66	9.5	3.9

300MM CHORD

310mm L/Drag wing recommended see page 7

AOA	Downforce (N)	Drag (N)	L/D	BHP Absorbed
4	403	28	14.4	1.7
8	521	42	12.5	2.5
12	605	57	10.6	3.4
14	619	64	9.6	3.8

225MM CHORD WITH 110MM FLAP

AOA	Downforce (N)	Drag (N)	L/D	BHP Absorbed
15	1003	136	7.4	8.1
19	1108	166	6.7	9.9
23	1203	198	6.1	11.8
25	1240	213	5.8	12.7

225MM CHORD WITH 150MM FLAP

AOA	Downforce (N)	Drag (N)	L/D	BHP Absorbed
17	1164	178	6.5	10.6
21	1274	214	5.9	12.8
25	1367	251	5.5	14.9
27	1401	267	5.3	15.9

300MM CHORD WITH 110MM FLAP

AOA	Downforce (N)	Drag (N)	L/D	BHP Absorbed
11	918	119	7.7	7.1
15	1049	154	6.8	9.2
19	1172	193	6.1	11.5
23	1271	234	5.4	13.9

300MM CHORD WITH 150MM FLAP

AOA	Downforce (N)	Drag (N)	L/D	BHP Absorbed
13	1082	158	6.9	9.4
18	1221	201	6.1	11.9
22	1343	246	5.5	14.7
26	1438	293	4.9	17.5

We advise selecting 310mm profiles over 300mm as these are newer and more available from Reverie

Abb. 8.16 Beispiele für Heckflügelkonfigurationen. (Quelle: ReVerie Ltd.); mit: *AOA*: Anstellwinkel (Angle of attack), *BHP*: Widerstandsleistung (Brake horse power)

8.4.2 Beschleunigung der Strömung unter dem Fahrzeug und Diffusor *Acceleration of the Flow under the Vehicle Floor and Diffusor*

Neben der Überströmung von den Front- und Heckflügeln eines Rennwagens nimmt die Beschleunigung der Luftmoleküle unter dem Rennwagen eine Schlüsselstellung bei der Erzeugung von Abtrieb ein. In Abb. 8.7 ist das physikalische Prinzip dargestellt. Der Strömungsquerschnitt der Luft wird von $A_{Ström1}$ unter dem Fahrzeug auf $A_{Ström2}$ verringert. Gemäß der Kontinuitätsgleichung ((8.8); Massenerhaltung) nimmt die Geschwindigkeit der Strömung im Querschnitt $A_{Ström2}$ zu. Gemäß der Energieerhaltung (Bernoulli-Gleichung; (8.7)) nimmt aufgrund der Zunahme der kinetischen Energie unter dem Fahrzeug, charakterisiert durch den Staudruck p_{dyn}, der statische Druck p_{stat} ab. Da der statische Druck über dem Fahrzeug keine derartige Änderung erfährt, entsteht aufgrund der Druckdifferenz eine nach unten gerichtete Anpress-Kraft. Signifikant gesteigert werden kann dieser Effekt durch die gleichzeitige Ausgestaltung des Unterbodens in Form eines Flügels. Dies wurde bei den sogenannten „Wing-Cars" der früheren Formel-1-Ära verwirklicht, aber aufgrund der Beeinträchtigung der Lenkfähigkeit des Fahrzeugs rasch wieder verboten.

Im hinteren Unterbodenbereich, dem sogenannten Diffusor, wird die Strömungsgeschwindigkeit durch eine Querschnittserhöhung ($A_{Ström3}$ in Abb. 8.7) verringert. Ein Anstieg des statischen Drucks p_{stat} im Diffusor ist die Folge. Idealerweise entsprechen die Strömungsgeschwindigkeit und der Druck am Ende des Diffusors den Umgebungsbedingungen. Dadurch wird die Unterbodenströmung auf sanfte Weise dem freien Luftstrom hinter dem Fahrzeug angepasst, woraus ein niedriger Luftwiderstand resultiert.

Der Unterboden kann zur Optimierung des Abtriebs die Luft unter dem Rennwagen in Form von Kanälen leiten und aufteilen, um durch weitere Querschnittsänderungen gemäß der Bernoulli-Gleichung eine weitere Beschleunigung (Venturi-Effekt) zu erzielen.

Für die Ausnutzung des Bodeneffekts spielt neben der glatten Auslegung des Unterbodens insbesondere die Fahrthöhe eine entscheidende Rolle. Grundsätzlich steigt mit abnehmender Bodenfreiheit und der damit verbundenen Reduzierung der durchströmten Querschnittsfläche die Strömungsgeschwindigkeit unter dem Fahrzeug. Daraus resultiert wiederum eine erhöhte Abtriebskraft. Der Abstand zwischen Unterboden und Fahrbahn darf jedoch ein gewisses Minimum nicht unterschreiten, da sonst die Strömung „blockiert" und der Strömungswiderstand gesteigert wird, was zu einer Reduzierung des Abtriebs führen würde.

▶ **Tipp 8.7** Ein Diffusorwinkel zwischen 10,5 und 12,5° bietet das Optimum des Kompromisses zwischen Abtrieb und Luftwiderstand.

Beispiel 8.4

Der Unterboden eines Formelwagens hat nach dem Splitter die Breite 1,60 m, die als „charakteristische Länge" herangezogen wird, siehe Abb. 8.7. Die Bodenhöhe des Fahrzeugs vor dem Splitter beträgt 12 cm, im Unterbodenbereich 4 cm. Für die Geschwindigkeit 270 km/h bei Gegenwind 10 km/h soll untersucht werden, welcher Unterdruck sich unter dem Fahrzeug einstellt. Es herrscht ein Luftdruck von 1013 mbar bei 25 °C und 62 % Luftfeuchte (siehe o. a. Beispiel). Damit beträgt die Luftdichte 1,198 kg/m³. Mit (8.7) (Bernoulli-Gleichung), (8.8) (Kontinuitäts-Gleichung) und (8.9) folgt bei Vernachlässigung einer Luftdichtenänderung in der Strömung:

$$v_{Ström2} = \frac{v_{Ström1} \cdot A_{Ström1}}{A_{Ström2}} = \frac{\upsilon_{Ström1} \cdot h1 \cdot b}{h2 \cdot b} = \frac{280 \frac{km}{\mathrm{h}} \cdot 12\,cm}{4\,cm} = \upsilon_{Ström1} \cdot 3$$ ◀

Die Strömungsgeschwindigkeit unter dem Fahrzeug erhöht sich auf das Dreifache.

$$p_{\text{stat}1} + \frac{1}{2}\rho_L \cdot \upsilon_{Ström1}^2 = p_{\text{stat}2} + \frac{1}{2}\rho_L \cdot \upsilon_{Ström2}^2$$

$$p_{\text{stat}2} - p_{\text{stat}1} = \frac{1}{2}\rho_L \cdot \left(\upsilon_{Ström1}^2 - \upsilon_{Ström2}^2\right) = \frac{1}{2}\rho_L \cdot (-8) \cdot \left(\upsilon_{Ström1}\right)^2$$

$$p_{\text{stat}2} - p_{\text{stat}1} = -4 \cdot 1{,}198\, kg / \text{m}^3 \cdot \left(\frac{280}{3{,}6}\,\text{m/s}\right)^2 = -28.988{,}6\,\text{N/m}^2$$
$$= -0{,}29\, bar$$

Es tritt ein Saugeffekt unter dem Fahrzeug um 0,29 bar auf. Dieses Beispiel setzt vereinfachend voraus, dass keine Luft von den Seiten zuströmt.

8.4.3 Vortex-Generatoren (Turbulatoren, Canard-Flaps) und Golfball-Effekt *Vortex Generators (Turbulators, Canard Flaps) and the Golf Ball Effect*

Neben den beiden oben erläuterten Hauptmaßnahmen zur Erzeugung von Abtrieb kommen weitere, eher unterstützende Maßnahmen mit limitierter Effizienz wie Vortex-Generatoren oder Turbulatoren zum Einsatz. Ein **Vortex-Generator oder Turbulator** verursacht eine begrenzte Oberflächenstörung, die eine laminare Grenzschicht in eine turbulente überführt, um einen drohenden Strömungsabriss hinauszuzögern. Die Reynoldszahl wird dadurch erhöht, die Strömung bleibt anliegend.

Vortex-Generatoren werden z. B. als kleine Dreiecks-Flügel an der Vorderseite der Fahrzeugfront (z. B. am Stoßfänger) und an den Fahrzeugseiten angebracht, was ihnen wegen ihrer Form den Namen **Canard-Flaps** (Entenflügel) verleiht.[2] Diese Turbulatoren helfen, moderaten Abtrieb auf zwei verschiedenen Wegen zu erzeugen (siehe Abb. 8.17):

- Erstens wird die anströmende Luft durch die Flügelform nach oben abgelenkt, was wie bei einem Front oder Heckflügel – nur in hochsignifikant geringerem Ausmaß – eine nach unten gerichtete Kraft bewirkt. Dies ist nur moderat, da die Geschwindigkeit in der Grenzschicht wesentlich langsamer ist als im freien Strom. Insofern sind Canard-Flaps eher als Maßnahmen für die Feineinstellung geeignet.
- Zweitens erzeugen die hinteren Kanten der Turbulatoren, ähnlich wie bei Gurney-Flaps, starke Wirbel, die sich an den Seiten des Rennwagens ausbreiten und eine Barriere bilden. Durch diese Barriere wird der Luftaustausch zwischen der unter höherem statischem Druck p_{stat} stehenden Luft im oberen Bereich und dem Niederdruckbereich am Fahrzeugboden verhindert, so dass der dort erzeugte Abtrieb aufrechterhalten wird. Wenn Luft aus dem oberen Bereich auf die Unterseite gelangen würde, würde der Druck dort unvermeidlich ansteigen, was den Abtrieb verringert.

[2] Siehe auch Handbuch Rennwagentechnik Bd. 2. Kap. 5.

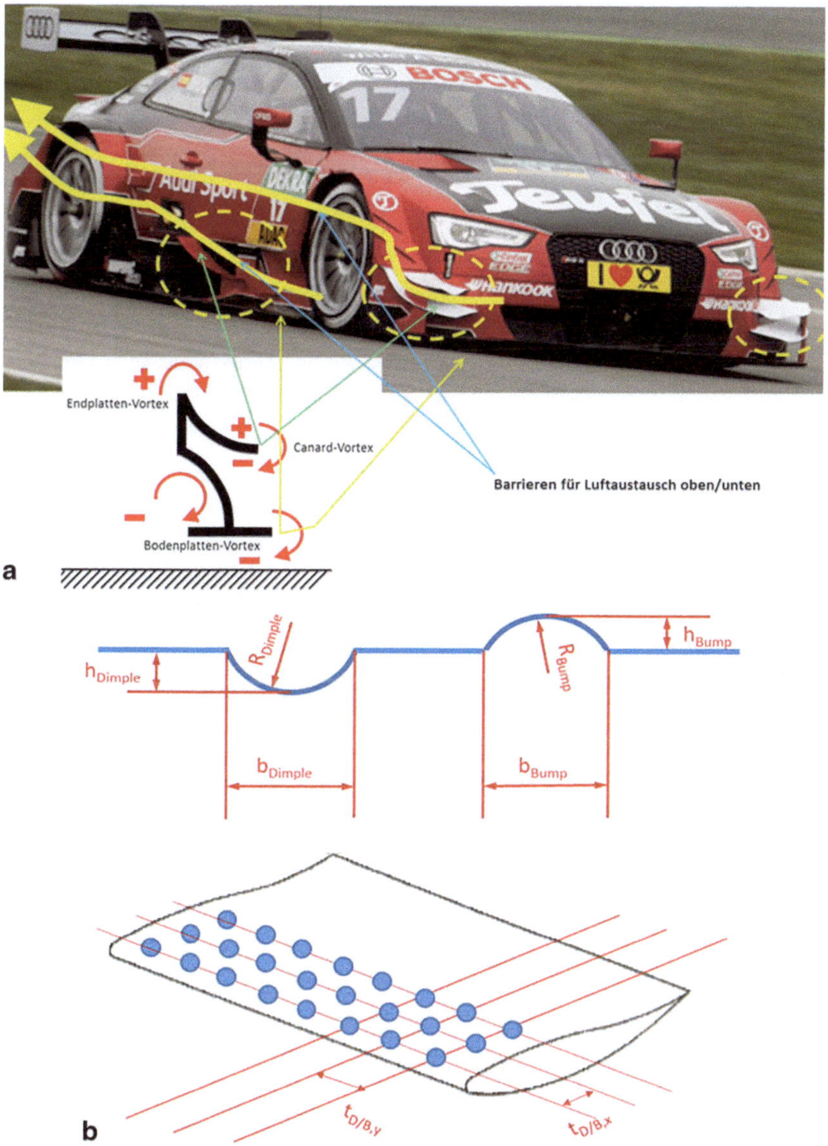

Abb. 8.17 **a** Applikation von Turbulatoren am Beispiel eines DTM-Fahrzeugs. **b** Ausnutzung des Golfball-Effektes am Beispiel eines Flügels. Beulen (Bumps) und Grübchen (Dimples) können in unterschiedlichen Kombinationen und Zonen des Flügels angeordnet werden. Die Effekte der jeweiligen Konfigurationen müssen jedoch in Abhängigkeit des Flügelanstellwinkels und mit engem Bezug auf die Anströmverhältnisse durch vorgelagerte Komponenten verifiziert werden. Ein ausgedehntes Beulenfeld scheint jedoch erfolgversprechend zu sein

Es ist beim Einsatz unterstützender Maßnahmen wie Turbulatoren jedoch stets das Gesamtsystem im Blick zu behalten. So ist darauf zu achten, dass die Effekte den Betrieb des Heckflügels oder anderer aerodynamischer Subsysteme nicht negativ beeinflussen, insbesondere auch nicht die Kühlluftzu- und -abfuhr.

In Anlehnung an den Golfball-Effekt wird auch im Motorsport versucht, durch kleine Beulen (Englisch: Bumps) und Grübchen (Englisch: Dimples) in der Oberfläche von Flügeln den Luftwiderstand zu senken, siehe Abb. 8.17b. In der Regel beträgt die Höhe der Beulen bzw. Tiefe der Grübchen rund 1 mm bei einem Radius von etwa 3 bis 4 mm.

Um eine Verbesserung der Aerodynamik eines Heckflügels mithilfe kleiner Grübchen oder Beulen zu verstehen, ist es notwendig, die Funktionsweise des Golfball-Effekts zu beleuchten. Bei einer Luftströmung an den Grübchen und Beulen entstehen kleine Wirbel, da durch die kleinen Absenkungen und/oder Erhöhungen die Strömung in sehr kleinen Abständen abgelenkt wird und Wirbel entstehen. Anstatt der bei einer glatten Kugel gleicher Größe und Geschwindigkeit vorhandenen laminaren Grenzschicht wird durch diese kleinen Unregelmäßigkeiten bei einem Golfball eine turbulente Grenzschicht gebildet, die erst signifikant später ablöst und der Oberfläche der Kugel bzw. des Balls länger folgt. Dadurch ist das Ablösegebiet deutlich kleiner. Ein großes Ablösegebiet hinter dem Ball würde zu einem sehr großen Strömungsfeld mit geringer Geschwindigkeit und großen, „bremsenden" Drücken im Vergleich zum Druck an der Vorderseite führen. Beim Golfball stellt sich indes ein großes Gebiet mit niedrigem Druck hinter dem Ball ein. Somit ist ein möglichst kleines Ablösegebiet erwünscht, welches durch eine turbulente Grenzschicht erreicht werden kann, siehe Abb. 8.18.

Während sich an Golfbällen bereits im niederen turbulenten Geschwindigkeitsbereich ($Re \approx 0{,}5 \cdot 10^5$) eine Reduzierung des Luftwiderstandes um rund die Hälfte gegenüber einer ebenen Oberfläche einstellt, ist dies an Flügeln von Rennwagen sehr stark abhängig von der Flügelstellung, der Anordnung am Flügel und den Dimensionen der Beulen/Grübchen. Zudem ist im Motorsport das Verhältnis von Abtrieb und Luftwiderstand (c_A/c_W) entscheidend. Aktuelle Forschungsergebnisse zeigen, dass aufgrund der großen Sensitivität der Ergebnisse in Abhängigkeit der möglichen Konfigurationen die Komplexität dieser Anwendung hochsignifikant zunimmt und Ergebnisse mitunter nicht belastbar reproduziert werden können, sodass weitere Versuche erforderlich sind. Vorerst kann festgestellt werden:

1. **Flügel mit einer „Beulen-Reihe" im vorderen Bereich gegenüber einem Flügel mit ebener Oberfläche:**

Bei kleinen Anstellwinkeln bis etwa 10°: Keine Verbesserung des Luftwiderstandes, aber geringfügige Verschlechterung des Abtriebs: Verschlechterung des Verhältnisses c_A/c_W !

Bei größeren Anstellwinkeln um 20°: Hochsignifikante Verschlechterung des Luftwiderstandes, aber auch hochsignifikante Verbesserung des Abtriebs: Keine Änderung des Verhältnisses c_A/c_W !

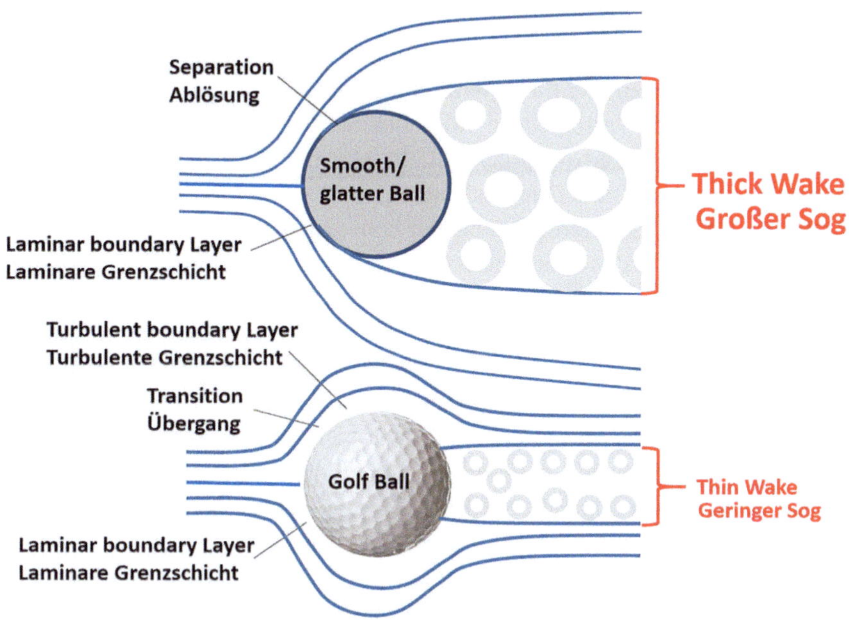

Abb. 8.18 Golfball-Effekt: Kleineres Sogfeld im Vergleich zum glatten Ball und damit reduzierter Luftwiderstand

2. **Flügel mit einem „Beulen-Feld" auf dem Flügel gegenüber einem Flügel mit ebener Oberfläche:**

Bei kleinen Anstellwinkeln bis etwa 10°: Nur geringe Verbesserung des Luftwiderstandes, aber Verschlechterung des Abtriebs: Dennoch Verbesserung des Verhältnisses c_A/c_W !

Bei größeren Anstellwinkeln um 20°: Signifikante Verbesserung des Luftwiderstandes und signifikante Verbesserung des Abtriebs: Signifikante Verbesserung des Verhältnisses c_A/c_W !

Daraus folgt, dass offenbar ein ausgedehntes „Beulen-Feld" (Bump array) auf dem Flügel sich wohl als zielführend darstellen könnte, wobei selbstverständlich das Zusammenwirken mit anderen aerodynamischen Komponenten entscheidend ist.

So zeigen sich bei Windkanalversuchen an komplexeren Flügel-Gruppen (bestehend aus dem Hauptflügel mit zusätzlicher, verstellbarer Klappe) völlig andere Dimple-Konfigurationen als zielführend. Durch die Flügelklappe (Flap) wird der erzeugte Abtrieb zusätzlich erhöht, da der Spalt zwischen Hauptflügel und Klappe mit hoher Geschwindigkeit durchströmt wird. Die Grenzschicht am hinteren Ende des Hauptflügels ist bereits groß und damit ablösungsgefährdet, sodass eine weitere Verlängerung des Flügels die Ablösung nur noch begünstigen würde und somit einen negativen Einfluss hätte. Dem wirkt die verstellbare Klappe entgegen, an der sich eine neue Grenzschicht bildet, welche einen weiteren Druckanstieg aufnehmen kann, bevor es zu einer Ablösung kommt. Oftmals befindet sich an der hinteren Kante dieser Klappe noch eine Gurney-Leiste („Gurney-Flap"), welche über die Bildung gegenläufiger Wirbel eine geschwindigkeitsabhängige „Verlängerung" des Flaps bewirkt, siehe Abb. 8.13. Die zusätzlich verwendeten Endplatten („Winglets") verhindern eine seitliche Wirbelbildung an den Flügeln. In einer Windkanaluntersuchung wurden 25 verschiedene Kombinationen der Dimples an Hauptflügel und Flap untersucht, wobei der Abstand der Mittelpunkte der Dimples sowohl in x- als auch y-Richtung 10 mm betrug. Die Dimples hatten jeweils einen Durchmesser von 3 mm bei einer Tiefe von 1 mm. Als Referenz diente der konventionelle Heckflügel mit Klappe und jeweils glatter Oberfläche (als „Variante 1-1" bezeichnet). Es zeigte sich, dass durch einige Varianten der verschiedenen Konzepte mit Dimples signifikante Verbesserungen im Luftwiderstand, im Abtrieb und in der aerodynamischen Effizienz erreichbar sind. Dabei offenbarten sich erwartungsgemäß starke Abhängigkeiten vom Anstellwinkel α, so dass für unterschiedliche Anstellwinkel unterschiedliche Dimple-Varianten als zielführend identifiziert wurden. Da es im Motorsport jedoch nicht praxisgerecht ist, während eines Trainings oder Qualifyings stets die komplette Kombination aus Hauptflügel und Klappe zu tauschen, werden nachfolgend die Mittelwerte der aerodynamischen Effizienzen aus allen Anstellwinkeln berechnet, um die „insgesamt" günstigste Variante (Kombination aus Hauptflügel und Klappe) zu ermitteln. Dabei zeigt sich, dass offenbar bei frontaler Anströmung (also ohne Berücksichtigung von Seitenwind) die in Abb. 8.19 hervorgehobenen

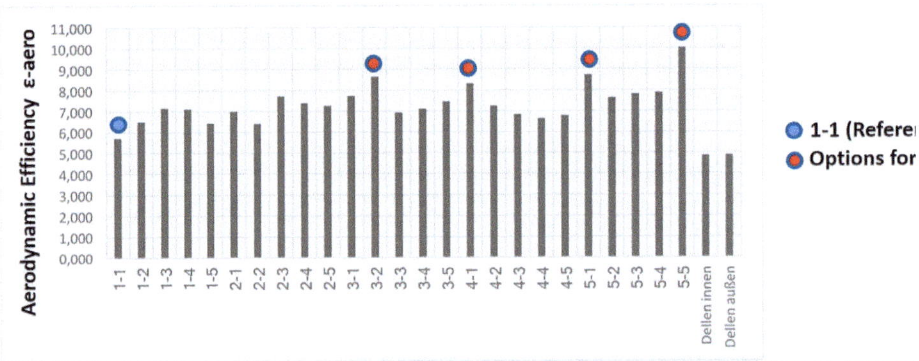

Main Wing		Flap	
Serial No.	Explanation	Serial No.	Explanation
5	Dimpels at the front and rear ends	5	Dimpels at the front and rear ends (top and bottom)
5	Dimpels at the front and rear ends	1	w/o Dimples ("Reference")
3	Dimples only at the front / on nose	2	Dimpels over entire top, bottom smooth
4	Dimples only at the rear end	1	w/o Dimples ("Reference")

Abb. 8.19 Zielführende Dimple-Konfigurationen auf Heckflügel und Klappe mit signifikantem aerodynamischen Verbesserungspotenzial gegenüber der Referenz 1-1 (glatte Oberfläche auf Flügel und Klappe) bei frontaler Anströmung – *ohne* Seitenwind. (Quelle: M. Kampfl, Bachelorarbeit an der Hochschule Landshut 2018 (bei Prof. Dr. Pütz)). Anmerkung: Die aerodynamische Effizienz bezieht sich auf eine auf den Druckpunkt des Hauptflügels bezogene Abtriebskraft

Varianten 5-5, 5-1, 3-2 und 4-1 die größten Vorteile im Vergleich zur Referenz 1-1 bieten. Keinerlei Verbesserungen brachten Dimples außen oder innen auf den Winglets.

Bei schräger Anströmung (Flügelanordnung zur Anströmrichtung gedreht) ändern sich die angeströmte Fläche und auch die Lage des Druckpunktes. Im Vergleich zur Frontalanströmung sinkt mitunter die aerodynamische Effizienz. Dabei zeigte sich auch, dass offenbar bei Seitenwind gegenüber frontaler Anströmung andere Varianten mit Dimples als bei der Frontalanströmung die größten Verbesserungen bewirken, siehe Abb. 8.20. Nicht zielführend sind auch hier bei schräger Anströmung Dimples außen oder innen auf den Winglets.

Es ist erkennbar, dass für unterschiedliche Anstellwinkel α der Klappe bei Frontal- und Schräganströmung des Heckflügels unterschiedliche Varianten mit Dimples das aerodynamische Optimum bieten. In jedem Fall bietet die Mehrzahl der untersuchten Varianten mit Dimples deutliche Verbesserungen gegenüber der Referenz (glatter Flügel/glatte Klappe), was den Vorteil der selektiven Anwendung des Golfball-Effektes auf Heckflügel belegt und weitere Untersuchungen zur Anwendung auch an anderen aerodynamischen Bauteilen und deren Zusammenspiel am Gesamtfahrzeug nahe legt. Bei komplexen, mehrteiligen Heckflügeln scheint folgende Option das Optimum zu sein:

- **Hauptflügel mit Dimples an der Nase und am Profilende.**

Hinsichtlich der Auswirkung der Anströmgeschwindigkeit wurde erkannt, dass die höchste aerodynamische Effizienz häufig bei relativ niedrigeren Geschwindigkeiten ge-

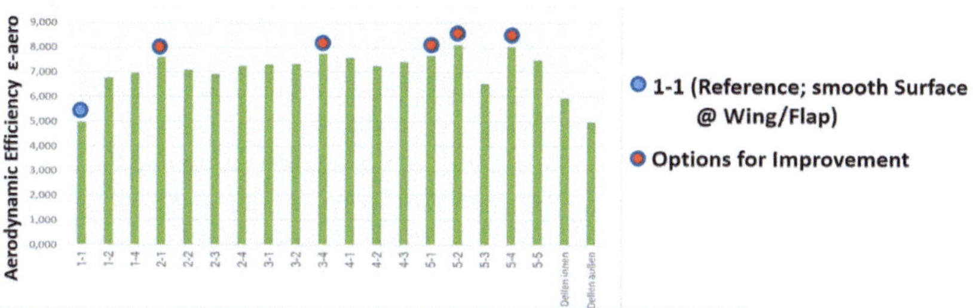

Main wing		Flap	
Serial No.	Explanation	Serial No.	Explanation
5	Dimpels at the front and rear ends	2	Dimpels over entire top, bottom smooth
5	Dimpels at the front and rear ends	4	Dimples only at the rear end of the profile
3	Dimples only at the front / on nose	4	Dimples only at the rear end of the profile
2	Dimpels over entire top	1	w/o Dimples ("Reference")
5	Dimpels at the front and rear ends	1	w/o Dimples ("Reference")

Abb. 8.20 Zielführende Dimple-Konfigurationen auf Heckflügel und Klappe mit signifikantem aerodynamischen Verbesserungspotenzial gegenüber der Referenz 1-1 (glatte Oberfläche auf Flügel und Klappe) bei seitlicher Anströmung/Seitenwind. (Quelle: M. Kampfl, Bachelorarbeit an der Hochschule Landshut 2018 (bei Prof. Dr. Pütz))

funden wurde. Somit ist zu vermuten, dass der Golfball-Effekt an Flügeln bei einer Geschwindigkeit von 150 km/h einen höheren Einfluss hat als bei einer höheren Geschwindigkeit von 250 km/h. Dies kommt den Anforderungen und mittleren Geschwindigkeitsprofilen der meisten Rennserien bis einschließlich der Formel 3 entgegen.

Die verbreitete Ansicht, dass Beulen (Bumps) in bestimmten Fällen den gleichen Effekt hervorrufen können wie Grübchen (Dimples), wurde bestätigt, jedoch zeigten sich auch bei identischer geometrischer Anordnung von Dimples und Bumps beim selben Anstellwinkel (stark) unterschiedliche Ergebnisse in der aerodynamischen Effizienz. Dass der Einfluss von Dimples und Bumps bei einem Heckflügel mit einem auch bei Anwendung von Gurney-Flaps relativ kleinen Totraum nie so stark ausgeprägt sein kann wie bei einer aerodynamisch ungünstigen Form wie einem (Golf)Ball, geht bereits aus den theoretischen Grundlagen klar hervor. Dennoch wurden auch bei Heckflügeln eine signifikante Verbesserung der Aerodynamik ermöglicht, wobei zu beachten ist, dass ein winkelverstellbarer Heckflügel durchaus eine „extreme" Applikation für den Golfball-Effekt ist. Nicht verstellbare aerodynamische Bauteile vereinfachen die Anwendung des Golfball-Effektes.

Aktuelle Forschungsergebnisse zeigen jedoch, dass aufgrund der großen Sensitivität der Ergebnisse in Abhängigkeit der möglichen Konfigurationen der Dimples und Bumps und der Anstellwinkel der Klappen sowie der Anströmgeschwindigkeiten die Komplexität dieser Anwendung hochsignifikant zunimmt und Ergebnisse mitunter nicht belastbar verglichen werden können.

▶ **Tipp 8.8** Bei der Auswahl der „richtigen" Flügel-Variante für eine bestimmte Rennstrecke sollten immer die Kennwerte für die Frontalanströmung berücksichtigt und stärker gewichtet werden als die Ergebnisse mit Schräganströmung. Meistens ist der Seitenwindeinfluss ohnehin nicht konstant oder im Vorfeld abschätzbar. Das Entscheidende für die Anwendung von Dimple-Konfigurationen am Flügel ist auch immer, welches aerodynamische Ziel vorrangig verfolgt wird. Auf Hochgeschwindigkeitsstrecken kann das – neben der aerodynamischen Effizienz – auch eine Optimierung lediglich des c_W-Wertes sein. Fast alle an den Flügelprofilen angebrachten Dimple-Konzepte haben eine Verbesserung der aerodynamischen Effizienz gebracht. Diese tritt vorrangig durch eine Senkung des c_W-Wert es ein. Die niedrigsten c_W-Werte erreichen jene Varianten, welche Dimples an der Front und im hinteren Bereich des Hauptprofils aufweisen. Die besten Abtriebsbeiwerte c_A erreicht hingegen die Variante mit Dimples im hinteren Bereich des Hauptflügels und an der Spitze der Klappe (Flap).

8.5 Optimale aerodynamische Balance *Optimum in Aerodynamic Balance*

Die aerodynamische Balance in Fahrzeuglängsrichtung kann anhand eines vertikaldynamischen Einspurmodells analysiert werden, siehe Abb. 8.21. Beschleunigungs- bzw. Verzögerungsvorgänge seien dazu unberücksichtigt, da hier lediglich die Vertikalbilanz (Achslasten) für stationäre Fahrt auf einer Geraden von Relevanz ist. Es greifen die aerodynamischen Abtriebskräfte am Front- und Heckflügel sowie am Unterboden und zudem deren Luftwiderstandskräfte in x-Richtung an. Außerdem greift die Gewichtskraft der gefederten Massen im Fahrzeugschwerpunkt an. Durch nicht ausbalancierte Luftwiderstandskräfte fände ein Nicken des Aufbaus mit φ_O um den Nickpol O statt, was zu verhindern ist! Die Federwege an Vorder- und Hinterachse sollten für optimale Balance nahezu identisch sein.

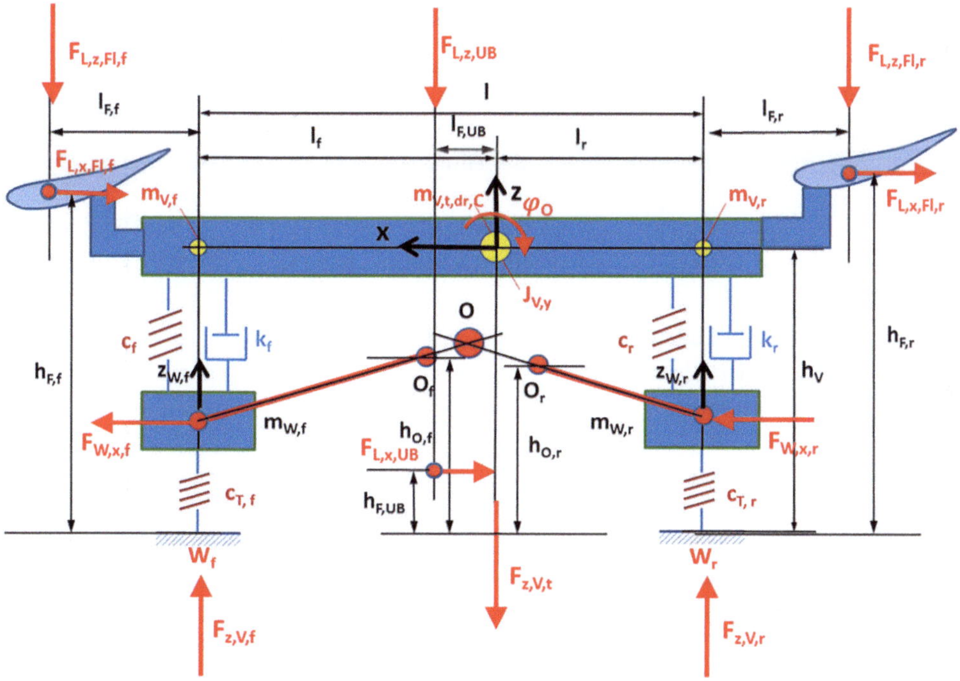

Abb. 8.21 Vertikaldynamisches Einspurmodell eines Rennwagens unter aerodynamischer Belastung. *Rote Vektoren*: Kräfte; *schwarze Vektoren*: Bewegungsrichtungen. Mit: O_f: Nickpol der Vorderradaufhängung (= NZ_f), O_r: Nickpol der Hinterradaufhängung (= NZ_r), O: Nickpol des Gesamtfahrzeugs (NZ), W_f: Reifenaufstandspunkt Vorderachse, W_r: Reifenaufstandspunkt Hinterachse

Aus dem Kräftegleichgewicht in z-Richtung bei angreifenden Abtriebs- und Luftwiderstandskräften unter der Maßgabe, dass die Einfederungen z vorne und hinten gleich sein sollen, folgt (aus Sicht der gefederten Masse):

$$m_{V,t,dr,C} \cdot \ddot{z} + m_{W,f} \cdot \ddot{z}_{W,f} + m_{W,r} \cdot \ddot{z}_{W,r} - m_{V,t,dr} \cdot g - F_{L,z,Fl,f} - F_{L,z,Fl,r} - F_{L,z,UB} + k_f \cdot \left(\dot{z} - \dot{z}_{W,f} \right)$$
$$+ k_r \cdot \left(\dot{z} - \dot{z}_{W,r} \right) + c_{T,f} \cdot z_{W,f} + c_{T,r} \cdot z_{W,r} + c_f \cdot \left(z - z_{W,f} \right) + c_r \cdot \left(z - z_{W,r} \right) = 0 \tag{8.20a}$$

mit:

$m_{\mathrm{V,t,dr}}$	Gesamtmasse des betriebsfertigen Rennwagens inkl. Fahrer, kg
$m_{\mathrm{V,t,dr,C}}$	gefederte Masse des betriebsfertigen Rennwagens inkl. Fahrer, kg
$m_{\mathrm{W,f}}$	Ungefederte Masse der Vorderachse, kg
$m_{\mathrm{W,r}}$	Ungefederte Masse der Hinterachse, kg
$F_{\mathrm{L,z,Fl,f}}$	Abtriebskraft am Frontflügel, N
$F_{\mathrm{L,z,Fl,r}}$	Abtriebskraft am Heckflügel, N
$F_{\mathrm{L,z,UB}}$	Abtriebskraft am Unterboden, N
z	Weg des Aufbaus, m
$z_{\mathrm{W,f}}$	Weg der ungefederten Massen der Vorderachse, m
$z_{\mathrm{W,r}}$	Weg der ungefederten Massen der Hinterachse, m
k_{f}	radbezogene Dämpferrate der Vorderachse, kg/s
k_{r}	radbezogene Dämpferrate der Hinterachse, kg/s
c_{f}	radbezogene Federrate der Federn der Vorderachse, N/m
$c_{\mathrm{T,f}}$	Federrate der Vorderreifen, N/m
c_{r}	radbezogene Federrate der Federn der Hinterachse, N/m
$c_{\mathrm{T,r}}$	Federrate der Hinterreifen, N/m
φ_{O}	Nickwinkel, rad

Es sei darauf hingewiesen, dass die Werte für die Feder- und Dämpferraten in obiger Gleichung für jeweils eine Achse – also zwei Räder – gelten und folglich die Werte für eine einzelne **Feder- bzw. Dämpferrate verdoppelt eingesetzt** werden müssen. **Gleiches gilt für die ungefederten Massen**, die ebenfalls achsweise dargestellt sind.

(8.20a) kann dadurch vereinfacht werden, dass folgende Annahmen getroffen werden:

a) Das Eintauchen des Fahrzeugs in die Federung ist abgeschlossen, es treten daher keine Massen- und Dämpfungskräfte mehr auf.
b) Es tritt kein Nicken auf!

c) Die Reifenfedersteifigkeiten $c_{T,i}$ sind signifikant größer als die Fahrzeugfedersteifigkeiten c_i, daher werden die Verformungen der Reifen in z-Richtung $z_{W,i}$ vernachlässigt.
d) Es wird eine Ersatzfedersteifigkeit aus Reifen- $c_{T,i}$ und Fahrzeugfederung c_i je Achse gebildet:

$$c_{tot,i} = \frac{c_i \cdot c_{T,i}}{c_i + c_{T,i}}$$

Damit folgt vereinfacht:

$$-m_{V,t,dr} \cdot g - F_{L,z,Fl,f} - F_{L,z,Fl,r} - F_{L,z,UB} + c_{tot,f} \cdot z + c_{tot,r} \cdot z = 0 \tag{8.20b}$$

$$-m_{V,t,dr} \cdot g - F_{L,z,Fl,f} - F_{L,z,Fl,r} - F_{L,z,UB} + F_{z,V,f} + F_{z,V,r} = 0 \tag{8.20c}$$

Die **Achslast en** vorne und hinten setzen sich aus den statischen Achslasten und den zusätzlichen Achslasten durch Abtrieb und Luftwiderstand zusammen:

Vorderachse

$$F_{z,V,f} = c_{tot,f} \cdot z =$$

$F_{z,V,f,stat}$	Statische Achslast (mit Fahrer, betriebsfertig)
$+c_{A,Fl,f} \cdot c_{Fl,f} \cdot s_{Fl,f} \cdot \frac{\rho_L}{2} \cdot v_{Ström}{}^2 \cdot \frac{l_{F,f} + l}{l}$	Achslast aus Abtrieb Frontflügel
$-c_{A,Fl,r} \cdot c_{Fl,r} \cdot s_{Fl,r} \cdot \frac{\rho_L}{2} \cdot v_{Ström}{}^2 \cdot \frac{l_{F,r}}{l}$	Achslast aus Abtrieb Heckflügel
$+c_{A,UB} \cdot c_{UB} \cdot s_{UB} \cdot \frac{\rho_L}{2} \cdot v_{Ström,UB}{}^2 \cdot \frac{l_{F,UB} + l_r}{l}$	Achslast aus Abtrieb Unterboden
$-c_{W,Fl,f} \cdot c_{Fl,f} \cdot s_{Fl,f} \cdot \frac{\rho_L}{2} \cdot v_{Ström}{}^2 \cdot \frac{h_{F,f}}{l}$	Achslast aus Luftwiderstand Frontflügel
$-c_{W,Fl,r} \cdot c_{Fl,r} \cdot s_{Fl,r} \cdot \frac{\rho_L}{2} \cdot v_{Ström}{}^2 \cdot \frac{h_{F,r}}{l}$	Achslast aus Luftwiderstand Heckflügel
$-c_{W,UB} \cdot c_{UB} \cdot s_{UB} \cdot \frac{\rho_L}{2} \cdot v_{Ström,UB}{}^2 \cdot \frac{h_{F,UB}}{l}$	Achslast aus Luftwiderstand Unterboden

(8.21)

Hinterachse

$$
\begin{aligned}
&F_{z,V,r} = c_{tot,r} \cdot z = \\
&F_{z,V,r,stat} && \text{Statische Achslast (mit Fahrer, betriebsfertig)} \\
&-c_{A,Fl,f} \cdot c_{Fl,f} \cdot s_{Fl,f} \cdot \frac{\rho_L}{2} \cdot v_{Ström}{}^2 \cdot \frac{l_{F,f}}{l} && \text{Achslast aus Abtrieb Frontflügel} \\
&+c_{A,Fl,r} \cdot c_{Fl,r} \cdot s_{Fl,r} \cdot \frac{\rho_L}{2} \cdot v_{Ström}{}^2 \cdot \frac{l_{F,r} + l}{l} && \text{Achslast aus Abtrieb Heckflügel} \\
&+c_{A,UB} \cdot c_{UB} \cdot s_{UB} \cdot \frac{\rho_L}{2} \cdot v_{Ström,UB}{}^2 \cdot \frac{l_f - l_{F,UB}}{l} && \text{Achslast aus Abtrieb Unterboden} \\
&+c_{W,Fl,f} \cdot c_{Fl,f} \cdot s_{Fl,f} \cdot \frac{\rho_L}{2} \cdot v_{Ström}{}^2 \cdot \frac{h_{F,f}}{l} && \text{Achslast aus Luftwiderstand Frontflügel} \\
&+c_{W,Fl,r} \cdot c_{Fl,r} \cdot s_{Fl,r} \cdot \frac{\rho_L}{2} \cdot v_{Ström}{}^2 \cdot \frac{h_{F,r}}{l} && \text{Achslast aus Luftwiderstand Heckflügel} \\
&+c_{W,UB} \cdot c_{UB} \cdot s_{UB} \cdot \frac{\rho_L}{2} \cdot v_{Ström,UB}{}^2 \cdot \frac{h_{F,UB}}{l} && \text{Achslast aus Luftwiderstand Unterboden}
\end{aligned} \tag{8.22}
$$

Die Achslasten an Vorder- und Hinterachse sollen sich idealerweise proportional zu den entsprechenden Federsteifigkeiten verhalten:

$$
\frac{c_{tot,f}}{c_{tot,r}} = \frac{\dfrac{c_f \cdot c_{T,f}}{c_f + c_{T,f}}}{\dfrac{c_r \cdot c_{T,r}}{c_r + c_{T,r}}} = \frac{F_{z,V,f}}{F_{z,V,r}} = \phi_{Sp} \tag{8.23}
$$

Beispiel 8.5

Ein Formel-3-Rennwagen hat eine statische Vorderachslast von 2217 N (226 kg) und eine statische Hinterachslast von 3041 N (310 kg) inkl. Fahrer und halber Tankfüllung, siehe Abschn. 1.1. Der Schwerpunktsabstand von der Vorderachse beträgt 1,498 m, von der Hinterachse 1,092 m (Radstand 2,59 m). ◄

Der Frontflügel hat die Abmaße aus Breite (Summe für beide Seiten) × Sehne: 1,06 m × 0,42 m. Er verfügt über einen Gurney-Flap. In der aktuellen Flügelstellung beträgt der Abtriebsbeiwert 1,7 bei Luftwiderstandsbeiwert 0,4. Der Druckpunkt befindet sich 0,56 m vor der Vorderachse in 0,38 m Höhe.

Der Heckflügel hat die Abmaße Breite × Sehne: 0,88 m × 0,31 m. Er ist zweiflügelig ausgeführt, der obere Flügel verfügt über einen Gurney-Flap. In der aktuellen Flügelstellung beträgt der Abtriebsbeiwert 4,0 bei Luftwiderstandsbeiwert 0,65. Der gemeinsame Druckpunkt befindet sich 0,52 m hinter der Hinterachse in 0,66 m Höhe.

Der Unterboden hat die Abmaße Breite × Länge: 1,60 m × 2,17 m. Der Abtriebsbeiwert beträgt 1,0 bei Luftwiderstandsbeiwert 0,35. Der Druckpunkt befindet sich 0,05 m vor dem Fahrzeugschwerpunkt in 0,03 m Höhe. Vor dem Unterboden findet eine Querschnittsverringerung der Strömung um den Faktor 5 statt.

Die Fahrzeugfederrate am Rad beträgt vorne 100.000 N/m, hinten 140.000 N/m. Die Reifenfederrate beträgt vorne 240.000 N/m, hinten 260.000 N/m.

Die Analyse soll für eine Fahrzeuggeschwindigkeit von 200 km/h ohne Gegenwind erfolgen, da dies der mittleren Geschwindigkeit auf der Hochgeschwindigkeitsstrecke entspricht, auf der das nächste Rennen stattfinden wird. Als Luftdichte wird 1,20 kg/m³ angenommen.

Achslast an der Vorderachse

$$F_{z,V,f} = F_{z,V,f,stat} = 2217\ \mathrm{N}$$

$$+c_{A,Fl,f} \cdot c_{Fl,f} \cdot s_{Fl,f} \cdot \frac{\rho_L}{2} \cdot \upsilon^2_{Ström} \cdot \frac{l_{F,f} + l}{l} \qquad +1{,}7 \cdot 0{,}42\ \mathrm{m} \cdot 1{,}06\ \mathrm{m} \cdot \frac{1{,}2\ kg/\mathrm{m}^3}{2} \cdot \left(\frac{200\ \frac{\mathrm{m}}{\mathrm{s}}}{3{,}6} \right)^2 \cdot \frac{4{,}088\ \mathrm{m}}{2{,}59\ \mathrm{m}}$$

$$-c_{A,Fl,r} \cdot c_{Fl,r} \cdot s_{Fl,r} \cdot \frac{\rho_L}{2} \cdot \upsilon^2_{Ström} \cdot \frac{l_{F,r}}{l} \qquad -4{,}0 \cdot 0{,}31\ \mathrm{m} \cdot 0{,}88\ \mathrm{m} \cdot \frac{1{,}2\ kg/\mathrm{m}^3}{2} \cdot \left(\frac{200\ \frac{\mathrm{m}}{\mathrm{s}}}{3{,}6} \right)^2 \cdot \frac{0{,}52\ \mathrm{m}}{2{,}59\ \mathrm{m}}$$

$$+c_{A,UB} \cdot c_{UB} \cdot s_{UB} \cdot \frac{\rho_L}{2} \cdot \upsilon^2_{Ström,UB} \cdot \frac{l_{F,UB} + l_r}{l} \qquad +1{,}0 \cdot 0{,}03\ \mathrm{m} \cdot 1{,}60\ \mathrm{m} \cdot \frac{1{,}2\ kg/\mathrm{m}^3}{2} \cdot \left(\frac{5 \cdot 200\ \frac{\mathrm{m}}{\mathrm{s}}}{3{,}6} \right)^2 \cdot \frac{1{,}142\ \mathrm{m}}{2{,}59\ \mathrm{m}}$$

$$-c_{W,Fl,f} \cdot c_{Fl,f} \cdot s_{Fl,f} \cdot \frac{\rho_L}{2} \cdot \upsilon^2_{Ström} \cdot \frac{h_{F,f}}{l} \qquad -0{,}4 \cdot 0{,}42\ \mathrm{m} \cdot 1{,}06\ \mathrm{m} \cdot \frac{1{,}2\ kg/\mathrm{m}^3}{2} \cdot \left(\frac{200\ \frac{\mathrm{m}}{\mathrm{s}}}{3{,}6} \right)^2 \cdot \frac{0{,}38\ \mathrm{m}}{2{,}59\ \mathrm{m}}$$

$$-c_{W,Fl,r} \cdot c_{Fl,r} \cdot s_{Fl,r} \cdot \frac{\rho_L}{2} \cdot \upsilon^2_{Ström} \cdot \frac{h_{F,r}}{l} \qquad -0{,}65 \cdot 0{,}31\ \mathrm{m} \cdot 0{,}88\ \mathrm{m} \cdot \frac{1{,}2\ kg/\mathrm{m}^3}{2} \cdot \left(\frac{200\ \frac{\mathrm{m}}{\mathrm{s}}}{3{,}6} \right)^2 \cdot \frac{0{,}66\ \mathrm{m}}{2{,}59\ \mathrm{m}}$$

$$-c_{W,UB} \cdot c_{UB} \cdot s_{UB} \cdot \frac{\rho_L}{2} \cdot \upsilon^2_{Ström,UB} \cdot \frac{h_{F,UB}}{l} \qquad -0{,}35 \cdot 0{,}03\ \mathrm{m} \cdot 1{,}60\ \mathrm{m} \cdot \frac{1{,}2\ kg/\mathrm{m}^3}{2} \cdot \left(\frac{5 \cdot 200\ \frac{\mathrm{m}}{\mathrm{s}}}{3{,}6} \right)^2 \cdot \frac{0{,}03\ \mathrm{m}}{2{,}59\ \mathrm{m}}$$

$$= \left(2217 + 2212 - 405{,},,,,7 + 979{,},,,,8 - 48{,},,,,4 - 83{,},,,,7 - 9{,},,,,0\right)\ \mathrm{N} = \mathbf{4862{,}0\ N}$$

Achslast an der Hinterachse

$$F_{\mathrm{z,V,r}} = F_{\mathrm{z,V,r,stat}} = 3041\ \mathrm{N}$$

$$-c_{\mathrm{A},Fl,\mathrm{f}} \cdot c_{Fl,\mathrm{f}} \cdot s_{Fl,\mathrm{f}} \cdot \frac{\rho_\mathrm{L}}{2} \cdot \upsilon^2_{Ström} \cdot \frac{l_{\mathrm{F,f}}}{l} \quad -1{,}7 \cdot 0{,}42\ \mathrm{m} \cdot 1{,}06\ \mathrm{m} \cdot \frac{1{,}2\ kg/\mathrm{m}^3}{2} \cdot \left(\frac{200\ \frac{\mathrm{m}}{\mathrm{s}}}{3{,}6}\right)^2 \cdot \frac{0{,}56\ \mathrm{m}}{2{,}59\ \mathrm{m}}$$

$$+c_{\mathrm{A},Fl,\mathrm{r}} \cdot c_{Fl,\mathrm{r}} \cdot s_{Fl,\mathrm{r}} \cdot \frac{\rho_\mathrm{L}}{2} \cdot \upsilon^2_{Ström} \cdot \frac{l_{\mathrm{F,r}} + l}{l} \quad +4{,}0 \cdot 0{,}31\ \mathrm{m} \cdot 0{,}88\ \mathrm{m} \cdot \frac{1{,}2\ kg/\mathrm{m}^3}{2} \cdot \left(\frac{200\ \frac{\mathrm{m}}{\mathrm{s}}}{3{,}6}\right)^2 \cdot \frac{3{,}08\ \mathrm{m}}{2{,}59\ \mathrm{m}}$$

$$+c_{\mathrm{A},UB} \cdot c_{UB} \cdot s_{UB} \cdot \frac{\rho_\mathrm{L}}{2} \cdot \upsilon^2_{Ström,UB} \cdot \frac{l_\mathrm{f} - l_{\mathrm{F},UB}}{l} \quad +1{,}0 \cdot 0{,}03\ \mathrm{m} \cdot 1{,}60\ \mathrm{m} \cdot \frac{1{,}2\ kg/\mathrm{m}^3}{2} \cdot \left(\frac{5 \cdot 200\ \frac{\mathrm{m}}{\mathrm{s}}}{3{,}6}\right)^2 \cdot \frac{1{,}448\ \mathrm{m}}{2{,}59\ \mathrm{m}}$$

$$+c_{\mathrm{W},Fl,\mathrm{f}} \cdot c_{Fl,\mathrm{f}} \cdot s_{Fl,\mathrm{f}} \cdot \frac{\rho_\mathrm{L}}{2} \cdot \upsilon^2_{Ström} \cdot \frac{h_{\mathrm{F,f}}}{l} \quad +0{,}4 \cdot 0{,}42\ \mathrm{m} \cdot 1{,}06\ \mathrm{m} \cdot \frac{1{,}2\ kg/\mathrm{m}^3}{2} \cdot \left(\frac{200\ \frac{\mathrm{m}}{\mathrm{s}}}{3{,}6}\right)^2 \cdot \frac{0{,}38\ \mathrm{m}}{2{,}59\ \mathrm{m}}$$

$$+c_{\mathrm{W},Fl,\mathrm{r}} \cdot c_{Fl,\mathrm{r}} \cdot s_{Fl,\mathrm{r}} \cdot \frac{\rho_\mathrm{L}}{2} \cdot \upsilon^2_{Ström} \cdot \frac{h_{\mathrm{F,r}}}{l} \quad +0{,}65 \cdot 0{,}31\ \mathrm{m} \cdot 0{,}88\ \mathrm{m} \cdot \frac{1{,}2\ kg/\mathrm{m}^3}{2} \cdot \left(\frac{200\ \frac{\mathrm{m}}{\mathrm{s}}}{3{,}6}\right)^2 \cdot \frac{0{,}66\ \mathrm{m}}{2{,}59\ \mathrm{m}}$$

$$+c_{\mathrm{W},UB} \cdot c_{UB} \cdot s_{UB} \cdot \frac{\rho_\mathrm{L}}{2} \cdot \upsilon^2_{Ström,UB} \cdot \frac{h_{\mathrm{F},UB}}{l} \quad +0{,}35 \cdot 0{,}03\ \mathrm{m} \cdot 1{,}60\ \mathrm{m} \cdot \frac{1{,}2\ kg/\mathrm{m}^3}{2} \cdot \left(\frac{5 \cdot 200\ \frac{\mathrm{m}}{\mathrm{s}}}{3{,}6}\right)^2 \cdot \frac{0{,}03\ \mathrm{m}}{2{,}59\ \mathrm{m}}$$

$$= (3041 - 303 + 2872{,}3 + 1242{,}4 + 48{,}4 + 83{,}7 + 9{,}0)\ \mathrm{N} = \mathbf{6993{,}8\ N}$$

Damit ergibt sich folgendes Verhältnis der Achslasten unter der vorgegebenen aerodynamischen Last (Abtrieb und Luftwiderstand):

$$\phi_{Sp} = \frac{F_{\mathrm{z,V,f}}}{F_{\mathrm{z,V,r}}} = \frac{4862{,}0\ \mathrm{N}}{6993{,}8\ \mathrm{N}} = 0{,}70$$

$$\phi_{Sp} = \frac{c_{tot,\mathrm{f}}}{c_{tot,\mathrm{r}}} = \frac{\left(\frac{100.000 \cdot 240.000}{100.000 + 240.000}\right) \cdot 2}{\left(\frac{140.000 \cdot 260.000}{140.000 + 260.000}\right) \cdot 2} = 0{,}78$$

Bei Ansatz nur der Fahrzeugfederraten – was ohnedies passend ist, weil u. a. die Reifenfederbewegung in den Gleichungen unberücksichtigt geblieben sind – folgt:

$$\phi_{Sp} = \frac{c_\mathrm{f}}{c_\mathrm{r}} = \frac{100.000 \cdot 2}{140.000 \cdot 2} = 0{,}71$$

Es zeigt sich, dass das Fahrzeug-Setup hinsichtlich der aerodynamischen Balance nahezu optimal eingestellt ist.

Abschließend erfolgt noch die Analyse der Abtriebsaufteilung:

$$F_{L,z,Fl,f} = c_{A,Fl,f} \cdot c_{Fl,f} \cdot s_{Fl,f} \cdot \frac{\rho_L}{2} \cdot v_{Ström}^{\;2} \quad = 1{,}7 \cdot 0{,}42m \cdot 1{,}06m \cdot \frac{1{,}2\frac{kg}{m^3}}{2} \cdot \left(\frac{200\frac{m}{s}}{3{,}6}\right)^2 = 1401{,}6\,\mathrm{N}$$

$$F_{L,z,Fl,r} = c_{A,Fl,r} \cdot c_{Fl,r} \cdot s_{Fl,r} \cdot \frac{\rho_L}{2} \cdot v_{Ström}^{\;2} \quad = 4{,}0 \cdot 0{,}31m \cdot 0{,}88m \cdot \frac{1{,}2\,kg/m^3}{2} \cdot \left(\frac{200\frac{m}{s}}{3{,}6}\right)^2 = 2020{,}7\,\mathrm{N}$$

$$F_{L,z,UB} = c_{A,UB} \cdot c_{UB} \cdot s_{UB} \cdot \frac{\rho_L}{2} \cdot v_{Ström,UB}^{\;2} \quad = 1{,}0 \cdot 0{,}03m \cdot 1{,}60m \cdot \frac{1{,}2\,kg/m^3}{2} \cdot \left(\frac{5 \cdot 200\frac{m}{s}}{3{,}6}\right)^2 = 2222{,}2\,\mathrm{N}$$

$$F_{L,z} = 1401{,}6\,\mathrm{N} + 2020{,}7\,\mathrm{N} + 2222{,}2\,\mathrm{N} = 5644{,}5\,\mathrm{N}$$

$$\mathrm{Ant}_{A,Fl,f} = 24{,}8\% \qquad \mathrm{Ant}_{A,Fl,r} = 35{,}8\% \qquad \mathrm{Ant}_{A,UB} = 39{,}4\%$$

▶ **Tipp 8.9** Es wird empfohlen, stets die aerodynamische Balance aus Abtriebs- und Luftwiderstandskräften mit ihren Angriffspunkten am Fahrzeug zu überprüfen und die daraus resultierenden Achslasten ins Verhältnis zu ihren Federraten zu stellen. Für eine optimale Balance sollte das Verhältnis der Achslasten jenen der Federraten entsprechen. Damit sind identische Einfederungen vorne und hinten garantiert und ein Nicken unter aerodynamischer Last ausgeschlossen.

8.6 Bewertung von Abtrieb und Luftwiderstand aus aufgezeichneten Analysedaten während des Rennens *Assessment of Downforce and Drag from Race Data Acquisition*

Wenn Rennwagen mit Sensoren für die Messung der dynamischen Fahrthöhen oder/und zur Messung des Federweges ausgestattet sind, eröffnen sich diverse Optionen, die aerodynamische Balance aus aufgezeichneten Analysedaten zu beurteilen. Damit kann überprüft werden, ob das theoretisch ermittelte Setup sich in der Realität bewährt.

Als geeignete Sensoren kommen z. B. in Frage:

1. Laser-Sensoren zur Abstandsbestimmung
2. Dehnungsmessstreifen
3. Potenziometer
4. Druckmessdosen

Heute werden im Rahmen von Renndatenaufzeichnungssystemen diverser Hersteller Laser-Sensoren und Potenziometer standardisiert verwendet. Die individuelle Applikation von Dehnungsmessstreifen erfordert höheren Aufwand und versuchstechnisches Know-how, dass nicht für jedes Team vorausgesetzt werden kann. Nachfolgend werden die für alle Sensoren anwendbaren Analyse-Algorithmen erläutert.

8.6.1 Analyse der dynamischen Fahrthöhen an Vorder- und Hinterachse *Analysis of the dynamic Ride Heights at front and rear Axles*

Einige Rennwagen verwenden eine Online-Messung der Fahrthöhen während des Rennens über **Laser-Sensoren**. Diese können hervorragend zur Beurteilung der aerodynamischen Balance während der Fahrt herangezogen werden. Die dynamischen Fahrthöhen an den Achsen können gemäß Abb. 8.22 in Fahrzeuglängsrichtung bei der Verwendung von nur **zwei Sensoren** auf der Fahrzeugmittellinie (**Position a)**) wie folgt aus den Sensorsignalen berechnet werden:

$$FH_{dyn,\mathrm{f}} = \frac{l_{\mathrm{S,f}}}{l + l_{\mathrm{S,f}} - l_{\mathrm{S,r}}} \cdot \left(z_{\mathrm{S,r}} - z_{\mathrm{S,f}} \right) + z_{\mathrm{S,f}} \tag{8.24}$$

$$FH_{dyn,\mathrm{r}} = \frac{\left(l + l_{\mathrm{S,f}} \right)}{l + l_{\mathrm{S,f}} - l_{\mathrm{S,r}}} \cdot \left(z_{\mathrm{S,r}} - z_{\mathrm{S,f}} \right) + z_{\mathrm{S,f}} \tag{8.25}$$

mit:

$FH_{\mathrm{dyn,f}}$	(Dynamische) Fahrthöhe an der Vorderachse, m bzw. mm
$FH_{\mathrm{dyn,r}}$	(Dynamische) Fahrthöhe an der Hinterachse, m bzw. mm
$l_{\mathrm{S,f}}$	Horizontaler Abstand des Sensors vor der Vorderachse, m bzw. mm
$l_{\mathrm{S,r}}$	Horizontaler Abstand des Sensors vor der Hinterachse, m bzw. mm
l	Radstand, m bzw. mm
$z_{\mathrm{S,f}}$	Einbauhöhe des Sensors an der Vorderachse, m bzw. mm
$z_{\mathrm{S,r}}$	Einbauhöhe des Sensors an der Hinterachse, m bzw. mm

Bei der alternativen Verwendung von **vier Sensoren**, d. h. je zwei pro Seite des Rennwagens (**Position b)** in Abb. 8.22), können die dynamischen Fahrthöhen an den Achsen gemäß Abb. 8.23 wie folgt aus den Sensorsignalen berechnet werden:

$$FH_{dyn,f} = \frac{b_f}{b_{S,f}} \cdot z_{S,f,dyn,m} \tag{8.26}$$

$$FH_{dyn,r} = \frac{b_r}{b_{S,r}} \cdot z_{S,r,dyn,m} \tag{8.27}$$

mit:

$FH_{\text{dyn,f}}$	(Dynamische) Fahrthöhe an der Vorderachse, m bzw. mm
$FH_{\text{dyn,r}}$	(Dynamische) Fahrthöhe an der Hinterachse, m bzw. mm
b_{f}	Spurweite an der Vorderachse, m bzw. mm
b_{r}	Spurweite an der Hinterachse, m bzw. mm
$b_{\text{S,f}}$	Lateraler Abstand der Sensoren an der Vorderachse (symmetrisch zur Fahrzeugmitte), m bzw. mm
$b_{\text{S,r}}$	Lateraler Abstand der Sensoren an der Hinterachse (symmetrisch zur Fahrzeugmitte), m bzw. mm
$z_{\text{S,f,dyn,m}}$	Mittlere dynamische Höhe der Sensoren an der Vorderachse, m bzw. mm
$z_{\text{S,r,dyn,m}}$	Mittlere dynamische Höhe der Sensoren an der Hinterachse, m bzw. mm

▶ **Tipp 8.10** Der Vergleich der dynamischen Fahrthöhen sollte für optimale aerodynamische Balance im Rennbetrieb stets eine nahezu konstante Differenz zwischen den Fahrthöhen an Vorder- und Hinterachse ergeben.

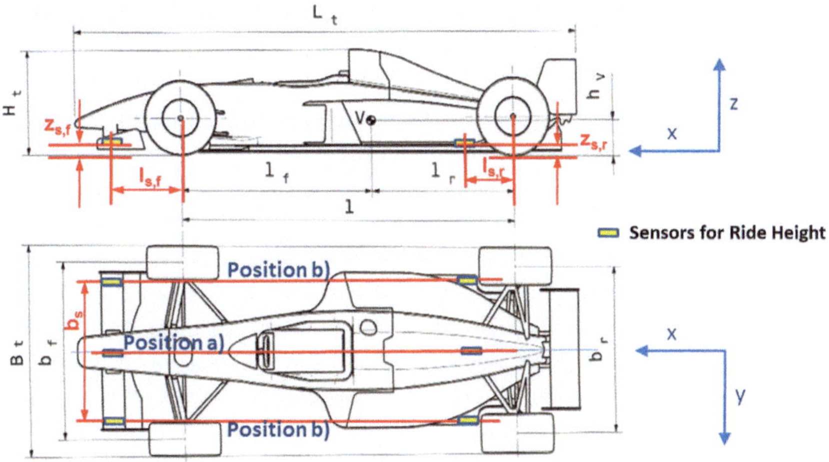

Abb. 8.22 Applikation von Laser-Sensoren zur kontinuierlichen Ermittlung der Fahrthöhen vorne und hinten im laufenden Rennbetrieb

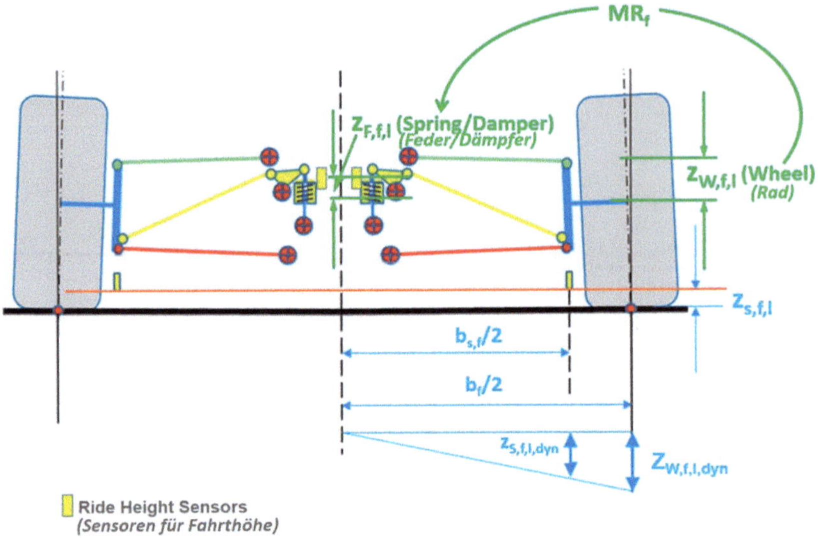

Abb. 8.23 Beziehung zwischen den Fahrthöhen am Rad und am Sensor am Beispiel des linken Vorderrades bei Verwendung von zwei Laser-Sensoren pro Fahrzeugseite. Dargestellt ist auch das Übersetzungsverhältnis (Motion Ratio) vom Weg am Rad zum Weg an der Feder/Dämpfer-Einheit. Die direkte Messung der Federbewegung und deren Umrechnung auf das Rad liefert ebenfalls einen Ansatz für die Ermittlung der Fahrthöhen mit: $z_{S,f,l}$: Einbauhöhe des Sensors links an der Vorderachse [m] bzw. [mm], $z_{S,f,l,dyn}$: (Dynamische) Fahrthöhe des Sensors links an der Vorderachse bei Bewegung [m] bzw. [mm]; hier dargestellt beim Ausfedern, $z_{f,l,dyn}$: (Dynamische) Fahrthöhe am linken Vorderrad bei Bewegung [m] bzw. [mm]; hier dargestellt beim Ausfedern, MR_f: Übersetzungsverhältnis (Motion Ratio; siehe Kap. 6, (6.8)) der Radaufhängung vom Rad zum Dämpfer an der Vorderachse [–]

8.6.2 Analyse der Bewegung der Radaufhängung an Vorder- und Hinterachse *Analysis of the Movement of Suspensions at front and rear Axles*

Manche Rennwagen verfügen über Sensoren zur Messung der Ein-/Ausfederwege an der Fahrzeugfeder. Diese Sensorsignale können ebenfalls zur Bestimmung der dynamischen Fahrthöhen genutzt werden. Abb. 8.23 zeigt, dass über die Messung der Fahrzeugfederwege die Ein-/Ausfederbewegung am Rad anhand des Übersetzungsverhältnisses zwischen Rad und Feder/Dämpfer-Einheit (Motion Ratio) direkt berechnet werden kann. Bei Kenntnis der statischen Fahrthöhen FH_{stat} an den Rädern ist somit die Bestimmung der dynamischen Fahrthöhen FH_{dyn} an den Rädern möglich.

$$FH_{dyn,\mathrm{f}} = FH_{\mathrm{stat,f}} - \frac{f_{\mathrm{B,f,r}} + f_{\mathrm{B,f,l}}}{2} \cdot MR_{\mathrm{f}} \tag{8.28a}$$

$$FH_{dyn,r} = FH_{stat,r} - \frac{f_{B,r,r} + f_{B,r,l}}{2} \cdot MR_r \tag{8.29a}$$

mit:

$FH_{\text{dyn,f}}$ (Dynamische) Fahrthöhe an der Vorderachse, m bzw. mm
$FH_{\text{stat,f}}$ Statische Fahrthöhe an der Vorderachse, m bzw. mm
$FH_{\text{dyn,r}}$ (Dynamische) Fahrthöhe an der Hinterachse, m bzw. mm
$FH_{\text{stat,r}}$ Statische Fahrthöhe an der Hinterachse, m bzw. mm
MR_{f} Übersetzungsverhältnis (Motion Ratio) der Radaufhängung vom Rad zum Dämpfer an der Vorderachse, –
MR_{r} Übersetzungsverhältnis (Motion Ratio) der Radaufhängung vom Rad zum Dämpfer an der Hinterachse, –
$f_{\text{B,f,r}}$ Federweg der Feder für gefederte Fahrzeugmasse (Aufbaumasse) am rechten Vorderrad, m bzw. mm
$f_{\text{B,f,l}}$ Federweg der Feder für gefederte Fahrzeugmasse (Aufbaumasse) am linken Vorderrad, m bzw. mm
$f_{\text{B,r,r}}$ Federweg der Feder für gefederte Fahrzeugmasse (Aufbaumasse) am rechten Hinterrad, m bzw. mm
$f_{\text{B,r,l}}$ Federweg der Feder für gefederte Fahrzeugmasse (Aufbaumasse) am linken Hinterrad, m bzw. mm

Bei den Ansätzen gemäß (8.28a) und (8.29a) ist die Differenz zwischen statischem und dynamischem Radhalbmesser nicht berücksichtigt. Sind jedoch die Federraten der Vorder- und Hinterreifen sowie die Radlasten bekannt, kann mit (3.6) (Kap. 3) zusätzlich die Änderung des dynamischen Radhalbmessers in Abhängigkeit der Achslasten wie folgt berücksichtigt werden:

$$FH_{dyn,\text{f}} = FH_{\text{stat,f}} - \frac{f_{\text{B,f,r}} + f_{\text{B,f,l}}}{2} \cdot MR_{\text{f}} + \frac{F_{\text{z,V,f}}}{2 \cdot C_{Ti,\text{f}}} \tag{8.28b}$$

$$FH_{dyn,\text{r}} = FH_{\text{stat,r}} - \frac{f_{\text{B,r,r}} + f_{\text{B,r,l}}}{2} \cdot MR_{\text{f}} + \frac{F_{\text{z,V,r}}}{2 \cdot C_{Ti,\text{r}}} \tag{8.29b}$$

mit:

$C_{\text{Ti,f}}$ Vertikale Federrate (Federsteifigkeit) eines Vorderreifens, N/m
$C_{\text{Ti,r}}$ Vertikale Federrate (Federsteifigkeit) eines Hinterreifens, N/m
$F_{\text{z,V,f}}$ Vorderachslast, N
$F_{\text{z,V,r}}$ Hinterachslast, N

Mit Bezug auf die Zusammenhänge zwischen den Radlasten und Federraten für optimale aerodynamische Balance (siehe Abschn. 8.5) können anhand der gemessenen Ein-/Ausfederwege auch die Achslasten bestimmt werden.

$$F_{z,V,f} = \frac{1}{MR_f} \cdot c_f \cdot \left(f_{B,f,r} + f_{B,f,l}\right) - \frac{m_{V,t,dr} \cdot a_x \cdot h_V}{l} \tag{8.30a}$$

$$F_{z,V,r} = \frac{1}{MR_r} \cdot c_r \cdot \left(f_{B,r,r} + f_{B,r,l} \right) + \frac{m_{V,t,dr} \cdot a_x \cdot h_V}{l} \tag{8.30b}$$

mit:

$F_{z,V,f}$ Vorderachslast, N
$F_{z,V,r}$ Hinterachslast, N
MR_f Übersetzungsverhältnis (Motion Ratio) der Radaufhängung vom Rad zum Dämpfer an der Vorderachse, –
MR_r Übersetzungsverhältnis (Motion Ratio) der Radaufhängung vom Rad zum Dämpfer an der Hinterachse, –
$f_{B,f,r}$ Federweg der Feder für gefederte Fahrzeugmasse (Aufbaumasse) am rechten Vorderrad, m bzw. mm
$f_{B,f,l}$ Federweg der Feder für gefederte Fahrzeugmasse (Aufbaumasse) am linken Vorderrad, m bzw. mm
$f_{B,r,r}$ Federweg der Feder für gefederte Fahrzeugmasse (Aufbaumasse) am rechten Hinterrad, m bzw. mm
$f_{B,r,l}$ Federweg der Feder für gefederte Fahrzeugmasse (Aufbaumasse) am linken Hinterrad, m bzw. mm
c_f Aufbaufederrate einer Aufbaufeder an der Vorderachse, N/m bzw. N/mm
c_r Aufbaufederrate einer Aufbaufeder an der Hinterachse, N/m bzw. N/mm
$m_{V,t,dr}$ Masse des betriebsfertigen Fahrzeugs inkl. Fahrer, kg
h_V Schwerpunkthöhe des betriebsfertigen Fahrzeugs inkl. Fahrer, kg
a_x Längsbeschleunigung, m/s²; positiver Wert in Fahrtrichtung! (x-Achse)

Es ist dann zu überprüfen, ob die folgende Bedingung näherungsweise im Rennbetrieb erfüllt ist (die Umrechnung der Federrate der Feder auf die Federrate am Rad ist in Kap. 6 erläutert, siehe auch (6.9a) und (6.9b)):

$$\frac{F_{z,V,f}}{F_{z,V,r}} = \frac{c_{f,Rad}}{c_{r,Rad}} = \frac{c_f}{c_r} \cdot \frac{MR_r^2}{MR_f^2} \tag{8.30c}$$

mit:

$c_{f,Rad}$ radbezogene Aufbaufederrate einer Aufbaufeder an der Vorderachse, N/m bzw. N/mm
$c_{r,Rad}$ radbezogene Aufbaufederrate einer Aufbaufeder an der Hinterachse, N/m bzw. N/mm

▶ **Tipp 8.11** I. d. R. zeigen Datenaufzeichnungssysteme die Beschleunigungen im Verhältnis der Erdbeschleunigung g an. Die Werte sind dann mit 9,81 zu multiplizieren.

Auch ist immer zu prüfen, in welcher Richtung das jeweilige Datenaufzeichnungssystem Beschleunigungen als positiv/negativ ausgibt. I. d. R. werden Beschleunigungen in Fahrtrichtung als positiv ausgegeben.

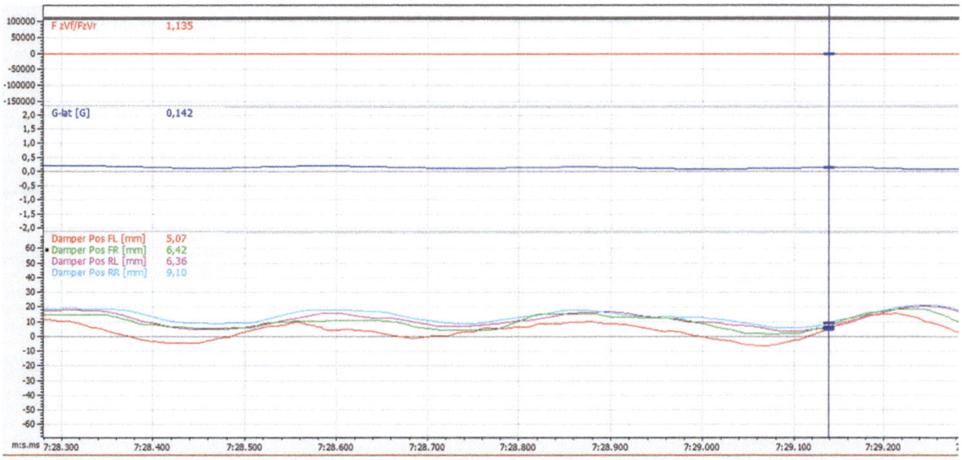

Abb. 8.24 Datenaufzeichnung eines GT-Rennwagens auf der langen Geraden der Nürburgring-Nordschleife im Streckenabschnitt Antoniusbuche: $F_{z,V,f}/F_{z,V,r}$, Querbeschleunigung und Dämpferpositionen über der Zeit

Beispiel 8.6

Ein GT-Rennwagen mit einer Masse von 1450 kg (inkl. Fahrer und halber Tankfüllung) befährt im Renntempo die lange Gerade auf der Nürburgring-Nordschleife, siehe Abb. 8.24. ◀

Bei fast fehlender Querbeschleunigung (nur 0,14 g) und nahezu identischen Dämpferpositionen vorne und hinten stellt sich ein Verhältnis zwischen Vorderachslast und Hinterachslast von 1,14 ein.

Das Fahrzeug ist vorne mit Federn der Rate 70 N/mm und hinten mit 50 N/mm ausgerüstet. Das Übersetzungsverhältnis (Motion Ratio) zwischen Rad und Feder beträgt vorne 1,2, hinten 1,1. Damit ergibt sich aus (8.30c) ein optimales Achslastverhältnis vorne zu hinten von 1,18. Dieses liegt im Bereich der gemessenen Werte. Das Fahrzeug ist also gut abgestimmt.

8.6.3 Erstellung von Aero-Maps aus Konstantfahrt-Test *Creation of Aero Maps from Constant Drive Test*

Für die volle Ausnutzung des aerodynamischen Potenzials eines Rennwagens im Hinblick auf optimale c_A/c_W -Effizienz und auch Balance in Längsrichtung spielen wie beschrieben die **Fahrthöhe** (Ride Height) vorne und hinten sowie die **Flügeleinstellungen** vorne und hinten eine entscheidende Rolle. Die Fahrthöhe kann wie zuvor beschrieben z. B. durch Lasersensoren direkt oder Federweg-Sensoren (z. B. Potenziometer-Sensoren) indirekt im Betrieb erhoben werden.

In Abschn. 1.6 wurde bereits ein **Ausrollversuch (Coast-Down Test)** zur Ermittlung des Luftwiderstandsbeiwertes c_W und des Rollwiderstandsbeiwertes f_R für das Gesamtfahrzeug vorgestellt. Idealerweise sind solche Tests auf ebenen, ausreichend langen Fahrbahnen wie Rollbahnen von Flughäfen durchzuführen. Um den Einfluss von Änderungen am Setup des Fahrzeugs zu quantifizieren, ist der Ausrolltest iterativ für verschiedene Variationen durchzuführen, z. B.:

- Variationen der Fahrthöhe hinten für konstante Fahrthöhe vorne. Dann Änderung der Fahrthöhe vorne und erneut Variationen der Fahrthöhe hinten. Somit erhält man eine Matrix der Luftwiderstandsbeiwerte in Abhängigkeit der Fahrthöhen vorne und hinten.
- Variationen der Flügeleinstellungen vorne bei konstanten Fahrhöhen und konstanter Flügeleinstellung hinten. Dann Variationen der Flügeleinstellungen hinten bei konstanten Fahrhöhen und konstanter Flügeleinstellung vorne.

Somit erhält man sogenannte Aero-Maps, die die optimale Einstellung des aerodynamischen Setups erleichtern. Sicherlich sind solche iterativen Tests sehr mühsam, aber das Ergebnis lohnt sich!

Eine Erweiterung der Erkenntnisse in Bezug auf den Abtrieb liefert der **Konstantfahrt-Test (Constant Velocity Test)**, der jedoch die Ausrüstung des Fahrzeugs mit den oben beschriebenen Sensoren erfordert. Dabei werden auf einer ebenen, ausreichend langen Fahrbahn möglichst bei Windstille die Fahrhöhen oder/und Federwege der gefederten Aufbaumasse gemessen und über die in den Abschn. 8.6.1 und 8.6.2 beschriebenen Zusammenhänge in Radlasten ($F_{z,V,f}, F_{z,V,r}$) umgerechnet. Mit (8.11b) kann dann der Abtrieb $F_{L,z}$ bestimmt werden.

$$c_A \cdot A = \frac{F_{L,z}}{\frac{\rho_L}{2} \cdot \left(v_V \pm v_L\right)^2} = \frac{\left(F_{z,V,f} + F_{z,V,r}\right) - m_{V,t,dr} \cdot g}{\frac{\rho_L}{2} \cdot \left(v_V \pm v_L\right)^2} \tag{8.31}$$

Die Berechnung der aktuellen Luftdichte erfolgt nach (8.12d) und (8.13). Die Berechnung des Luftwiderstandes kann dadurch umgangen werden, dass der Konstantfahrt-Test zunächst mit niedriger Geschwindigkeit (30 bis 50 km/h) erfolgt und die dann gemessenen Achslasten näherungsweise als statische Achslasten angesetzt werden. Beim Test mit hoher Geschwindigkeit (z. B. 200 km/h) werden dann die gesamten Achslasten bestimmt, von denen die statischen Achslasten abgezogen werden müssen, um den Abtrieb zu erhalten.

Abb. 8.25 zeigt die aufgenommenen Federwege und die nahezu konstante Fahrgeschwindigkeit über der Zeit.

Somit können die Abtriebskräfte $F_{L,z}$ in Abhängigkeit der Fahrhöhen vorne und hinten ermittelt und in einer Tabelle (Matrix) dokumentiert werden, siehe Tab. 8.4. In Verbindung mit den aus dem Ausrollversuch ermittelten Daten und/oder zusätzlicher Messung des dynamischen Drucks über Pitot-Sonden während des Konstantfahrt-Tests können auch die Luftwiderstandskräfte $F_{L,x}$ nach (8.10b) berechnet und in Abhängigkeit der Fahrhöhen vorne und hinten ermittelt ebenfalls in einer Tabelle (Matrix) dokumentiert werden, siehe

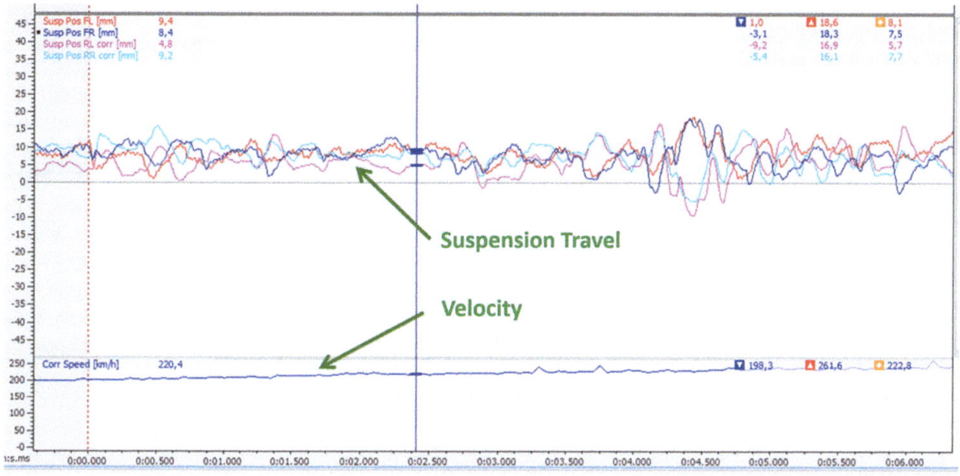

Abb. 8.25 Datenaufzeichnung während eines Konstantfahrt-Tests: Fahrzeuggeschwindigkeit und Federwege über der Zeit

Tab. 8.4 Beispiel Aero-Map: Abtriebskraft $F_{L,z}$ in Abhängigkeit der Fahrthöhen vorne und hinten bei konstanten Flügeleinstellungen (Werte in N)

		Fahrthöhen vorne [mm]			
		5	15	25	35
Fahrthöhen hinten [mm]	5	11.730	11.060	10.440	9980
	15	13.680	13.020	12.350	12.080
	25	14.610	13.960	13.380	12.910
	35	15.070	14.320	13.740	13.240
	45	15.090	14.260	13.640	13.090
	55	14.900	14.070	13.440	12.730

Tab. 8.5. Die Verknüpfung von Tab. 8.4 und 8.5 liefert dann eine weitere Matrix, welche die aerodynamische Effizienz c_A/c_W aufzeigt, siehe Tab. 8.6.

Auch ist es sinnvoll, die aerodynamische Bilanz in Längsrichtung zu erheben und z. B. den prozentualen Abtrieb an der Vorderachse $F_{L,z,f}$ in Bezug auf den gesamten Abtrieb $F_{L,z}$ darzustellen, siehe Tab. 8.7.

Weitere Aero-Maps können dadurch generiert werden, dass die Tests mit konstanter Fahrthöhe, aber variierten Flügeleinstellungen, differenziert nach Front- und Heckflügel, gefahren werden. Abb. 8.26 zeigt ein Beispiel.

Aus Tab. 8.7 ist ersichtlich, dass sich bei Fahrthöhe vorne 25 mm und Fahrthöhe hinten 25 mm **dieselbe aerodynamische Balance (35 %)** einstellt wie bei Fahrthöhe vorne 35 mm und Fahrthöhe hinten 45 mm. Letztere Einstellung kann bei unebener Fahrbahn von Vorteil sein.

Tab. 8.5 Beispiel Aero-Map: Luftwiderstandskraft $F_{L,x}$ in Abhängigkeit der Fahrthöhen vorne und hinten bei konstanten Flügeleinstellungen (Werte in N)

		Fahrthöhen vorne [mm]			
		5	15	25	35
Fahrthöhen hinten [mm]	5	4390	4380	4340	4310
	15	4450	4440	4410	4380
	25	4520	4510	4480	4440
	35	4570	4560	4530	4490
	45	4600	4590	4560	4520
	55	4630	4610	4580	4550

Tab. 8.6 Beispiel Aero-Map: Aerodynamische Effizienz c_A/c_W in Abhängigkeit der Fahrthöhen vorne und hinten bei konstanten Flügeleinstellungen (folgt aus Tab. 8.4 und 8.5)

		Fahrthöhen vorne [mm]			
		5	15	25	35
Fahrthöhen hinten [mm]	5	2,67	2,53	2,41	2,32
	15	3,07	2,93	2,80	2,76
	25	3,23	3,10	2,99	2,91
	35	3,30	3,14	3,03	2,95
	45	3,28	3,11	2,99	2,90
	55	3,22	3,05	2,93	2,80

Tab. 8.7 Beispiel Aero-Map: Aerodynamische Balance in Längsrichtung: Anteil des Abtriebs an der Vorderachse $F_{L,z,f}$ in Bezug auf den gesamten Abtrieb $F_{L,z}$ (Werte in %)

		Fahrthöhen vorne [mm]			
		5	15	25	35
Fahrthöhen hinten [mm]	15	42	39	36	34
	25	41	38	35	33
	35	42	38	36	34
	45	44	40	38	35
	55	45	41	39	37

Für eine größere Anschaulichkeit ist es sehr empfehlenswert, die Aero-Map-Tabellen in Diagramme zu überführen, siehe Abb. 8.27, 8.28, 8.29 und 8.30.

8.6.4 Erreichbare Höchstgeschwindigkeit in der Ebene *Achievable maximum Speed at Level*

Bei Kenntnis der aerodynamischen Parameter (siehe Abschn. 1.6 und 8.6.3) und der Schwerpunktlagen des Fahrzeugs (siehe Abschn. 1.2) ist es zweckmäßig, auch die Bedingungen für die maximal erreichbare Höchstgeschwindigkeit in der Ebene zu kennen. Unter der Voraussetzung, dass sich die Antriebskraft wie die Achslasten zu gleichen Teilen

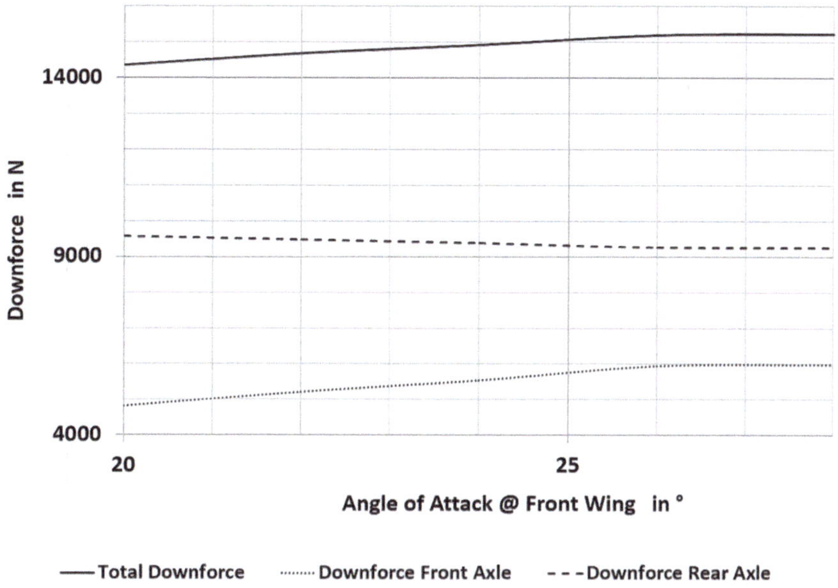

Abb. 8.26 Beispiel für den Einfluss der Frontflügeleinstellung auf den Abtrieb und die aerodynamische Balance: Der maximale Abtrieb wird für das vorliegende Fahrzeug für einen Anstellwinkel von 27° erreicht. Daraus resultiert ein Achslastverhältnis vorne/hinten von etwa 6000 N/9200 N entsprechend 39,5 %/60,5 %

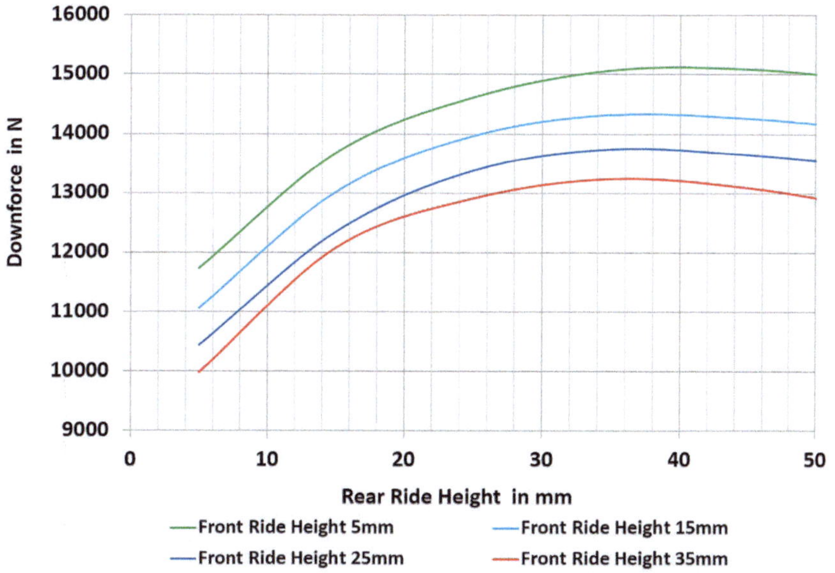

Abb. 8.27 Beispiel: Abtriebskraft $F_{L,z}$ als Funktion der Fahrthöhen vorne und hinten. Für das vorliegende Fahrzeug wird maximaler Abtrieb für eine Fahrthöhe an der Hinterachse im Bereich von 35 bis 40 mm erreicht. Je geringer die Fahrthöhe an der Vorderachse, desto geringer der Gesamtabtrieb

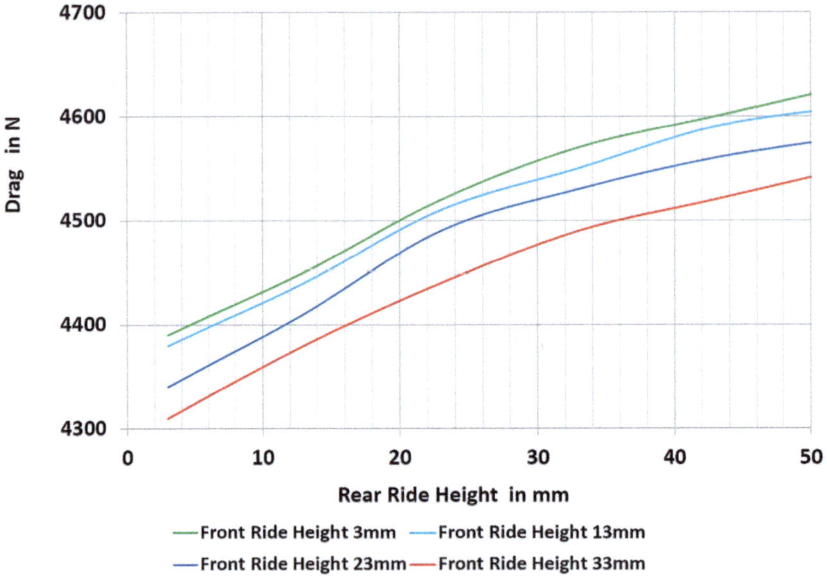

Abb. 8.28 Beispiel: Luftwiderstandskraft $F_{L,x}$ als Funktion der Fahrthöhen vorne und hinten. Der minimale Luftwiderstand wird für die kleinsten Fahrthöhen an Vorder- und Hinterachse erreicht

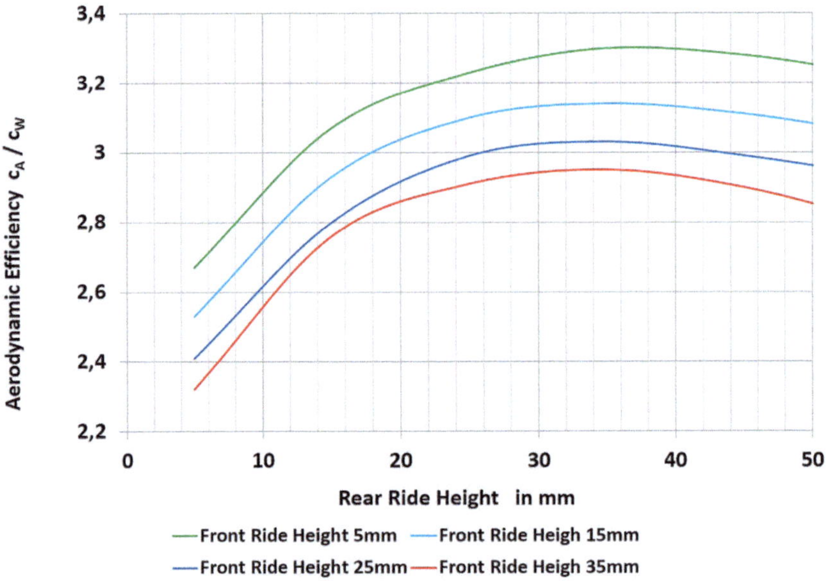

Abb. 8.29 Beispiel: Aerodynamische Effizienz c_A/c_W als Funktion der Fahrthöhen vorne und hinten. Für das vorliegende Fahrzeug wird die optimale aerodynamische Effizienz für eine Fahrthöhe an der Hinterachse im Bereich von 32 bis 38 mm erreicht. Je höher die Fahrthöhe an der Vorderachse, desto geringer die aerodynamische Gesamteffizienz!

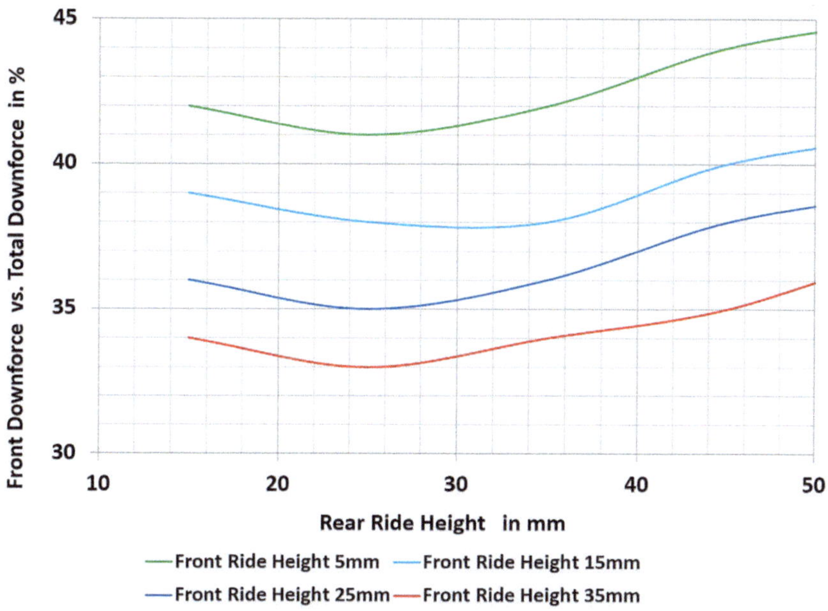

Abb. 8.30 Beispiel: Aerodynamische Balance: Prozentualer Anteil des Abtriebs an der Vorderachse als Funktion der Fahrthöhen vorne und hinten. Aus Abb. 8.27. ist ersichtlich, dass für das vorliegende Fahrzeug die optimale aerodynamische Effizienz für eine Fahrthöhe an der Hinterachse im Bereich von 32 bis 38 mm erreicht wird. Je nach gewählter Fahrthöhe an der Vorderachse kann der optimale Abtriebsanteil an der Vorderachse direkt abgelesen werden

auf die Antriebsräder verteilt, gilt vereinfachend für den Kraftschlussbeiwert eines Heckantriebs:

$$\mu_h = \frac{m_{V,t,dr} \cdot g \cdot f_R + 0{,}5 \cdot \rho_{L,} \cdot C_W \cdot A \cdot \left(\upsilon_V \pm \upsilon_L\right)^2}{\frac{l_f}{l} \cdot m_{V,t,dr} \cdot g + 0{,}5 \cdot \rho_{L,} \cdot C_{A,r} \cdot A \cdot \left(\upsilon_V \pm \upsilon_L\right)^2} \tag{8.32}$$

mit:

$m_{V,t,dr}$:	Gesamtmasse des betriebsfertigen Rennwagens inkl. Fahrer [kg]
f_R:	Rollwiderstandsbeiwert des Fahrzeugs [–]
g:	Erdbeschleunigung, 9,81 m/s^2
ρ_L:	Luftdichte [kg/m^3]; 1,225 kg/m^3 auf Meereshöhe bei 15 °C und 1013 mbar
c_W:	c_W-Wert des Fahrzeugs [–]
$c_{A,r}$:	Abtriebsbeiwert an der Hinterachse des Fahrzeugs [–]
l_f:	Abstand der Vorderachse zum Fahrzeugschwerpunkt [m]
l:	Radstand [m]
A:	Anströmfläche des Fahrzeugs [m^2]
$\upsilon_V \pm \upsilon_L = \upsilon_F$:	Fahrzeuggeschwindigkeit ± Windgeschwindigkeit = Anströmgeschwindigkeit [m/s]

Beispiel 8.7

In einem Ausrollversuch (siehe Abschn. 1.6) wurde für einen Formel-3-Rennwagen mit für Hochgeschwindigkeitsstrecken reduzierter Downforce ein c_W-Wert von 0,93 ermittelt. Die Anströmfläche beträgt 1,08 m². Die Wägung (siehe Abschn. 1.2) ergab für das Verhältnis l_f/l = 0,61. Die betriebsfertige Gesamtmasse beträgt mit einer erforderlichen Mindesttankfüllung von 3 Litern Kraftstoff nach Ende des Rennens 561 kg. Der Rollwiderstandsbeiwert beträgt 0,027. Mit dem Getriebe- und Aerodynamik-Setup für Monza wird bei optimalen Bedingungen im Qualifying eine Höchstgeschwindigkeit von 273 km/h erreicht. Es herrscht Windstille. Der Abtriebsbeiwert an der Hinterachse beträgt 0,25.

Für den Kraftschlussbeiwert an der Antriebsachse (Hinterachse) folgt somit:

$$\mu_h = \frac{561kg \cdot 9{,}81\frac{m}{s2} \cdot 0{,}027 + 0{,}5 \cdot 1{,}225\frac{kg}{m3} \cdot 0{,}93 \cdot 1{,}08m2 \cdot \left(\frac{273}{3{,}6}\frac{m}{s}\right)^2}{0{,}61 \cdot 561kg \cdot 9{,}81\frac{m}{s2} + 0{,}5 \cdot 1{,}225\frac{kg}{m3} \cdot 0{,}25 \cdot 1{,}08m2 \cdot \left(\frac{273}{3{,}6}\frac{m}{s}\right)^2} = 0{,}86$$

Dieser Wert liegt unter dem theoretisch maximal erreichbaren Kraftschlussbeiwert von 1 und bedeutet, dass Kraftschlussreserven ggf. verfügbar sind. Eine höhere Geschwindigkeit ist jedoch mit dem Setup nicht erreichbar. Bei Regen nimmt der Kraftschlussbeiwert signifikant ab und damit auch die erreichbare Höchstgeschwindigkeit. ◀

▶ **Tipp 8.12** Die Aero-Maps in diesem Kapitel haben gezeigt, welch enorme Hilfe für die Beurteilung des gewählten Setups zur Verfügung steht, wenn die Fahrthöhen oder/und Federwege im Rennbetrieb gemessen werden. Der Einsatz der hierfür erforderlichen Sensoren ist zwar mit Investitionen verbunden, die sich jedoch in jedem Fall lohnen.

8.7 Nutzung von CFD-Software (Computational Fluid Dynamics) *Application of Computational Fluid Dynamics*

Wenn die erforderliche CFD-Software und entsprechende ingenieurmäßige Kompetenz zur Verfügung stehen, bietet es sich an, den Rennwagen mit einem 3D-Scanner einzuscannen und die Daten dann in einem CAD/CFD-Tool weiteren Analysen zuzuführen. Alternativ können auch externe Dienstleister wie Hochschulen mit der Analyse beauftragt werden. Da sich aufgrund der bei einer CFD-Analyse stets notwendigen Vereinfachungen durchaus Ungenauigkeiten einstellen können, stellt das Ergebnis immer eine Näherung an die Wirklichkeit dar. Wie bei allen Simulationen sind die Ergebnisse der CFD-Analyse also stets durch Parameteridentifikationen auf der Basis von Messungen zu überprüfen.

Nachfolgend sind ausgewählte Ergebnisse einer CFD-Analyse am Beispiel eines modernen Formel-V-Rennwagens mit Tatuus-Formel-Renault 2000-Monocoque und eines Dallara 307 Formel-3-Rennwagens dargestellt. Daraus sind wichtige Rückschlüsse hinsichtlich des aerodynamischen Setups zu ziehen, siehe Abb. 8.31, 8.32, 8.33, 8.33a, 8.33b, 8.34, 8.34a und 8.34b.

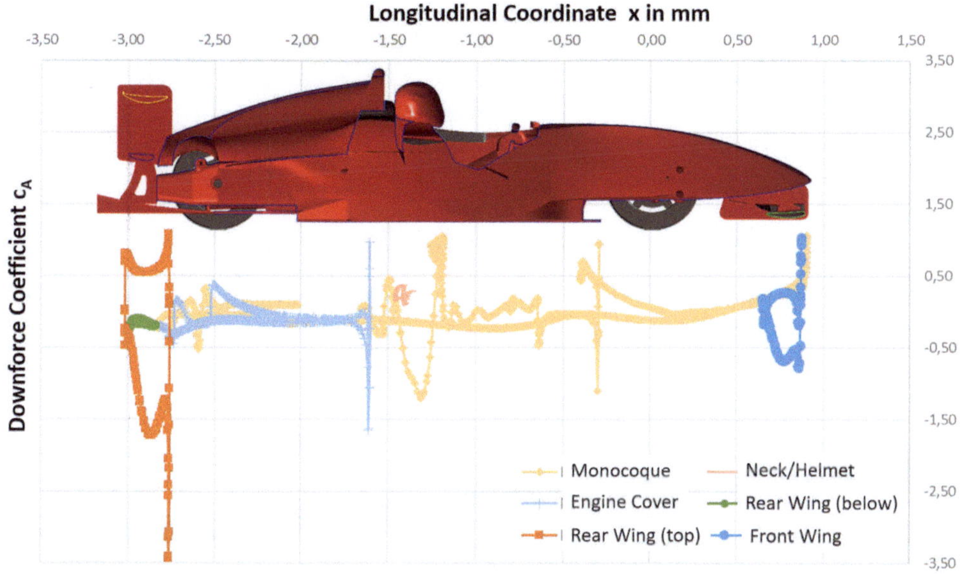

Abb. 8.31 Beispiel für die Beiträge der einzelnen Fahrzeug-Komponenten zum Abtrieb eines Tatuus-Formel-V-Rennwagens. (Quelle: Thomas Haberstock, Masterarbeit an der HAW Landshut, 2017 (bei Prof. Dr. R. Pütz))

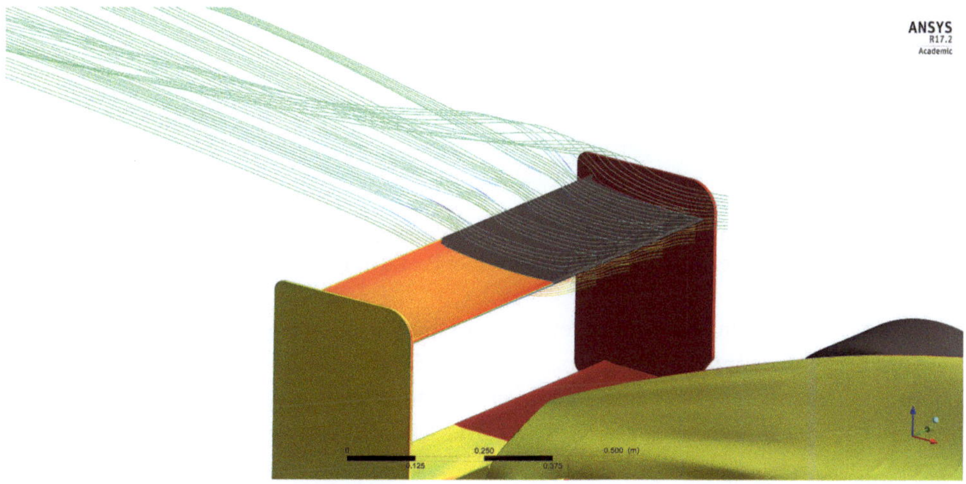

Abb. 8.32 Beispiel für die Umströmung des Heckflügels eines Tatuus-Formel-V-Rennwagens. Der positive Einfluss der Winglets ist evident. (Quelle: Thomas Haberstock, Masterarbeit an der HAW Landshut, 2017 (bei Prof. Dr. R. Pütz))

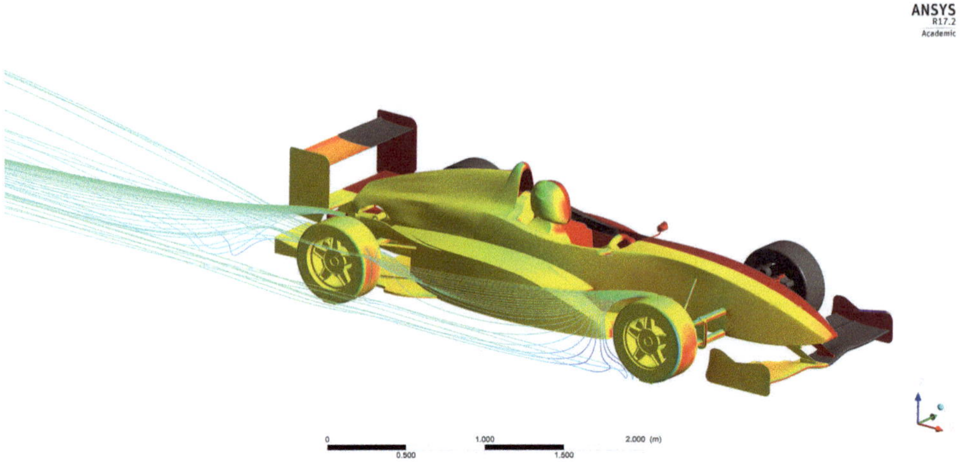

Abb. 8.33 Beispiel für die Umströmung der (Auftrieb-generierenden) Reifen eines Tatuus-Formel-V-Rennwagens. (Quelle: Thomas Haberstock, Masterarbeit an der HAW Landshut, 2017 (bei Prof. Dr. R. Pütz))

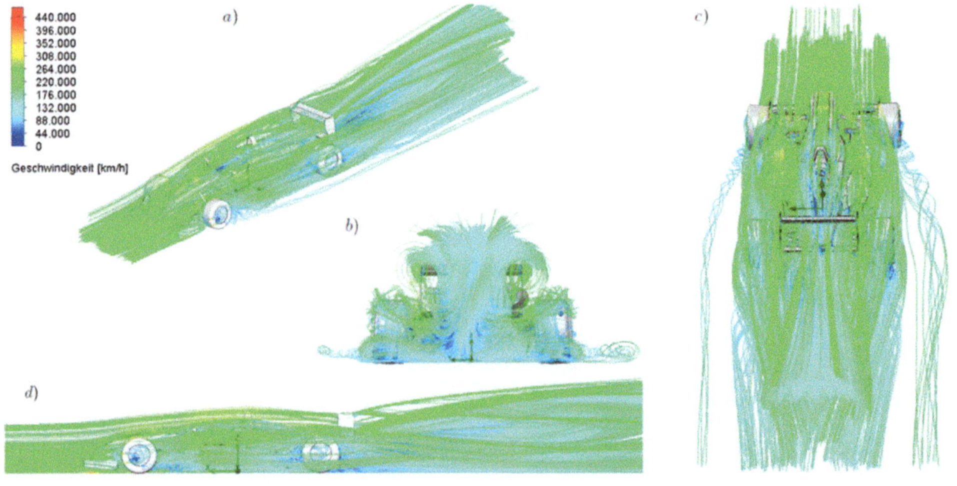

Abb. 8.33a Stromlinien am Dallara 307 Formel-3-Rennwagen bei 250 km/h (Quelle: Lukas Mühlbauer, Masterarbeit an der HAW Landshut, 2021 (bei Prof. Dr. R. Pütz)

Abb. 8.31 zeigt den Beitrag der jeweiligen Fahrzeug-Komponenten zum Abtriebsbeiwert c_A. So ist der Einfluss der unterschiedlichen Front- und Heckflügeleinstellungen ersichtlich. Während der obere Heckflügel verstellbar ist und unterschiedlichen Abtrieb liefern kann, ist der Beitrag des unteren Heckflügels (Beam Wing) konstant. Auch ist das Zusammenspiel von Monocoque und Heckabdeckung erkennbar. Die unterschiedlichen Einstellungen können mit CFD parametriert werden, ohne aufwändige (und teure) Windkanaltests durchführen zu müssen.

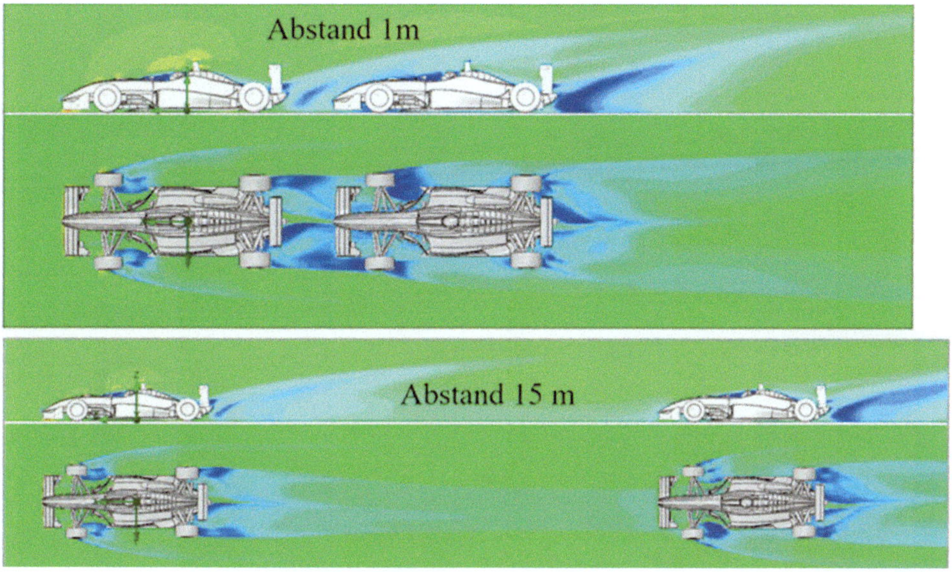

Abb. 8.33b Geschwindigkeitsfelder zweier hintereinanderfahrender Formel-3-Rennwagen (Quelle: Lukas Mühlbauer, Masterarbeit an der HAW Landshut, 2021 (bei Prof. Dr. R. Pütz)

Abb. 8.34 Beispiel für die Druckverteilung an einem Tatuus-Formel-V-Rennwagen. (Quelle: Thomas Haberstock, Masterarbeit an der HAW Landshut, 2017 (bei Prof. Dr. R. Pütz))

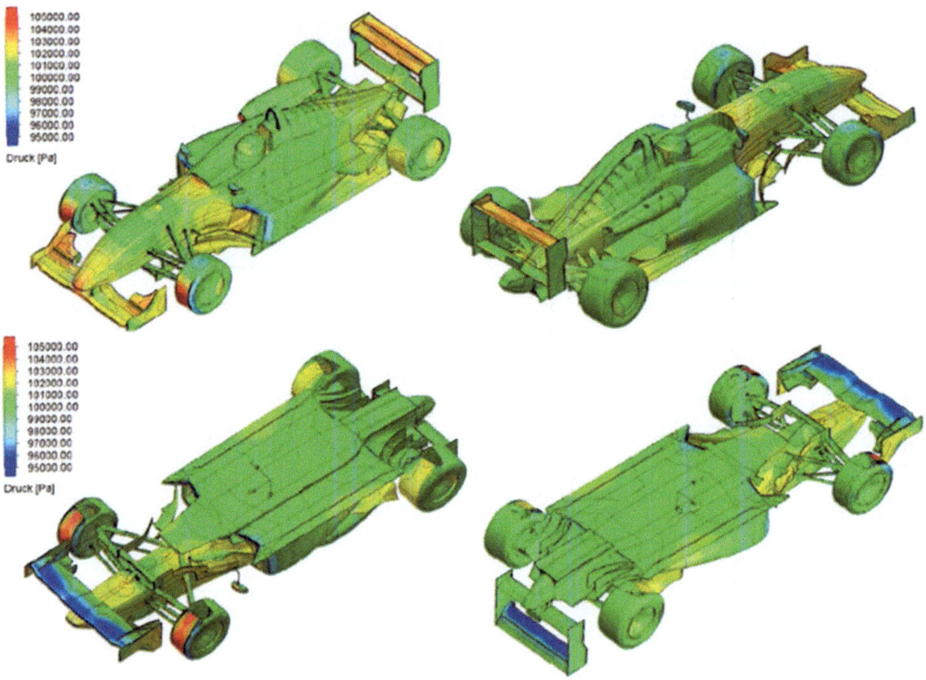

Abb. 8.34a Druckverteilung auf der Ober- und Unterseite eines Formel-3-Rennwagens bei 250 km/h (Quelle: Lukas Mühlbauer, Masterarbeit an der HAW Landshut, 2021 (bei Prof. Dr. R. Pütz)

Die Anwendung von CFD auf einzelne aerodynamische Komponenten ist nachfolgend am Beispiel eines Flügels mit Gurney-Leiste erläutert. Abb. 8.35 zeigt zunächst die Geschwindigkeitsverteilung der Fluidteilchen im Strömungsfeld für die Referenz (glatter Flügel). Zu erkennen ist, dass erwartungsgemäß die Strömungsgeschwindigkeit unterhalb des Flügels (rote und gelbe Pfeile) schneller ist als oberhalb (blaue Pfeile). Dies führt aufgrund der Bernoulli-Gleichung zu einem höheren Druck auf der Oberseite und einem niedrigen Druck auf der Unterseite des Flügels und somit zu einer Abtriebskraft.

Bei der Variante mit Dimples im vorderen Bereich ist eine Verbesserung der aerodynamischen Effizienz gegenüber der Referenz (glatter Flügel) bei einem Anstellwinkel von 10° evident. Dabei wird bei allen Anströmgeschwindigkeiten sowohl die Abtriebskraft erhöht als auch die Strömungswiderstandskraft gesenkt. Durchaus bemerkenswert ist angesichts der Ergebnisse mit einem Flügel ohne Gurney-Leiste, dass die Variante mit Gurney-Leiste und Dimples über den gesamten Flügel eine Verschlechterung der aerodynamischen Effizienz im Vergleich zur Referenz aufweist. Daran ist zu erkennen, wie sensibel der Golfball-Effekt auf geringfügige Veränderungen der Oberfläche reagiert.

Abb. 8.34b Druckverteilung bei Seitenwind am Formel-3-Rennwagen bei 250 km/h (Quelle: Lukas Mühlbauer, Masterarbeit an der HAW Landshut, 2021 (bei Prof. Dr. R. Pütz)

Die signifikante Verbesserung der Abtriebskraft bei der Variante mit Dimples im vorderen Bereich ist in Abb. 8.36 dokumentiert. Es wird im direkten Vergleich deutlich, dass dabei der Maximalwert des Drucks (roter Bereich) höher ist als bei der Referenz. Außerdem ist zu erkennen, dass der höhere Druck oberhalb des Flügels bei der Variante mit Dimples im vorderen Bereich über einen größeren Bereich angreift. Außerdem ist bei dieser Variante auch der Druck unterhalb des Flügels niedriger als bei der Referenz. Es ist zu beachten, dass dabei ein relativer Druck angegeben ist. Aufgrund der höheren Druckdifferenz bei der Variante mit Dimples im vorderen Bereich wird dort auch eine höhere Abtriebskraft generiert.

Für den Anstellwinkel von 27,5° ist jedoch zu erkennen, dass sich die aerodynamische Effizienz des Dimple-Konzeptes im Vergleich zur Referenz significant verschlechtert, siehe Abb. 8.37. Dabei bildet sich bei der Variante mit Dimples im vorderen Bereich ein größeres Wirbelfeld nach dem Flügel aus, wodurch sich sowohl der Abtrieb verringert als auch der Strömungswiederstand erhöht.

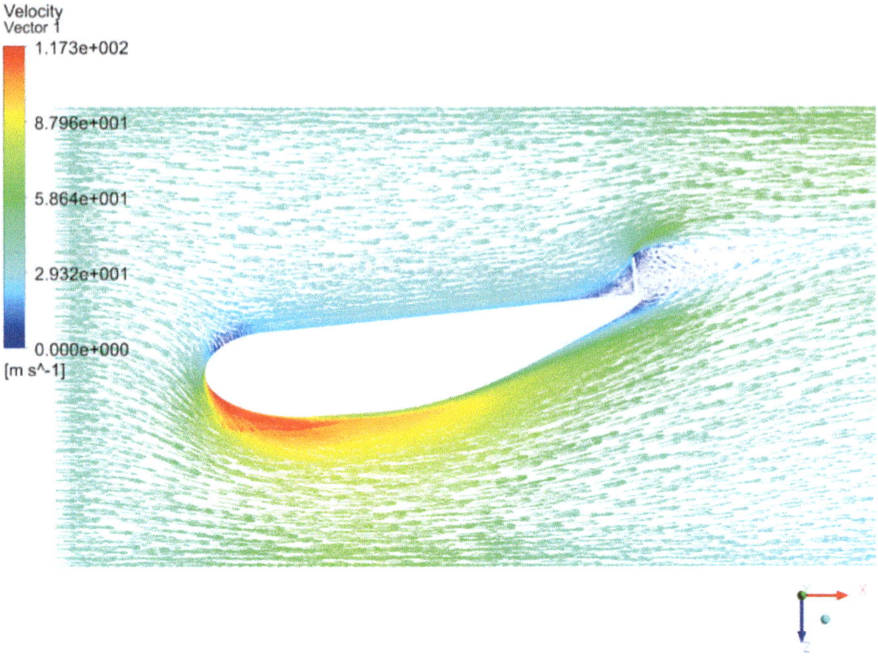

Abb. 8.35 Geschwindigkeitsverteilung am Referenzprofil (glatter Flügel) bei Anstellwinkel 10° und Anströmgeschwindigkeit 150 km/h. (Quelle: T. Hechfellner, Bachelorarbeit an der Hochschule Landshut 2017 (bei Prof. Dr. Pütz))

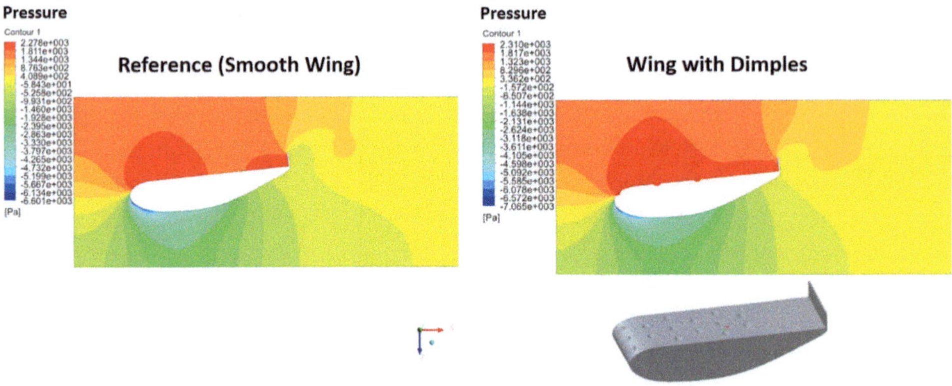

Abb. 8.36 Steigerung der Abtriebskräfte der Variante mit Dimples im vorderen Bereich (rechts) gegenüber dem glatten Referenzprofil (links) anhand der Druckverteilung bei Anströmgeschwindigkeit 150 km/h und Anstellwinkel 10°. (Quelle: T. Hechfellner, Bachelorarbeit an der Hochschule Landshut 2017 (bei Prof. Dr. Pütz))

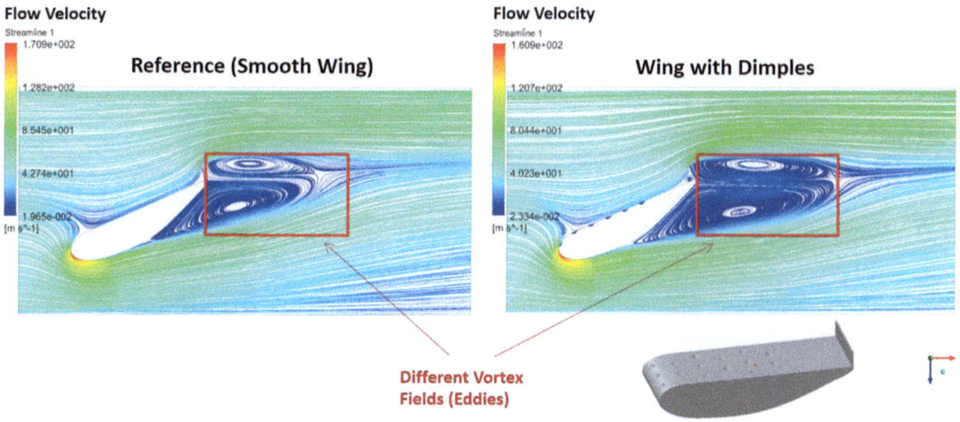

Abb. 8.37 Geschwindigkeiten und Stromlinien bei der Variante mit Dimples im vorderen Bereich (rechts) gegenüber dem glatten Referenzprofil (links) bei 150 km/h und Anstellwinkel 27,5°. (Quelle: T. Hechfellner, Bachelorarbeit an der Hochschule Landshut 2017 (bei Prof. Dr. Pütz))

Literatur

1. Rouelle, C.: Racecar Dynamics. Seminar. OptimumG, Centennial (2017)
2. Segers, J.: Racecar Data Acquistion and Analysis Seminar, Köln (2015)
3. Nowlan, D.: The Dynamics of the Race Car. E-Book, Sydney (2010). https://www.chassissim.com
4. Haberstock, T.: CFD-Analyse eines Formel-Rennwagens und begleitende Windkanaluntersuchungen. Hochschule Landshut, Bd. 6 (2017)
5. Hechfellner, T.: CFD-Rechnungen zu aerodynamischen Bauteilen an Rennwagen zur Untersuchung des Golfball-Effekts. Bachelor Thesis, Landshut (2017) [CFD calculations on aerodynamic systems of race cars analysing the golf ball effect]
6. Kampfl, M.: Aerodynamische Optimierungen an einem Rennwagenheckflügel unter Anwendung des Golfballeffekts. Bachelor Thesis, Landshut (2018) [Aerodynamic optimisation of a race car rear wing exploting the golf ball effect]
7. Pütz, R., Haberstock, T.: Aerodynamic optimisation of existing race cars with modern engineering tools. Vortrag Professional Motorsport World Expo, Köln (2017)
8. Pütz, R., Kampfl, M., Hechfellner, T.: New methods in further aerodynamic optimisation of race cars exploiting the golf ball effect. Vortrag Professional Motorsport World Expo, Köln (2018)
9. Wieser, A: Untersuchung aerodynamischer Optimierungsansätze anhand eines Formel-3-Rennwagens mittels Ausnutzung programmierter Chips und des Golfballeffektes. Bachelor-Thesis, Landshut (2019)
10. Pütz, R., Wieser, A.: „Chip Tuning" to improve aerodynamic efficiency? Vortrag Professional Motorsport World Expo, Köln (2019)
11. Mühlbauer, L: Aerodynamische Analyse eines Dallara Formel-3-Rennwagens mittels CFD, Master Thesis, Landshut (2021)

Testfahrten *Test Drives* 9

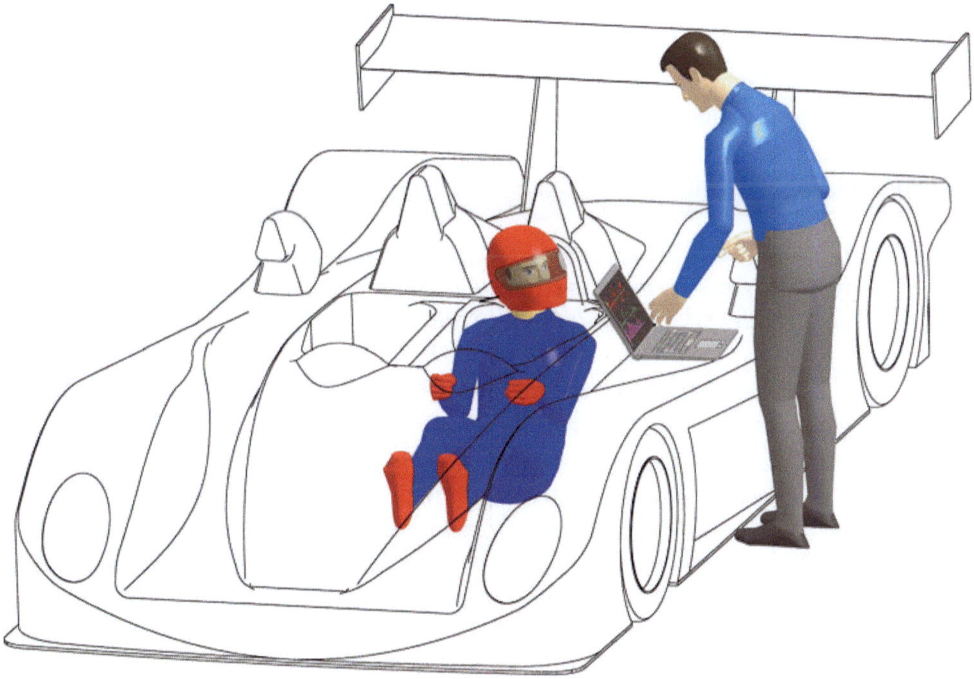

R. Pütz, T. Serne, *Rennwagentechnik - Praxislehrgang Fahrdynamik*, Handbuch Rennwagentechnik 6, https://doi.org/10.1007/978-3-658-47000-5_9

Inhaltsverzeichnis

Zusammenfassung

Wieso sind Testfahrten überhaupt erforderlich, da doch alles in der Theorie erfasst und vorausberechnet werden kann? Dies ist die grundsätzliche Frage, die immer wieder gestellt wird, und die in diesem Kapitel beantwortet wird. Tracktime ist teuer', deshalb soll die Zeit auf der Strecke optimal genutzt werden. Dieses Kapitel beschreibt, wie Teams ihre Tests auf der Rennstrecke optimal durchführen können. Mehrere Arten von Tests werden beschrieben. Nicht nur Tests für professionell ausgestattete Teams, sondern auch für die ambitionierten Teams in Amateurbereich werden erläutert.

9.1 Die Theorie ist verinnerlicht – nun folgt die Praxis *The Theory is internalized – now Practice follows*

Wieso sind Testfahrten überhaupt erforderlich, da doch alles in der Theorie erfasst und vorausberechnet werden kann? Dies ist die grundsätzliche Frage, die immer wieder gestellt wird, und die wie folgt beantwortet werden kann:

Erstens – und das ist vielleicht der wichtigste Aspekt – spielt der Faktor Mensch hinter dem Lenkrad, der Rennfahrer (und heute zunehmend auch die Rennfahrerin) eine entscheidende Rolle.[1] Diese sollten sich mit dem Auto und der Strecke bekannt machen. Talentierte und erfahrene FahrerInnen benötigen meist nicht mehr als drei, vier Runden, um eine Rennstrecke zu „verstehen". Danach sollten sie ihre Konzentration auf das Testen der Technik und die Beurteilung des Setups und der Leistungsfähigkeit des Fahrzeugs richten können.

Zweitens beeinflussen die Reifen und Aerodynamik die Rundenzeiten hochsignifikant – weit vor der Motorleistung.[2] Diese beiden Bereiche sind allerdings äußerst kom-

---

[1] Siehe Handbuch Rennwagentechnik Bd. 5, Abschn. 5.3.3.

[2] Siehe Handbuch Rennwagentechnik Bd. 2, Kap. 2.

plex, sodass auch heute immer noch keine derart universell belastbaren Rechnerprogramme existieren, um unter gänzlichem Verzicht auf Testfahrten sogleich neue Reifen oder aerodynamische Settings anzuwenden. Auch wenn sich die Leistungsfähigkeit der Softwaretools immer weiter verbessert haben, bleibt es unverzichtbar, die prognostizierten Rechenergebnisse auf der Strecke zu validieren.

„Tracktime" – also die Zeit auf der Rennstrecke – ist teuer! Nicht nur teuer im Sinne von finanziellen Aufwendungen für Miete der Strecken, Kraftstoff, Verschleiß an Motor und Getriebe, Reifen usw., sondern auch im Sinne der relativ limitierten Zeit, die an einem Testtag überhaupt für Testfahrten netto zur Verfügung steht. Bei einen Testtag mit „open Pitlane" ist die Strecke zwar prinzipiell über einen ganze Tag frei verfügbar, aber die Netto-Zeit auf der Strecke ist dabei wegen Abstimmungsarbeiten am Auto, eventuellen Reparaturen, Rotphasen (Code Red) wegen Unfällen (auch eigenen) und obligatorischer Mittagspause (aufgrund lokaler Geräuschimmissionsgesetzgebung) sehr viel geringer. Deshalb muss ein Testtag gut vorbereitet werden. Wenn morgens gegen neun Uhr die Pitlane geöffnet wird, muss das komplette Team – d. h. Rennfahrzeug, Mechaniker, Fahrer usw. – schon bereit stehen, um mit dem Testen zu beginnen. Dann ist keine Zeit mehr für Diskussionen, denn diese sollten im Vorfeld bereits geführt worden sein, sodass nunmehr ein abgestimmtes Testprogramm vorliegt, das jeder Beteiligte kennt und das professional absolviert werden kann. Der Fall, dass im Rahmen eines Rennwochenendes getestet wird, wobei oftmals mehrere Rennklassen gleichzeitig auf die Strecke kommen, ist suboptimal. Auch die verfügbare Zeit ist dann meist erheblich kürzer und eine gute Vorbereitung stark eingeschränkt.

Eine Testsession dient nicht immer der unmittelbaren Erzielung schnellerer Rundenzeiten, denn es kann viel wichtiger sein, das Auto oder Teile davon besser zu verstehen. Erst wenn das Auto und sein Verhalten bestmöglich verstanden werden, können belastbare Entscheidungen zur weiteren Verbesserung getroffen werden. Als Beispiel mag die Formel 1 dienen, bei der im freien Training (Free Practice) am Freitag die Rennwagen hauptsächlich im submaximalen Bereich Daten sammeln. Schnelle Zeiten sind dann erst im Qualifying am Samstagnachmittag gefragt!

Zielsetzung
Mit einer klar definierten Zielsetzung bzw. Strategie für einen Test ist für jeden daran Beteiligten verständlich, was seine Aufgabe ist und was von ihm erwartet wird. Zielsetzungen können sein:

- Ausprobieren und Kennenlernen neuer Bauteileile (Flügel, Bremsen, Stoßdämpfer usw.).
- Erprobung neuer Fahrwerksabstimmungen (Fahrthöhen, Vor- oder Nachspur, Sturz usw.).
- Fahrertraining, oder das Potenzial neuer Fahrer kennenlernen.
- Kombinationen der hier genannten Varianten.

Die Definition der konkreten Zielsetzung kommt auch der Vorbereitung des Tests zugute.

Vorbereitung

Alle beim Test auf der Strecke zu untersuchenden Abstimmungen und Bauteile sollten noch vor der Abfahrt zur Rennstrecke in der Werkstatt überprüft oder markiert werden. Wenn z. B. die Vorspur getestet werden soll ist es hilfreich, dass die unterschiedlichen Vorspurabstimmungen vorher deutlich markiert werden. Damit kann der Test wesentlich schneller absolviert werden. Wenn der Fahrer z. B. nach zwei Runden zurück an die Boxen kommt, können die Mechaniker die nächste zu untersuchende Vorspur rasch einstellen, während der Fahrer seine Befundung an den Renningenieur berichtet. Dies dauert nur kurz, und die nächste Spur-Einstellung kann sofort ausprobiert werden. Eine Top-Leistung durch das Team ist dann erbracht, wenn auf diese Weise fünf bis sechs Spurabstimmungen innerhalb von einer Stunde getestet worden sind.

▶ **Tipp 9.1** Dank der elektronischen Datenaufzeichnung können während nur zweier Runden einerseits alle erforderlichen Daten gesammelt und zudem auch eine schnelle Rundenzeit absolviert werden. Die Messung der Rundenzeit beginnt dann in der ersten Runde an einem Punkt nach Durchfahren der ersten Hälfte der Strecke. Wenn der Fahrer also die zweite Hälfte der ersten Runde und die erste Hälfte der zweiten Runde im tatsächlichen Renntempo fährt, hat er, außer den benötigten Daten, auch eine komplette Rennrunde gefahren, ohne eine komplette Warming-up- oder Cooling-down-Runde zu benötigen.

Auch müssen alle Sensoren des Datenaufzeichnungssystems im Voraus neu kalibriert und überprüft werden. Es wäre nicht tolerierbar, wenn sich später, nachdem ein ganzer Testtag absolviert worden ist, herausstellt, dass z. B. ein Bewegungssensor der Radaufhängung falsche Daten erzeugt hat.

▶ **Tipp 9.2** Man muss sich immer darüber bewusst sein, dass der Fahrer, wie gut er auch sein mag, stets das schwächste Glied der Erfolgskette ist. Jeder Fahrer besitzt ein Limit der physischen Belastbarkeit. Sobald der Fahrer ermüdet, nimmt nicht nur seine Konzentration ab, sondern auch der Geschwindigkeitsdurchschnitt. Aber vor allem nimmt seine Lernkurve ab! Aber vor allem nimmt seine Lernkurve ab! Er kann neue Abstimmungsvarianten am Fahrzeug in Bezug auf die Streckenabschnitte nicht mehr verlässlich beurteilen. Sein Feedback über neue Abstimmungen verliert signifikant an Wert. Fazit: Die physische Kondition eines Rennfahrers ist nicht minder wichtig als die Zuverlässigkeit des Rennwagens!

Beispiel 9.1

Während eines „Open Pitlane"-Testtages werden viele Tests durch das Team konzentriert durchgeführt. Der Renningenieur ist mit der Leitung des Teams und der Sammlung von Race-Daten beschäftigt. Erst nach der Rückkehr in die Werkstatt hat er die nötige Zeit,

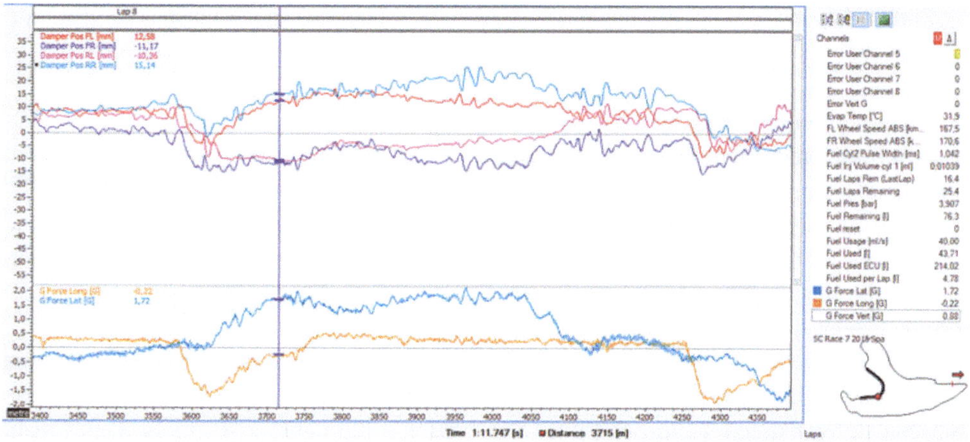

Abb. 9.1 An den Vorderrädern ergeben sich unlogische Federwege: Das Rad links vorne (*rot*) sollte in dieser schnellen Linkskurve ausfedern, aber es federt ein. Analog sollte das Rad rechts vorne (*dunkelblau*) einfedern, aber es federt aus. Hier waren die Sensoren verwechselt worden!

diese Daten ausführlich zu analysieren. Er erschrickt als er bemerkt, dass die Sensoren völlig unplausible, falsche Federwege anzeigten: In Abb. 9.1 ist zu sehen, dass in einer schnellen Linkskurve (die Lateralkraft ist dort hoch, siehe die blaue Linie in der unteren Grafik) die Räder unlogische Federwege ausführen: Das Rad links vorne (rot) sollte ausfedern, aber es federt ein. Und das Rad rechts vorne (dunkelblau) sollte einfedern, aber es federt aus. Offensichtlich sind die Sensoren verwechselt worden. Der Renningenieur hat dies im vorliegenden Fall mit Hilfe der verwendete MoTeC-Software korrigieren können. Ohne diese Korrekturen wären alle Aufzeichnungen ohne Wert gewesen. ◀

Meteorologische Verhältnisse

Es ist einleuchtend, dass die Testergebnisse auf trockenen und nassen Strecken nicht miteinander vergleichbar sind. Aber sogar wenn lediglich die Sonne scheint, können sich die Temperaturen von Luft und Asphalt bereits signifikant ändern und das gefundene, optimale Setup obsolet machen. Wie in Kap. 8 beschrieben, werden sich die aerodynamischen Parameter mit der Lufttemperatur stark verändern. Der Frontflügel eines Formel-Rennwagens wird also morgens um neun Uhr einer Lufttemperatur von z. B. 15 °C und nachmittags um vier Uhr einer Lufttemperatur von z. B. 38 °C ausgesetzt sein. Der daraus folgende Unterschied im Abtrieb ist unvermeidlich! Die Ursache dieses Unterschieds resultiert daraus, dass sich an einem warmen Tag der Asphalt, und damit die Luft über dem Asphalt, stärker aufwärmt als die Umgebungsluft. Der näher am Boden befindliche Frontflügel wird also weitaus sensibler auf Temperaturänderungen reagieren als der Heckflügel. Die ursprüngliche Balance des Fahrzeugs ist also gestört.

Deshalb sollte zur besseren Verifikation ein Testtag mit der morgendlichen Abstimmung beendet werden, um den Verlauf belastbar feststellen zu können. Damit ist eine bessere Validierung der Testresultate gegeben.

Zudem hat ein Temperaturanstieg, vor allem des Asphalts, auch großen Einfluss auf die Reifen.

Der Renningenieur entscheidet!

Ein gut funktionierendes Team besteht aus drei „Parteien“: dem Fahrer, dem Renningenieur und den Mechanikern (inklusive dem für die Datenaufzeichnung Verantwortlichen; Data Acquisition Guy, oder DAG). Der Fahrer fährt und gibt sein Feedback an den Renningenieur. Dieser notiert die Bemerkungen des Fahrers und zieht daraus seine eigenen Schlüsse. Daraus leitet er die durchzuführenden Abstimmungsarbeiten für die Mechaniker ab.

Diese natürliche Reihenfolge ist wichtig, weil der Renningenieur über das Testprogramm entscheidet, denn er verantwortet dies und überwacht folglich die folgerichtige Durchführung des gesamten Testprogramms. Der Fahrer sollte daher z. B. nicht nach „mehr Sturz vorne“ fragen, sondern er sollte lediglich das Symptom melden, dass er Untersteuern feststellt. Der Renningenieur kann wesentlich besser beurteilen, warum das diagnostizierte Untersteuern auftritt: vielleicht ist ja sogar schon zu viel Sturz eingestellt!

Bei der Rückmeldung vom Fahrer an den Renningenieur sollte der Fahrer sich bei seiner Rückmeldung immer auf exakt die jeweiligen Phasen der Kurve beziehen, wie sie in Kap. 2 beschrieben sind. Untersteuern in der Mitte der Kurve erfordert eine komplett andere Lösung als Untersteuern während des Einlenkens! Und wenn der Fahrer die geforderten, differenzierten Aussagen nicht von sich aus vorbringt, sollte der Renningenieur explizit danach fragen.[3]

Es ist dabei natürlich nicht notwendig, das Verhalten des Fahrzeugs in allen fünf Phasen für alle Kurven der Rennstrecke zurückmelden zu können. Wenn der Fahrer in der Lage ist, lediglich von einer schnellen und einer langsamen, kurzen Kurve das Fahrzeugverhalten in allen fünf Phasen zu beurteilen, erfüllt er bereits die an ihn gestellten Erwartungen.

Auch wenn der Fahrer der Inhaber des Teams ist und folglich derjenige, der die Kosten trägt, sollte er sich im eigenen Interesse dieser „Befundungs-Hierarchie“ fügen. Dazu sei hier der Vergleich mit einem Segelschiff angeführt: Es ist gleichgültig, wer der Eigner ist und alles bezahlt – sobald gesegelt wird, ist der Kapitän der „Boss“, ohne Diskussionen an Bord! Und um in diesem Beispiel zu bleiben: Wenn es unterschiedliche Meinungen gibt, sollten diese erst wieder nach der Rückkehr am Kai besprochen werden!

Kommunikation

Um das Team vor unnötigem Stress durch den Inhaber und/oder Sponsor zu schützen, sollten Inhaber und Sponsor bereits im Voraus über die Zielsetzungen der jeweiligen Testfahrten informiert werden. Selbstverständlich sind Inhaber und Sponsoren vor allem an besseren Leistungen und Erfolgen im Rennen interessiert, und deshalb erwarten sie fälschlicherweise schnellere Rundenzeiten auch schon bei Tests.

Der Renningenieur sollte daher verstehen, dass der Inhaber aus seiner isolierten Sicht wohl oftmals kaum Verständnis für Zielsetzungen wie „bessere Kenntnis über die Aerody-

[3] Siehe dazu auch Handbuch Rennwagentechnik Bd. 5, Abschn. 5.3.3.

namik“ anstatt „schnelleren Rundenzeiten“ hat. Oftmals ist es erforderlich, die Zielsetzung z. B. „bessere Kenntnis über die Aerodynamik“ zu übersetzen in für den Teaminhaber und die Sponsoren greifbarere Ziele wie z. B. „kürzerer Testaufwand während des nächsten Rennens auf einer Hochgeschwindigkeitsstrecke“ etc.

9.2 Die fünf charakteristischen Phasen einer Kurve im Überblick *The five characteristic Phases of a Curve at a Glance*

In Abb. 9.2 sind Eigenschaften, Ursachen und mögliche Lösungen bei Untersteuern für die fünf Phasen der Kurve zusammengefasst.

Mit Hilfe der durch die Datenaufzeichnung gesammelten Daten und/oder durch die Rückmeldungen des Fahrers können Unter- oder Übersteuern für jede Phase einer Kurve belastbar festgestellt werden. Die Ursachen von Untersteuern (in Abb. 9.2 in Rot hinterlegt) sind aber in jeder Phase völlig unterschiedlich und erfordern deshalb auch unterschiedliche Lösungen. Als Lösungsansätze können jeweils mehrere Optionen je Phase der Kurve dienen (in Abb. 9.2 in Grün hinterlegt).

Der Renningenieur muss i. d. R. eine Mischung aus seiner Erfahrung und seinen theoretischen Kenntnissen anwenden, um die letztendlich optimale Fahrwerksabstimmung zu finden. Aufgrund der Komplexität des „Gesamtsystems Rennwagen“ gibt es kaum Lösungen, die bei allem Erfolg nicht auch negative Effekte auf einige der die Straßenlage beein-

PHASE:	EINLENKEN	ROLLEN	MITTE DER KURVE	ZURÜCK-ROLLEN	AUSLENKEN
KENNZEICHEN:	ERSTE LENKBEWEGUNG	ÜBERGANG VON DER WAAGERECHTEN LAGE ZUM ROLLEN	STABILE PHASE MIT KONSTANTEM ROLLWI NKEL (WANKWINKEL)	VERLASSEN DER STABILEN PHASE, ZURÜCKROLLEN IN DIE WAAGERECHTE LAGE	ÜBERGANG ZUR GERADEAUS-FAHRT
URSACHCHEN VON UNTER-STEUERN:	-Rollzentrum unter der Straße; -zu wenig Abtrieb durch Frontflügel	-Wirkung von Dämpfer, Federn und Stabilisator nicht im Gleichgewicht.	-Zu viel Seiten-kraft hinten bzw zu wenig Seiten-kraft vorne.	-Wirkung von Dämpfer, Federn und Stabilisator nicht im Gleichgewicht.	-wenig Abtrieb auf Vorderräder; -Reifen überbelastet; -Ausgleichsgtr. mit Sperre
MÖGLICHE LÖSUNGEN:	Geometrie Mehr Sturzänderung durch größere Spreizung und Nachlauf Vor- und Nachspur Aerodynamik	Dämpfung Federung Stabilisator Sturz	- Stabi: vorne weicher, oder hinen härter. - Federung: vorne weicher oder hinter härter. - Aerodynamik: vorne mehr Flügel bzw hinten weniger - Optimierung des Sturzes.	Dämpfung Federung Stabilisator Sturz	Vor- und Nachspur Fahrtstil: Motorleistung 'weicher' auf die Straße bringen. Aerodynamik

Abb. 9.2 Im Laufe der vorangegangenen Kapitel sind die Ursachen von Unter-/Übersteuern für jede der fünf charakteristischen Phasen einer Kurve beschrieben und mögliche Lösungsansätze besprochen worden. Bei Testfahrten sollte der Rennfahrer versuchen, für möglichst jeden Typ einer Kurve (zumindest eine langsame, eine mittelschnelle und eine schnelle Kurve) die Straßenlage wahrzunehmen und dem Renningenieur das Fahrzeugverhalten zurück zu melden

flussenden Faktoren und Systeme haben werden. Oftmals wird ein Problem gelöst und dabei zugleich ein neues Problem geschaffen. Das optimale Setup bedeutet stets einen Kompromiss zu finden, der das Optimum darstellt. Die Informationen in Abb. 9.2 helfen dabei, Probleme strukturiert zu erfassen und zu lösen.

Der Fahrer soll sich darauf konzentrieren, das Verhalten des Autos in den fünf charakteristischen Phasen der Kurve für jeweils drei unterschiedliche Kurven – eine langsame, eine mittelschnelle und eine schnelle – wahrzunehmen, um seine Befundung später mit dem Renningenieur diskutieren zu können.

9.3 Definitionen unterschiedlicher Tests *Definitions of different Tests*

Tests können grundsätzlich in Non-Performance-Tests und Performance-Tests unterteilt werden.

Bei *Non-Performance-Tests* handelt es sich um Tests, bei denen schnelle Rundenzeiten keine Rolle spielen. Diese Tests sollten immer im Vorfeld der eigentlichen Performance-Tests auf der Rennstrecke durchgeführt werden.

Beispiele für Non-Performance-Tests:

- „Shake down Test" (erfolgt, nachdem das Auto neu konfiguriert ist, oder nach einer großen Wartung; dabei Überprüfen von Verbindungsteilen („Nuts-&-Bolts"), Leckagen, Funktion der Elektronik, Kalibrierung von Sensoren usw.).
- Aerodynamische Tests (siehe Kap. 8 für die Festlegung von Aeromaps für unterschiedliche Fahrthöhen, Rake, Flügelprofile, Flügelhöhen, Flügeleinstellwinkel, Diffusoren, Splitter sowie Ausrollversuche usw.).

Diese Arten von Tests finden oftmals auf einem Flugplatz statt und werden aufgrund ihrer Monotonie von Rennfahrern nicht unbedingt geliebt. Deshalb werden für diese Testfahrten oftmals Ersatzfahrer bzw. erfahrene Testfahrer eingeladen. Dennoch sind diese Tests unverzichtbar!

Performance-Tests werden dann im Anschluss auf einer Rennstrecke durchgeführt, wenn Ergebnisse im Bereich der Renngeschwindigkeit gefragt sind. Ein Testlauf auf nur 97 % des Leistungsbereichs (sogenannter „Performance Envelope") verschafft zu wenig verwertbare Informationen. Bei durchschnittlichen Rundenzeiten von 1 min 40 s bedeutet der 97 %-Leistungsbereich eine Rundenzeit von 1 min 43 s. Dieser Unterschied von nur 3 s ist jedoch bereits zu groß, um die richtigen Schlüsse in Bezug auf die mögliche Performance von Reifen und Aerodynamik ziehen zu können. Solche Tests sollten im Qualifikationstempo gefahren werden!

Beispiele für Performance-Tests betreffen:

- Reifen (siehe Abschn. 9.5).
- Stoßdämpfer: Settings für Einfederung (Bump) und Ausfederung (Rebound) bei hohen und niedrigen Frequenzen.

- Federn und Stabilisatoren: Raten, Motion Ratios.
- Gewichtstransfer: gesamter, elastischer, geometrischer Gewichtstransfer, Balance.
- Stabilität, oder auch „yaw sensitivity" (Gierempfindlichkeit).
- Einfluss von Rake (oder: Schrägstellung in der Seitenansicht) auf die Aerodynamik.

Weil dieses Buch sich ausschließlich der Straßenlage von Rennwagen widmet, werden andere wichtige Daten, z. B. vom Motor, hier nicht berücksichtigt.

Primäres Ziel der Testtage ist es, Daten zu sammeln. Während eines Testtags sollten alle ermittelten Daten vom Aufzeichnungssystem gespeichert oder manuell aufgeschrieben werden. Erst im Anschluss, abends oder am Folgetag in der Werkstatt, ist Zeit für eine tief gehende Analyse der Daten. Deshalb sollte alles exakt festgelegt werden, denn der Renningenieur wird sich kaum alle Daten merken können. Ein Beispiel für ein Setup-Sheet ist in Abb. 9.3 gezeigt. Jede Änderung am Setup sollte zusammen mit den zugehörigen Rundenzeiten dokumentiert werden. Der für die Datenaufzeichnung Zuständige (DAG) muss dabei alle gespeicherten Daten-Files (Data Sheet, Datenspeicherung, Video-Files der

Serné CM *Racecar Handling Setup sheet*	Date	dd mm yy	Car	Serano JS GT3
	Track	Francorchamps	Driver	Ellen
	Event	Final Races		
	Session	qualifying		

FRONT

Splitter	model 3	Angle	5	[deg]
Anti-roll bar	1 1/4"	setting	hole 2	[-]

FRONT LEFT						FRONT RIGHT					
Camber	3,5	[deg]	Ride Height	105	[mm]	Camber	3,5	[deg]	Ride Height	105	[mm]
Caster	9,5	[deg]	Spring	250	[lbs/"]	Caster	9,5	[deg]	Spring	250	[lbs/"]
toe-in	1,7	[mm]	MR	1,15	[-]	toe-in	1,7	[mm]	MR	1,15	[-]
Tyre:			Wheelrate	189,0	[lbs/"]	Tyre:			Wheelrate	189,0	[lbs/"]
Size	300/680 R18		Shocks:			Size	300/680 R18		Shocks:		
diameter	647	[mm]	Supplier/Type	Intrax 4w BT+ARC		diameter	647	[mm]	Supplier/Type	Intrax 4w BT+ARC	
setup	1,55	[bar]	Bump	LSB10 HSB 15	clicks	setup	1,55	[bar]	Bump	LSB10 HSB 15	clicks
cold	1,28	[bar]	Rebound	REB -14	clicks	cold	1,28	[bar]	Rebound	REB -14	clicks
warm	1,8	[bar]	Gaspressure	15	[bar]	warm	1,8	[bar]	Gaspressure	15	[bar]

WEIGHT & BALANCE:

Tankvolume	55	[ltr]	LF	415	[kg]	RF	397,4	[kg]	812,4	[kg]	51,6%
sp. Mass	0,74	[kg/ltr]	LR	397,4	[kg]	RR	366,1	[kg]	763,5	[kg]	
weight	40,7	[kg]	LEFT tot	812,4	[kg]	RIGHT tot	763,5	[kg]	1.575,9	[kg]	
weight drv	79	[kg]					48,4%			Diagonal% LR-RF:	50,4%

REAR

Rearwing	300LD		Anti-roll bar	1"
Angle	15	[deg]	settinghole	5

Rake:		
Wheelbase	2445	[mm]
Rake:	45	[mm]
Rakeangle:	1,1	[deg]

REAR LEFT						REAR RIGHT					
Camber	3,5	[deg]	Ride Height	150	[mm]	Camber	3,5	[deg]	Ride Height	150	[mm]
toe-in	1,7	[mm]	Spring	250	[lbs/"]	toe-in	1,7	[mm]	Spring	250	[lbs/"]
			MR	1,15	[-]				MR	1,24	[-]
Tyre:			Wheelrate	189,0	[lbs/"]	Tyre:			Wheelrate	162,6	[lbs/"]
Size	320/680 R18		Shocks:			Size	320/680 R18		Shocks:		
diameter	647	[mm]	Supplier/Type	Intrax 4w BT+ARC		diameter	647	[mm]	Supplier/Type	Intrax 4w BT+ARC	
setup	1,55	[bar]	Bump	LSB10 HSB 18	clicks	setup	1,55	[bar]	Bump	LSB10 HSB 18	clicks
cold	1,28	[bar]	Rebound	REB -18	clicks	cold	1,28	[bar]	Rebound	REB -18	clicks
warm	1,8	[bar]	Gaspressure	15	[bar]	warm	1,8	[bar]	Gaspressure	15	[bar]

GEARING:	IN	OUT	Ratio	max Torq@RPM	7100	[-/min]
CW & Pinion	10	35	0,2857	Dynamic Diameter	674	[mm]
1st gear	14	34	0,4118	7100	106	[km/h]
2nd gear	17	30	0,5667	7100	146	[km/h]
3rd gear	20	28	0,7143	7100	184	[km/h]
4th gear	22	24	0,9167	7100	236	[km/h]
5th gear	24	22	1,0909	7100	281	[km/h]
6th gear	27	21	1,2857	7100	331	[km/h]

Abb. 9.3 Beispiel für ein „Data Sheet". Der Renningenieur sollte eine solche geeignete Tabelle so zusammenstellen, dass er bequem alles überblickt, um auch unter großem Stress schnell die richtigen Maßnahmen einleiten zu können

On-Board-Kamera usw.) dermaßen nachvollziehbar festlegen (d. h. mit Rundennummer, Uhrzeit, Datum, Strecke, Fahrer usw.), dass der Renningenieur später ohne Aufwand die Daten finden und zuordnen kann.

9.4 Gezielte Tests *Specific targeted Tests*

Um einen Rennwagen richtig zu verstehen und optimal abzustimmen gibt es – außer den Kenntnissen und Parametern zu den Reifen (siehe Abschn. 9.5), fünf sogenannte „**Magic Numbers**":[4]

- Die Dämpfer-Charakteristik (siehe Kap. 4).
- Der Gewichtstransfer (siehe Kap. 5).
- Verteilung des Widerstands gegen Aufbau-Rollen auf Vorder- und Hinterachse (siehe Kap. 6).
- Die statische Gewichtsverteilung (siehe Kap. 6).
- Die Aerodynamik (siehe Kap. 8).

9.4.1 Dämpfer-Charakteristik *Damper Characteristics*

Wie in Kap. 4 beschrieben gibt es zwei Arten von Dämpfung: die Hoch-Frequenz-Dämpfung, um zu verhindern dass das Massen-Feder-System beginnt in seiner Eigenfrequenz zu schwingen, und die Nieder-Frequenz-Dämpfung zur Kontrolle der Roll- und Nickbewegungen.

Die erforderliche Hoch-Frequenz-Dämpfung kann im Voraus berechnet werden, denn die benötigten Federraten und Massen sind schon bekannt, siehe (Abschn. 4.2). Die Nieder-Frequenz-Dämpfung aber ist ein Faktor, der sich nur schwierig im Voraus berechnen lässt. Daher sollten die Testfahrten hierüber mehr Auskunft liefern. Mit Hilfe von Simulations-Software (wie z. B. ChassisSim) ist es möglich, dass im Vorfeld der Testfahrten bereits eine gute Annäherung der Dämpfersettings erreicht werden kann, womit kostspielige Testzeit auf der Strecke eingespart wird.

Deshalb ist es interessant zu untersuchen, wie sich der Fahrzeugaufbau in den Übergangsphasen, also in den Phasen 2 und 4 der Kurve, bewegt. Dabei ist es wichtig zu beobachten, wie am Ende der Geraden die Fahrzeugfront eintaucht und beim Einlenken die Rollbewegung eingeleitet und beendet wird:

1. Das kurvenäußere Vorderrad geht beim Bremsen in Einfederung (Bump) und soll während der Rollbewegung eingefedert bleiben.
2. Das kurveninnere Vorderrad geht zuerst in Einfederung bzw. Bump, danach jedoch in Ausfederung (Rebound).

[4] Siehe auch Handbuch Rennwagentechnik Bd. 5, Kap. 5.

3. Das kurvenäußere Hinterrad geht zuerst in Rebound, und danach in Bump.
4. Das kurveninnere Hinterrad geht in Rebound und bleibt in Rebound.

Abb. 9.4 zeigt ein Beispiel für einen hochwertigen Sportwagen in Zandvoort am Ende der Geraden beim Einlenken mit einem sauberen Verlauf dieser Reihenfolge. Diese Rollbewegung kann mit Hilfe der Nieder-Frequenz-Abstimmung für Druck- und Zugstufe (Bump und Rebound) der Dämpfer kontrolliert werden.

Auch die Zusammenstellung aller auftretenden Dämpfungsraten in Form eines Histogramms gibt Aufschluss über die Dynamik des Autos. Eine solche Grafik (siehe Abb. 9.5; zuvor bereits als Abb. 4.13 ausführlich beschrieben) erfolgt aus der zeitlichen Ableitung des Federwegs, woraus die Dämpfergeschwindigkeit bestimmt wird. Ein brauchbares Datenaufzeichnungssystem (Data-Acquisition-Software) liefert diese Funktion als Standard.

Jede der Säulen repräsentiert eine Geschwindigkeitsstufe, hier jeweils Bereiche von 10 mm/s. Die Verbindung der Spitzen aller Säulen formt eine sogenannte Glocken-Kurve, hier die rote Linie. Der Form dieser Kurve zeigt zwei entscheidende Größen: die Form der Kurve und deren Symmetrie.

Je mehr ein Dämpfer im Bereich der niedrigen Dämpfergeschwindigkeiten betrieben wird (hier: dunkelblaue Säulen), desto höher sind die zugehörigen Säulen. Eine hohe Säule bedeutet, dass der Dämpfer sich lange in dieser Geschwindigkeitsstufe bewegt. Die

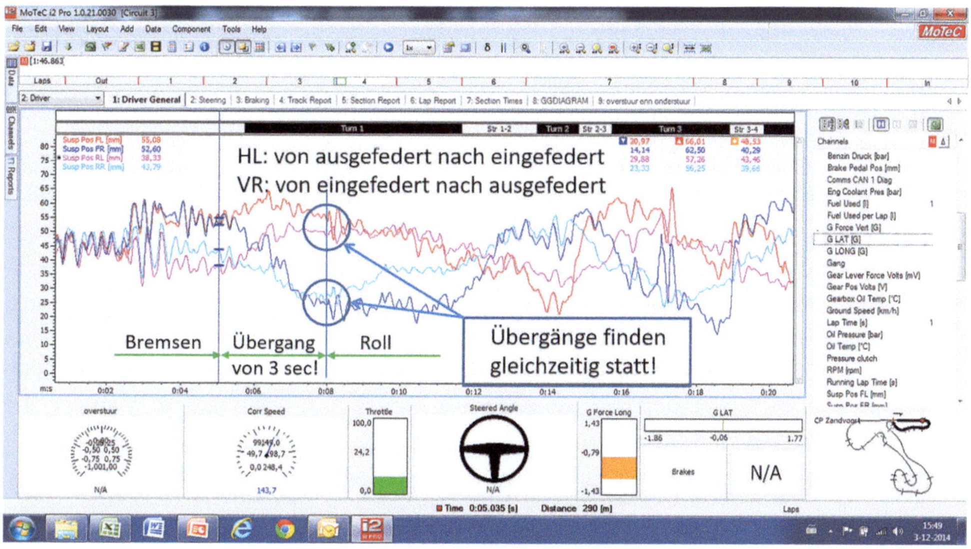

Abb. 9.4 Beispiel für einen hochwertigen Sportwagen in Zandvoort mit einem adäquaten Verlauf des Übergangs von Geradeausfahrt, Bremsen und Rollen

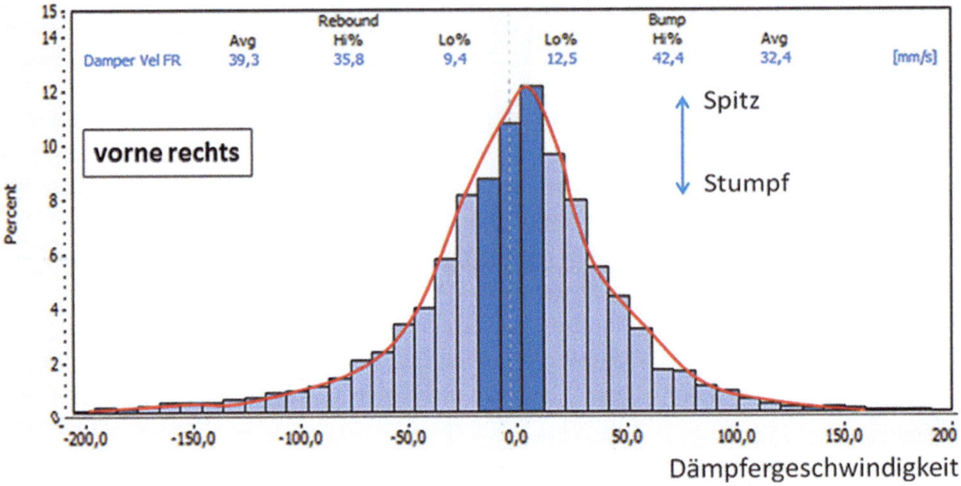

Abb. 9.5 Dämpfer-Histogramm: Zeitanteile in den einzelnen Dämpfergeschwindigkeits-Bereichen. Die rote Kurve ist die „Glocken-Kurve". Diese Art von Darstellung braucht eine angemessene Stufenrate, d. h. dass die gewählte Stufe der Dämpfergeschwindigkeit nicht zu groß ist. Hier ist die Stufenrate 10 mm/s, was ausreichend ist

höchste dunkelblaue Säule zeigt, dass der Dämpfer sich mit 12,2 % der Zeit im Bereich von bis zu 10 mm/s bewegt. Gründe dafür könnten eine harte Feder oder ein harter Einwärtsschlag sein.

Die Beurteilung der Symmetrie gibt darüber Auskunft, wie lange sich der Dämpfer in Bump (Einfederung) und Rebound (Ausfederung) befindet. Eine 100 %ige Symmetrie wäre in jedem Fall bereits eine gute Ausgangslage für Optimierungen, aber nicht immer ist diese ein anzustrebendes Ziel. Die meisten Rennstrecken werden nämlich im Uhrzeigersinn (rechtsdrehend) befahren, wodurch die meisten Kurven folglich Rechtskurven sind. Allein diese Tatsache könnte bereits die Notwendigkeit einer asymmetrischen Glocken-Kurve begründen.

Eine grundsätzliches Optimierungsziel ist es, dass der Aufbau eine „saubere" Rollbewegung ausführt – also „symmetrisch" rollt. Das bedeutet, dass das kurvenäußere Rad genau so weit und schnell einfedert wie das kurveninnere Rad ausfedert. Somit sollen die Dämpfer*geschwindigkeiten* an der kurvenäußeren Fahrzeugseite bei der Dämpfer-Einfahrbewegung und an der kurveninneren Seite bei der Ausfahrbewegung nahezu identisch sein, was eine symmetrische Glocken-Kurve für die Räder beider Seiten impliziert. Die Kräfte sind dabei aber nicht gleich, weil die Bewegungen des *kurvenäußeren- und kurveninneren Rades* durch unterschiedliche Kräfte bestimmt werden.

In Abb. 9.6 zeigt alle im Reifenlatsch auftretenden Kräfte, wobei alle Kräfte auf das Rad bezogen sind. Diese beinhalten:

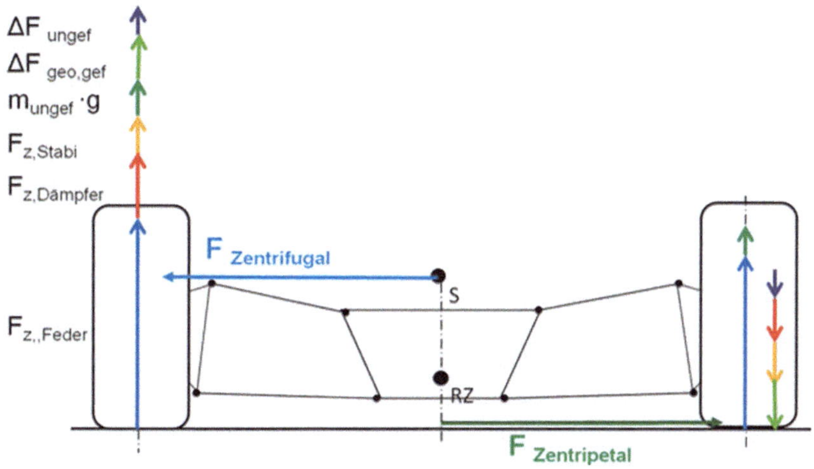

Abb. 9.6 Summe der Vertikalkräfte im Reifenlatsch während Phase 3 (Mitte der Kurve). Die äußeren Kräfte auf die Reifen, die während der Rollbewegung auf den Reifenlatsch einwirken, sind am kurvenäußeren- und -inneren Rad unterschiedlich. Deshalb könnte es notwendig sein, an beiden Stoßdämpfern unterschiedliche Dämpferkräfte für niedrige Frequenzen der Einwärts- und Auswärtsbewegung einzustellen

ΔF_{ungef}:	Gewichtstransfer der ungefederten Masse. Diese ist immer geometrisch.
$\Delta F_{\text{geo,gef}}$:	Geometrischer Gewichtstransfer der gefederten Masse.
$m_{\text{ungef}} \cdot g$:	Gewichtskraft der ungefederten Masse.
$F_{\text{z,Stabi}}$:	Kraft am Stabilisator, am kurvenäußeren und -inneren Rad gleich groß, aber entgegengesetzt gerichtet.
$F_{\text{z,Dampfer}}$:	Kraft am Stoßdämpfer, welcher während der Rollbewegung am kurvenäußeren Rad in Kompression und am kurveninneren Rad in Dekompression ist.
$F_{\text{z,Feder}}$:	Kraft an der Feder. Diese Kraft beinhaltet am kurvenäußeren Rad das statische Gewicht der gefederten Masse + aerodynamischem Abtrieb + elastischem Gewichtstransfer der gefederten Masse. Am kurveninneren Rad beinhaltet die Federkraft das statische Gewicht der gefederten Masse + aerodynamischem Abtrieb – elastischem Gewichtstransfer der gefederten Masse.

Eine zu 100 % exakt symmetrische Glockenkurve wäre erstrebenswert, ist aber nicht unbedingt erforderlich: Während Phase 3 (Mittelteil der Kurve) ist eine Symmetrie machbar, aber nicht während der Phasen 1 und 2 sowie 3 und 4; dies liegt an den dann kombinierten Bewegungen aus Nicken (pitch) und Wanken (roll). Vor allem Federsysteme mit progressiver Charakteristik zeigen einen signifikanten Unterschied zwischen der Federkraft beim Ein- und Ausfedern, und deshalb bei der Dämpfergeschwindigkeit. Damit ist über eine gesamte Runde auf der Rennstrecke das Anstreben einer völligen Symmetrie nicht sinnvoll. Die richtige und realistische Schlussfolgerung zur Funktion der Dämpfer sollte unter Berücksichtigung der kombinierten Informationen aus den Kurvenverläufen in Abb. 9.4

(Federweg) und 9.5 (Dämpfergeschwindigkeit) gezogen werden. Um daraus die richtige Änderungen der Dämpfersettings zu bestimmen, sollte zunächst das Leistungsvermögen der Dämpfer bekannt sein. Dazu sind die beiden Grafiken in Abb. 9.7 hilfreich.

Es ist beim Abstimmen eines Rennwagens zu empfehlen, vor allem in Bezug auf die Dämpfer, stets innerhalb der eigenen, individuellen Nomenklatur zu bleiben. Für Ovalrennen ist eine asymmetrische Abstimmung möglich (und vielleicht sogar erforderlich), aber bei Rennstrecken mit Links- und Rechtskurven müssen die Dämpfer links und rechts symmetrisch abgestimmt werden.

Bewegung 1: Beschleunigung beim Einfedern (Bump), 2: Verzögerung beim Einfedern (Bump), 3: Beschleunigung beim Ausfedern (Rebound), 4: Verzögerung beim Ausfedern (Rebound). wenn die Bewegung 2 in Bewegung 3 übergeht, ändert sich die Bewegungsrichtung, und deshalb ist die Geschwindigkeit dort (Top Dead Centre) gleich Null. Das Gleiche trifft zu, wenn die Bewegung 4 in Bewegung 1 übergeht (Bottom Dead Centre).

Die unterschiedlichen Farben in der Kraft-Dämpferbewegungs-Grafik zeigen die unterschiedlichen Kolbengeschwindigkeiten an, die den Umdrehungszahlen der Kurbelwelle eines Dynamometers entsprechen. (Quelle: Intrax Suspension Systems)

Die linke Grafik in Abb. 9.7 zeigt welche Kraft der Dämpfer als Funktion der Kolbengeschwindigkeit beim Einfedern (Bump, auch: kompression) und Ausfedern (Rebound) liefert. In diesem Beispiel ist die Kennlinie von nur einer einzigen Abstimmung (d. h. nur ein ‚Klick' wiedergeben). Für einen Dämfer mit z. B. acht ‚Klicks' werden also acht Grafiken wiedergegeben.

Die rechte Grafik in Abb. 9.7 zeigt die Dämpferkraft als Funktion der Kolbenbewegung. Jede Farbe stellt eine bestimmte Geschwindigkeit an der Kurbelwelle des Dynamometers dar. Je schneller der Dynamometer dreht, je größer werden die Kräfte bei gleichen Dämpfersetting. Ähnliche Grafiken sind auch für mehrere Dämpfersettings bei derselben Kurbelwellen drehzahl darstellbar.

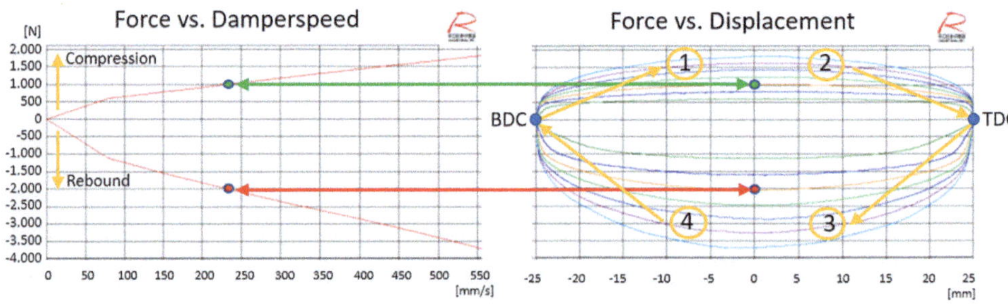

Abb. 9.7 Korrelation zwischen Kraft-Kolbengeschwindigkeits- und Kraft-Kolbenbewegungs-Schaubild eines Dämpfers für einen Tourenwagen. Die beiden grünen Punkte zeigen dieselbe Situation des Dämpfers im bereich von Kraft, Position und Kolbengeschwindigkeit. Das Gleiche trifft für die beiden roten Punkte zu. Die Dämpferbewegung 0 bezeichnet die Mittellage der Kolbenbewegung.

Aus diesen Grafiken können mehrere Schlussfolgerungen gezogen werden: Die Oberfläche der Grafik rechts (Kraft vs Kolbenbewegung) ist ein Maß für die „Vernichtung" der kinetischen Energie, oder wissenschaftlich: ein Maß für die Menge an kinetischer Energie, die in thermische Energie umgewandelt wird (Englisch: Dissipation). Also ist die Form dieser Kennlinie ein Maß für die Charakteristik, mit der ein Dämpfer seine Kräfte auf- und wieder abbaut. Eine Asymmetrie zwischen den Bewegungen 1 und 2 oder zwischen 3 und 4 könnte auf eine Hystereseund/oder Verschleiß hindeuten. Auch scharfe, spitze Grafiken deuten auf Fehler oder großen Verschleiß im Dämpfer hin. Die Kraft-Bewegungs-Grafik ist auch hilfreich zur Ermittlung, an welcher Position der Kolbenbewegung die Maximalkraft tatsächlich auftritt. Die Kraft-Geschwindigkeits-Grafik kann solche Information nicht liefern. Zudem unterstützt diese Grafik das Bestreben, den Dämpfer im Bereich seines Mittelwerts arbeiten zu lassen, damit die Maximal- und Minimalwerte so weit wie möglich vermieden werden. Dies verringert die Hysterese.

Siehe auch Tipp 9.3

▶ **Tipp 9.3** Informationen zur Dämpferchracteristik wie in Abb. 9.7 links dargestellt sind nicht unmittelbar in Datenaufzeichnungssystem (wie MoTec oder AIM) verwendbar. Eine solche Grafik muss erst in eine Formel (Algorithmus) umgewandelt werden, damit die Software die Dämpferkräfte bei jeder beliebigen Kolbengeschwindigkeit berechnen kann. Auch ohne teure Dehnungsmessstreifen oder Wägezellen (load cells) ist es möglich, die Dämpferkräfte exakt zu ermitteln. Lediglich Federwegsensoren werden dazu benötigt. Die Vorgehensweise lautet:

Kreiere in MS Exel eine Tabelle der Kraft-Kolbengeschwindigkeits-Grafik, wie in Abb. 9.7 links. Erstelle eine separate Tabelle für Ein- und Ausfederung (Bump: Federweg & Kraft positiv, und Rebound: Federweg & Kraft negativ), und lasse MS Exel daraus zwei Liniengrafiken erstellen. Stelle aus diesen beiden Grafiken zwei Polynome von bis zum 6. Grad zusammen, je nach Bedürfnis bzgl. der Genauigkeit. Die Anzahl an Dezimalen, welche in der Grafik wiedergegeben wird, sollte im Bereich 15 bis 30 sein, um später die erforderliche Genauigkeit zu erreichen. In den beiden Grafiken sind nun die ‚Best-fit-Curves' entstanden.

Kopiere die Formel mit den 15 oder mehr Dezimalen in die Datenaufzeichnungssoftware, und ersetze jeden Buchstaben ‚x' mit dem Namen der Variablen, der für die Kolbengeschwindigkeit in MoTec, AIM usw.angewendet wird.

Wiederhole diese Schritte auch für die Ausfederung (Rebound), wobei nur die positiven Werte der Bump-Grafik und die negativen Werte der Rebound-Grafik verwendbar sind. Deshalb muss nun die endgültige Grafik mit diesen nutzbaren Werten erstellt werden, siehe die grüne Kennlinie in Abb. 9.8.

Nunmehr ist die verwendete Datenaufzeichnungssoftware in der Lage, die Dämpferkräfte an jedem beliebigen Punkt auf der Strecke zu berechnen!

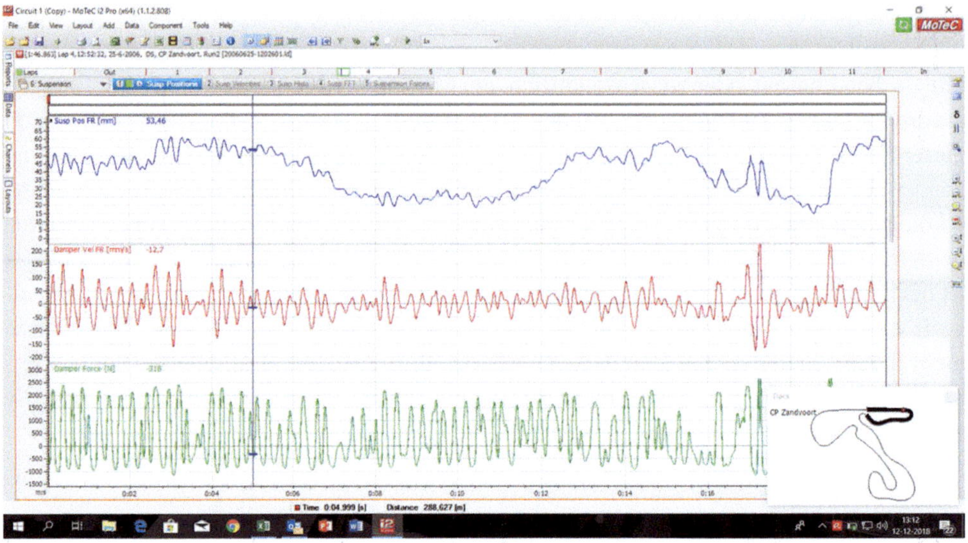

Abb. 9.8 Die Dämpferbewegung (Blau) kann im Datenaufzeichnungssystem zur Kolbengeschwindigkeit (Rot) abgeleitet werden, woraus in der Folge die Dämpferkraft (Grün) berechnet werden kann

Wiederhole diesen hier beschriebenen Vorgang für jeden verfügbaren „Klick" des Dämpfers, damit alle Kennlinien programmiert werden, und während Tests auf der Rennstrecke schnell verfügbar sind. Und wiederhole abschließend das zuvor beschriebene Procedere für die Dämpfer der anderen Achse.

9.4.2 Gewichtstransfer *Weight Transfer*

Der Gewichtstransfer (siehe Kap. 5) beeinflusst in großem Maße die Leistung der Reifen, wie auch in Kap. 3 ausgeführt wurde. Das Adagium des Renningenieurs sollte sein: „Der wichtigste zu besiegende Gegner ist der Gewichtstransfer!" Die akquirierten Testdaten sollten über die Menge des Gewichtstransfers und auch dessen Verteilung auf Vorder- und Hinterachse Auskunft geben. Daraus ist ersichtlich, wie die Reifen beansprucht werden.

Zu beachten ist, dass die von den Sensoren der Federbewegung gelieferten Daten zwei Größen „verschweigen":

a) *Ungefederte Masse und der daraus resultierende Gewichtstransfer*: Diese Größen sollten zusätzlich zur gefederten Masse bei den Kräften im Reifenlatsch mit berücksichtigt werden.
b) Geometrische Gewichtsverlagerung der gefederten Masse: Sie ist nicht auf Rad-zu-Rad-Basis zu vermessen, weil diese Kraft durch die Radaufhängung geleitet wird.

Aber die Summe dieser Kräfte am inneren und äußeren Rad bildet eine vertikale Kraft im Rollzentrum. Diese Kraft wird auch als „Aufbockkraft" (Jacking Force) bezeichnet, die das Auto buchstäblich anhebt, was wiederum die Federn entlastet. Das bedeutet, dass die einzelne geometrische Gewichtsverlagerung pro Rad nicht beobachtbar ist, aber die Summe der beiden Räder an einer Achse in den Federn beobachtbar ist.

Der Einfluss von „Banking" (Überhöhung der Straße) auf den Gewichtstransfer ist nicht zu unterschätzen, siehe Abb. 9.9. Bereits ab einer Querneigung von rund 8° muss dieser Einfluss berücksichtigt werden. Der Querneigungs-Winkel (Banking-Winkel β) wird wie folgt ermittelt: Ein Fahrzeug, das mit zwei Beschleunigungssensoren für $a_{y,0}$ (Querachse) und $a_{z,0}$ (Hochachse) ausgestattet ist, fährt eine Runde auf der Rennstrecke mit sehr langsamer Geschwindigkeit (damit die Querbeschleunigung vernachlässigbar ist). Die Querneigung beträgt dann an jeder Stelle der Rennstrecke:

$$Banking-Winkel: \beta = \arctan\left(\frac{a_{y,0}}{a_{z,0}}\right) \quad [\text{Grad}] \tag{9.1}$$

Auf diese Weise kann die Querneigung (Banking) einer gesamten Runde erfasst werden.

Die normierte Erdbeschleunigung der Fahrzeugmasse a_G ist 1 (=1 g). Damit wird $a_{y,0} = \sin(\beta)$.

Der gesuchte Wert der horizontalen Querbeschleunigung $a_{y,hor}$ (Dimension: Erdbeschleunigung [g]) ist:

$$a_{y,hor} = \frac{a_{y,\text{vermessen}} + \sin(\beta)}{\cos(\beta)} \quad [g] \tag{9.2}$$

Die a_y-Werte sind folglich als „g-Werte" angegeben, also normiert auf die Erdbeschleunigung. Bei zunehmenden Banking wird die Rollbewegung abnehmen, weil der Rollarm $l_{Ro,bank}$ kürzer wird:

$$Rollarm\ bei\ Überhöhung(Banking): l_{Ro,\text{bank}} = l_{Ro} \cdot \cos(\beta)$$

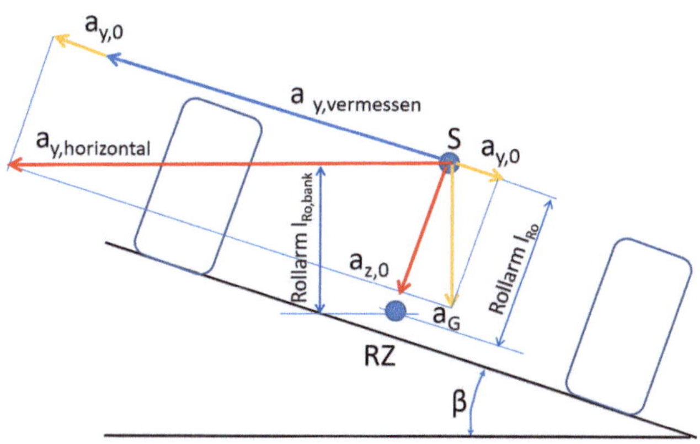

Abb. 9.9 Einfluss von der Fahrbahn mit Überhöhung (Banking) auf die Querbeschleunigung. Bei zunehmendem Banking wird der wirksame Rollarm l_{Ro} immer kleiner, womit das Rollen um die Längsachse abnimmt

Mit:

$l_{Ro,hor}$ Wirksamer Rollarm des Fahrzeugs in horizontaler Lage, mm

$l_{Ro,bank}$ Wirksamer Rollarm des Fahrzeugs in einer Kurve mit Überhöhung, mm

9.4.3 Verteilung des Widerstands gegen Rollen auf Vorder-/Hinterachse *Distribution of Chassis Rollresistance on front/rear Axles*

In Kap. 6 wurde die Thematik „Widerstand gegen Aufbau-Rollen“ ausführlich erläutert.

Der Widerstand gegen Rollen durch die Federung und den Stabilisator entfaltet sich während einer Kurvendurchfahrt wie folgt:

1. Kein Widerstand in Phase 1 der Kurve (Einlenken), zunehmender Widerstand während Phase 2 (beginnendes Rollen des Aufbaus).
2. Stetiger, maximaler Widerstand während Phase 3 (Mittelteil der Kurve).
3. Abbauender Widerstand während Phasen 4 (Zurückrollen) und 5 (Auslenken).

Der Widerstand der Dämpfer gegen Aufbau-Rollen entfaltet sich nicht kongruent zu dem durch die Federung:

- Kein Widerstand in Phase 1 der Kurve (Einlenken).
- Schnell anwachsender Widerstand bis zum Erreichen der maximalen Geschwindigkeit des Dämpferkolbens während Phase 2 (beginnendes Rollen des Aufbaus), anschließend wieder schnell abbauender Widerstand.
- kaum Widerstand während Phase 3 (Mittelteil der Kurve).
- Schnell anwachsender Widerstand bis zur maximalen Geschwindigkeit (am Dämpferkolben), und dann wieder schnell abbauend während der Phasen 4 und 5 der Kurve.

Ein neutrales Verhalten wird mit der zielführenden Anwendung der jeweiligen Baugruppen (Federung, Stabilisator und Dämpfer) je nach Phase der Kurve erreicht.

In der Phase 3 (Mittelteil der Kurve) sollte der Widerstand gegen Rollen zum größten Teil durch die Feder geliefert werden. Wenn die Stabilisatoren einen zu großen Anteil am Widerstand gegen Rollen liefern, kann das Stabilisatorsystem überfordert werden, was ein plötzliches Ausbrechen des Hecks zur Folge haben kann.

9.4.4 Gewichtsverteilung & Balance *Weight Distribution and Balance*

Der große Einfluss der longitudinalen und lateralen Gewichtsverteilung wurde mehrfach, insbesondere in Kap. 5 aufgezeigt. Während der Tests kann der *Einfluss von Änderungen* der Schwerpunktlage der Masse untersucht werden. Für die meist im Uhrzeigersinn, also

„rechtsdrehend“ befahrenen Rennstrecken kann es interessant sein zu testen, welchen Einfluss es auf den Gewichtstransfer hat – und damit auf die Leistung der Reifen, wenn schwerere Bauteile (wie Batterie, Feuerlöscher, Tank usw.) in Richtung „Mitte-rechts“ verschoben werden. Die Verlagerung nach rechts reduziert dabei den Gewichtstransfer, und die Verlagerung in Längsrichtung zur Mitte hin begünstigt eine bessere Wendigkeit (diese ist für Rallye-Fahrzeuge besonders relevant; die Konzentration der Massen in Schwerpunktnähe reduziert das Massenträgheitsmoment um die Hochachse). Außer der Berechnung der Balance mittels der Feststellung von Unter/Übersteuern, wie beschrieben in Abschn. 2.5.1, kann auch die Stabilität des Fahrzeugs in der Kurve berechnet werden. Dafür ist Simulationssoftware unentbehrlich. In Abschn. 10.2.2 ist beschrieben, wie der Stabilitäts-Faktor und der Stabilitäts-Index mittels Chassis-Sim festgestellt werden können.

9.4.5 Aerodynamik *Aerodynamics*

Für die Aerodynamik (siehe Kap. 8) ergeben sich die folgenden, wichtigen Testbereiche:

- *Erstellen von Aeromaps*. Die theoretischen Hintergründe dazu sind in Abschn. 8.6.3 beschrieben. Der Wert dieser Aeromaps ist enorm, da sie genau aufzeigen, wie die aerodynamischen Systeme (Frontflügel, Heckflügel, Unterboden usw.) sich zueinander verhalten. Damit können schnelle, belastbare Entscheidungen zum Setup vor Ort auch für „neue“ Rennstrecken getroffen werden, mit denen das Team noch nicht so gut vertraut ist.
- *Ermittlung des c_W-Wert es aus der Datenaufzeichnung*

Wenn ein Rennwagen auf einer Geraden mit Vollgas auf Höchstgeschwindigkeit fährt, sind die vom Motor an die Räder gelieferte Zugkraft und die Fahrwiderstände (mechanisch und aerodynamisch) miteinander im Gleichgewicht. Im Vergleich zum aerodynamischen Widerstand bei Höchstgeschwindigkeit kann der mechanische Widerstand vernachlässigt werden. Das Kräftegleichgewicht lässt sich damit in guter Näherung vereinfacht ausdrücken als:

$$\frac{GR \cdot T}{r_{dyn}} = 0{,}5 \cdot \rho_L \cdot \upsilon_{Ström}^2 \cdot c_W \cdot A$$

mit:

GR	Gear Ratio; Gesamtes Übersetzungsverhältnis (Getriebe und Differenziell), –
T	Maximales Motordrehmoment (Torque), N m
r_{dyn}	dynamischer Radhalbmesser der angetriebenen Räder, m
ρ_L	Luftdichte, kg/m^3
$\upsilon_{Ström}$	Anströmgeschwindigkeit, m/s
c_W	Luftwiderstandsbeiwert, –
A	Anströmfläche, m^2

Da alle o. g. Variablen berechnet oder (mit Hilfe des Datenaufzeichnungssystems) gemessen werden können, kann der c_W-Wert auf diese Weise während einer schnellen Runde näherungsweise berechnet werden. Voraussetzungen sind, dass die Gerade horizontal verläuft, der Wind vernachlässigt werden kann, keine Gangwechsel während der Messung stattfinden und mit Vollgas stetig auf Höchstgeschwindigkeit gefahren wird.

Es sei an dieser Stelle darauf hingewiesen, dass eine exakte Bestimmung des c_W-Wertes durch einen Ausrollversuch möglich ist, wobei auch der mechanische Rollwiderstand mit erfasst wird (siehe Kap. 1, Abb. 1.16). Auch ein solcher Test lässt sich im Rahmen eines freien Trainings an einem Rennwochenende durchführen.

- *Ermittlung von optimalem Rake.* „Rake" bezeichnet die Schrägstellung des Rennwagens in der Seitenansicht, wobei der Unterboden hinten höher steht als vorne. Das aerodynamische Ziel besteht darin, bei hohen Geschwindigkeiten einen Unterdruck zwischen der Straße und dem Unterboden des Wagens zu erzeugen. Prinzipiell ist der somit schräg gestellte Unterboden lediglich eine Art von Diffusor (siehe auch Abschn. 8.4).

Es ist offensichtlich, dass ein größerer Rake nicht nur mehr aerodynamischen Abtrieb ermöglicht, sondern auch mehr aerodynamischen Widerstand zur Folge hat. Hier gilt es, wie so oft bei Rennwagen, einen optimalen Kompromiss zu finden.

Da die Sensoren meist nicht auf Höhe der Achsen angebracht sind (siehe Abb. 9.10), müssen Längen $l_{S,f}$ und $l_{S,r}$, sowie die Unterschiede in den Fahrthöhen $z_{S,f}$ und $z_{S,r}$ bei der Berechnung des Rake berücksichtigt werden. Die Einbauhöhen der Sensoren können unterschiedlich sein: wenn z. B. bei einem Rennwagen, der „Null-Rake" aufweist, der Sensor vorne einen Wert von 40 mm aufweist ($z_{S,f}$) und hinten 63 mm ($z_{S,r}$), hat das Fahrzeug einen sogenannten „Offset" von 23 mm (Abb. 9.10).

Die aerodynamischen Vorteile haben jedoch auch Folgen für die Geometrie. Das Heck wird höher gestellt, womit sich die folgenden Größen ändern:

- Die Lage des Schwerpunkts S wird sich erhöhen, was mehr Gewichtstransfer zur Folge hat, siehe (Gl. 5.4b). In Kap. 3 ist beschrieben, dass dies einen negativen Einfluss auf die Leistung der Reifen hat, siehe Abb. 3.6.

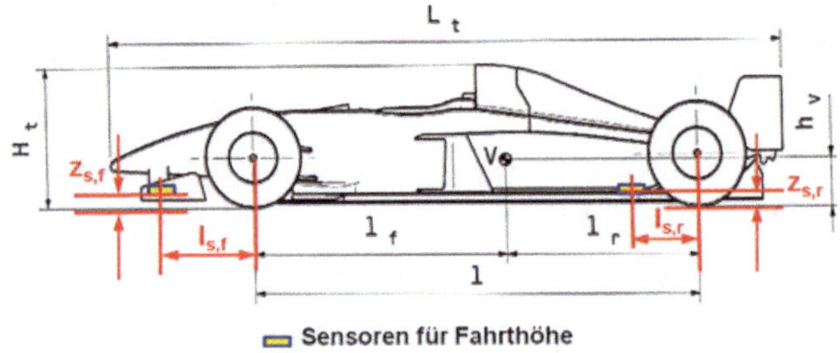

Abb. 9.10 Position der Rake-Sensoren. Weil die Sensoren nicht auf Höhe der Achsen angebracht sind, müssen die Längen $l_{S,f}$ und $l_{S,r}$, sowie die Unterschiede in den Fahrthöhen $z_{S,f}$ und $z_{S,r}$ bei der Berechnung des Rake berücksichtigt werden

- Weil das Rollzentrum sich schneller nach oben bewegt als der Aufbau, wird der Rollarm l_{Ro} abnehmen: das Aufbaurollen nimmt ab, aber der geometrische Gewichtstransfer nimmt zu, siehe (Gl. 5.7). Dies ist von Nachteil, da die geometrischen Kräfte nicht durch Feder, Stabilisator und Dämpfer kontrolliert werden können.
- Der Sturz wird sich ändern und muss neu eingestellt werden.
- Wenn sich an der Hinterradaufhängung „Bumpsteer“ einstellt, werden die Räder eine Spuränderung bekommen, was ebenfalls zu korrigieren ist.
- Wenn Feder-/Dämpfer-Einheiten (Federbeine) eingesetzt werden, die direkt auf den unteren Querlenker einwirken, könnte die neue Einstellung Folgen haben für die freie Bewegung des Dämpfers. Diese muss überprüft werden. Bei einem Stoßstangen-Mechanismus (Push-Rod) gibt es mehr Freiheiten, um die Fahrthöhe ohne diesen Nachteil zu ändern.

Rake wird seinen Vorteil erst dann in vollem Ausmaß entfalten, wenn das Fahrzeugheck höher gestellt werden könnte, ohne dass sich die Geometrie ändert. Das wäre nur dann möglich, wenn die Anlenkpunkte der Querlenker am Chassis (bei Formelwagen meist das Getriebegehäuse) um exakt denselben Betrag (relativ zum Chassis) abgesenkt werden können wie das Heck höher gestellt wird. Dann bliebe die Höhe des Rollzentrums über der Straße unverändert, und damit auch der geometrische Gewichtstransfer, die Spuränderung und der Sturz. Der elastische Gewichtstransfer wird indes größer.

Rake hat jedoch nur dann die gewünschten aerodynamischen Vorteile, wenn das Auto einen großen Unterboden aufweist. Auch wird der gewünschte Abtrieb nur bei höheren Geschwindigkeiten erreicht. Vor allem die aerodynamischen Tests zur Ermittlung der Aeromaps (siehe Abschn. 8.6.3) werden Auskünfte über das optimale Verhältnis zwischen Abtrieb ($c_{\text{A}} \cdot A$) und Luftwiderstand ($c_{\text{W}} \cdot A$) für verschiedene Rake-Einstellungen bieten.

Beispiel 9.2

Ein Rennwagen weist vorne eine Fahrthöhe ($z_{\text{S,f}}$) von 40 mm und hinten eine Fahrthöhe ($z_{\text{S,r}}$) von 63 mm auf. $l_{\text{s,f}} = 654$ mm, $l = 2590$ mm, $l_{\text{s,r}} = 395$ mm. ◄

Der Offset bei „Null-Rake“ ist: $l_{\text{s,r}} = 63–40 = 23$ mm

Wenn das Heck nun hochgestellt wird auf $z_{\text{S,r}}$ = 150 mm, beträgt der dynamische Rake:

$$\text{Rake}_{dyn} = z_{\text{S,r}} - z_{\text{S,f}} - \text{Rake}_{\text{null}} = 150 - 40 - 23 = 87\ mm$$

$$\text{Rakewinkel}\ \alpha = \arctan\left(\frac{\text{Rake}_{dyn}}{\left(l_{\text{s,f}} + l - l_{\text{s,r}}\right)}\right) = \frac{87}{654 + 2590 - 395} = 1{,}7\ \ [\text{Grad}]$$

Hinweis: Es ist zu prüfen, ob der Rechner das Ergebnis in rad oder in Grad ausgibt! Bei der Ausgabe in Radiant muss das Ergebnis mit dem Faktor 180/Pi multipliziert werden, um Werte in Grad zu erhalten, damit der Rake-Winkel besser interpretiert werden kann.

▶ **Tipp 9.4** Eine geeignete Simulationssoftware ist bei der Vorbereitung der Tests unentbehrlich. Sobald die Aeromaps und die Reifenmodelle verfügbar sind, ermöglicht die Simulation eine schnelle und zuverlässige Vorhersage der Rundenzeiten. Somit können die Einflüsse von allerarten von Änderungen an Feder, Stabilisator, Dämpfer, Flügel, Fahrthöhen, Rake usw. belastbar und detailliert im Voraus berechnet werden. Nur die Einstellungen, die aufgrund der Berechnung vielversprechend sind, werden dann auf der Strecke getestet. Das ermöglicht die Kosten und die Zeit auf der Strecke wesentlich zu optimieren.

9.5 Reifentests *Tire Tests*

Reifen (siehe Kap. 3) sind sehr komplexe Konstruktionen, die letztlich immer noch nicht bis ins letzte Detail verstanden werden. Es gibt heute zwar brauchbare Rechenprogramme, die anhand verifizierbarer Reifenmodelle (Tyre Models) viele Informationen zu den Reifen liefern, aber letztendlich sollten die Reifen-Eigenschaften auf der Strecke überprüft werden. Es gibt zwei Arten von Reifentests, wovon einer sich auf die grundlegenden Parameter, der andere auf die Reifenmodellbildung zur Berechnung des übertragbaren Traktionsradius TCT_{Radius} (Tyre Modelling) bezieht. Um beide Arten erfolgreich anzuwenden, sind Infrarot-Sensoren unerlässlich.

9.5.1 Grundlegende Reifenparameter *Basic Tire Parameters*

Unter den grundlegenden Reifenparametern werden vorrangig die thermodynamischen Größen Druck und Temperatur sowie der mechanische Verschleiß verstanden. Diese sind alle voneinander abhängig. Die Zielsetzung ist dabei, die richtige Temperatur in den Reifenwerkstoff (v. a. Kautschuk) zu bekommen, wobei dann die Haftung maximal und der Verschleiß minimal sind.

Thermische Energie (resp. Temperatur; siehe auch (Abb. 3.19)) wird im Reifenwerkstoff generiert durch folgende Parameter:

- Sturz: mehr negativer Sturz lässt das Rad mehr auf der inneren Seite rollen, wodurch die Kräfte auf eine kleinere Kontaktfläche und weniger Reifenwerkstoff einwirken. Dieselbe Menge Energie bezogen auf eine kleinere Masse Gummi ruft einen lokalen Temperaturaufstieg an der Innenseite hervor, insbesondere deshalb, weil Gummi Wärme kaum leitet.
- Vorspur/Nachspur: sorgen beide für einen Schräglauf der Lauffläche, wodurch der Reifen verformt wird oder/und über die Straße reibt, was einen Temperaturanstieg und Verschleiß zur Folge hat.

- Spuränderung: wenn Spuränderung beim Ein-/Ausfedern auftritt, reiben die Laufflächen in Querrichtung über die Straße, was ebenfalls einen Temperaturanstieg und Verschleiß zur Folge hat.
- Reifendruck: zu wenig Innendruck hat eine große Verformung des Reifens beim Ablaufen zur Folge. Die Fäden reiben intern aneinander, wodurch ein Temperaturanstieg provoziert wird. Umgekehrt wird bei zu viel Druck die Lauffläche aufwölben, wodurch vor allem die Reifenmitte belastet und deshalb dort ein Temperaturanstieg verzeichnet wird.
- Dämpfung: eine härtere Einstellung bei der Druckstufe bei niedriger Dämpfungsfrequenz wird den äußeren Reifen während der Phasen 2 und 4 stärker belasten, woraus ebenfalls ein Temperaturaufstieg resultiert.

Tab. 5.1 und 5.2 zeigen den Zusammenhang zwischen den Reifentemperaturen, dem Reifendruck, Vor-/Nachspur und Sturz. Die vorgenannten Größen sollten in umgekehrter Richtung eingestellt werden, wenn die Reifentemperaturen zu hoch sind. Weitere Anhaltspunkte liefern die Abb. 3.20, 3.26 und 3.27.

Der Verschleiß kann einfach durch die Vermessung des Reifenumfangs oder anhand der Beurteilung der Tiefe der dazu angebrachten Aussparungen festgestellt werden.

9.5.2 Tyre Modelling (Reifenmodell-Erstellung) *Tire Modeling (Developing Tire Model)*

Tyre Modelling umfasst das Kreieren eines Rechenmodells für einen Reifen zur Bestimmung des übertragbaren Traktionsradius TCT_{Radius}, siehe (Abb. 3.10). Vor allem die essenziellen Parameter $k_{\text{Fr,o}}$ (Initialer Reibungskoeffizient) und $k_{\text{Fr,L}}$ (Degressionswert), welche die Reifencharakteristik bestimmen, sind kaum abzuschätzen, sondern müssen folglich belastbar ermittelt werden.

Da ein Reifen wie erwähnt ein äußerst komplexes Bauteil ist, kann Tyre Modeling nur verlässlich ausgeführt werden, wenn Simulationssoftware (wie z. B. ChassisSim®, CarMaker oder OptimumLap) und Data-Akquisitions-Systeme (wie z. B. MoTeC i2Pro®, AiM RaceStudio, Cosworth oder Bosch) sowie ausgewählte, erforderliche Sensoren (z. B. Gierraten-, Beschleunigungs- und Federwegsensoren) zur Verfügung stehen. Trotz der Komplexität des Problems erhält man schon auf relativ einfache Weise interessante Informationen. Nach D. Nowlan [1] ist eine Vorgehensweise in folgenden Schritten zielführend:

1. Aus der Datenaufzeichnung werden die Werte für die Querbeschleunigung a_y und Fahrgeschwindigkeit v_x in der schnellsten Kurve der schnellsten gefahrenen Runde ermittelt.
2. Die Reifenbelastungen werden für alle vier Reifen berechnet. Die maximale Reifenbelastung (jeweils kurvenaußen) entsteht aus dem statischen Gewicht + aerodynamischem Abtrieb + Gewichtstransfer:

(maximale Normalkraft am kurvenäußeren Rad der Hinterachse)mit:

$F_{W,f,z,max,o}$	Maximale Normalkraft am kurvenäußeren Rad der Vorderachse, N
$F_{W,f,z,max,i}$	Maximale Normalkraft kurveninneren Rad der Vorderachse, N
$F_{W,r,z,max,o}$	Maximale Normalkraft kurvenäußeren Rad der Hinterachse, N
$F_{W,r,z,max,i}$	Maximale Normalkraft kurveninneren Rad der Hinterachse, N
m_r	Masse an der Hinterachse, kg
m_f	Masse an der Vorderachse, kg
ρ_L	Luftdichte, kg/m³
c_A	Abtriebsbeiwert, –
$\upsilon_{Ström}$	Strömungsgeschwindigkeit bzw. Anströmgeschwindigkeit, m/s
A	Angeströmter Fahrzeugquerschnitt = Projektionsfläche, m²; siehe Kap. 1, Abb. 1.16 und Tab. 1.11
a_y	Querbeschleunigung, m/s²
h_V	Schwerpunkthöhe, mm
b_r	Spurweite der Hinterachse, mm
b_f	Spurweite der Vorderachse, mm

Diese Kräfte werden anschließend unter Berücksichtigung eines „Sicherheitsfaktors" um 20 % vergrößert, um weitere auftretende aerodynamische Kräfte zu erfassen, die hier noch nicht berücksichtigt sind.

3. Mit (Abb. 3.11) kann nun der Degressionswert $k_{Fr,L}$ berechnet werden: $k_{Fr,L} = \frac{1}{2 \cdot F_{W,z,max}}$.

   Der Maximalwert für $F_{W,z,max}$ folgt aus dem vorangegangenen Schritt 2. Dies muss jeweils für die Vorder- und Hinterreifen durchgeführt werden. Der Temperatureinfluss wird erst später in Betracht genommen.
4. Der Faktor $k_{Fr,o}$ (der anfängliche Reibungskoeffizient, ohne Belastung) ist nun problemlos mit Hilfe der Gleichung

$$F_W = k_{Fr}\left(1 - k_{Fr,L} \cdot F_{W,f,z,max}\right) \cdot F_{W,f,z,max}$$

basierend auf (Abb. 3.10) für die Vorderachse zu ermitteln. Für das Gleichgewicht aus den Querkräften gilt:

$$\text{Zentrifugalkraft Vorderachse} = \text{Zentripetalkraft kurvenäußeres } Rad$$
$$+ \text{Zentripetalkraft kurveninneres } Rad m_{tot,f} \cdot a_y = k_{Fr,o}\left(1 - k_{Fr,L} \cdot F_{W,f,z,max,o}\right) \cdot F_{W,f,z,max,o}$$
$$+ k_{Fr,o}\left(1 - k_{Fr,L} \cdot F_{W,f,z,max,i}\right) \cdot F_{W,f,z,max,i}$$

mit:

$m_{tot,f}$	Masse an der Vorderachse, kg
a_y	Querbeschleunigung, m/s²
$k_{Fr,0}$	anfänglicher Reibungskoeffizient (Startwert), –

$k_{Fr,L}$ Koeffizient für die Abnahme des Reibungskoeffizienten unter Radlast (erfolgt linear mit der Radlast), 1/N

$F_{W,f,z,max,o}$ Maximale Normalkraft am kurvenäußeren Rad, N

$F_{W,f,z,max,i}$ Maximale Normalkraft am kurveninneren Rad, N

Die maximalen Aufstandskräfte $F_{W,f,z,max,o}$ und $F_{W,f,z,max,i}$ werden bestimmt wie in Schritt 2 beschrieben. Der einzige noch unbekannte Faktor ist $k_{Fr,o}$ kann nunmehr berechnet werden.

5. analog zu Schritt 4 nunmehr dieselbe Vorgehensweise für die Hinterachse.

Nun sind die Ausgangswerte für die erforderlichen Parameter $k_{Fr,o}$ und $k_{Fr,L}$ für die Reifen der Vorder- und Hinterachse gefunden. Die Validierung wird nun mit Hilfe der jeweiligen Simulationssoftware durchgeführt. Die Ergebnisse einer Simulationsrunde können z. B. in MoTeC i2 Pro® ausgelesen und mit einer aktuellen Rennrunde verglichen und diese bewertet werden. Erst wenn die simulierten Daten (wie Geschwindigkeit, Neutralsteuerwinkel und Lenkwinkel) mit denen einer aktuellen Rennrunde übereinstimmen, sind die richtigen Koeffizienten $k_{Fr,o}$ und $k_{Fr,L}$ gefunden. Dies ist ein iterativer Prozess, der aber nach einigen Schleifen zum Erfolg führt.

Anzumerken ist, dass die bisherigen Ergebnisse nur auf dem Einfluss der Vertikalkraft auf die Reifen basieren, ohne jedoch die Reifentemperatur zu berücksichtigen. Für die zusätzliche Berücksichtigung des Temperatureinflusses wird eine Formel analog zu (Abb. 3.19) angewendet. Ein solcher Algorithmus ist dermaßen komplex, dass er nur mit Hilfe einer Simulationssoftware und ausreichend validierter Parameteridentifizierung berechnet werden kann (siehe Nowlan [1]).

Mit der beschriebenen Methode ist es dem Anwender möglich, äußerst wertvolle Daten zu generieren, da ab sofort zuverlässige Rundenzeiten simuliert werden können. Das spart kostbare Testkilometer, Zeit und damit Kosten!

9.6 Tests für Amateur-Teams *Tests for Amateur Teams*

Tests sind freilich nicht nur professionellen, mit ausreichend Budget ausgestatteten Teams vorbehalten, sondern können auch für Hobbyrennfahrer sehr interessant und erfolgversprechend sein, ohne dass sie großen Aufwand und hohe Kosten erfordern. Bereits aus den normalerweise immer verfügbaren Einstellungsdaten am Fahrzeug kann Vieles gelernt werden. Durch das Testen lernen Fahrer und Mechaniker schnell und viel über ihr Rennfahrzeug. Einige Beispiele:

Tests für Anfänger:

- Luftdruck in den Reifen: Der unterschiedliche Einfluss verschiedener Luftdrücke auf die Straßenlage ist jeweils für die fünf Phasen einer Kurve zu ermitteln; siehe Kap. 3.
- Spur: Die Reaktionsgeschwindigkeit auf Lenkausschläge beim Einlenken in die Kurve und das Untersteuern beim Beschleunigen aus der Kurve sind zu ermitteln; siehe Abschn. 5.3.

- Stabilisator: Der Einsatz des Stabilisators ist gezielt unterstützend anzuwenden; der Unterschied einer optimalen Einstellung ist insbesondere in den Phasen 3 der Kurven zu rekapitulieren; siehe Kap. 3.
- Stoßdämpfer: Wenn verstellbare Stoßdämpfer eingesetzt werden, sollte vor jeder Verstellung herausgefunden werden, was tatsächlich verstellt wird: Bump/Rebound und hohe/niedrige Frequenz. Es sollte zunächst mit der niedrigen Frequenz-Dämpfung experimentiert werden, wobei der daraus resultierende Einfluss in den Phasen 2 und 4 der Kurve wahrgenommen werden sollte.
- Sturz und Nachlauf: Wenn Abstimmungsmöglichkeiten bestehen, sollte auch hier der Einfluss in den Phasen 2 und 4 der Kurven wahrgenommen werden.

> **Tipp 9.5** Es ist zu empfehlen, bei Tests zunächst die Reifen auf optimales Arbeitsniveau zu bringen. Zu allererst sollten also die Reifen mit den Parametern Reifentemperatur, Reifendruck, Sturz und Spur „in den Griff bekommen" werden. Natürlich entscheidet auch die Qualität der Reifen: Die Wahrscheinlichkeit ist relativ hoch, dass alte Reifen signifikant weniger Haftung aufweisen als „frische", neue Reifen.
>
> Erst wenn die Reifen einigermaßen gut „funktionieren" macht es Sinn, mit Federn, Stabilisator, Rake und Fahrthöhen zu experimentieren. Beim Abstimmen der Dämpferrate kann es zielführend sein, große Schrittvariationen in den Dampferraten zu machen, weil man damit schneller zur objektiven Beurteilung kommen kann, ob die getroffenen Änderungen auch in die „richtige Richtung" laufen. Der Fahrer sollte indes stets über solche größeren Variations-Schritte informiert werden!

Tests für Fortgeschrittene:

- Überarbeitung der kompletten Radaufhängung: Ersatz der Gummilager (sofern vorhanden) durch Kugelgelenke und Wahrnehmung des Unterschieds. Zumeist ist die Vorspur/Nachspur anzupassen.
- Tieferlegung: Daraus folgt nicht nur weniger Gewichtstransfer, sondern auch mehr Aufbau-Rollen und negativer Sturz. Fast alles ändert sich bei der Straßenlage (siehe Abschn. 5.7)!
- Härtere Federn: Zuerst ist zu berechnen, welche Feder überhaupt benötigt sind, siehe Kap. 6. Auch die neue Federung sollte vor Renneinsatz zuerst getestet werden.
- Stabilisator montieren (falls dieser noch nicht vorhanden ist): Ein Stabilisator wird großen Einfluss auf die Straßenlage haben! Aber zunächst ist die Berechnung gemäß Kap. 3 und 6 erforderlich, danach ist bei den ersten Testfahrten Vorsicht geboten! Ggf. könnte das Auto zu viel Widerstand gegenüber dem Aufbau-Rollen bekommen.

▶ **Tipp 9.6** Normalerweise werden Tests im Regen als nicht sehr nützlich angesehen. Dennoch kann es sehr sinnvoll sein, denn bei Regenrennen kann man- sowohl der Fahrer als der Ingenieur- eine Menge gewinnen. Vergessen Sie alle Regeln für Grip, Reibungskoeffizient usw. und konzentrieren Sie sich auf die Ableitung des Regenwassers, das sich in der Lauffläche der Regenreifen befindet. Hier betrachten wir die Reifen selbst, die Federung und die Dämpfung.

Reifen: In einer Klasse, in der Profilreifen verwendet werden müssen, ist es in der Regel eine gute Wahl, den Reifendruck leicht zu erhöhen: Die Lauffläche wird etwas konvexer, wodurch das Wasser schneller abfließen kann. Außerdem wird der Flächendruck in der Mitte des Reifens höher, was sich beim Bremsen positiv auswirkt. Übertreiben Sie es aber nicht mit dem höheren Druck; wenn er zu hoch ist, ist die Wirkung negativ. Wenn Sie jedoch normalerweise Slicks verwenden und jetzt die Regenreifenversion davon verwenden, befolgen Sie die Anweisungen des Lieferanten. Achten Sie aber vor allem auf die Wölbung der Lauffläche. Ein Test im Regen kann eine Menge Informationen liefern, während die Konkurrenz nichts lernt!

Federung. In vielen Fällen ist das Deaktivieren des Stabilisators eine gute Maßnahme, da das innere Rad dann durch die Feder und die Schwerkraft besser auf die Fahrbahn gedrückt wird. Dadurch wird das Wasser besser abtransportiert. Sie brauchen nicht das ganze Stabi zu demontieren, es reicht, einen der beiden Droplinks auszuschalten, und außerdem kann er dann schnell wieder angekoppelt werden.

Dämpfung. Streng theoretisch ändert sich durch die Deaktivierung des Stabis die Eigenfrequenz am Rad, und der Dämpfer sollte entsprechend angepasst werden. Es ist jedoch effektiver, eine geringere Dämpfungskraft des Abtriebshubs zu testen, da dies es dem inneren Rad leichter macht, in einer Kurve der Straßenoberfläche zu folgen. Dieser Effekt tritt vor allem beim Einrollen und Rückwärtsrollen auf.

▶ **Tipp 9.7** Versichern Sie sich stets, dass, wenn die Abstimmung eines Fahrzeugs geändert wird, die Sicherheit von Fahrer, Mechanikern und Umstehenden niemals gefährdet wird:

- Informieren Sie den Fahrer über die Änderungen am Fahrzeug.
- Führen Sie große Änderungen am Fahrzeug in mehreren kleineren, nachvollziehbaren Stufen durch.
- Denken Sie immer gut über alles nach, was geschieht und was daraus entstehen könnte.

Literatur

1. Nowlan, D.: The dynamics of the race car. E-Book, Sydney (2010). https://www.chassissim.com

Simulation der Fahrdynamik 10

Inhaltsverzeichnis

Zusammenfassung

In Kap. 1 wurde die effiziente Durchführung von Testfahrten beschrieben, die jedoch immer einer gründlichen Vorbereitung bedarf, um keine teure „Track Time" zu vergeuden. Zur Vorbereitung der Testfahrten mit dem Ziel der Identifikation eines zielführenden Fahrzeug-Setups für die jeweilige Rennstrecke eignen sich insbesondere auch kommerzielle, fahrdynamische Simulationsprogramme. Diese ermöglichen es, komplexe Fahrzeugsysteme zu modellieren und Einflüsse von Einstellungsänderungen auf das Fahrzeug-Setup durch Parametervariationen vorab zu analysieren und damit den Testaufwand signifikant zu minimieren.

In Kap. 9 wurde die effiziente Durchführung von Testfahrten beschrieben, die jedoch immer einer gründlichen Vorbereitung bedarf, um keine teure „Track Time" zu vergeuden. Zur Vorbereitung der Testfahrten mit dem Ziel der Identifikation eines zielführenden Fahrzeug-Setups für die jeweilige Rennstrecke eignen sich insbesondere auch kommerzielle, fahrdynamische Simulationsprogramme. Diese ermöglichen es, komplexe Fahrzeugsysteme zu modellieren und Einflüsse von Einstellungsänderungen auf das Fahrzeug-Setup durch Parametervariationen vorab zu analysieren und damit den Testaufwand auf der Rennstrecke signifikant zu minimieren.

R. Pütz, T. Serne, *Rennwagentechnik - Praxislehrgang Fahrdynamik*, Handbuch Rennwagentechnik 6, https://doi.org/10.1007/978-3-658-47000-5_10

Ein Rennwagen ist ein Mehrkörpersystem (MKS), wobei jede der Einzelmassen sechs Freiheitsgrade im Raum aufweist (drei translatorische und drei rotatorische). Durch Verbindungen zwischen diesen trägheitsbehafteten Massen können einzelne Freiheitsgrade beschränkt werden, sodass sich die Freiheitsgrade des Gesamtsystems reduzieren. Dennoch sind in der Regel bei MKS in der Summe mehr als 15 Freiheitsgrade zu verzeichnen.

Während ein einfaches Zweispurmodell mindestens fünf Massen aufweist (Aufbau sowie vier Radträger mit Rädern; siehe Abb. 4.1), wird beim Mehrkörpersystem das Zweispurmodell durch eine Differenzierung der Massen am Aufbau (Motor, Getriebe, Fahrer etc.) und detaillierte Achskinematiken (jeweils räumliche „Getriebe" mit Lenker und Lagern) erweitert. Die Realitätsnähe der Berechnung der Effekte von Radlastverlagerungen wird somit signifikant gesteigert, da nunmehr auch die Variation und Abstimmung der einzelnen Fahrwerksparameter ermöglicht wird (Kennwerte für Aufbaufeder- und -dämpfer sowie Stabilisatoren und Geometrievariationen der Lenker). An dieser Stelle sei jedoch explizit darauf hingewiesen, dass die theoretische **Modellierung immer nur so wertvoll ist, wie das Ergebnis tatsächlich der Wirklichkeit entspricht!** Das erfordert für jedes Modell stets eine **belastbare Parameteridentifikation** durch Abgleich mit der Praxis. Eine weitere Verbesserung hin zu noch exakteren Modellen böte die Kopplung von MKS mit Finite-Elemente-Modellen (FEM), da hier zusätzlich die Modellierung von Elastizitäten im Fahrzeugaufbau und in den Radaufhängungen möglich wäre. Einige der kommerziellen Fahrdynamik-Simulationsprogramme berücksichtigen auch diese Erweiterung. Beispiele für im Motorsport eingesetzte kommerzielle Programme sind CarMaker der Firma IPG, ChassisSim von Danny Nowlan, CarSim der Firma MSC oder ASM der Firma dSpace.

Nachfolgend soll am Beispiel der Programme IPG-CarMaker und ChassisSim die Anwendung von Fahrdynamik-Simulationstools kurz erläutert werden. Dabei sind Parameter in den folgenden **Subsystemen** zu bedaten:

- Fahrzeug (Chassis, Radaufhängung, Antriebsstrang, Aerodynamik)
- Reifen
- Fahrbahn
- Fahrer
- Fahrmanöver (z. B. Stationäre Kreisfahrt, „Elchtest", komplette Runde auf einer Rennstrecke)

10.1 CarMaker

CarMaker von IPG Automotive ermöglicht es, die Fahrdynamik eines Rennfahrzeug im Zusammenspiel seiner Baugruppen in realistischen Fahrsituationen – bis hin zu kompletten Runden auf Rennstrecken – detailgetreu virtuell zu testen. Das Fahrzeug wird also in seiner Gesamtheit virtuell untersucht, da es nicht als Summe einzelner voneinander unabhängiger Subsysteme verstanden wird. Dabei ist auch die Modellierung von Fahrer-

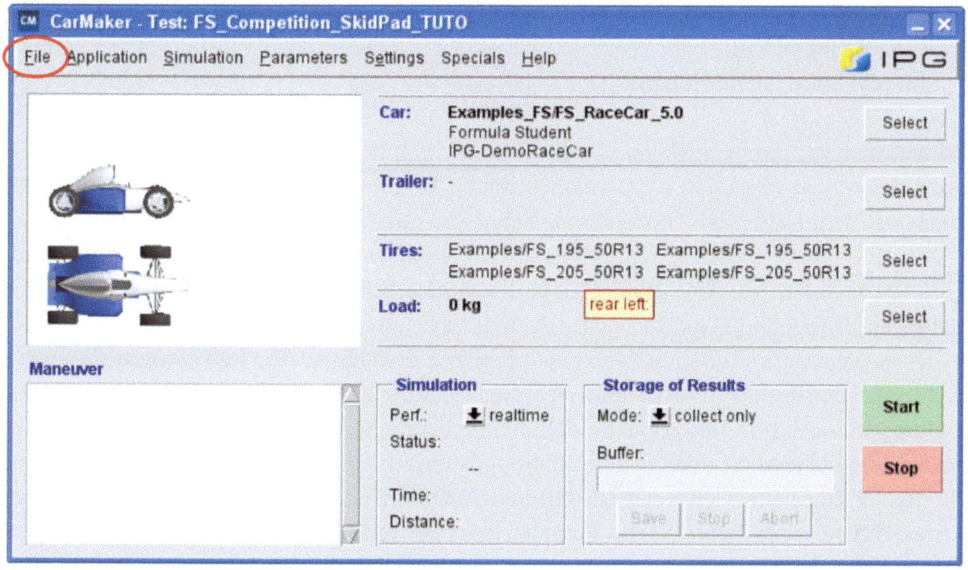

Abb. 10.1 Startmenü des Programms CarMaker (= Graphical User Interface; GUI). Im vorliegenden Beispiel wurde über den Reiter „Datei (File)" ein Formula-Student-Fahrzeug inkl. zugehöriger Reifenspezifikation geladen

assistenzsystemen mit unterschiedlichen Bedatungen abbildbar. Individuelle Achskinematiken können mit dem Tool IPGKinematics aufgebaut und eingebunden werden. Abb. 10.1 zeigt das Startmenü beim Start von CarMaker, wobei zunächst im Reiter „Datei (File)" ein neues Projekt eröffnet werden muss.

10.1.1 Subsystem Fahrzeug inklusive Reifen

Die Bedatung des Subsystems Fahrzeug erfolgt vom IPG-Startmenü (Abb. 10.1) aus über den Reiter „Parameter (Parameters)" und Auswahl von „Fahrzeug (Vehicle)". Nun kann die Eingabe der:

- geometrischen Abmessungen und Schwerpunktlagen (siehe Abschn. 1.1, 1.2 und 1.3),
- Massen und Trägheitsmomente des Aufbaus (siehe Abschn. 1.3, 1.4 und 6.5),
- der Fahrwerksparameter Sturz, Spurweite, Nachlauf, Spreizung (siehe Abschn. 1.5),
- Position des Rollzentrums an Vorder- und Hinterachse, Fahrthöhe (siehe Abschn. 5.4),
- statischen Dämpferlängen, Kennlinien für Zug- und Druckstufe der Dämpfer (siehe Abschn. 4.3),
- Federraten und -vorspannung sowie Härte des Stabilisators (siehe Abschn. 6.2 und 3.3),
- Lenkungsparameter (siehe Abschn. 5.7),
- Reifen-Parameter (siehe Kap. 3),

- Parameter des Antriebsstrangs (Motor, Getriebe- und Achsübersetzungen, siehe Kap. 7) und
- Aerodynamik (siehe Kap. 8).

Zu beachten ist, dass CarMaker für die Bewegungen des Fahrzeugs ein kartesisches Koordinatensystem zugrunde legt, welches seinen Ursprung am hintersten Ende des Fahrzeugs hat (wird als „Fr1“ bezeichnet, siehe Abb. 10.2a). Zusätzlich bestehen radspezifische Koordinatensysteme für die Positionierung der Räder und Radaufhängung (als „Fr2“ bezeichnet; vgl. Abb. 10.2b). Über die Motion Ratio MR werden für jede Achse die Kräfte an Federn und Dämpfer rechnerisch auf das jeweilige Rad übertragen.

Es bestehen grundsätzlich zwei Optionen zur Erzeugung des **Fahrzeugdatensatzes**. Entweder kann ein bereits vorhandener Datensatz für ein vergleichbares Fahrzeug geladen und Schritt für Schritt für das zu modellierende Fahrzeug angepasst oder ein leerer Datensatz für die Generierung des neuen Fahrzeugdatensatzes genutzt werden. Für unerfahrene Anwender empfiehlt sich die Nutzung und Adaption eines bereits vorhandenen Datensatzes, da somit der Aufwand des Parametrierungsprozesses signifikant verringert wird.

Nachfolgend werden Hinweise zu den einzelnen Reitern für die Erstellung des Fahrzeugdatensatzes im Untermenü „Fahrzeug (Vehicle)“ gegeben (siehe beispielhaft die Reiter zur Eingabe der Parameter für Fahrzeugaufbau und Körper (Einzelkomponenten) in Abb. 10.5 und 10.6).

Als Option können Biege- und Torsionsmomente am **Fahrzeugaufbau** zugelassen werden. Somit wird auch der Einfluss von Steifigkeiten der einzelnen Fahrzeugkomponenten berücksichtigt. Im einfacheren Ansatz wird jedoch das Chassis als „starr“ betrachtet. Bei den üblichen Formelrennwagen mit sehr verwindungssteifen Carbon-Monocoques kann das Fahrzeug somit in guter Näherung als starr angesetzt werden. Dabei müssen für den Aufbau des Fahrzeugs lediglich der Fahrzeugschwerpunkt in x-, y- und z-Richtung, die Fahrzeuggesamtmasse und das Massenträgheitsmoment angegeben werden.

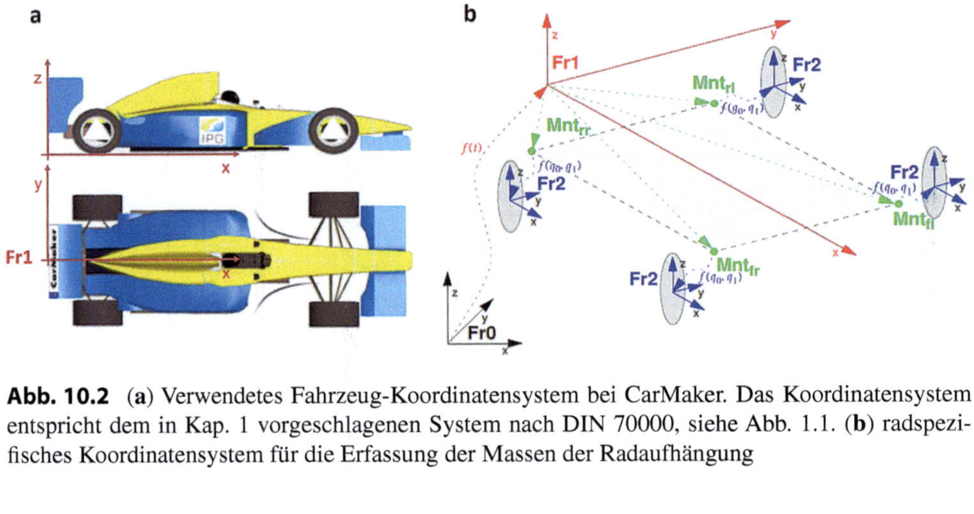

Abb. 10.2 (**a**) Verwendetes Fahrzeug-Koordinatensystem bei CarMaker. Das Koordinatensystem entspricht dem in Kap. 1 vorgeschlagenen System nach DIN 70000, siehe Abb. 1.1. (**b**) radspezifisches Koordinatensystem für die Erfassung der Massen der Radaufhängung

Im Falle eines „weichen" Aufbaus müssen die von CarMaker geforderten Schwerpunkte aller Einzelkomponenten (Körper) ermittelt werden. Um den Schwerpunkt des Fahrers zu bestimmen, können die in Abschn. 1.2 vorgestellten Messungen mit und ohne Fahrer durchgeführt werden. Danach kann der Massenschwerpunkt des Fahrers durch das Ansetzen des Momentengleichgewichts bestimmt werden. Die Ermittlung der übrigen Massen kann durch relativ aufwendiges Wiegen der Einzelkomponenten erfolgen. Dabei ist zu beachten, dass Bauteile wie Querlenker, Spurstangen etc. jeweils zur Hälfte der Karosserie und den Radträgern zugeschlagen werden müssen (Aufteilung in gefederte und ungefederte Massen). Da auch die Trägheitsmomente dieser einzelnen Komponenten erfasst werden müssen, wird jede dieser komplexen Baugruppen sinnvollerweise durch einen einfachen geometrischen Körper ersetzt, dessen Trägheitsmoment einfach berechnet werden kann. Diese Methode liefert gute Näherungswerte für die Trägheitsmomente der Komponenten. Alternativ kann die Ermittlung der Trägheitsmomente für jedes Bauteil auch experimentell nach der in Abschn. 1.4 dargestellten Methode erfolgen (siehe auch Abb. 1.7). Die ungefederten Massen müssen zudem in rotierende (Reifen, Felge, Bremsscheibe, Radnabe etc.) und nicht-rotierende Massen (Radträger, Bremssattel etc.) unterteilt werden.

Bei der Parametrierung der **Radaufhängung** (vgl. Abb. 10.3) können die Steifigkeiten der Fahrzeugfedern als Kennwerte oder als Kennlinien beschrieben werden. Da die Federsteifigkeiten eines Rennwagens i. d. R. bekannt sind, können diese als Kennlinie für die Vorder- und Hinterachse dargestellt werden, wobei diese am Rad über die Motion Ratio wirken, siehe Formel 6.12. Die Federlänge und der Verstärkungsindex (Progression der jeweiligen Kinematik z. B. durch Anschlagpuffer) wird in CarMaker ebenfalls berücksichtigt. Ebenso werden auch detaillierte Kennwerte der Dämpfer für Zug- und Druck-

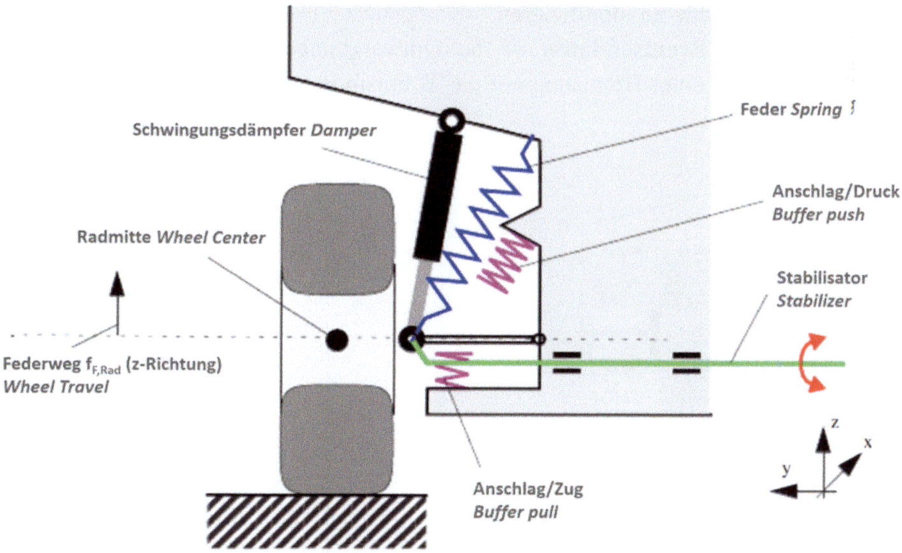

Abb. 10.3 Radaufhängung mit Anschlägen für Zug und Druck. In der Radmitte ist der Ursprung des Fr2-Koordinatensystems, vgl. Abb. 10.2b

stufen jeweils für die Vorder- und Hinterachse im Datensatz tabellarisch eingepflegt (siehe auch Abb. 4.5). Bei Formel-Rennwagen sind die Federn so hart, dass nur geringe Federwege möglich sind (siehe auch Abb. 4.24). Daher, und um eine weichere Charakteristik in diesem Anwendungsfall zu vermeiden, wird hier – anders als bei Tourenwagen – auf Puffer/Anschläge in der Regel verzichtet. Um dies in CarMaker zu implementieren, wird einerseits eine hohe Steifigkeit gewählt, was die Elastizität erheblich reduziert, und anderseits werden die Positionen der Zug- und Druck-Anschläge so (hoch oder niedrig) eingestellt, dass sie i. d. R. im Fahrbetrieb nicht aktiviert werden (vgl. Abb. 10.4).

Die Stabilisatorparameter werden in CarMaker anhand einer linearen Federrate [N/m] definiert. Demgegenüber wird beim optionalen Zusatz-Tool IPGKinematics eine Torsionsfederrate [N/°] verwendet, was die Umrechnung der Torsionsfederrate in eine lineare Federrate erfordert.

Um die **Lenkkinematik** einer gelenkten Achse zu berücksichtigen, benötigt CarMaker das Verhältnis zwischen Lenkradwinkel [rad] und Lenkstangenweg [m]. Hierbei ist zu beachten, dass sich nicht unbedingt ein lineares Verhältnis einstellen muss. Diese Werte sind problemlos am Fahrzeug zu ermitteln.

Die **Reifenkennwerte** gehören zu den essenziellen Fahrzeugparametern und werden bei CarMaker automatisch durch Auswahl eines bestimmten Fahrzeugs geladen. Bei der Auswahl z. B. des Formel-1-Fahrzeugs werden automatisch Kennwerte für Formel-1-Reifen generiert. Zusätzlich besteht die Option, diese voreingestellten Reifendateien durch Auswahl einer anderen Reifendatei aus der IPG-Reifen-Datenbank zu ersetzen. Da die Reifenhersteller sehr restriktiv mit der Veröffentlichung von Daten für Rennreifen umgehen, ist es beim Übergang – z. B. auf Formel-3-Fahrzeuge – ratsam, den von CarMaker angebotenen Datensatz als Grundlage zu nutzen und anschließend entsprechend der verfügbaren Reifenmodelle zu modifizieren.

Hinsichtlich der **Bremsendaten** ist die Umwandlung der vom Fahrer ausgeübten Bremspedalkraft bei einer Bremsung auf das Bremsmoment an den Rädern erforderlich.

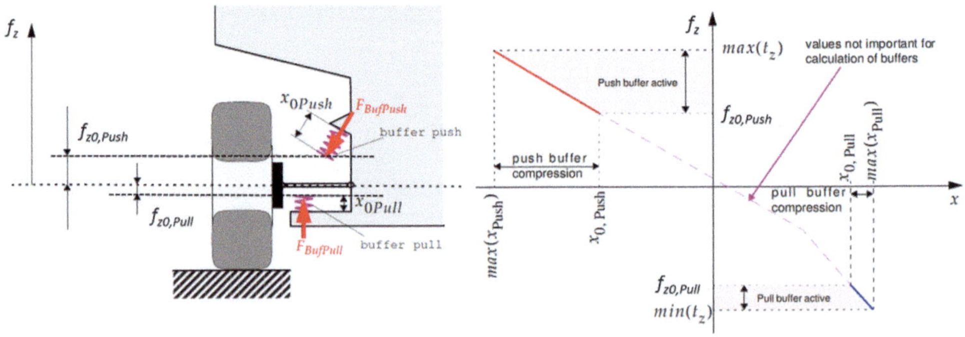

Abb. 10.4 Wirkungsweise der Anschläge für Zug und Druck. Die Achsrichtung der Anschläge ist mit x beschrieben. Während das Rad bis zum Weg $f_{z0,Push}$ einfedert oder bis zum Weg $f_{z0,Pull}$ ausfedert, sind die Anschläge noch inaktiv. Erst anschließend erfolgt die Parallel- und Reihenschaltung mit den Fahrzeug- und Reifenfedern

Dabei ist erstens die Pedalübersetzung, zweitens die Übersetzung des Drucks am Hauptbremszylinder auf einen Druck im Bremskreis (hydraulische Übersetzung) sowie drittens die Umwandlung des Bremsdrucks an der Bremse in eine Normal- und Reibkraft und damit – mit dem wirksamen Bremsenradius – in ein Bremsmoment anzusetzen.

Für die Parametrierung des **Antriebsstrangs** bietet CarMaker die Option, zwischen verschiedenen Antriebsstrangmodellen zu wählen (z. B. Fahrzeuge mit ausschließlich Verbrennungskraftmaschine, Hybrid- oder Elektroantrieb). Zudem besteht die Möglichkeit zur Parametrierung eines beliebigen Antriebsstrangmodells nach Auswahl eines vordefinierten Antriebsstrangs. Die Eigenschaften der Antriebsquelle, sowie von Getriebe und Kupplungen, können explizit parametriert werden. Somit wird die Verbindung zwischen der Antriebsquelle und den Rädern durch das jeweilige Antriebsstrangmodell hergestellt. Die erforderlichen Steuergeräte, wie z. B. Motorsteuergerät, Getriebesteuergerät, Batteriesteuergerät und Motorsteuergerät für Hybrid- oder Elektrofahrzeuge sind in der entsprechenden Registerkarte einstellbar. Ferner ist die Stromversorgung je nach Konzept als Niedervolt- (Low Voltage, LV) oder, im Falle der Elektromobilität, als Hochvolt- (High Voltage, HV)-Batteriemodell auswählbar.

Zur Parametrierung eines konventionellen Antriebsstrangs mit Verbrennungsmotor ist zunächst das generische Antriebsstrangmodell im Antriebs-Fenster auszuwählen („generisch“ bedeutet hier konventioneller Verbrennungsmotor). Ein Motor kann auf verschiedene Arten definiert werden, wobei eine Möglichkeit die Verwendung des **Motormodells** als Kenngröße ist, was einen linearen Zusammenhang zwischen Gaspedal und Motordrehmoment charakterisiert. Mit der Option „Look-Up-Tabelle“ besteht zudem die Möglichkeit, durch Eingabe einzelner Parameter eine individuelle Volllastleistungskurve zu parametrieren. Diese Option erfordert jedoch Daten aus einer Messung auf einem Motorenprüfstand. Ein weiterer Parameter definiert den Übergang von der Volllast- zur Teillastkurve. Neben der Volllastkennlinie gibt es noch weitere Motorparameter wie das Schleppmoment. Hierfür werden der Drehzahlbereich und die Leerlaufdrehzahl benötigt. Eine andere Option zur Definition des Motor-Mappings ist die Parametrierung einer „2D-Look-Up-Tabelle“ mit der Abhängigkeit zwischen dem Gaspedal, der Motordrehzahl und dem Abtriebsdrehmoment. Zur Parametrierung des **Getriebes** sind für jeden Gang die Übersetzungsverhältnisse anzugeben (inklusive Rückwärtsgang). Zusätzlich besteht die Option, die Zeit für die Synchronisation festzulegen, was im Motorsport aufgrund der extrem kurzen Schaltzeiten kaum eine Relevanz besitzt. Über das Antriebsstrangmodell wird auch die Antriebsart (z. B. Heckantrieb, „Rear Drive“ etc.) bestimmt.

Die **Aerodynamik** spielt bei Rennfahrzeugen eine essenzielle Rolle. CarMaker bietet dazu die Generierung detaillierter Aerodynamikmodelle an. Dazu müssen in Abhängigkeit vom Anströmwinkel die Koeffizienten für die Widerstandskräfte und Momente in allen drei Raumrichtungen angegeben werden. Exakte Eingangswerte liefern entweder ein Windkanaltest oder ein umfangreiches Courand-Friedrich-Lewy (CFL)-Modell. Für eine belastbare Simulation der Aerodynamik werden der Referenzpunkt (Schwerpunkt des Fahrzeugs), Anström- und Querschnittsfläche sowie eine Referenzlänge benötigt (siehe auch Abschn. 1.6). Als Referenzlänge dient hier die Spurweite der Vorderachse (Abb. 10.5 und 10.6).

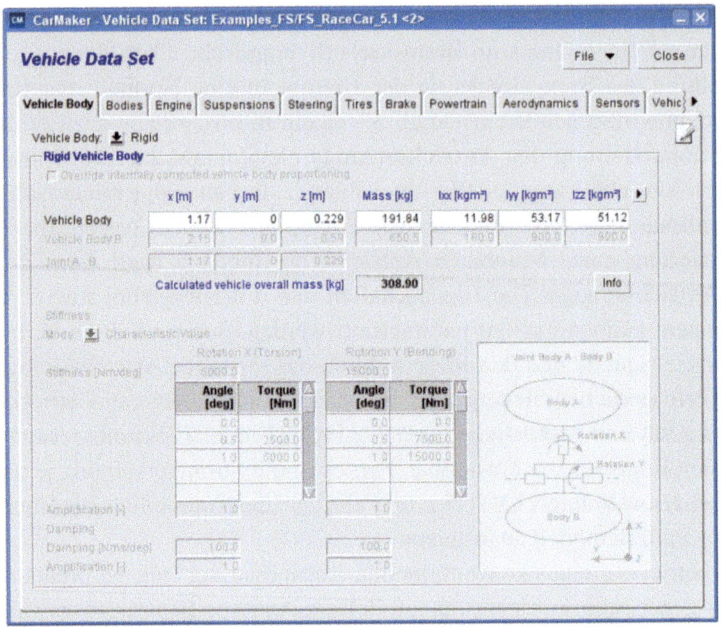

Abb. 10.5 Menümaske zur Editierung des Fahrzeugdatensatzes in CarMaker mit angewähltem Reiter „Fahrzeugaufbau/Chassis (Vehicle Body)"

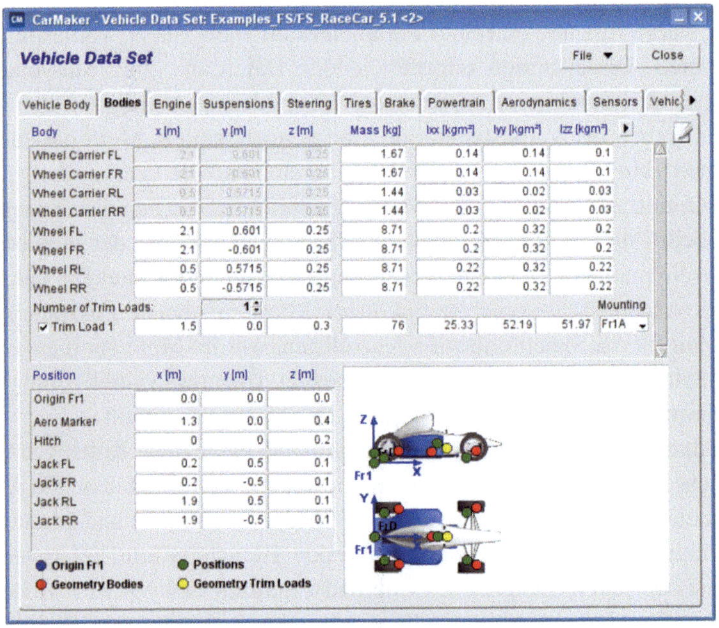

Abb. 10.6 Menümaske zur Editierung des Fahrzeugdatensatzes in CarMaker mit angewähltem Reiter „Körper (Bodies)" zur Eingabe der Massen und Koordinaten von z. B. Radträgern und Rädern (Beispiel: Formula Student)

10.1.2 Teststrecke, Fahrmanöver und Fahrer

Über den Reiter „Parameter“ im Startmenü (Abb. 10.1) erfolgt durch die Auswahl „Szenario/Straße“ auch die Festlegung oder individuelle Parametrierung der gewünschten **Teststrecke** mit deren Verlauf, Fahrbahnbreite, -neigung und Reibwert je Streckenabschnitt. Seitenwind ist ebenso den einzelnen Abschnitten optional zuordenbar. Individuelle Teststrecken und einzelne Manöver sind parametrierbar, z. B. der „Elchtest“ oder andere standardisierte Open-Loop-Fahrmanöver wie die stationäre Kreisfahrt nach ISO 4138 (zur Ermittlung des Eigenlenk- und Wankwinkel-Gradienten) sowie „Sinus-Lenkmanöver“. Über das Modul IPGRoad steht zudem eine Softwarebibliothek zum Erstellen eines realistischen Landschaftshintergrundes bereit, was jedoch als „Kosmetik“ betrachtet werden kann. Eine für Motorsportanwendungen sehr wertvolle Option besteht darin, dass sogenannte „Keyhole Markup Language-Dateien“ (KML, Dateierweiterung $*$.kml), die in Google Earth oder Google Maps erzeugt werden, in das Szenario/Straße-Modul importiert werden können. Hierbei werden Daten im Format des World Geodetic System 1984 (WGS84) in kartesische Koordinaten transformiert. So können über den Menüpunkt „Pfad hinzufügen“ aus Google Earth entlang einer realen Rennstrecke Punkte platziert werden, welche den Streckenverlauf wiedergeben. Einschränkend ist dabei, dass dadurch die Mittellinie der letztendlichen Strecke generiert wird. Darauf basierend kann aber im Anschluss eine Ideallinie definiert werden kann. Es wird hier explizit darauf hingewiesen, dass das spätere Simulationsergebnis sehr stark von einer hohen Genauigkeit der gesetzten Punkte abhängt. In Abb. 10.7 ist dazu beispielhaft die GP-Streckenvariante des Lausitzrings für die Simulation in CarMaker aus Google Earth übernommen, wobei hier der Übergang auf die Gegengerade bewusst fehlerhaft erfasst wurde und in der anschließenden 180°-Kehre nach dem „S“ zu wenige Punkte gesetzt wurden – dies um aufzuzeigen, dass nur eine absolut exakte Datenbasis zielführend ist und zu brauchbaren Ergebnissen führt.

Anschließend muss noch der **Fahrer** über den Reiter „Parameter“ und die Auswahl „Fahrer“ parametriert werden. Die in CarMaker verfügbaren Fahrermodelle basieren auf aus Fahrversuchen und psychologischen Studien gewonnenen Messdaten und beschreiben das jeweilige Fahrverhalten in Bezug auf den „Fahrstil“ (Anfahren von Kurven, Beschleunigungs- und Bremsverhalten etc.). CarMaker stellt hierfür die Optionen „Standard-Fahrer“ und „Rennfahrer“ zur Verfügung. Beim „Standard-Fahrer“ können die Parameter für die maximalen Beschleunigungs- und Verzögerungswerte und -dauern, die Exponenten und Koeffizienten für Beschleunigen und Kurvenanschneiden, die maximalen Geschwindigkeiten und Schaltdrehzahlen etc. für charakteristische Fahrstile angepasst werden. Der „Kurvenschneidkoeffizient“ entscheidet über die gewählte Fahrlinie bzw. über das Maß der Abweichung von der (aufgezeichneten) Mittellinie der Strecke. Das Profil „Rennfahrer“ eignet sich jedoch für die meisten Simulationen im Motorsport bestens. Dabei empfiehlt sich bei der Simulation die Vorgabe „Laptime Optimization“, da die erreichbare **Rundenzeit das zu optimierende Zielkriterium der Simulation** darstellt.

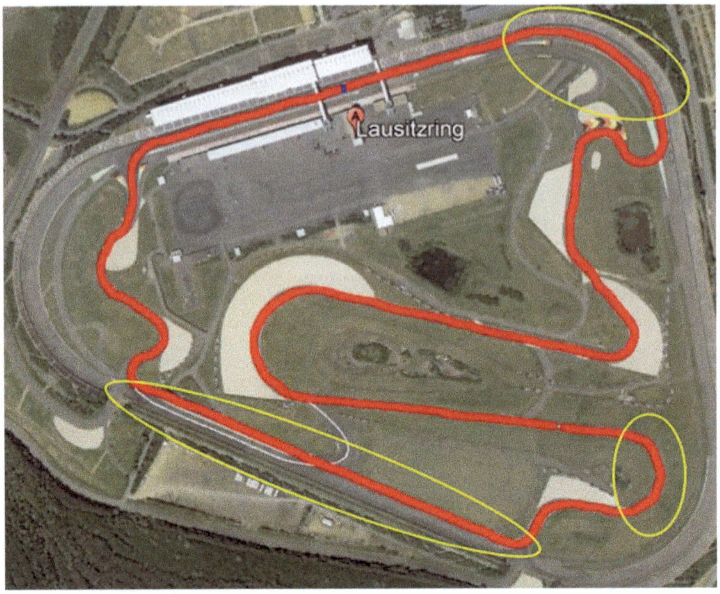

Abb. 10.7 Beispiel für mögliche Fehler bei der Übertragung des Streckenverlaufs von Google Earth auf CarMaker (hier: GP-Strecke des Lausitzrings). In Gelb sind beispielhaft nicht ausreichend genau getroffene Streckenverläufe und mit zu wenig Punkten simulierte Kurven gekennzeichnet. Auf dieser Basis wäre der Vergleich von Simulationsergebnissen mit den aufgezeichneten Renndaten (vgl. Abb. 4.24) nicht belastbar möglich

Dennoch muss auch der „digitale Rennfahrer" auf das bereits definierte Fahrzeug „eingelernt" werden, wofür die Funktion „Driver Adaption" zur Verfügung steht. Dadurch wird erreicht, dass sich das Fahrzeug auf der „digitalen Rennstrecke" immer in einer optimalen Lage befindet. Die Adaption kann eine knappe halbe Stunde erfordern.

10.1.3 Durchführung und Dokumentation der Simulation

Die Simulation wird bei CarMaker im Startmenü über den Reiter „Simulation" und den grünen „Start"-Button gestartet (siehe Abb. 10.1). Nach dem Durchlaufen der Simulation können mit dem Analyse-Tool IPGControl die Simulationsergebnisse bzw. „Messwerte" aufgerufen und zum Plotten aufbereitet werden. Es empfiehlt sich der besseren Übersicht wegen, die Ergebnisse aus verschiedenen Diagrammen in mehreren Fenstern aufzurufen und gegenüberzustellen. Die berechneten „Messwerte" können anschließend mit den auf der jeweiligen Rennstrecke aufgezeichneten Renndaten verglichen werden. Zudem kann mit dem Animations-Tool IPGMovie das untersuchte Rennfahrzeug über den Simulationsverlauf auf der zugrunde gelegten Strecke in einer 3D-Simulation dargestellt werden, wobei die Perspektive des Betrachters für eine bessere Übersicht variiert werden kann,

Abb. 10.8 Beispiel für eine Darstellung des Ausschnitts aus einer 3D-Simulation mit IPGMovie. Es handelt sich hier um einen Formel-3-Rennwagen in der Spitzkehre (Ostkurve) des Hockenheimrings. Diese Kurve stellt idealerweise einen Bezug zu Abschn. 2.3 dar, in dem die fünf Phasen einer Kurve erläutert werden (vgl. Abb. 2.2). (Quelle: Keysberg, K., Bachelorarbeit bei Prof. Dr. R. Pütz)

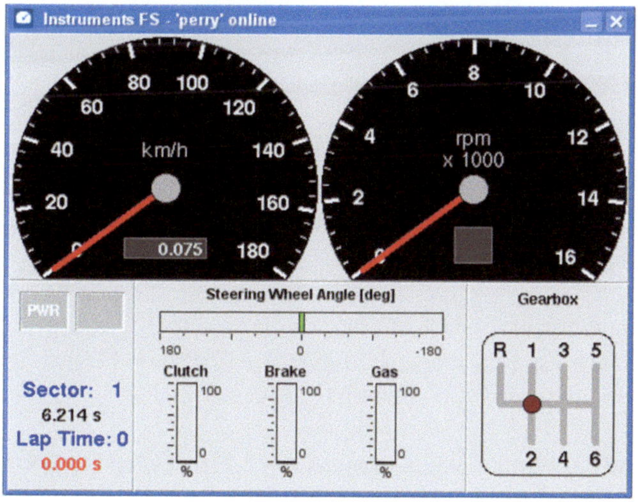

Abb. 10.9 Zur Visualisierung der aktuellen Parameter im Simulationsverlauf kann in CarMaker ein Instrumentenpanel geladen werden, analog zu den bei Datenaufzeichnungssystemen verfügbaren Optionen

siehe Abb. 10.8. Zusätzlich können mit der Option „Instrumente" Drehzahlmesser, Tachograf und Stellungen von Gaspedal, Kupplung und Bremse geladen werden, siehe Abb. 10.9.

Mit Bezug auf Abb. 2.2 soll nachfolgend beispielhaft die Tendenz zu Über- oder Untersteuern für ein bestimmtes Setup eines Formel-3-Rennwagens in der Mitte der Spitzkehre

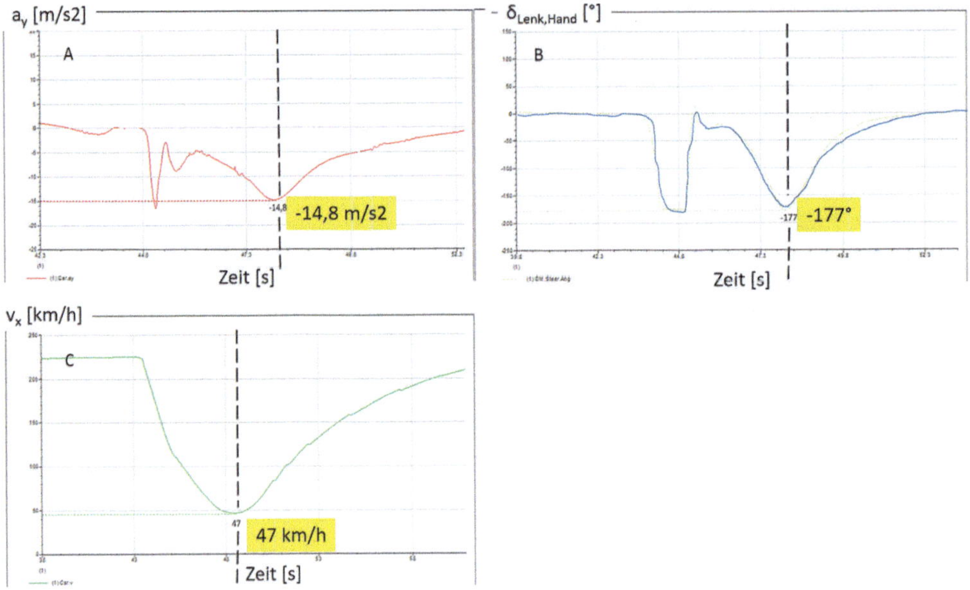

Abb. 10.10 Simulationswerte für einen Formel-3-Rennwagen in „Phase 3“ der Spitzkehre (Ostkurve) des Hockenheimrings (vgl. Abb. 2.2). Aus der Querbeschleunigung, dem Lenkwinkel und der Geschwindigkeit kann nach den Formeln 2.4b und 2.5 die Unter- oder Übersteuertendenz berechnet werden. Für das Fahrzeug-Setup im vorliegenden Fall stellt sich geringfügiges Untersteuern ein. (Quelle: Keysberg, K., Bachelorarbeit bei Prof. Dr. R. Pütz)

des Hockenheimrings („Phase 3“) analysiert werden. Mit IPGControl wurden der tatsächliche Lenkwinkel, die Querbeschleunigung und die Fahrzeuggeschwindigkeit ausgewertet, siehe Abb. 10.10. Damit ergeben sich im Scheitelpunkt der Spitzkehre des Hockenheimrings folgende Werte:

- Querbeschleunigung: $a_y = -14{,}8\ \text{m/s}^2$
- Lenkwinkel Fahrzeug: $\delta_{Lenk} = \delta_{Lenk,Hand}/i_{Lenkung} = -177°/10 = 17{,}7°$
- Fahrzeuggeschwindigkeit: $v_x = 47\ \text{km/h} = 13{,}06\ \text{m/s}$

Mit dem Radstand des Formel-3-Rennwagens von 2,710 m kann mit Formel 2.4b ein neutraler Lenkwinkel $\delta_{neutral}$ von 0,235 rad = 13,5° berechnet werden. Das Maß des Untersteuerns wird mit Formel 5.5 dann zu 17,7°−13,5° = 4,2° berechnet. Der Untersteuerlenkwinkel ist somit nur wenig größer als Null. Das Fahrzeug hat also eine leichte Untersteuertendenz, so wie es für Rennfahrzeuge i. d. R. erwünscht ist. Die angesetzten Setup-Werte sind offenbar für anschließende Testfahrten als Ausgangseinstellung durchaus geeignet. Nun können in der Folge noch ausgewählte Fahrzeugparameter in kleinen Schritten verändert werden, um die Einflüsse dieser Änderungen in der Einstellung der Fahrwerks- und Aerodynamikparameter zu untersuchen und um die Sensibilität des definierten Fahrzeugmodells auf Setup-Einstellungen zu analysieren.

Zusätzlich kann z. B. auch der Einfluss der Außentemperatur auf die Rundenzeit untersucht werden, um durch Modifikationen der Aerodynamik Hinweise zu zielführenden Einstellungen der Flügel in Abhängigkeit der Außentemperatur zu geben. Abschließend kann festgestellt werden, dass bei verifizierten, belastbaren Simulationsmodellen der Einfluss von Parameteränderungen jeglicher Art – im Gegensatz zu aufwendigen Testfahrten – sehr aufwandsarm analysiert werden kann und der Fokussierung der Testfahrten auf das Wesentliche dient.

Wie bereits erwähnt, sind Simulationen nur dann wertvoll, wenn deren Ergebnisse die in der Wirklichkeit erhobenen Renndaten auf der jeweiligen Rennstrecke absolut belastbar widerspiegeln. In Abb. 10.11 ist anhand der Renndaten Fahrthöhe (vorne und hinten) sowie Längs- und Querbeschleunigung ein gelungenes Beispiel für ein belastbares Simulationsmodell mit sehr guten Korrelationen zwischen Renndaten und Simulationswerten dargestellt. Bestätigt wird dies auch durch den Abgleich zwischen dem „virtuellen Fahrer“ und dem tatsächlichen Rennfahrer anhand des Vergleichs der Parameter Fahrzeuggeschwindigkeit, Bremsdruck, Gaspedalstellung, Lenkwinkel und eingelegtem Gang, siehe Abb. 10.12.

10.2 CHASSIS SIM

ChassisSim ist eine für den Anwender leicht verständliche Simulationssoftware, die vom Australier Danny Nowlan entwickelt wurde. Zur Vorbereitung wird empfohlen, die zahlreich verfügbaren Video-Tutorials vor der eigentlichen Anwendung zu nutzen. Nach dieser Einführung eröffnet ChassisSim den Anwendern eine Vielfalt von Daten und wertvollen Informationen.

Zuerst müssen alle die das Fahrzeug betreffenden Größen (wie Geometrie, Abmaße, Massen, Federraten usw.) eingebracht werden. Dazu dient das in Abb. 10.13 gezeigte Eingabemenü „Mechanical Setup Optimization“. Das zu benennende Bauteil (z. B. einer der Querlenker) wird dabei aus den Optionen auf der linken Seite ausgewählt oder einfach in der schematischen Abbildung des Fahrzeugs angeklickt. Diese Toolbox versetzt den Anwender in die Lage, alle Maße von Federn, Stoßdämpfer, Stabilisatoren, der Geometrie usw. für unterschiedliche Setups einzuführen und miteinander zu vergleichen. Zahlreiche vorprogrammierte Typen von Rennfahrzeugen von GT3 bis Formel 3 sind verfügbar.

Zunächst müssen alle streckenbezogenen Daten eingegeben werden, wofür ChassisSim unterschiedliche Eingabeoptionen nutzt, um z. B. die Strecke mit ihrem Kurvenverlauf inklusive der Höhenunterschiede nachzuzeichnen oder die Unebenheiten im Fahrbahnbelag zu berücksichtigen. Für Anwender, die noch nicht über selbst aufgezeichnete Streckendaten verfügen, stellt ChassisSim eine Vielzahl vorprogrammierter Rennstrecken zur Verfügung.

Die Information aus ChassisSim ist nicht nur eine berechnete Rundenzeit, sondern auch – und das ist letztlich noch wichtiger – eine vollständige Datenaufzeichnung über die simulierte Runde, welche in die üblichen Datenspeicherungsprogramme wie Motec oder AIM exportiert werden kann. Damit kann der Renningenieur analysieren, welche Folgen bei Änderungen des Setups entstehen, ohne dass „teure Rennrunden“ gefahren werden müssen.

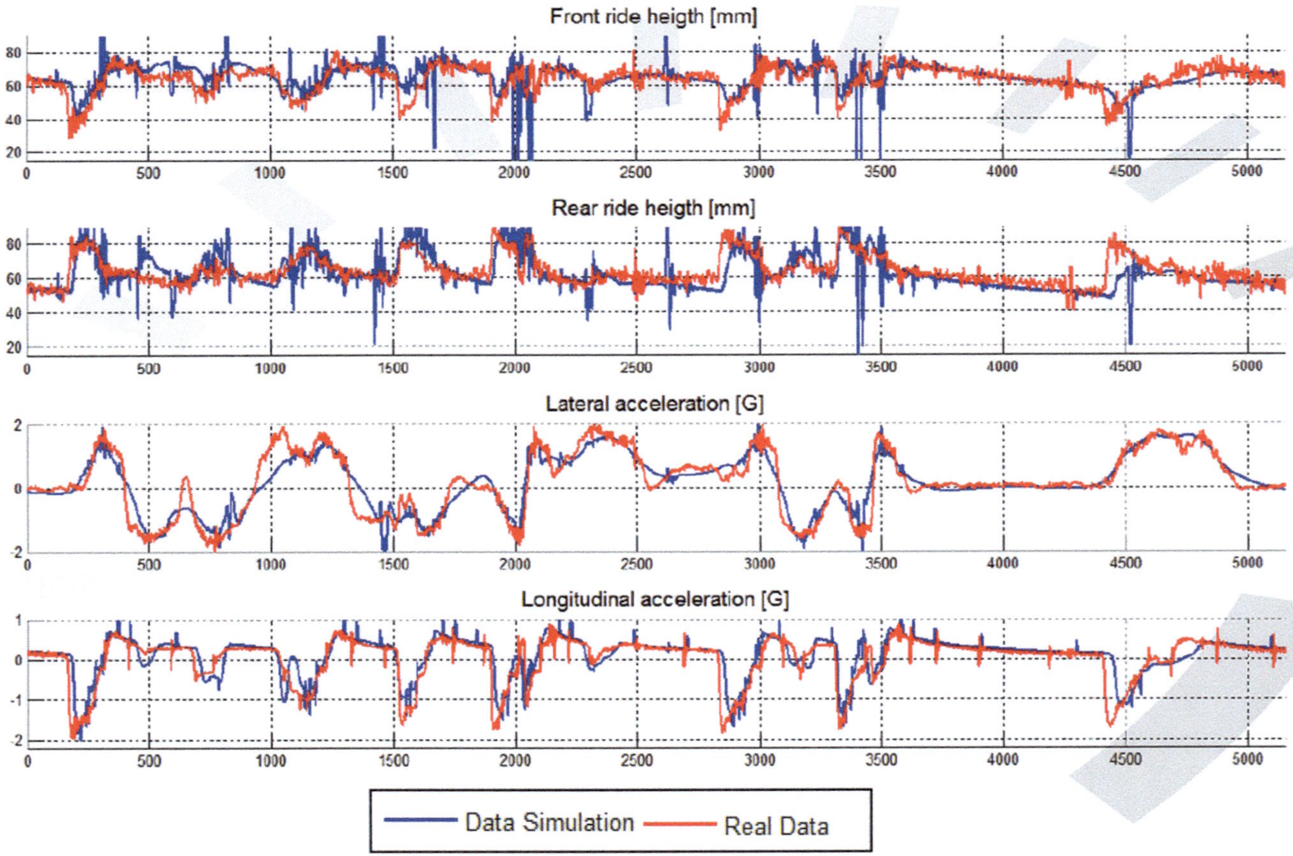

Abb. 10.11 Beispiel für ein belastbares Fahrzeug-Simulationsmodell mit sehr guten Korrelationen zwischen Renndaten und Simulationswerten. (Quelle: IPG/Chenin, F., Geffroy, F.)

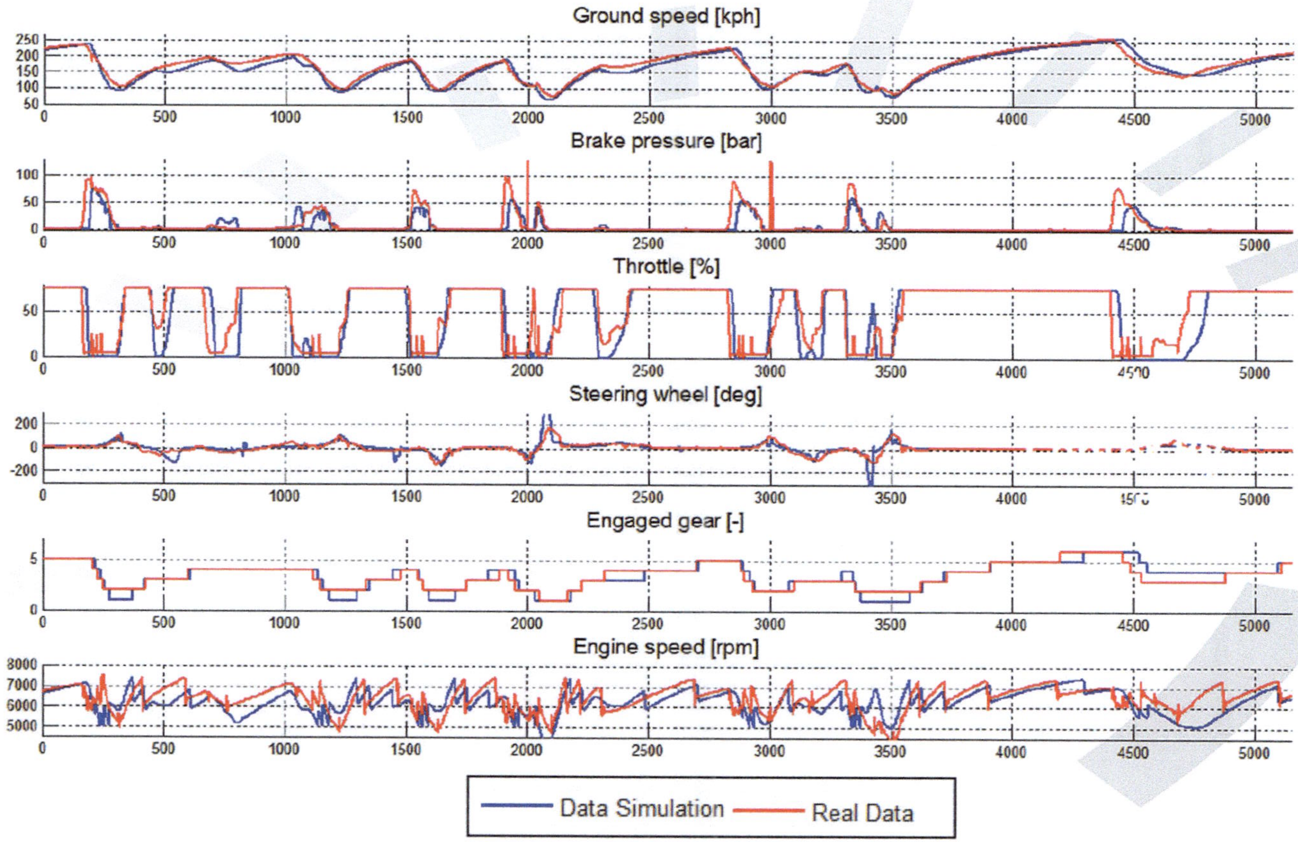

Abb. 10.12 Beispiel für ein belastbares Fahrermodell mit sehr guten Korrelationen zwischen tatsächlichem und virtuellem Rennfahrer. (Quelle: IPG/ Chenin, F., Geffroy, F.)

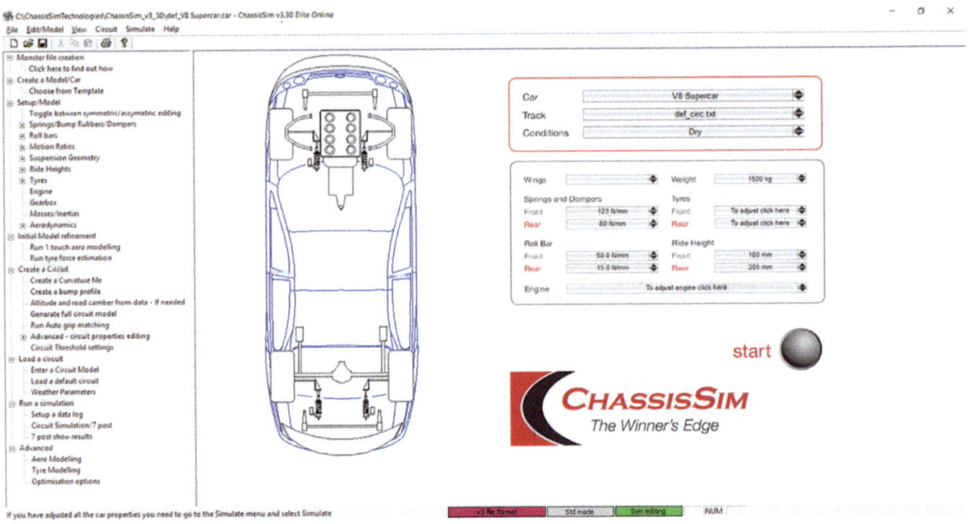

Abb. 10.13 Startmenü des Simulationstools ChassisSim®. Das übersichtliche Menü leitet die Anwender durch eine große Anzahl Dateien, welche zunächst bedatet werden müssen. Es kann zwischen den Optionen auf der linken Seite oder dem Anklicken des entsprechenden Fahrzeugteils in der Grafik ausgewählt werden. (Quelle: Nowlan [3])

Zu Beginn der Anwendung von ChassisSim ist es durchaus üblich, dass die Rundenzeiten der simulierten Rennrunden weit entfernt von den realen Rundenzeiten liegen. Eine fundierte Analyse der generierten Ausgabedaten wird jedoch rasch aufzeigen, in welche Richtung die Variablen angepasst werden müssen, um sich den realen Rundenzeiten anzunähern. So deutet beispielsweise eine niedrigere Höchstgeschwindigkeit als erwartet auf einer Geraden an, dass der Luftwiderstandskoeffizient CW zu hoch eingeschätzt wurde. Auch ein falscher dynamischer Reifenradius kann hier die Ursache sein. Ebenso könnte eine zu niedrige Kurvengeschwindigkeit auf eine ungenaue Einschätzung des Sturzeinflusses hinweisen. Vor allem die zusätzliche Funktion des Imports von Reifendaten bietet eine wertvolle Option, die Genauigkeit der Software fein abzustimmen. Am Ende dieses Analyse- und Optimierungsprozesses kann schließlich eine Genauigkeit erreicht werden, bei der der Einfluss jeder Setup-Änderung auf der Rundenzeit und auf das dynamische Verhalten des Autos äußerst präzise vorhergesagt werden kann.

10.2.1 Toolboxes *Werkzeugkasten*

Besonders wertvoll sind die Toolboxes in ChassisSim, da diese für die Ausführung einer Simulation sehr hilfreich sind und begleitende Informationen bieten. Da jede Toolbox sich auf einen abgegrenzten Themenumfang bezieht, ist der Einfluss der Änderungen sofort dem jeweiligen Bauteil oder Bereich zuzuordnen. Einige Beispiele der Toolboxes sind:

Damper Setup Optimisation: ist ein sehr hilfreiches Tool, um die optimalen Einstellungen der Dämpfer sowohl im Niedrig- als in Hochgeschwindigkeitsbereich herauszufinden. Weil die Identifikation von zielführenden Settings der Dämpfer eine der schwierigsten Aufgaben des Renningenieurs ist, besitzt dieses Modul besondere Bedeutung.

Tyre Force Modelling: vielleicht das wichtigste Modul von ChassisSim. Anhand der ausgewählten Datei und des Fahrzeug-Setups generiert ChassisSim ein Reifenmodell. Die Möglichkeit bei ChassisSim, die maximale Lateralkraft vs. Reifenbelastung berechnen zu können, ist eine Spezialität dieser Toolbox. Das Tyre Force Modelling ist aufgeteilt in die beiden Module Tyre Force Quick Start und Tyre Force Advanced Module, was die Kompetenzen von Anfängern und Fortgeschrittenen individuell berücksichtigt. Das Teilfenster Tyre Properties ermöglicht ein schnelles ‚Finetuning' von Reifenparametern, siehe Abb. 10.14.

Aero Setup Optimisation: ermöglicht dem Anwender, die Einflüsse vieler aerodynamischer Parametervariationen wie Fahrthöhe, Rake und Flügeleinstellungen einfach auszutesten.

Aero Modelling: anhand der berechneten Werte aus der Aero Setup Toolbox und aus den Werten für Aero Balance und Drag generiert dieses Modul die Aero-Maps (vgl. Abschn. 8.6.3). Dieses Modul ist sehr hilfreich bei High-Downforce-Rennwagen wie Formelwagen und Sportscars. Eine Aero-Map hilft z. B. schnell und genau neue Fahrthöhen vorne und hinten zu wählen, ohne die aerodynamische Balance nachteilig zu verändern.

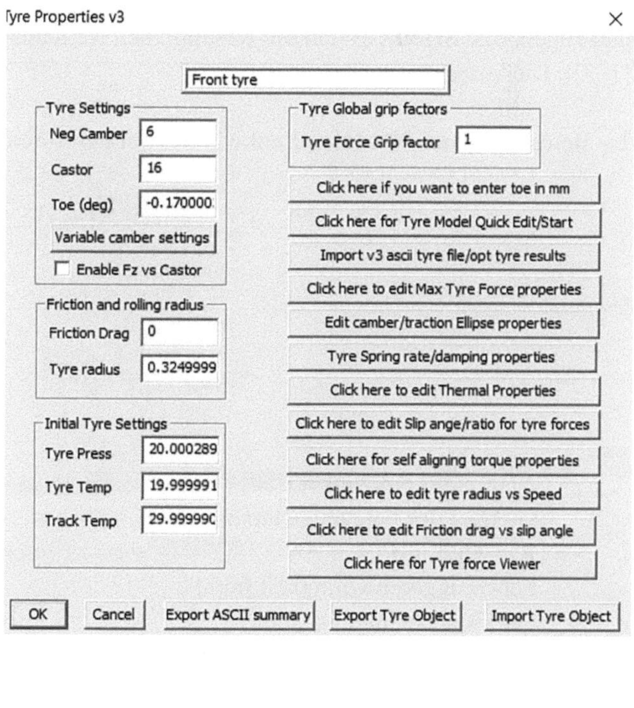

Abb. 10.14 Das Teilfenster Tyre Properties ermöglicht eine schnelle Anpassung der Reifenparameter, was der Genauigkeit der simulierten Rundenzeiten zugutekommt. (Quelle: Nowlan [3])

7-post Rig Analysen/Bode Plot: dieses Modul ist insbesondere dann gefragt, wenn kleine Änderungen validiert werden müssen. Grundsätzlich berechnet ChassisSim das Auto als auf einem 7-Stempel-Prüfstand stehend. Das Ergebnis ist die Frequenz-Antwort in einem Industriestandard-Format, welche nach MS Excel oder Matlab exportiert werden kann.

Wie bei allen Rechnerprogrammen dieser Art trifft es auch auf ChassisSim zu, dass die Anwendung zunächst vielleicht sehr kompliziert erscheint, aber eine rasche Einarbeitung möglich ist und auf die Anwendung danach nicht mehr verzichtet werden möchte.

ChassisSim generiert nicht nur Rundenzeiten, sondern kann über das Reifenmodul noch viele weitere Informationen bieten. Ein Beispiel ist der ‚Stabilitätsfaktor'.

10.2.2 Stabilitätsfaktor *Stability Index*

Der **„Stabilitäts-Faktor"** oder **„Stabilitäts-Index"** ist ein dimensionsloses Maß für die Korrelation zwischen der Änderung des Moments aus Zentripetalkraft und Zentrifugalkraft, und der Änderung der Zentripetalkraft. Diese Änderung könnte z. B. das Resultat aus einer Änderung des Schräglaufwinkels am Vorderrad bei Lenkbewegungen sein.

Mit in diese Betrachtung gehört auch die Statische Marge (**„Static Margin"**), das ist der Hebelarm zwischen der Zentripetalkraft ($F_{Ti,tot}$) und Zentrifugalkraft ($F_{V,y}$) in Längsrichtung, siehe Abb. 2.4.

Wenn die Zentripetalkraft nicht im Schwerpunkt angreift, entsteht im Mittelteil der Kurve entweder Unter- oder Übersteuern. Dieser „Stabilitäts-Index" kann problemlos berechnet werden, vorausgesetzt ein geeignetes Datenaufzeichnungssystem (resp. Software und zugehörige Sensoren) und die wesentlichen Reifendaten stehen zur Verfügung (siehe [1, 3]). Die Vorgehensweise lautet:

1 – Berechnung des Neutralen Lenkwinkels gemäß Abschn. 2.5.1:

$$\delta_{neutral} \approx \frac{(\dot{\psi}_2 \cdot l)}{v_x}[rad] \tag{2.4a}$$

Oder

$$\delta_{neutral} \approx \frac{a_y \cdot l}{v_x^2}\ [rad] \tag{2.4b}$$

mit:

$\delta_{neutral}$	Neutraler Lenkwinkel [rad]
$\dot{\psi}_2$	Gierrate des Fahrzeugs um S [rad/s]
l	Radstand [m]
v_x	Fahrzeuggeschwindigkeit [m/s]
a_y	Querbeschleunigung [m/s²]

Formel 2.4a wird angewendet, wenn ein Gierraten-Sensor verwendet wird, ansonsten kann Formel 2.4b angewendet werden, vgl. auch Abb. 2.7. Diese Formeln können in einen sogenannten „MathChannel“ in das Datenaufzeichnungs-Programm programmiert werden, und mit dem aktuellen (d. h. gemessenen) Lenkwinkel verglichen werden. Wenn diese nicht korrelieren, tritt Unter- oder Übersteuern auf!

2 – Bestimmung des Schräglaufwinkels. Es gibt zwei Optionen zur Bestimmung:

Option 1 ist das Vermessen der Schräglaufwinkel. Dazu sind äußerst teure Sensoren erforderlich, welche jedoch Ergebnisse mit großer Genauigkeit ermöglichen.

Option 2 – das Berechnen der Schräglaufwinkel – ist weniger kostspielig.

In Kap. 2 werden zwei Möglichkeiten zur Berechnung von Schräglaufwinkeln angegeben. Zunächst wird in Abschn. 2.5.2 die Berechnung für das Einspurmodell angegeben, und in Tipp 2.3 die Berechnung für alle vier Reifen.

Auf den ersten Blick sieht das Einspurmodell wie eine ungenaue Vereinfachung aus, aber es ist nicht annähernd so schlecht als im ersten Blick. Dafür gibt es drei Gründe: 1) das innere Rad einer Achse ist viel leichter belastet als das äußere Rad, 2) der Sturz hat sehr wahrscheinlich einen positiven Wert relativ zur Bewegungsrichtung, und 3) durch den gewählten Ackermann % hat das innere Rad einen anderen Lenkeinschlag als das äußere Rad. Es sieht also aus, als würde die Betrachtung von zwei Reifen auf derselben Achse als ein Reifen, diese drie Nachteile zunichte machen.

Man kann alle Reifenmodelle, die es gibt, darauf anwenden, aber das Ergebnis bleibt ungenau. Darüber hinaus konzentrieren sich diese Reifenmodelle hauptsächlich auf die am stärksten belasteten Außenräder und vernachlässigen die Rolle der Innenräder. Daher kann es sehr sinnvoll sein, die beiden Reifen einer Achse als Ganzes, d. h. als einen Reifen zu betrachten.

Die Querkraft pro Achse lässt sich dann leicht mit berechnen:

$$F_{lat,front} = m_{tot} \cdot a_y \cdot l_{rear} / l$$

$$F_{lat,rear} = m_{tot} \cdot a_y \cdot l_{front} / l$$

Denken Sie daran, dass das innere Rad zwar weniger belastet wird, aber gerade deshalb einen höheren Reibungskoeffizienten hat, siehe Abschn. 3.2. Der Gewinn bei der Erhöhung der Querkraft liegt in der Entlastung des äußeren Rades und der Belastung des inneren Rades! Siehe Tipp 2.3 zur Berechnung von Schräglaufwinkeln.

Eine andere Option ist, das Reifenmodul von ChassisSim eine gute Annäherung der Schräglaufwinkel der Reifen aus allen Daten berechnen zu lassen.

Zu den Dimensionen in o. a. Gleichungen noch ein Anmerkung: Die Brüche in den beiden o. g. Formeln 2.4a und b generieren jeweils Winkel im Bogenmaß, während die Lenkwinkel oft in Grad angegeben werden. Deshalb ist es am sichersten, stets die Rechenergebnisse in Grad umzurechnen. Das bietet auch den Vorteil, dass die Resultate für den Anwender sofort verifizierbar sind: Ein Schräglaufwinkel reicht normalerweise bis zu einem Wert von ungefähr acht Grad; jedem anderen Rechenergebnis sollte misstraut werden.

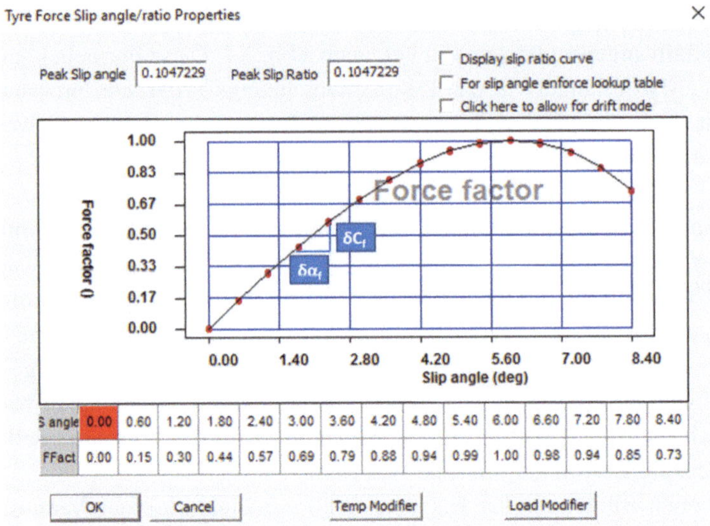

Abb. 10.15 Die Kurve der normierten Querkraft (Force Factor) über dem Schräglaufwinkel zeigt die Änderung der Lateralkraft als Funktion der Änderung des Schräglaufwinkels, hier generiert aus dem Simulationstool ChassisSim®. (Quelle: Nowlan [3])

Nachdem das Tyre Force Modelling Modul in ChassisSim die Schräglaufwinkel berechnet hat (separat für die Vorder- und Hinterreifen) können nun die zugehörigen Anstiege der Querkräfte bestimmt werden. Das Ergebnis – der „Force Factor" als Funktion des Schräglaufwinkels – ist in Abb. 10.15 aufgezeigt.

Daraus folgt die abgeleitete Größe ANS (*A*bleitung der *n*ormierten Querkraft „Force Factor" nach dem *S*chräglaufwinkel):

$$ANS = \frac{\delta C_i}{\delta \alpha_i} \tag{10.1}$$

mit:

ANS Ableitung der normierten Querkraft nach dem Schräglaufwinkel [1/°] oder [1/rad]

δC_i Differenzieller Anteil der Änderung der normierten Querkraft (Force Factor) [-]

$\delta \alpha i$ Differenzieller Anteil der Änderung des Schräglaufwinkels (Force Factor) [°] oder [rad]

Die Größe ANS ist ein Maß für die Änderung der normierten Querkraft (Lateralkraft) über der Änderung des Schräglaufwinkels.

Für die Ermittlung einer aussagekräftigen Größe ANS ist vor allem ein geeignetes, verifiziertes Simulationsprogramm mit einem hinreichend exakten Reifenmodell unentbehrlich. Auch Reifendaten, die mit Hilfe eines geeigneten Prüfstands (Rig) ermittelt wurden, sind anwendbar, solange die Qualität gewährleistet ist!

▶ **Tipp 10.1** Die normierten Querkräfte (als ‚Force Factor'-Datenfeld) erhält man, indem alle Querkraft-Werte einer aktuellen Kurve durch den Höchstwert der in der aktuellen Kurve auftretenden Querkraft dividiert werden. Damit erhält der Maximalwert der Kurve den Wert 1 (siehe Abb. 10.15), und alle übrigen Werte stellen sich folglich zwischen 0 und 1 ein. Der Grund für diese Vorgehensweise ist, dass sich das ergebende Datenfeld und damit die Kurve der normierten Querkraft über dem Schräglaufwinkel keine momentane Darstellung mehr ist, sondern eine dimensionslose, allgemein verwendbare Kurve, von der in der Folge die Ableitungen als allgemein gültige Größe ANS verwendet werden können.

4 – Ermittlung der Summe der Querkräfte an der Vorder- und Hinterachse. Dies könnte an Hand des in Kapitel C (Reifen) vermittelten Wissens oder mit der Hilfe von Querbeschleunigungssensoren für beide Achsen erfolgen.

Ein Beispiel für einen GT-Rennwagen zeigt Tab. 10.1.

Die Summen der Querkräfte an der Vorder- und Hinterachse werden wie folgt berechnet:

$$F_{y,l,f} + F_{y,r,f} = a_y \cdot m_{tot} \cdot l_r / l \tag{10.2}$$

$$F_{y,l,r} + F_{y,r,r} = a_y \cdot m_{tot} \cdot l_f / l \tag{10.3}$$

Zudem muss die abgeleitete Größe ANS für den gesamten Bereich des Schräglaufwinkels berechnet werden (Tab. 10.2):

Die Werte der Schräglaufwinkel sollten zunächst in Radianten umgerechnet werden, um die Ableitung durchführen zu können.

5 – Nun kann der **Stabilitäts-Faktor** berechnet werden, hier für den Fall eines Fahrzeugs mit Untersteuern, d. h. mit z. B. Schräglaufwinkeln vorne von 5° und hinten von 4°:

Tab. 10.1 Benötigte Werte für einen GT-Rennwagen zur Ermittlung des Stabilitäts-Index

Größe	Beschreibung	Wert
$F_{Y,l,f}$ + $F_{Y,r,f}$	Summe der Querkräfte an der Vorderachse	7500 [N]
$F_{Y,l,r}$ + $F_{Y,r,r}$	Summe der Querkräfte an der Hinterachse	8000 [N]
l_f	Distanz zwischen Vorderachse und Schwerpunkt	1500 [mm]
l_r	Distanz zwischen Hinterachse und Schwerpunkt	1200 [mm]
l	Radstand	2700 [mm]

Tab. 10.2 Beispiel für die erforderliche Umrechnung der Schräglaufwinkel von Grad in Radianten bei der Ermittlung des Stabilitäts-Faktors

Schräglaufwinkel [°]	Schräglaufwinkel [rad]	$\delta C/\delta\alpha$ [1/rad]
0	0	14,323
1	0,0175	13,952
2	0,0349	12,731
3	0,0524	10,742
4	0,0698	7,9567
5	0,0872	4,375
6	0,1047	0

$$D_{St,f} = \delta C/\delta\alpha \cdot \left(F_{Y,l,f} + F_{Y,r,f}\right) = 4{,}375 \cdot 7500 = 32.813\,[N/rad] \tag{10.4}$$

$$D_{St,r} = \delta C/\delta\alpha \cdot \left(F_{Y,l,r} + F_{Y,r,r}\right) = 7{,}9567 \cdot 8000 = 63.654\,[N/rad] \tag{10.5}$$

$$D_{tot} = D_{St,f} + D_{St,r} = 32.813 + 63.645 = 96.466\,[N/rad] \tag{10.6}$$

*Damit wird der**Stabilitäts-Faktor**:*

$$\boldsymbol{SF} = \frac{l_f \cdot D_{St,f} - l_r \cdot D_{St,r}}{l \cdot D_{tot}} = \frac{1{,}5 \cdot 32.813 - 1{,}2 \cdot 63.654}{2{,}7 \cdot 96.466} = -0{,}104\,[-] \tag{10.7}$$

*Und für die Statische Marge (**Static Margin**) folgt:*

$$\boldsymbol{SM} = SF \cdot l = -0{,}104 \cdot 2{,}7 = -0{,}281\,[m] \tag{10.8}$$

Mit:

$D_{St,i}$	*Stabilitätsbeiwert (i = f: vorne; r: hinten) [N/rad]*
$D_{St,tot}$	*gesamter Stabilitätsbeiwert [N/rad]*
l_f	*Distanz zwischen Vorderachse und Schwerpunkt [m]*
l_r	*Distanz zwischen Hinterachse und Schwerpunkt [m]*
l	*Radstand [m]*
SF	*Stabilitätsfaktor [-]*
SM	*Statische Marge [m]*

Wenn die Statische Marge (Static Margin) negativ ist (wie in o. g. Beispiel), liegt der Angriffspunkt der Zentripetalkraft (Aktion) hinter dem Schwerpunkt S, was Untersteuern bedeutet. Wenn dieser Wert hingegen positiv ist, liegt der Zentripetalkraft vor S, somit stellt sich dann Übersteuern ein.

6 – Vergleich zwischen den aktuellen, aufgezeichneten Race-Daten einer Runde und den von der Simulations-Software gelieferten Daten:

Die Simulationssoftware berechnet den neutralen Lenkwinkel (mit Hilfe von Formel 2.4a oder 2.4b) und vergleicht diesen mit den aktuellen, tatsächlichen Lenkwinkeln. Das ist

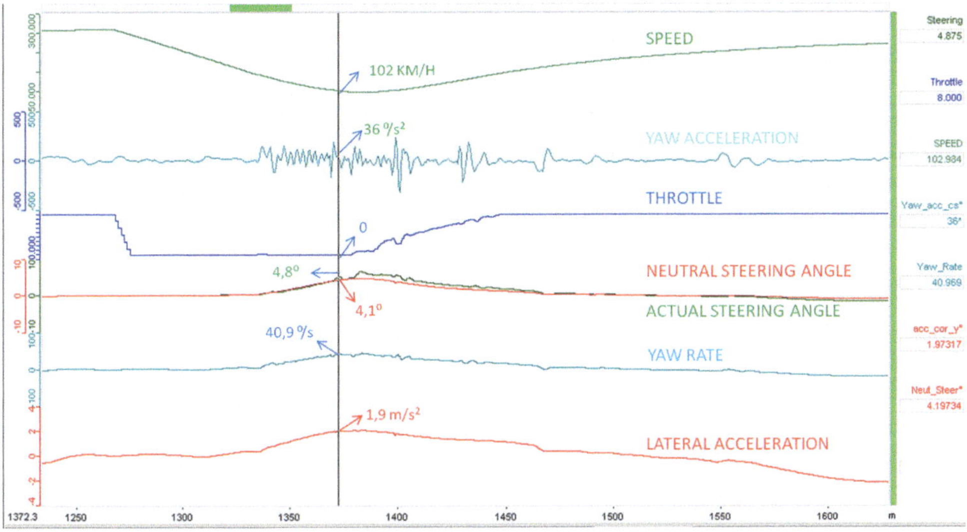

Abb. 10.16 Beispiel für Untersteuern anhand von aufgezeichneten Race-Daten. Der Stabilitäts-Index SF hilft, das Maß der Stabilität des Fahrzeugs während des Untersteuerns besser zu verstehen.

beispielhaft in Abb. 10.16 dargestellt, wo in der Mitte der Kurve die Vorderräder einen größeren Lenkwinkel (grün; Actual Steering Angle) aufweisen als der neutrale Lenkwinkel (rot; Neutral Steering Angle), was folglich Untersteuern bedeutet.

Die essenzielle Frage, die hier gestellt werden sollte, ist nicht nur „wieviel Untersteuern" auftritt, sondern auch, wie stabil oder instabil sich das Fahrzeug verhält! Mit der Hilfe der gefundenen Schräglaufwinkel kann nun der Stabilitäts-Faktor gemäß Schritt 5 berechnet werden. Dank des Stabilitäts-Faktors kann z. B. berechnet werden, welchen Einfluss Lenkwinkeländerungen auf die Stabilität des Fahrzeugs haben. Das betrifft aber nicht unbedingt nur die Vorderräder, es könnten auch die Hinterräder dazu beitragen (z. B. wegen Federungslenken (Bumpsteer) an der Hinterradaufhängung). Änderungen der Lateralkräfte können nun mit Bezug auf Änderungen des Stabilitäts-Faktors betrachtet werden: Kleine Kraftänderungen können große Änderungen des Stabilitäts-Faktors zur Folge haben und umgekehrt! Für einen qualifizierten Renningenieur ist dieses Ergebnis immer unverzichtbar wichtig!

Eine nähere Betrachtung der Abb. 10.16 zeigt, dass beim Einlenken (auf der x-Achse bei etwa 1330 m), das heißt wenn die Querbeschleunigung (Lat Acc) und der Lenkwinkel (Actual Steering Angle) sich vergrößern, die Gierraten-Beschleunigung (Yaw Acceleration) äußerst unruhig reagiert. Nur eine kleine Änderung im Lenkwinkel hat also bereits große Folgen für die Gierbeschleunigung!

Ab dem Mittelpunkt der Kurve und in der Folge besteht ein kleiner Unterschied zwischen dem aktuellen Lenkwinkel und dem simulierten Lenkwinkel. Die Werte des simulierten Lenkwinkels sind das Produkt des Rechners, der „immer am Limit fährt" (weil er keine Angst hat) und damit aufzeigt, welche realen Möglichkeiten und Grenzen der Rennwagen eigentlich hat. Der Rechner zeigt folglich, wie stabil das Auto ist, wenn es an sein Limit gezwungen wird.

Ab dem Kurvenmittelpunkt (auf der x-Achse bei etwa 1375 m) stabilisieren sich die Lateralbeschleunigung und die Gierrate. Das Fahrzeug wird dadurch weniger empfindlich für Lenkbewegungen, sei es auch ggf. nur geringfügig.

Beim Beschleunigen aus der Kurve heraus (auf der x-Achse bei etwa 1430 m) reagiert das Auto jedoch sehr empfindlich auf kleine Unterbrechungen der Beschleunigung (siehe Gaspedal, Throttle).

Dank der Simulationssoftware (hier: ChassisSim®) wird es ermöglicht, die Stabilität eines Autos, wenn es an seinem Limit fährt, zu betrachten.

Literatur

1. IPG Automotive, CarMaker 6.0 User Training und Formula CarMaker Tutorial 1.0 (2017)
2. Chenin, F., Geoffroy, F.: CarMaker in motorsport. Vortrag (2014)
3. Nowlan, D.: ChassisSim: Tutorial und Einführungsseminar (2018)

Stichwortverzeichnis

R. Pütz, T. Serne, *Rennwagentechnik - Praxislehrgang Fahrdynamik*, Handbuch Rennwagentechnik 6, https://doi.org/10.1007/978-3-658-47000-5

MIX
Papier aus verantwortungsvollen Quellen
Paper from responsible sources
FSC® C105338

If you have any concerns about our products,
you can contact us on
ProductSafety@springernature.com

In case Publisher is established outside the EU,
the EU authorized representative is:
Springer Nature Customer Service Center GmbH
Europaplatz 3, 69115 Heidelberg, Germany

Printed by Libri Plureos GmbH
in Hamburg, Germany